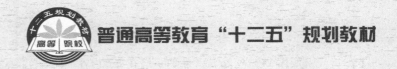

普通高等教育"十二五"规划教材

高等代数

内容、方法及典型问题

张盛祝 蔡礼明 胡余旺◎编著

中国石化出版社
HTTP://WWW.SINOPEC-PRESS.COM
教·育·出·版·中心

内 容 提 要

《高等代数内容、方法及典型问题》在主要内容编排上与北京大学数学系编著的《高等代数》基本一致，每章分若干个小节对基本概念和重要定理进行叙述，并对关键定理的证明思路作出分析，精选一些典型题目进行解答，并有针对性地安排系列习题供读者训练本课程所涉及的数学思想及方法，这些习题在本章之后作了详细解答。

本书所提供的典型问题主要来自于几个方面：①目前流行教材中的典型题目；②学生学习过程中遇到的重难点问题；③历年来著名高校的经典考研试题。该书在处理问题过程中注重这样几个特点：充分联系基本概念基本理论，典型问题及其方法进行梳理归类，系列知识点实现前后贯通联想，解决问题的方法尽量简明易懂。本书力争让读者能达到举一反三、触类旁通的效果。

本书可作为高等学校数学院系选修课《代数选讲》教材或《高等代数》习题课辅导材料，也可供在校本、专科学生，特别是准备报考研究生的同学学习参考。

图书在版编目（CIP）数据

高等代数内容、方法及典型问题／张盛祝编著．
—北京：中国石化出版社，2014.10（2022.9 重印）
ISBN 978-7-5114-3062-5

Ⅰ.①高… Ⅱ.①张… Ⅲ.①高等代数-高等学校-教学参考资料 Ⅳ.①015

中国版本图书馆 CIP 数据核字（2014）第 228320 号

中国石化出版社出版发行

地址:北京市东城区安定门外大街 58 号
邮编:100011　电话:(010)57512500
发行部电话:(010)57512575
http://www.sinopec-press.com
E-mail:press@sinopec.com
北京科信印刷有限公司印刷
全国各地新华书店经销
＊
787×1092 毫米 16 开本 15.25 印张 413 千字
2022 年 9 月第 1 版第 3 次印刷
定价：35.00 元

前　言

　　高等代数是大学数学专业最重要的基础课程之一，是数学各专业报考研究生的必考课，理工科各专业所学的线性代数课程主要取材于高等代数的代数内容。高等代数主要包括多项式理论、线性代数的代数理论(行列式、线性方程组、矩阵、二次型、$\lambda-$矩阵)及线性代数的几何理论(线性空间、线性变换、欧氏空间、双线性函数)。本课程的内容在工程优化、经济管理、信息管理及计算机科学等许多领域都有重要应用，因此学好本课程显得特别重要。

　　但是，高等代数这门课程的特点是：概念理论体系繁多，内容具有一般性、概括性及抽象性等，其思想方法独特、灵活、多变，同学们在学习中深感困难。为了帮助同学们学好本门课程，特别是为了帮助考研的同学们提高解决问题的能力，作者根据二十几年来进行教学及辅导考研的丰富经验，特编著了这本书。

　　本书内容编排上与北京大学数学系编著的《高等代数》教材基本一致，每章对知识点进行简要概述，并对重要定理的证明思想及思路进行说明，然后精心挑选典型问题(源于《高等代数》流行教材中的典型习题以及著名高校的经典考研试题等)进行精解，并分节次安排适量的习题供读者做考研训练之用。通过这样处理，希望能帮助同学们提高解决问题能力，更希望使学生学会读书和思考问题。同学们在使用本书过程中，作者给出如下建议：充分理解《高等代数》教材中的相关内容后，再去看本书的解题过程或思考其中问题，在看问题的过程中也应回过头去联系教材中的相关理论。

　　在编写本书过程中，得到了信阳师范学院教务处、数学学院、华锐学院等单位领导和老师的帮助和支持，也得到了兄弟院校如中原工学院、黄淮学院等相关院系的领导老师的大力支持，在此作者对他(她)们表示衷心地感谢。

　　由于作者水平有限及时间仓促，本书中难免会有不妥或谬误之处，诚恳希望读者提出批评指正意见。

作　者

2014 年 7 月

目　　录

第一章　多项式

关键知识点：数域，整除，带余除法定理；最大公因式，最大公因式存在定理，互素，互素的判定及性质；不可约多项式，不可约多项式的性质，因式分解及唯一性定理，重因式(重根)，重因式的性质；$\mathbf{C}[x]$ 中的多项式的因式分解定理，$\mathbf{R}[x]$ 中的多项式的因式分解定理，本原多项式，高斯引理，整系数多项式的性质，艾森斯坦判别定理；对称多项式，对称多项式基本定理.

§1　数域、一元多项式及其整除性

一、数域和一元多项式

定义 1　设 P 是某些复数所组成的集合，如果 P 中至少包含 0 与 1，且 P 对复数的加、减、乘、除四则运算是封闭的，即 $\forall a, b \in P$，必有 $a \pm b \in P$，$ab \in P$，且当 $b \neq 0$ 时，$a/b \in P$，则称 P 为一个数域.

典型的数域：复数域 $\mathbf{C}$；实数域 $\mathbf{R}$；有理数域 $\mathbf{Q}$.

数域的一个重要性质：任意数域 P 都包括有理数域 $\mathbf{Q}$.

定义 2　所谓数域 P 上的一元多项式，是指形式表达式

$$f(x) = a_n x^n + a_{n-1} x^{n-1} + \cdots + a_1 x + a_0,$$

其中 n 是非负整数，$a_0, a_1, \cdots, a_n \in P$，$a_n \neq 0$. $a_n x^n$ 称为 $f(x)$ 的首项，a_n 为首项系数，n 称为多项式 $f(x)$ 的次数，记作 $\partial(f(x)) = n$. 零多项式不定义次数.

注：零多项式即 $f(x) = 0$；零次多项式即 $f(x) = a$，$0 \neq a \in P$.

规定：多项式的相等即同次项系数的相等；两个多项式的和即同次项系数的相加；两个多项式的乘积按可分配地展开再将同次项合并进行计算.

多项式的次数具如下性质：

1) $\partial(f(x) \pm g(x)) \leqslant \max(\partial(f(x)), \partial(g(x)))$；

2) 如果 $f(x) \neq 0$，$g(x) \neq 0$，那么 $f(x)g(x) \neq 0$，并且

$$\partial(f(x)g(x)) = \partial(f(x)) + \partial(g(x)).$$

多项式的运算具有的性质：加法交换律；加法结合律；乘法交换律；乘法结合律；乘法对加法的分配律；乘法消去律. 数域 P 上的一元多项式的全体，称为数域 P 上的一元多项式环，记为 $P[x]$.

例 1.1　证明 $\mathbf{Q}(i) = \{a + bi \mid a, b \in \mathbf{Q}\}$ 是数域(称为 Gauss 数域)，其中 $i = \sqrt{-1}$.

证　$0 = 0 + 0i$，$1 = 1 + 0i \in \mathbf{Q}(i)$.

$\forall a + bi, c + di \in \mathbf{Q}(i)$，有

$$(a + bi) \pm (c + di) = (a \pm c) + (b \pm di)i \in \mathbf{Q}(i),$$
$$(a + bi)(c + di) = (ac - bd) + (ad + bc)i \in \mathbf{Q}(i);$$

若 $a + bi \neq 0$，则 $a - bi \neq 0$，$a^2 + b^2 \neq 0$，

$$\frac{c + di}{a + bi} = \frac{(c + di)(a - bi)}{a^2 + b^2} = \frac{ac + bd}{a^2 + b^2} + \frac{ad - bc}{a^2 + b^2}i \in \mathbf{Q}(i),$$

所以 $\mathbf{Q}(i)$ 是一个数域.

例 1.2 设 $f(x)$，$g(x)$，$h(x) \in \mathbf{R}[x]$，且 $f^2(x) = xg^2(x) + xh^2(x)$，证明：
$$f(x) = g(x) = h(x) = 0.$$

证 若 $f(x) \neq 0$，则 $xg^2(x) + xh^2(x) \neq 0$. 那么 $\partial(f^2(x))$ 为偶数，而 $\partial(xg^2(x) + xh^2(x))$ 为奇数，矛盾. 所以 $f(x) = 0$，从而 $g(x) = h(x) = 0$.

二、一元多项式的整除性

带余除法定理设 $f(x)$，$g(x) \in P[x]$，$g(x) \neq 0$，则存在 $q(x)$，$r(x) \in P[x]$，使
$$f(x) = q(x)g(x) + r(x),$$
其中 $r(x) = 0$ 或 $\partial(r(x)) < \partial(g(x))$，且这样的 $q(x)$，$r(x)$ 是唯一决定的. 我们称 $q(x)$ 和 $r(x)$ 分别为用 $f(x)$ 去除 $g(x)$ 所得的商和余式.

多项式的综合除法设 $f(x) = a_n x^n + a_{n-1} x^{n-1} + \cdots + a_1 x + a_0$，则 $x - a$ 除 $f(x)$ 的商式 $q(x) = b_{n-1} x^{n-1} + b_{n-2} x^{n-2} + \cdots + b_0$ 和余式 r 可按下列计算格式求得：

$$
\begin{array}{c|cccccc}
a & a_n & a_{n-1} & a_{n-2} & \cdots & a_1 & a_0 \\
\hline
& b_{n-1} & b_{n-2} & b_{n-3} & \cdots & b_0 & r
\end{array}
$$

其中 $b_{n-1} = a_n$，$b_{n-2} = a_{n-1} + ab_{n-1}$，$b_{n-3} = a_{n-2} + ab_{n-2}$，$\cdots$，$b_0 = a_1 + ab_1$，$r = a_0 + ab_0$.

定义 3 设 $f(x)$，$g(x) \in P[x]$，若存在 $q(x) \in P[x]$，使 $f(x) = q(x)g(x)$，则称 $g(x)$ 整除 $f(x)$，记作 $g(x) \mid f(x)$，$g(x)$ 称为 $f(x)$ 的因式，$f(x)$ 称为 $g(x)$ 的倍式，否则称 $g(x)$ 不能整除 $f(x)$，记作 $g(x) \nmid f(x)$.

定理 1 设 $f(x)$，$g(x) \in P[x]$，$g(x) \neq 0$，则
$$g(x) \mid f(x) \Longleftrightarrow g(x) \text{ 除 } f(x) \text{ 的余式 } r(x) = 0.$$

整除性的常用性质：

1）若 $g(x) \mid f(x)$，$f(x) \mid g(x)$，则 $f(x) = cg(x)$，其中 $0 \neq c \in P$；

2）若 $f(x) \mid g(x)$，$g(x) \mid h(x)$，则 $f(x) \mid h(x)$；

3）若 $f(x) \mid g_i(x)$，且 $u_i(x) \in P[x] (i = 1, 2, \cdots, t)$，则
$$f(x) \mid (u_1(x)g_1(x) + u_2(x)g_2(x) + \cdots + u_t(x)g_t(x)).$$

4）两个多项式之间的整除关系不因为系数域的扩大而改变.

例 1.3 设 $f(x) = 2x^5 - 5x^3 - 8x$，$g(x) = x + 3$，用综合除法求商与余式.

证 作综合除法

$$
\begin{array}{c|cccccc}
-3 & 2 & 0 & -5 & 0 & -8 & 0 \\
\hline
& 2 & -6 & 13 & -39 & 109 & -327
\end{array}
$$

因此 $q(x) = 2x^4 - 6x^3 + 13x^2 - 39x + 109$，$r(x) = -327$.

例 1.4 设 $f(x) \in P[x]$，证明：$x \mid f^k(x) (k \in \mathbf{N}) \Longleftrightarrow x \mid f(x)$.

证 （$\Leftarrow$）设 $f(x) = q(x)x$，则 $f^k(x) = q^k(x)x^k$，因此 $x \mid f^k(x)$.

（$\Rightarrow$）设 $f(x) = q(x)x + r$，那么
$$f^k(x) = q^k(x)x^k + C_k^1 q^{k-1}(x)x^{k-1}r + \cdots + C_k^{k-1}q(x)xr^{k-1} + r^k,$$
若 $r \neq 0$，则 $r^k \neq 0$，导致矛盾，所以 $x \mid f(x)$.

习题 1.1

1. 设 $0 \neq f(x) \in P[x]$ 满足：$xf(x-1) = (x-26)f(x)$，证明：$\partial(f(x)) = 26$.

2. 设 $f(x)=x^4-2x^2+3$，$x_0=-2$，把 $f(x)$ 表示成 $x-x_0$ 的方幂和，即表示成

$$c_0+c_1(x-x_0)+c_2(x-x_0)^2+\cdots+c_n(x-x_0)^n+\cdots$$

的形式．

3. 证明：$x^k-1\mid x^n-1(k,\ n\in\mathbf{N})\Longleftrightarrow k\mid n.$

4. 证明：$x^2+x+1\mid x^{3m}+x^{3n+1}+x^{3p+2}$，其中 $m,\ n,\ p\in\mathbf{N}.$

5. 设 $\mathbf{R}$，$\mathbf{Q}$ 分别表示实数域和有理数域，$f(x)$，$g(x)\in\mathbf{Q}[x]$．证明：若在 $\mathbf{R}[x]$ 中有 $g(x)\mid f(x)$，则在 $\mathbf{Q}[x]$ 中也有 $g(x)\mid f(x).$

§2 最大公因式与互素

一、最大公因式

定义 4 设 $f(x)$，$g(x)\in P[x]$，若 $d(x)\in P[x]$，满足

1）$d(x)\mid f(x)$，$d(x)\mid g(x)$；

2）任意 $\varphi(x)\in P[x]$ 使 $\varphi(x)\mid f(x)$ 且 $\varphi(x)\mid g(x)$，均有 $d(x)\mid\varphi(x).$

则称 $d(x)$ 为 $f(x)$，$g(x)$ 的一个**最大公因式**（可简记为 GCD）．

定理 2 对于任意 $f(x)$，$g(x)\in P[x]$，则 $f(x)$ 与 $g(x)$ 的最大公因式（即 GCD）$d(x)\in P[x]$ 存在，且有 $u(x)$，$v(x)\in P[x]$，使得 $d(x)=u(x)f(x)+v(x)g(x).$

略证 （1）若 $f(x)=q(x)g(x)+r(x)$，则 $(f(x),\ g(x))=(g(x),\ r(x))$；

（2）若 $f(x)$，$g(x)$ 中有一个为 0，则结论成立；

（3）设 $g(x)\neq0$，进行辗转带余除，则可得：

$$f(x)=q_1(x)g(x)+r_1(x),\ g(x)=q_2(x)r_1(x)+r_2(x),\ \cdots\cdots,$$
$$r_{s-2}(x)=q_s(x)r_{s-1}(x)+r_s(x),\ r_{s-1}(x)=q_{s+1}(x)r_s(x)+0,$$

那么 $r_s(x)$ 是 $f(x)$ 与 $g(x)$ 的一个最大公因式，通过回代则知 $r_s(x)$ 也是 $f(x)$ 与 $g(x)$ 的一个组合．

对于定理 2，说明几点：

① 定理中用于求最大公因式（GCD）的方法通常称为**辗转相除法**；

② 定理中存在的 $u(x)$，$v(x)$ 使 $d(x)=u(x)f(x)+v(x)g(x)$ 一般不唯一；

③ 对于 $f(x)$，$g(x)\in P[x]$，若存在 $u(x)$，$v(x)\in P[x]$ 使

$$d(x)=u(x)f(x)+v(x)g(x),$$

则 $d(x)$ 一般不是 $f(x)$，$g(x)$ 的最大公因式（GCD）；

④ 我们用记号 $(f(x),\ g(x))$ 表示首项系数为 1 的那个最大公因式（GCD）．

定义 5 设 $f(x)$，$g(x)\in P[x]$，若 $m(x)\in P[x]$，满足

1）$f(x)\mid m(x)$，$g(x)\mid m(x)$；

2）对 $f(x)$，$g(x)$ 的任一个公倍式 $\varphi(x)$，都有 $m(x)\mid\varphi(x).$

则称 $m(x)$ 为 $f(x)$，$g(x)$ 的一个**最小公倍式**（LCM），记号 $[f(x),\ g(x)]$ 表示首项系数为 1 的最小公倍式（LCM）．

设 $f_1(x)$，$f_2(x)$，$\cdots$，$f_s(x)\in P[x](s\geqslant2)$，若 $d(x)\in P[x]$ 满足：

1）$d(x)\mid f_i(x)$，$i=1,\ 2,\ \cdots,\ s$；

2）$\forall\varphi(x)\in P[x]$，若 $\varphi(x)\mid f_i(x)$，$i=1,\ 2,\ \cdots,\ s$，则 $\varphi(x)\mid d(x).$

则称 $d(x)$ 为 $f_1(x)$，$f_2(x)$，$\cdots$，$f_s(x)$ 的**最大公因式**．

例 1.5 求 $u(x)$, $v(x)$ 使 $u(x)f(x)+v(x)g(x)=(f(x), g(x))$，其中
$$f(x)=x^4+2x^3-x^2-4x-2, \quad g(x)=x^4+x^3-x^2-2x-2.$$

解 作如下辗转相除：

$$
q_2(x)=x+1 \left|
\begin{array}{l}
x^4+x^3-\ \ x^2-2x-2 \\
x^4\ \ \ \ \ \ \ -2x^2 \\
\hline
\ \ \ \ \ x^3+\ \ x^2-2x-2 \\
\ \ \ \ \ x^3\ \ \ \ \ \ \ -2x \\
\hline
r_2(x)=x^2\ \ \ \ \ \ \ -2
\end{array}
\right|
\begin{array}{l}
x^4+2x^3-x^2-4x-2 \\
x^4+\ \ x^3-x^2-2x-2 \\
\hline
r_1(x)=x^3\ \ \ \ \ \ \ -2x
\end{array}
\left| q_1(x)=1 \right.
$$

所以 $(f(x), g(x))=x^2-2=r_2(x)$.

由于
$$f(x)=q_1(x)g(x)+r_1(x), \quad g(x)=q_2(x)r_1(x)+r_2(x),$$

所以
$$(f(x), g(x))=r_2(x)=(-q_2(x))f(x)+(1+q_1(x)q_2(x))g(x),$$

则得 $u(x)=-q_2(x)=-x-1$，$v(x)=1+q_1(x)q_2(x)=1+1\cdot(x+1)=x+2$.

例 1.6 证明：如果 $d(x)|f(x)$，$d(x)|g(x)$，且 $d(x)$ 为 $f(x)$ 与 $g(x)$ 的组合，那么 $d(x)$ 是 $f(x)$ 与 $g(x)$ 的一个最大公因式．

证 设 $\varphi(x)$ 是 $f(x)$ 与 $g(x)$ 的任一公因式，由于 $d(x)$ 是 $f(x)$ 与 $g(x)$ 的一个组合，则存在多项式 $u(x)$ 与 $v(x)$，使 $d(x)=u(x)f(x)+v(x)g(x)$，则 $\varphi(x)|d(x)$，所以 $d(x)$ 是 $f(x)$ 与 $g(x)$ 的一个最大公因式．

例 1.7 证明：$(f(x), g(x))=(f(x)+u(x)g(x), g(x))$.

证 设 $(f(x), g(x))=d(x)$，则 $d(x)|f(x)$，$d(x)|g(x)$，$d(x)|f(x)+u(x)g(x)$.

设 $\varphi(x)|f(x)+u(x)g(x)$，$\varphi(x)|g(x)$，则 $\varphi(x)|f(x)$，那么 $\varphi(x)|d(x)$，所以 $d(x)$ 是 $f(x)+u(x)g(x)$ 与 $g(x)$ 的一个最大公因式．

二、互素

定义 6 设 $f(x)$, $g(x)\in P[x]$，若 $(f(x), g(x))=1$，则称 $f(x)$, $g(x)$ 在数域 P 上**互素**(也可称互质)．

如果 $(f_1(x), f_2(x), \cdots, f_n(x))=1$，那么称 $f_1(x)$, $f_2(x)$, $\cdots$, $f_n(x)$ 互素．

定理 3 设 $f(x)$, $g(x)\in P[x]$，则 $f(x)$, $g(x)$ 互素 $\Leftrightarrow$ 存在 $u(x)$, $v(x)\in P[x]$ 使
$$u(x)f(x)+v(x)g(x)=1.$$

定理 4 如果 $(f(x), g(x))=1$，且 $f(x)|g(x)h(x)$，那么 $f(x)|h(x)$.

推论 若 $f_1(x)|g(x)$，$f_2(x)|g(x)$，且 $(f_1(x), f_2(x))=1$，则 $f_1(x)f_2(x)|g(x)$.

例 1.8 证明：若 $(f(x), g(x))=1$，$(f(x), h(x))=1$，则 $(f(x), g(x)h(x))=1$.

证 由假设，存在 $u_1(x)$, $v_1(x)$ 及 $u_2(x)$, $v_2(x)$ 使得
$$u_1(x)f(x)+v_1(x)g(x)=1, \quad u_2(x)f(x)+v_2(x)h(x)=1,$$

将两式相乘则得
$$u(x)f(x)+v(x)g(x)h(x)=1,$$

其中 $u(x)=u_1(x)u_2(x)f(x)+v_1(x)u_2(x)g(x)+u_1(x)v_2(x)h(x)$，$v(x)=v_1(x)v_2(x)$，所以 $(f(x), g(x)h(x))=1$.

例 1.9 设 $f(x)$, $g(x)$ 不全为零，记 $(f(x), g(x))=d(x)$，且 $f(x)=d(x)f_1(x)$，

4

$g(x) = d(x)g_1(x)$，证明：$(f_1(x)，g_1(x)) = 1$.

证　由定理 2，则存在 $u(x)$，$v(x)$ 使得

$$u(x)f(x) + v(x)g(x) = d(x)，\quad 即 \quad u(x)d(x)f_1(x) + v(x)d(x)g_1(x) = d(x)，$$

由于 $f(x)$，$g(x)$ 不全为 0，因此 $(f(x)，g(x)) = d(x) \neq 0$，由消去律则

$$u(x)f_1(x) + v(x)g_1(x) = 1，$$

所以 $(f_1(x)，g_1(x)) = 1$.

例 1.10　设多项式 $f(x)$，$g(x)$，$h(x) \in P[x]$ 满足

$$(x^2+1)h(x) + (x-1)f(x) + (x-2)g(x) = 0，$$
$$(x^2+1)h(x) + (x+1)f(x) + (x+2)g(x) = 0，$$

证明：$x^2+1 \mid f(x)$，$x^2+1 \mid g(x)$.

证　两式分别相减、相加，则得

$$f(x) = -2g(x)，\quad (x^2+1)h(x) = -xg(x).$$

由于 $(x^2+1) \mid xg(x)$，且 $(x^2+1，x) = 1$，所以 $(x^2+1) \mid g(x)$，$x^2+1 \mid f(x)$.

习题 1.2

1. 设 $f(x) = x^3 + (1+t)x^2 + 2x + 2u$，$g(x) = x^3 + tx + u$ 的最大公因式是一个二次多项式，求 t，u 的值.

2. 设 $h(x)$ 的首项系数为 1，证明：$(f(x)h(x)，g(x)h(x)) = (f(x)，g(x))h(x)$.

3. 证明：若 $(f(x)，g(x)) = 1$，则 $(f(x)g(x)，f(x)+g(x)) = 1$.

4. 设 $(f_i(x)，g_j(x)) = 1$，$(i = 1，2，\cdots，m；j = 1，2，\cdots，n)$，求证：

$$(f_1(x)f_2(x)\cdots f_m(x)，g_1(x)g_2(x)\cdots g_n(x)) = 1.$$

5. 设 $(f_1(x)，f_2(x)，\cdots，f_{s-1}(x))$ 存在，证明：$(f_1(x)，f_2(x)，\cdots，f_{s-1}(x)，f_s(x))$ 也存在，且当 $f_1(x)$，$f_2(x)$，$\cdots$，$f_s(x)$ 全不为零时有

$$(f_1(x)，f_2(x)，\cdots，f_{s-1}(x)，f_s(x)) = ((f_1(x)，f_2(x)，\cdots，f_{s-1}(x))，f_s(x)).$$

6. 设 $f_1(x)$，$f_2(x)$，$f_3(x) \in P[x]$ 均为非零多项式，证明：$f_1(x)$，$f_2(x)$，$f_3(x)$ 两两互素的充分必要条件是存在多项式 $u(x)$，$v(x)$，$w(x)$ 使得

$$u(x)f_1(x)f_2(x) + v(x)f_1(x)f_3(x) + w(x)f_2(x)f_3(x) = 1.$$

7. 设 $f_1(x)$，$f_2(x)$，$\cdots$，$f_n(x) \in P[x]$. 证明：$f_1(x)$，$f_2(x)$，$\cdots$，$f_n(x)$ 的最大公因式 $d(x)$ 必存在，且 $d(x)$ 是 $f_1(x)$，$f_2(x)$，$\cdots$，$f_n(x)$ 的一个组合.

8. 设 $(f_1(x)，f_2(x)) = 1$. 证明：任给 $g_1(x)$，$g_2(x) \in P[x]$，则存在 $g(x) \in P[x]$ 使得 $f_i(x) \mid g(x) - g_i(x)$，$(i = 1，2)$.

9. 设 $f(x)$，$g(x) \in \mathbf{Q}[x]$. 证明：$f(x)$，$g(x)$ 在 $\mathbf{Q}[x]$ 中互素，当且仅当 $f(x)$，$g(x)$ 在 $\mathbf{R}[x]$ 中互素.

10. 证明：若 $f(x)$，$g(x)$ 的首项系数都是 1，则 $[f(x)，g(x)] = \dfrac{f(x)g(x)}{(f(x)，g(x))}$.

§3　因式分解和多项式函数

一、不可约多项式与因式分解定理

定义 7　设 $p(x) \in P[x]$，$\partial(p(x)) \geqslant 1$，称 $p(x)$ 为数域 P 上的**不可约多项式**，如果 $p(x)$ 不能表

示成 $P[x]$ 中两个次数较低的多项式的乘积.

设 $p(x) \in P[x]$ 是不可约多项式, 则 $p(x)$ 具性质: 对于任意 $f(x) \in P[x]$, 则 $p(x) \mid f(x)$ 或 $(p(x), f(x)) = 1$.

定理 5 设 $p(x) \in P[x]$ 是不可约多项式, 那么 $p(x)$ 具性质: 对于 $P[x]$ 中任意 $f(x)$, $g(x)$, 若 $p(x) \mid f(x)g(x)$, 则 $p(x) \mid f(x)$ 或 $p(x) \mid g(x)$.

推广: 若不可约多项式 $p(x) \mid f_1(x)f_2(x)\cdots f_s(x)$, 则 $f_1(x)$, $f_2(x)$, $\cdots$, $f_s(x)$ 中必有某个 $f_i(x)$ 使得 $p(x) \mid f_i(x)$.

因式分解及唯一性定理 任给 $f(x) \in P[x]$, $\partial(f(x)) \geq 1$, 则 $f(x)$ 可唯一地分解成数域 P 上一些不可约多项式的乘积. 所谓唯一性是指, 若有两个分解式

$$f(x) = p_1(x)p_2(x)\cdots p_s(x) = q_1(x)q_2(x)\cdots q_t(x),$$

则 $s = t$, 且适当调整次序后, 有 $p_i(x) = c_i q_i(x)$, 其中 $c_i (i = 1, 2, \cdots, s)$ 是非零常数.

设 $f(x) \in P[x]$, $\partial(f(x)) \geq 1$, 则 $f(x)$ 的 **标准分解式** 为

$$f(x) = c p_1^{r_1}(x) p_2^{r_2}(x) \cdots p_s^{r_s}(x),$$

其中 c 为 $f(x)$ 的首项系数, $p_i(x)$ 为互不相同的首项系数为 1 的不可约多项式, r_i 是正整数.

例 1.11 设 $p(x) \in P[x]$, $\partial(p(x)) \geq 1$, 且 $p(x)$ 满足性质: 任给 $f(x) \in P[x]$, 都有 $p(x) \mid f(x)$ 或 $(p(x), f(x)) = 1$. 证明: $p(x)$ 是不可约多项式.

证 (反证) 设 $p(x)$ 是可约多项式, 则 $p(x)$ 可分解成两个次数较低的多项式的乘积 $p(x) = f_1(x)f_2(x)$, 取 $f(x) = f_1(x)$, 则 $p(x) \nmid f(x)$ 且 $(p(x), f(x)) \neq 1$, 矛盾.

例 1.12 设 $f(x) = a_n x^n + a_{n-1} x^{n-1} + \cdots + a_1 x + a_0 \in P[x] (a_n \neq 0, a_0 \neq 0)$, 且 $f(x)$ 是不可约多项式, 证明: $g(x) = a_0 x^n + a_1 x^{n-1} + \cdots + a_{n-1} x + a_n$ 也是不可约多项式.

证 (反证) 设 $g(x)$ 是可约多项式, 则 $g(x)$ 可分解成两个次数较低的多项式的乘积 $g(x) = g_1(x)g_2(x)$, 记 $\partial(g_1(x)) = r$, 则 $0 < r < n$.

因为 $f(x) = x^n g(1/x)$, 所以 $f(x) = x^r g_1(1/x) \cdot x^{n-r} g_2(1/x)$, 说明 $f(x)$ 也可分解成两个次数较低的多项式的乘积, 此与 $f(x)$ 不可约矛盾.

例 1.13 设 $f(x) \in P[x]$, $\partial(f(x)) \geq 1$, 且首项系数为 1. 证明: $f(x)$ 是一个不可约多项式的方幂的充分必要条件是: 任给 $g(x) \in P[x]$, 必有 $(f(x), g(x)) = 1$ 或者 $f(x) \mid g^m(x)$, 其中 m 为某一正整数.

证 ($\Rightarrow$) 设 $f(x) = p^n(x)$, 其中 $p(x)$ 为不可约多项式, n 为正整数.

任给 $g(x) \in P[x]$, 则 $(p(x), g(x)) = 1$, 或者 $p(x) \mid g(x)$. 若前者成立, 则有 $(p^n(x), g(x)) = 1$, 即得 $(f(x), g(x)) = 1$; 若后者成立, 则有 $p^n(x) \mid g^n(x)$, 即得 $f(x) \mid g^n(x)$.

($\Leftarrow$) (反证) 设 $f(x)$ 不能表示成一个不可约多项式的方幂, 则 $f(x)$ 至少有两个不同的不可约因式, 分别设它们为 $p(x)$, $q(x)$, 取 $g(x) = p(x)$, 则

$$(f(x), g(x)) \neq 1, \text{ 且 } f(x) \nmid g^m(x),$$

其中 m 为任一正整数, 矛盾.

二、重因式

定义 8 设 $p(x)$ 为数域 P 上的不可约多项式, $f(x) \in P[x]$, 称 $p(x)$ 为 $f(x)$ 的 **k 重因式**, 如果 $p^k(x) \mid f(x)$, 但 $p^{k+1}(x) \nmid f(x)$.

定理 6 如果不可约多项式 $p(x)$ 是 $f(x)$ 的 k 重因式 $(k \geq 1)$, 那么它是导数多项式 $f'(x)$ 的 $k-1$ 重因式.

由此可得重因式的下述性质:

1) 若不可约多项式 $p(x)$ 是 $f(x)$ 的 k 重因式 $(k \geqslant 1)$, 则 $p(x)$ 是 $f(x)$, $f'(x)$, $f''(x)$, $\cdots$, $f^{(k-1)}(x)$ 的因式, 但不是 $f^{(k)}(x)$ 的因式;

2) 不可约多项式 $p(x)$ 是 $f(x)$ 的重因式 $\Leftrightarrow p(x)$ 是 $f(x)$ 与 $f'(x)$ 的公因式;

3) 多项式 $f(x)$ 没有重因式 $\Leftrightarrow (f(x), f'(x)) = 1$.

例 1.14 设 $p(x) \in P[x]$ 为不可约多项式, $k > 1$, $(f(x), f'(x)) = d(x)$. 证明: $p(x)$ 是 $f(x)$ 的 k 重因式 $\Leftrightarrow p^{k-1}(x) \mid d(x)$, $p^k(x) \nmid d(x)$.

证 $(\Rightarrow)$ 由于 $p(x)$ 是 $f(x)$ 的 k 重因式, 那么 $p^k(x) \mid f(x)$, $p^{k+1}(x) \nmid f(x)$, 由定理 6, 则 $p^{k-1}(x) \mid f'(x)$, $p^k(x) \nmid f'(x)$, 因此 $p^{k-1}(x) \mid d(x)$, $p^k(x) \nmid d(x)$.

$(\Leftarrow)$ 由于 $p(x)$ 是 $d(x)$ 的 $k-1$ 重因式, 则 $p(x) \mid f(x)$, $p(x) \mid f'(x)$, 因此 $p(x)$ 必是 $f(x)$ 的重因式, 假设此重数为 $s(s > 1)$, 则由必要性, 则 $p(x)$ 是 $d(x)$ 的 $s-1$ 重因式, 所以 $s-1 = k-1$, 从而 $s = k$.

例 1.15 设 $f(x)$ 的标准分解式为

$$f(x) = c p_1^{r_1}(x) p_2^{r_2}(x) \cdots p_s^{r_s}(x),$$

其中 c 为 $f(x)$ 的首项系数, $p_i(x)$ 为互不相同的首项系数为 1 的不可约多项式, r_i 是正整数. 证明:

$$\frac{f(x)}{(f(x), f'(x))} = c p_1(x) p_2(x) \cdots p_s(x).$$

证 由于 $p_i(x)$ 是 $f(x)$ 的 r_i 重因式, 那么 $p_i(x)$ 是 $f'(x)$ 的 $r_i - 1$ 重因式, 因此可设

$$f'(x) = d p_1^{r_1 - 1}(x) p_2^{r_2 - 1}(x) \cdots p_s^{r_s - 1}(x) g(x),$$

其中 d 为 $f'(x)$ 的首项系数, 且 $(p_i(x), g(x)) = 1$, 所以

$$(f(x), f'(x)) = p_1^{r_1 - 1}(x) p_2^{r_2 - 1}(x) \cdots p_s^{r_s - 1}(x),$$

结论得证.

三、多项式函数

设 $f(x) = a_n x^n + a_{n-1} x^{n-1} + \cdots + a_1 x + a_0 \in P[x]$, $\alpha \in P$, 记

$$f(\alpha) = a_n \alpha^n + a_{n-1} \alpha^{n-1} + \cdots + a_1 \alpha + a_0,$$

则称 $f(\alpha)$ 为 $f(x)$ 当 $x = \alpha$ 时的值, 并且 $f: \alpha \mapsto f(\alpha)$ 定义了 P 到 P 的函数, 称为**多项式函数**.

若 $f(x)$ 在 $x = \alpha$ 时值 $f(\alpha) = 0$, 则称 α 为 $f(x)$ 的一个**根**或**零点**.

定理 7(余数定理) 用一次多项式 $x - \alpha$ 去除多项式 $f(x)$, 所得的余式是一个常数, 这个常数等于函数值 $f(\alpha)$.

定理 8 $P[x]$ 中的 n 次多项式 $(n \geqslant 0)$ 在数域 P 中的根至多为 n 个, 重根按重数计算.

定理 9 设 $f(x)$, $g(x) \in P[x]$, 且它们的次数 $\partial(f(x))$, $\partial(g(x)) \leqslant n$, 若存在 n 个不同的数 α_1, α_2, $\cdots$, $\alpha_{n+1} \in P$ 使得 $f(\alpha_i) = g(\alpha_i) (i = 1, 2, \cdots, n+1)$, 则 $f(x) = g(x)$.

例 1.16 利用重因式重根的性质解答下列问题:

1) 设 $(x-1)^2 \mid ax^4 + bx^2 + 1$, 求 a, b;

2) 试求多项式 $x^{2009} + 1$ 除以 $(x-1)^2$ 所得的余式.

解 1) 令 $f(x) = ax^4 + bx^2 + 1$, 则 $f'(x) = 4ax^3 + 2bx$, 由题设知, 1 是 $f(x)$ 的根, 也是 $f'(x)$ 的根, 则有 $\begin{cases} a + b + 1 = 0 \\ 4a + 2b = 0 \end{cases}$, 解得 $a = 1$, $b = -2$.

2) 可设 $x^{2009} + 1 = q(x)(x-1)^2 + ax + b$, 记 $f(x) = (x^{2009} + 1) - (ax + b)$, 则 1 是 $f(x)$ 的根, 也是 $f'(x) = 2009x^{2008} - a$ 的根, 则可解得 $a = 2009$, $b = -2007$, 所以余式为 $2009x - 2007$.

例 1.17 求多项式 $f(x) = x^3 + px + q$ 有重根的条件.

解 $f'(x) = 3x^2 + p$, 由于 $f(x)$ 是一个三次多项式, 那么 $f(x)$ 有重根 $\Leftrightarrow f(x)$ 有重因式 $\Leftrightarrow (f(x), f'(x)) \neq 1$.

作如下辗转相除:
$$f(x) = q_1(x) f'(x) + r_1(x), \quad f'(x) = q_2(x) r_1(x) + r_2(x),$$
其中
$$q_1(x) = \frac{1}{3}x, \quad r_1(x) = \frac{2}{3}px + q, \quad q_2(x) = \frac{9}{2p}x - \frac{27q}{4p^2}, \quad r_2(x) = p + \frac{27q^2}{4p^2},$$

上述运算中, 若 $p = 0$, 则需 $q = 0$, 否则 $(f(x), f'(x)) = 1$, 矛盾; 若 $p \neq 0$, 则可运算到第二步带余除, 此时需 $r_2(x) = 0$, 即需 $p + \frac{27q^2}{4p^2} = 0$. 总之 $4p^3 + 27q^2 = 0$.

例 1.18 设 α 是 $f'''(x)$ 的一个 k 重根, 证明: α 是 $g(x)$ 的一个 $k+3$ 重根, 其中
$$g(x) = \frac{x - \alpha}{2}[f'(x) + f'(\alpha)] - f(x) + f(\alpha).$$

证 对 $g(x)$ 连续求两次导得
$$g'(x) = \frac{x - \alpha}{2}f''(x) - \frac{1}{2}[f'(x) - f'(\alpha)], \quad g''(x) = \frac{x - \alpha}{2}f'''(x),$$
由于 α 是 $f'''(x)$ 的 k 重根, 即 $x - \alpha$ 是 $f'''(x)$ 的 k 重因式, 因此, 则 $x - \alpha$ 是 $g''(x)$ 的 $k+1$ (≥ 1) 重因式.

易验证 $g(\alpha) = g'(\alpha) = 0$, 因此 α 是 $g(x)$ 的重根, 即 $x - \alpha$ 是 $g(x)$ 的重因式, 可设其重数为 s ($s \geq 2$), 那么 $x - \alpha$ 是 $g''(x)$ 的 $s-2$ 重因式, 由重数的唯一性, 因此 $s-2 = k+1$, 所以 $s = k+3$, 即 α 是 $g(x)$ 的 $k+3$ 重根.

例 1.19 设 $\alpha \in \mathbf{C}$, 且 α 是数域 P 上某非零多项式 $g(x)$ 的根, 记
$$W = \{f(x) \in P[x] \mid f(\alpha) = 0\},$$
证明: 存在 $p(x) \in W$, 使 $p(x) \mid f(x)$, $\forall f(x) \in W$, 且 $p(x)$ 在 P 上不可约.

证 由于 $0 \neq g(x) \in W$, 则 W 中有很多非零多项式, 因此 W 中必存在次数最低的多项式, 取其一记为 $p(x)$, 对于任意多项式 $f(x) \in W$, 用 $p(x)$ 对 $f(x)$ 作带余除:
$$f(x) = q(x) p(x) + r(x), \quad \text{其中 } r(x) = 0 \text{ 或 } \partial(r(x)) < \partial(p(x)),$$
则 $r(\alpha) = f(\alpha) - q(\alpha) p(\alpha) = 0$, 因此 $r(x) \in W$, 说明 $\partial(r(x)) < \partial(p(x))$ 不可能成立, 所以 $r(x) = 0$, 即得 $p(x) \mid f(x)$.

(反证) 假设 $p(x)$ 在 P 上可约, 则 $p(x)$ 可分解成 P 上的两个次数较低的多项式的乘积即 $p(x) = p_1(x) p_2(x)$, 那么 $p(\alpha) = 0$, 则 $p_1(\alpha) = 0$ 或 $p_2(\alpha) = 0$, 立即可推得 $p_1(x) \in W$ 或 $p_2(x) \in W$, 矛盾.

习题 1.3

1. 设 $p(x)$ 是次数大于零的多项式, 如果对于任何多项式 $f(x)$, $g(x)$, 由 $p(x) \mid f(x)g(x)$ 可以推出 $p(x) \mid f(x)$ 或 $p(x) \mid g(x)$, 则 $p(x)$ 是不可约多项式.

2. 设 $f(x) \in P[x]$, $\partial(f(x)) \geq 1$, 且首项系数为 1. 证明: $f(x)$ 是一个不可约多项式的方幂的充分必要条件是: 对任意的多项式 $g(x)$, $h(x)$, 由 $f(x) \mid g(x)h(x)$, 可以推出 $f(x) \mid g(x)$, 或 $f(x) \mid h^m(x)$ (其中 m 为某一正整数).

3. 求 t 值使 $f(x) = x^3 - 3x^2 + tx - 1$ 有重根.

4. 试求一个 3 次多项式 $f(x)$ 使得 $(x-1)^2 \mid f(x) + 1$, $(x+1)^2 \mid f(x) - 1$.

5. 证明 $f(x)$ 不可能有重根：

1) $f(x) = 1 + x + \dfrac{x^2}{2!} + \cdots + \dfrac{x^n}{n!}$； 2) $f(x) = 1 - x + \dfrac{x^2}{2!} + \cdots + (-1)^n \dfrac{x^n}{n!}$

6. 证明：α 是 $f(x)$ 的 k 重根 $\Leftrightarrow f(\alpha) = f'(\alpha) = \cdots = f^{(k-1)}(\alpha) = 0$，但 $f^{(k)}(\alpha) \neq 0$.

7. 证明：如果 $(x-1) \mid f(x^n)$，那么 $(x^n - 1) \mid f(x^n)$.

8. 证明：$f(x) = x^n + ax^{n-m} + b$ 不存在非零的重数大于 2 的根.

9. 证明：如果 $f(x) \mid f(x^n)$，那么 $f(x)$ 的根只能是零或单位根.

10. 证明：如果 $f'(x) \mid f(x)$，那么 $f(x)$ 有 n 重根，其中 $n = \partial(f(x))$.

11. 设 $\partial(f(x)) = n$，$\dfrac{f(x)}{(f(x), f'(x))} = c(x-a)(x-b)$，求 $f(x)$.

12. 设复数 $c \neq 0$ 为某一有理多项式的根，令 $M = \{f(x) \in \mathbf{Q}[x] \mid f(c) = 0\}$.

1) 证明：存在唯一的首项系数等于 1 的在 $\mathbf{Q}$ 上不可约的多项式 $p(x) \in M$，使得 $p(x) \mid f(x)$，$\forall f(x) \in W$，对于 $c = \sqrt{3} + i$，求相应的 $p(x)$；

2) 证明：存在 $g(x) \in \mathbf{Q}[x]$ 使得 $g(c) = 1/c$；

13. 设 $0 \neq \alpha \in \mathbf{C}$，证明：$\alpha$ 是某非零 $g(x) \in Q[x]$ 的根 $\Leftrightarrow$ 存在 $f(x) \in Q[x]$ 使得 $f(\alpha) = 1/\alpha$.

14. 设 $f(x)$ 是 $\mathbf{Q}[x]$ 中的不可约多项式，证明：$f(x)$ 的根都是单根.

§4 特殊数域上的多项式的因式分解

一、复系数和实系数多项式的因式分解

代数基本定理次数 ≥ 1 的 $f(x) \in \mathbf{C}[x]$ 在复数域 $\mathbf{C}$ 上必有根.

复系数多项式因式分解定理对于任意 $f(x) \in \mathbf{C}[x]$，若 $\partial(f(x)) \geq 1$，则 $f(x)$ 在复数域 $\mathbf{C}$ 上都可唯一地分解成一次因式的乘积. 复系数多项式具有标准分解式

$$f(x) = a_n (x - \alpha_1)^{l_1} (x - \alpha_2)^{l_2} \cdots (x - \alpha_s)^{l_s},$$

其中 α_1, α_2, $\cdots$, α_s 是不同的复数，l_1, l_2, $\cdots$, l_s 是正整数.

如果 α 是 $f(x) \in \mathbf{R}[x]$ 的复根，那么 α 的共轭复数 $\bar{\alpha}$ 也是 $f(x)$ 的复根.

实系数多项式因式分解定理对于任意 $f(x) \in \mathbf{R}[x]$，若 $\partial(f(x)) \geq 1$，则 $f(x)$ 在复数域 $\mathbf{R}$ 上都可唯一地分解成一次因式与二次不可约因式的乘积. 实系数多项式具有标准分解式

$$f(x) = a_n (x - c_1)^{l_1} \cdots (x - c_s)^{l_s} (x^2 + p_1 x + q_1)^{k_1} \cdots (x^2 + p_r x + q_r)^{k_r},$$

其中 c_1, $\cdots$, c_s, p_1, $\cdots$, p_r, q_1, $\cdots$, q_r 全是实数，l_1, $\cdots$, l_s, k_1, $\cdots$, k_r 全是正整数，且 $p_i^2 - 4q_i < 0$ 即 $x^2 + p_i x + q_i (i = 1, 2, \cdots, r)$ 为 $\mathbf{R}$ 上的不可约多项式.

例 1.20 分别在 $\mathbf{C}[x]$、$\mathbf{R}[x]$ 中对 $f(x) = x^6 - 1$ 进行不可约分解.

解 $f(x) = (x+1)(x-1)\left(x + \dfrac{1-\sqrt{3}i}{2}\right)\left(x + \dfrac{1+\sqrt{3}i}{2}\right)\left(x - \dfrac{1+\sqrt{3}i}{2}\right)\left(x - \dfrac{1-\sqrt{3}i}{2}\right)$

$f(x) = (x+1)(x-1)(x^2 - x + 1)(x^2 + x + 1)$.

例 1.21 设 $f_n(x) = x^{n+2} - (x+1)^{2n+1}$，其中 n 为非负整数，证明：

$$(x^2 + x + 1, f_n(x)) = 1.$$

证 记 $\omega = \cos(2\pi/3) + i\sin(2\pi/3)$，则 $x^2 + x + 1 = (x - \omega)(x - \bar{\omega})$，那么

$$f_n(\omega) = \omega^{n+2} - (\omega + 1)^{2n+1} = \omega^{n+2} - (-\omega^2)^{2n+1} = \omega^{n+2}(1 + \omega^{3n}) = 2\omega^{n+2} \neq 0,$$

而 $f_n(x) \in R[x]$，则 $f_n(\bar{\omega}) \neq 0$，故 $(x^2+x+1) \nmid f_n(x)$，则 $(x^2+x+1, f_n(x))=1$.

二、有理系数多项式的因式分解

设 $g(x)=b_n x^n+b_{n-1}x^{n-1}+\cdots+b_0$ 为非零整系数多项式，如果 b_n，b_{n-1}，$\cdots$，b_0 没有异于 ± 1 的公因子，即 b_n，b_{n-1}，$\cdots$，b_0 互素，那么称 $g(x)$ 为**本原多项式**.

定理 10（Gauss 引理） 两个本原多项式的乘积积仍是本原多项式.

略证 设 $f(x)=a_n x^n+a_{n-1}x^{n-1}+\cdots+a_0$，$g(x)=b_m x^m+b_{m-1}x^{m-1}+\cdots+b_0$ 均为本原多项式，则 $h(x)=f(x)g(x)=d_{n+m}x^{n+m}+d_{n+m-1}x^{n+m-1}+\cdots+d_0$，$d_s=\sum\limits_{i+j=s}a_i b_j$.

（反证）假设 $h(x)$ 不是本原的，则存在素数 p 使得 $p \mid d_s (s=0, 1, \cdots, n+m)$，但 $f(x)$，$g(x)$ 均本原，则可设 $p \mid a_0$，$\cdots$，$p \mid a_{i-1}$，$p \nmid a_i$，$p \mid b_0$，$\cdots$，$p \mid b_{j-1}$，$p \nmid b_j$. 考查
$$d_{i+j} = \cdots + a_{i-2}b_{j+2} + a_{i-1}b_{j+1} + a_i b_j + a_{i+1}b_{j-1} + a_{i+2}b_{j-2} + \cdots,$$
则导致矛盾.

定理 11 若一非零的整系数多项式可分解成两个次数较低的有理系数多项式的乘积，则它一定可分解成两个次数较低的整系数多项式的乘积.

定理 12 设 $f(x)=a_n x^n+a_{n-1}x^{n-1}+\cdots+a_1 x+a_0$ 是一个整系数多项式，而 r/s 是它的一个有理根，其中 r，s 是互素的，则必有 $s \mid a_n$，$r \mid a_0$.

定理 13（Eisenstein 判别法） 设 $f(x)=a_n x^n+a_{n-1}x^{n-1}+\cdots+a_1 x+a_0$ 是整系数多项式，若有一个素数 p，使 $p \nmid a_n$，$p \mid a_{n-1}$，$p \mid a_{n-2}$，$\cdots$，$p \mid a_0$，$p^2 \nmid a_0$，则 $f(x)$ 在有理数域上是不可约的.

略证（反证）设 $f(x)$ 在在有理数域上可约，则 $f(x)$ 可分解为两个次数较低的整系数多项式的乘积，设 $f(x)=(b_l x^l+b_{l-1}x^{l-1}+\cdots+b_0)(c_m x^m+c_{m-1}x^{m-1}+\cdots+c_0)$，其中 $0<l$，$m<n$，且 $l+m=n$. 因此 $a_n=b_l c_m$，$a_0=b_0 c_0$.

由于 $p \nmid b_l c_m$，$p \mid b_0 c_0$，$p^2 \nmid b_0 c_0$，则可不妨设 $p \nmid b_l$，$p \nmid c_m$，$p \mid b_0$，$p \nmid c_0$，那么可假设 $p \mid b_0$，$p \mid b_1$，$\cdots$，$p \mid b_{k-1}$，$p \nmid b_k$. 利用 $a_k=b_k c_0+b_{k-1}c_1+\cdots+b_0 c_k$，则得矛盾.

例 1.22 求多项式 $f(x)=x^5+x^4-6x^3-14x^2-11x-3$ 的有理根.

解 设 $f(x)$ 的有理根为 r/s，其中 r，s 互素，则 $r \mid (-3)$，$s \mid 1$，那么 $f(x)$ 可能的有理根为 -1，1，-3，3. 作下述综合除法

$$
\begin{array}{r|rrrrrr}
-1 & 1 & 1 & -6 & -14 & -11 & -3 \\
\hline
-1 & 1 & 0 & -6 & -8 & -3 & (0 \\
-1 & 1 & -1 & -5 & -3 & (0 & \\
-1 & 1 & -2 & -3 & (0 & & \\
& 1 & -3 & (0 & & & \\
\end{array}
$$

则知 $f(x)$ 的有理根为 -1，-1，-1，-1，3.

例 1.23 设 $f(x)=a_n x^n+a_{n-1}x^{n-1}+\cdots+a_1 x+a_0$ 为整系数多项式，而 p/q 是它的一个有理根，其中 p，q 是互素的，证明：对于任意整数 m，则 $(p-mq) \mid f(m)$.

证 由于 $f(p/q)=0$，因此在 $\mathbf{Q}[x]$ 中 $(x-p/q) \mid f(x)$，从而 $(qx-p) \mid f(x)$，则存在 $g(x) \in \mathbf{Q}[x]$ 使得
$$f(x) = (qx - p) \cdot g(x),$$
但 p，q 互素，则 $(qx-p)$ 是本原多项式，所以 $g(x)$ 是整系数多项式，上式中以 m 代 x，则得

10

$(p-mq)|f(m)$.

例 1.24 判断 $f(x)=x^6+x^3+1$ 在有理数域 **Q** 上是否可约?

解 首先证明一个结论:对于数域 P 上的多项式 $f(x)$,令 $x=y+1$,可得多项式 $g(y)=f(y+1)$,则 $f(x)$ 与 $g(y)$ 或者同时可约,或者同时不可约.

其实,若 $f(x)$ 可约,则可设 $f(x)=f_1(x)f_2(x)$,其中 $0<\partial(f_i(x))<\partial(f(x))$,由于 $g(y)=f(y+1)=f_1(y+1)f_2(y+1)$,因此 $g(y)$ 也可约;同理反之亦成立.

对于 $f(x)=x^6+x^3+1$,令 $x=y+1$,则得多项式

$$g(y)=f(y+1)=(y+1)^6+(y+1)^3+1=y^6+6y^5+15y^4+21y^3+18y^2+9y+3,$$

取 $p=3$,由定理 13,则 $g(y)$ 不可约,因而 $f(x)$ 也不可约.

例 1.25 设 p 为素数,问 $f(x)=1+x+\dfrac{x^2}{2!}+\cdots+\dfrac{x^p}{p!}$ 在有理数域 **Q** 上是否可约?

解 令 $g(x)=p!\,f(x)=x^p+px^{p-1}+p(p-1)x^{p-2}+\cdots+p!$,则 $g(x)$ 为整系数多项式,由定理 13,则 $g(x)$ 在有理数域 **Q** 上不可约,从而 $f(x)$ 在 **Q** 上也不可约.

例 1.26 设多项式 $f(x)=(x-a_1)(x-a_2)\cdots(x-a_n)-1$,其中 a_1,a_2,$\cdots$,a_n 为两两不同的整数,证明:$f(x)$ 在有理数域上不可约.

证 (反证)设 $f(x)$ 在有理数域上可约,由定理 11,则可设 $f(x)=g(x)h(x)$,其中 $g(x)$,$h(x)\in \mathbf{Z}[x]$,并且 $\partial(g(x))<n$,$\partial(h(x))<n$.

由题设,则 $f(a_j)=g(a_j)h(a_j)=-1$,但 $g(a_j)$,$h(a_j)\in\mathbf{Z}(j=1,2,\cdots,n)$,因此

$$g(a_j)=1,\ h(a_j)=-1 \text{ 或者 } g(a_j)=-1,\ h(a_j)=1(j=1,2,\cdots,n),$$

那么 $g(a_j)+h(a_j)=0(j=1,2,\cdots,n)$,说明 $g(x)+h(x)$ 至少有 n 个不同的根.

如果 $g(x)+h(x)\neq 0$,那么 $\partial(g(x)+h(x))<n$,矛盾.所以 $g(x)+h(x)=0$,从而 $f(x)=-g^2(x)$,此与 $f(x)$ 的首项系数为 1 相矛盾.

例 1.27 设 $f(x)\in\mathbf{Z}[x]$ 使得 $f(1)=f(2)=f(3)=p$,其中 p 为素数.证明:不存在整数 m 使得 $f(m)=2p$.

证 (反证)假设存在整数 m 使得 $f(m)=2p$.由于 $f(x)-p$ 以 1,2,3 为根,则在有理数域 **Q** 上

$$(x-i)\,|\,(f(x)-p),\ i=1,2,3,$$

但 $x-1$,$x-2$,$x-3$ 两两互素,因此 $(x-1)(x-2)(x-3)\,|\,(f(x)-p)$.那么可设

$$f(x)=(x-1)(x-2)(x-3)q(x)+p,\ \text{其中 } q(x)\in\mathbf{Q}[x],$$

又 $(x-1)(x-2)(x-3)$ 为本原多项式,因此 $q(x)\in\mathbf{Z}[x]$.所以

$$p=(m-1)(m-2)(m-3)q(m),$$

此与 p 为素数矛盾.

习题 1.4

1. 证明:如果 $(x^2+x+1)\,|\,f_1(x^3)+xf_2(x^3)$,那么 $(x-1)\,|\,f_1(x)$,$(x-1)\,|\,f_2(x)$.

2. 在 $\mathbf{R}[x]$ 中,分解 x^m-1 为不可约多项式之乘积.

3. 计算 $\cos\dfrac{\pi}{7}\cos\dfrac{2\pi}{7}\cos\dfrac{3\pi}{7}$.

4. 求 x^2-x+1 能整除 $x^{3n}+x^{3m+1}+x^{3k+2}$ 的条件,其中 n,m,$k\in\mathbf{N}$.

5. 在有理数域 **Q** 上分解多项式:

1) $x^5-2x^4-4x^3+4x^2-5x+6$; 2) $x^5-6x^4+11x^3-2x^2-12x+8$.

6. 设 $f(x)$ 是一个整系数多项式，试证：若 $f(0)$ 与 $f(1)$ 都是奇数，则 $f(x)$ 不能有整数根．

7. 设 $f(x)=x^3+bx^2+cx+d\in\mathbf{Z}[x]$，若 $bd+cd$ 为奇数，证明：$f(x)$ 在 $\mathbf{Q}$ 上不可约．

8. 设 $f(x)=a_nx^n+a_{n-1}x^{n-1}+\cdots+a_1x+a_0$ 为整系数多项式，若 $3\nmid f(1)$，$3\nmid f(-1)$，$3\nmid a_n$，$3\nmid a_0$，证明：$f(x)$ 没有有理根．

9. 设 p 为奇素数，判断 $f(x)=x^p+px+1$ 在有理数域 $\mathbf{Q}$ 上是否可约？

10. 设 $f(x)=(x-a_1)^2(x-a_2)^2\cdots(x-a_n)^2+1$，其中 a_1，a_2，$\cdots$，a_n 为两两不同的整数，证明：$f(x)$ 在有理数域上不可约．

11. 设 $f(x)\in\mathbf{Z}[x]$，若有整数 a，使得 $f(a)=f(a+1)=f(a+2)=1$. 证明：对任意整数 c，则 $f(c)\neq-1$．

12. 设 $f(x)\in\mathbf{Z}[x]$，且 $g(x)=f(x)+1$ 至少有三个互不相等的整数根．证明：$f(x)$ 没有整数根．

§5 多元多项式

数域 P 中的形式表达式 $ax_1^{k_1}x_2^{k_2}\cdots x_n^{k_n}$（其中 $a\in P$，k_1，k_2，$\cdots$，k_n 是非负整数）称为**单项式**. 和式 $f(x_1,x_2,\cdots,x_n)=\sum\limits_{k_1,k_2,\cdots,k_n}a_{k_1k_2\cdots k_n}x_1^{k_1}x_2^{k_2}\cdots x_n^{k_n}$ 称为 **n 元多项式**. 数域 P 中的 n 元多项式的全体，称为数域 P 上的 **n 元多项式环**，记为 $P[x_1,x_2,\cdots,x_n]$．

设 $ax_1^{k_1}x_2^{k_2}\cdots x_n^{k_n}$ 与 $bx_1^{l_1}x_2^{l_2}\cdots x_n^{l_n}$ 为两个不同的单项式，如果
$$k_1=l_1,\ k_2=l_2,\ \cdots,\ k_{i-1}=l_{i-1},\ k_i>l_i,$$
则称 $ax_1^{k_1}x_2^{k_2}\cdots x_n^{k_n}$ 先于 $bx_1^{l_1}x_2^{l_2}\cdots x_n^{l_n}$. n 元多项式照此方法就定义了一个先后顺序，这种方法称为**字典排序法**. 按字典排序法写出的第一个系数不为零的单项式称为多项式的**首项**．

定理 14 设 $f(x_1,x_2,\cdots,x_n)\neq0$，$g(x_1,x_2,\cdots,x_n)\neq0$，则乘积 fg 的首项等于 f 的首项与 g 的首项的乘积．

韦达（Vieta）定理 设 $f(x)=a_0x^n+a_1x^{n-1}+\cdots+a_n\in P[x]$，$a_0\neq0$，$\alpha_1$，$\alpha_2$，$\cdots$，$\alpha_n$ 是 $f(x)$ 的 n 个根．那么
$$a_1/a_0=-(\alpha_1+\alpha_2+\cdots+\alpha_n),\ a_2/a_0=\sum_{1\leqslant i<j\leqslant n}\alpha_i\alpha_j,\ \cdots,\ a_n/a_0=(-1)^n\alpha_1\alpha_2\cdots\alpha_n.$$

证 由于 $f(x)/a_0=\prod\limits_{i=1}^n(x-\alpha_i)=(x-\alpha_1)(x-\alpha_2)\cdots(x-\alpha_n)$
$$=x^n-(\alpha_1+\alpha_2+\cdots+\alpha_n)x^{n-1}+\cdots+(-1)^n\alpha_1\alpha_2\cdots\alpha_n,$$
比较系数即可得证．

称 $f(x_1,x_2,\cdots,x_n)$ 为**对称多项式**，如果对于任意的 $1\leqslant i<j\leqslant n$，都有
$$f(x_1,\cdots,x_i,\cdots,x_j,\cdots,x_n)=f(x_1,\cdots,x_j,\cdots,x_i,\cdots,x_n).$$
令 $\sigma_1=x_1+x_2+\cdots+x_n$，$\sigma_2=x_1x_2+x_1x_3+\cdots+x_{n-1}x_n$，$\cdots$，$\sigma_n=x_1x_2\cdots x_n$，则称它们为**初等对称多项式**．

定理 15（对称多项式基本定理） 对于 n 元对称多项式 $f(x_1,x_2,\cdots,x_n)$，则存在 n 元多项式 $\varphi(y_1,y_2,\cdots,y_n)$，使得 $f(x_1,x_2,\cdots,x_n)=\varphi(\sigma_1,\sigma_2,\cdots,\sigma_n)$．

例 1.28 用初等对称多项式表示 $f(x_1,x_2,x_3)=(x_1-x_2)^2(x_1-x_3)^2(x_2-x_3)^2$．

解 f 是 3 元 6 次齐次对称多项式，首项为 $x_1^4x_2^2$，利用定理 15 的作法，则中间产生的序列 $f_1=f-\varphi_1$，$f_2=f_1-\varphi_2$，$\cdots$的首项所对应的指数组分别为
$$(4,1,1),\ (3,3,0),\ (3,2,1),\ (2,2,2),$$
那么序列 f，f_1，f_2，$\cdots$的首项可分别设为

$$x_1^4x_2^2, \quad Ax_1^4x_2x_3, \quad Bx_1^3x_2^3, \quad Cx_1^3x_2^2x_3, \quad Dx_1^2x_2^2x_3^2,$$

因此

$$f(x_1, x_2, x_3) = \sigma_1^2\sigma_2^2 + A\sigma_1^3\sigma_3 + B\sigma_2^3 + C\sigma_1\sigma_2\sigma_3 + D\sigma_3^2.$$

取 x_1, x_2, x_3 为 1, 1, 0 代入上式, 解得 $B=-4$, 取 x_1, x_2, x_3 为 2, 1, 1 代入上式解得 $D=-27$, 取 x_1, x_2, x_3 为 2, 2, -1 代入上式, 解得 $A=-4$, 取 x_1, x_2, x_3 为 1, 1, 1 代入上式, 解得 $C=18$. 所以 $f = \sigma_1^2\sigma_2^2 - 4\sigma_1^3\sigma_3 - 4\sigma_2^3 + 18\sigma_1\sigma_2\sigma_3 - 27\sigma_3^2$.

习题 1.5

1. 用初等对称多项式表示 $f(x_1, x_2, x_3) = (x_1x_2+x_3)(x_2x_3+x_1)(x_3x_1+x_2)$.

2. 证明: 三次方程 $x^3 + a_1x^2 + a_2x + a_3 = 0$ 的三个根成等差数列的充分必要条件为 $2a_1^3 - 9a_1a_2 + 27a_3 = 0$.

3. 求三次方程 $x^3 + a_1x^2 + a_2x + a_3 = 0$ 的三个根成等比数列的条件.

4. 设 x_1, x_2, $\cdots$, x_n 是方程 $x^n + a_1x^{n-1} + \cdots + a_{n-1}x + a_n = 0$ 的 n 个根. 证明: x_2, $\cdots$, x_n 的对称多项式可以表成 x_1 与 a_1, a_2, $\cdots$, a_{n-1} 的多项式.

补充题

1. 若 a, $b \in \mathbf{Q}$ 且不全为零, 证明: $\dfrac{1}{a+b\sqrt{2}} = \dfrac{A}{B}$, 其中 $A = \begin{vmatrix} 1 & b \\ \sqrt{2} & a \end{vmatrix}$, $B = \begin{vmatrix} a & b \\ 2b & a \end{vmatrix}$.

2. 记 $(f(x), g(x)) = d(x)$, 且 $f(x) = d(x)f_1(x)$, $g(x) = d(x)g_1(x)$, 证明: 如果 $\partial(f_1(x)) > 0$, $\partial(g_1(x)) > 0$, 那么存在唯一的 $u(x)$, $v(x)$ 满足

$$u(x)f(x) + v(x)g(x) = (f(x), g(x)),$$

其中 $\partial(u(x)) < \partial(g_1(x))$, $\partial(v(x)) < \partial(f_1(x))$.

3. 设 $f(x)$, $g(x)$ 为数域 P 上的两个多项式, k 为一给定的正整数. 证明:

$$f(x) \mid g(x) \Leftrightarrow f^k(x) \mid g^k(x).$$

4. 试求一个次数最低的多项式 $f(x)$ 使 $(x-1)^2$ 除 $f(x)$ 余式为 $2x$, $(x-2)^3$ 除 $f(x)$ 余式为 $3x$.

5. 设 $p(x) \in P[x]$ 为不可约多项式, α 是 $p(x)$ 的复根.

1) 证明: $p(x)$ 的常数项不等于零;

2) 证明: $(p(x), x^m) = 1$, 其中 m 为正整数;

3) 设 $p(x) = x^3 - 2x + 2$, 求 $\dfrac{1}{\alpha^5}$ (用 α 的多项式表示).

6. 设 $x^4 + x^3 + x^2 + x + 1 \mid x^3f_1(x^5) + x^2f_2(x^5) + xf_3(x^5) + f_4(x^5)$, 证明: $(x-1) \mid f_i(x)$, $i = 1, 2, 3, 4$, 其中 $f_i(x)$ 均是数域 P 上的多项式.

7. 给定 $f(x) = x^3 + 3x^2 + 3 \in \mathbf{Q}[x]$.

1) 证明: $f(x)$ 为 $\mathbf{Q}$ 上的不可约多项式;

2) 设 $\alpha \in \mathbf{C}$ 为 $f(x)$ 的一个根, 定义 $\mathbf{Q}[\alpha] = \{a_0 + a_1\alpha + a_2\alpha^2 \mid a_0, a_1, a_2 \in \mathbf{Q}\}$, 证明: 对于任意 $g(x) \in \mathbf{Q}[x]$, 则有 $g(\alpha) \in \mathbf{Q}[\alpha]$; 3) 证明: 若 $\beta \in \mathbf{Q}[\alpha]$ 且 $\beta \neq 0$, 则存在 $\gamma \in \mathbf{Q}[\alpha]$, 使得 $\beta\gamma = 1$.

8. 设 $F(x) = (x-a_1)(x-a_2)\cdots(x-a_n)$, 其中 a_1, a_2, $\cdots$, a_n 是 n 个互异的数, 记 $g_i(x) = \dfrac{F(x)}{(x-a_i)F'(a_i)}$, 证明:

1）$\sum_{i=1}^{n} g_i(x) = 1$；

2）任给 $f(x)$，用 $F(x)$ 去除 $f(x)$，所得的余式必为 $\sum_{i=1}^{n} f(a_i) g_i(x)$.

9. 设 $f(x)$ 是数域 P 上的不可约多项式.

1）设 $g(x) \in P[x]$，且与 $f(x)$ 有一公共复根，证明：$f(x) \mid g(x)$；

2）设 c，$1/c$ 均为 $f(x)$ 的根，证明：若 b 是 $f(x)$ 的根，则 $1/b$ 也是 $f(x)$ 的根.

10. 没有实根的首项系数大于零的多项式 $f(x) \in \mathbf{R}[x]$ 可以表示成两个实多项式的平方和.

11. 设 $f(x) = (x-x_1)(x-x_2)\cdots(x-x_n) = x^n - \sigma_1 x^{n-1} + \cdots + (-1)^n \sigma_n$，

$$s_k = x_1^k + x_2^k + \cdots + x_n^k (k=0,\ 1,\ 2,\ \cdots)$$

1）证明

$$x^{k+1} f'(x) = (s_0 x^k + s_1 x^{k-1} + \cdots + s_{k-1} x + s_k) f(x) + g(x),$$

其中 $\partial(g(x)) < n$ 或 $g(x) = 0$.

2）证明牛顿（Newton）公式：

$$s_k - \sigma_1 s_{k-1} + \sigma_2 s_{k-2} + \cdots + (-1)^{k-1} \sigma_{k-1} s_1 + (-1)^k k \sigma_k = 0 (1 \le k \le n)$$

$$s_k - \sigma_1 s_{k-1} + \sigma_2 s_{k-2} + \cdots + (-1)^n \sigma_n s_{k-n} = 0 (k > n)$$

习题答案

习题 1.1

1. 设 $f(x) = a_n x^n + a_{n-1} x^{n-1} + \cdots + a_1 x + a_0$，$a_n \neq 0$，则

$$xf(x-1) = x(a_n (x-1)^n + a_{n-1}(x-1)^{n-1} + \cdots + a_1(x-1) + a_0),$$

$$(x-26)f(x) = (x-26)(a_n x^n + a_{n-1} x^{n-1} + \cdots + a_1 x + a_0),$$

由条件比较等式的 n 次项系数，则得 $-na_n + a_{n-1} = -26a_n + a_{n-1}$，因此 $n=26$.

2. 由于

$$f(x) = c_0 + c_1(x-x_0) + c_2 (x-x_0)^2 + c_3 (x-x_0)^3 + c_4 (x-x_0)^4$$
$$= c_0 + (x-x_0)[c_1 + (x-x_0)[c_2 + (x-x_0)[c_3 + c_4(x-x_0)]]],$$

因此可以通过不断地作综合除法：

-2	1	0	-2	0	3
-2	1	-2	2	-4	$11 = c_0$
-2	1	-4	10	$-24 = c_1$	
-2	1	-6	$22 = c_2$		
	$c_4 = 1$	$-8 = c_3$			

即可得 $x^4 - 2x^2 + 3 = 11 - 24(x+2) + 22 (x+2)^2 - 8 (x+2)^3 + (x+2)^4$.

3. （$\Leftarrow$）若 $k \mid n$，则可设 $n = mk (m \in \mathbf{N})$，那么

$$x^n - 1 = (x^k)^m - 1 = (x^k - 1)((x^k)^{m-1} + (x^k)^{m-2} + \cdots + x^k + 1),$$

则 $x^k - 1 \mid x^n - 1$.

（$\Rightarrow$）（反证法）假设 $k \nmid n$，则 $n = qk + r$，其中 q，$r \in Z$，$0 < r < k$，那么

$$x^n - 1 = x^{qk+r} - 1 = x^{qk} x^r - x^r + x^r - 1 = x^r(x^{qk} - 1) + (x^r - 1),$$

由于 $x^k-1 \mid x^n-1$，$x^k-1 \mid x^{qk}-1$，所以 $x^k-1 \mid x^r-1$，矛盾．

4. 由于
$$x^{3m}+x^{3n+1}+x^{3p+2}=(x^{3m}-1)+x(x^{3n}-1)+x^2(x^{3p}-1)+(1+x+x^2)，$$
并且 $x^3-1 \mid x^{3k}-1$，$x^2+x+1 \mid x^3-1$，所以 $x^2+x+1 \mid x^{3m}+x^{3n+1}+x^{3p+2}$．

5. 若 $g(x)=0$，则 $f(x)=0$，结论成立；若 $g(x)\neq0$，在 $\mathbf{Q}[x]$ 中用 $g(x)$ 对 $f(x)$ 作带余除，则有 $f(x)=q(x)g(x)+r(x)$，其中 $q(x)$，$r(x)\in\mathbf{Q}[x]$，且 $r(x)=0$ 或 $\partial(r(x))<\partial(g(x))$，而上述带余除关系也可看作 $\mathbf{R}[x]$ 中的带余除，由条件，则必有 $r(x)=0$，所以在 $\mathbf{Q}[x]$ 中，$g(x)\mid f(x)$．

习题 1.2

1. 作辗转相除得如下关系式：
$$f(x)=q_1(x)g(x)+r_1(x)，\quad g(x)=q_2(x)r_1(x)+r_2(x)，$$
其中
$$q_1(x)=1，\quad r_1(x)=(1+t)x^2+(2-t)x+u，\quad q_2(x)=\frac{1}{1+t}x+\frac{t-2}{(1+t)^2}，$$
$$r_2(x)=\left(\frac{t^2+t-u}{1+t}+\frac{(t-2)^2}{(1+t)^2}\right)x+\left(1-\frac{t-2}{(1+t)^2}\right)u（注：1+t\neq0）．$$
为使最大公因式是二次，必须：$r_2(x)=0$，解得 $u=0$，$t=-4$．

2. 由于 $(f(x)，g(x))\mid f(x)$，$(f(x)，g(x))\mid g(x)$，所以
$$(f(x)，g(x))h(x)\mid f(x)h(x)，\quad (f(x)，g(x))h(x)\mid g(x)h(x)．$$
对于 $(f(x)，g(x))$，则存在多项式 $u(x)$，$v(x)$ 使得
$$(f(x)，g(x))=u(x)f(x)+v(x)g(x)，$$
那么
$$(f(x)，g(x))h(x)=u(x)f(x)h(x)+v(x)g(x)h(x)，$$
所以 $(f(x)，g(x))h(x)$ 是 $f(x)h(x)$ 与 $g(x)h(x)$ 的一个最大公因式．

3. 由于 $(f(x)，g(x))=1$，那么
$$(f(x)，f(x)+g(x))=1，\quad (g(x)，f(x)+g(x))=1，$$
所以 $(f(x)g(x)，f(x)+g(x))=1$．

4. 先证明 $(f_i(x)，g_1(x)g_2(x)\cdots g_n(x))=1$，$(i=1，2，\cdots，m)$．对 n 作归纳．

当 $n=1$ 时，结论成立．假设 $n-1$ 时结论成立．下面证明 n 时结论也成立：其实，设 $(f_i(x)，g_j(x))=1$，$(j=1，2，\cdots，n-1，n)$，由归纳假设则
$$(f_i(x)，g_1(x)g_2(x)\cdots g_{n-1}(x))=1，$$
又 $(f_i(x)，g_n(x))=1$，所以 $(f_i(x)，g_1(x)g_2(x)\cdots g_{n-1}(x)g_n(x))=1$．

由于 $(f_i(x)，g_1(x)g_2(x)\cdots g_n(x))=1$，$(i=1，2，\cdots，m)$，仍用上述方法对 m 作归纳则可证得本题结论．

5. 由于 $(f_1(x)，f_2(x)，\cdots，f_{s-1}(x))$ 存在，记 $d_1(x)=(f_1(x)，f_2(x)，\cdots，f_{s-1}(x))$，由定理 2，则 $(d_1(x)，f_s(x))$ 也存在，可记 $d(x)=(d_1(x)，f_s(x))$．

由于 $d(x)\mid d_1(x)$，$d_1(x)\mid f_i(x)$，因此 $d(x)\mid f_i(x)$，$i=1，2，\cdots，s-1$，此外明显也有 $d(x)\mid f_s(x)$．

设 $\varphi(x)$ 是 $f_1(x)$，$f_2(x)$，$\cdots$，$f_{s-1}(x)$，$f_s(x)$ 的任一公因式，则 $\varphi(x)\mid d_1(x)$，因此 $\varphi(x)$ 为 $d_1(x)$ 与 $f_s(x)$ 的一个公因式，则 $\varphi(x)\mid d(x)$，所以
$$d(x)=(f_1(x)，f_2(x)，\cdots，f_{s-1}(x)，f_s(x))．$$

6. 只需证必要性：由于$(f_2, f_3) = 1$，则$(f_1 f_2, f_1 f_3) = c f_1 (f_2, f_3) = c f_1$，那么

$$(f_1 f_2, f_1 f_3, f_2 f_3) = ((f_1 f_2, f_1 f_3), f_2 f_3) = (c f_1, f_2 f_3).$$

由条件知$(f_1, f_2) = 1$，$(f_1, f_3) = 1$，因此$(f_1, f_2 f_3) = 1$，所以$(f_1 f_2, f_1 f_3, f_2 f_3) = 1$.

7. 若$f_1(x)$，$f_2(x)$，…，$f_n(x)$均为零，则0即为它们的最大公因式，结论成立.

若$f_1(x)$，$f_2(x)$，…，$f_n(x)$不全为零，定义集合

$$\Omega = \Big\{ \sum_{i=1}^{n} u_i(x) f_i(x) \,\Big|\, u_i(x) \in P[x], i = 1, 2, \cdots, n \Big\},$$

则Ω中存在非零多项式，取Ω中首项系数等于1的次数最低的多项式$d(x)$，则$d(x)$是$f_1(x)$，$f_2(x)$，…，$f_n(x)$的一个组合. 若$d(x) \nmid f_i(x)$，则$f_i(x) = q(x) d(x) + r(x)$，其中$\partial(r(x)) < \partial(d(x))$，且$r(x) = f_i(x) - q(x) d(x) \in \Omega$，矛盾，因此$d(x) \mid f_i(x)$. 所以$d(x)$是$f_1(x)$，$f_2(x)$，…，$f_n(x)$的一个最大公因式.

8. 由于$(f_1(x), f_2(x)) = 1$，则存在$u_1(x)$，$u_2(x) \in P[x]$使得

$$u_1(x) f_1(x) + u_2(x) f_2(x) = 1,$$

那么

$$u_1(x) f_1(x) g_1(x) + u_2(x) f_2(x) g_1(x) = g_1(x),$$
$$u_1(x) f_1(x) g_2(x) + u_2(x) f_2(x) g_2(x) = g_2(x).$$

取$g(x) = u_1(x) f_1(x) g_2(x) + u_2(x) f_2(x) g_1(x)$，则$g(x)$即为所求.

9. $(\Rightarrow)$利用互素的判定定理可证(比较明显)；

$(\Leftarrow)$若$f(x)$，$g(x)$在$\mathbf{R}[x]$中互素，则存在$u(x)$，$v(x) \in \mathbf{R}[x]$，使得

$$u(x) f(x) + v(x) g(x) = 1.$$

设$d(x) \in \mathbf{Q}[x]$为$f(x)$，$g(x)$的一个最大公因式，则在$\mathbf{Q}[x]$中：$d(x) \mid f(x)$，$d(x) \mid g(x)$，那么在$\mathbf{R}[x]$中：$d(x) \mid f(x)$，$d(x) \mid g(x)$，因此在$\mathbf{R}[x]$中：$d(x) \mid 1$，则在$\mathbf{Q}[x]$中：$d(x) \mid 1$，从而$d(x) = c \in \mathbf{Q}$，$c \neq 0$，所以$f(x)$，$g(x)$在$\mathbf{Q}[x]$中互素.

10. 令$(f(x), g(x)) = d(x)$，记$f(x) = f_1(x) d(x)$，$g(x) = g_1(x) d(x)$，则

$$(f_1(x), g_1(x)) = 1.$$

记$Q(x) = \dfrac{f(x) g(x)}{(f(x), g(x))}$，那么

$$Q(x) = f(x) g_1(x) = g(x) f_1(x),$$

所以$f(x) \mid Q(x)$，$g(x) \mid Q(x)$(即$Q(x)$是$f(x)$，$g(x)$的一个公倍式).

若$M(x)$使$f(x) \mid M(x)$，$g(x) \mid M(x)$，可设$M(x) = f(x) s(x) = g(x) t(x)$，即

$$f_1(x) d(x) s(x) = g_1(x) d(x) t(x),$$

由消去律则有

$$f_1(x) s(x) = g_1(x) t(x).$$

那么$g_1(x) \mid f_1(x) s(x)$，则$g_1(x) \mid s(x)$，记$s(x) = g_1(x) s_1(x)$，则

$$M(x) = f(x) g_1(x) s_1(x) = Q(x) s_1(x).$$

习题 1.3

1. (反证法)设$p(x) = p_1(x) p_2(x)$，其中$0 < \partial(p_i(x)) < \partial(p(x))$，$i = 1, 2$，那么$p(x) \mid p_1(x) p_2(x)$，但是$p(x) \nmid p_1(x)$，$p(x) \nmid p_2(x)$，矛盾.

2. $(\Rightarrow)$设$f(x) = p^n(x)$，其中n为正整数，$p(x)$是不可约多项式. 对于多项式$g(x)$，$h(x)$，设有$f(x) \mid g(x) h(x)$，那么$p^n(x) \mid g(x) h(x)$，则$p(x) \mid g(x) h(x)$，因此$p(x) \mid g(x)$或者$p(x) \mid h(x)$，

不妨设 $p(x)|g(x)$, 记 $g(x)=q(x)p^r(x)$, 其中 r 为正整数, 且 $(p(x), q(x))=1$.

若 $r \geq n$, 则 $f(x)|g(x)$; 若 $r<n$, 则 $p^{n-r}(x)|q(x)h(x)$, 得 $p(x)|q(x)h(x)$, 因此 $p(x)|h(x)$, 所以 $f(x)|h^n(x)$.

($\Leftarrow$)(反证法)假设 $f(x)$ 不能表示成单个不可约多项式的方幂, 则可设

$$f(x)=p_1^{r_1}(x)p_2^{r_2}(x)\cdots p_s^{r_s}(x),$$

其中 $p_i(x)$ 为 $f(x)$ 的互异的首项系数为 1 的不可约因式, 且 $s \geq 2$, r_i 是正整数.

取 $g(x)=p_1^{r_1}(x)$, $h(x)=p_2^{r_2}(x)\cdots p_s^{r_s}(x)$, 那么必有 $f(x)|g(x)h(x)$, 但是 $f(x)\nmid g(x)$, 并且对于任意的正整数 m, 均有 $f(x)\nmid h^m(x)$, 矛盾.

3. $f'(x)=3x^2-6x+t$, 用 $f'(x)$ 对 $f(x)$ 作带余除, 则

$$f(x)=q_1(x)f'(x)+r_1(x), \quad \text{其中} \quad q_1(x)=\frac{1}{3}x-\frac{1}{3}, \quad r_1(x)=\frac{2}{3}(t-3)x+\frac{1}{3}(t-3).$$

当 $t=3$, 即 $r_1(x)=0$ 时, 则 $(f(x), f'(x)) \neq 1$, 此时 $f(x)$ 有重根; 若 $t \neq 3$ 时, 继续作带余除, 则

$$f'(x)=q_2(x)r_1(x)+r_2(x), \quad \text{其中} \quad q_2(x)=\frac{9}{2(t-3)}x-\frac{45}{4(t-3)}, \quad r_2(x)=t+\frac{15}{4}.$$

当 $t=-\frac{15}{4}$, 即 $r_2(x)=0$ 时, 则 $(f(x), f'(x)) \neq 1$, 此时 $f(x)$ 也有重根.

4. 由于 $(x-1)|f'(x)$, $(x+1)|f'(x)$, 则 $(x^2-1)|f'(x)$. 又 $\partial(f(x))=2$, 因此可设 $f'(x)=a(x^2-1)$,

那么可设 $f(x)=a\left(\frac{1}{3}x^3-x\right)+b$. 由于 $f(1)=-1$, $f(-1)=1$, 即 $\begin{cases} a\left(\dfrac{1}{3}-1\right)+b=-1 \\ a\left(-\dfrac{1}{3}+1\right)+b=1 \end{cases}$, 则解得 $a=\frac{3}{2}$, $b=0$,

所以 $f(x)=\frac{1}{2}x^3-\frac{3}{2}x$.

5. 1) 由于 $f'(x)=1+x+\frac{x^2}{2!}+\cdots+\frac{x^{n-1}}{(n-1)!}$, 则 $f(x)-f'(x)=\frac{x^n}{n!}$.

记 $(f(x), f'(x))=d(x)$, 若 $d(x) \neq 1$, 由于 $d(x)|f(x)-f'(x)$, 则存在 $k \in \mathbf{N}$ 使 $d(x)=x^k$, 但 $f(0)=1$, 矛盾. 所以 $(f(x), f'(x))=1$, 即得 $f(x)$ 没有重根.

2) $f'(x)=-1+x-\frac{x^2}{2!}+\cdots+(-1)^n\frac{x^{n-1}}{(n-1)!}$, 那么 $f(x)+f'(x)=(-1)^n\frac{x^n}{n!}$. 若 $f(x)$ 有重根, 设为 α, 则 $f(\alpha)=0$, $f'(\alpha)=0$, 那么 $f(\alpha)+f'(\alpha)=0$, 从而 $\alpha=0$, 但 $f(0)=1$, 矛盾, 所以 $f(x)$ 没有重根.

6. (必要性)设 α 是 $f(x)$ 的 k 重根, 由重因式的性质, 则 α 是 $f'(x)$ 的 $k-1$ 重根, α 是 $f''(x)$ 的 $k-2$ 重根, $\cdots$, α 是 $f^{(k-2)}(x)$ 的 1 重根, 并且 α 不是 $f^{(k)}(x)$ 的根, 那么即得 $f(\alpha)=f'(\alpha)=\cdots=f^{(k-1)}(\alpha)=0$, 但 $f^{(k)}(\alpha) \neq 0$.

($\Leftarrow$)由于 $f(\alpha)=f'(\alpha)=0$, 则 α 为 $f(x)$ 的重根, 可设重数为 s, 则 α 为 $f^{(k)}(x)$ 的 $s-k$ ($s-k \geq 0$)重根. 由条件, α 为 $f^{(k)}(x)$ 的 0 重根, 因此 $s-k=0$, 即得 $s=k$.

7. 由于 $(x-1)|f(x^n)$, 因此 $f(1^n)=0$, 即 $f(1)=0$, 则得 $(y-1)|f(y)$, 用 x^n 代 y, 所以 $(x^n-1)|f(x^n)$.

8. $f'(x)=x^{n-m-1}[nx^m+(n-m)a]$, 记 $g(x)=nx^m+(n-m)a$, 若 $a \neq 0$, 则 $(g(x), g'(x))=1$, 因此 $f(x)$ 只有零这种重根. 设 α 是 $f(x)$ 的重数大于 2 的根, 则 α 是 $f'(x)$ 的重根, 所以 $\alpha \neq 0$.

9. 设 α 为 $f(x)$ 的根, 则 $(x-\alpha)|f(x)$, 但 $f(x)|f(x^n)$, 因此 $(x-\alpha)|f(x^n)$, 所以 $f(\alpha^n)=0$, 说明 α^n 也为 $f(x)$ 的根. 一直这么往下推, 则知无穷序列

$$\alpha, \ \alpha^n, \ \alpha^{n^2}, \ \alpha^{n^3}, \ \cdots$$

均是 $f(x)$ 的根, 但 $\partial(f(x))$ 有限, 因此存在 $k>q$(自然数)使得

$$\alpha^{n^k}=\alpha^{n^q}, \quad \text{即}(\alpha^{n^k-n^q}-1)\alpha^{n^q}=0,$$

所以 α 为零或 α 为单位根.

10. $f'(x)\mid f(x)$, 则 $f'(x)$ 为 $f(x)$ 与 $f'(x)$ 的一个最大公因式, 记

$$g(x)=\frac{f(x)}{(f(x),\,f'(x))},$$

则 $g(x)$ 为一次多项式, 可设 $g(x)=c(x-\alpha)$. 但 $g(x)$ 与 $f(x)$ 有相同的不可约因式, 因此 $x-\alpha$ 是 $f(x)$ 的唯一的不可约因式, 而且其重数是 n 重.

11. 用上题的方法, 则可得 $f(x)=c(x-a)^r(x-b)^{n-r}$, $0<r<n$.

12. 1) M 中 $p(x)$ 的存在参考例 1.19. 记 $x=\sqrt{3}+i$, 则得 $(x-\sqrt{3})^2=i^2$, 即 $x^2-2\sqrt{3}x+3=-1$, 因此 $x^2+4=2\sqrt{3}x$, 故 $p(x)=x^4-4x^2+16$;

2) 对于不可约多项式 $p(x)$, 则 $(p(x),x)=1$, 则存在 $u(x)$, $g(x)\in\mathbf{Q}[x]$, 使 $u(x)p(x)+g(x)x=1$, 所以 $g(c)c=1$, 从而 $g(c)=1/c$.

13. ($\Leftarrow$) 取 $g(x)=xf(x)-1$ 即可;

($\Rightarrow$) 令 $M=\{f(x)\in\mathbf{Q}[x]\mid f(\alpha)=0\}$, 则存在次数最低首项系数为 1 的不可约多项式 $p(x)\in M$, 记 $p(x)=x^n+a_1x^{n-1}+\cdots+a_{n-1}x+a_n$, 则 $a_n\neq 0$(因 $0\neq\alpha$ 是 $p(x)$ 的根), 用 α 代 x, 则得 $1=-a_n^{-1}(\alpha^{n-1}+a_1\alpha^{n-2}+\cdots+a_{n-1})\alpha$, 因此可取

$$f(x)=-a_n^{-1}(x^{n-1}+a_1x^{n-2}+\cdots+a_{n-1}).$$

14. 在 $\mathbf{Q}[x]$ 中 $(f(x),f'(x))=1$, 则在 $\mathbf{C}[x]$ 中 $(f(x),f'(x))=1$, 所以 $f(x)$ 的根都是单根.

习题 1.4

1. 由于 $x^2+x+1=(x-\omega)(x-\omega^2)$, 其中 $\omega=\cos(2\pi/3)+i\sin(2\pi/3)$ 为三次单位根, 那么 $(x-\omega)\mid f_1(x^3)+xf_2(x^3)$, $(x-\omega^2)\mid f_1(x^3)+xf_2(x^3)$, 因此

$$\begin{cases}f_1(\omega^3)+\omega f_2(\omega^3)=0 \\ f_1(\omega^6)+\omega^2 f_2(\omega^6)=0\end{cases}, \quad \text{即} \quad \begin{cases}f_1(1)+\omega f_2(1)=0 \\ f_1(1)+\omega^2 f_2(1)=0\end{cases}, \quad \text{解得} \quad \begin{cases}f_1(1)=0 \\ f_2(1)=0\end{cases},$$

所以 $(x-1)\mid f_1(x)$, $(x-1)\mid f_2(x)$.

2. 多项式 x^m-1 的所有复根分别为 $\omega_k=\cos\dfrac{2k\pi}{m}+i\sin\dfrac{2k\pi}{m}$, $k=0$, 1, $\cdots$, $m-1$.

当 $m=2n+1$ 时, x^m-1 只有一个实根 $\omega_0=1$, 其余根两两共轭配对, 且

$$(x-\omega_k)(x-\omega_{m-k})=x^2-2\cos\frac{2k\pi}{m}\cdot x+1\in\mathbf{R}[x], \quad k=1, 2, \cdots, n,$$

所以 $x^{2n+1}-1=(x-1)\displaystyle\prod_{k=1}^{n}\left(x^2-2\cos\frac{2k\pi}{m}\cdot x+1\right)$;

当 $m=2n$ 时, x^m-1 恰有两个实根 $\omega_0=1$, $\omega_n=-1$, 其余根两两共轭配对, 所以 $x^{2n}-1=(x-1)(x+1)\displaystyle\prod_{k=1}^{n-1}\left(x^2-2\cos\frac{k\pi}{m}\cdot x+1\right)$.

3. 由上题可知

$$x^7-1=(x-1)\left(x^2-2x\cos\frac{2\pi}{7}+1\right)\left(x^2-2x\cos\frac{4\pi}{7}+1\right)\left(x^2-2x\cos\frac{6\pi}{7}+1\right),$$

将 $x=-1$ 代入上式，则得 $8\left(1+\cos\dfrac{2\pi}{7}\right)\left(1+\cos\dfrac{4\pi}{7}\right)\left(1+\cos\dfrac{6\pi}{7}\right)=1$，所以

$$\cos\frac{\pi}{7}\cos\frac{2\pi}{7}\cos\frac{3\pi}{7}=\frac{1}{8}.$$

4. 记 $f(x)=x^{3n}+x^{3m+1}+x^{3k+2}$，$g(x)=x^2-x+1$，则 $g(x)=(x-\theta_1)(x-\theta_2)$，其中 $\theta_1=\cos(\pi/3)+i\sin(\pi/3)$，$\theta_2=\cos(\pi/3)-i\sin(\pi/3)$. 那么

$$g(x)\,|\,f(x)\Leftrightarrow f(\theta_1)=0,\ f(\theta_2)=0\Leftrightarrow f(\theta_1)=0,$$

则所需条件为

$$\cos n\pi+i\sin n\pi+\cos(m\pi+\pi/3)+i\sin(m\pi+\pi/3)+\cos(k\pi+2\pi/3)+i\sin(k\pi+2\pi/3)=0,$$

则得条件为 m，k 奇偶性相反，且 n，m 奇偶性相反.

5. 1) $(x-1)(x+2)(x-3)(x^2+1)$；2) $(x-2)^3(x-1)(x+1)$.

6. (反证) 假设 $f(x)$ 有一整数根 a，则 $(x-a)\,|\,f(x)$ (在有理数域 $\mathbf{Q}$ 上). 可设

$$f(x)=(x-a)g(x),$$

其中 $g(x)\in\mathbf{Q}[x]$，由于 $(x-a)$ 是本原多项式，则 $g(x)\in\mathbf{Z}[x]$. 那么

$$f(0)=-ag(0),\quad f(1)=(1-a)g(1),$$

则 $a\,|\,f(0)$，$(a-1)\,|\,f(1)$，而 a，$(a-1)$ 中必有一个为偶数，因此矛盾.

7. 提示：$f(0)=d$，$f(1)=1+b+c+d$，由题设则 $f(0)$，$f(1)$ 均为奇数，利用上题可证结论.

8. (反证) 假设 $f(x)$ 有一有理根 p/q，其中 p，q 是互素的，由例 1.23，则有 $(p-q)\,|\,f(1)$，$(p+q)\,|\,f(-1)$，因此由题设得 $3\nmid(p-q)$，$3\nmid(p+q)$；又由定理 12，则必有 $p\,|\,a_0$，$q\,|\,a_n$，那么 $3\nmid p$，$3\nmid q$.

对 p，q 按 3 的剩余类 ($3k+1$，$3l+2$，其中 k，$l\in\mathbf{Z}$) 进行分类讨论，则可得矛盾.

9. 令 $x=y-1$，则

$$g(y)=f(y-1)=(y-1)^p+p(y-1)+1=y^p-C_p^1y^{p-1}+\cdots-C_p^{p-2}y^2+2py-p,$$

由于素数 $p\,|\,C_p^i (i=1,\ 2,\ \cdots,\ p-2)$ (注：C_p^i 为整数，且 i，$i-1$，$\cdots$，2 均不整除 p)，因此整系数多项式 $g(y)$ 在有理数域上不可约，因而 $f(x)$ 也在有理数域上不可约.

10. (反证) 设 $f(x)$ 在有理数域上可约，则 $f(x)$ 可表示成两次数较低的整系数多项式的乘积，那么可设 $f(x)=g(x)h(x)$，其中 $g(x)$，$h(x)\in\mathbf{Z}[x]$ (不妨设它们的首项系数均为 1)，且 $\partial(g(x))<2n$，$\partial(h(x))<2n$. 由条件则得

$$f(a_j)=g(a_j)h(a_j)=1(j=1,\ 2,\ \cdots,\ n),$$

那么 $g(a_j)=1$，$h(a_j)=1$ 或者 $g(a_j)=-1$，$h(a_j)=-1(j=1,\ 2,\ \cdots,\ n)$.

不妨设 $g(a_1)=1$，$h(a_1)=1$，由于 $f(x)$ 的函数值恒正，说明 $f(x)$ 没有实数根，因此 $g(x)$，$h(x)$ 也均没有实数根，由介值定理则得

$$g(a_j)=1,\ h(a_j)=1(j=1,\ 2,\ \cdots,\ n),$$

说明 $g(x)-1$，$h(x)-1$ 均至少有 n 个不同的根，但 $\partial(g(x)-1)+\partial(h(x)-1)=2n$，则 $g(x)-1$，$h(x)-1$ 均为 n 次多项式，所以

$$g(x)=(x-a_1)(x-a_2)\cdots(x-a_n)+1,\ h(x)=(x-a_1)(x-a_2)\cdots(x-a_n)+1,$$

即得 $f(x)=((x-a_1)(x-a_2)\cdots(x-a_n)+1)^2$，矛盾.

11. 提示：(反证) 假设存在整数 c 使 $f(c)=-1$. 由题设条件，参考例 1.27 的讨论，则可得 (注意：$(x-a)(x-(a+1))(x-(a+2))$ 是本原多项式)

$$f(x)-1=(x-a)(x-(a+1))(x-(a+2))q(x),$$

其中 $q(x)\in\mathbf{Z}[x]$. 令 $x=c$ 代入上式，则可推出矛盾.

12. 提示：(反证) 假设存在整数 s 使 $f(s)=0$. 由题设条件，则存在 k，l，m (三个互异的整数)，

19

使$(x-k)|g(x)$，$(x-l)|g(x)$，$(x-m)|g(x)$（有理数域上），参考例 1.27 的讨论，则可得
$$g(x)=f(x)+1=(x-k)(x-l)(x-m)q(x),$$
其中 $q(x)\in \mathbf{Z}[x]$. 令 $x=s$ 代入上式，则可推出矛盾.

习题 1.5

1. f 是 3 元非齐次对称多项式，最高次项为 6 次，最低次项为 3 次，由于
$$f=x_1^2x_2^2x_3^2+(x_1^3x_2x_3+x_1x_2^3x_3+x_1x_2x_3^3)+(x_1^2x_2^2+x_2^2x_3^2+x_1^2x_3^2)+x_1x_2x_3,$$
用逐次减首项的方法进行待定系数.

指数组	相应的 σ 的方幂的乘积
222	σ_3^2
311	$\sigma_1^2\sigma_3$
221	$\sigma_2\sigma_3$
220	σ_2^2
211	$\sigma_1\sigma_3$
111	σ_3

设
$$f(x_1,\ x_2,\ x_3)=\sigma_3^2+\sigma_1^2\sigma_3+A\sigma_2\sigma_3+\sigma_2^2+B\sigma_1\sigma_3+\sigma_3,$$
取 $x_1,\ x_2,\ x_3$ 为 1，1，1 代入上式，解得 $A+B=-4$；取 $x_1,\ x_2,\ x_3$ 为 -1，-1，-1 代入上式，解得 $A-B=0$，则得 $A=B=-2$，所以
$$f(x_1,\ x_2,\ x_3)=\sigma_3^2+\sigma_1^2\sigma_3-2\sigma_2\sigma_3+\sigma_2^2-2\sigma_1\sigma_3+\sigma_3.$$

2. 设方程的三个根分别为 $x_1,\ x_2,\ x_3$，则三个根成等差数列的充要条件为
$$(x_1+x_2-2x_3)(x_1+x_3-2x_2)(x_2+x_3-2x_1)=0.$$
令
$$f(x_1,\ x_2,\ x_3)=(x_1+x_2-2x_3)(x_1+x_3-2x_2)(x_2+x_3-2x_1),$$
则 f 是 3 元 3 次齐次对称多项式，其首项为 $2x_1^3$，用逐次减首项法进行待定系数.

指数组	相应的 σ 的方幂的乘积
300	σ_1^3
210	$\sigma_1\sigma_2$
111	σ_3

设
$$f(x_1,\ x_2,\ x_3)=-2\sigma_1^3+A\sigma_1\sigma_2+B\sigma_3,$$
取 $x_1,\ x_2,\ x_3$ 为 1，1，0 代入上式，解得 $A=9$；取 $x_1,\ x_2,\ x_3$ 为 1，1，-1 代入上式，解得 $A+B=-18$，则得 $B=-27$，所以 $f(x_1,\ x_2,\ x_3)=-2\sigma_1^3+9\sigma_1\sigma_2-27\sigma_3$. 利用根与系数的关系则知三根成等差数列的充要条件为 $2a_1^3-9a_1a_2+27a_3=0$.

3. 设方程的三个根分别为 $x_1,\ x_2,\ x_3$，则三个根成等差数列的充要条件为
$$(x_1^2-x_2x_3)(x_2^2-x_1x_3)(x_3^2-x_1x_2)=0.$$
令
$$f(x_1,\ x_2,\ x_3)=(x_1^2-x_2x_3)(x_2^2-x_1x_3)(x_3^2-x_1x_2),$$

则 f 是 3 元 6 次齐次对称多项式, 其首项为 $x_1^4 x_2 x_3$, 用逐次减首项法进行待定系数.

指数组	相应的 σ 的方幂的乘积
411	$\sigma_1^3 \sigma_3$
330	σ_2^3
321	$\sigma_1 \sigma_2 \sigma_3$
222	σ_3^2

设

$$f(x_1,\ x_2,\ x_3) = \sigma_1^3 \sigma_3 + A\sigma_2^3 + B\sigma_1 \sigma_2 \sigma_3 + C\sigma_3^2,$$

取 $x_1,\ x_2,\ x_3$ 为 1, 1, 0 代入上式, 解得 $A = -1$; 取 $x_1,\ x_2,\ x_3$ 为 1, 1, 1 代入上式, 解得 $9B + C = 0$; 取 $x_1,\ x_2,\ x_3$ 为 1, 1, -1 代入上式, 解得 $B + C = 0$, 则得 $B = C = 0$, 所以 $f(x_1,\ x_2,\ x_3) = \sigma_1^3 \sigma_3 - \sigma_2^3$. 利用根与系数的关系则知三根成等比数列的充要条件为 $a_1^3 a_3 - a_2^3 = 0$.

4. 设 $f(x_2,\ x_3,\ \cdots,\ x_n)$ 为关于 $x_2,\ x_3,\ \cdots,\ x_n$ 的对称多项式, 由定理 15, 则必有

$$f(x_2,\ x_3,\ \cdots,\ x_n) = g(f_1,\ f_2,\ \cdots,\ f_{n-1}),$$

其中 $f_1,\ f_2,\ \cdots,\ f_{n-1}$ 是 $x_2,\ x_3,\ \cdots,\ x_n$ 的初等对称多项式.

记 $h(x) = x^n + a_1 x^{n-1} + \cdots + a_{n-1} x + a_n$, 可设 $h(x) = (x - x_1) q(x)$, 作综合除法:

$$
\begin{array}{c|ccccc}
x_1 & 1 & a_1 & a_2 & \cdots & a_{n-1} & a_n \\
\hline
 & 1 & a_1 + x_1 & a_2 + a_1 x_1 + x_1^2 & \cdots & a_{n-1} + a_{n-2} x_1 + \cdots + x_1^{n-1} & 0
\end{array}
$$

则 $q(x) = x^{n-1} + (a_1 + x_1) x^{n-2} + (a_2 + a_1 x_1 + x_1^2) x^{n-3} + \cdots + (a_{n-1} + a_{n-2} x_1 + \cdots + x_1^{n-1})$.

由于 $q(x) = (x - x_2)(x - x_3) \cdots (x - x_n)$, 由根与系数的关系, 则得

$$f_1 = -(a_1 + x_1),\ f_2 = (a_2 + a_1 x_1 + x_1^2),\ \cdots,\ f_{n-1} = (-1)^{n-1}(a_{n-1} + a_{n-2} x_1 + \cdots + x_1^{n-1}),$$

所以 $f(x_2,\ \cdots,\ x_n)$ 可以表成 x_1 与 $a_1,\ a_2,\ \cdots,\ a_{n-1}$ 的多项式.

补充题

1. 设 $a + b\sqrt{2} \in \mathbf{Q}(\sqrt{2})$ 的逆元为 $x_1 + x_2 \sqrt{2}$, 则 $(a + b\sqrt{2})(x_1 + x_2 \sqrt{2}) = 1$, 故

$$\begin{cases} bx_1 + ax_2 = 0 \\ ax_1 + 2bx_2 = 1 \end{cases} \text{可解得 } x_1 = \frac{-a}{2b^2 - a^2},\ x_2 = \frac{b}{2b^2 - a^2},$$

所以 $\dfrac{1}{a + b\sqrt{2}} = x_1 + x_2 \sqrt{2} = \dfrac{-a + b\sqrt{2}}{2b^2 - a^2} = \dfrac{A}{B}$.

2. (存在性)对于 $d(x)$, 由定理 2, 则存在 $\lambda(x),\ \mu(x)$ 使得

$$\lambda(x)f(x) + \mu(x)g(x) = (f(x),\ g(x)),$$

但 $d(x) \neq 0$, 由消去律则

$$\lambda(x)f_1(x) + \mu(x)g_1(x) = 1.$$

对于 $\lambda(x)$, 用 $g_1(x)$ 作带余除, 则存在 $q(x),\ u(x) \in P[x]$ 使得

$$\lambda(x) = q(x)g_1(x) + u(x), \text{ 其中 } \partial(u(x)) < \partial(g_1(x)) (\text{注意 } u(x) \neq 0).$$

记 $v(x) = q(x)f_1(x) + \mu(x)$, 则有

$$u(x)f_1(x) + v(x)g_1(x) = 1,$$

由于 $\partial(f_1(x)) > 0$, $\partial(u(x)) < \partial(g_1(x))$, 因此 $\partial(v(x)) < \partial(f_1(x))$, 结论成立.

(唯一性)设另有 $u_1(x),\ v_1(x)$ 使 $u_1(x)f(x) + v_1(x)g(x) = d(x)$, 其中 $\partial(u_1(x)) < \partial(g_1(x))$,

$\partial(v_1(x))<\partial(f_1(x))$，则可得

$$u_1(x)f_1(x)+v_1(x)g_1(x)=1.$$

因此 $(u_1(x)-u(x))f_1(x)=(v(x)-v_1(x))g_1(x)$，又 $(f_1(x),g_1(x))=1$，那么

$$f_1(x)\mid(v(x)-v_1(x)),$$

若 $v(x)-v_1(x)\neq0$，由条件则 $\partial(f_1(x))>\partial(v(x)-v_1(x))$，矛盾，所以

$$v(x)-v_1(x)=0,\ u(x)-u_1(x)=0.$$

3. 只需证充分性：设 $f^k(x)\mid g^k(x)$，若 $f(x)=g(x)=0$，则充分性成立.

若 $f(x),g(x)$ 不全为零，记 $d(x)=(f(x),g(x))\neq0$，则

$$f(x)=f_1(x)d(x),\ g(x)=g_1(x)d(x),\ \text{其中}(f_1(x),g_1(x))=1.$$

那么

$$f^k(x)=f_1^k(x)d^k(x),\ g^k(x)=g_1^k(x)d^k(x).$$

由条件 $f^k(x)\mid g^k(x)$，则 $f_1^k(x)d^k(x)\mid g_1^k(x)d^k(x)$，但 $d^k(x)\neq0$，由消去律则 $f_1^k(x)\mid g_1^k(x)$，从而 $f_1(x)\mid g_1^k(x)$.

由于 $(f_1(x),g_1(x))=1$，因此 $f_1(x)\mid g_1^{k-1}(x)$，使用上述方法一直做下去则得 $f_1(x)\mid g_1(x)$，所以 $f(x)\mid g(x)$.

4. 可设 $f(x)=q_1(x)(x-1)^2+2x=q_2(x)(x-2)^3+3x$，考虑到

$$(x-2)^3=[(x-1)-1]^3=(x-1)^3-3(x-1)^2+3(x-1)-1,$$

记 $Q(x)=-(x-4)q_2(x)+q_1(x)$，则 $Q(x)(x-1)^2=q_2(x)(3x-4)+x$，由于所求的 $f(x)$ 的次数要求最低，则可设 $q_2(x)=ax+b$，那么

$$Q(x)(x-1)^2=(ax+b)(3x-4)+x,$$

由重因式的性质，可得 $a=4$，$b=-3$，故 $f(x)=4x^4-27x^3+66x^2-65x+24$.

5. 1) (反证) 设 $p(x)$ 的常数项等于零，由于 α 是 $p(x)$ 的复根，则 $\partial(p(x))>1$，此与 $p(x)$ 为不可约多项式矛盾，得证；

2) 由于 $x\nmid p(x)$，且 x 不可约，则 $(p(x),x)=1$，对 m 作归纳则可证得

$$(p(x),x^m)=1,\ \text{其中}\ m\ \text{为任意正整数}；$$

3) 由于 $p(x)=x^3-2x+2$ 不可约，则 $(p(x),x^5)=1$，作下述辗转相除：

$$
\begin{array}{c|cc|c}
q_2(x)= & x^3 \quad\quad -2x+2 & x^5 & q_1(x)= \\
-\dfrac{1}{2}x-1 & x^3-2x^2+2x & x^5 \quad -2x^3+2x^2 & x^2+2 \\
\hline
& 2x^2-4x+2 & 2x^3-2x^2 & \\
& 2x^2-4x+4 & 2x^3 \quad\quad -4x+4 & \\
\hline
& r_2(x)=-2 & r_1(x)=-2x^2+4x-4 &
\end{array}
$$

那么

$$x^5=q_1(x)p(x)+r_1(x),\ p(x)=q_2(x)r_1(x)+r_2(x),$$

因此

$$r_2(x)=\left(-\frac{1}{2}x^3-x^2-x-1\right)p(x)+\left(\frac{1}{2}x+1\right)x^5,$$

用 α 代入，则得 $\dfrac{1}{\alpha^5}=-\dfrac{1}{4}\alpha-\dfrac{1}{2}$.

6. 记 $\omega=\cos(2\pi/5)+i\sin(2\pi/5)$ 为五次单位根，那么

$$x^4+x^3+x^2+x+1=(x-\omega)(x-\omega^2)(x-\omega^3)(x-\omega^4).$$

令 $\omega_1 = \omega$，$\omega_2 = \omega^2$，$\omega_3 = \omega^3$，$\omega_4 = \omega^4$，则有

$$\begin{cases} \omega_1^3 f_1(1) + \omega_1^2 f_2(1) + \omega_1 f_3(1) + f_4(1) = 0 \\ \omega_2^3 f_1(1) + \omega_2^2 f_2(1) + \omega_2 f_3(1) + f_4(1) = 0 \\ \omega_3^3 f_1(1) + \omega_3^2 f_2(1) + \omega_3 f_3(1) + f_4(1) = 0 \\ \omega_4^3 f_1(1) + \omega_4^2 f_2(1) + \omega_4 f_3(1) + f_4(1) = 0 \end{cases},$$

由于

$$\begin{vmatrix} \omega_1^3 & \omega_1^2 & \omega_1 & 1 \\ \omega_2^3 & \omega_2^2 & \omega_2 & 1 \\ \omega_3^3 & \omega_3^2 & \omega_3 & 1 \\ \omega_4^3 & \omega_4^2 & \omega_4 & 1 \end{vmatrix} = \begin{vmatrix} 1 & \omega_1 & \omega_1^2 & \omega_1^3 \\ 1 & \omega_2 & \omega_2^2 & \omega_2^3 \\ 1 & \omega_3 & \omega_3^2 & \omega_3^3 \\ 1 & \omega_4 & \omega_4^2 & \omega_4^3 \end{vmatrix} = \prod_{1 \le i < j \le 4} (\omega_j - \omega_i) \ne 0,$$

所以 $f_i(1) = 0$，即 $(x-1) \mid f_i(x)$，$i = 1, 2, 3, 4$.

7. 1）由定理 13 易证；

2）对于 $g(x) \in \mathbf{Q}[x]$，用 $f(x)$ 对其作带余除，则得 $g(x) = q(x)f(x) + r(x)$，其中 $r(x) = 0$，或 $\partial(r(x)) < \partial(f(x))$，因此 $g(\alpha) = r(\alpha) \in \mathbf{Q}[\alpha]$；

3）由于 $\beta \in \mathbf{Q}[\alpha]$，则存在 $g(x) \in \mathbf{Q}[x]$，$\partial(g(x)) \le 2$ 使 $\beta = g(\alpha) \ne 0$，那么

$$(f(x), g(x)) = 1,$$

因此存在 $l(x)$，$h(x) \in \mathbf{Q}[x]$ 使 $l(x)f(x) + h(x)g(x) = 1$，则取 $\gamma = h(\alpha)$ 即可.

8. 1）易知 $g_i(a_j) = \begin{cases} 1, & j = i \\ 0, & j \ne i \end{cases}$，令 $g(x) = \sum_{i=1}^{n} g_i(x)$，则 $\partial(g(x)) \le n-1$，由于

$$g(a_j) = \sum_{i=1}^{n} g_i(a_j) = 1 (j = 1, 2, \cdots, n),$$

所以 $g(x) = 1$；

2）用 $F(x)$ 去除 $f(x)$，则有 $f(x) = q(x)F(x) + r(x)$，其中 $\partial(r(x)) \le n-1$ 或 $r(x) = 0$. 令 $h(x) = \sum_{i=1}^{n} f(a_i)g_i(x)$，则 $\partial(h(x)) \le n-1$ 或 $h(x) = 0$.

由于

$$h(a_j) = f(a_j), \ f(a_j) = r(a_j), \ j = 1, 2, \cdots, n,$$

那么 $r(a_j) = h(a_j)(j = 1, 2, \cdots, n)$，所以 $r(x) = h(x)$.

9. 1）因 $f(x)$ 为不可约多项式，则 $f(x) \mid g(x)$ 或 $(f(x), g(x)) = 1$，若后者成立，则存在 $u(x)$，$v(x)$ 使 $u(x)f(x) + v(x)g(x) = 1$. 设 a 为 $f(x)$ 与 $g(x)$ 的一公共根，则 $1 = u(a)f(a) + v(a)g(a) = 0$，矛盾，所以 $f(x) \mid g(x)$；

2）假设 $f(x) = a_n x^n + a_{n-1} x^{n-1} + \cdots + a_1 x + a_0$，其中 $a_n \ne 0$，由于 $f(x)$ 不可约，则 $a_0 \ne 0$，取 $g(x) = f(1/x)x^n$，则 $g(x)$ 也是一个 n 次多项式.

由于 $f(c) = 0$，$f(1/c) = 0$，则 $g(c) = 0$，说明 $f(x)$ 与 $g(x)$ 有一公共根 c，因此由 1）知 $f(x) \mid g(x)$. 但是 $\partial(f(x)) = \partial(g(x)) = n$，所以 $f(x) = kg(x)$（其中 k 为非零常数），得证.

10. 由于 $f(x) \in \mathbf{R}[x]$ 没有实根，由实多项式的因式分解定理，则 $f(x)$ 的次数必为偶数，且其所有根必为一些成对的共轭虚数，设这些根分别为：

$$a_1, \ \bar{a}_1, \ a_2, \ \bar{a}_2, \ \cdots, \ a_s, \ \bar{a}_s,$$

那么

$$f(x) = c(x - a_1)(x - \bar{a}_1)(x - a_2)(x - \bar{a}_2) \cdots (x - a_s)(x - \bar{a}_s)$$

$$= c(x-a_1)(x-a_2)\cdots(x-a_s)(x-\bar{a}_1)(x-\bar{a}_2)\cdots(x-\bar{a}_s).$$

记 $(x-a_1)(x-a_2)\cdots(x-a_s)=f_1(x)+if_2(x)$，其中 $f_1(x)$，$f_2(x)\in\mathbf{R}[x]$，那么

$$(x-\bar{a}_1)(x-\bar{a}_2)\cdots(x-\bar{a}_s)=f_1(x)-if_2(x),$$

所以

$$f(x)=c(f_1(x)+if_2(x))(f_1(x)-if_2(x))=(df_1(x))^2+(df_2(x))^2，\text{ 其中 } d=\sqrt{c}.$$

11. 由假设，则有 $f'(x)=\sum\limits_{i=1}^{n}\dfrac{f(x)}{x-x_i}$，那么

$$x^{k+1}f'(x)=\sum_{i=1}^{n}\frac{f(x)}{x-x_i}x^{k+1}=f(x)\sum_{i=1}^{n}\frac{x^{k+1}-x_i^{k+1}}{x-x_i}+\sum_{i=1}^{n}\frac{x_i^{k+1}f(x)}{x-x_i},$$

令 $g(x)=\sum\limits_{i=1}^{n}\dfrac{x_i^{k+1}f(x)}{x-x_i}$，则 $\partial(g(x))<n$，或 $g(x)=0$. 由于

$$\sum_{i=1}^{n}\frac{x^{k+1}-x_i^{k+1}}{x-x_i}=\sum_{i=1}^{n}(x^k+x_ix^{k-1}+\cdots+x_i^{k-1}x+x_i^k)=s_0x^k+s_1x^{k-1}+\cdots+s_{k-1}x+s_k,$$

则

$$(s_0x^k+s_1x^{k-1}+\cdots+s_{k-1}x+s_k)f(x)+g(x)=x^{k+1}f'(x)$$
$$=x^{k+1}(nx^{n-1}-(n-1)\sigma_1x^{n-2}+\cdots+(-1)^{n-1}\sigma_{n-1}).$$

比较上式两边 n 次项的系数，得：

当 $1\leqslant k\leqslant n$ 时，

$$(-1)^k\sigma_ks_0+(-1)^{k-1}\sigma_{k-1}s_1+\cdots+(-1)^0\sigma_0s_k=(-1)^k(n-k)\sigma_k,$$
$$\text{即 } s_k-\sigma_1s_{k-1}+\sigma_2s_{k-2}+\cdots+(-1)^{k-1}\sigma_{k-1}s_1+(-1)^kk\sigma_k=0;$$

当 $k>n$ 时，

$$s_k-\sigma_1s_{k-1}+\sigma_2s_{k-2}+\cdots+(-1)^n\sigma_ns_{k-n}=0.$$

第二章 行列式

关键知识点：排列，逆序数，行列式的定义；行列式的基本运算性质，矩阵及其初等行变换；元素的余子式及代数余子式，行列式的行（列）展开性质，克兰姆法则；子式的余子式及代数余子式，拉普拉斯定理，行列式乘法定理．

§1 排列和行列式的定义

一、排列

定义 1 由 1，2，$\cdots$，n 组成的一个有序数组称为一个 n **级排列**．

定义 2 在一个排列中，如果一对数的前后位置与大小顺序相反，即前面的数大于后面的数，则称这对数为一个**逆序**；一个排列中逆序的总数称为这个排列的**逆序数**．排列 $j_1j_2\cdots j_n$ 的逆序数记为 $\tau(j_1j_2\cdots j_n)$．

逆序数为奇数的排列称为**奇排列**，逆序数为偶数的排列称为**偶排列**．

把一个排列中某两个数的位置互换，而其余的数不动，得到另一个排列，这一变换称为一个**对换**．

定理 1 对换改变排列的奇偶性．即经过一次对换，奇排列变成偶排列，偶排列变成奇排列．

定理 2 任意一个 n 级排列与自然排列 $12\cdots n$ 都可经过一系列对换互变，并且所作对换的次数与这个排列的奇偶性相同．

例 2.1 求 9 级排列 524179386 的逆序数，分别指出构成逆序关系的数对，并决定排列的奇偶性．

解 排列中构成逆序关系的数对分别为：

$$41，21，51；52；93，73，43，53；54；86，96，76；98．$$

因此 $\tau(524179386)=13$，排列为奇排列．

例 2.2 写出把排列 12345 变成排列 25431 的某些对换方法．

解 这种对换的步骤并不唯一，如：

$$12345 \xrightarrow{(1,\ 2)} 21345 \xrightarrow{(1,\ 5)} 25341 \xrightarrow{(3,\ 4)} 25431 \ \text{或}$$

$$12345 \xrightarrow{(1,\ 2)} 21345 \xrightarrow{(1,\ 4)} 24315 \xrightarrow{(1,\ 3)} 24135 \xrightarrow{(1,\ 5)} 24531 \xrightarrow{(4,\ 5)} 25431．$$

二、行列式的定义

定义 3 n 级行列式 $D=\begin{vmatrix} a_{11} & a_{12} & \cdots & a_{1n} \\ a_{21} & a_{22} & \cdots & a_{2n} \\ \cdots & \cdots & \cdots & \cdots \\ a_{n1} & a_{n2} & \cdots & a_{nn} \end{vmatrix}$ 表示所有取自不同行不同列的 n 个元素的乘积

$$a_{1j_1}a_{2j_2}\cdots a_{nj_n}$$

（1）

的代数和，这里 $j_1j_2\cdots j_n$ 为 1，2，$\cdots$，n 的一个排列. 每一项 (1) 都按下列规则带有符号：当 $j_1j_2\cdots j_n$ 为奇排列时带负号；当 $j_1j_2\cdots j_n$ 为偶排列时带正号. 即

$$D = \sum_{j_1j_2\cdots j_n} (-1)^{\tau(j_1\cdots j_n)} a_{1j_1} a_{2j_2} \cdots a_{nj_n},$$

这里 $\sum\limits_{j_1j_2\cdots j_n}$ 表示对所有 1，2，$\cdots$，n 的 n 级排列求和.

定义也可写出：
$$\begin{vmatrix} a_{11} & a_{12} & \cdots & a_{1n} \\ a_{21} & a_{22} & \cdots & a_{2n} \\ \cdots & \cdots & \cdots & \cdots \\ a_{n1} & a_{n2} & \cdots & a_{nn} \end{vmatrix} = \sum (-1)^{\tau(i_1i_2\cdots i_n) + \tau(j_1j_2\cdots j_n)} a_{i_1j_1} a_{i_2j_2} \cdots a_{i_nj_n}.$$ 若排列 $j_1j_2\cdots j_n$ 为

自然排列，则上述的和为 $\sum\limits_{i_1i_2\cdots i_n}$，表示对所有 1，2，$\cdots$，n 的 n 级排列求和.

例 2.3 写出四阶行列式中含有因子 $a_{11}a_{23}$ 的项.

解 由定义知，四阶行列式的一般项为 $(-1)^{\tau(j_1j_2j_3j_4)} a_{1j_1} a_{2j_2} a_{3j_3} a_{4j_4}$，其中 $\tau(j_1j_2j_3j_4)$ 为 $j_1j_2j_3j_4$ 的逆序数. 由于 $j_1 = 1$，$j_2 = 3$ 已固定，因此 $j_1j_2j_3j_4$ 只能为 1324 或 1342. 对应的逆序数分别为 $\tau(1324) = 1$，$\tau(1342) = 2$，所以 $-a_{11}a_{23}a_{32}a_{44}$ 和 $a_{11}a_{23}a_{34}a_{42}$ 为所求.

例 2.4 由行列式的定义求 $f(x)$ 中 x^3 的系数，并说明理由：

$$1) f(x) = \begin{vmatrix} 2x & x & 1 & 2 \\ 1 & x & 1 & -1 \\ 3 & 2 & x & 1 \\ 1 & 1 & 1 & x \end{vmatrix};\quad 2) f(x) = \begin{vmatrix} x & 1 & 1 & 2 \\ 1 & x & 1 & -1 \\ 3 & 2 & x & 1 \\ 1 & 1 & 2x & 1 \end{vmatrix}.$$

解 1) 由行列式的定义，$f(x)$ 中的一般乘积项可设为 $a_{1j_1} a_{2j_2} a_{3j_3} a_{4j_4}$，只有当二三四行中所取的元素恰好有两个含 x 时，上述乘积项才可能产生出 x^3 的项，所以排列 $j_1j_2j_3j_4$ 可能为：4231，3214，2134，其中只有第三种才真正出现 x^3 的项，所以相应的项为 $(-1)^{\tau(2134)} x^3 = -x^3$，则 x^3 的系数为 -1.

2) 含 x^3 的项有两项：$(-1)^{\tau(1234)} a_{11}a_{22}a_{33}a_{44}$ 与 $(-1)^{\tau(1243)} a_{11}a_{22}a_{34}a_{43}$，即 x^3 与 $-2x^3$，所以 $f(x)$ 中 x^3 的系数为 -1.

习题 2.1

1. 决定排列 $n(n-1)\cdots 21$ 的逆序数，并讨论它的奇偶性.

2. 设排列 $j_1j_2\cdots j_{n-1}j_n$ 的逆序数为 k，问排列 $j_nj_{n-1}\cdots j_2j_1$ 的逆序数是多少？

3. 写出 4 阶行列式中所有带有负号并且包含因子 a_{23} 的项.

4. 设行列式 $D_5 = \begin{vmatrix} a_1 & a_2 & a_3 & a_4 & a_5 \\ b_1 & b_2 & b_3 & b_4 & b_5 \\ c_1 & c_2 & 0 & 0 & 0 \\ d_1 & d_2 & 0 & 0 & 0 \\ e_1 & e_2 & 0 & 0 & 0 \end{vmatrix}$，$D_n = \begin{vmatrix} 1 & 1 & \cdots & 1 \\ 1 & 1 & \cdots & 1 \\ \cdots & \cdots & \cdots & \cdots \\ 1 & 1 & 1 & 1 \end{vmatrix}$.

1) 由行列式定义证明 $D_5 = 0$；2) 已知 $D_n = 0$，证明：奇偶排列各半.

§2 行列式的基本性质及矩阵的行列式

一、行列式的基本性质

设 $D = \begin{vmatrix} a_{11} & a_{12} & \cdots & a_{1n} \\ a_{21} & a_{22} & \cdots & a_{2n} \\ \cdots & \cdots & \cdots & \cdots \\ a_{n1} & a_{n2} & \cdots & a_{nn} \end{vmatrix}$，则称 $\begin{vmatrix} a_{11} & a_{21} & \cdots & a_{n1} \\ a_{12} & a_{22} & \cdots & a_{n2} \\ \cdots & \cdots & \cdots & \cdots \\ a_{1n} & a_{2n} & \cdots & a_{nn} \end{vmatrix}$ 为 D 的**转置行列式**.

行列式的基本性质：

1）行列式和它的转置行列式相等；

2）对换行列式中两行(列)位置，行列式反号；

3）行列式某行(列)元素的公因子可提到行列式符号之外；

4）若行列式的某一行(列)的元素都是两数之和，则行列式可按此行(列)拆成两个行列式之和，即

$$\begin{vmatrix} a_{11} & a_{12} & \cdots & a_{1n} \\ \vdots & \vdots & \cdots & \vdots \\ a_1+b_1 & a_2+b_2 & \cdots & a_n+b_n \\ \vdots & \vdots & \cdots & \vdots \\ a_{n1} & a_{n2} & \cdots & a_{nn} \end{vmatrix} = \begin{vmatrix} a_{11} & a_{12} & \cdots & a_{1n} \\ \vdots & \vdots & \cdots & \vdots \\ a_1 & a_2 & \cdots & a_n \\ \vdots & \vdots & \cdots & \vdots \\ a_{n1} & a_{n2} & \cdots & a_{nn} \end{vmatrix} + \begin{vmatrix} a_{11} & a_{12} & \cdots & a_{1n} \\ \vdots & \vdots & \cdots & \vdots \\ b_1 & b_2 & \cdots & b_n \\ \vdots & \vdots & \cdots & \vdots \\ a_{n1} & a_{n2} & \cdots & a_{nn} \end{vmatrix};$$

5）把行列式的某一行(列)的倍数加到另一行(列)，行列式不变.

例 2.5 计算：1) $\begin{vmatrix} 246 & 427 & 327 \\ 1014 & 543 & 443 \\ -342 & 721 & 621 \end{vmatrix}$; 2) $\begin{vmatrix} 1 & -1 & 1 & x-1 \\ 1 & -1 & x+1 & -1 \\ 1 & x-1 & 1 & -1 \\ x+1 & -1 & 1 & -1 \end{vmatrix}$.

解 1) $\begin{vmatrix} 246 & 427 & 327 \\ 1014 & 543 & 443 \\ -342 & 721 & 621 \end{vmatrix} \xrightarrow[c_2+(-1)c_3]{c_1+c_2+c_3} \begin{vmatrix} 10^3 & 10^2 & 327 \\ 2 \cdot 10^3 & 10^2 & 443 \\ 10^3 & 10^2 & 621 \end{vmatrix} = 10^5 \begin{vmatrix} 1 & 1 & 327 \\ 2 & 1 & 443 \\ 1 & 1 & 621 \end{vmatrix}$

$\xrightarrow[r_3+(-1)r_1]{r_2+(-2)r_1} 10^5 \begin{vmatrix} 1 & 1 & 327 \\ 0 & -1 & -211 \\ 0 & 0 & 294 \end{vmatrix} = -294 \times 10^5.$

说明：记号 $c_j+k \cdot c_i (r_j+k \cdot r_i)$ 表示第 i 列(行)的 k 倍加到第 j 列(行).

2) $\begin{vmatrix} 1 & -1 & 1 & x-1 \\ 1 & -1 & x+1 & -1 \\ 1 & x-1 & 1 & -1 \\ x+1 & -1 & 1 & -1 \end{vmatrix} \xrightarrow{c_1+c_2+c_3+c_4} \begin{vmatrix} x & -1 & 1 & x-1 \\ x & -1 & x+1 & -1 \\ x & x-1 & 1 & -1 \\ x & -1 & 1 & -1 \end{vmatrix}$

$= x \begin{vmatrix} 1 & -1 & 1 & x-1 \\ 1 & -1 & x+1 & -1 \\ 1 & x-1 & 1 & -1 \\ 1 & -1 & 1 & -1 \end{vmatrix} \xrightarrow[c_3+(-1)c_1, \ c_4+c_1]{c_2+c_1} x \begin{vmatrix} 1 & 0 & 0 & x \\ 1 & 0 & x & 0 \\ 1 & x & 0 & 0 \\ 1 & 0 & 0 & 0 \end{vmatrix} = x^4.$

27

例 2.6 设 a_1，a_2，$\cdots$，a_n 均非零，记 $D_{n+1}=\begin{vmatrix} a_0 & 1 & 1 & \cdots & 1 \\ 1 & a_1 & 0 & \cdots & 0 \\ 1 & 0 & a_2 & \cdots & 0 \\ \cdots & \cdots & \cdots & & \cdots \\ 1 & 0 & 0 & \cdots & a_n \end{vmatrix}$，求 D_{n+1}.

解 $D_{n+1} \xrightarrow[\substack{c_1-a_1^{-1}\cdot c_2 \\ c_1-a_2^{-1}\cdot c_3 \\ \cdots \\ c_1-a_n^{-1}\cdot c_n}]{} \begin{vmatrix} a_0-\sum\limits_{i=1}^{n}a_i^{-1} & 1 & 1 & \cdots & 1 \\ 0 & a_1 & 0 & \cdots & 0 \\ 0 & 0 & a_2 & \cdots & 0 \\ \cdots & \cdots & \cdots & \cdots & \cdots \\ 0 & 0 & 0 & \cdots & a_n \end{vmatrix} = a_1a_2\cdots a_n\left(a_0-\sum\limits_{i=1}^{n}a_i^{-1}\right)$.

二、矩阵的行列式

定义 4 由 sn 个数排成的 s 行 n 列的数表

$$A=\begin{pmatrix} a_{11} & a_{12} & \cdots & a_{1n} \\ a_{21} & a_{22} & \cdots & a_{2n} \\ \cdots & \cdots & \cdots & \cdots \\ a_{s1} & a_{s2} & \cdots & a_{sn} \end{pmatrix}$$

称为一个 **$s\times n$ 矩阵**，数 a_{ij} 称为矩阵 A 的**元素**，i 为**行指标**，j 为**列指标**；一个 $n\times n$ 矩阵称为 n **级方阵**.

设 n 级方阵 $A=\begin{pmatrix} a_{11} & a_{12} & \cdots & a_{1n} \\ a_{21} & a_{22} & \cdots & a_{2n} \\ \cdots & \cdots & \cdots & \cdots \\ a_{n1} & a_{n2} & \cdots & a_{nn} \end{pmatrix}$，则称行列式 $\begin{vmatrix} a_{11} & a_{12} & \cdots & a_{1n} \\ a_{21} & a_{22} & \cdots & a_{2n} \\ \cdots & \cdots & \cdots & \cdots \\ a_{n1} & a_{n2} & \cdots & a_{nn} \end{vmatrix}$ 为矩阵 A 的行列式，记作 $|A|$ 或 $\det A$.

定义 5 数域 P 上矩阵的**初等行(列)变换**是指下列三种变换：

1）以 P 中一个非零数 k 乘矩阵的某一行(列)；

2）把矩阵的某一行(列)的 k 倍加到另一行(列)，$k\in P$；

3）互换矩阵中两行(列)的位置.

矩阵的初等行变换与初等列变换统称为**初等变换**.

任意一个矩阵经过一系列初等行变换总能变成**阶梯形矩阵**(即：每一行的首个非零元的下方全为零；若该行全为零，则它的下面各行也全为零).

例 2.7 设矩阵 $A=\begin{pmatrix} 1 & 1 & 1 & 1 \\ 2 & 1 & 1 & -3 \\ 1 & 2 & 2 & 5 \\ 4 & 3 & 2 & 1 \end{pmatrix}$，计算行列式 $|A|$.

解 $|A|=\begin{vmatrix} 1 & 1 & 1 & 1 \\ 0 & -1 & -1 & -5 \\ 0 & 1 & 1 & 4 \\ 0 & -1 & -2 & -3 \end{vmatrix}=-\begin{vmatrix} 1 & 1 & 1 & 1 \\ 0 & 1 & 1 & 5 \\ 0 & 0 & 0 & -1 \\ 0 & 0 & -1 & 2 \end{vmatrix}=\begin{vmatrix} 1 & 1 & 1 & 1 \\ 0 & 1 & 1 & 5 \\ 0 & 0 & -1 & 2 \\ 0 & 0 & 0 & -1 \end{vmatrix}=1.$

例 2.8 设矩阵 $A=(a_{ij})_{n\times n}$，其中 $a_{ij}=|i-j|$（绝对值），计算行列式 $|A|$.

解 $|A|=\begin{vmatrix} 0 & 1 & 2 & 3 & \cdots & n-1 \\ 1 & 0 & 1 & 2 & \cdots & n-2 \\ 2 & 1 & 0 & 1 & \cdots & n-3 \\ 3 & 2 & 1 & 0 & \cdots & n-4 \\ \cdots & \cdots & \cdots & \cdots & & \cdots \\ n-1 & n-2 & n-3 & n-4 & \cdots & 0 \end{vmatrix} \xlongequal[r_2-r_3,\ \cdots]{r_1-r_2}$

$\begin{vmatrix} -1 & 1 & 1 & 1 & \cdots & 1 \\ -1 & -1 & 1 & 1 & \cdots & 1 \\ -1 & -1 & -1 & 1 & \cdots & 1 \\ -1 & -1 & -1 & -1 & \cdots & 1 \\ \cdots & \cdots & \cdots & \cdots & & \cdots \\ n-1 & n-2 & n-3 & n-4 & \cdots & 0 \end{vmatrix} \xlongequal[c_4+c_1,\ \cdots]{c_2+c_1,\ c_3+c_1}$

$\begin{vmatrix} -1 & 0 & 0 & 0 & \cdots & 0 \\ -1 & -2 & 0 & 0 & \cdots & 0 \\ -1 & -2 & -2 & 0 & \cdots & 0 \\ -1 & -2 & -2 & -2 & \cdots & 0 \\ \cdots & \cdots & \cdots & \cdots & & \cdots \\ n-1 & 2n-3 & 2n-4 & 2n-5 & \cdots & n-1 \end{vmatrix} = (-1)^{n-1}(n-1)2^{n-2}.$

例 2.9 设 $A=(a_{ij})_{n\times n}$，且 $\sum\limits_{j=1}^{n}a_{ij}=0$，$i=1,2,\cdots,n$. 证明：

$\begin{vmatrix} a_{21} & \cdots & a_{2j-1} & a_{2j+1} & \cdots & a_{2n} \\ a_{31} & \cdots & a_{3j-1} & a_{3j+1} & \cdots & a_{3n} \\ \cdots & \cdots & \cdots & \cdots & & \cdots \\ a_{n1} & \cdots & a_{nj-1} & a_{nj+1} & \cdots & a_{nn} \end{vmatrix} = (-1)^{j-1} \begin{vmatrix} a_{22} & a_{23} & \cdots & a_{2j} & \cdots & a_{2n} \\ a_{32} & a_{33} & \cdots & a_{3j} & \cdots & a_{3n} \\ \cdots & \cdots & & \cdots & & \cdots \\ a_{n2} & a_{n3} & \cdots & a_{nj} & \cdots & a_{nn} \end{vmatrix}.$

证 将左边行列式的各列均加到第一列，并利用所给条件，则

$\text{左边} = \begin{vmatrix} -a_{2j} & a_{22} & \cdots & a_{2j-1} & a_{2j+1} & \cdots & a_{2n} \\ -a_{3j} & a_{32} & \cdots & a_{3j-1} & a_{3j+1} & \cdots & a_{3n} \\ \cdots & \cdots & & \cdots & \cdots & & \cdots \\ -a_{nj} & a_{n2} & \cdots & a_{nj-1} & a_{nj+1} & \cdots & a_{nn} \end{vmatrix}$

$= (-1) \begin{vmatrix} a_{2j} & a_{22} & \cdots & a_{2j-1} & a_{2j+1} & \cdots & a_{2n} \\ a_{3j} & a_{32} & \cdots & a_{3j-1} & a_{3j+1} & \cdots & a_{3n} \\ \cdots & \cdots & & \cdots & \cdots & & \cdots \\ a_{nj} & a_{n2} & \cdots & a_{nj-1} & a_{nj+1} & \cdots & a_{nn} \end{vmatrix} = \text{右边}.$

例 2.10 设 n 阶矩阵 $A=\begin{pmatrix} x & 0 & 0 & \cdots & 0 & a_0 \\ -1 & x & 0 & \cdots & 0 & a_1 \\ 0 & -1 & x & \cdots & 0 & a_2 \\ \vdots & \vdots & \ddots & \ddots & \vdots & \vdots \\ 0 & 0 & 0 & \ddots & x & a_{n-2} \\ 0 & 0 & 0 & \cdots & -1 & x+a_{n-1} \end{pmatrix}$，证明：

$$|A| = x^n + a_{n-1}x^{n-1} + \cdots a_1 x + a_0.$$

证 $|A| \underset{\substack{r_{n-1}+x\cdot r_n \\ \cdots \\ r_2+x\cdot r_3 \\ r_1+x\cdot r_2}}{=\!=\!=\!=}$
$\begin{vmatrix} 0 & 0 & 0 & \cdots & 0 & x^n+a_{n-1}x^{n-1}+\cdots+a_1x+a_0 \\ -1 & 0 & 0 & \cdots & 0 & x^{n-1}+a_{n-1}x^{n-2}+\cdots+a_2x+a_1 \\ 0 & -1 & 0 & \cdots & 0 & x^{n-2}+a_{n-1}x^{n-3}+\cdots+a_3x+a_2 \\ \vdots & \vdots & \vdots & \ddots & \vdots & \vdots \\ 0 & 0 & 0 & \cdots & 0 & x^2+a_{n-1}x+a_{n-2} \\ 0 & 0 & 0 & \cdots & -1 & x+a_{n-1} \end{vmatrix}$

$$= (-1)^{\tau(n12\cdots(n-1))}(x^n+a_{n-1}x^{n-1}+\cdots+a_1x+a_0)(-1)^{n-1}$$

$$= x^n + a_{n-1}x^{n-1} + \cdots + a_1 x + a_0.$$

习题 2.2

1. 计算下列 4 级行列式 D：

1) $\begin{vmatrix} 1+x & 1 & 1 & 1 \\ 1 & 1-x & 1 & 1 \\ 1 & 1 & 1+y & 1 \\ 1 & 1 & 1 & 1-y \end{vmatrix}$; 2) $\begin{vmatrix} 1 & 1 & 2 & 3 \\ 1 & 2-x^2 & 2 & 3 \\ 2 & 3 & 1 & 5 \\ 2 & 3 & 1 & 9-x^2 \end{vmatrix}$.

2. 证明：$\begin{vmatrix} b+c & c+a & a+b \\ b_1+c_1 & c_1+a_1 & a_1+b_1 \\ b_2+c_2 & c_2+a_2 & a_2+b_2 \end{vmatrix} = 2\begin{vmatrix} a & b & c \\ a_1 & b_1 & c_1 \\ a_2 & b_2 & c_2 \end{vmatrix}$.

3. 计算下列 n 级行列式 D：

1) $\begin{vmatrix} a_1-b_1 & a_1-b_2 & \cdots & a_1-b_n \\ a_2-b_1 & a_2-b_2 & \cdots & a_2-b_n \\ \cdots & \cdots & \cdots & \cdots \\ a_n-b_1 & a_n-b_2 & \cdots & a_n-b_n \end{vmatrix}$; 2) $\begin{vmatrix} 1 & 2 & 3 & 4 & \cdots & n \\ 2 & 1 & 2 & 3 & \cdots & n-1 \\ 3 & 2 & 1 & 2 & \cdots & n-2 \\ \cdots & \cdots & \cdots & \cdots & & \cdots \\ n & n-1 & n-2 & n-3 & \cdots & 1 \end{vmatrix}$;

3) $\begin{vmatrix} 1+x_1y_1 & 1+x_1y_2 & \cdots & 1+x_1y_n \\ 1+x_2y_1 & 1+x_2y_2 & \cdots & 1+x_2y_n \\ \cdots & \cdots & \cdots & \cdots \\ 1+x_ny_1 & 1+x_ny_2 & \cdots & 1+x_ny_n \end{vmatrix}$; 4) $\begin{vmatrix} 1 & 2 & 3 & \cdots & n-1 & n \\ 1 & -1 & 0 & \cdots & 0 & 0 \\ 0 & 2 & -2 & \cdots & 0 & 0 \\ \cdots & \cdots & \cdots & \cdots & \cdots & \cdots \\ 0 & 0 & 0 & \cdots & n-1 & 1-n \end{vmatrix}$.

4. 设矩阵 $A = (a_{ij})_{n\times n}$，其中 $a_{ij} = |i-(n-j+1)|$，计算行列式 $|A|$.

5. 证明：

1) $\begin{vmatrix} a_0 & b_1 & b_2 & \cdots & b_n \\ d_1 & a_1 & & & \\ d_2 & & a_2 & & \\ \vdots & & & \ddots & \\ d_n & & & & a_n \end{vmatrix} = \prod_{i=1}^{n} a_i \left(a_0 - \sum_{i=1}^{n} b_i d_i a_i^{-1}\right)$, $a_i \neq 0 (i=1, 2, \cdots, n)$;

2) $\begin{vmatrix} a_1 & -1 & 0 & \cdots & 0 & 0 \\ a_2 & x & -1 & \cdots & 0 & 0 \\ \cdots & \cdots & \cdots & \cdots & \cdots & \cdots \\ a_{n-1} & 0 & 0 & \cdots & x & -1 \\ a_n & 0 & 0 & \cdots & 0 & x \end{vmatrix} = a_1 x^n + a_2 x^{n-1} + \cdots a_{n-1} x + a_n.$

6. 设 $D = \begin{vmatrix} a_{11} & a_{12} & \cdots & a_{1n} \\ a_{21} & a_{22} & \cdots & a_{2n} \\ \cdots & \cdots & \cdots & \cdots \\ a_{n1} & a_{n2} & \cdots & a_{nn} \end{vmatrix}$, 求 $M = \sum\limits_{j_1 j_2 \cdots j_n} \begin{vmatrix} a_{1j_1} & a_{1j_2} & \cdots & a_{1j_n} \\ a_{2j_1} & a_{2j_2} & \cdots & a_{2j_n} \\ \cdots & \cdots & \cdots & \cdots \\ a_{nj_1} & a_{nj_2} & \cdots & a_{nj_n} \end{vmatrix}$, 其中 $\sum\limits_{j_1 j_2 \cdots j_n}$ 表示对所有 n 级排

列求和.

§3 行列式的行(列)展开性质及应用

一、行列式按一行(列)展开

在行列式 $|a_{ij}|$ 中划去元素 a_{ij} 所在的第 i 行与第 j 列, 剩下 $(n-1)^2$ 个元素按原来的排法构成一个 $n-1$ 级的行列式

$$\begin{vmatrix} a_{11} & \cdots & a_{1,j-1} & a_{1,j+1} & \cdots & a_{1n} \\ \cdots & \cdots & \cdots & \cdots & & \cdots \\ a_{i-1,1} & \cdots & a_{i-1,j-1} & a_{i-1,j+1} & \cdots & a_{i-1,n} \\ a_{i+1,1} & \cdots & a_{i+1,j-1} & a_{i+1,j+1} & \cdots & a_{i+1,n} \\ \cdots & \cdots & \cdots & \cdots & & \cdots \\ a_{n1} & \cdots & a_{n,j-1} & a_{n,j+1} & \cdots & a_{nn} \end{vmatrix}$$

称之为元素 a_{ij} 的余子式, 记为 M_{ij}. 称 $A_{ij} = (-1)^{i+j} M_{ij}$ 为元素 a_{ij} 的代数余子式.

定理 3 设 n 级行列式 $D = |a_{ij}|$, A_{ij} 表示元素 a_{ij} 的代数余子式, 则

$$a_{k1}A_{i1} + a_{k2}A_{i2} + \cdots + a_{kn}A_{in} = \begin{cases} D, & k = i \\ 0, & k \neq i \end{cases}, \quad \text{即} \quad \sum_{s=1}^{n} a_{ks}A_{is} = \begin{cases} D & k = i \\ 0 & k \neq i \end{cases}$$

$$a_{1l}a_{1j} + a_{2l}a_{2j} + \cdots + a_{nl}a_{nj} = \begin{cases} D, & l = j \\ 0, & l \neq j \end{cases}, \quad \text{即} \quad \sum_{s=1}^{n} a_{sl}A_{sj} = \begin{cases} D & l = j \\ 0 & l \neq j \end{cases}$$

n 级范德蒙德行列式 $D_n = \begin{vmatrix} 1 & 1 & 1 & \cdots & 1 \\ a_1 & a_2 & a_3 & \cdots & a_n \\ a_1^2 & a_2^2 & a_3^2 & \cdots & a_n^2 \\ \cdots & \cdots & \cdots & & \cdots \\ a_1^{n-1} & a_2^{n-1} & a_3^{n-1} & \cdots & a_n^{n-1} \end{vmatrix} = \prod\limits_{1 \leqslant j < i \leqslant n} (a_i - a_j).$

例 2.11 求行列式 $D = \begin{vmatrix} 3 & 0 & 4 & 0 \\ 2 & 2 & 2 & 2 \\ 0 & -7 & 0 & 0 \\ 5 & 3 & -2 & 2 \end{vmatrix}$ 中第四行各元素余子式之和.

解 记 M_{ij}, A_{ij} 分别为 D 中元素 a_{ij} 的余子式和代数余子式, 那么

$$M_{41}+M_{42}+M_{43}+M_{44}=(-1)\cdot A_{41}+1\cdot A_{42}+(-1)\cdot A_{43}+1\cdot A_{44}$$

$$=\begin{vmatrix} 3 & 0 & 4 & 0 \\ 2 & 2 & 2 & 2 \\ 0 & -7 & 0 & 0 \\ -1 & 1 & -1 & 1 \end{vmatrix}=\begin{vmatrix} 3 & 0 & 4 & 0 \\ 4 & 0 & 4 & 0 \\ 0 & -7 & 0 & 0 \\ -1 & 1 & -1 & 1 \end{vmatrix}=\begin{vmatrix} 3 & 0 & 4 \\ 4 & 0 & 4 \\ 0 & -7 & 0 \end{vmatrix}=-28.$$

例 2. 12 计算下列行列式：

1) $\begin{vmatrix} 2^n-2 & 2^{n-1}-2 & \cdots & 2^3-2 & 2 \\ 3^n-3 & 3^{n-1}-3 & \cdots & 3^3-3 & 6 \\ \cdots & \cdots & \cdots & \cdots & \cdots \\ n^n-n & n^{n-1}-n & \cdots & n^3-n & n^2-n \end{vmatrix}$; 2) $\begin{vmatrix} 1 & 1 & & & & \\ 1 & 2 & 2 & & & \\ 1 & 0 & 3 & 3 & & \\ \vdots & \vdots & \vdots & \ddots & \ddots & \\ 1 & 0 & 0 & \cdots & n-1 & n-1 \\ 1 & 0 & 0 & \cdots & 0 & n \end{vmatrix}.$

解 1) 记所求行列式为 D_{n-1}，由行列式的按行展开性质，可对 D_{n-1} 进行扩边：

$$D_{n-1}=\begin{vmatrix} 1 & 0 & 0 & \cdots & 0 & 0 \\ 2 & 2^n-2 & 2^{n-1}-2 & \cdots & 2^3-2 & 2 \\ 3 & 3^n-3 & 3^{n-1}-3 & \cdots & 3^3-3 & 6 \\ \cdots & \cdots & \cdots & \cdots & \cdots & \cdots \\ n & n^n-n & n^{n-1}-n & \cdots & n^3-n & n^2-n \end{vmatrix}=\begin{vmatrix} 1 & 1 & 1 & \cdots & 1 & 1 \\ 2 & 2^n & 2^{n-1} & \cdots & 2^3 & 2^2 \\ 3 & 3^n & 3^{n-1} & \cdots & 3^3 & 3^2 \\ \cdots & \cdots & \cdots & \cdots & \cdots & \cdots \\ n & n^n & n^{n-1} & \cdots & n^3 & n^2 \end{vmatrix}$$

$$=(-1)^{\frac{(n-1)(n-2)}{2}}\begin{vmatrix} 1 & 1 & 1 & \cdots & 1 & 1 \\ 2 & 2^2 & 2^3 & \cdots & 2^{n-1} & 2^n \\ 3 & 3^2 & 3^3 & \cdots & 3^{n-1} & 3^n \\ \cdots & \cdots & \cdots & \cdots & \cdots & \cdots \\ n & n^2 & n^3 & \cdots & n^{n-1} & n^n \end{vmatrix}=(-1)^{\frac{(n-1)(n-2)}{2}}n!\prod_{1\leqslant i<j\leqslant n}(j-i)$$

$$=(-1)^{\frac{(n-1)(n-2)}{2}}n!\ (n-1)!\ \cdots 2!.$$

2) 记所求行列式为 D_n，对 D_n 按最后一行展开得：

$$D_n=nD_{n-1}+(-1)^{n+1}\begin{vmatrix} 1 & & & & \\ 2 & 2 & & & \\ 0 & 3 & 3 & & \\ \vdots & \vdots & \ddots & \ddots & \\ 0 & 0 & \cdots & n-1 & n-1 \end{vmatrix}=nD_{n-1}+(-1)^{n+1}(n-1)!$$

那么 $\begin{cases} D_n-nD_{n-1}=(-1)^{n+1}(n-1)! & \cdot 1 \\ D_{n-1}-(n-1)D_{n-2}=(-1)^n(n-2)! & \cdot n \\ D_{n-2}-(n-2)D_{n-2}=(-1)^{n-1}(n-3)! & \cdot n(n-1) \\ \cdots\cdots\cdots\cdots\cdots\cdots \\ D_3-3D_2=(-1)^4 2! & \cdot n(n-1)\cdots 4 \end{cases}$ ，（分别乘后）相加得

$$D_n-n(n-1)\cdots 4\cdot 3\cdot D_2=(-1)^{n+1}\frac{n!}{n}+(-1)^n\frac{n!}{n-1}+\cdots+(-1)^4\frac{n!}{3},$$

$$\therefore D_n=(n!)\left[\frac{(-1)^2}{1}+\frac{(-1)^3}{2}+\frac{(-1)^4}{3}+\cdots+\frac{(-1)^{n+1}}{n}\right].$$

例 2.13 证明：$\begin{vmatrix} 1 & 1 & 1 \\ a & b & c \\ a^3 & b^3 & c^3 \end{vmatrix} = (b-a)(c-a)(c-b)(a+b+c)$.

证 $\begin{vmatrix} 1 & 1 & 1 \\ a & b & c \\ a^3 & b^3 & c^3 \end{vmatrix} \xrightarrow[\overline{r_2-a\cdot r_1}]{r_3-a^2 r_2} \begin{vmatrix} 1 & 1 & 1 \\ 0 & b-a & c-a \\ 0 & b^3-a^2b & c^3-a^2c \end{vmatrix} = \begin{vmatrix} b-a & c-a \\ b^3-a^2b & c^3-a^2c \end{vmatrix}$

$= (b-a)(c-a)\begin{vmatrix} 1 & 1 \\ b^2+ab & c^2+ac \end{vmatrix} = (b-a)(c-a)(c-b)(a+b+c)$.

例 2.14 计算行列式 $D_n = \begin{vmatrix} a & b & 0 & \cdots & 0 & 0 \\ c & a & b & \cdots & 0 & 0 \\ 0 & c & a & \cdots & 0 & 0 \\ \cdots & \cdots & \cdots & \cdots & \cdots & \cdots \\ 0 & 0 & 0 & \cdots & a & b \\ 0 & 0 & 0 & \cdots & c & a \end{vmatrix}$ $(a\neq 0,\ b\neq 0,\ c\neq 0)$.

解 将行列式 D_n 按第 1 列展开，则

$$D_n = aD_{n-1} - c\cdot \begin{vmatrix} b & 0 & & & & \\ c & a & b & & & \\ & c & a & \ddots & & \\ & & \ddots & \ddots & \ddots & \\ & & & \ddots & a & b \\ & & & & c & a \end{vmatrix} = aD_{n-1} - bcD_{n-2},$$

此递推关系可化为

$$D_n - kD_{n-1} = l(D_{n-1} - kD_{n-2}),\ (\text{其中 } k,\ l \text{ 满足 } k+l=a,\ k\cdot l=bc),$$

这是一个等比数列关系，因此

$$D_n - kD_{n-1} = l^{n-2}(D_2 - kD_1),$$

其中

$$D_2 - kD_1 = \begin{vmatrix} a & b \\ c & a \end{vmatrix} - ka = a^2 - bc - k(k+l) = l^2,$$

所以

$$D_n = kD_{n-1} + l^n.$$

重复利用上述递推公式，则可得

$$\begin{aligned} D_n &= kD_{n-1} + l^n = k(kD_{n-2} + l^{n-1}) + l^n = \cdots \\ &= k^{n-1}D_1 + k^{n-2}l^2 + \cdots + k^2l^{n-2} + kl^{n-1} + l^n \\ &= k^n + k^{n-1}l + k^{n-2}l^2 + \cdots + k^2l^{n-2} + kl^{n-1} + l^n. \end{aligned}$$

例 2.15 计算 $D_n = \begin{vmatrix} x & y & y & \cdots & y & y \\ z & x & y & \cdots & y & y \\ z & z & x & \cdots & y & y \\ \cdots & \cdots & \cdots & \cdots & \cdots & \cdots \\ z & z & z & \cdots & z & x \end{vmatrix}$，其中 $y\neq z$.

$$\text{解} \quad D_n = \begin{vmatrix} x & y & y & \cdots & y & 0 \\ z & x & y & \cdots & y & 0 \\ z & z & x & \cdots & y & 0 \\ \cdots & \cdots & \cdots & \cdots & \cdots & \cdots \\ z & z & z & \cdots & z & x-y \end{vmatrix} + \begin{vmatrix} x & y & y & \cdots & y & y \\ z & x & y & \cdots & y & y \\ z & z & x & \cdots & y & y \\ \cdots & \cdots & \cdots & \cdots & \cdots & \cdots \\ z & z & z & \cdots & z & y \end{vmatrix}$$

$$= (x-y)D_{n-1} + y \begin{vmatrix} x & y & y & \cdots & y & 1 \\ z & x & y & \cdots & y & 1 \\ z & z & x & \cdots & y & 1 \\ \cdots & \cdots & \cdots & \cdots & \cdots & \cdots \\ z & z & z & \cdots & z & 1 \end{vmatrix} = (x-y)D_{n-1} + y(x-z)^{n-1},$$

同理 $D_n = (x-z)D_{n-1} + z(x-y)^{n-1}$，联立得 $D_n = \dfrac{y(x-z)^n - z(x-y)^n}{y-z}$.

二、克拉默（Cramer）法则

n 元线性方程组

$$\begin{cases} a_{11}x_1 + a_{12}x_2 + \cdots + a_{1n}x_n = b_1 \\ a_{21}x_1 + a_{22}x_2 + \cdots + a_{2n}x_n = b_2 \\ \cdots\cdots\cdots\cdots\cdots\cdots \\ a_{n1}x_1 + a_{n2}x_2 + \cdots + a_{nn}x_n = b_n \end{cases} \quad (2) \quad ; \quad \begin{cases} a_{11}x_1 + a_{12}x_2 + \cdots + a_{1n}x_n = 0 \\ a_{21}x_1 + a_{22}x_2 + \cdots + a_{2n}x_n = 0 \\ \cdots\cdots\cdots\cdots\cdots \\ a_{n1}x_1 + a_{n2}x_2 + \cdots + a_{nn}x_n = 0 \end{cases} \quad (3)$$

（其中 b_1，b_2，$\cdots$，b_n 不全为零）分别称为**非齐次线性方程组**、**齐次线性方程组**．记它们的系数矩阵

为 $A = \begin{pmatrix} a_{11} & a_{12} & \cdots & a_{1n} \\ a_{21} & a_{22} & \cdots & a_{2n} \\ \cdots & \cdots & \cdots & \cdots \\ a_{n1} & a_{n2} & \cdots & a_{nn} \end{pmatrix}$．

定理 4（Cramer 法则） 若线性方程组（2）的系数矩阵 A 的行列式 $D = |A| \neq 0$，则方程组（2）有唯一解

$$x_1 = \frac{D_1}{D}, \quad x_2 = \frac{D_2}{D}, \quad \cdots, \quad x_n = \frac{D_n}{D},$$

其中 D_j 是把矩阵 A 中第 j 列的元素换成方程组的常数项 b_1，b_2，$\cdots$，b_n 所成的矩阵的行列式，即 D_j

$$= \begin{vmatrix} a_{11} & \cdots & a_{1,j-1} & b_1 & a_{1,j+1} & \cdots & a_{1n} \\ a_{21} & \cdots & a_{2,j-1} & b_2 & a_{2,j+1} & \cdots & a_{2n} \\ \cdots & \cdots & \cdots & \cdots & \cdots & \cdots & \cdots \\ a_{n1} & \cdots & a_{n,j-1} & b_n & a_{n,j+1} & \cdots & a_{nn} \end{vmatrix} \quad (j = 1, 2, \cdots, n).$$

定理 5 若齐次线性方程组（3）的系数矩阵 A 的行列式 $|A| \neq 0$，则方程组（3）只有零解．

例 2.16 设 a_1，a_2，$\cdots$，a_n 为 n 个互异的数，证明：线性方程组

$$\begin{cases} a_1^{n-1}x_1 + a_1^{n-2}x_2 + \cdots + a_1 x_{n-1} + x_n = -a_1^n \\ a_2^{n-1}x_1 + a_2^{n-2}x_2 + \cdots + a_2 x_{n-1} + x_n = -a_2^n \\ \cdots\cdots\cdots\cdots\cdots\cdots\cdots\cdots\cdots\cdots \\ a_n^{n-1}x_1 + a_n^{n-2}x_2 + \cdots + a_n x_{n-1} + x_n = -a_n^n \end{cases} \quad (4)$$

有唯一解，并求其解．

证　因
$$\begin{vmatrix} a_1^{n-1} & a_1^{n-2} & \cdots & a_1 & 1 \\ a_2^{n-1} & a_2^{n-2} & \cdots & a_2 & 1 \\ \cdots & \cdots & & \cdots & \cdots \\ a_n^{n-1} & a_n^{n-2} & \cdots & a_n & 1 \end{vmatrix} = (-1)^{\frac{n(n-1)}{2}} \begin{vmatrix} 1 & a_1 & \cdots & a_1^{n-2} & a_1^{n-1} \\ 1 & a_2 & \cdots & a_2^{n-2} & a_2^{n-1} \\ \cdots & \cdots & & \cdots & \cdots \\ 1 & a_n & \cdots & a_n^{n-2} & a_n^{n-1} \end{vmatrix}$$

$$= (-1)^{\frac{n(n-1)}{2}} \prod_{1 \leqslant j < i \leqslant n} (a_i - a_j) \neq 0,$$

故方程组(4)有唯一解.

设 c_1, c_2, $\cdots$, c_n 为方程组(4)的一组解,记 $f(y) = y^n + c_1 y^{n-1} + \cdots + c_{n-1} y + c_n$,则 a_1, a_2, $\cdots$, a_n 为多项式 $f(y)$ 的 n 个根,由根与系数的关系,则必有

$$c_1 = -\sum_{i=1}^{n} a_i, \quad c_2 = \sum_{1 \leqslant i < j \leqslant n} a_i a_j, \quad \cdots, \quad c_n = (-1)^n a_1 a_2 \cdots a_n.$$

习题 2.3

1. 计算行列式

1) $D = \begin{vmatrix} a^2 & (a+1)^2 & (a+2)^2 \\ b^2 & (b+1)^2 & (b+2)^2 \\ c^2 & (c+1)^2 & (c+2)^2 \end{vmatrix}$;　2) $D_4 = \begin{vmatrix} 1-a & a & 0 & 0 \\ -1 & 1-a & a & 0 \\ 0 & -1 & 1-a & a \\ 0 & 0 & -1 & 1-a \end{vmatrix}$.

2. 设行列式 $D = \begin{vmatrix} 1 & 2 & 3 & 4 & 5 \\ 5 & 5 & 5 & 3 & 3 \\ 3 & 2 & 5 & 4 & 2 \\ 2 & 2 & 2 & 1 & 1 \\ 4 & 6 & 5 & 2 & 3 \end{vmatrix}$,求 $A_{31} + A_{32} + A_{33}$ 与 $A_{34} + A_{35}$.

3. 设 a_1, a_2, $\cdots$, a_{n-1} 是数域 P 中互异的数,$f(x) = \begin{vmatrix} 1 & x & x^2 & \cdots & x^{n-1} \\ 1 & a_1 & a_1^2 & \cdots & a_1^{n-1} \\ \cdots & \cdots & \cdots & \cdots & \cdots \\ 1 & a_{n-1} & a_{n-1}^2 & \cdots & a_{n-1}^{n-1} \end{vmatrix}$.说明 $f(x)$ 是一

个 $n-1$ 次多项式,并求出 $f(x)$ 的根.

4. 计算下列 n 级行列式:

1) $\begin{vmatrix} x & y & 0 & \cdots & 0 & 0 \\ 0 & x & y & \cdots & 0 & 0 \\ \cdots & \cdots & \cdots & \cdots & \cdots & \cdots \\ 0 & 0 & 0 & \cdots & x & y \\ y & 0 & 0 & \cdots & 0 & x \end{vmatrix}$;　2) $\begin{vmatrix} 1 & 1 & \cdots & 1 \\ x_1(x_1-1) & x_2(x_2-1) & \cdots & x_n(x_n-1) \\ x_1^2(x_1-1) & x_2^2(x_2-1) & \cdots & x_n^2(x_n-1) \\ \cdots & \cdots & & \cdots \\ x_1^{n-1}(x_1-1) & x_2^{n-1}(x_2-1) & \cdots & x_n^{n-1}(x_n-1) \end{vmatrix}$;

3) $\begin{vmatrix} \dfrac{x_1}{x_1-1} & \dfrac{x_2}{x_2-1} & \cdots & \dfrac{x_n}{x_n-1} \\ x_1 & x_2 & \cdots & x_n \\ x_1^2 & x_2^2 & \cdots & x_n^2 \\ \cdots & \cdots & \cdots & \cdots \\ x_1^{n-1} & x_2^{n-1} & \cdots & x_n^{n-1} \end{vmatrix}$;　4) $\begin{vmatrix} 2a & a^2 & 0 & \cdots & 0 & 0 & 0 \\ 1 & 2a & a^2 & \cdots & 0 & 0 & 0 \\ 0 & 1 & 2a & \cdots & 0 & 0 & 0 \\ \cdots & \cdots & \cdots & \cdots & \cdots & \cdots & \cdots \\ 0 & 0 & 0 & \cdots & 1 & 2a & a^2 \\ 0 & 0 & 0 & \cdots & 0 & 1 & 2a \end{vmatrix}$;

$$5)\ \begin{vmatrix} x_1^2+1 & x_1x_2 & \cdots & x_1x_n \\ x_2x_1 & x_2^2+1 & \cdots & x_2x_n \\ \cdots & \cdots & & \cdots \\ x_nx_1 & x_nx_2 & \cdots & x_n^2+1 \end{vmatrix};\quad 6)\ \begin{vmatrix} a+x_1 & a+x_1^2 & \cdots & a+x_1^n \\ a+x_2 & a+x_2^2 & \cdots & a+x_2^n \\ \cdots & \cdots & & \cdots \\ a+x_n & a+x_n^2 & \cdots & a+x_n^n \end{vmatrix};$$

5. 设非零实矩阵 $A=(a_{ij})_{n\times n}$ 满足 $a_{ij}=A_{ij}(i=1,2,\cdots,n,\ j=1,2,\cdots,n)$，其中 A_{ij} 为元素 a_{ij} 的代数余子式，证明：$|A|\neq 0$.

6. 证明：

$$1)\ \begin{vmatrix} \cos\alpha & 1 & 0 & \cdots & 0 & 0 \\ 1 & 2\cos\alpha & 1 & \cdots & 0 & 0 \\ 0 & 1 & 2\cos\alpha & \cdots & 0 & 0 \\ \cdots & \cdots & \cdots & & \cdots & \cdots \\ 0 & 0 & 0 & \cdots & 1 & 2\cos\alpha \end{vmatrix}=\cos n\alpha;$$

$$2)\ \begin{vmatrix} 1+a_1 & 1 & 1 & \cdots & 1 & 1 \\ 1 & 1+a_2 & 1 & \cdots & 1 & 1 \\ 1 & 1 & 1+a_3 & \cdots & 1 & 1 \\ \cdots & \cdots & \cdots & & \cdots & \cdots \\ 1 & 1 & 1 & \cdots & 1 & 1+a_n \end{vmatrix}=a_1a_2\cdots a_n\left(1+\sum_{i=1}^{n}\frac{1}{a_i}\right).$$

7. 令 $D_n=\begin{vmatrix} x_1 & \alpha & \alpha & \cdots & \alpha \\ \beta & x_2 & \alpha & \cdots & \alpha \\ \beta & \beta & x_3 & \cdots & \alpha \\ \cdots & \cdots & \cdots & & \cdots \\ \beta & \beta & \beta & \cdots & x_n \end{vmatrix}$. 证明：$D_n=[\alpha f(\beta)-\beta f(\alpha)]/(\alpha-\beta)$.

其中 $\alpha\neq\beta$，且 $f(x)=(x_1-x)(x_2-x)\cdots(x_n-x)$.

8. 设 $a_1,a_2,\cdots,a_n$ 是数域 P 中互不相同的数，$b_1,b_2,\cdots,b_n$ 是数域 P 中任一组给定的数，用克拉默法则证明：存在唯一的数域 P 上的多项式

$$f(x)=c_0+c_1x+c_2x^2+\cdots+c_{n-1}x^{n-1},$$

使得 $f(a_i)=b_i(i=1,2,\cdots,n)$.

§4 拉普拉斯定理及行列式乘法定理

在一个 n 级行列式 D 中任意选定 k 行 k 列($k\leq n$). 位于这些行和列的交叉点上的 k^2 个元素按照原来次序组成一个 k 级行列式 M，称为行列式 D 的一个 k **级子式**；当 $k<n$ 时，在 D 中划去这 k 行 k 列后余下的元素按照原来的次序组成的 $n-k$ 级行列式 M' 称为 k 级子式 M 的**余子式**；若 D 的 k 级子式 M 在 D 中所在的行、列指标分别是 $i_1,i_2,\cdots,i_k;j_1,j_2,\cdots,j_k$，则在 M 的余子式 M' 前加上符号 $(-1)^{(i_1+i_2+\cdots+i_k)+(j_1+j_2+\cdots+j_k)}$ 后称之为 M 的**代数余子式**.

定理 6(拉普拉斯定理) 设在行列式 D 中任意取定了 $k(1\leqslant k\leqslant n-1)$ 个行，由这 k 行元素所组成的一切 k 级子式与它们的代数余子式的乘积的和等于行列式 D. 即若 D 中取定 k 行后，由这 k 行得到的 k 级子式为 $M_1,M_2,\cdots,M_t$，它们对应的代数余子式分别为 $A_1,A_2,\cdots,A_t$，则 $D=M_1A_1+M_2A_2+\cdots+M_tA_t$.

定理 7(行列式乘法定理) 设有两个 n 级行列式

$$D_1 = \begin{vmatrix} a_{11} & a_{12} & \cdots & a_{1n} \\ a_{21} & a_{22} & \cdots & a_{2n} \\ \cdots & \cdots & \cdots & \cdots \\ a_{n1} & a_{n2} & \cdots & a_{nn} \end{vmatrix}, \quad D_2 = \begin{vmatrix} b_{11} & b_{12} & \cdots & b_{1n} \\ b_{21} & b_{22} & \cdots & b_{2n} \\ \cdots & \cdots & \cdots & \cdots \\ b_{n1} & b_{n2} & \cdots & b_{nn} \end{vmatrix}, \quad 则 D_1 D_2 = \begin{vmatrix} c_{11} & c_{12} & \cdots & c_{1n} \\ c_{21} & c_{22} & \cdots & c_{2n} \\ \cdots & \cdots & \cdots & \cdots \\ c_{n1} & c_{n2} & \cdots & c_{nn} \end{vmatrix},$$

其中 $c_{ij} = a_{i1}b_{1j} + a_{i2}b_{2j} + \cdots + a_{in}b_{nj}$ $(i=1, 2, \cdots, n,\ j=1, 2, \cdots, n)$.

略证　通过初等行变换 $r_k + a_{k1} \cdot r_{n+1} + a_{k2} \cdot r_{n+2} + \cdots + a_{kn} \cdot r_{2n}$ $(k=1, 2, \cdots, n)$，则

$$\begin{vmatrix} a_{11} & a_{12} & \cdots & a_{1n} & 0 & 0 & \cdots & 0 \\ a_{21} & a_{22} & \cdots & a_{2n} & 0 & 0 & \cdots & 0 \\ \cdots & \cdots & \cdots & \cdots & & & & \\ a_{n1} & a_{n2} & \cdots & a_{nn} & 0 & 0 & \cdots & 0 \\ -1 & 0 & \cdots & 0 & b_{11} & b_{12} & \cdots & b_{1n} \\ 0 & -1 & \cdots & 0 & b_{21} & b_{22} & \cdots & b_{2n} \\ \cdots & \cdots & \cdots & \cdots & & & & \\ 0 & 0 & \cdots & -1 & b_{n1} & b_{n2} & \cdots & b_{nn} \end{vmatrix} = \begin{vmatrix} 0 & 0 & \cdots & 0 & c_{11} & c_{12} & \cdots & c_{1n} \\ 0 & 0 & \cdots & 0 & c_{21} & c_{22} & \cdots & c_{2n} \\ \cdots & \cdots & \cdots & \cdots & & & & \\ 0 & 0 & \cdots & 0 & c_{n1} & c_{n2} & \cdots & c_{nn} \\ -1 & 0 & \cdots & 0 & b_{11} & b_{12} & \cdots & b_{1n} \\ 0 & -1 & \cdots & 0 & b_{21} & b_{22} & \cdots & b_{2n} \\ \cdots & \cdots & \cdots & \cdots & & & & \\ 0 & 0 & \cdots & -1 & b_{n1} & b_{n2} & \cdots & b_{nn} \end{vmatrix},$$

两边均利用拉普拉斯定理进行展开即得证.

例 2.17　计算 $2n$ 级行列式

$$D_{2n} = \begin{vmatrix} a & & & & & b \\ & \ddots & & & \ddots & \\ & & a & b & & \\ & & b & a & & \\ & \ddots & & & \ddots & \\ b & & & & & a \end{vmatrix}.$$

解　利用拉普拉斯定理，将行列式 D_{2n} 按第 n，$n+1$ 两行展开，则

$$D_{2n} = (a^2 - b^2) D_{2n-2},$$

由此递推则可得 $D_{2n} = (a^2 - b^2)^n$.

例 2.18　计算行列式 $D = \begin{vmatrix} a & -b & -c & -d \\ b & a & -d & c \\ c & d & a & -b \\ d & -c & b & a \end{vmatrix}$.

证　记 $\delta = a^2 + b^2 + c^2 + d^2$，利用行列式的乘法定理，则

$$D^2 = \begin{vmatrix} a & -b & -c & -d \\ b & a & -d & c \\ c & d & a & -b \\ d & -c & b & a \end{vmatrix} \cdot \begin{vmatrix} a & b & c & d \\ -b & a & d & -c \\ -c & -d & a & b \\ -d & c & -b & a \end{vmatrix} = \begin{vmatrix} \delta & 0 & 0 & 0 \\ 0 & \delta & 0 & 0 \\ 0 & 0 & \delta & 0 \\ 0 & 0 & 0 & \delta \end{vmatrix} = \delta^4,$$

那么 $D = \pm \delta^2 = \pm (a^2 + b^2 + c^2 + d^2)^2$，但由定义知 D 中必含有项 a^4，所以

$$D = (a^2 + b^2 + c^2 + d^2)^2.$$

例 2.19　计算 n 级行列式 $D = \begin{vmatrix} a_1 + b_1 c_1 & a_2 + b_1 c_2 & \cdots & a_n + b_1 c_n \\ a_1 + b_2 c_1 & a_2 + b_2 c_2 & \cdots & a_n + b_2 c_n \\ \cdots & \cdots & \cdots & \cdots \\ a_1 + b_n c_1 & a_2 + b_n c_2 & \cdots & a_n + b_n c_n \end{vmatrix}$.

解　当 $n=1$ 时，$D=a_1+b_1c_1$；

当 $n=2$ 时，$D=\begin{vmatrix} a_1+b_1c_1 & a_2+b_1c_2 \\ a_1+b_2c_1 & a_2+b_2c_2 \end{vmatrix}=(b_2-b_1)(a_1c_2-a_2c_1)$；

当 $n\geq 3$ 时，利用行列式乘法定理，则

$$D=\begin{vmatrix} 1 & b_1 & 0 & \cdots & 0 \\ 1 & b_2 & 0 & \cdots & 0 \\ \cdots & \cdots & \cdots & & \cdots \\ 1 & b_n & 0 & \cdots & 0 \end{vmatrix} \cdot \begin{vmatrix} a_1 & a_2 & \cdots & a_n \\ c_1 & c_2 & \cdots & c_n \\ 0 & 0 & \cdots & 0 \\ \cdots & \cdots & & \cdots \\ 0 & 0 & \cdots & 0 \end{vmatrix}=0.$$

例 2.20　证明：由 a_1，a_2，$\cdots$，a_n 构成的 n 阶循环行列式

$$D=\begin{vmatrix} a_1 & a_2 & a_3 & \cdots & a_n \\ a_n & a_1 & a_2 & \cdots & a_{n-1} \\ a_{n-1} & a_n & a_1 & \cdots & a_{n-2} \\ \cdots & \cdots & \cdots & & \cdots \\ a_2 & a_3 & a_4 & \cdots & a_1 \end{vmatrix}=f(\omega_1)f(\omega_2)\cdots f(\omega_n),$$

其中多项式 $f(x)=a_1+a_2x+\cdots+a_nx^{n-1}$，$\omega_1$，$\omega_2$，$\cdots$，$\omega_n$ 是 1 的全部 n 次单位根.

证　作 n 阶范得蒙行列式 $\Delta=\begin{vmatrix} 1 & 1 & 1 & \cdots & 1 \\ \omega_1 & \omega_2 & \omega_3 & \cdots & \omega_n \\ \omega_1^2 & \omega_2^2 & \omega_3^2 & \cdots & \omega_n^2 \\ \cdots & \cdots & \cdots & & \cdots \\ \omega_1^{n-1} & \omega_2^{n-1} & \omega_3^{n-1} & \cdots & \omega_n^{n-1} \end{vmatrix}$，由行列式乘法定理，

$$D\cdot\Delta=\begin{vmatrix} f(\omega_1) & f(\omega_2) & f(\omega_3) & \cdots & f(\omega_n) \\ \omega_1 f(\omega_1) & \omega_2 f(\omega_2) & \omega_3 f(\omega_3) & \cdots & \omega_n f(\omega_n) \\ \omega_1^2 f(\omega_1) & \omega_2^2 f(\omega_2) & \omega_3^2 f(\omega_3) & \cdots & \omega_n^2 f(\omega_n) \\ \cdots & \cdots & \cdots & & \cdots \\ \omega_1^{n-1} f(\omega_1) & \omega_2^{n-1} f(\omega_2) & \omega_3^{n-1} f(\omega_3) & \cdots & \omega_n^{n-1} f(\omega_n) \end{vmatrix}$$

$$=f(\omega_1)f(\omega_2)\cdots f(\omega_n)\cdot\Delta,$$

由于 $\Delta=\prod_{1\leq i<j\leq n}(\omega_j-\omega_i)\neq 0$，所以 $D=f(\omega_1)f(\omega_2)\cdots f(\omega_n)$.

例 2.21　设 $A=(a_{ij})_{n\times n}$，称其行指标与列指标相同的子式为**主子式**. 那么

$$|\lambda E+A|=\lambda^n+\Big(\sum_{i=1}^n a_{ii}\Big)\lambda^{n-1}+\Big(\sum_{1\leq i<j\leq n}\begin{vmatrix} a_{ii} & a_{ij} \\ a_{ji} & a_{jj} \end{vmatrix}\Big)\lambda^{n-2}+\cdots+|A|,$$

即 $|\lambda E+A|$ 的展开式中 λ^{n-k} 的系数恰为 A 的所有 k 阶主子式之和.

证　设 A 的 n 个列分别为 α_1，α_2，$\cdots$，α_n，λE 的 n 个列分别为 $\lambda\varepsilon_1$，$\lambda\varepsilon_2$，$\cdots$，$\lambda\varepsilon_n$，其中 $\varepsilon_i(i=1,2,\cdots,n)$ 为标准单位向量组，利用行列式的分拆性质可得

$$|\lambda E+A|=|\lambda\varepsilon_1+\alpha_1,\ \lambda\varepsilon_2+\alpha_2,\ \cdots,\ \lambda\varepsilon_n+\alpha_n|$$

$$=|\lambda\varepsilon_1,\ \lambda\varepsilon_2,\ \cdots,\ \lambda\varepsilon_n|+\sum_{i=1}^n|\lambda\varepsilon_1,\ \cdots,\ \lambda\varepsilon_{i-1},\ \alpha_i,\ \lambda\varepsilon_{i+1},\ \cdots,\ \lambda\varepsilon_n|$$

$$+\sum_{1\leq i<j\leq n}|\lambda\varepsilon_1,\ \cdots,\ \lambda\varepsilon_{i-1},\ \alpha_i,\ \lambda\varepsilon_{i+1},\ \cdots,\ \lambda\varepsilon_{j-1},\ \alpha_j,\ \lambda\varepsilon_{j+1},\ \cdots,\ \lambda\varepsilon_n|$$

$$+\cdots+|\alpha_1,\ \alpha_2,\ \cdots,\ \alpha_n|.$$

显然 $|\lambda\varepsilon_1,\ \lambda\varepsilon_2,\ \cdots,\ \lambda\varepsilon_n|=\lambda^n$，由拉普拉斯定理对下述行列式按 i，j 两行展开，则

$$|\lambda\varepsilon_1,\ \cdots,\ \lambda\varepsilon_{i-1},\ \alpha_i,\ \lambda\varepsilon_{i+1},\ \cdots,\ \lambda\varepsilon_{j-1},\ \alpha_j,\ \lambda\varepsilon_{j+1},\ \cdots,\ \lambda\varepsilon_n|$$

$$=\begin{vmatrix} \lambda & & & a_{1i} & & & a_{1j} & & \\ & \ddots & & \vdots & & & \vdots & & \\ & & \lambda & a_{i-1,i} & & & a_{i-1,j} & & \\ & & & a_{ii} & & & a_{ij} & & \\ & & & a_{i+1,i} & \lambda & & a_{i+1,j} & & \\ & & & \vdots & & \ddots & \vdots & & \\ & & & a_{j-1,i} & & \lambda & a_{j-1,j} & & \\ & & & a_{ji} & & & a_{jj} & & \\ & & & a_{j+1,i} & & & a_{j+1,j} & \lambda & \\ & & & \vdots & & & \vdots & & \ddots \\ & & & a_{ni} & & & a_{nj} & & \lambda \end{vmatrix} = \begin{vmatrix} a_{ii} & a_{ij} \\ a_{ji} & a_{jj} \end{vmatrix} \cdot \lambda^{n-2},$$

……，$|\alpha_1,\ \alpha_2,\ \cdots,\ \alpha_n|=|A|$.

所以

$$|\lambda E+A|=\lambda^n+\left(\sum_{i=1}^n a_{ii}\right)\lambda^{n-1}+\left(\sum_{1\le i<j\le n}\begin{vmatrix} a_{ii} & a_{ij} \\ a_{ji} & a_{jj} \end{vmatrix}\right)\lambda^{n-2}+\cdots+|A|.$$

习题 2.4

1. 计算下列行列式：

1) $\begin{vmatrix} a_1 & & & & & & b_1 \\ & \ddots & & & & \iddots & \\ & & a_n & b_n & & & \\ & & b_{n+1} & a_{n+1} & & & \\ & \iddots & & & & \ddots & \\ b_{2n} & & & & & & a_{2n} \end{vmatrix}$; 2) $\begin{vmatrix} \lambda & a & a & a & \cdots & a \\ b & \alpha & \beta & \beta & \cdots & \beta \\ b & \beta & \alpha & \beta & \cdots & \beta \\ b & \beta & \beta & \alpha & \cdots & \beta \\ \cdots & \cdots & \cdots & \cdots & \cdots & \cdots \\ b & \beta & \beta & \beta & \cdots & \alpha \end{vmatrix}$.

2. 设 $f_i(x)=a_{i0}x^i+a_{i1}x^{i-1}+\cdots+a_{i,i-1}x+a_{ii}(i=1,\ 2,\ \cdots,\ n-1)$，计算

$$D=\begin{vmatrix} 1 & 1 & \cdots & 1 \\ f_1(x_1) & f_1(x_2) & \cdots & f_1(x_n) \\ \cdots & \cdots & \cdots & \cdots \\ f_{n-1}(x_1) & f_{n-1}(x_2) & \cdots & f_{n-1}(x_n) \end{vmatrix}.$$

3. 计算行列式 $D=\begin{vmatrix} (a_0+b_0)^n & (a_0+b_1)^n & \cdots & (a_0+b_n)^n \\ (a_1+b_0)^n & (a_1+b_1)^n & \cdots & (a_1+b_n)^n \\ \cdots & \cdots & \cdots & \cdots \\ (a_n+b_0)^n & (a_n+b_1)^n & \cdots & (a_n+b_n)^n \end{vmatrix}.$

4. 计算行列式

$$D = \begin{vmatrix} 1+a_1+b_1 & a_1+b_2 & \cdots & a_1+b_n \\ a_2+b_1 & 1+a_2+b_2 & \cdots & a_2+b_n \\ \cdots & \cdots & \cdots & \cdots \\ a_n+b_1 & a_n+b_2 & \cdots & 1+a_n+b_n \end{vmatrix}.$$

5. 计算行列式

$$D = \begin{vmatrix} \lambda-a_1b_1 & -a_1b_2 & \cdots & -a_1b_n \\ -a_2b_1 & \lambda-a_2b_2 & \cdots & -a_2b_n \\ \cdots & \cdots & \cdots & \cdots \\ -a_nb_1 & -a_nb_2 & \cdots & \lambda-a_nb_n \end{vmatrix}.$$

补充题

1. 计算下列行列式:

1) $\begin{vmatrix} 1 & 2 & 3 & \cdots & n \\ 2 & 3 & 4 & \cdots & 1 \\ 3 & 4 & 5 & \cdots & 2 \\ \cdots & \cdots & \cdots & & \cdots \\ n & 1 & 2 & \cdots & n-1 \end{vmatrix}$; 2) $\begin{vmatrix} 1 & 0 & 0 & \cdots & 0 & 1 \\ 1 & C_1^1 & 0 & \cdots & 0 & x \\ 1 & C_2^1 & C_2^2 & \cdots & 0 & x^2 \\ \cdots & \cdots & \cdots & & \cdots & \cdots \\ 1 & C_{n-1}^1 & C_{n-1}^2 & \cdots & C_{n-1}^{n-1} & x^{n-1} \\ 1 & C_n^1 & C_n^2 & \cdots & C_n^{n-1} & x^n \end{vmatrix}.$

2. 设 $f(x) = \begin{vmatrix} 1 & 0 & 0 & 0 & \cdots & 0 & x \\ 1 & 2 & 0 & 0 & \cdots & 0 & x^2 \\ 1 & 3 & 3 & 0 & \cdots & 0 & x^3 \\ \cdots & \cdots & \cdots & \cdots & \cdots & \cdots & \cdots \\ 1 & n & C_n^2 & C_n^3 & \cdots & C_n^{n-1} & x^n \\ 1 & n+1 & C_{n+1}^2 & C_{n+1}^3 & \cdots & C_{n+1}^{n-1} & x^{n+1} \end{vmatrix}$, 求 $f(x+1)-f(x)$.

3. 设 $A=(a_{ij})$ 为 $n \times n$ 矩阵,记 A_{ij} 为 $|A|$ 中元素 a_{ij} 的的代数余子式. 证明:

1) $\begin{vmatrix} a_{11}+x & a_{12}+x & \cdots & a_{1n}+x \\ a_{21}+x & a_{22}+x & \cdots & a_{2n}+x \\ \cdots & \cdots & \cdots & \cdots \\ a_{n1}+x & a_{n2}+x & \cdots & a_{nn}+x \end{vmatrix} = |A| + x\sum_{i=1}^{n}\sum_{j=1}^{n}A_{ij}$;

2) $\sum_{i=1}^{n}\sum_{j=1}^{n}A_{ij} = \begin{vmatrix} a_{11}-a_{12} & a_{12}-a_{13} & \cdots & a_{1,n-1}-a_{1n} & 1 \\ a_{21}-a_{22} & a_{22}-a_{23} & \cdots & a_{2,n-1}-a_{2n} & 1 \\ \cdots & \cdots & \cdots & \cdots & \cdots \\ a_{n1}-a_{n2} & a_{n2}-a_{n3} & \cdots & a_{n,n-1}-a_{nn} & 1 \end{vmatrix}$;

3) $\begin{vmatrix} 1 & 1 & \cdots & 1 \\ a_{21}-a_{11} & a_{22}-a_{12} & \cdots & a_{2n}-a_{1n} \\ a_{31}-a_{11} & a_{32}-a_{12} & \cdots & a_{3n}-a_{1n} \\ \cdots & \cdots & \cdots & \cdots \\ a_{n1}-a_{11} & a_{n2}-a_{12} & \cdots & a_{nn}-a_{1n} \end{vmatrix} = \sum_{i=1}^{n}\sum_{j=1}^{n}A_{ij}.$

4. 计算 n 级行列式 D：

$$1)\begin{vmatrix} a_1 & x_1 & x_1^2 & \cdots & x_1^{n-1} \\ a_2 & x_2 & x_2^2 & \cdots & x_2^{n-1} \\ \cdots & \cdots & \cdots & \cdots & \cdots \\ a_n & x_n & x_n^2 & \cdots & x_n^{n-1} \end{vmatrix};\quad 2)\begin{vmatrix} 1 & x_1 & x_1^2 & \cdots & x_1^{n-2} & x_1^n \\ 1 & x_2 & x_2^2 & \cdots & x_2^{n-2} & x_2^n \\ \cdots & \cdots & \cdots & \cdots & \cdots & \cdots \\ 1 & x_n & x_n^2 & \cdots & x_n^{n-2} & x_n^n \end{vmatrix}.$$

5. 计算行列式：

$$1)\,D_5=\begin{vmatrix} 0 & \alpha_2 & \alpha_3 & \alpha_4 & \alpha_5 \\ \beta_1 & 0 & \alpha_3 & \alpha_4 & \alpha_5 \\ \beta_1 & \beta_2 & 0 & \alpha_4 & \alpha_5 \\ \beta_1 & \beta_2 & \beta_3 & 0 & \alpha_5 \\ \beta_1 & \beta_2 & \beta_3 & \beta_4 & 0 \end{vmatrix};\quad 2)\,D_n=\begin{vmatrix} 0 & a_2 & a_3 & \cdots & a_{n-1} & a_n \\ b_1 & 0 & a_3 & \cdots & a_{n-1} & a_n \\ b_1 & b_2 & 0 & \cdots & a_{n-1} & a_n \\ \cdots & \cdots & \cdots & \cdots & \cdots & \cdots \\ b_1 & b_2 & b_3 & \cdots & 0 & a_n \\ b_1 & b_2 & b_3 & \cdots & b_{n-1} & 0 \end{vmatrix}.$$

6. 计算 n 级行列式 D_n：

$$1)\begin{vmatrix} x_1 & a_2 & \cdots & a_n \\ a_1 & x_2 & \cdots & a_n \\ \cdots & \cdots & \cdots & \cdots \\ a_1 & a_2 & \cdots & x_n \end{vmatrix};\quad 2)\begin{vmatrix} x_1 & a_2 & a_3 & \cdots & a_{n-1} & a_n \\ -a_1 & x_2 & a_3 & \cdots & a_{n-1} & a_n \\ -a_1 & -a_2 & x_3 & \cdots & a_{n-1} & a_n \\ \cdots & \cdots & \cdots & \cdots & \cdots & \cdots \\ -a_1 & -a_2 & -a_3 & \cdots & -a_{n-1} & x_n \end{vmatrix}.$$

习题答案

习题 2.1

1. 由于 1 与其它数构成 $n-1$ 个逆序；2 与其它数构成 $n-2$ 个逆序；……；$n-1$ 与 n 构成 1 个逆序，故排列 $n(n-1)\cdots21$ 的逆序数为：

$$\tau(n(n-1)\cdots21)=(n-1)+(n-2)+\cdots+2+1=\frac{n(n-1)}{2},$$

所以当 $n=4k$，$4k+1$ 时，排列为偶排列；当 $n=4k+2$，$4k+3$ 时，排列为奇排列.

2. 在排列 $j_1j_2\cdots j_{n-1}j_n$ 和排列 $j_nj_{n-1}\cdots j_2j_1$ 中，任意两元素 j_i，$j_k(i\neq k)$ 之间均存在唯一一个逆序，因此两个排列的逆序数之和必为 C_n^2，从而 $j_nj_{n-1}\cdots j_2j_1$ 的逆序数为 C_n^2-k.

3. 所求的各项应是：$-a_{11}a_{23}a_{32}a_{44}$，$-a_{12}a_{23}a_{34}a_{41}$，$-a_{14}a_{23}a_{31}a_{42}$.

4. 1）行列式 D_5 按定义展开，则一般乘积项可表示为 $a_{1j_1}a_{2j_2}a_{3j_3}a_{4j_4}a_{5j_5}$，列标中的 j_3，j_4，j_5 只可以在 1，2，3，4，5 中取不同的值，故三个下标中至少有一个要取 3，4，5 中之一，从而 D_5 的定义展开式的每一乘积项中至少要包含一个 0 元素作为乘积因子，故每一乘积项必为 0，因此 $D_5=0$.

2）由 n 级行列式的定义，则

$$D_n=\sum_{j_1j_2\cdots j_n}(-1)^{\tau(j_1j_2\cdots j_n)}a_{1j_1}a_{2j_2}\cdots a_{nj_n}=\sum_{j_1j_2\cdots j_n}(-1)^{\tau(j_1j_2\cdots j_n)},$$

其中 $\sum\limits_{j_1j_2\cdots j_n}$ 表示对所有 n 级排列求和，当 $j_1j_2\cdots j_n$ 为奇排列时，$(-1)^{\tau(j_1j_2\cdots j_n)}=-1$；当 $j_1j_2\cdots j_n$ 为偶排列时，$(-1)^{\tau(j_1j_2\cdots j_n)}=1$，但是行列式 $D_n=0$，所以在所有的 n 级排列中，奇排列偶排列各占一半.

习题 2.2

1.1) $D \xlongequal[c_3-c_4]{c_1-c_2} \begin{vmatrix} x & 1 & 0 & 1 \\ x & 1-x & 0 & 1 \\ 0 & 1 & y & 1 \\ 0 & 1 & y & 1-y \end{vmatrix} = xy \begin{vmatrix} 1 & 1 & 0 & 1 \\ 1 & 1-x & 0 & 1 \\ 0 & 1 & 1 & 1 \\ 0 & 1 & 1 & 1-y \end{vmatrix}$

$\xlongequal[r_4-r_3]{r_2-r_1} xy \begin{vmatrix} 1 & 1 & 0 & 1 \\ 0 & -x & 0 & 0 \\ 0 & 1 & 1 & 1 \\ 0 & 0 & 0 & -y \end{vmatrix} \xlongequal{c_2-c_3} xy \begin{vmatrix} 1 & 1 & 0 & 1 \\ 0 & -x & 0 & 0 \\ 0 & 0 & 1 & 1 \\ 0 & 0 & 0 & -y \end{vmatrix} = x^2 y^2;$

2) $D \xlongequal[r_3+(-2)r_1]{r_2-r_1,\ r_4-r_3} \begin{vmatrix} 1 & 1 & 2 & 3 \\ 0 & 2-x^2 & 0 & 0 \\ 0 & 1 & -3 & -1 \\ 0 & 0 & 0 & 9-x^2 \end{vmatrix} = (-1)^{\tau(1234)} 1 \cdot (2-x^2)(-3)(9-x^2)$

$= -3(x+1)(x-1)(x+3)(x-3).$

2. 左边 $= \begin{vmatrix} b+c & c+a & a+b \\ b_1+c_1 & c_1+a_1 & a_1+b_1 \\ b_2+c_2 & c_2+a_2 & a_2+b_2 \end{vmatrix} \xlongequal[c_1+c_3]{c_1+c_2} \begin{vmatrix} 2(a+b+c) & c+a & a+b \\ 2(a_1+b_1+c_1) & c_1+a_1 & a_1+b_1 \\ 2(a_2+b_2+c_2) & c_2+a_2 & a_2+b_2 \end{vmatrix}$

$= 2 \begin{vmatrix} a+b+c & c+a & a+b \\ a_1+b_1+c_1 & c_1+a_1 & a_1+b_1 \\ a_2+b_2+c_2 & c_2+a_2 & a_2+b_2 \end{vmatrix} \xlongequal[c_3-c_1]{c_2-c_1} 2 \begin{vmatrix} a+b+c & -b & -c \\ a_1+b_1+c_1 & -b_1 & -c_1 \\ a_2+b_2+c_2 & -b_2 & -c_2 \end{vmatrix} = $ 右边.

3.1) $D = \begin{cases} 0 & , n \geqslant 3 \\ (a_1-a_2)(b_1-b_2), & n=2; \\ a_1-b_1 & , n=1 \end{cases}$

2) $D = (-1)^{n+1}(n+1)2^{n-2};$

3) $D = \begin{cases} 0 & , n \geqslant 3 \\ (x_2-x_1)(y_2-y_1), & n=2; \\ 1+x_1 y_1 & , n=1 \end{cases}$

4) 依次将行列式 D 的第 n 列加到第 $n-1$ 列，第 $n-1$ 列再加到 $n-2$ 列，…，第 2 列加到第 1 列，则

$$D = \begin{vmatrix} \dfrac{n(n+1)}{2} & \dfrac{(n+2)(n-1)}{2} & \dfrac{(n+3)(n-2)}{2} & \cdots & 2n-1 & n \\ 0 & -1 & 0 & \cdots & 0 & 0 \\ 0 & 0 & -2 & \cdots & 0 & 0 \\ \cdots & \cdots & \cdots & \cdots & \cdots & \cdots \\ 0 & 0 & 0 & \cdots & 0 & 1-n \end{vmatrix} = (-1)^{n-1}(n+1)!\ /2.$$

$$4. \ |A| = \begin{vmatrix} n-1 & n-2 & \cdots & 2 & 1 & 0 \\ n-2 & n-3 & \cdots & 1 & 0 & 1 \\ n-3 & n-4 & \cdots & 0 & 1 & 2 \\ \cdots & \cdots & \cdots & \cdots & \cdots & \cdots \\ 1 & 0 & \cdots & n-4 & n-3 & n-2 \\ 0 & 1 & \cdots & n-3 & n-2 & n-1 \end{vmatrix} = (-1)^{\frac{(n+2)(n-1)}{2}}(n-1)2^{n-2}.$$

说明: 对 $|A|$ 作一系列的相邻列交换则可转化成例 2.8 的行列式.

$$5.1) \ \begin{vmatrix} a_0 & b_1 & b_2 & \cdots & b_n \\ d_1 & a_1 & & & \\ d_2 & & a_2 & & \\ \vdots & & & \ddots & \\ d_n & & & & a_n \end{vmatrix} \begin{array}{c} c_1 - d_1 a_1^{-1} \cdot c_2 \\ \hline c_1 - d_2 a_2^{-1} \cdot c_3 \\ \hline \cdots \\ c_1 - d_n a_n^{-1} \cdot c_n \end{array} \begin{vmatrix} a_0 - \sum\limits_{i=1}^{n} b_i d_i a_i^{-1} & b_1 & b_2 & \cdots & b_n \\ & a_1 & & & \\ & & a_2 & & \\ & & & \ddots & \\ & & & & a_n \end{vmatrix}$$

$$= \prod_{i=1}^{n} a_i \Big(a_0 - \sum_{i=1}^{n} b_i d_i a_i^{-1} \Big) ;$$

2)将第 1 行的 x 倍加到第 2 行, 再将第 2 行的 x 倍加到第 3 行, 一直做下去, 最后将第 $n-1$ 行的 x 倍加到第 n 行, 则

$$\begin{vmatrix} a_1 & -1 & 0 & \cdots & 0 & 0 \\ a_2 & x & -1 & \cdots & 0 & 0 \\ \cdots & \cdots & \cdots & \cdots & \cdots & \cdots \\ a_{n-1} & 0 & 0 & \cdots & x & -1 \\ a_n & 0 & 0 & \cdots & 0 & x \end{vmatrix} \begin{array}{c} r_2 + x \cdot r_1 \\ \hline r_3 + x \cdot r_2 \\ \hline \cdots \\ r_n + x \cdot r_{n-1} \end{array} \begin{vmatrix} a_1 & -1 & 0 & \cdots & 0 & 0 \\ a_1 x + a_2 & 0 & -1 & \cdots & 0 & 0 \\ \cdots & \cdots & \cdots & \cdots & \cdots & \cdots \\ \sum\limits_{i=1}^{n-1} a_i x^{n-i-1} & 0 & 0 & \cdots & 0 & -1 \\ \sum\limits_{i=1}^{n} a_i x^{n-i} & 0 & 0 & \cdots & 0 & 0 \end{vmatrix}$$

$$= \Big(\sum_{i=1}^{n} a_i x^{n-i} \Big) \cdot (-1)^{\tau(23\cdots n1)} (-1)^{n-1} = a_1 x^{n-1} + a_2 x^{n-2} + \cdots + a_{n-1} x + a_n.$$

6. 由定理 2, 可对排列 $j_1 j_2 \cdots j_n$ 作一系列对换变成自然排列 $12\cdots n$, 且所作对换次数 k 的奇偶性与排列 $j_1 j_2 \cdots j_n$ 的奇偶性相同, 因此 $(-1)^k = (-1)^{\tau(j_1 j_2 \cdots j_n)}$; 对所求和式中的行列式作相应于上述对换的列交换, 由行列式的性质, 那么

$$\begin{vmatrix} a_{1j_1} & a_{1j_2} & \cdots & a_{1j_n} \\ a_{2j_1} & a_{2j_2} & \cdots & a_{2j_n} \\ \cdots & \cdots & \cdots & \cdots \\ a_{nj_1} & a_{nj_2} & \cdots & a_{nj_n} \end{vmatrix} = (-1)^{\tau(j_1 j_2 \cdots j_n)} \begin{vmatrix} a_{11} & a_{12} & \cdots & a_{1n} \\ a_{21} & a_{22} & \cdots & a_{2n} \\ \cdots & \cdots & \cdots & \cdots \\ a_{n1} & a_{n2} & \cdots & a_{nn} \end{vmatrix} = (-1)^{\tau(j_1 j_2 \cdots j_n)} D,$$

所以

$$M = \sum_{j_1 j_2 \cdots j_n} (-1)^{\tau(j_1 j_2 \cdots j_n)} D = D \cdot \sum_{j_1 j_2 \cdots j_n} (-1)^{\tau(j_1 j_2 \cdots j_n)} = 0.$$

习题 2.3

1. 1) $D \xrightarrow[c_2-c_1]{c_3-c_1} \begin{vmatrix} a^2 & 2a+1 & 4a+4 \\ b^2 & 2b+1 & 4b+4 \\ c^2 & 2c+1 & 4c+4 \end{vmatrix} \xrightarrow{c_3-2 \cdot c_2} \begin{vmatrix} a^2 & 2a+1 & 2 \\ b^2 & 2b+1 & 2 \\ c^2 & 2c+1 & 2 \end{vmatrix}$

$\xrightarrow{c_2-\frac{1}{2} \cdot c_3} \begin{vmatrix} a^2 & 2a & 2 \\ b^2 & 2b & 2 \\ c^2 & 2c & 2 \end{vmatrix} = -4 \begin{vmatrix} 1 & a & a^2 \\ 1 & b & b^2 \\ 1 & c & c^2 \end{vmatrix} = -4(b-a)(c-a)(c-b);$

2) 将后面各行均加到第 1 行, 再按第 1 行展开:

$$D_4 = \begin{vmatrix} -a & 0 & 0 & 1 \\ -1 & 1-a & a & 0 \\ 0 & -1 & 1-a & a \\ 0 & 0 & -1 & 1-a \end{vmatrix} = -aD_3 + (-1)^{1+4} \begin{vmatrix} -1 & 1-a & a \\ 0 & -1 & 1-a \\ 0 & 0 & -1 \end{vmatrix}$$

$$= -aD_3 + (-1)^{1+4}(-1)^3,$$

同理 $D_3 = -aD_2 + (-1)^{1+3}(-1)^2$, 而 $D_2 = \begin{vmatrix} 1-a & a \\ -1 & 1-a \end{vmatrix} = 1-a+a^2$, 所以

$$D_4 = 1-a+a^2-a^3+a^4.$$

2. 利用行列式的按一行展开的性质, 则有

$$5 \cdot (A_{31}+A_{32}+A_{33}) + 3 \cdot (A_{34}+A_{35}) = \begin{vmatrix} 1 & 2 & 3 & 4 & 5 \\ 5 & 5 & 5 & 3 & 3 \\ 5 & 5 & 5 & 3 & 3 \\ 2 & 2 & 2 & 1 & 1 \\ 4 & 6 & 5 & 2 & 3 \end{vmatrix} = 0,$$

同理也有 $2 \cdot (A_{31}+A_{32}+A_{33}) + 1 \cdot (A_{34}+A_{35}) = 0$, 两式联立则得

$$A_{31}+A_{32}+A_{33} = 0, \quad A_{34}+A_{35} = 0.$$

3. 由于 $f(a_0) = \begin{vmatrix} 1 & a_0 & a_0^2 & \cdots & a_0^{n-1} \\ 1 & a_1 & a_1^2 & \cdots & a_1^{n-1} \\ \cdots & \cdots & \cdots & \cdots & \cdots \\ 1 & a_{n-1} & a_{n-1}^2 & \cdots & a_{n-1}^{n-1} \end{vmatrix} = \prod_{0 \leqslant j < i \leqslant n-1} (a_i - a_j) \neq 0$ (可在数域 P 中选取数 a_0 不同

于 $a_1, a_2, \cdots, a_{n-1}$), 因此多项式 $f(x) \neq 0$. 由行列式的定义, 则每一乘积项相应的单项式的次数不超过 $n-1$, 所以 $\partial(f(x)) \leqslant n-1$.

当 $j=1, 2, \cdots, n-1$ 时, 在行列式 $f(a_j)$ 中有两行对应元素相等, 由行列式的性质, 则 $f(a_j) = 0$ ($j=1, 2, \cdots, n-1$), 所以 $\partial(f(x)) = n-1$, 从而可知多项式 $f(x)$ 的根分别为 $a_1, a_2, \cdots, a_{n-1}$.

4. 1) 设所求行列式为 D, 将行列式 D 按第一列展开, 则

$$D = x \cdot \begin{vmatrix} x & y & \cdots & 0 & 0 \\ \cdots & \cdots & \cdots & \cdots & \cdots \\ 0 & 0 & \cdots & x & y \\ 0 & 0 & \cdots & 0 & x \end{vmatrix} + y \cdot (-1)^{n+1} \begin{vmatrix} y & 0 & \cdots & 0 & 0 \\ x & y & \cdots & 0 & 0 \\ \cdots & \cdots & \cdots & \cdots & \cdots \\ 0 & 0 & \cdots & x & y \end{vmatrix} = x^n + (-1)^{n+1}y^n;$$

2) 设所求行列式为 D, 可按第一行进行分拆, 则

$$D=\begin{vmatrix} x_1-(x_1-1) & x_2-(x_2-1) & \cdots & x_n-(x_n-1) \\ x_1(x_1-1) & x_2(x_2-1) & \cdots & x_n(x_n-1) \\ x_1^2(x_1-1) & x_2^2(x_2-1) & \cdots & x_n^2(x_n-1) \\ \cdots & \cdots & \cdots & \cdots \\ x_1^{n-1}(x_1-1) & x_2^{n-1}(x_2-1) & \cdots & x_n^{n-1}(x_n-1) \end{vmatrix}=\Delta_1-\Delta_2,$$

其中 $\Delta_1=\begin{vmatrix} x_1 & x_2 & \cdots & x_n \\ x_1(x_1-1) & x_2(x_2-1) & \cdots & x_n(x_n-1) \\ x_1^2(x_1-1) & x_2^2(x_2-1) & \cdots & x_n^2(x_n-1) \\ \cdots & \cdots & \cdots & \cdots \\ x_1^{n-1}(x_1-1) & x_2^{n-1}(x_2-1) & \cdots & x_n^{n-1}(x_n-1) \end{vmatrix}$

$$=\prod_{i=1}^{n}x_i\begin{vmatrix} 1 & 1 & \cdots & 1 \\ x_1-1 & x_2-1 & \cdots & x_n-1 \\ x_1(x_1-1) & x_2(x_2-1) & \cdots & x_n(x_n-1) \\ \cdots & \cdots & \cdots & \cdots \\ x_1^{n-2}(x_1-1) & x_2^{n-2}(x_2-1) & \cdots & x_n^{n-2}(x_n-1) \end{vmatrix}=\prod_{i=1}^{n}x_i\begin{vmatrix} 1 & 1 & \cdots & 1 \\ x_1 & x_2 & \cdots & x_n \\ x_1^2 & x_2^2 & \cdots & x_n^2 \\ \cdots & \cdots & \cdots & \cdots \\ x_1^{n-1} & x_2^{n-1} & \cdots & x_n^{n-1} \end{vmatrix},$$

$$\Delta_2=\begin{vmatrix} x_1-1 & x_2-1 & \cdots & x_n-1 \\ x_1(x_1-1) & x_2(x_2-1) & \cdots & x_n(x_n-1) \\ x_1^2(x_1-1) & x_2^2(x_2-1) & \cdots & x_n^2(x_n-1) \\ \cdots & \cdots & \cdots & \cdots \\ x_1^{n-1}(x_1-1) & x_2^{n-1}(x_2-1) & \cdots & x_n^{n-1}(x_n-1) \end{vmatrix}=\prod_{i=1}^{n}(x_i-1)\begin{vmatrix} 1 & 1 & \cdots & 1 \\ x_1 & x_2 & \cdots & x_n \\ x_1^2 & x_2^2 & \cdots & x_n^2 \\ \cdots & \cdots & \cdots & \cdots \\ x_1^{n-1} & x_2^{n-1} & \cdots & x_n^{n-1} \end{vmatrix},$$

所以 $D=\left(\prod_{i=1}^{n}x_i-\prod_{i=1}^{n}(x_i-1)\right)\prod_{1\le i\le j\le n}(x_j-x_i).$

3）设所求行列式为 D，将每一列提取公因子 $\dfrac{x_i}{x_i-1}$，则

$$D=\prod_{i=1}^{n}\frac{x_i}{x_i-1}\begin{vmatrix} 1 & 1 & \cdots & 1 \\ x_1-1 & x_2-1 & \cdots & x_n-1 \\ x_1(x_1-1) & x_2(x_2-1) & \cdots & x_n(x_n-1) \\ \cdots & \cdots & \cdots & \cdots \\ x_1^{n-2}(x_1-1) & x_2^{n-2}(x_2-1) & \cdots & x_n^{n-2}(x_n-1) \end{vmatrix}$$

$$=\prod_{i=1}^{n}\frac{x_i}{x_i-1}\begin{vmatrix} 1 & 1 & \cdots & 1 \\ x_1 & x_2 & \cdots & x_n \\ x_1^2 & x_2^2 & \cdots & x_n^2 \\ \cdots & \cdots & \cdots & \cdots \\ x_1^{n-1} & x_2^{n-1} & \cdots & x_n^{n-1} \end{vmatrix}=\prod_{i=1}^{n}\frac{x_i}{x_i-1}\prod_{1\le i\le j\le n}(x_j-x_i).$$

4）设所求行列式为 D_n，将其按第一列展开，则

$$D_n=2aD_{n-1}-\begin{vmatrix} a^2 & 0 & \cdots & 0 & 0 \\ 1 & 2a & \cdots & 0 & 0 \\ \cdots & \cdots & \cdots & \cdots & \cdots \\ 0 & 0 & \cdots & 2a & a^2 \\ 0 & 0 & \cdots & 1 & 2a \end{vmatrix}=2aD_{n-1}-a^2D_{n-2},$$

45

由此通过归纳或递推，则可得 $D_n=(n+1)a^n$.

5）设所求行列式为 D，利用扩边法，则

$$D=\begin{vmatrix} 1 & x_1 & x_2 & \cdots & x_n \\ 0 & x_1^2+1 & x_1x_2 & \cdots & x_1x_n \\ 0 & x_2x_1 & x_2^2+1 & \cdots & x_2x_n \\ \cdots & \cdots & \cdots & \cdots & \cdots \\ 0 & x_nx_1 & x_nx_2 & \cdots & x_nx_2 \end{vmatrix}=\begin{vmatrix} 1 & x_1 & x_2 & \cdots & x_n \\ -x_1 & 1 & & & \\ -x_2 & & 1 & & \\ \vdots & & & \ddots & \\ -x_n & & & & 1 \end{vmatrix}=\left(1+\sum_{i=1}^{n}x_i^2\right).$$

6）设所求行列式为 D，先扩边进行处理，后对第一行进行适当的分拆，则

$$D=\begin{vmatrix} 1 & 0 & 0 & \cdots & 0 \\ a & a+x_1 & a+x_1^2 & \cdots & a+x_1^n \\ a & a+x_2 & a+x_2^2 & \cdots & a+x_2^n \\ \cdots & \cdots & \cdots & \cdots & \cdots \\ a & a+x_n & a+x_n^2 & \cdots & a+x_n^n \end{vmatrix}=\begin{vmatrix} 1 & -1 & -1 & \cdots & -1 \\ a & x_1 & x_1^2 & \cdots & x_1^n \\ a & x_2 & x_2^2 & \cdots & x_2^n \\ \cdots & \cdots & \cdots & \cdots & \cdots \\ a & x_n & x_n^2 & \cdots & x_n^n \end{vmatrix}$$

$$=\begin{vmatrix} 1+a & -1 & -1 & \cdots & -1 \\ 0 & x_1 & x_1^2 & \cdots & x_1^n \\ 0 & x_2 & x_2^2 & \cdots & x_2^n \\ \cdots & & & & \\ 0 & x_n & x_n^2 & \cdots & x_n^n \end{vmatrix}+\begin{vmatrix} -a & -1 & -1 & \cdots & -1 \\ a & x_1 & x_1^2 & \cdots & x_1^n \\ a & x_2 & x_2^2 & \cdots & x_2^n \\ \cdots & & & & \\ a & x_n & x_n^2 & \cdots & x_n^n \end{vmatrix}$$

$$=(1+a)\prod_{i=1}^{n}x_i\prod_{1\le j<i\le n}(x_i-x_j)-a\prod_{i=1}^{n}(x_i-1)\prod_{1\le j<i\le n}(x_i-x_j).$$

5. 由于矩阵 $A\ne0$，可不妨假设第一行元素 a_{11}，a_{12}，$\cdots$，a_{1n} 不全为零，因此可将行列式 $|A|$ 按第一行展开即得

$$|A|=a_{11}A_{11}+a_{12}A_{12}+\cdots+a_{1n}A_{1n}=a_{11}^2+a_{12}^2+\cdots+a_{1n}^2\ne0.$$

6.1）记左边行列式为 D_n，对 n 作归纳.

当 $n=1$ 时，$D_1=\cos\alpha$，当 $n=2$ 时，

$$D_2=\begin{vmatrix} \cos\alpha & 1 \\ 1 & 2\cos\alpha \end{vmatrix}=2\cos^2\alpha-1=\cos2\alpha,$$

结论均成立.

假设对级数小于 n 的行列式结论皆成立.

下面证明 n 时的情形：

将行列式 D_n 按第 n 行展开

$$D_n=2D_{n-1}\cos\alpha-\begin{vmatrix} \cos\alpha & 1 & 0 & \cdots & 0 & 0 \\ 1 & 2\cos\alpha & 1 & \cdots & 0 & 0 \\ \cdots & \cdots & \cdots & \cdots & \cdots & \cdots \\ 0 & 0 & 0 & \cdots & 2\cos\alpha & 0 \\ 0 & 0 & 0 & \cdots & 1 & 1 \end{vmatrix}=2D_{n-1}\cos\alpha-D_{n-2},$$

由归纳知，

$$D_{n-1}=\cos(n-1)\alpha,\ D_{n-2}=\cos(n-2)\alpha=\cos(n-1)\alpha\cdot\cos\alpha+\sin(n-1)\alpha\cdot\sin\alpha,$$

将它们代入递推关系，则

$$D_n=\cos(n-1)\alpha\cdot\cos\alpha-\sin(n-1)\alpha\cdot\sin\alpha=\cos n\alpha.$$

2）对左边行列式进行扩边，则

$$\text{左边} = \begin{vmatrix} 1 & 1 & 1 & \cdots & 1 & 1 \\ 0 & 1+a_1 & 1 & \cdots & 1 & 1 \\ 0 & 1 & 1+a_2 & \cdots & 1 & 1 \\ \cdots & \cdots & \cdots & \cdots & \cdots & \cdots \\ 0 & 1 & 1 & \cdots & 1 & 1+a_n \end{vmatrix} = \begin{vmatrix} 1 & 1 & 1 & \cdots & 1 & 1 \\ -1 & a_1 & 0 & \cdots & 0 & 0 \\ -1 & 0 & a_2 & \cdots & 0 & 0 \\ \cdots & \cdots & \cdots & \cdots & \cdots & \cdots \\ -1 & 0 & 0 & \cdots & 0 & a_n \end{vmatrix} = \text{右边} .$$

7. 证法 1 先将行列式 D_n 按最后一列进行拆项，然后将第一个行列式的第 n 列提取 α 倍，再将其第 n 列的 $(-\beta)$ 倍加到其余各列，则有

$$D_n = \begin{vmatrix} x_1 & \alpha & \alpha & \cdots & \alpha \\ \beta & x_2 & \alpha & \cdots & \alpha \\ \beta & \beta & x_3 & \cdots & \alpha \\ \cdots & \cdots & \cdots & & \cdots \\ \beta & \beta & \beta & \cdots & \alpha \end{vmatrix} + \begin{vmatrix} x_1 & \alpha & \alpha & \cdots & 0 \\ \beta & x_2 & \alpha & \cdots & 0 \\ \beta & \beta & x_3 & \cdots & 0 \\ \cdots & \cdots & \cdots & & \cdots \\ \beta & \beta & \beta & \cdots & x_n-\alpha \end{vmatrix}$$

$$= \alpha(x_1-\beta)(x_2-\beta)\cdots(x_{n-1}-\beta)+(x_n-\alpha)D_{n-1} ,$$

由 α，β 的对称性，也有 $D_n = \beta(x_1-\alpha)(x_2-\alpha)\cdots(x_{n-1}-\alpha)+(x_n-\beta)D_{n-1}$，两式联立即可解得 $D_n = [\alpha f(\beta)-\beta f(\alpha)]/(\alpha-\beta)$.

证法 2 令 $D(x) = \begin{vmatrix} x_1-x & \alpha-x & \alpha-x & \cdots & \alpha-x \\ \beta-x & x_2-x & \alpha-x & \cdots & \alpha-x \\ \beta-x & \beta-x & x_3-x & \cdots & \alpha-x \\ \cdots & \cdots & \cdots & & \cdots \\ \beta-x & \beta-x & \beta-x & \cdots & x_n-x \end{vmatrix}$.

先将 $D(x)$ 的第一行的 (-1) 倍加到其余各行，再按第一行展开，则知 $D(x)$ 必为一个关于 x 的线性式，因此可设 $D(x) = ax+b$，分别以 α，β 代 x：

$$\begin{cases} a\alpha+b = D(\alpha) = (x_1-\alpha)(x_2-\alpha)\cdots(x_n-\alpha) = f(\alpha) \\ a\beta+b = D(\beta) = (x_1-\beta)(x_2-\beta)\cdots(x_n-\beta) = f(\beta) \end{cases} ,$$

所以 $D_n = D(0) = b = [\alpha f(\beta)-\beta f(\alpha)]/(\alpha-\beta)$.

8. 所求多项式满足 $f(a_i) = b_i (i=1, 2, \cdots, n)$，即

$$\begin{cases} c_0+c_1 a_1+c_2 a_1{}^2+\cdots+c_{n-1} a_1{}^{n-1} = b_1 \\ c_0+c_1 a_2+c_2 a_2{}^2+\cdots+c_{n-1} a_2{}^{n-1} = b_2 \\ \cdots\cdots\cdots\cdots\cdots\cdots\cdots\cdots\cdots \\ c_0+c_1 a_n+c_2 a_n{}^2+\cdots+c_{n-1} a_n{}^{n-1} = b_n \end{cases} ,$$

这是一个关于 c_0，c_1，c_2，$\cdots$，c_{n-1} 的线性方程组，由于系数行列式（范德蒙德行列式）

$$D = \begin{vmatrix} 1 & a_1 & \cdots & a_1{}^{n-2} & a_1{}^{n-1} \\ 1 & a_2 & \cdots & a_2{}^{n-2} & a_2{}^{n-1} \\ \cdots & \cdots & \cdots & \cdots & \cdots \\ 1 & a_n & \cdots & a_n{}^{n-2} & a_n{}^{n-1} \end{vmatrix} = \prod_{1\leqslant j<i\leqslant n}(a_i-a_j) \neq 0 ,$$

故线性方程组有解且只有唯一解，即所求多项式存在且唯一.

习题 2.4

1. 1) 记所求行列式为 D_{2n}, 由拉普拉斯定理, 将 D_{2n} 按第 n, $n+1$ 两行进行展开

$$D_{2n} = \begin{vmatrix} a_n & b_n \\ b_{n+1} & a_{n+1} \end{vmatrix} D_{2n-2} = (a_n a_{n+1} - b_n b_{n+1}) D_{2n-2},$$

由此递推即得 $D_{2n} = \prod_{i=1}^{n} (a_i a_{2n-i+1} - b_i b_{2n-i+1})$.

2) 设所求行列式为 D, 那么

$$D \xrightarrow[\substack{r_n-r_{n-1} \\ \cdots \\ r_4-r_3 \\ r_3-r_2}]{} \begin{vmatrix} \lambda & a & a & a & \cdots & a & a \\ b & \alpha & \beta & \beta & \cdots & \beta & \beta \\ 0 & \beta-\alpha & \alpha-\beta & 0 & \cdots & 0 & 0 \\ 0 & 0 & \beta-\alpha & \alpha-\beta & \cdots & 0 & 0 \\ \cdots & \cdots & \cdots & \cdots & \cdots & \cdots & \cdots \\ 0 & 0 & 0 & 0 & \cdots & \beta-\alpha & \alpha-\beta \end{vmatrix}$$

$$\xrightarrow[\substack{c_2+c_3 \\ c_2+c_4 \\ \cdots \\ c_2+c_n}]{} \begin{vmatrix} \lambda & (n-1)a & a & a & \cdots & a & a \\ b & \alpha+(n-2)\beta & \beta & \beta & \cdots & \beta & \beta \\ 0 & 0 & \alpha-\beta & 0 & \cdots & 0 & 0 \\ 0 & 0 & \beta-\alpha & \alpha-\beta & \cdots & 0 & 0 \\ \cdots & \cdots & \cdots & \cdots & \cdots & \cdots & \cdots \\ 0 & 0 & 0 & 0 & \cdots & \beta-\alpha & \alpha-\beta \end{vmatrix}$$

$$= [\lambda\alpha + (n-2)\lambda\beta - (n-1)ab] (\alpha-\beta)^{n-2}.$$

2. 由行列式乘法定理, 则

$$D = \begin{vmatrix} 1 & 0 & \cdots & 0 \\ a_{11} & a_{10} & \cdots & 0 \\ \cdots & \cdots & \cdots & \cdots \\ a_{n-1,\,n-1} & a_{n-1,\,n-2} & \cdots & a_{n-1,\,0} \end{vmatrix} \cdot \begin{vmatrix} 1 & 1 & \cdots & 1 \\ x_1 & x_2 & \cdots & x_n \\ \cdots & \cdots & \cdots & \cdots \\ x_1^{n-1} & x_2^{n-1} & \cdots & x_n^{n-1} \end{vmatrix} = \prod_{i=1}^{n-1} a_{i0} \prod_{1 \leqslant j < i \leqslant n} (x_i - x_j).$$

3. 由二项式展开, 则

$$(a_i + b_j)^n = a_i^n + C_n^1 a_i^{n-1} b_j + \cdots + C_n^{n-1} a_i b_j^{n-1} + b_j^n, \quad i=1, 2, \cdots, n, \ j=1, 2, \cdots, n.$$

由行列式乘法定理, 那么

$$D = \begin{vmatrix} a_0^n & C_n^1 a_0^{n-1} & \cdots & C_n^{n-1} a_0 & 1 \\ a_1^n & C_n^1 a_1^{n-1} & \cdots & C_n^{n-1} a_1 & 1 \\ \cdots & \cdots & \cdots & \cdots & \cdots \\ a_{n-1}^n & C_n^1 a_{n-1}^{n-1} & \cdots & C_n^{n-1} a_{n-1} & 1 \\ a_n^n & C_n^1 a_n^{n-1} & \cdots & C_n^{n-1} a_n & 1 \end{vmatrix} \cdot \begin{vmatrix} 1 & 1 & \cdots & 1 & 1 \\ b_0 & b_1 & \cdots & b_{n-1} & b_n \\ \cdots & \cdots & \cdots & \cdots & \cdots \\ b_0^{n-1} & b_1^{n-1} & \cdots & b_{n-1}^{n-1} & b_n^{n-1} \\ b_0^n & b_1^n & \cdots & b_{n-1}^n & b_n^n \end{vmatrix}$$

$$= C_n^1 C_n^2 \cdots C_n^{n-1} (-1)^{n(n-1)/2} \prod_{1 \leqslant j < i \leqslant n} (a_i - a_j)(b_i - b_j).$$

4. 应用例 2.21 的结果, 则 $D = 1 + \sum_{i=1}^{n} (a_i + b_i) + \sum_{1 \leqslant i < j \leqslant n} (a_i - a_j)(b_j - b_i)$.

5. 应用例 2.21 的结果, 则 $D = \lambda^n - \sum_{i=1}^{n} (a_i b_i) \lambda^{n-1}$.

补充题

1.1) 设所求行列式为 D，将各行均加到第 1 行，从第 1 行提取因子 $n(n+1)/2$；再将第 $n-1$ 列的 (-1) 倍加到第 n 列，第 $(n-2)$ 列的 (-1) 倍加到第 $(n-1)$ 列，$\cdots$，第 1 列的 (-1) 倍加到第 2 列. 那么

$$D = \frac{n(n+1)}{2} \begin{vmatrix} 1 & 1 & 1 & \cdots & 1 \\ 2 & 3 & 4 & \cdots & 1 \\ 3 & 4 & 5 & \cdots & 2 \\ \cdots & \cdots & \cdots & \cdots & \cdots \\ n & 1 & 2 & \cdots & n-1 \end{vmatrix} = \frac{n(n+1)}{2} \begin{vmatrix} 1 & 0 & 0 & \cdots & 0 \\ 2 & 1 & 1 & \cdots & 1-n \\ 3 & 1 & 1 & \cdots & 1 \\ \cdots & \cdots & \cdots & \cdots & \cdots \\ n & 1-n & 1 & \cdots & 1 \end{vmatrix}$$

$$= \frac{n(n+1)}{2} \begin{vmatrix} 1 & 1 & \cdots & 1 & 1-n \\ 1 & 1 & \cdots & 1-n & 1 \\ \cdots & \cdots & \cdots & \cdots & \cdots \\ 1 & 1-n & \cdots & 1 & 1 \\ 1-n & 1 & \cdots & 1 & 1 \end{vmatrix} = \frac{n(n+1)}{2} \begin{vmatrix} -1 & -1 & \cdots & -1 & -1 \\ 0 & 0 & \cdots & -n & 0 \\ \cdots & \cdots & \cdots & \cdots & \cdots \\ 0 & -n & \cdots & 0 & 0 \\ -n & 0 & \cdots & 0 & 0 \end{vmatrix}$$

$$= (-1)^{\frac{n(n-1)}{2}} \cdot n^{n-1}(n+1)/2.$$

2) 记所求行列式为 $D(x)$，则

$$D(x+1) = \begin{vmatrix} 1 & 0 & 0 & \cdots & 0 & 1 \\ 1 & C_1^1 & 0 & \cdots & 0 & x+1 \\ 1 & C_2^1 & C_2^2 & \cdots & 0 & (x+1)^2 \\ \cdots & \cdots & \cdots & \cdots & \cdots & \cdots \\ 1 & C_{n-1}^1 & C_{n-1}^2 & \cdots & C_{n-1}^{n-1} & (x+1)^{n-1} \\ 1 & C_n^1 & C_n^2 & \cdots & C_n^{n-1} & (x+1)^n \end{vmatrix},$$

将上述行列式的第 1 列乘以 (-1)、第 2 列乘以 $(-x)$、第 3 列乘以 $(-x^2)$、$\cdots$、第 n 列乘以 $(-x^{n-1})$，均加到第 $(n+1)$ 列，则

$$D(x+1) = \begin{vmatrix} 1 & 0 & 0 & \cdots & 0 & 0 \\ 1 & C_1^1 & 0 & \cdots & 0 & 0 \\ 1 & C_2^1 & C_2^2 & \cdots & 0 & 0 \\ \cdots & \cdots & \cdots & \cdots & \cdots & \cdots \\ 1 & C_{n-1}^1 & C_{n-1}^2 & \cdots & C_{n-1}^{n-1} & 0 \\ 1 & C_n^1 & C_n^2 & \cdots & C_n^{n-1} & x^n \end{vmatrix} = x^n,$$

所以 $D(x) = (x-1)^n$.

2. $f(x+1) - f(x) = \begin{vmatrix} 1 & 0 & 0 & 0 & \cdots & 0 & (x+1)-x \\ 1 & 2 & 0 & 0 & \cdots & 0 & (x+1)^2 - x^2 \\ 1 & 3 & 3 & 0 & \cdots & 0 & (x+1)^3 - x^3 \\ \cdots & \cdots & \cdots & \cdots & \cdots & \cdots & \cdots \\ 1 & n & C_n^2 & C_n^3 & \cdots & C_n^{n-1} & (x+1)^n - x^n \\ 1 & n+1 & C_{n+1}^2 & C_{n+1}^3 & \cdots & C_{n+1}^{n-1} & (x+1)^{n+1} - x^{n+1} \end{vmatrix},$

将上述行列式的第 1 列乘以 (-1)、第 2 列乘以 $(-x)$、第 3 列乘以 $(-x^2)$、$\cdots$、第 n 列乘以 $(-x^{n-1})$，均加到第 $(n+1)$ 列，则

$$f(x+1)-f(x)=\begin{vmatrix} 1 & 0 & 0 & 0 & \cdots & 0 & 0 \\ 1 & 2 & 0 & 0 & \cdots & 0 & 0 \\ 1 & 3 & 3 & 0 & \cdots & 0 & 0 \\ \cdots & \cdots & \cdots & \cdots & \cdots & \cdots & \cdots \\ 1 & n & C_n^2 & C_n^3 & \cdots & C_n^{n-1} & 0 \\ 1 & n+1 & C_{n+1}^2 & C_{n+1}^3 & \cdots & C_{n+1}^{n-1} & (n+1)x^n \end{vmatrix}=(n+1)!\ x^n.$$

3. 由行列式的基本运算性质及行列式按一行展开的性质，则

$$\begin{vmatrix} 1 & 1 & \cdots & 1 \\ a_{11} & a_{12} & \cdots & a_{1n} \\ \cdots & \cdots & \cdots & \cdots \\ a_{i-1,1} & a_{i-1,2} & \cdots & a_{i-1,n} \\ a_{i+1,1} & a_{i+1,2} & \cdots & a_{i+1,n} \\ \cdots & \cdots & \cdots & \cdots \\ a_{n1} & a_{n2} & \cdots & a_{nn} \end{vmatrix}=(-1)^{i-1}\begin{vmatrix} a_{11} & a_{12} & \cdots & a_{1n} \\ \cdots & \cdots & \cdots & \cdots \\ a_{i-1,1} & a_{i-1,2} & \cdots & a_{i-1,n} \\ 1 & 1 & \cdots & 1 \\ a_{i+1,1} & a_{i+1,2} & \cdots & a_{i+1,n} \\ \cdots & \cdots & \cdots & \cdots \\ a_{n1} & a_{n2} & \cdots & a_{nn} \end{vmatrix}=(-1)^{i-1}\sum_{j=1}^{n}A_{ij}.$$

1）先将左边行列式进行扩边，再把第一列的(-1)倍加到其余各列，然后按第一列展开，并利用上述结果则

$$左边=\begin{vmatrix} 1 & 0 & 0 & \cdots & 0 \\ x & a_{11}+x & a_{12}+x & \cdots & a_{1n}+x \\ x & a_{21}+x & a_{22}+x & \cdots & a_{2n}+x \\ \cdots & \cdots & \cdots & \cdots & \cdots \\ x & a_{n1}+x & a_{n2}+x & \cdots & a_{nn}+x \end{vmatrix}=\begin{vmatrix} 1 & -1 & -1 & \cdots & -1 \\ x & a_{11} & a_{12} & \cdots & a_{1n} \\ x & a_{21} & a_{22} & \cdots & a_{2n} \\ \cdots & \cdots & \cdots & \cdots & \cdots \\ x & a_{n1} & a_{n2} & \cdots & a_{nn} \end{vmatrix}$$

$$=|A|+\sum_{i=1}^{n}x\cdot(-1)^{i+1+1}\begin{vmatrix} -1 & -1 & \cdots & -1 \\ a_{11} & a_{12} & \cdots & a_{1n} \\ \cdots & \cdots & \cdots & \cdots \\ a_{i-1,1} & a_{i-1,2} & \cdots & a_{i-1,n} \\ a_{i+1,1} & a_{i+1,2} & \cdots & a_{i+1,n} \\ \cdots & \cdots & \cdots & \cdots \\ a_{n1} & a_{n2} & \cdots & a_{nn} \end{vmatrix}=右边;$$

2）先利用1）的结论转化，再将两个行列式均进行相邻列相减，最后按第 n 列进行拆项，则（也可直接用扩边法作）

$$\sum_{i=1}^{n}\sum_{j=1}^{n}A_{ij}=\begin{vmatrix} a_{11}+1 & a_{12}+1 & \cdots & a_{1n}+1 \\ a_{21}+1 & a_{22}+1 & \cdots & a_{2n}+1 \\ \cdots & \cdots & \cdots & \cdots \\ a_{n1}+1 & a_{n2}+1 & \cdots & a_{nn}+1 \end{vmatrix}-\begin{vmatrix} a_{11} & a_{12} & \cdots & a_{1n} \\ a_{21} & a_{22} & \cdots & a_{2n} \\ \cdots & \cdots & \cdots & \cdots \\ a_{n1} & a_{n2} & \cdots & a_{nn} \end{vmatrix}=$$

$$\begin{vmatrix} a_{11}-a_{12} & a_{12}-a_{13} & \cdots & a_{1n}+1 \\ a_{21}-a_{22} & a_{22}-a_{23} & \cdots & a_{2n}+1 \\ \cdots & \cdots & \cdots & \cdots \\ a_{n1}-a_{n2} & a_{n2}-a_{n3} & \cdots & a_{nn}+1 \end{vmatrix}-\begin{vmatrix} a_{11}-a_{12} & a_{12}-a_{13} & \cdots & a_{1n} \\ a_{21}-a_{22} & a_{22}-a_{23} & \cdots & a_{2n} \\ \cdots & \cdots & \cdots & \cdots \\ a_{n1}-a_{n2} & a_{n2}-a_{n3} & \cdots & a_{nn} \end{vmatrix}=右边;$$

3）扩边法

$$左边 = \begin{vmatrix} 1 & a_{11} & a_{12} & \cdots & a_{1n} \\ 0 & 1 & 1 & \cdots & 1 \\ 0 & a_{21}-a_{11} & a_{22}-a_{12} & \cdots & a_{2n}-a_{1n} \\ 0 & a_{31}-a_{11} & a_{32}-a_{12} & \cdots & a_{3n}-a_{1n} \\ \cdots & \cdots & \cdots & \cdots & \cdots \\ 0 & a_{n1}-a_{11} & a_{n2}-a_{12} & \cdots & a_{nn}-a_{1n} \end{vmatrix} = \begin{vmatrix} 1 & a_{11} & a_{12} & \cdots & a_{1n} \\ 0 & 1 & 1 & \cdots & 1 \\ 1 & a_{21} & a_{22} & \cdots & a_{2n} \\ 1 & a_{31} & a_{32} & \cdots & a_{3n} \\ \cdots & \cdots & \cdots & \cdots & \cdots \\ 1 & a_{n1} & a_{n2} & \cdots & a_{nn} \end{vmatrix}$$

$$= - \begin{vmatrix} 0 & 1 & 1 & \cdots & 1 \\ 1 & a_{11} & a_{12} & \cdots & a_{1n} \\ 1 & a_{21} & a_{22} & \cdots & a_{2n} \\ 1 & a_{31} & a_{32} & \cdots & a_{3n} \\ \cdots & \cdots & \cdots & \cdots & \cdots \\ 1 & a_{n1} & a_{n2} & \cdots & a_{nn} \end{vmatrix} = - \sum_{i=1}^{n} (-1)^{i+1+1} \begin{vmatrix} 1 & 1 & \cdots & 1 \\ a_{11} & a_{12} & \cdots & a_{1n} \\ \cdots & \cdots & \cdots & \cdots \\ a_{i-1,1} & a_{i-1,2} & \cdots & a_{i-1,n} \\ a_{i+1,1} & a_{i+1,2} & \cdots & a_{i+1,n} \\ \cdots & \cdots & \cdots & \cdots \\ a_{n1} & a_{n2} & \cdots & a_{nn} \end{vmatrix} = 右边.$$

4.1) 将行列式 D 按第一列展开，则

$$D = (-1)^{n-1} \prod_{i=1}^{n} x_i \prod_{1 \le j < i \le n} (x_i - x_j) \left[\sum_{k=1}^{n} \frac{a_k}{x_k f'(x_k)} \right],$$

其中 $f(x) = (x-x_1)(x-x_2)\cdots(x-x_n)$；

2) 定义 $D(x) = \begin{vmatrix} 1 & x_1 & x_1^2 & \cdots & x_1^{n-2} & x_1^{n-1} & x_1^n \\ 1 & x_2 & x_2^2 & \cdots & x_2^{n-2} & x_2^{n-1} & x_2^n \\ \cdots & \cdots & \cdots & \cdots & \cdots & \cdots & \cdots \\ 1 & x_n & x_n^2 & \cdots & x_n^{n-2} & x_n^{n-1} & x_n^n \\ 1 & x & x^2 & \cdots & x^{n-2} & x^{n-1} & x^n \end{vmatrix}$，将其按第 $n+1$ 行展开，则易知 $D(x)$ 中 x^{n-1}

的系数为：$(-1)^{(n+1)+n} D = -D$；

由于 $D(x)$ 为 $n+1$ 级范得蒙德行列式，因此 $D(x) = \prod_{k=1}^{n} (x-x_k) \prod_{1 \le j < i \le n} (x_i - x_j)$，则 $D(x)$ 中 x^{n-1} 的

系数为：$-(x_1 + x_2 + \cdots + x_n) \prod_{1 \le j < i \le n} (x_i - x_j)$，所以

$$D = (x_1 + x_2 + \cdots + x_n) \prod_{1 \le j < i \le n} (x_i - x_j).$$

5.1) $D_5 = \begin{vmatrix} 0 & \alpha_2 & \alpha_3 & \alpha_4 & \alpha_5 \\ \beta_1 & 0 & \alpha_3 & \alpha_4 & \alpha_5 \\ \beta_1 & \beta_2 & 0 & \alpha_4 & \alpha_5 \\ \beta_1 & \beta_2 & \beta_3 & 0 & \alpha_5 \\ 0 & 0 & 0 & \beta_4 & -\alpha_5 \end{vmatrix} = -\alpha_5 D_4 + \beta_4 (-1)^{5+4} \begin{vmatrix} 0 & \alpha_2 & \alpha_3 & \alpha_5 \\ \beta_1 & 0 & \alpha_3 & \alpha_5 \\ \beta_1 & \beta_2 & 0 & \alpha_5 \\ \beta_1 & \beta_2 & \beta_3 & \alpha_5 \end{vmatrix}$

$$= -\alpha_5 D_4 + (-1)^4 \alpha_5 \beta_1 \beta_2 \beta_3 \beta_4,$$

由上述递推关系则得

$$D_5 = \alpha_5 \beta_1 \beta_2 \beta_3 \beta_4 + \alpha_5 \alpha_4 \beta_1 \beta_2 \beta_3 + \alpha_5 \alpha_4 \alpha_3 \beta_1 \beta_2 + \alpha_5 \alpha_4 \alpha_3 \alpha_2 \beta_1.$$

2) 将 D_n 的第 $n-1$ 行的 (-1) 倍加到第 n 行，按第 n 行展开，则得

$$D_n = -a_n D_{n-1} + (-1)^{n-1} a_n b_1 b_2 \cdots b_{n-1},$$

由此递推关系可得

$$D_n = (-1)^{n-1}(a_n b_1 b_2 \cdots b_{n-1} + a_n a_{n-1} b_1 b_2 \cdots b_{n-2} + \cdots + a_n a_{n-1} \cdots a_2 b_1).$$

6.1）对行列式进行扩边，并按第 1 列展开

$$D = \begin{vmatrix} 1 & a_1 & a_2 & \cdots & a_n \\ 0 & x_1 & a_2 & \cdots & a_n \\ 0 & a_1 & x_2 & \cdots & a_n \\ \cdots & \cdots & \cdots & \cdots & \cdots \\ 0 & a_1 & a_2 & \cdots & x_n \end{vmatrix} = \begin{vmatrix} 1 & a_1 & a_2 & \cdots & a_n \\ -1 & x_1-a_1 & 0 & \cdots & 0 \\ -1 & 0 & x_2-a_2 & \cdots & 0 \\ \cdots & \cdots & \cdots & \cdots & \cdots \\ -1 & 0 & 0 & \cdots & x_n-a_n \end{vmatrix}$$

$$= \prod_{i=1}^{n}(x_i - a_i) + a_1 \prod_{i=2}^{n}(x_i - a_i) + a_2 \prod_{i \neq 2}(x_i - a_i) + \cdots + a_n \prod_{i=1}^{n-1}(x_i - a_i);$$

2）将 D_n 的第 $n-1$ 行的 (-1) 倍加到第 n 行，并按第 n 行展开，

$$D_n = \begin{vmatrix} x_1 & a_2 & a_3 & \cdots & a_{n-1} & a_n \\ -a_1 & x_2 & a_3 & \cdots & a_{n-1} & a_n \\ -a_1 & -a_2 & x_3 & \cdots & a_{n-1} & a_n \\ \cdots & \cdots & \cdots & \cdots & \cdots & \cdots \\ -a_1 & -a_2 & -a_3 & \cdots & x_{n-1} & a_n \\ 0 & 0 & 0 & \cdots & -a_{n-1}-x_{n-1} & x_n-a_n \end{vmatrix}$$

$$= (x_n-a_n)D_{n-1} + (-a_{n-1}-x_{n-1})(-1)^{n+(n-1)}a_n(x_1+a_1)(x_2+a_2)\cdots(x_{n-2}+a_{n-2})$$

$$= (x_n-a_n)D_{n-1} + (x_1+a_1)(x_2+a_2)\cdots(x_{n-2}+a_{n-2})(a_{n-1}+x_{n-1})a_n,$$

由此递推关系可得

$$D_n = x_1(x_2-a_2)\cdots(x_n-a_n) + (x_1+a_1)a_2(x_3-a_3)\cdots(x_n-a_n)$$
$$+ (x_1+a_1)\cdots(x_{n-2}+a_{n-2})a_{n-1}(x_n-a_n) + \cdots + (x_1+a_1)\cdots(x_{n-1}+a_{n-1})a_n.$$

第三章　线性方程组

关键知识点：线性方程组的初等变换、消元解法（Gauss 消元法），n 维向量的运算及 n 维向量空间；向量与向量组的线性表出，向量组与向量组的线性表出、等价，向量组的线性相关及线性无关，向量组的极大线性无关组及秩，定理 2 及其推论；矩阵的秩，定理 4（矩阵秩的第一特性），定理 5，定理 6（矩阵秩的第二特性）；定理 7（线性方程组有解判别定理），齐次线性方程组的基础解系，定理 8（基础解系存在定理），一般线性方程组的通解.

§1　预备知识

一、线性方程组的消元解法

定义 1　数域 P 上的线性方程组的如下三种变换称为线性方程组的**初等变换**：

1）互换两个方程的位置；

2）把某一个方程两边同乘数域 P 内一个非零数 c；

3）把某一个方程加上另一个方程的 k 倍，这里 $k \in P$.

初等变换可逆，即经过初等变换后的线性方程组可以用初等变换复原. 线性方程组经初等变换后，得到的线性方程组与原线性方程组同解.

一般线性方程组

$$\begin{cases} a_{11}x_1 + a_{12}x_2 + \cdots + a_{1n}x_n = b_1 \\ a_{21}x_1 + a_{22}x_2 + \cdots + a_{2n}x_n = b_2 \\ \cdots\cdots\cdots\cdots\cdots\cdots\cdots\cdots\cdots \\ a_{s1}x_1 + a_{s2}x_2 + \cdots + a_{sn}x_n = b_s \end{cases} \tag{1}$$

经过初等变换可化成同解的形如（2）的方程组（**阶梯形方程组**）

$$\begin{cases} c_{11}x_1 + c_{12}x_2 + \cdots + c_{1r}x_r + \cdots + c_{1n}x_n = d_1 \\ \qquad c_{22}x_2 + \cdots + c_{2r}x_r + \cdots + c_{2n}x_n = d_2 \\ \qquad\cdots\cdots\cdots\cdots\cdots\cdots\cdots\cdots\cdots \\ \qquad\qquad\qquad c_{rr}x_r + \cdots + c_{rn}x_n = d_r \\ \qquad\qquad\qquad\qquad\qquad\qquad 0 = d_{r+1} \end{cases} \tag{2}$$

其中 $c_{ii} \neq 0$，$i = 2, \cdots, r$.

当 $d_{r+1} \neq 0$ 时，方程组（1）无解；

当 $d_{r+1} = 0$，$r = n$ 时，方程组（1）有唯一解；

当 $d_{r+1} = 0$，$r < n$ 时，阶梯形方程组（2）可化为

$$\begin{cases} c_{11}x_1 + c_{12}x_2 + \cdots + c_{1r}x_r = d_1 - c_{1,r+1}x_{r+1} - \cdots - c_{1n}x_n \\ \qquad c_{22}x_2 + \cdots + c_{2r}x_r = d_2 - c_{2,r+1}x_{r+1} - \cdots - c_{2n}x_n \\ \qquad\cdots\cdots\cdots\cdots\cdots \\ \qquad\qquad\qquad c_{rr}x_r = d_r - c_{r,r+1}x_{r+1} - \cdots - c_{rn}x_n \end{cases} \tag{3}$$

由此可解得方程组(1)的一般解，其中 x_{r+1}，$\cdots$，x_n 可称为一组**自由未知量**.

上述解线性方程组的方法称为方程组的消元解法(Gauss 消元法).

定理 1　在齐次线性方程组
$$
\begin{cases}
a_{11}x_1+a_{12}x_2+\cdots+a_{1n}x_n=0 \\
a_{21}x_1+a_{22}x_2+\cdots+a_{2n}x_n=0 \\
\cdots\cdots\cdots\cdots\cdots\cdots\cdots\cdots\cdots\cdots \\
a_{s1}x_1+a_{s2}x_2+\cdots+a_{sn}x_n=0
\end{cases}
$$
中，如果 $s<n$，那么它必有非零解.

设线性方程组的系数矩阵为 A，我们把方程组的常数项添到 A 内作为最后一列，得到的 $s\times(n+1)$ 矩

阵 $\bar{A}=\begin{pmatrix} a_{11} & a_{12} & \cdots & a_{1n} & b_1 \\ a_{21} & a_{22} & \cdots & a_{2n} & b_2 \\ \cdots & \cdots & \cdots & \cdots\cdots \\ a_{s1} & a_{s2} & \cdots & a_{sn} & b_s \end{pmatrix}$ 称为方程组的**增广矩阵**。

线性方程组的初等变换可用方程组的增广矩阵的初等行变换来刻划.

例 3.1　用消元法解线性方程组
$$
\begin{cases}
2x_1+3x_2+x_3-3x_4=-7 \\
x_1+2x_2\quad-2x_4=-4 \\
3x_1-2x_2+8x_3+3x_4=0 \\
2x_1-3x_2+7x_3+4x_4=3
\end{cases}.
$$

解　对方程组的增广矩阵作初等行变换：

$$
\bar{A}=\begin{pmatrix} 2 & 3 & 1 & -3 & -7 \\ 1 & 2 & 0 & -2 & -4 \\ 3 & -2 & 8 & 3 & 0 \\ 2 & -3 & 7 & 4 & 3 \end{pmatrix} \xrightarrow{r_1\leftrightarrow r_2} \begin{pmatrix} 1 & 2 & 0 & -2 & -4 \\ 2 & 3 & 1 & -3 & -7 \\ 3 & -2 & 8 & 3 & 0 \\ 2 & -3 & 7 & 4 & 3 \end{pmatrix}
$$

$$
\xrightarrow[\substack{r_4-2r_1}]{\substack{r_2-2r_1 \\ r_3-3r_1}} \begin{pmatrix} 1 & 2 & 0 & -2 & -4 \\ 0 & -1 & 1 & 1 & 1 \\ 0 & -8 & 8 & 9 & 12 \\ 0 & -7 & 7 & 8 & 11 \end{pmatrix} \xrightarrow[\substack{r_4-7r_2}]{\substack{r_3-8r_2}} \begin{pmatrix} 1 & 2 & 0 & -2 & -4 \\ 0 & -1 & 1 & 1 & 1 \\ 0 & 0 & 0 & 1 & 4 \\ 0 & 0 & 0 & 1 & 4 \end{pmatrix}
$$

$$
\xrightarrow[\substack{r_4-r_3}]{\substack{(-1)\cdot r_2}} \begin{pmatrix} 1 & 2 & 0 & -2 & -4 \\ 0 & 1 & -1 & -1 & -1 \\ 0 & 0 & 0 & 1 & 4 \\ 0 & 0 & 0 & 0 & 0 \end{pmatrix},
$$

则所求方程组同解于

$$
\begin{cases}
x_1+2x_2\quad-2x_4=-4 \\
x_2-x_3-x_4=-1 \\
x_4=4
\end{cases}, \text{即得一般解} \begin{cases}
x_1=-2-2x_3 \\
x_2=3+x_3 \\
x_4=4
\end{cases}, \text{其中 } x_3 \text{ 为自由未知量.}
$$

二、n 维向量空间

定义 2　设 P 是一个数域，P 中 n 个数 a_1，a_2，$\cdots$，a_n 所组成的一个 n 元有序数组
$$
(a_1,\ a_2,\ \cdots,\ a_n)
$$
称为一个 n **维向量**(或称行向量，也可定义列向量)，a_i 称为该向量的第 i 分量.

记 $P^n = \{(a_1, a_2, \cdots, a_n) \mid a_i \in P, i = 1, 2, \cdots, n\}$，在 P^n 中定义**相等**：两个向量的对应分量都相等，即若 $a_i = b_i (i = 1, 2, \cdots, n)$，则称 $(a_1, a_2, \cdots, a_n)$ 与 $(b_1, b_2, \cdots, b_n)$ 相等，记为 $(a_1, a_2, \cdots, a_n) = (b_1, b_2, \cdots, b_n)$；

在 P^n 中定义**加法**：两个向量的对应分量相加，即

$$(a_1, a_2, \cdots, a_n) + (b_1, b_2, \cdots, b_n) = (a_1 + b_1, a_2 + b_2, \cdots, a_n + b_n);$$

在 P^n 中定义**数量乘法**：用 P 中的数 k 去乘向量的各分量，即 $\forall k \in P$，

$$k(a_1, a_2, \cdots, a_n) = (ka_1, ka_2, \cdots, ka_n).$$

定义 3 集合 P^n 和上面定义的加法、数量乘法组成的代数系统称为数域 P 上的 n **维向量空间**. 向量空间中的元素关于加法和数乘运算满足如下性质：

1) $\alpha + \beta = \beta + \alpha$；　　　2) $(\alpha + \beta) + \gamma = \alpha + (\beta + \gamma)$；

3) 向量 $(0, 0, \cdots, 0)$ 称为**零向量**，记为 0，它满足：$\forall \alpha \in P^n$，$0 + \alpha = \alpha + 0$；

4) $\forall \alpha = (a_1, a_2, \cdots, a_m)$，令 $-\alpha = (-a_1, -a_2, \cdots, -a_m)$，称其为 α 的**负向量**，它满足 $\alpha + (-\alpha) = (-\alpha) + \alpha = 0$；

5) $1\alpha = \alpha$；　　　　　　6) $(kl)\alpha = k(l\alpha)$；

7) $(k + l)\alpha = k\alpha + l\alpha$；8) $k(\alpha + \beta) = k\alpha + k\beta$.

习题 3.1

1. 用消元法解线性方程组：

1) $\begin{cases} x_1 + x_2 + 2x_3 + 3x_4 = 1 \\ 2x_1 + 3x_2 + 5x_3 + 2x_4 = -3 \\ 3x_1 - x_2 - x_3 - 2x_4 = -4 \\ 3x_1 + 5x_2 + 2x_3 - 2x_4 = -10 \end{cases}$；2) $\begin{cases} 2x_1 - x_2 + x_3 - x_4 = 3 \\ 4x_1 - 2x_2 - 2x_3 + 3x_4 = 2 \\ 2x_1 - x_2 + 5x_3 - 6x_4 = 1 \\ 2x_1 - x_2 - 3x_3 + 4x_4 = 5 \end{cases}$.

2. 设 $\alpha = (2, 5, 1, 3)$，$\beta = (10, 1, 5, 10)$，$\gamma = (4, 1, -1, 1)$，求向量 δ，使

$$3(\alpha - \delta) + 2(\beta + \delta) = 5(\gamma - \delta).$$

§2 线性相关性

一、线性表出与等价

定义 4 设 $\alpha_1, \alpha_2, \cdots, \alpha_s \in P^n$，$k_1, k_2, \cdots, k_s \in P$，则向量 $k_1\alpha_1 + k_2\alpha_2 + \cdots + k_s\alpha_s$ 称为向量组 $\alpha_1, \alpha_2, \cdots, \alpha_s$ 的一个**线性组合**；对于 $\beta \in P^n$，如果存在 $k_1, k_2, \cdots, k_s \in P$，使得 $\beta = k_1\alpha_1 + k_2\alpha_2 + \cdots + k_s\alpha_s$，则称 β 可被向量组 $\alpha_1, \alpha_2, \cdots, \alpha_s$ **线性表出**.

定义 5 对于 P^n 内的两个向量组 A：$\alpha_1, \alpha_2, \cdots, \alpha_s$；$B$：$\beta_1, \beta_2, \cdots, \beta_t$，如果向量组 A 中每一个向量 $\alpha_i(i = 1, 2, \cdots, s)$ 皆可经向量组 B 线性表出，则称向量组 A 可以经向量组 B **线性表出**；若两个向量组可以互相线性表出，则称向量组 A 和向量组 B 为**等价**.

对于 P^n 内的向量组 A、B 及 C：$\gamma_1, \gamma_2, \cdots, \gamma_p$：

1) 如果向量组 A 可以经向量组 B 线性表出，向量组 B 可以经向量组 C 线性表出，那么向量组 A 可以经向量组 C 线性表出；

2) 反身性：每一个向量组都与它自身等价；

3)对称性：如果向量组 A 与 B 等价，则那么向量组 B 与 A 等价；

4)传递性：如果向量组 A 与 B 等价，B 与 C 等价，那么向量组 A 与 C 等价.

需证1)：存在 $k_{ij} \in P(1 \leqslant i \leqslant s, 1 \leqslant j \leqslant t)$，$l_{jm} \in P(1 \leqslant j \leqslant t, 1 \leqslant m \leqslant p)$ 使得

$$\alpha_i = \sum_{j=1}^{t} k_{ij}\beta_j, \quad i = 1, 2, \cdots, s, \quad \beta_j = \sum_{m=1}^{p} l_{jm}\gamma_m, \quad j = 1, 2, \cdots, t,$$

所以

$$\alpha_i = \sum_{j=1}^{t} k_{ij}\sum_{m=1}^{p} l_{jm}\gamma_m = \sum_{j=1}^{t}\sum_{m=1}^{p} k_{ij}l_{jm}\gamma_m = \sum_{m=1}^{p}\left(\sum_{j=1}^{t} k_{ij}l_{jm}\right)\gamma_m, \quad i = 1, 2, \cdots, s.$$

例 3.2 问向量 β 是否可经向量组 α_1，α_2，α_3 线性表出？若能，写出其组合系数.其中 $\beta = (2, -1, 3, 4)$，$\alpha_1 = (1, 2, -3, 1)$，$\alpha_2 = (5, -5, 12, 11)$，$\alpha_3 = (1, -3, 6, 3)$.

解 考虑向量方程 $x_1\alpha_1 + x_2\alpha_2 + x_3\alpha_3 = \beta$（是否有解？有什么样的解？），根据向量的相等及运算，

即得线性方程组 $\begin{cases} x_1 + 5x_2 + x_3 = 2 \\ 2x_1 - 5x_2 - 3x_3 = -1 \\ -3x_1 + 12x_2 + 6x_3 = 3 \\ x_1 + 11x_2 + 3x_3 = 4 \end{cases}$,

$$\bar{A} = \begin{pmatrix} 1 & 5 & 1 & 2 \\ 2 & -5 & -3 & -1 \\ -3 & 12 & 6 & 3 \\ 1 & 11 & 3 & 4 \end{pmatrix} \longrightarrow \begin{pmatrix} 1 & 5 & 1 & 2 \\ 0 & -15 & -5 & -5 \\ 0 & 27 & 9 & 9 \\ 0 & 6 & 2 & 2 \end{pmatrix} \longrightarrow \begin{pmatrix} 1 & 5 & 1 & 2 \\ 0 & 3 & 1 & 1 \\ 0 & 0 & 0 & 0 \\ 0 & 0 & 0 & 0 \end{pmatrix},$$

所以 $x_1 = \dfrac{1}{3} + \dfrac{2}{3}c$，$x_2 = \dfrac{1}{3} - \dfrac{1}{3}c$，$x_3 = c$ 为任意常数，从而

$$\beta = \left(\frac{1}{3} + \frac{2}{3}c\right)\alpha_1 + \left(\frac{1}{3} - \frac{1}{3}c\right)\alpha_2 + c\alpha_3, \quad c \text{ 为任意常数}.$$

例 3.3 已知 $\alpha_1 = (1, 0, 2, 3)$，$\alpha_2 = (1, 1, 3, 5)$，$\alpha_3 = (1, -1, a+2, 1)$，
$$\alpha_4 = (1, 2, 4, a+8), \quad \beta = (1, 1, b+3, 5).$$
问何时 β 可由 α_1，α_2，α_3，α_4 唯一线性表出？并写出表达式.

解 $x_1\alpha_1 + x_2\alpha_2 + x_3\alpha_3 + x_4\alpha_4 = \beta \Longleftrightarrow \begin{cases} x_1 + x_2 + x_3 + x_4 = 1 \\ x_2 - x_3 + 2x_4 = 1 \\ 2x_1 + 3x_2 + (a+2)x_3 + 4x_4 = b+3 \\ 3x_1 + 5x_2 + x_3 + (a+8)x_4 = 5 \end{cases}$,

$$\bar{A} = \begin{pmatrix} 1 & 1 & 1 & 1 & 1 \\ 0 & 1 & -1 & 2 & 1 \\ 2 & 3 & a+2 & 4 & b+3 \\ 3 & 5 & 1 & a+8 & 5 \end{pmatrix} \rightarrow \begin{pmatrix} 1 & 1 & 1 & 1 & 1 \\ 0 & 1 & -1 & 2 & 1 \\ 0 & 1 & a & 2 & b+1 \\ 0 & 2 & -2 & a+5 & 2 \end{pmatrix} \rightarrow \begin{pmatrix} 1 & 1 & 1 & 1 & 1 \\ 0 & 1 & -1 & 2 & 1 \\ 0 & 0 & a+1 & 0 & b \\ 0 & 0 & 0 & a+1 & 0 \end{pmatrix},$$

观察阶梯形矩阵，则当 $a \neq -1$ 时，方程组解唯一，即 β 可由 α_1，α_2，α_3，α_4 唯一线性表出，且可求得唯一解为 $(-2b(a+1)^{-1}, (a+b+1)(a+1)^{-1}, b(a+1)^{-1}, 0)$，则

$$\beta = -2b(a+1)^{-1}\alpha_1 + (a+b+1)(a+1)^{-1}\alpha_2 + b(a+1)^{-1}\alpha_3 + 0 \cdot \alpha_4.$$

二、线性相关性

定义 6 设 α_1，α_2，$\cdots$，$\alpha_s \in P^n$，如果存在不全为零的 k_1，k_2，$\cdots$，$k_s \in P$，使得

$$k_1\alpha_1+k_2\alpha_2+\cdots+k_s\alpha_s=0,$$

则称 α_1，α_2，$\cdots$，α_s **线性相关**，否则称为**线性无关**.

根据这个定义，α_1，α_2，$\cdots$，α_s 线性无关可以表述如下：若 k_1，k_2，$\cdots$，$k_s \in P$，使得 $k_1\alpha_1 + k_2\alpha_2+\cdots+k_s\alpha_s=0$，则必有 $k_1=k_2=\cdots=k_s=0$.

线性相关性的基本性质：

1）α_1，α_2，$\cdots$，$\alpha_s(s>1)$ 线性相关 $\Leftrightarrow$ 某个 α_i 可以由其余向量线性表出；

2）α_1，α_2，$\cdots$，$\alpha_s(s>1)$ 线性无关 $\Leftrightarrow$ 任一 α_i 都不能由其余向量线性表出；

3）如果向量组 α_1，α_2，$\cdots$，α_s 线性无关，而 α_1，α_2，$\cdots$，α_s，β 线性相关，则向量 β 可以由 α_1，α_2，$\cdots$，α_s 线性表出；

4）设 $\alpha_i=(a_{i1}$，a_{i2}，$\cdots$，$a_{in})$，$i=1$，2，$\cdots$，s，那么向量组 α_1，α_2，$\cdots$，α_s 线性无关的充分必要条件是齐次线性方程组

$$\begin{cases} a_{11}x_1+a_{21}x_2+\cdots+a_{s1}x_s=0 \\ a_{12}x_1+a_{22}x_2+\cdots+a_{s2}x_s=0 \\ \cdots\cdots\cdots\cdots\cdots\cdots\cdots \\ a_{1n}x_1+a_{2n}x_2+\cdots+a_{sn}x_s=0 \end{cases}$$

只有零解.

定理 2 设 α_1，α_2，$\cdots$，α_r 与 β_1，β_2，$\cdots$，β_s 是两个向量组，如果向量组 α_1，α_2，$\cdots$，α_r 可以经 β_1，β_2，$\cdots$，β_s 线性表出，且 $r>s$，那么向量组 α_1，α_2，$\cdots$，α_r 必线性相关.

略证 可设 $\alpha_i=\sum\limits_{j=1}^{s} t_{ji}\beta_j$，$i=1$，$2$，$\cdots$，$r$，考虑向量方程

$$x_1\alpha_1+x_2\alpha_2+\cdots+x_r\alpha_r=0 \tag{1}$$

$$\because x_1\alpha_1+x_2\alpha_2+\cdots+x_r\alpha_r=\sum_{i=1}^{r}x_i\alpha_i=\sum_{i=1}^{r}x_i\sum_{j=1}^{s}t_{ji}\beta_j=\sum_{j=1}^{s}\left(\sum_{i=1}^{r}t_{ji}x_i\right)\beta_j,$$

再考虑齐次线性方程组

$$\begin{cases} t_{11}x_1+t_{12}x_2+\cdots+t_{1r}x_r=0 \\ t_{21}x_1+t_{22}x_2+\cdots+t_{2r}x_r=0 \\ \cdots\cdots\cdots\cdots\cdots\cdots\cdots \\ t_{s1}x_1+t_{s2}x_2+\cdots+t_{sr}x_r=0 \end{cases} \tag{2}$$

因此（2）可推出（1），易知（2）有非零解 $(k_1$，k_2，$\cdots$，$k_r)$，那么 $(k_1$，k_2，$\cdots$，$k_r)$ 也是（1）的非零解，所以向量组 α_1，α_2，$\cdots$，α_r 线性相关.

推论 1）若向量组 α_1，α_2，$\cdots$，α_r 可经 β_1，β_2，$\cdots$，β_s 线性表出，且 α_1，α_2，$\cdots$，α_r 线性无关，则 $r \leqslant s$；

2）两个线性无关的等价的向量组必含有相同个数的向量；

3）任意 $n+1$ 个 n 维向量必线性相关.

例 3.4 已知 α_1，α_2，α_3，α_4 线性无关，问 $\alpha_1+\alpha_2$，$\alpha_2+\alpha_3$，$\alpha_3-\alpha_4$，$\alpha_4-\alpha_1$ 是否线性相关？若线性相关，给出一个线性依赖关系.

解 考虑向量方程

$$x_1(\alpha_1+\alpha_2)+x_2(\alpha_2+\alpha_3)+x_3(\alpha_3-\alpha_4)+x_4(\alpha_4-\alpha_1)=0,$$

即

$$(x_1-x_4)\alpha_1+(x_1+x_2)\alpha_2+(x_2+x_3)\alpha_3+(x_4-x_3)\alpha_4=0,$$

由于 α_1，α_2，α_3，α_4 线性无关，因此上式同解于线性方程组 $\begin{cases} x_1-x_4=0 \\ x_1+x_2=0 \\ x_2+x_3=0 \\ -x_3+x_4=0 \end{cases}$，可解得一非零解

$(1,\ -1,\ 1,\ 1)$，所以 $\alpha_1+\alpha_2$，$\alpha_2+\alpha_3$，$\alpha_3-\alpha_4$，$\alpha_4-\alpha_1$ 线性相关，且有

$$1(\alpha_1+\alpha_2)+(-1)(\alpha_2+\alpha_3)+1(\alpha_3-\alpha_4)+1(\alpha_4-\alpha_1)=0.$$

例 3.5 设 t_1，t_2，$\cdots$，$t_r \in P$ 互异，$r \leqslant n$，$\alpha_i=(1,\ t_i,\ \cdots,\ t_i^{n-1})$，$i=1,\ 2,\ \cdots,\ r$. 证明：$\alpha_1$，$\alpha_2$，$\cdots$，$\alpha_r$ 线性无关.

证 考虑齐次线性方程组

$$\begin{cases} x_1+x_2+\cdots+x_r=0 \\ t_1 x_1+t_2 x_2+\cdots+t_r x_r=0 \\ \cdots\cdots\cdots\cdots\cdots\cdots \\ t_1^{r-1}x_1+t_2^{r-1}x_2+\cdots+t_r^{r-1}x_r=0 \\ \cdots\cdots\cdots\cdots\cdots\cdots \\ t_1^{n-1}x_1+t_2^{n-1}x_2+\cdots+t_r^{n-1}x_r=0 \end{cases} (1),\quad \begin{cases} x_1+x_2+\cdots+x_r=0 \\ t_1 x_1+t_2 x_2+\cdots+t_r x_r=0 \\ \cdots\cdots\cdots\cdots\cdots\cdots \\ t_1^{r-1}x_1+t_2^{r-1}x_2+\cdots+t_r^{r-1}x_r=0 \end{cases} (2)$$

则向量方程 $x_1\alpha_1+x_2\alpha_2+\cdots+x_r\alpha_r=0$ 与方程组 (1) 同解.

齐次线性方程组 (2) 的系数行列式 $D=\begin{vmatrix} 1 & 1 & \cdots & 1 \\ t_1 & t_2 & \cdots & t_r \\ \cdots & \cdots & \cdots & \cdots \\ t_1^r & t_2^r & \cdots & t_r^r \end{vmatrix}=\prod_{1 \leqslant j < i \leqslant r}(t_i-t_j) \neq 0$，因此 (2) 只有零

解，那么 (1) 也只有零解，所以 α_1，α_2，$\cdots$，α_r 线性无关.

说明：1）令 $\beta_i=(1,\ t_i,\ \cdots,\ t_i^{r-1})$，$i=1,\ 2,\ \cdots,\ r$，则 β_1，β_2，$\cdots$，β_r 线性无关，从而高维向量组 α_1，α_2，$\cdots$，α_r 也线性无关；

2）取 t_{r+1}，$\cdots$，$t_n \in P$ 使 t_1，t_2，$\cdots$，t_r，t_{r+1}，$\cdots$，t_n 互异，令

$$\alpha_j=(1,\ t_j,\ \cdots,\ t_j^{n-1}),\quad j=r+1,\ \cdots,\ n,$$

则 α_1，α_2，α_r，α_{r+1}，$\cdots$，α_n 线性无关，从而部分组 α_1，α_2，$\cdots$，α_r 也线性无关.

例 3.6 设向量组 S：α_1，α_2，$\cdots$，α_m 线性无关，向量 β_1 可由 S 线性表出，而向量 β_2 不能由 S 线性表出. 证明：任给 $p \in P$，向量组 α_1，α_2，$\cdots$，α_m，$p\beta_1+\beta_2$ 都线性无关.

证 设有 k_1，k_2，$\cdots$，k_m，$k \in P$ 使 $k_1\alpha_1+k_2\alpha_2+\cdots+k_m\alpha_m+k(p\beta_1+\beta_2)=0$. 由于 β_1 可由 S 线性表出，因此存在 l_1，l_2，$\cdots$，$l_m \in P$ 使 $\beta_1=l_1\alpha_1+l_2\alpha_2+\cdots+l_m\alpha_m$，则

$$(k_1+kpl_1)\alpha_1+(k_2+kpl_2)\alpha_2+\cdots+(k_m+kpl_m)\alpha_m+k\beta_2=0,$$

但 β_2 不能由 S 线性表出，因此必有 $k=0$. 那么

$$k_1\alpha_1+k_2\alpha_2+\cdots+k_m\alpha_m=0,$$

由于 S 线性无关，因此 $k_i=0 (i=1,\ 2,\ \cdots,\ m)$，所以向量组 α_1，α_2，$\cdots$，α_m，$p\beta_1+\beta_2$ 线性无关 $(\forall p \in P)$.

三、向量组的秩

定义 7 设 S：α_1，α_2，$\cdots$，α_s 为 $P^{?n}$ 中的一个向量组，其部分组 S_1：α_{i_1}，α_{i_2}，$\cdots$，α_{i_r} 称为 S 的一个极大线性无关组，如果

1)S_1: α_{i_1}, α_{i_2}, $\cdots$, α_{i_r} 线性无关;

2)任给 $\alpha_j \in S \setminus S_1$, 都有 α_{i_1}, α_{i_2}, $\cdots$, α_{i_r}, α_j 线性相关(或者: S 中的每一个向量都可由 S_1 线性表出).

由定义, 则向量组 S: α_1, α_2, $\cdots$, α_s 与其极大线性无关组 S_1: α_{i_1}, α_{i_2}, $\cdots$, α_{i_r} 等价, 从而一向量组的任意两个极大线性无关组都等价.

定理 3 一向量组的极大线性无关组都含有相同个数的向量.

定义 8 向量组 α_1, α_2, $\cdots$, α_s 的极大线性无关组所含向量的个数称为向量组的**秩**, 记为秩 $\{\alpha_1$, α_2, $\cdots$, $\alpha_s\}$ 或 $r\{\alpha_1$, α_2, $\cdots$, $\alpha_s\}$ 或 $rank\{\alpha_1$, α_2, $\cdots$, $\alpha_s\}$.

例 3.7 设有向量组:
$$\alpha_1 = (1, -1, 2, 4), \quad \alpha_2 = (0, 3, 1, 2), \quad \alpha_3 = (3, 0, 7, 14),$$
$$\alpha_4 = (1, -1, 2, 0), \quad \alpha_5 = (2, 1, 5, 6),$$
用消元法求其一极大线性无关组, 并把其余向量用此极大线性无关组线性表出.

解 考虑下述向量方程(1)与齐次线性方程组(2):
$$x_1\alpha_1 + x_2\alpha_2 + x_3\alpha_3 + x_4\alpha_4 + x_5\alpha_5 = 0 \tag{1}$$
$$\begin{cases} x_1 + 3x_3 + x_4 + 2x_5 = 0 \\ -x_1 + 3x_2 - x_4 + x_5 = 0 \\ 2x_1 + x_2 + 7x_3 + 2x_4 + 5x_5 = 0 \\ 4x_1 + 2x_2 + 14x_3 + 6x_5 = 0 \end{cases} \tag{2}$$

则(1)与(2)同解. 对矩阵作初等行变换:
$$A = \begin{pmatrix} 1 & 0 & 3 & 1 & 2 \\ -1 & 3 & 0 & -1 & 1 \\ 2 & 1 & 7 & 2 & 5 \\ 4 & 2 & 14 & 0 & 6 \end{pmatrix} \rightarrow \begin{pmatrix} 1 & 0 & 3 & 1 & 2 \\ 0 & 3 & 3 & 0 & 3 \\ 0 & 1 & 1 & 0 & 1 \\ 0 & 2 & 2 & -4 & -2 \end{pmatrix} \rightarrow \begin{pmatrix} 1 & 0 & 3 & 1 & 2 \\ 0 & 1 & 1 & 0 & 1 \\ 0 & 0 & 0 & 1 & 1 \\ 0 & 0 & 0 & 0 & 0 \end{pmatrix},$$

那么(1)与 $\begin{cases} x_1 + 3x_3 + x_4 + 2x_5 = 0 \\ x_2 + x_3 + x_5 = 0 \\ x_4 + x_5 = 0 \end{cases}$ 同解. 由于只作初等行变换(可考虑将其中的变元 x_3, x_5 去掉, 则相应的变换相当于去掉了第三列和第五列), 因此 α_1, α_2, α_4 线性无关, 且 α_3, α_5 均可由 α_1, α_2, α_4 线性表出, 所以 α_1, α_2, α_4 是向量组的一极大线性无关组.

选取 x_3, x_5 为自由未知量, 则可得(1)的两个解 $(-3, -1, 1, 0, 0)$, $(-1, -1, 0, -1, 1)$, 所以
$$\alpha_3 = 3\alpha_1 + \alpha_2, \quad \alpha_5 = \alpha_1 + \alpha_2 + \alpha_4.$$

例 3.8 已知向量组 S: α_1, α_2, $\cdots$, α_s 的秩为 r, 证明: α_1, α_2, $\cdots$, α_s 中任意 r 个线性无关的向量都构成它的一个极大线性无关组.

证 设 S_1: α_{i_1}, α_{i_2}, $\cdots$, α_{i_r} 是 S 的一个线性无关部分组, 不妨设 S_2: α_1, α_2, $\cdots$, α_r 为 S 的一个极大线性无关组, 任取 S 中 S_1 外的 α_j, 则向量组 S_3: α_{i_1}, α_{i_2}, $\cdots$, α_{i_r}, α_j 可由 S_2 线性表示, 又 $r+1 > r$, 由定理 2, 因此 S_3 线性相关, 所以 S_1 也为极大线性无关组.

例 3.9 证明: 如果向量组 S: α_1, α_2, $\cdots$, α_t 可由向量组 T: β_1, β_2, $\cdots$, β_m 线性表出, 那么 $rank(S) \leq rank(T)$.

证 设 $rank(S) = r$, $rank(T) = s$, 分别取 S, T 的各一个极大线性无关组记为
$$S': \alpha_{i_1}, \alpha_{i_2}, \cdots, \alpha_{i_r}; \quad T': \beta_{j_1}, \beta_{j_2}, \cdots, \beta_{j_s},$$

由于 S, S' 等价，且 T, T' 等价，由条件，因此 S' 可由 T' 线性表出，但 S' 线性无关，由定理 2 的推论，所以 $r \leqslant s$.

说明：若 S, T 等价，则 $rank(S) = rank(T)$，但注意反之结论不成立，例如：

$$\alpha_1 = (1, 0, 0), \quad \alpha_2 = (0, 1, 0); \quad \beta_1 = (0, 1, 0), \quad \beta_2 = (0, 0, 1).$$

例 3.10 设向量组

$$A: \alpha_1, \alpha_2, \cdots, \alpha_s; \quad B: \beta_1, \beta_2, \cdots, \beta_t; \quad C: \alpha_1, \alpha_2, \cdots, \alpha_s, \beta_1, \beta_2, \cdots, \beta_t$$

的秩分别为 r_1, r_2, r_3，证明：$\max(r_1, r_2) \leqslant r_3 \leqslant r_1 + r_2$.

证 容易看出，向量组 A、B 均可由向量组 C 线性表示，由上题，则 $r_1 \leqslant r_3$，$r_2 \leqslant r_3$，所以 $\max(r_1, r_2) \leqslant r_3$.

不妨设 $A_1: \alpha_1, \alpha_2, \cdots, \alpha_{r_1}$ 为 A 的一个极大线性无关组，$B_1: \beta_1, \beta_2, \cdots, \beta_{r_2}$ 为 B 的一个极大线性无关组，考虑向量组 $C_1: \alpha_1, \alpha_2, \cdots, \alpha_{r_1}, \beta_1, \beta_2, \cdots, \beta_{r_2}$，由于 A 与 A_1 等价，B 与 B_1 等价，因此 C 与 C_1 也等价，所以 $r_3 = rank(C) = rank(C_1) \leqslant r_1 + r_2$.

例 3.11 设两个向量组分别为

$$A: \alpha_1, \alpha_2, \cdots, \alpha_k, \alpha_{k+1}, \cdots, \alpha_m; \quad B: \alpha_1, \alpha_2, \cdots, \alpha_k, \alpha_{k+1} + \beta_{k+1}, \cdots, \alpha_m + \beta_m.$$

证明：如果向量组 A 线性无关，且向量组 $\alpha_1, \alpha_2, \cdots, \alpha_k, \beta_{k+i}(i = 1, 2, \cdots, m-k)$ 线性相关，那么向量组 B 线性无关.

证 由于 A 线性无关，故部分组 $\alpha_1, \alpha_2, \cdots, \alpha_k$ 也线性无关，但 $\alpha_1, \alpha_2, \cdots, \alpha_k, \beta_{k+i}$ 线性相关，因此每个 $\beta_{k+i}(i = 1, 2, \cdots, m-k)$ 都可由 $\alpha_1, \alpha_2, \cdots, \alpha_k$ 线性表出，那么必有向量组 A 与 B 等价，从而 $rank(B) = rank(A) = m$，所以向量组 B 线性无关.

习题 3.2

1. 设向量组 $\alpha_1 = (1, 1, 1)$，$\alpha_2 = (a, 0, b)$，$\alpha_3 = (1, 3, 2)$ 线性相关，问 a，b 满足什么关系？

2. 用消元法求下列向量组的极大线性无关组与秩：

$\alpha_1 = (6, 4, 1, -1, 2)$，$\alpha_2 = (1, 0, 2, 3, -4)$，$\alpha_4 = (1, 4, -9, -16, 22)$，$\alpha_4 = (7, 1, 0, -1, 3)$.

3. 设有两个向量组

$$\alpha_1 = (1, 2, -3), \quad \alpha_2 = (3, 0, 1), \quad \alpha_3 = (9, 6, -7);$$
$$\beta_1 = (0, 1, -1), \quad \beta_2 = (a, 2, 1), \quad \beta_3 = (b, 1, 0).$$

$rank\{\alpha_1, \alpha_2, \alpha_3\} = rank\{\beta_1, \beta_2, \beta_3\}$，且 β_3 可由 $\alpha_1, \alpha_2, \alpha_3$ 线性表出，求 a，b 的值.

4. 设向量组 $\alpha_1, \alpha_2, \alpha_3$ 线性相关，向量组 $\alpha_2, \alpha_3, \alpha_4$ 线性无关，证明：

1) α_1 可以由 α_2, α_3 线性表出；2) α_4 不能由 $\alpha_1, \alpha_2, \alpha_3$ 线性表出.

5. 设 $\alpha_1 \neq 0$，证明：$\alpha_1, \alpha_2, \cdots, \alpha_s$ 线性相关的充分必要条件是至少存在某 α_i，其中 $1 < i \leqslant s$，使得 α_i 可由 $\alpha_1, \alpha_2, \cdots, \alpha_{i-1}$ 线性表出.

6. 设 $A: \alpha_1, \alpha_2, \cdots, \alpha_s$ 的秩为 r，$A_1: \alpha_{i_1}, \alpha_{i_2}, \cdots, \alpha_{i_r}$ 是 A 的部分组，证明：若 A 中每个向量都可被 A_1 线性表出，则 A_1 是 A 的一个极大线性无关组.

7. 证明：一个向量组的任何一个线性无关组都可以扩充成一极大线性无关组.

8. 设向量组 $S: \alpha_1, \alpha_2, \cdots, \alpha_s$，$rank(S) = r$，任给子组 $S_1: \alpha_{i_1}, \alpha_{i_2}, \cdots, \alpha_{i_m}$，证明：

$$rank(S_1) \geqslant r + m - s.$$

9. 设 $S: \alpha_1, \alpha_2, \cdots, \alpha_n \in P^n$，证明：$S$ 线性无关 $\Leftrightarrow P^n$ 中的任意向量都可被 S 线性表出.

10. 设三个向量组分别为 $A_1: \alpha_1, \alpha_2, \alpha_3$；$A_2: \alpha_1, \alpha_2, \alpha_3, \alpha_4$；$A_3: \alpha_1, \alpha_2, \alpha_3, \alpha_5$，已知 $rank(A_1) = rank(A_2) = 3$，$rank(A_3) = 4$. 证明：$rank\{\alpha_1, \alpha_2, \alpha_3, \alpha_5 - \alpha_4\} = 4$.

11. 已知子组 S_1：α_1，α_2，$\cdots$，α_r 与向量组 S：α_1，α_2，$\cdots$，α_r，α_{r+1}，$\cdots$，α_s 有相同的秩，证明：S_1 与 S 等价.

12. 已知两向量组有相同的秩，且其中之一可被另一个线性表出，证明：这两个向量组等价.

13. 设 α_1，α_2，$\cdots$，α_9，α，β，γ 是一组 n 维向量($n \geqslant 6$)，已知向量组 α，β，γ 线性无关且均能被向量组 α_{1+i}，α_{4+i}，α_{7+i}($i = 0$，1，2)线性表出，又向量组 α_3，α_6 可以被向量组 α_7，α_8 线性表出，确定向量组 α_1，α_2，$\cdots$，α_6 的秩.

§3 矩阵的秩

定义 9 所谓矩阵 A 的**行秩**是指 A 的行向量组的秩；矩阵 A 的**列秩**是指 A 的列向量组的秩.

定理 4 矩阵的行秩与列秩相等

证 1)初等行变换不改变行秩(向量组等价)；同理初等列变换不改变列秩.

2)证明：初等行变换不改变列秩. 设对矩阵 A 作一次初等行变换得矩阵 B

$$A = \begin{pmatrix} a_{11} & a_{12} & \cdots & a_{1n} \\ a_{21} & a_{22} & \cdots & a_{2n} \\ \cdots & \cdots & \cdots & \cdots \\ a_{s1} & a_{s2} & \cdots & a_{sn} \end{pmatrix} \to \begin{pmatrix} a'_{11} & a'_{12} & \cdots & a'_{1n} \\ a'_{21} & a'_{22} & \cdots & a'_{2n} \\ \cdots & \cdots & \cdots & \cdots \\ a'_{s1} & a'_{s2} & \cdots & a'_{sn} \end{pmatrix} = B \tag{1}$$

记 A 的列向量组为 α_1，α_2，$\cdots$，α_n，不妨设 α_1，α_2，$\cdots$，α_r 是其一极大线性无关组，另记 B 的列向量组为 α'_1，α'_2，$\cdots$，α'_n，可证 α'_1，α'_2，$\cdots$，α'_r 也是 α'_1，α'_2，$\cdots$，α'_n 的一极大线性无关组.

其实，对于初等行变换(1)，则有相应的初等行变换(将(1)中的后几列抹掉)

$$A_1 = \begin{pmatrix} a_{11} & a_{12} & \cdots & a_{1r} \\ a_{21} & a_{22} & \cdots & a_{2r} \\ \cdots & \cdots & \cdots & \cdots \\ a_{s1} & a_{s2} & \cdots & a_{sr} \end{pmatrix} \to \begin{pmatrix} a'_{11} & a'_{12} & \cdots & a'_{1r} \\ a'_{21} & a'_{22} & \cdots & a'_{2r} \\ \cdots & \cdots & \cdots & \cdots \\ a'_{s1} & a'_{s2} & \cdots & a'_{sr} \end{pmatrix} = B_1 \tag{2}$$

由(2)，向量方程 $x_1\alpha_1 + x_2\alpha_2 + \cdots + x_r\alpha_r = 0$ 与 $x_1\alpha'_1 + x_2\alpha'_2 + \cdots + x_r\alpha'_r = 0$ 同解，因此 α'_1，α'_2，$\cdots$，α'_r 线性无关.

同样也有相应的初等行变换

$$A_2 = \begin{pmatrix} a_{11} & a_{12} & \cdots & a_{1r} & a_{1j} \\ a_{21} & a_{22} & \cdots & a_{2r} & a_{2j} \\ \cdots & \cdots & \cdots & \cdots & \cdots \\ a_{s1} & a_{s2} & \cdots & a_{sr} & a_{sj} \end{pmatrix} \to \begin{pmatrix} a'_{11} & a'_{12} & \cdots & a'_{1r} & a'_{1j} \\ a'_{21} & a'_{22} & \cdots & a'_{2r} & a'_{2j} \\ \cdots & \cdots & \cdots & \cdots & \cdots \\ a'_{s1} & a'_{s2} & \cdots & a'_{sr} & a'_{sj} \end{pmatrix} = B_2 \tag{3}$$

由(3)，向量方程 $x_1\alpha_1 + x_2\alpha_2 + \cdots + x_r\alpha_r = \alpha_j$ 与 $x_1\alpha'_1 + x_2\alpha'_2 + \cdots + x_r\alpha'_r = \alpha'_j$ 同解，因此 $\alpha'_j(j = r+1$，$r+2$，$\cdots$，$n)$ 也可由 α'_1，α'_2，$\cdots$，α'_r 线性表出.

同理，初等列变换不改变矩阵的行秩.

3)对矩阵 A 作一系列的初等行变换和初等列变换可得

$$A = \begin{pmatrix} a_{11} & a_{12} & \cdots & a_{1n} \\ a_{21} & a_{22} & \cdots & a_{2n} \\ \cdots & \cdots & \cdots & \cdots \\ a_{m1} & a_{m2} & \cdots & a_{mn} \end{pmatrix} \to \cdots \to \begin{pmatrix} 1 & & & O \\ & \ddots & & \\ & & 1 & \\ O & & & O \end{pmatrix} = D,$$

其中矩阵 D 既具行阶梯特点，又具列阶梯特点，则 A 的行秩等于 A 的非零行数，A 的列秩等于 A 的非零列数，它们均等于矩阵中"1"的个数.

矩阵 A 的行秩或列秩称为矩阵的秩，记作 $r(A)$ 或 $R(A)$ 或 $rank(A)$.

定理 5 设 $A=(a_{ij})_{n \times n}$，则 $|A|=0$ 的充分必要条件是 $R(A)<n$.

略证 只需证必要性：（反证）设 $R(A)=n$，对 A 作初等行变换可化成行阶梯形矩阵 J，由定理 4 的讨论，则 $R(J)=n$，因此作 A 的初等行变换可得

$$A=\begin{pmatrix} a_{11} & a_{12} & \cdots & a_{1n} \\ a_{21} & a_{22} & \cdots & a_{2n} \\ \cdots & \cdots & \cdots & \cdots \\ a_{m1} & a_{m2} & \cdots & a_{mn} \end{pmatrix} \rightarrow \cdots \rightarrow \begin{pmatrix} c_{11} & c_{12} & \cdots & c_{1n} \\ 0 & c_{22} & \cdots & c_{2n} \\ \cdots & \cdots & \cdots & \cdots \\ 0 & 0 & \cdots & c_{nn} \end{pmatrix} = J, \text{ 其中 } c_{ii} \neq 0.$$

由行列式的性质，则 $|A|=k|J|$，其中 $k \neq 0$，所以 $|A| \neq 0$，矛盾.

推论 齐次线性方程组 $\sum_{j=1}^{n} a_{ij}x_j = 0 (i=1, 2, \cdots, n)$ 有非零解的充分必要条件是它的系数矩阵 $A=(a_{ij})_{n \times n}$ 的行列式 $|A|=0$.

定义 10 在一个 $s \times n$ 矩阵 A 中任意选定 k 行 k 列，位于这些选定的行和列的交点上的 k^2 个元素按原来的次序所组成的 k 级行列式，称为 A 的 **k 级子式**.

定理 6 设 $A=(a_{ij})_{s \times n}$，则 $R(A)=r \Leftrightarrow$ 矩阵 A 中有一个 r 级子式不为零，且 A 的所有 $r+1$ 级子式全为零.

例 3.12 设 $A=(a_ib_j)$ 为 $n \times n$ 矩阵，且 $a_i \neq 0$，$b_i \neq 0 (i=1, 2, \cdots, n)$，求 $R(A)$.

解法 1 不妨设 $a_1 \neq 0$，对矩阵 A 作初等行变换，则

$$A=\begin{pmatrix} a_1b_1 & a_1b_2 & \cdots & a_1b_n \\ a_2b_1 & a_2b_2 & \cdots & a_2b_n \\ \cdots & \cdots & \cdots & \cdots \\ a_nb_1 & a_nb_2 & \cdots & a_nb_n \end{pmatrix} \rightarrow \begin{pmatrix} b_1 & b_2 & \cdots & b_n \\ 0 & 0 & \cdots & 0 \\ \cdots & \cdots & \cdots & \cdots \\ 0 & 0 & \cdots & 0 \end{pmatrix},$$

所以矩阵 A 的秩 $R(A)=1$.

解法 2 由于 A 的任意 2 阶子式 $\begin{vmatrix} a_ib_l & a_ib_k \\ a_jb_l & a_jb_k \end{vmatrix}=0$，并且 $A \neq O$，所以 $R(A)=1$.

例 3.13 求矩阵 $A=\begin{pmatrix} 2 & 1 & 8 & 3 & 7 \\ 2 & -3 & 0 & 7 & -5 \\ 3 & -2 & 5 & 8 & 0 \\ 1 & 0 & 3 & 2 & 0 \end{pmatrix}$ 的秩，并求一个最高阶非零子式.

解 $A=\begin{pmatrix} 2 & 1 & 8 & 3 & 7 \\ 2 & -3 & 0 & 7 & -5 \\ 3 & -2 & 5 & 8 & 0 \\ 1 & 0 & 3 & 2 & 0 \end{pmatrix} \xrightarrow[\substack{r_2-2r_4 \\ r_3-3r_4}]{r_1-2r_4} \begin{pmatrix} 0 & 1 & 2 & -1 & 7 \\ 0 & -3 & -6 & 3 & -5 \\ 0 & -2 & -4 & 2 & 0 \\ 1 & 0 & 3 & 2 & 0 \end{pmatrix}$

$\xrightarrow[\substack{r_3+2r_1}]{r_2+3r_1} \begin{pmatrix} 0 & 1 & 2 & -1 & 7 \\ 0 & 0 & 0 & 0 & 16 \\ 0 & 0 & 0 & 0 & 14 \\ 1 & 0 & 3 & 2 & 0 \end{pmatrix} \rightarrow \begin{pmatrix} 1 & 0 & 3 & 2 & 0 \\ 0 & 1 & 2 & -1 & 7 \\ 0 & 0 & 0 & 0 & 1 \\ 0 & 0 & 0 & 0 & 0 \end{pmatrix}.$

则 $R(A)=3$，最高阶非零子式可在 A 的 1，2，5 列中找，如 $\begin{vmatrix} 2 & -3 & 5 \\ 3 & -2 & 0 \\ 1 & 0 & 0 \end{vmatrix}=-10\neq0.$

例 3.14 设有向量组

$$S: \alpha_1=(1,0,2),\ \alpha_2=(1,1,3),\ \alpha_3=(1,-1,a+2);$$
$$T: \beta_1=(1,2,a+3),\ \beta_2=(2,1,a+6),\ \beta_3=(2,1,a+4).$$

问何时向量组 S 与 T 等价？何时向量组 S 与 T 不等价？

解 作下述初等行变换

$$(\alpha'_1,\ \alpha'_2,\ \alpha'_3\ \ \beta'_1,\ \beta'_2,\ \beta'_3)=\begin{pmatrix} 1 & 1 & 1 & \vdots & 1 & 2 & 2 \\ 0 & 1 & -1 & \vdots & 2 & 1 & 1 \\ 2 & 3 & a+2 & \vdots & a+3 & a+6 & a+4 \end{pmatrix}$$

$$\rightarrow\begin{pmatrix} 1 & 0 & 2 & \vdots & -1 & 1 & 1 \\ 0 & 1 & -1 & \vdots & 2 & 1 & 1 \\ 0 & 0 & a+1 & \vdots & a-1 & a+1 & a-1 \end{pmatrix}.$$

当 $a\neq-1$ 时，$R(\alpha'_1,\ \alpha'_2,\ \alpha'_3)=3$，向量方程 $x_1\alpha_1+x_2\alpha_2+x_3\alpha_3=\beta_i(i=1,2,3)$ 均有唯一解，所以向量组 T 可由 S 线性表出．又由于

$$|\beta'_1,\ \beta'_2,\ \beta'_3|=\begin{vmatrix} -1 & 1 & 1 \\ 2 & 1 & 1 \\ a-1 & a+1 & a-1 \end{vmatrix}=\begin{vmatrix} -3 & 0 & 0 \\ 2 & 1 & 1 \\ a-1 & a+1 & a-1 \end{vmatrix}=6\neq0,$$

因此 $R(\beta'_1,\ \beta'_2,\ \beta'_3)=3$，则向量组 S 可由 T 线性表出．那么 S 与 T 等价．

当 $a=-1$ 时，有

$$(\alpha'_1,\ \alpha'_2,\ \alpha'_3\ \vdots\ \beta'_1,\ \beta'_2,\ \beta'_3)\rightarrow\begin{pmatrix} 1 & 0 & 2 & \vdots & -1 & 1 & 1 \\ 0 & 1 & -1 & \vdots & 2 & 1 & 1 \\ 0 & 0 & 0 & \vdots & -2 & 0 & -2 \end{pmatrix}.$$

$R(\alpha'_1,\ \alpha'_2,\ \alpha'_3)\neq R(\beta'_1,\ \beta'_2,\ \beta'_3)$，则向量组 S 与 T 不等价．

注 本题也可通过下述关系进行讨论：

向量组 $\alpha_1,\ \alpha_2,\ \alpha_3$ 与 $\beta_1,\ \beta_2,\ \beta_3$ 等价的充分必要条件是

$$rank\{\alpha_1,\ \alpha_2,\ \alpha_3\}=rank\{\beta_1,\ \beta_2,\ \beta_3\}=rank\{\alpha_1,\ \alpha_2,\ \alpha_3,\ \beta_1,\ \beta_2,\ \beta_3\}.$$

习题 3.3

1. 求矩阵 $A=\begin{pmatrix} 1 & 0 & 1 & 0 \\ 3 & 1 & 2 & 1 \\ 1 & 2 & -1 & 2 \\ 0 & -1 & 1 & -1 \end{pmatrix}$ 的秩，并求一个最高阶非零子式．

2. 设 $A=(a_{ij})_{n\times n}$，且有线性方程组

$$\sum_{j=1}^{n}a_{ij}x_j=b_i,\ i=1,2,\cdots,n \tag{1}$$

证明：对于任何 $b_1,\ b_2,\ \cdots,\ b_n\in P$，方程组（1）都有解的充分必要条件是 $|A|\neq0$．

3. 设有向量组

$$S:\ \alpha_1=(1,1,a),\ \alpha_2=(1,a,1),\ \alpha_3=(a,1,1);$$

T：$\beta_1 = (1,\ 1,\ a)$，$\beta_2 = (-2,\ a,\ 4)$，$\beta_3 = (-2,\ a,\ a)$.

确定常数 a，使得 S 可由 T 线性表出，但 T 不能由 S 线性表出.

4. 设矩阵 $A = (a_{ij})_{s \times n}$，且 $R(A) = r$. 证明：A 的 r 阶子式 $D_r \neq 0 \Leftrightarrow D_r$ 位于 A 中行向量组的极大线性无关组与列向量组的极大线性无关组的交叉位上.

§4　线性方程组理论

定理 7（线性方程组有解判别定理）　线性方程组 $\sum\limits_{j=1}^{n} a_{ij}x_j = b_i (i = 1,\ 2,\ \cdots,\ s)$ 有解的充分必要条件是它的系数矩阵与增广矩阵的秩相等，即 $R(A) = R(\bar{A})$.

证　引入 s 维向量

$$\alpha_1 = \begin{pmatrix} a_{11} \\ a_{21} \\ \vdots \\ a_{s1} \end{pmatrix},\quad \alpha_2 = \begin{pmatrix} a_{12} \\ a_{22} \\ \vdots \\ a_{s2} \end{pmatrix},\quad \cdots,\quad \alpha_n = \begin{pmatrix} a_{1n} \\ a_{2n} \\ \vdots \\ a_{sn} \end{pmatrix},\quad \beta = \begin{pmatrix} b_1 \\ b_2 \\ \vdots \\ b_s \end{pmatrix},$$

则 $\sum\limits_{j=1}^{n} a_{ij}x_j = b_i (i = 1,\ 2,\ \cdots,\ s)$ 同解于 $x_1\alpha_1 + x_2\alpha_2 + \cdots + x_n\alpha_n = \beta \Leftrightarrow$ 向量 β 可由向量组 $\alpha_1,\ \alpha_2,\ \cdots,\alpha_n$ 线性表出 $\Leftrightarrow \alpha_1,\ \alpha_2,\ \cdots,\ \alpha_n$ 与 $\alpha_1,\ \alpha_2,\ \cdots,\ \alpha_n,\ \beta$ 等价 $\Leftrightarrow$ 它们的秩相同，即 $R(A) = R(\bar{A})$.

对于下述两个线性方程组：

$$\begin{cases} a_{11}x_1 + a_{12}x_2 + \cdots + a_{1n}x_n = 0 \\ a_{21}x_1 + a_{22}x_2 + \cdots + a_{2n}x_n = 0 \\ \cdots\cdots\cdots\cdots\cdots\cdots\cdots \\ a_{s1}x_1 + a_{s2}x_2 + \cdots + a_{sn}x_n = 0 \end{cases} (1)\ ; \quad \begin{cases} a_{11}x_1 + a_{12}x_2 + \cdots + a_{1n}x_n = b_1 \\ a_{21}x_1 + a_{22}x_2 + \cdots + a_{2n}x_n = b_2 \\ \cdots\cdots\cdots\cdots\cdots\cdots\cdots \\ a_{s1}x_1 + a_{s2}x_2 + \cdots + a_{sn}x_n = b_s \end{cases} (2)$$

我们称齐次线性方程组（1）为线性方程组（2）的**导出组**. 它们具有性质

1)（1）的两个解 η_1，η_2 的和 $\eta_1 + \eta_2$ 还是（1）的解；

2)（1）的一个解 η_0 的倍数 $k\eta_0$ 还是（1）的解；

3) 若 γ_1，γ_2 为（2）的两个解，则 $\gamma_1 - \gamma_2$ 为其导出组（1）的解；

4) 若 γ 为（2）的解，η 为其导出组（1）的解，则 $\gamma + \eta$ 仍为（2）的解.

定义 11　齐次线性方程组（1）的一组解 η_1，η_2，$\cdots$，η_t，如果满足：

1) η_1，η_2，$\cdots$，η_t 线性无关；

2)（1）的任一个解 η 可由 η_1，η_2，$\cdots$，η_t 线性表出.

那么称 η_1，η_2，$\cdots$，η_t 为（1）的一个**基础解系**.

定理 8　在齐次线性方程组（1）有非零解的情况下，它有基础解系，并且基础解系所含解向量的个数等于 $n-r$，其中 $r = R(A)$.

定理 9　如果 γ_0 是（2）的一个特解，那么方程组（2）的任一个解 γ 均可表成

$$\gamma = \gamma_0 + \eta \tag{*}$$

其中 η 是其导出组（1）的一个解. 因此，对于（2）的特解 γ_0，当 η 取遍导出组的全部解时，（*）即给出了（2）的全部解.

例 3.15　讨论 a，b 取何值时线性方程组 $\begin{cases} ax_1 + x_2 + x_3 = 4 \\ x_1 + bx_2 + x_3 = 3 \\ x_1 + 2bx_2 + x_3 = 4 \end{cases}$ 有解，并求解.

解　方程组的系数行列式 $D=\begin{vmatrix} a & 1 & 1 \\ 1 & b & 1 \\ 1 & 2b & 1 \end{vmatrix}=-b(a-1)$.

1）当 $D\neq 0$ 即 $a\neq 1$ 且 $b\neq 0$ 时，方程组有唯一解，且解为

$$((2b-1)/b(a-1),\ 1/b,\ (1+2ab-4b)/b(a-1)).$$

2）当 $a=1$ 时，对增广矩阵作初等变换

$$\bar{A}=\begin{pmatrix} 1 & 1 & 1 & 4 \\ 1 & b & 1 & 3 \\ 1 & 2b & 1 & 4 \end{pmatrix}\rightarrow\begin{pmatrix} 1 & 1 & 1 & 4 \\ 0 & b-1 & 0 & -1 \\ 0 & 2b-1 & 0 & 0 \end{pmatrix}\rightarrow\begin{pmatrix} 1 & 1 & 1 & 4 \\ 0 & 1 & 0 & 2 \\ 0 & 0 & 0 & 1-2b \end{pmatrix}.$$

若 $b\neq 1/2$，则 $R(\bar{A})=3$，$R(A)=2$，方程组无解；若 $b=1/2$，则方程组同解于

$$\begin{cases} x_1+x_2+x_3=4 \\ \quad\ x_2\quad\ =2 \end{cases},$$

则得一般解为 $(2,\ 2,\ 0)+k(-1,\ 0,\ 1)$，其中 k 为任意常数.

3）当 $b=0$ 时，对增广矩阵作初等变换

$$\bar{A}=\begin{pmatrix} a & 1 & 1 & 4 \\ 1 & 0 & 1 & 3 \\ 1 & 0 & 1 & 4 \end{pmatrix}\rightarrow\begin{pmatrix} 0 & 1 & 1-a & 4-3a \\ 1 & 0 & 1 & 3 \\ 0 & 0 & 0 & 1 \end{pmatrix}\rightarrow\begin{pmatrix} 1 & 0 & 1 & 3 \\ 0 & 1 & 1-a & 4-3a \\ 0 & 0 & 0 & 1 \end{pmatrix},$$

则 $R(\bar{A})=3$，$R(A)=2$，方程组无解.

例 3.16　a，b 取什么值时，方程组

$$\begin{cases} x_1+x_2+x_3+x_4+x_5=1 \\ 3x_1+2x_2+x_3+x_4-3x_5=a \\ \quad\ x_2+2x_3+2x_4+6x_5=3 \\ 5x_1+4x_2+3x_3+3x_4-x_5=b \end{cases}$$

有解？在有解的情形，求一般解.

解　对增广矩阵作初等行变换化阶梯形

$$\bar{A}=\begin{pmatrix} 1 & 1 & 1 & 1 & 1 & 1 \\ 3 & 2 & 1 & 1 & -3 & a \\ 0 & 1 & 2 & 2 & 6 & 3 \\ 5 & 4 & 3 & 3 & -1 & b \end{pmatrix}\rightarrow\begin{pmatrix} 1 & 1 & 1 & 1 & 1 & 1 \\ 0 & 1 & 2 & 2 & 6 & 3 \\ 0 & 0 & 0 & 0 & 0 & a \\ 0 & 0 & 0 & 0 & 0 & b-2 \end{pmatrix}.$$

当 $a=0$，$b=2$ 时，$R(\bar{A})=R(A)=2$，则方程组有解．此时原方程组及其导出组分别同解于相应的方程组和导出组

$$\begin{cases} x_1+x_2+x_3+x_4+x_5=1 \\ \quad\ x_2+2x_3+2x_4+6x_5=3 \end{cases}\quad(1)\ ;\quad \begin{cases} x_1+x_2+x_3+x_4+x_5=0 \\ \quad\ x_2+2x_3+2x_4+6x_5=0 \end{cases}\quad(2)$$

分别取自由未知量 $(x_3,\ x_4,\ x_5)$ 为 $(1,\ 0,\ 0)$，$(0,\ 1,\ 0)$，$(0,\ 0,\ 1)$，代入（2）则可解得导出组的基础解系为

$$\eta_1=(1,\ -2,\ 1,\ 0,\ 0),\ \eta_2=(1,\ -2,\ 0,\ 1,\ 0),\ \eta_3=(5,\ -6,\ 0,\ 0,\ 1),$$

再取自由未知量 $(x_3,\ x_4,\ x_5)$ 为 $(0,\ 0,\ 0)$ 代入（1）则可解得特解为

$$\gamma_0=(-2,\ 3,\ 0,\ 0,\ 0),$$

可得方程组的一般解为

$\gamma_0+k_1\eta_1+k_2\eta_2+k_3\eta_3$，其中 k_1，k_2，k_3 为任意常数．

例 3.17 设齐次线性方程组 $\sum_{j=1}^{n}a_{ij}x_j=0$，$(i=1,2,\cdots,s)$ 的系数矩阵的秩为 r，证明：方程组的任意 $n-r$ 个线性无关的解都是它的一个基础解系．

证 设 T：α_1，α_2，$\cdots$，α_{n-r} 为方程组的 $n-r$ 个线性无关的解．由于方程组的系数矩阵的秩为 r，由定理 8，所以它的基础解系所含线性无关解向量的个数为 $n-r$，可取向量组 S：η_1，η_2，$\cdots$，η_{n-r} 为方程组的一个基础解系．

对于方程组的任一解 η，则向量组 α_1，α_2，$\cdots$，α_{n-r}，η 必可由基础解系 S 线性表出，但 $n-r+1>n-r$，由定理 2，因此向量组 α_1，α_2，$\cdots$，α_{n-r}，η 线性相关，从而 η 可由 T 线性表示，那么向量组 T 也是方程组的基础解系．

例 3.18 设 η_0 是线性方程组 $\sum_{j=1}^{n}a_{ij}x_j=b_i$，$i=1,2,\cdots,s$（其中 b_1，b_2，$\cdots$，b_s 不全为零）的一个特解，η_1，η_2，$\cdots$，η_{n-r} 为其导出组的一个基础解系．证明：

1）η_0，η_1，η_2，$\cdots$，η_{n-r} 线性无关；

2）令 $\gamma_0=\eta_0$，$\gamma_1=\eta_0+\eta_1$，$\cdots$，$\gamma_{n-r}=\eta_0+\eta_{n-r}$，则 γ_0，γ_1，$\cdots$，γ_{n-r} 是方程组的线性无关解；

3）线性方程组的任一个解 γ 均可表成

$$\gamma=u_0\gamma_0+u_1\gamma_1+\cdots+u_{n-r}\gamma_{n-r}，\text{其中 } u_0+u_1+\cdots+u_{n-r}=1.$$

证 1）（反证法）假设向量组 η_0，η_1，η_2，$\cdots$，η_{n-r} 线性相关，由于导出组的基础解系 η_1，η_2，$\cdots$，η_{n-r} 线性无关，因此 η_0 可由 η_1，η_2，$\cdots$，η_{n-r} 线性表示，说明 η_0 也为导出组的解，导致矛盾．

2）由线性方程组的解的性质，则 γ_0，γ_1，$\cdots$，γ_{n-r} 均为线性方程组的解．容易看出向量组 γ_0，γ_1，$\cdots$，γ_{n-r} 与 η_0，η_1，η_2，$\cdots$，η_{n-r} 等价，所以

$$rank\{\gamma_0，\gamma_1，\cdots，\gamma_{n-r}\}=rank\{\eta_0，\eta_1，\cdots，\eta_{n-r}\}=n-r+1，$$

从而向量组 γ_0，γ_1，$\cdots$，γ_{n-r} 线性无关．

3）对于方程组的任一个解 γ，则 γ 可表成

$$\gamma=\eta_0+k_1\eta_1+k_2\eta_2+\cdots+k_{n-r}\eta_{n-r}，\text{其中 } k_1，k_2，\cdots，k_{n-r} \text{ 为任意常数}$$

取 $u_0=1-\sum_{i=1}^{n-r}k_i$，$u_1=k_1$，$u_2=k_2$，$\cdots$，$u_{n-r}=k_{n-r}$，则必有

$$\gamma=u_0\gamma_0+u_1\gamma_1+\cdots+u_{n-r}\gamma_{n-r}，\text{其中 } u_0+u_1+\cdots+u_{n-r}=1.$$

例 3.19 设两个线性方程组分别为

$$\sum_{j=1}^{n}a_{ij}x_j=d_i，i=1,2,\cdots,n \quad (1)\quad；\quad \sum_{j=1}^{n}b_{ij}x_j=d_i，i=1,2,\cdots,n \quad (2)$$

其中系数矩阵 $A=(a_{ij})=(\alpha_1，\alpha_2，\cdots，\alpha_n)$，$B=(b_{ij})=(\beta_1，\beta_2，\cdots，\beta_n)$ 满足

$$\beta_i=\alpha_i+\alpha_{i+1}，i=1,2,\cdots,n-1，\beta_n=\alpha_n.$$

已知 $(c_1，c_2，\cdots，c_n)$ 是方程组（1）的唯一解，试求方程组（2）的解．

解 记 D 为方程组（1）或（2）的常数项构成的 n 维列向量，由假设，则必有

$$D=c_1\alpha_1+c_2\alpha_2+\cdots+c_n\alpha_n，$$

并且此线性表出唯一．

方程组（2）可写成 $x_1\beta_1+x_2\beta_2+\cdots+x_n\beta_n=D$（其中 x_i 可待定），由条件得

$$D=x_1\alpha_1+(x_1+x_2)\alpha_2+\cdots+(x_{n-1}+x_n)\alpha_n，$$

由线性表出的唯一性，因此

$$x_1=c_1，x_1+x_2=c_2，\cdots，x_{n-1}+x_n=c_n，$$

从而可知 $(c_1，c_2-c_1，\cdots，c_n-c_{n-1}+\cdots+(-1)^{n-1}c_1)$ 是（2）的一个解．

由于向量组 α_1, α_2, $\cdots$, α_n 与 β_1, β_2, $\cdots$, β_n 等价，因此 $R(A) = R(B)$；又 D 可由 α_1，α_2, $\cdots$, α_n 唯一线性表出，因此 α_1, α_2, $\cdots$, α_n 线性无关，则得 $R(A) = n$，所以线性方程组(2)的解也唯一．

习题 3.4

1. 讨论 λ 取什么值时方程组 $\begin{cases} \lambda x_1 + x_2 + x_3 = 1 \\ x_1 + \lambda x_2 + x_3 = \lambda \\ x_1 + x_2 + \lambda x_3 = \lambda^2 \end{cases}$ 有解，并求解．

2. 证明：方程组 $x_1 + x_2 = -a_1$，$x_2 + x_3 = a_2$，$x_3 + x_4 = -a_3$，$x_4 + x_1 = a_4$ 有解的充分必要条件是 $a_1 + a_2 + a_3 + a_4 = 0$. 在有解的情形，求一般解．

3. 证明：与基础解系等价的线性无关向量组也是基础解系．

4. 设 $n \geqslant 2$，$c \neq 0$，问 a，b 取何值时，$\begin{cases} ax_1 + bx_2 + \cdots + bx_n = c \\ bx_1 + ax_2 + \cdots + bx_n = c \\ \dotfill \\ bx_1 + bx_2 + \cdots + ax_n = c \end{cases}$ 有解？并在有解时求一般解．

5. 已知齐次线性方程组 $\begin{cases} (a_1 + b)x_1 + a_2 x_2 + a_3 x_3 + \cdots + a_n x_n = 0 \\ a_1 x_1 + (a_2 + b) x_2 + a_3 x_3 + \cdots + a_n x_n = 0 \\ a_1 x_1 + a_2 x_2 + (a_3 + b) x_3 + \cdots + a_n x_n = 0 \\ \dotfill \\ a_1 x_1 + a_2 x_2 + a_3 x_3 + \cdots + (a_n + b) x_n = 0 \end{cases}$

其中 $\sum_{i=1}^{n} a_i \neq 0$. 试讨论 a_1, a_2, $\cdots$, a_n 和 b 满足何种关系时，

1) 方程组仅有零解；2) 方程组有非零解，此时求方程组的一个基础解系．

6. 设两个线性方程组分别为

$$\sum_{j=1}^{n} a_{ij} x_j = d_i, \ i = 1, 2, \cdots, m \quad (1) \ ; \ \sum_{j=1}^{n} b_{ij} x_j = d_i, \ i = 1, 2, \cdots, m \quad (2)$$

其中系数矩阵 $A = (a_{ij}) = (A_1, A_2, \cdots, A_n)$，$B = (b_{ij}) = (nA_n, (n-1)A_{n-1}, \cdots, 2A_2, A_1)$. 若方程组(1)有通解 $X = \eta_0 + k_1 \xi_1 + k_2 \xi_2 \cdots + k_s \xi_s$，试求方程组(2)的通解，其中

$$\eta_0 = (1, 1, \cdots, 1), \ \xi_i = (1, \cdots, 1, 0, \cdots, 0), \ i = 1, 2, \cdots, s.$$

补充题

1. 设 A 是 n 阶方阵，α_1, α_2, α_3 是 n 维列向量，$\alpha_1 \neq 0$，且

$$A\alpha_1 = k\alpha_1, \ A\alpha_2 = t\alpha_1 + k\alpha_2, \ A\alpha_3 = t\alpha_2 + k\alpha_3, \ (t \neq 0).$$

证明：α_1, α_2, α_3 线性无关．

2. 设向量组 S：α_1, α_2, $\cdots$, α_r 线性无关，且

$$\begin{cases} \beta_1 = a_{11}\alpha_1 + a_{12}\alpha_2 + \cdots + a_{1r}\alpha_r \\ \beta_2 = a_{21}\alpha_1 + a_{22}\alpha_2 + \cdots + a_{2r}\alpha_r \\ \dotfill \\ \beta_r = a_{r1}\alpha_1 + a_{r2}\alpha_2 + \cdots + a_{rr}\alpha_r \end{cases}, \ \text{记矩阵} \ A = \begin{pmatrix} a_{11} & a_{12} & \cdots & a_{1r} \\ a_{21} & a_{22} & \cdots & a_{2r} \\ \cdots & \cdots & \cdots & \cdots \\ a_{r1} & a_{r2} & \cdots & a_{rr} \end{pmatrix}.$$

证明：向量组 T：β_1，β_2，$\cdots$，β_r 线性无关的充分必要条件是 $|A|\neq 0$.

3. 设 $\beta_1=\alpha_1+\alpha_2$，$\beta_2=\alpha_2+\alpha_3$，$\cdots$，$\beta_{n-1}=\alpha_{n-1}+\alpha_n$，$\beta_n=\alpha_n+\alpha_1$. 试证：

1) 当 n 为偶数时，β_1，β_2，$\cdots$，β_n 线性相关；

2) 当 n 为奇数时，β_1，β_2，$\cdots$，β_n 线性无关 $\Leftrightarrow\alpha_1$，α_2，$\cdots$，α_n 线性无关.

4. 已知 α_1，α_2，$\cdots$，α_s 为齐次线性方程组 $Ax=0$ 的一个基础解系，且

$$\beta_1=t_1\alpha_1+t_2\alpha_2，\beta_2=t_1\alpha_2+t_2\alpha_3，\cdots，\beta_s=t_1\alpha_s+t_2\alpha_1，其中\ t_1，t_2\ 为实常数.$$

问 t_1，t_2 满足什么关系时，β_1，β_2，$\cdots$，β_s 也为 $Ax=0$ 的基础解系.

5. 设 $A=(a_{ij})_{n\times n}$，若 $\sum\limits_{j=1}^{n}a_{ij}=0$，$i=1，2，\cdots，n$. 证明：$A_{11}=A_{12}=\cdots=A_{1n}$，其中 A_{ij} 表示矩阵 A 中元素 a_{ij} 的代数余子式.

6. 设齐次线性方程组和其系数矩阵分别为

$$\begin{cases} a_{11}x_1+a_{12}x_2+\cdots+a_{1n}x_n=0 \\ a_{21}x_1+a_{22}x_2+\cdots+a_{2n}x_n=0 \\ \cdots\cdots\cdots\cdots\cdots\cdots\cdots\cdots\cdots \\ a_{n-1,1}x_1+a_{n-1,2}x_2+\cdots+a_{n-1,n}x_n=0 \end{cases}，A=\begin{pmatrix} a_{11} & a_{12} & \cdots & a_{1n} \\ a_{21} & a_{22} & \cdots & a_{2n} \\ \cdots & \cdots & \cdots & \cdots \\ a_{n-1,1} & a_{n-1,2} & \cdots & a_{n-1,n} \end{pmatrix}，$$

记 M_i 表示矩阵 A 中划去第 i 列剩下的 $(n-1)$ 阶矩阵的行列式.

1) 证明：$\eta=(M_1，-M_2，\cdots，(-1)^{n-1}M_n)$ 是方程组的一个解.

2) 若 $R(A)=n-1$，则方程组的解全是 η 的倍数.

7. 设 $(n-1)\times n$ 矩阵 A 及 M_i 如上题，且 A 的行向量组是方程组(1)的解

$$x_1+x_2+\cdots+x_n=0 \tag{1}$$

1) 证明：$\sum\limits_{i=1}^{n}(-1)^iM_i=0\Leftrightarrow$矩阵 A 的行向量组不是(1)的基础解系；

2) 令 $\sum\limits_{i=1}^{n}(-1)^iM_i=1$，求 M_i.

8. 设 $A=(a_{ij})$ 为 n 阶矩阵，a_{11} 的代数余子式 $A_{11}\neq 0$，且 b 为非零 n 维列向量，证明：$AX=b$ 有无穷多解的充分必要条件是 b 为 $A^*X=0$ 的解.

9. 设 $\alpha_i=(a_{i1}，a_{i2}，\cdots，a_{in})$，$i=1，2，\cdots，s$，$\beta=(b_1，b_2，\cdots，b_n)$，证明：

如果 $\sum\limits_{j=1}^{n}a_{ij}x_j=0$，$i=1，2，\cdots，s$ 的解全是 $b_1x_1+b_2x_2+\cdots+b_nx_n=0$ 的解，那么 β 可由向量组 α_1，α_2，$\cdots$，α_s 线性表出.

10. 设 A 为 $m\times n$ 阵，β，Z 均为 $m\times 1$ 阵，证明：线性方程组 $AX=\beta$ 有解的充分必要条件是由 $A'Z=0$ 可推出 $\beta'Z=0$.

11. 设 A 为 $m\times n$ 阵，β 为 $m\times 1$ 阵，证明：线性方程组 $AX=\beta$ 无解的充分必要条件是存在 δ 使 $\delta'A=0$，$\delta'\beta=1$.

12. 设 $A=(a_{ij})$ 为实数域上的 $n\times n$ 矩阵，证明：

1) 如果 $|a_{ii}|>\sum\limits_{j\neq i}|a_{ij}|$，$i=1，2，\cdots，n$，那么 $|A|\neq 0$；

2) 如果 $a_{ii}>\sum\limits_{j\neq i}|a_{ij}|$，$i=1，2，\cdots，n$，那么 $|A|>0$.

习题答案

习题 3.1

1. 1) $\bar{A} = \begin{pmatrix} 1 & 1 & 2 & 3 & 1 \\ 2 & 3 & 5 & 2 & -3 \\ 3 & -1 & -1 & -2 & -4 \\ 3 & 5 & 2 & -2 & -10 \end{pmatrix} \xrightarrow[\substack{r_3-3r_1 \\ r_4-3r_1}]{r_2-2r_1} \begin{pmatrix} 1 & 1 & 2 & 3 & 1 \\ 0 & 1 & 1 & -4 & -5 \\ 0 & -4 & -7 & -11 & -7 \\ 0 & 2 & -4 & -11 & -13 \end{pmatrix}$

$\xrightarrow[\substack{r_4-2r_2}]{r_3+4r_2} \begin{pmatrix} 1 & 1 & 2 & 3 & 1 \\ 0 & 1 & 1 & -4 & -5 \\ 0 & 0 & -3 & -27 & -27 \\ 0 & 0 & -6 & -3 & -3 \end{pmatrix} \longrightarrow \begin{pmatrix} 1 & 1 & 2 & 3 & 1 \\ 0 & 1 & 1 & -4 & -5 \\ 0 & 0 & 1 & 9 & 9 \\ 0 & 0 & 0 & 1 & 1 \end{pmatrix},$

方程组有唯一解 $(-1, -1, 0, 1)$.

2) $\begin{pmatrix} 2 & -1 & 1 & -1 & 3 \\ 4 & -2 & -2 & 3 & 2 \\ 2 & -1 & 5 & -6 & 1 \\ 2 & -1 & -3 & 4 & 5 \end{pmatrix} \rightarrow \begin{pmatrix} 2 & -1 & 1 & -1 & 3 \\ 0 & 0 & -4 & 5 & -4 \\ 0 & 0 & 4 & -5 & -2 \\ 0 & 0 & -4 & 5 & 2 \end{pmatrix} \rightarrow \begin{pmatrix} 2 & -1 & 1 & -1 & 3 \\ 0 & 0 & 4 & -5 & 4 \\ 0 & 0 & 0 & 0 & 1 \\ 0 & 0 & 0 & 0 & 0 \end{pmatrix},$

方程组无解.

2. $\delta = \dfrac{1}{4}(5\gamma - 2\beta - 3\alpha) = \left(-\dfrac{3}{2}, -3, -\dfrac{9}{2}, -6\right)$.

习题 3.2

1. 考虑向量方程 $x_1\alpha_1 + x_2\alpha_2 + x_3\alpha_3 = 0$，则它只有零解，因此其同解方程组的系数行列式

$\begin{vmatrix} 1 & a & 1 \\ 1 & 0 & 3 \\ 1 & b & 2 \end{vmatrix} = 0$，所以 $a - 2b = 0$.

2. 考虑向量方程

$$x_1\alpha_1 + x_2\alpha_2 + x_3\alpha_3 + x_4\alpha_4 = 0 \tag{1}$$

(1) 同解于齐次线性方程组

$$\begin{cases} 6x_1 + x_2 + x_3 + 7x_4 = 0 \\ 4x_1 + 4x_3 + x_4 = 0 \\ x_1 + 2x_2 - 9x_3 = 0 \\ -x_1 + 3x_2 - 16x_3 - x_4 = 0 \\ 2x_1 - 4x_2 + 22x_3 + 3x_4 = 0 \end{cases} \tag{2}$$

$A = \begin{pmatrix} 6 & 1 & 1 & 7 \\ 4 & 0 & 4 & 1 \\ 1 & 2 & -9 & 0 \\ -1 & 3 & -16 & -1 \\ 2 & -4 & 22 & 3 \end{pmatrix} \rightarrow \begin{pmatrix} 1 & 2 & -9 & 0 \\ 0 & -8 & 40 & 1 \\ 0 & -11 & 55 & 7 \\ 0 & 5 & -25 & -1 \\ 0 & -8 & 40 & 3 \end{pmatrix} \rightarrow \begin{pmatrix} 1 & 2 & -9 & 0 \\ 0 & 1 & -5 & -2 \\ 0 & 0 & 0 & 1 \\ 0 & 0 & 0 & 0 \\ 0 & 0 & 0 & 0 \end{pmatrix},$

那么方程组（2）同解于阶梯形方程组 $\begin{cases} x_1+2x_2-9x_3=0 \\ x_2-5x_3-2x_4=0 \\ x_4=0 \end{cases}$ （3）

显然（3）有非零解，因此向量组 α_1，α_2，α_3，α_4 线性相关．

上述讨论中可考虑去掉变元 x_3 相应的项，则同理可推得部分组 α_1，α_2，α_4 线性无关，所以 α_1，α_2，α_4 为向量组的一极大线性无关组，从而向量组的秩为 3．

3. 考虑向量方程 $x_1\alpha_1+x_2\alpha_2+x_3\alpha_3=\beta_3$，作初等行变换：

$$\begin{pmatrix} 1 & 3 & 9 & b \\ 2 & 0 & 6 & 1 \\ -3 & 1 & -7 & 0 \end{pmatrix} \rightarrow \begin{pmatrix} 1 & 3 & 9 & b \\ 0 & -6 & -12 & 1-2b \\ 0 & 10 & 20 & 3b \end{pmatrix} \rightarrow \begin{pmatrix} 1 & 3 & 9 & b \\ 0 & 1 & 2 & (1+b)/4 \\ 0 & 0 & 0 & (b-5)/2 \end{pmatrix},$$

由于 β_3 可由 α_1，α_2，α_3 线性表出，因此方程有解，所以 $b=5$．

观察上述阶梯矩阵，则 $rank\{\alpha_1$，α_2，$\alpha_3\}=2$，但 α_1，α_2，α_3 与 β_1，β_2，β_3 等价，因此 $rank\{\beta_1$，β_2，$\beta_3\}=2$，说明 β_1，β_2，β_3 线性相关，故 $\begin{vmatrix} 0 & a & 5 \\ 1 & 2 & 1 \\ -1 & 1 & 0 \end{vmatrix}=0$，得 $a=15$．

4. 1）由于 α_2，α_3，α_4 线性无关，则部分组 α_2，α_3 也线性无关，又 α_1，α_2，α_3 线性相关，因此 α_1 可由 α_2，α_3 线性表出．

2）（反证）假设 α_4 可以由 α_1，α_2，α_3 线性表出，则存在 k_1，k_2，$k_3\in P$ 使

$$\alpha_4=k_1\alpha_1+k_2\alpha_2+k_3\alpha_3.$$

由 1），则可设 $\alpha_1=l_2\alpha_2+l_3\alpha_3$，那么

$$\alpha_4=(k_1l_2+k_2)\alpha_2+(k_1l_3+k_3)\alpha_3,$$

此与 α_2，α_3，α_4 线性无关矛盾，所以 α_4 不能由 α_1，α_2，α_3 线性表出．

5. 只需证必要性．因 α_1，α_2，$\cdots$，α_s 线性相关，故存在不全为零的 k_1，k_2，$\cdots$，k_s 使得

$$k_1\alpha_1+k_2\alpha_2+\cdots+k_s\alpha_s=0,$$

对于 k_s，k_{s-1}，$\cdots$，k_2，k_1，可设 $k_s=k_{s-1}=\cdots=k_{i+1}=0$，$k_i\neq0$，则有

$$k_i\alpha_i+\cdots+k_2\alpha_2+k_1\alpha_1=0,$$

若 $i=1$，则 $k_1\alpha_1=0$，此与 $\alpha_1\neq0$ 矛盾，因此 $1<i\leqslant s$，所以

$$\alpha_i=-(k_1k_i^{-1}\alpha_1+k_2k_i^{-1}\alpha_2+\cdots+k_{i-1}k_i^{-1}\alpha_{i-1}).$$

6. 由题设，则 α_{i_1}，α_{i_2}，$\cdots$，α_{i_r} 与 α_1，α_2，$\cdots$，α_s 等价，所以

$$rank\{\alpha_{i_1}，\alpha_{i_2}，\cdots，\alpha_{i_r}\}=rank\{\alpha_1，\alpha_2，\cdots，\alpha_s\}=r,$$

那么 α_{i_1}，α_{i_2}，$\cdots$，α_{i_r} 线性无关，因此 α_{i_1}，α_{i_2}，$\cdots$，α_{i_r} 是 α_1，α_2，$\cdots$，α_s 的一个极大线性无关组．

7. 设 α_{i_1}，α_{i_2}，$\cdots$，α_{i_s} 是向量组 S：α_1，α_2，$\cdots$，α_m 的任意一个线性无关组．对差 $m-s$ 作归纳．

当 $m-s=0$ 时，则 $s=m$，此时 α_{i_1}，α_{i_2}，$\cdots$，α_{i_s} 当然是 S 的一个极大线性无关组，结论成立．假定 $m-s=k$ 时结论成立，下面考虑 $m-s=k+1$ 的情形．

若 α_{i_1}，α_{i_2}，$\cdots$，α_{i_s} 是 S 的一个极大线性无关组，则结论成立；若 α_{i_1}，α_{i_2}，$\cdots$，α_{i_s} 不是 S 的一个极大线性无关组，则在 S 中必有一向量 $\alpha_{i_{s+1}}$ 不能被 α_{i_1}，α_{i_2}，$\cdots$，α_{i_s} 线性表出，因此 α_{i_1}，α_{i_2}，$\cdots$，α_{i_s}，$\alpha_{i_{s+1}}$ 线性无关．由于 $m-(s+1)=k$，由归纳，因此 α_{i_1}，α_{i_2}，$\cdots$，α_{i_s}，$\alpha_{i_{s+1}}$ 可以扩充为 S 的一个极大线性无关组，结论成立．

8. 向量组每去掉一个向量，其秩至多减少 1，由于 S_1 可看成是由 S 去掉 $s-m$ 个向量所得，所以

$$rank(S_1) \geqslant rank(S) - (s-m) = r+m-s.$$

另证：设 $rank(S_1) = t$，不妨设 α_{i_1}，α_{i_2}，$\cdots$，α_{i_t} 是 S_1 的一个极大线性无关组，可将其扩充成 S 的一个极大线性无关组 α_{i_1}，α_{i_2}，$\cdots$，α_{i_t}，$\alpha_{i_{t+1}}$，$\cdots$，α_{i_r}，其中 $\alpha_{i_{t+1}}$，$\cdots$，α_{i_r} 在 S 中但不在 S_1 中，因此 $r-t \leqslant s-m$，所以 $t \geqslant r+m-s$.

9. ($\Rightarrow$) 任给向量 $\alpha \in P^n$，则 α，α_1，α_2，$\cdots$，α_n 线性相关（由定理 2 的推论），但 S 线性无关，所以 α 可被 S 线性表出.

($\Leftarrow$) 由题设，则（P^n 中）单位向量组 ε_1，ε_2，$\cdots$，ε_n 可由 S 线性表出；由于 P^n 中的任意向量都可被单位向量组 ε_1，ε_2，$\cdots$，ε_n 线性表出，因此 S 也可由 ε_1，ε_2，$\cdots$，ε_n 线性表出，所以它们等价，那么

$$rank\{\alpha_1,\ \alpha_2,\ \cdots,\ \alpha_n\} = rank\{\varepsilon_1,\ \varepsilon_2,\ \cdots,\ \varepsilon_n\} = n,$$

因此 α_1，α_2，$\cdots$，α_n 线性无关.

10. 由于 $rank(A_{?1}) = rank(A_2) = 3$，因此 A_1 线性无关，A_2 线性相关，则向量 α_4 可由向量组 A_1 线性表出，可设 $\alpha_4 = k_1\alpha_1 + k_2\alpha_2 + k_3\alpha_3$.

现证 α_1，α_2，α_3，$\alpha_5 - \alpha_4$ 线性无关.（反证）假设 α_1，α_2，α_3，$\alpha_5 - \alpha_4$ 线性相关，则向量 $\alpha_5 - \alpha_4$ 可由向量组 $A_{?1}$ 线性表出，设 $\alpha_5 - \alpha_4 = l_1\alpha_1 + l_2\alpha_2 + l_3\alpha_3$，那么

$$\alpha_5 = (k_1+l_1)\alpha_1 + (k_2+l_2)\alpha_2 + (k_3+l_3)\alpha_3$$

此与 $rank(A_3) = 4$ 矛盾，所以 α_1，α_2，α_3，$\alpha_5 - \alpha_4$ 线性无关，从而得证.

11. 设 $rank(S) = rank(S_1) = t$，且 S_0：α_{i_1}，α_{i_2}，$\cdots$，α_{i_t} 是 S_1 的一个极大线性无关组，那么 S_0 也是 S 的含有 t 个向量的线性无关子组，因此 S_0 也是 S 的一个极大线性无关组，因为向量组与其极大线性无关组等价，由等价的传递性，所以 S_1 与 S 等价.

12. 设两个向量组分别为

$$A：\alpha_1,\ \alpha_2,\ \cdots,\ \alpha_s；B：\beta_1,\ \beta_2,\ \cdots,\ \beta_t,$$

$rank(A) = rank(B) = r$，向量组 A 可由向量组 B 线性表出，考虑合并组

$$C：\alpha_1,\ \alpha_2,\ \cdots,\ \alpha_s,\ \beta_1,\ \beta_2,\ \cdots,\ \beta_t,$$

那么 B 与 C 等价，因此 $rank(C) = rank(B) = r$，由上题，则 A 与 C 等价，所以 A 与 B 等价.

13. 提示：可证 α_1，α_4，α_7；α_2，α_5，α_8；α_3，α_6，α_9 均与 α，β，γ 等价，且 α_3，α_6 与 α_7，α_8 也等价；从而说明 α_1，α_2，$\cdots$，α_6 与 α，β，γ 等价.

习题 3.3

1. 对矩阵作初等行变换化阶梯形

$$A = \begin{pmatrix} 1 & 0 & 1 & 0 \\ 3 & 1 & 2 & 1 \\ 1 & 2 & -1 & 2 \\ 0 & -1 & 1 & -1 \end{pmatrix} \rightarrow \begin{pmatrix} 1 & 0 & 1 & 0 \\ 0 & 1 & -1 & 1 \\ 0 & 2 & -2 & 2 \\ 0 & -1 & 1 & -1 \end{pmatrix} \rightarrow \begin{pmatrix} 1 & 0 & 1 & 0 \\ 0 & 1 & -1 & 1 \\ 0 & 0 & 0 & 0 \\ 0 & 0 & 0 & 0 \end{pmatrix},$$

则 $R(A) = 2$，最高阶非零子式可在 A 的 1，2 列中找，如 $\begin{vmatrix} 1 & 0 \\ 3 & 1 \end{vmatrix} = 1 \neq 0$.

2. 记 $\alpha_i = (\alpha_{1i},\ \alpha_{2i},\ \cdots,\ \alpha_{ni})$，$i = 1$，$2$，$\cdots$，$n$，$\beta = (b_1,\ b_2,\ \cdots,\ b_n)$，则线性方程组（1）等价于向量方程 $x_1\alpha_1 + x_2\alpha_2 + \cdots + x_n\alpha_n = \beta$. 那么，对于任何 b_1，b_2，$\cdots$，$b_n \in P$，线性方程组（1）都有解 $\Leftrightarrow$ 任给 $\beta \in P^n$，β 均可由向量组 α_1，α_2，$\cdots$，α_n 线性表出 $\Leftrightarrow$ 向量组 α_1，α_2，$\cdots$，α_n 线性无关 $\Leftrightarrow R(A) = n$ $\Leftrightarrow |A| \neq 0$.

3. 要使 T 不能由 S 线性表出，则必需 S 线性相关，即需 $\begin{vmatrix} 1 & 1 & a \\ 1 & a & 1 \\ a & 1 & 1 \end{vmatrix} = 0$，可解得 $a=1$ 或 $a=-2$.

当 $a=1$ 时，$\alpha_1 = \alpha_2 = \alpha_3$，$\beta_1 = \alpha_1$，则符合要求.

当 $a=-2$ 时，考虑下述初等行变换：

$$\begin{pmatrix} 1 & -2 & -2 & \vdots & 1 & 1 & -2 \\ 1 & -2 & -2 & \vdots & 1 & -2 & 1 \\ -2 & 4 & -2 & \vdots & -2 & 1 & 1 \end{pmatrix} \rightarrow \begin{pmatrix} 1 & -2 & -2 & \vdots & 1 & 1 & -2 \\ 0 & 0 & 0 & \vdots & 0 & -3 & 3 \\ 0 & 0 & -6 & \vdots & 0 & 3 & -3 \end{pmatrix},$$

此时 α_2 不能由 T 线性表出，不符合要求.

4. 我们不妨只考虑结论中的 r 阶子式 D_r 处在 A 的左上角.

$(\Rightarrow)$ 由于 $D_r = \begin{vmatrix} a_{11} & \cdots & a_{1r} \\ \cdots & \cdots & \cdots \\ a_{r1} & \cdots & a_{rr} \end{vmatrix} \neq 0$，则 $\alpha_i = (a_{i1}, a_{i2}, \cdots, a_{ir})$，$i=1, 2, \cdots, r$ 线性无关，从而

$\beta_i = (a_{i1}, a_{i2}, \cdots, a_{ir}, \cdots, a_{in})$，$i=1, 2, \cdots, r$ 也线性无关，因此 A 的前 r 行是行组的极大线性无关组，同理 A 的前 r 列也是列组的极大线性无关组.

$(\Leftarrow)$ 由于前 r 行是行组的极大线性无关组，因此对 A 作初等行变换有

$$A = \begin{pmatrix} a_{11} & \cdots & a_{1r} & \cdots & a_{1n} \\ \cdots & \cdots & \cdots & \cdots & \cdots \\ a_{r1} & \cdots & a_{rr} & \cdots & a_{rn} \\ \cdots & \cdots & \cdots & \cdots & \cdots \\ a_{s1} & \cdots & a_{sr} & \cdots & a_{sn} \end{pmatrix} \longrightarrow \begin{pmatrix} a_{11} & \cdots & a_{1r} & \cdots & a_{1n} \\ \cdots & \cdots & \cdots & \cdots & \cdots \\ a_{r1} & \cdots & a_{rr} & \cdots & a_{rn} \\ & & O & & O \end{pmatrix} = B,$$

在上述初等行变换中，将其中的后 $n-r$ 列数据抹掉，则有相应的行变换

$$A_1 = \begin{pmatrix} a_{11} & \cdots & a_{1r} \\ \cdots & \cdots & \cdots \\ a_{r1} & \cdots & a_{rr} \\ \cdots & \cdots & \cdots \\ a_{s1} & \cdots & a_{sr} \end{pmatrix} \longrightarrow \begin{pmatrix} a_{11} & \cdots & a_{1r} \\ \cdots & \cdots & \cdots \\ a_{r1} & \cdots & a_{rr} \\ & O & \end{pmatrix} = B_1, \quad \text{从而} \begin{vmatrix} a_{11} & \cdots & a_{1r} \\ \cdots & \cdots & \cdots \\ a_{r1} & \cdots & a_{rr} \end{vmatrix} \neq 0$$

（因为 $R(B_1) = R(A_1) = r$）.

习题 3.4

1. 系数行列式 $D = (\lambda+2)(\lambda-1)^2$.

当 $\lambda \neq 1$ 且 $\lambda \neq -2$ 时，$D \neq 0$，由克拉默法则，方程组有唯一解，且解为
$$(-(1+\lambda)/(2+\lambda), \ 1/(2+\lambda), \ (1+\lambda)^2/(2+\lambda)).$$

当 $\lambda = -2$ 时，$\bar{A} = \begin{pmatrix} -2 & 1 & 1 & 1 \\ 1 & -2 & 1 & -2 \\ 1 & 1 & -2 & 4 \end{pmatrix} \rightarrow \begin{pmatrix} 1 & 1 & -2 & 4 \\ 0 & 1 & -1 & 2 \\ 0 & 0 & 0 & 1 \end{pmatrix}$，无解.

当 $\lambda = 1$ 时，$\bar{A} = \begin{pmatrix} 1 & 1 & 1 & 1 \\ 1 & 1 & 1 & 1 \\ 1 & 1 & 1 & 1 \end{pmatrix} \rightarrow \begin{pmatrix} 1 & 1 & 1 & 1 \\ 0 & 0 & 0 & 0 \\ 0 & 0 & 0 & 0 \end{pmatrix}$，方程组的一般解为

$(1, 0, 0) + k_1(-1, 1, 0) + k_2(-1, 0, 1)$，其中 k_1，k_2 为任意常数.

2. 对方程组的增广矩阵作初等行变换：

$$\bar{A} = \begin{pmatrix} 1 & 1 & 0 & 0 & -a_1 \\ 0 & 1 & 1 & 0 & a_2 \\ 0 & 0 & 1 & 1 & -a_3 \\ 1 & 0 & 0 & 1 & a_4 \end{pmatrix} \rightarrow \begin{pmatrix} 1 & 1 & 0 & 0 & -a_1 \\ 0 & 1 & 1 & 0 & a_2 \\ 0 & 0 & 1 & 1 & -a_3 \\ 0 & 0 & 0 & 0 & a_1+a_2+a_3+a_4 \end{pmatrix},$$

那么方程组有解 $\Leftrightarrow R(\bar{A}) = R(A) = 3 \Leftrightarrow a_1+a_2+a_3+a_4 = 0.$ 此时一般解为

$$(-(a_1+a_2+a_3),\ a_2+a_3,\ -a_3,\ 0) + k(-1,\ 1,\ -1,\ 1),\ 其中\ k\ 为任意常数.$$

3. 设向量组 T：η_1，η_2，$\cdots$，η_t 与 S：α_1，α_2，$\cdots$，α_s 等价，T 是一齐次线性方程组的一个基础解系，S 线性无关，由秩的相等知 $s=t$；由于每个 α_i 均可由 η_1，η_2，$\cdots$，η_t 线性表出，因此 S 也为一组解；任给一解向量 α，则 α 可由 T 线性表出，从而 α 也可由 S 线性表出，所以 S 也为基础解系.

4. 记方程组的系数矩阵为 A，则 $|A| = (a+(n-1)b)(a-b)^{n-1}.$

1）$a = b \neq 0$ 时，$R(\bar{A}) = R(A) = 1$，方程组同解于 $x_1 + x_2 + \cdots + x_n = c/b$，则其通解为 $(c/b,\ 0,\ 0,\ \cdots,\ 0) + k_1(-1,\ 1,\ 0,\ \cdots,\ 0) + k_{n-1}(-1,\ 0,\ \cdots,\ 0,\ 1)$，$k_1$，$\cdots$，$k_{n-1}$ 为任意常数.

2）$a \neq b$，且 $a+(n-1)b \neq 0$ 时，此时方程有唯一解，解为

$$(c/(a+(n-1)b),\ c/(a+(n-1)b),\ \cdots,\ c/(a+(n-1)b)).$$

3）$a+(n-1)b = 0$，且 $a \neq b$ 时，对增广矩阵作初等行变换

$$\bar{A} = \begin{pmatrix} a & b & \cdots & b & c \\ b & a & \cdots & b & c \\ \cdots & \cdots & \cdots & \cdots & \cdots \\ a & b & \cdots & a & c \end{pmatrix} \xrightarrow{r_n + r_2 + \cdots + r_{n-1}} \begin{pmatrix} a & b & \cdots & b & c \\ b & a & \cdots & b & c \\ \cdots & \cdots & \cdots & \cdots & \cdots \\ 0 & 0 & \cdots & 0 & nc \end{pmatrix},$$

此时方程组无解.

5. 记齐次线性方程组的系数矩阵为 A，则 $|A| = b^{n-1}\left(b + \sum_{i=1}^{n} a_i\right).$

1）当 $b \neq 0$ 时且 $b + \sum_{i=1}^{n} a_i \neq 0$ 时，$R(A) = n$，方程组仅有零解。

2）当 $b = 0$ 时，原方程组同解于方程 $a_1 x_1 + a_2 x_2 + \cdots + a_n x_n = 0.$ 由 $\sum_{i=1}^{n} a_i \neq 0$ 知，$a_i(i=1,\ 2,\ \cdots,\ n)$ 不全为零. 不妨设 $a_1 \neq 0$，得原方程组的一个基础解系为

$$\alpha_1 = (-a_1^{-1}a_2,\ 1,\ 0,\ \cdots,\ 0),\ \alpha_2 = (-a_1^{-1}a_3,\ 0,\ 1,\ \cdots,\ 0),\ \cdots,\ \alpha_{n-1} = (-a_1^{-1}a_n,\ 0,\ 0,\ \cdots,\ 1).$$

当 $b = -\sum_{i=1}^{n} a_i$ 时，由 $b \neq 0$，原方程组的系数矩阵可化为

$$A \rightarrow \begin{pmatrix} a_1 - \sum_{i=1}^{n} a_i & a_2 & a_3 & \cdots & a_n \\ -1 & 1 & 0 & \cdots & 0 \\ -1 & 0 & 1 & \cdots & 0 \\ \vdots & \vdots & \vdots & & \vdots \\ -1 & 0 & 0 & \cdots & 1 \end{pmatrix} \rightarrow \begin{pmatrix} -1 & 1 & 0 & \cdots & 0 \\ -1 & 0 & 1 & \cdots & 0 \\ \vdots & \vdots & \vdots & & \vdots \\ -1 & 0 & 0 & \cdots & 1 \\ 0 & 0 & 0 & \cdots & 0 \end{pmatrix},$$

由此得到原方程组的同解方程组为 $x_2 = x_1$，$x_3 = x_1$，$\cdots$，$x_n = x_1$，则可解得原方程组的一个基础解系为 $\alpha = (1,\ 1,\ \cdots,\ 1).$

6. 记 β 为方程组(1)或(2)的常数项构成的 m 维列向量，由于矩阵 A，B 的列向量组等价，因此 $R(A)=R(B)$. 方程组(1)有通解 $X=\eta_0+k_1\xi_1+k_2\xi_2\cdots+k_s\xi_s$，则 η_0 是(1)的特解，且 ξ_1，ξ_2，$\cdots$，ξ_s 是(1)的导出组的基础解系，那么

$$\begin{cases} A_1+A_2+\cdots+A_n=\beta \\ A_1\qquad\qquad\qquad =0 \\ A_1+A_2\qquad\qquad =0 \\ \qquad\cdots\cdots\cdots \\ A_1+A_2+\cdots+A_s=0 \end{cases} \Rightarrow \begin{cases} \dfrac{1}{n}(nA_n)+\dfrac{1}{n-1}(n-1)A_{n-1}+\cdots+\dfrac{1}{2}(2A_2)+A_1=\beta \\ \qquad\qquad\qquad A_1=0 \\ \qquad\qquad\dfrac{1}{2}(2A_2)+A_1=0 \\ \qquad\cdots\cdots\cdots\cdots\cdots\cdots \\ \dfrac{1}{s}(sA_{n-1})+\cdots+\dfrac{1}{2}(2A_2)+A_1=0 \end{cases}$$

令

$\gamma_0=(1/n,\ 1/(n-1),\ \cdots,\ 1/2,\ 1)$，$\delta_i=(0,\ \cdots,\ 0,\ 1/i,,\ \cdots,\ 1/2,\ 1)$，$i=1$，$2$，$\cdots$，$s$，则 γ_0 是(2)的特解，且 δ_1，δ_2，$\cdots$，δ_s 是(2)的导出组的基础解系，所以(2)的通解为

$$X=\gamma_0+k_1\delta_1+k_2\delta_2\cdots+k_s\delta_s.$$

补充题

1. 设

$$x_1\alpha_1+x_2\alpha_2+x_3\alpha_3=0 \tag{1}$$

对(1)式左乘以 A，并将题中关系代入，则

$$(x_1k+x_2t)\alpha_1+(x_2k+x_3t)\alpha_2+x_3k\alpha_3=0 \tag{2}$$

对(1)式乘以数 k，则

$$x_1k\alpha_1+x_2k\alpha_2+x_3k\alpha_3=0 \tag{3}$$

(2)式与(3)式相减，则可得 $x_2t\alpha_1+x_3t\alpha_2=0$，由于 $t\neq0$，因此 $x_2\alpha_1+x_3\alpha_2=0$，同理可得 $x_3\alpha_1=0$，但 $\alpha_1\neq0$，因此 $x_3=0$，从而 $x_2\alpha_1=0$，得 $x_2=0$，也有 $x_1\alpha_1=0$，得 $x_1=0$，所以向量组 α_1，α_2，α_3 线性无关.

2. ($\Leftarrow$)考虑方程 $x_1\beta_1+x_2\beta_2+\cdots+x_r\beta_r=0$，将题中关系代入，则

$$(a_{11}x_1+a_{21}x_2+\cdots+a_{r1}x_r)\alpha_1+(a_{12}x_1+a_{22}x_2+\cdots+a_{r2}x_r)\alpha_2+\cdots+(a_{1r}x_1+a_{2r}x_2+\cdots+a_{rr}x_r)\alpha_r=0,$$

但向量组 S 线性无关，因此

$$\begin{cases} a_{11}x_1+a_{21}x_2+\cdots+a_{r1}x_r=0 \\ a_{12}x_1+a_{22}x_2+\cdots+a_{r2}x_r=0 \\ \qquad\cdots\cdots\cdots\cdots\cdots\cdots \\ a_{1r}x_1+a_{2r}x_2+\cdots+a_{rr}x_r=0 \end{cases} \tag{$*$}$$

方程组($*$)的系数行列式 $|A'|=|A|\neq0$，则 $x_i=0$，$i=1$，2，$\cdots$，r，所以 T 也线性无关.

($\Rightarrow$)(反证)假设 $|A|=0$，由上述讨论知 $x_1\beta_1+x_2\beta_2+\cdots+x_r\beta_r=0$ 与($*$)同解，由于 $|A'|=|A|=0$，因此($*$)即 $x_1\beta_1+x_2\beta_2+\cdots+x_r\beta_r=0$ 存在非零解 $(k_1,\ k_2,\ \cdots,\ k_r)$，所以向量组 T 线性相关，矛盾.

3. 1) 设 $n=2m$，则

$$1\cdot\beta_1+(-1)\beta_2+1\cdot\beta_3+(-1)\beta_4+\cdots+1\cdot\beta_{2m-1}+(-1)\beta_{2m}=0,$$

因此向量组 β_1，β_2，β_3，β_4，$\cdots$，β_{2m-1}，β_{2m} 线性相关；

2)记 $A=\begin{pmatrix} 1 & 1 & & \\ & 1 & \ddots & \\ & & \ddots & 1 \\ 1 & & & 1 \end{pmatrix}$，则 $|A|=1+(-1)^{n+1}=2\neq 0$，用上题方法可证.

4. 由于 $\beta_i(i=1,\cdots,s)$ 是 $\alpha_1,\alpha_2,\cdots,\alpha_s$ 的线性组合，因此 $\beta_1,\beta_2,\cdots,\beta_s$ 均为所给方程的解向量. 要使 $\beta_1,\beta_2,\cdots,\beta_s$ 也为方程的一基础解系，则需 $\beta_1,\beta_2,\cdots,\beta_s$ 线性无关.

考虑向量方程
$$x_1\beta_1+x_2\beta_2+\cdots+x_s\beta_s=0 \tag{I}$$

将所给条件代入，则得
$$(t_1x_1+t_2x_s)\alpha_1+(t_2x_1+t_1x_2)\alpha_2+\cdots+(t_2x_{s-1}+t_1x_s)\alpha_s=0,$$

由于 $\alpha_1,\alpha_2,\cdots,\alpha_s$ 为基础解系，因此它们线性无关，那么(I)同解于方程组

$$\begin{cases} t_1x_1 & + & t_2x_s=0 \\ t_2x_1+t_1x_2 & & =0 \\ \cdots\cdots\cdots\cdots\cdots \\ & & t_2x_{s-1}+t_1x_s=0 \end{cases}, \quad 记系数矩阵 P=\begin{pmatrix} t_1 & & & t_2 \\ t_2 & t_1 & & \\ & \ddots & \ddots & \\ & & t_2 & t_1 \end{pmatrix}.$$

由于 $|P|=t_1^s+(-1)^{s+1}t_2^s$，所以当 $t_1^s+(-1)^{s+1}t_2^s\neq 0$，即当 s 为偶数，$t_1\neq\pm t_2$；s 为奇数，$t_1\neq -t_2$ 时，方程(I)只有零解，此时 $\beta_1,\beta_2,\cdots,\beta_s$ 线性无关，它们构成题中齐次线性方程组的一个基础解系.

5. 考虑齐次线性方程组
$$\sum_{j=1}^{n}a_{ij}x_j=0,\quad (i=1,2,\cdots,n) \tag{1}$$

则向量 $(1,1,\cdots,1)$ 是(1)的非零解，所以 $|A|=0$，并且 $R(A)<n$.

若 $R(A)<n-1$，则 $A_{11}=A_{12}=\cdots=A_{1n}=0$，结论成立.

若 $R(A)=n-1$，则 $(1,1,\cdots,1)$ 是(1)的基础解系. 利用行列式的展开性质，则
$$a_{11}A_{11}+a_{12}A_{12}+\cdots+a_{1n}A_{1n}=|A|=0,$$
$$a_{i1}A_{11}+a_{i2}A_{12}+\cdots+a_{in}A_{1n}=0,\quad (i=2,\cdots,n),$$

那么 $(A_{11},A_{12},\cdots,A_{1n})$ 是方程组(1)的解. 因此存在数 k 使得
$$(A_{11},A_{12},\cdots,A_{1n})=k(1,1,\cdots,1),\quad 即得 A_{11}=A_{12}=\cdots=A_{1n}=k.$$

6.1) 考虑行列式
$$D_i=\begin{vmatrix} a_{i1} & a_{i2} & \cdots & a_{in} \\ a_{11} & a_{12} & \cdots & a_{1n} \\ a_{21} & a_{22} & \cdots & a_{2n} \\ \cdots & \cdots & \cdots & \cdots \\ a_{n-1,1} & a_{n-1,2} & \cdots & a_{n-1,n} \end{vmatrix},\quad i=1,2,\cdots,n-1,$$

则 $D_i=0$，D_i 的第1行元素的代数余子式分别是 $M_1,-M_2,\cdots,(-1)^{n-1}M_n$，那么
$$a_{i1}M_1+a_{i2}(-M_2)+\cdots+a_{in}(-1)^{n-1}M_n=0,\quad i=1,2,\cdots,n-1.$$

所以 η 是方程组的一个解.

2) 由于 $R(A)=n-1$，因此 $M_1,M_2,\cdots,M_n$ 中至少有一个非零，则 $\eta\neq 0$，那么 η 为方程组的基础解系，从而方程组的解全是 η 的倍数.

7. 考虑齐次线性方程组 $\sum_{i=1}^{n}a_{ij}x_j=0,\quad i=1,2,\cdots,n-1$ \hfill (2)

记其系数矩阵 A 的行向量组为 η_1，η_2，$\cdots$，η_{n-1}，并记向量 $\eta_0 = (1，1，\cdots，1)$.

1) ($\Rightarrow$) 设 $\sum\limits_{i=1}^{n} (-1)^i M_i = 0$，则 $\sum\limits_{i=1}^{n} (-1)^{i-1} M_i = 0$，由行列式的展开性质，则

$$\begin{vmatrix} 1 & 1 & \cdots & 1 \\ a_{11} & a_{12} & \cdots & a_{1n} \\ \cdots & \cdots & \cdots & \cdots \\ a_{n-1,1} & a_{n-1,2} & \cdots & a_{n-1,n} \end{vmatrix} = 0，$$

因此向量组 η_0，η_1，η_2，$\cdots$，η_{n-1} 线性相关. 若 η_1，η_2，$\cdots$，η_{n-1} 是(1)的基础解系，则 η_0 可由向量组 η_1，η_2，$\cdots$，η_{n-1} 线性表出，则 η_0 必的(1)解，导致矛盾.

($\Leftarrow$) 设 $\sum\limits_{i=1}^{n} (-1)^i M_i \neq 0$，由上面讨论，则向量组 η_0，η_1，η_2，$\cdots$，η_{n-1} 线性无关，从而 η_1，η_2，$\cdots$，η_{n-1} 线性无关，所以 η_1，η_2，$\cdots$，η_{n-1} 必是(1)的基础解系.

2) 当 $\sum\limits_{i=1}^{n} (-1)^i M_i = 1$ 时，向量组 η_1，η_2，$\cdots$，η_{n-1} 是(1)的基础解系，那么

$$\sum\limits_{j=1}^{n} a_{ij} = 0，\quad i = 1，2，\cdots，n-1，$$

因此 η_0 是(2)的非零解. 又 $R(A) = n-1$，由上题知 $(M_1，-M_2，\cdots，(-1)^{n-1} M_n)$ 是(2)的基础解系，所以 $M_i = (-1)^{i-1} M_1$，代入条件即得 $M_i = -1/n$.

8. ($\Rightarrow$) 设 $AX = b$ 有无穷多解，且 α 是 $AX = b$ 的解，则 $A\alpha = b$，那么

$$A^* b = A^* A\alpha = |A| E\alpha = |A| \alpha，$$

此时 $R(A) = R(A，b) < n$，因此 $|A| = 0$，则有

$$A^* b = |A| \alpha = 0，$$

所以 b 为 $A^* X = 0$ 的解.

($\Leftarrow$) 设 $A^* X = 0$ 以 b 为非零解，则 $R(A^*) < n$，那么 $R(A^*) = 1$ 或 $R(A^*) = 0$，但是 $A_{11} \neq 0$，因此 $R(A^*) = 1$，从而 $R(A) = n-1$. 记 $b = (b_1，b_2，\cdots，b_n)'$，那么

$$b_1 A_{11} + b_2 A_{21} + \cdots + b_n A_{n1} = 0，\quad 即 \quad \begin{vmatrix} b_1 & a_{12} & \cdots & a_{1n} \\ b_2 & a_{22} & \cdots & a_{2n} \\ \cdots & \cdots & \cdots & \cdots \\ b_n & a_{n2} & \cdots & a_{nn} \end{vmatrix} = 0，$$

所以向量组 b，α_2，$\cdots$，α_n 线性相关.

由于 $A_{11} = \begin{vmatrix} a_{22} & \cdots & a_{2n} \\ \cdots & \cdots & \cdots \\ a_{n2} & \cdots & a_{nn} \end{vmatrix} \neq 0$，则 A_{11} 的行列式中的列向量组线性无关，从而扩充分量以后的向量组

α_2，$\cdots$，α_n 也线性无关，因此 b 可由 α_2，$\cdots$，α_n 线性表出，从而向量 b 更可由向量组 α_1，α_2，$\cdots$，α_n 线性表出，所以 $AX = b$ 有解，且有无穷多解.

9. 考虑下述两个齐次线性方程组

$$\begin{cases} a_{11}x_1 + a_{12}x_2 + \cdots + a_{1n}x_n = 0 \\ a_{21}x_1 + a_{22}x_2 + \cdots + a_{2n}x_n = 0 \\ \cdots\cdots\cdots\cdots\cdots\cdots\cdots \\ a_{s1}x_1 + a_{s2}x_2 + \cdots + a_{sn}x_n = 0 \end{cases} \text{(I)；} \quad \begin{cases} a_{11}x_1 + a_{12}x_2 + \cdots + a_{1n}x_n = 0 \\ a_{21}x_1 + a_{22}x_2 + \cdots + a_{2n}x_n = 0 \\ \cdots\cdots\cdots\cdots\cdots\cdots\cdots \\ a_{s1}x_1 + a_{s2}x_2 + \cdots + a_{sn}x_n = 0 \\ b_1x_1 + b_2x_2 + \cdots + b_nx_n = 0 \end{cases} \text{(II)，}$$

由题设，则(I)与(II)同解，因此它们有相同的基础解系，其系数矩阵有相同的秩，故两矩阵的行向量组 α_1，α_2，$\cdots$，α_s 与 α_1，α_2，$\cdots$，α_s，β 有相同的秩，所以两向量组等价，即得 β 可由 α_1，α_2，$\cdots$，α_s 线性表出．

10. ($\Rightarrow$) 设 $AX=\beta$ 有解，且 X_0 为其一解，则 $AX_0=\beta$．因 $A'Z=0$，故

$$\beta'Z = X_0'A'Z = X_0'0 = 0.$$

($\Leftarrow$) 设由 $A'Z=0$ 可推出 $\beta'Z=0$．那么

$$\begin{pmatrix} A' \\ \beta' \end{pmatrix}Z=0 \text{、} A'Z=0 \text{ 同解} \Rightarrow m-R\begin{pmatrix} A' \\ \beta' \end{pmatrix}=m-R(A') \Rightarrow R\begin{pmatrix} A' \\ \beta' \end{pmatrix}=R(A'),$$

所以 $R(A,\beta)=R(A)$，从而 $AX=\beta$ 有解．

11. ($\Leftarrow$)（反证）假设 $AX=\beta$ 有解，且 X_0 为其一解，则 $AX_0=\beta$．那么

$$\delta'AX_0=\delta'\beta \Rightarrow 0=1,$$

导致矛盾．

($\Rightarrow$) 由于 $AX=\beta$ 无解，由上题，则由 $A'Z=0$ 推不出 $\beta'Z=0$，因此存在非零 m 维列向量 ξ 使得 $A'\xi=0$，但 $\beta'\xi=k\neq0$，令 $\delta=\dfrac{1}{k}\xi$，则 $\delta'A=0$，$\delta'\beta=1$．

12. 1) 任给非零向量 $(b_1,b_2,\cdots,b_n)$，记 $b=\max\{|b_1|,|b_2|,\cdots,|b_n|\}$，则 $b>0$，不妨设 $b=|b_k|$（某个确定的 k），那么

$$|a_{kk}b_k|=|a_{kk}||b_k|>\sum_{j\neq k}|a_{kj}||b_k|\geqslant\sum_{j\neq k}|a_{kj}||b_j|=\sum_{j\neq k}|a_{kj}b_j|\geqslant\left|\sum_{j\neq i}a_{kj}b_j\right|,$$

则

$$\sum_{j=1}^n a_{kj}b_j=a_{kk}b_k+\sum_{j\neq i}a_{kj}b_j\neq0,$$

说明齐次线性方程组 $\sum\limits_{j=1}^n a_{ij}x_j=0$，$i=1,2,\cdots,n$ 不可能有非零解，即只有零解，所以 $|A|\neq0$．

2) 设 $0\leqslant t\leqslant1$，令

$$f(t)=\begin{vmatrix} a_{11} & a_{12} & \cdots & a_{1n} \\ ta_{21} & a_{22} & \cdots & a_{2n} \\ \cdots & \cdots & \cdots & \cdots \\ ta_{n1} & ta_{n2} & \cdots & a_{nn} \end{vmatrix},$$

由 1) 知，则 $f(t)\neq0$．又 $f(0)=a_{11}a_{22}\cdots a_{nn}>0$，$f(1)=|A|$，若 $f(1)<0$，由于 $f(t)$ 在 $[0,1]$ 上连续，故存在 $t_1\in(0,1)$ 使 $f(t_1)=0$，矛盾．所以 $f(1)=|A|>0$．

第四章　矩　　阵

关键知识点：矩阵的加法、数量乘法、乘法等运算及其性质，矩阵的可交换，矩阵的迹，矩阵乘积的行列式及秩的性质（定理1，定理2），矩阵非退化；矩阵可逆，矩阵的逆，伴随矩阵，矩阵可逆的判定定理（定理3）；分块矩阵，2×2分块矩阵的乘法及其初等变换；初等矩阵，矩阵的等价，矩阵的等价标准形定理（定理5），可逆矩阵可表成初等矩阵的乘积定理（定理6）.

§1　矩阵的运算及其性质

一、矩阵的运算及基本性质

设 $A=(a_{ij})_{mn}$，$B=(b_{ij})_{lk}$，如果 $m=l$，$n=k$，且
$$a_{ij}=b_{ij},\ i=1,\ 2,\ \cdots,\ n,\ j=1,\ 2,\ \cdots,\ n,$$
那么称矩阵 A 与 B 相等，记为 $A=B$.

定义1　给定数域 P 上的矩阵 $A=(a_{ij})_{sn}$，$B=(b_{ij})_{sn}$，且 $k\in P$，则矩阵
$$C=(c_{ij})_{sn}=(a_{ij}+b_{ij})_{sn}$$
称为 A 与 B 的和，记 $C=A+B$. 矩阵 $(ka_{ij})_{sn}$ 称为 A 与 k 的**数量乘积**. 记为 kA.

矩阵的加法及数量乘法的运算性质

1）交换律：$A+B=B+A$；2）结合律：$A+(B+C)=(A+B)+C$；

3）$A+O=A$，其中 O 表示元素全为零的矩阵，称为**零矩阵**；

4）$A+(-A)=O$，其中 $-A=(-a_{ij})_{sn}$ 称为 A 的**负矩阵**.

5）$(k+l)A=kA+lA$；　6）$k(A+B)=kA+kB$；

7）$k(lA)=(kl)A$；　8）$1\cdot A=A$.

定义矩阵 A 与 B 的减法为 $A-B=A+(-B)$.

定义2　设 $A=(a_{ik})_{sn}$，$B=(b_{kj})_{nm}$，则矩阵 $C=(c_{ij})_{sm}$，其中
$$c_{ij}=a_{i1}b_{1j}+a_{i2}b_{2j}+\cdots+a_{in}b_{nj}=\sum_{k=1}^{n}a_{ik}b_{kj},\ i=1,\ 2,\ \cdots,\ s,\ j=1,\ 2,\ \cdots,\ m,$$
矩阵 C 称为 A 与 B 的**乘积**，记为 $C=AB$.

矩阵的乘法及其与加法、数量乘法的运算性质

1）$(AB)C=A(BC)$；　2）$k(AB)=(kA)B=A(kB)$；

3）$A(B+C)=AB+BC$；　4）$(B+C)A=BA+CA$

矩阵的乘法不适合交换律，即 $AB\neq BA$，例如：

$$A=\begin{pmatrix}1&1\\-1&-1\end{pmatrix},\ B=\begin{pmatrix}1&-1\\-1&1\end{pmatrix},\ AB=\begin{pmatrix}0&0\\0&0\end{pmatrix},\ BA=\begin{pmatrix}2&2\\-2&-2\end{pmatrix},\ AB\neq BA.$$

且矩阵的乘法有零因子（如上例），一般也无单侧消去律.

设矩阵 A，B 均为 $n×n$ 矩阵，如果 $AB=BA$，那么称 B 与 A 可交换.

设 A 为 n 阶方阵，则 A 的方幂 A^k 定义为：$A^1=A$，$A^{k+1}=A^kA$，即
$$A^k=\underbrace{A\cdot A\cdot\cdots\cdot A}_{k}.$$

$A^k A^l = A^{k+l}$，$(A^k)^l = A^{kl}$，但$(AB)^k \neq A^k B^k$（其中k，l为任意正整数）.

定义 3　设矩阵 $A = (a_{ij})_{s \times n}$，则矩阵

$$A' = (b_{ij})_{n \times s}, \quad \text{其中 } b_{ij} = a_{ji}$$

称为 A 的转置矩阵，A' 也可记为 A^T.

矩阵的转置的运算性质

1）$(A')' = A$；　　2）$(A \pm B)' = A' \pm B'$；

3）$(AB)' = B'A'$；　　4）$(kA)' = kA'$.

定义 4　方阵 $A = (a_{ij})_{n \times n}$ 的迹 $tr(A)$ 为其主对角线上所有元素之和，即

$$tr(A) = a_{11} + a_{22} + \cdots + a_{nn}.$$

矩阵的迹的性质

1）$tr(A+B) = tr(A) + tr(B)$；　　2）$tr(\lambda A) = \lambda \cdot tr(A)$.

例 4.1　计算

1）$\begin{pmatrix} 1 & 1 \\ 0 & 1 \end{pmatrix}^n$；　　2）$\begin{pmatrix} \cos\varphi & -\sin\varphi \\ \sin\varphi & \cos\varphi \end{pmatrix}^n$.

解　1）记 $A = \begin{pmatrix} 1 & 1 \\ 0 & 1 \end{pmatrix}$，$J = \begin{pmatrix} 0 & 1 \\ 0 & 0 \end{pmatrix}$，则 $A = E + J$，$EJ = JE$，$J^2 = O$，因此

$$A^n = (E+J)^n = E^n + C_n^1 E^{n-1} J + \cdots + C_n^{n-1} EJ^{n-1} + J^n$$

$$= E + nJ = \begin{pmatrix} 1 & 0 \\ 0 & 1 \end{pmatrix} + \begin{pmatrix} 0 & n \\ 0 & 0 \end{pmatrix} = \begin{pmatrix} 1 & n \\ 0 & 1 \end{pmatrix}.$$

2）可用数学归纳法证明

$$\begin{pmatrix} \cos\varphi & -\sin\varphi \\ \sin\varphi & \cos\varphi \end{pmatrix}^n = \begin{pmatrix} \cos n\varphi & -\sin n\varphi \\ \sin n\varphi & \cos n\varphi \end{pmatrix}.$$

其实，容易验证，当 $n=2$ 时，有

$$\begin{pmatrix} \cos\varphi & -\sin\varphi \\ \sin\varphi & \cos\varphi \end{pmatrix}^2 = \begin{pmatrix} \cos 2\varphi & -\sin 2\varphi \\ \sin 2\varphi & \cos 2\varphi \end{pmatrix},$$

假设 $n=k$ 时结论成立，下证 $n=k+1$ 的情形：

$$\begin{pmatrix} \cos\varphi & -\sin\varphi \\ \sin\varphi & \cos\varphi \end{pmatrix}^{k+1} = \begin{pmatrix} \cos\varphi & -\sin\varphi \\ \sin\varphi & \cos\varphi \end{pmatrix}^k \cdot \begin{pmatrix} \cos\varphi & -\sin\varphi \\ \sin\varphi & \cos\varphi \end{pmatrix}$$

$$= \begin{pmatrix} \cos k\varphi & -\sin k\varphi \\ \sin k\varphi & \cos k\varphi \end{pmatrix} \cdot \begin{pmatrix} \cos\varphi & -\sin\varphi \\ \sin\varphi & \cos\varphi \end{pmatrix} = \begin{pmatrix} x_1 & x_2 \\ x_3 & x_4 \end{pmatrix},$$

其中

$$x_1 = \cos k\varphi \cos\varphi - \sin k\varphi \sin\varphi = \cos(k+1)\varphi,$$

同理

$$x_2 = -\sin(k+1)\varphi, \ x_3 = \sin(k+1)\varphi, \ x_4 = \cos(k+1)\varphi,$$

所以结论成立.

例 4.2　求平方等于单位阵的所有二阶矩阵.

解　设 $A = \begin{pmatrix} a & b \\ c & d \end{pmatrix}$，其中 a，b，c，d 待定，由 $A^2 = E$，则

$$a^2 + bc = bc + d^2 = 1, \ ab + bd = ac + cd = 0 \Rightarrow a^2 = d^2,$$

所以当 $a = d \neq 0$ 时，$b = c = 0$，此时 $a = \pm 1$，则得 $A = \pm E$；当 $a = -d$ 时，需 a，b，c 满足 $a^2 = 1 - bc$，此

时 $A = \begin{pmatrix} a & b \\ c & -a \end{pmatrix}$.

例 4.3 设 Ω 为数域 P 上的一些 n 阶方阵组成的集合，Ω 中的元素满足

$$\forall A,\ B \in \Omega,\ 都有 AB \in \Omega,\ 且 (AB)^3 = BA.$$

证明：Ω 具有交换律.

证 $\forall A,\ B \in \Omega$，则 $AB \in \Omega$，$BA \in \Omega$. 记 $X = AB$，$Y = (AB)^2$，则 $X,\ Y \in \Omega$，那么

$$BA = (AB)^3 = (AB)(AB)^2 = XY = (YX)^3$$
$$= ((AB)^2(AB))^3 = ((AB)^3)^3 = (BA)^3 = AB.$$

例 4.4 主对角线之外所有元素全为零的 n 阶方阵称为对角矩阵，可记为

$$diag(d_1,\ d_2,\ \cdots,\ d_n).$$

证明：如果 A 是对角矩阵，且主对角线上的元素互不相同，那么与 A 可交换的矩阵只能是对角矩阵.

证 分别记矩阵 A，B（其中 $a_i \neq a_j$，当 $i \neq j$，$i,\ j = 1,\ 2,\ \cdots,\ n$，$b_{ij}$ 待定）为

$$A = \begin{pmatrix} a_1 & 0 & \cdots & 0 \\ 0 & a_2 & \cdots & 0 \\ \cdots & \cdots & \cdots & \cdots \\ 0 & 0 & \cdots & a_n \end{pmatrix},\ B = \begin{pmatrix} b_{11} & b_{12} & \cdots & b_{1n} \\ b_{21} & b_{22} & \cdots & b_{2n} \\ \cdots & \cdots & \cdots & \cdots \\ b_{n1} & b_{n2} & \cdots & b_{nn} \end{pmatrix},$$

由 $AB = BA$，则得 $a_i b_{ij} = a_j b_{ij}$，即 $(a_i - a_j) b_{ij} = 0$，其中 $i,\ j = 1,\ 2,\ \cdots,\ n$，当 $i \neq j$ 时，必有 $b_{ij} = 0$，所以 $B = diag(b_{11},\ b_{22},\ \cdots,\ b_{nn})$.

例 4.5 设 $A = \begin{pmatrix} 0 & 1 & 0 \\ 0 & 0 & 1 \\ 0 & 0 & 0 \end{pmatrix}$，求所有与 A 可交换的矩阵.

解 设 $B = \begin{pmatrix} a & b & c \\ a_1 & b_1 & c_1 \\ a_2 & b_2 & c_2 \end{pmatrix}$，且满足 $AB = BA$（即 A，B 可交换），则

$$\begin{pmatrix} a_1 & b_1 & c_1 \\ a_2 & b_2 & c_2 \\ 0 & 0 & 0 \end{pmatrix} = \begin{pmatrix} a_1 & b_1 & c_1 \\ a_2 & b_2 & c_2 \\ 0 & 0 & 0 \end{pmatrix} \Rightarrow \begin{cases} a_1 = a_2 = b_2 = 0 \\ a = b_1 = c_2 \\ b = c_1 \end{cases},$$

所以所有与 A 可交换的矩阵为 $B = \begin{pmatrix} a & b & c \\ 0 & a & b \\ 0 & 0 & a \end{pmatrix}$，其中 $a,\ b,\ c$ 为任意常数.

例 4.6 矩阵 A 称为对称的，如果 $A = A'$. 证明：如果 A 是实对称矩阵，且 $A^2 = O$，那么 $A = O$.

证 设 $A = (a_{ij})_{n \times n}$，$a_{ij} \in R$，$B = A^2 = (b_{ij})_{n \times n}$，由于 $a_{ij} = a_{ji}$，因此

$$b_{ii} = a_{i1} a_{1i} + a_{i2} a_{2i} + \cdots + a_{in} a_{ni} = a_{i1}^2 + a_{i2}^2 + \cdots + a_{in}^2 = 0,$$

那么 $a_{ij} = 0$，$i,\ j = 1,\ 2,\ \cdots,\ n$，从而 $A = O$.

例 4.7 设 A 为 $n \times n$ 矩阵，证明：不存在矩阵 B，使得 $AB - BA = E$.

证 首先证明 $tr(AB) = tr(BA)$.

设 $A = (a_{ij})_{n \times n}$，$A = (b_{ij})_{n \times n}$，$AB = (c_{ij})_{n \times n}$，$BA = (d_{ij})_{n \times n}$，则有

$$c_{ii} = a_{i1} b_{1i} + a_{i2} b_{2i} + \cdots + a_{in} b_{ni},\quad d_{kk} = b_{k1} a_{1k} + b_{k2} a_{2k} + \cdots + b_{kn} a_{nk},$$

$$tr(AB) = \sum_{i=1}^{n} (a_{i1}b_{1i} + a_{i2}b_{2i} + \cdots + a_{in}b_{ni}) = \sum_{i=1}^{n} \sum_{k=1}^{n} a_{ik}b_{ki}$$

$$= \sum_{k=1}^{n} \sum_{i=1}^{n} b_{ki}a_{ik} = \sum_{k=1}^{n} (b_{k1}a_{1k} + b_{k2}a_{2k} + \cdots + b_{kn}a_{nk}) = tr(BA).$$

(反证本题结论)假设存在矩阵 B，使得 $AB-BA=E$，因此

$$tr(AB-BA) = tr(AB) - tr(BA) = 0,$$

但 $tr(E) = n$，导致矛盾.

二、矩阵乘积的行列式与秩

定理 1　设 A，B 是数域 P 上的两个 $n \times n$ 矩阵，那么 $|AB| = |A||B|$.

推论 1　设 A_1，A_2，$\cdots$，A_m 为数域 P 上的 $n \times n$ 矩阵，那么

$$|A_1 A_2 \cdots A_m| = |A_1||A_2| \cdots |A_m|.$$

定义 5　数域 P 上的 $n \times n$ 矩阵 A 称为非退化，如果 $|A| \neq 0$；否则称为退化.

推论 2　设 A，B 是数域 P 上的 $n \times n$ 矩阵，那么矩阵 AB 退化 $\Leftrightarrow A$，B 中至少有一个退化.

定理 2　设 A，B 分别是数域 P 上的 $n \times m$，$m \times s$ 矩阵，那么

$$R(AB) \leqslant \min\{R(A), R(B)\}.$$

证　设 $A = (a_{ij})$，$B = (b_{ij})$，记 $AB = C = (c_{ij})$，C 为 $n \times s$ 矩阵，其中

$$c_{ij} = a_{i1}b_{1j} + a_{i2}b_{2j} + \cdots + a_{im}b_{mj}.$$

设 B 的行向量组为 B_1，B_2，$\cdots$，B_m，C 的行向量组为 C_1，C_2，$\cdots$，C_n，因

$$C_i = (c_{i1}, \cdots, c_{is}) = (a_{i1}b_{11} + a_{i2}b_{21} + \cdots + a_{im}b_{m1}, \cdots, a_{i1}b_{1s} + a_{i2}b_{2s} + \cdots + a_{im}b_{ms})$$

$$= a_{i1}(b_{11}, \cdots, b_{1s}) + \cdots + a_{im}(b_{m1}, \cdots, b_{ms}) = a_{i1}B_1 + a_{i2}B_2 + \cdots + a_{im}B_m,$$

即 C_1，C_2，$\cdots$，C_n 可由 B_1，B_2，$\cdots$，B_m 线性表出，故 $R(C) \leqslant R(B)$，同理 $R(C) \leqslant R(A)$，那么 $R(C) \leqslant \min\{R(A), R(B)\}$.

推论　如果 $A = A_1 A_2 \cdots A_t$，那么 $R(A) \leqslant \min\limits_{1 \leqslant j \leqslant t} R(A_j)$.

例 4.8　设 A，B 均为 n 阶矩阵，$A^2 = B^2 = E$，且 $|A| + |B| = 0$，证明：

$$|A+B| = 0.$$

证　由于 $A^2 = B^2 = E$，因此

$$A(A+B)B = A^2 B + AB^2 = B + A = A + B,$$

两边取行列式，由定理 1 并利用条件 $|A| + |B| = 0$，则

$$-|A+B||A|^2 = |A+B|,$$

又

$$|A|^2 = |A^2| = |E| = 1,$$

所以 $|A+B| = 0$.

例 4.9　设 A 是 $m \times n$ 矩阵，B 是 $n \times m$ 矩阵，证明：当 $m > n$ 时，$|AB| = 0$.

证　由定理 2，则有

$$R(AB) \leqslant R(A) \leqslant n < m,$$

但是 AB 是 $m \times m$ 矩阵，所以 $|AB| = 0$.

例 4.10　设 A 为 $n \times n$ 矩阵，证明：$R(A) = 1 \Leftrightarrow A = \alpha\beta'$，其中 α，$\beta \in P^n$（列向量空间），且 $\alpha \neq 0$，$\beta \neq 0$.

证　($\Leftarrow$) 由定理 2，则 $R(A) \leqslant R(\alpha) = 1$；可设

$$\alpha = (a_1, a_2, \cdots, a_n), \quad \beta = (b_1, b_2, \cdots, b_n),$$

不妨设 $a_1 \neq 0$，$b_1 \neq 0$，则 $a_1 b_1 \neq 0$，因此 $A \neq O$，则 $R(A) \geqslant 1$，所以 $R(A) = 1$.

（$\Rightarrow$）设 $R(A) = 1$，则 A 的行向量组的秩为 1，那么其中有一行为非零行，且其它行均可表成此行的倍数，故存在 a_1，a_2，$\cdots$，a_n 不全为零，b_1，b_2，$\cdots$，b_n 不全为零，使得

$$A = \begin{pmatrix} a_1 b_1 & a_1 b_2 & \cdots & a_1 b_n \\ a_2 b_1 & a_2 b_2 & \cdots & a_2 b_n \\ \cdots & \cdots & \cdots & \cdots \\ a_n b_1 & a_n b_2 & \cdots & a_n b_n \end{pmatrix} = \alpha \beta', \text{ 其中 } \alpha = \begin{pmatrix} a_1 \\ a_2 \\ \vdots \\ a_n \end{pmatrix} \neq 0, \beta = \begin{pmatrix} b_1 \\ b_2 \\ \vdots \\ b_n \end{pmatrix} \neq 0.$$

习题 4.1

1. 计算

1) $\begin{pmatrix} \lambda & 1 & 0 \\ 0 & \lambda & 1 \\ 0 & 0 & \lambda \end{pmatrix}^n$；　　2) $\begin{pmatrix} 1 & \alpha & \beta \\ 0 & 1 & \alpha \\ 0 & 0 & 1 \end{pmatrix}^{n+1}$.

2. 设 $A = \begin{pmatrix} a & b \\ 0 & c \end{pmatrix}$，$a$，$b$，$c \in R$，试求 a，b，c 的一切可能值使 $A^{10} = \begin{pmatrix} 1 & 0 \\ 0 & 1 \end{pmatrix}$.

3. 设 A 为 n 阶方阵，若有 n 阶方阵 B 使得 $AB = BA = B$，问 $A = E$ 成立吗？

4. 设 $f(\lambda) = a_0 \lambda^m + a_1 \lambda^{m-1} + \cdots + a_m$，且 A 是一个 $n \times n$ 矩阵，定义

$$f(A) = a_0 A^m + a_1 A^{m-1} + \cdots + a_m E.$$

对于 $f(\lambda) = \lambda^2 - 5\lambda + 3$，$A = \begin{pmatrix} 2 & -1 \\ -3 & 3 \end{pmatrix}$，求 $f(A)$.

5. 求所有与下列矩阵 A 可交换的矩阵 B

1) $A = \begin{pmatrix} 0 & 1 & 0 & 0 \\ 0 & 0 & 1 & 0 \\ 0 & 0 & 0 & 1 \\ 0 & 0 & 0 & 0 \end{pmatrix}$；　　2) $A = \begin{pmatrix} 1 & 1 & 0 & 0 \\ 0 & 1 & 0 & 0 \\ 0 & 0 & 1 & 1 \\ 0 & 0 & 0 & 1 \end{pmatrix}$.

6. 用记号 E_{ij} 表示 i 行 j 列的元素为 1，而其余的元素全为 0 的 $n \times n$ 矩阵，假设矩阵 $A = (a_{ij})_{n \times n}$，证明：

1) 若 $AE_{12} = E_{12}A$，则当 $k \neq 1$ 时 $a_{k2} = 0$，当 $k \neq 2$ 时 $a_{2k} = 0$；

2) 若 $AE_{ij} = E_{ij}A$，则 $a_{ki} = 0 (k \neq i)$，$a_{jk} = 0 (k \neq j)$，$a_{ii} = a_{jj}$；

3) 若 A 与所有的 n 级矩阵可交换，则 A 必为数量矩阵，即 $A = a_{11}E$.

7. 矩阵 A 称为反对称的，如果 $A' = -A$. 证明：任一 $n \times n$ 矩阵都可表为一对称矩阵与一反对称矩阵之和.

8. 实矩阵 A 称为正交的，如果 $A'A = E$. 证明：如果 A，B 均为 n 阶正交矩阵，且 $|A| = -|B|$，那么 $|A + B| = 0$.

9. 设 $s_k = x_1^k + x_2^k + \cdots + x_n^k$，$k = 0$，1，2，$\cdots$，矩阵 $A = (a_{ij})_{n \times n}$，$a_{ij} = s_{i+j-2}$. 证明：

$$|A| = \prod_{i<j} (x_i - x_j)^2.$$

10. 设 A，B 均为 $m \times n$ 矩阵，证明：$R(A + B) \leqslant R(A) + R(B)$.

11. 设 A 为 2×2 矩阵，证明：如果 $A^k = O$，其中 $k \geqslant 2$，那么 $A^2 = O$.

§2 矩阵的逆

定义 6 n 级方阵 A 称为可逆的，如果存在 n 级方阵 B，使得
$$AB = BA = E,$$
其中 E 是 n 级单位矩阵.

上述的矩阵 B 若存在，则必唯一，此时 B 称为 A 的逆矩阵，可记为 A^{-1}.

定义 7 设 $A = (a_{ij})$ 是 $n \times n$ 矩阵，记号 A_{ij} 表示 A 中元素 a_{ij} 的代数余子式，称矩阵 $A^* = (A_{ji})$ 为 A 的伴随矩阵，即

$$A^* = \begin{pmatrix} A_{11} & A_{21} & \cdots & A_{n1} \\ A_{12} & A_{22} & \cdots & A_{n2} \\ \cdots & \cdots & \cdots & \cdots \\ A_{1n} & A_{2n} & \cdots & A_{nn} \end{pmatrix}.$$

设 A 为 n 级方阵，则 $AA^* = A^*A = |A|E$.

定理 3 矩阵 A 可逆的充分必要条件是 A 非退化，此时，$A^{-1} = \dfrac{1}{|A|}A^*$.

推论 如果矩阵 A，B 均可逆，那么 A'，AB 也可逆，且
$$(A')^{-1} = (A^{-1})', \quad (AB)^{-1} = B^{-1}A^{-1}.$$

定理 4 设 A 是 $s \times n$ 矩阵，如果 P 是 $s \times s$ 可逆矩阵，Q 是 $n \times n$ 可逆矩阵，那么
$$R(A) = R(PA) = R(AQ).$$

例 4.11 设 $A = \begin{pmatrix} 1 & 2 & -1 \\ 3 & 4 & -2 \\ 5 & -4 & 1 \end{pmatrix}$，求伴随矩阵 A^*，并求 A 的逆.

解 通过计算，则有

$$A^* = \begin{pmatrix} -4 & 2 & 0 \\ -13 & 6 & -1 \\ -32 & 14 & -2 \end{pmatrix}, \quad |A| = \begin{vmatrix} 1 & 2 & -1 \\ 3 & 4 & -2 \\ 5 & -4 & 1 \end{vmatrix} = 2, \quad 得\, A^{-1} = \frac{1}{2}\begin{pmatrix} -4 & 2 & 0 \\ -\dfrac{13}{2} & 6 & -\dfrac{1}{2} \\ -32 & 14 & -2 \end{pmatrix}.$$

例 4.12 设方阵 A 满足 $A^2 - 3A - 10E = O$. 证明：矩阵 A，$A - 4E$ 都可逆，并求它们的逆矩阵.

证 由于 $A^2 - 3A - 10E = O$，因此
$$A(A - 3E) = 10E, \quad (A + E)(A - 4E) = 6E,$$
即得
$$A \cdot \frac{1}{10}(A - 3E) = E, \quad \frac{1}{6}(A + E) \cdot (A - 4E) = E,$$
所以 A，$A - 4E$ 均可逆，且 $A^{-1} = \dfrac{1}{10}(A - 3E)$，$(A - 4E)^{-1} = \dfrac{1}{6}(A + E)$.

例 4.13 设 A，B 分别为 $n \times m$，$m \times n$ 矩阵，且 $E_m - BA$ 可逆. 证明：$E_n - AB$ 也可逆，并求其逆（可用 $E_m - BA$ 的逆表示）.

证 由于 $E_m - BA$ 可逆，且有
$$B(E_n - AB) = (E_m - BA)B,$$
则

$$B = (E_m - BA)^{-1}B(E_n - AB),$$

那么

$$E_n = (E_n - AB) + AB = [E_n + A(E_m - BA)^{-1}B](E_n - AB),$$

所以 $E_n - AB$ 可逆，且

$$(E_n - AB)^{-1} = E_n + A(E_m - BA)^{-1}B.$$

例 4.14 设 A 为 $n \times n$ 可逆矩阵，α，β 为 n 维列向量，且 $1 + \beta'A^{-1}\alpha \neq 0$. 证明：$A + \alpha\beta'$ 也可逆，并求其逆.

证 由于 $1 - \beta'(-A^{-1}\alpha) \neq 0$(可逆)，由上题，因此 $E_n - (-A^{-1}\alpha)\beta'$ 可逆，且

$$[E_n - (-A^{-1}\alpha)\beta']^{-1} = E_n + (-A^{-1}\alpha)[1 - \beta'(-A^{-1}\alpha)]^{-1}\beta',$$
$$= E_n - (1 + \beta'A^{-1}\alpha)^{-1}A^{-1}\alpha\beta',$$

但是

$$A + \alpha\beta' = A \cdot [E_n - (-A^{-1}\alpha)\beta'],$$

所以 $A + \alpha\beta'$ 也可逆，且

$$(A + \alpha\beta')^{-1} = A^{-1} - (1 + \beta'A^{-1}\alpha)^{-1}A^{-1}\alpha\beta'A^{-1}.$$

习题 4.2

1. 设 $A = \begin{pmatrix} 1 & 2 & 3 \\ 2 & 2 & 1 \\ 3 & 4 & 3 \end{pmatrix}$，求伴随矩阵 A^*，并求 A 的逆.

2. 设 n 阶方阵 A，B 满足条件 $A + B = AB$. 证明：$A - E$ 可逆，且 $AB = BA$.

3. 设 $A = E - \xi\xi'$，其中 ξ 是 n 维非零列向量. 证明：
1) $A^2 = A \Leftrightarrow \xi'\xi = 1$；2) 当 $\xi'\xi = 1$ 时，A 不可逆.

4. 证明：如果 $A^k = O$，那么 $(E - A)^{-1} = E + A + A^2 + \cdots + A^{k-1}$.

5. 设 A 为 $n \times n$ 矩阵 $(n \geq 2)$. 证明：$|A^*| = |A|^{n-1}$.

6. 设矩阵 A 的伴随矩阵 $A^* = \begin{pmatrix} 1 & 0 & 0 & 0 \\ 0 & 1 & 0 & 0 \\ 1 & 0 & 1 & 0 \\ 0 & -3 & 0 & 8 \end{pmatrix}$，且 A 满足关系

$$ABA^{-1} = BA^{-1} + 3E,$$

求矩阵 B.

7. 设 $a_i \neq 0$，$i = 1, 2, \cdots, n$，$M = \begin{pmatrix} 0 & a_2 & \cdots & a_n \\ a_1 & 0 & \cdots & a_n \\ \cdots & \cdots & \cdots & \cdots \\ a_1 & a_2 & \cdots & 0 \end{pmatrix}$，证明 M 可逆，并求 M^{-1}.

§3 矩阵的分块及应用

一、矩阵的分块

定义 8 设 $A = (a_{ij})$ 是 $s \times n$ 矩阵，对 A 可设想用一些横线和纵线分割为许多子矩阵(称为 A 的

块），这样对 A 的分割称为对 A 分块，把 A 表为由块构成的矩阵时，称为分块矩阵.

设 $A = (a_{ik})_{s \times n}$，$B = (b_{kj})_{n \times p}$，把矩阵 A，B 分块成

$$A = \begin{array}{c} \\ s_1 \\ s_2 \\ \vdots \\ s_t \end{array} \overset{\begin{array}{cccc} n_1 & n_2 & \cdots & n_l \end{array}}{\begin{pmatrix} A_{11} & A_{12} & \cdots & A_{1l} \\ A_{21} & A_{22} & \cdots & A_{2l} \\ \vdots & \vdots & & \vdots \\ A_{t1} & A_{t2} & \cdots & A_{tl} \end{pmatrix}}, B = \begin{array}{c} \\ n_1 \\ n_2 \\ \vdots \\ n_l \end{array} \overset{\begin{array}{cccc} m_1 & m_2 & \cdots & m_r \end{array}}{\begin{pmatrix} B_{11} & B_{12} & \cdots & B_{1r} \\ B_{21} & B_{22} & \cdots & B_{2r} \\ \vdots & \vdots & & \vdots \\ B_{l1} & B_{l2} & \cdots & B_{lr} \end{pmatrix}},$$

其中每个 A_{ij} 是 $s_i \times n_j$ 矩阵块，每个 B_{ij} 是 $n_i \times m_j$ 矩阵块，那么

$$C = AB = \begin{array}{c} \\ s_1 \\ s_2 \\ \vdots \\ s_t \end{array} \overset{\begin{array}{cccc} m_1 & m_2 & \cdots & m_r \end{array}}{\begin{pmatrix} C_{11} & C_{12} & \cdots & C_{1r} \\ C_{21} & C_{22} & \cdots & C_{2r} \\ \vdots & \vdots & & \vdots \\ C_{t1} & C_{t2} & \cdots & C_{tr} \end{pmatrix}},$$

其中 $C_{pq} = \sum_{k=1}^{l} A_{pk} B_{kq}$，$p = 1$，$2$，$\cdots$，$t$，$q = 1$，$2$，$\cdots$，$r$. 此为矩阵的分块乘法.

形如 $A = \begin{pmatrix} A_1 & & & \\ & A_2 & & \\ & & \ddots & \\ & & & A_l \end{pmatrix}$ 的矩阵，其中 A_i 是 $n_i \times n_i$ 方阵 $(i = 1$，2，$\cdots$，$l)$，称为准对角矩阵，

可记为 $A = diag(A_1$，A_2，$\cdots$，$A_l)$.

例 4.15 设 A 是 $n \times n$ 矩阵，证明：存在一个 $n \times n$ 非零矩阵 B 使 $AB = O$ 的充分必要条件是 $|A| = 0$.

证 （$\Leftarrow$）设 $|A| = 0$，则方程组 $AX = 0$ 存在非零解 $\eta_0 \in P^n$（列向量空间），取矩阵 $B = (\eta_0$，0，$\cdots$，$0)$，则 $n \times n$ 矩阵 $B \neq O$，使 $AB = O$.

（$\Rightarrow$）设 $B = (B_1$，B_2，$\cdots$，$B_n) \neq O$，使 $AB = O$，这里 B_1，B_2，$\cdots$，B_n 是 B 的列向量. 不妨设 $B_1 \neq 0$，则由 $AB = O$，得

$$(AB_1, AB_2, \cdots, AB_n) = (0, 0, \cdots, 0),$$

因此 $AB_1 = 0$，即方程组 $AX = 0$ 有非零解，从而 $|A| = 0$.

例 4.16 设 J 为 $n \times n$ 矩阵 $(n \geq 2)$，求解矩阵方程 $X = XJ + JX$，其中

$$J = \begin{pmatrix} 0 & 1 & & \\ & 0 & \ddots & \\ & & \ddots & 1 \\ & & & 0 \end{pmatrix}.$$

证 对 J 按列分块，记 $J = (0$，e_1，$\cdots$，$e_{n-1})$，其中 e_i 表示第 i 分量为 1 其余分量均为零的 n 维单位列向量，对 X 也按列分块，记 $X = (X_1$，X_2，$\cdots$，$X_n)$，那么

$$Xe_i = X_i (i = 1, 2, \cdots, n), \quad Je_1 = 0, \quad Je_i = e_{i+1} (i = 2, 3, \cdots, n-1).$$

由 $X = XJ + JX$，两边右乘以 e_1，可得 $X_1 = JX_1$，即 $(E-J)X_1 = 0$，但 $E-J$ 可逆，所以 $X_1 = 0$，再对 $X = XJ + JX$ 两边右乘以 e_2，得

$$X_2 = X_1 + JX_2 \Rightarrow X_2 = JX_2 \Rightarrow X_2 = 0,$$

同理 $X_3 = 0$，$\cdots$，$X_n = 0$，所以 $X = O$，即所求矩阵方程只有零解.

例 4.17 设 A，B 为 $n×n$ 阵．证明：如果 $AB=O$，那么 $R(A)+R(B)≤n$.

证 若 $R(A)=0$，则结论显然成立．设 $R(A)=r>0$，考虑方程组 $AX=0$，则其存在基础解系 η_1，η_2，…，η_{n-r}.

对矩阵 B 按列分块，记 $B=(B_1，B_2，…，B_n)$，由于 $AB=0$，因此

$$(AB_1，AB_2，…，AB_n)=(0，0，…，0)，$$

则得 $AB_j=0$，$j=1$，2，…，n，即 B_1，B_2，…，B_n 均是方程组 $AX=0$ 的解，因此它们可由向量组 η_1，η_2，…，η_{n-r} 线性表出，所以

$$rank\{B_1，B_2，…，B_n\}≤rank\{\eta_1，\eta_2，…，\eta_{n-r}\}⇒R(A)+R(B)≤n.$$

例 4.18 设 A 为 $s×n$ 矩阵，B 为 $s×m$ 矩阵，证明：矩阵方程 $AX=B$ 有解的充分必要条件是 $R(A)=R(A，B)$.

证 对矩阵 B 按列分块，记 $B=(\beta_1，\beta_2，…，\beta_m)$.

($⇐$) 由于 $R(A)=R(A，B)$，因此

$$R(A)≤R(A，\beta_j)≤R(A，B)=R(A)⇒R(A)=R(A，\beta_j)，j=1，2，…，m，$$

所以每个向量方程 $AX_j=\beta_j$ 均有解，设 $K_j(j=1，2，…，m)$ 是对应向量方程的解，取矩阵 $K=(K_1，K_2，…，K_m)$，则 K 为矩阵方程 $AX=B$ 的解．

($⇒$) 设矩阵方程 $AX=B$ 存在解矩阵 K，记 $K=(K_1，K_2，…，K_m)$，则

$$AK_j=\beta_j，j=1，2，…，m，$$

记 $A=(\alpha_1，\alpha_2，…，\alpha_n)$，设 K_j 的 n 个分量分别为 k_{1j}，k_{2j}，…，k_{nj}，那么

$$\beta_j=k_{1j}\alpha_1+k_{2j}\alpha_2+…+k_{nj}\alpha_n，j=1，2，…，m，$$

因此向量组 α_1，α_2，…，α_n 与 α_1，α_2，…，α_n，β_1，β_2，…，β_m 等价，所以它们的秩相等，即得 $R(A)=R(A，B)$.

例 4.19 设 A 为 $m×n$ 矩阵，B 为 $n×s$ 矩阵，且 $R(A)=R(AB)$．证明：必存在 $s×n$ 矩阵 C，使得 $A=ABC$.

证 记 $n×s$ 矩阵 $B=(b_{ij})$，对 A 按列分块，记 $A=(A_1，A_2，…，A_n)$.

令 $D=AB$，则 D 是 $m×s$ 矩阵，对 D 按列分块，记 $D=(D_1，D_2，…，D_s)$，则

$$D_i=b_{1i}A_1+b_{2i}A_2+…+b_{ni}A_n，i=1，2，…，s，$$

即 D 的列向量组可由 A 的列向量组线性表出．由于 $R(A)=R(D)$，即

$$rank\{A_1，A_2，…，A_n\}=rank\{D_1，D_2，…，D_s\}，$$

所以 A_1，A_2，…，A_n 与 D_1，D_2，…，D_s 等价，则 A 的列向量组也可由 D 的列向量组线性表出，那么存在 $c_{ji}(j=1，2，…，s，i=1，2，…，n)$ 使

$$A_i=c_{1i}D_1+c_{2i}D_2+…+c_{si}D_s，i=1，2，…，n，$$

令 $C=(c_{ij})_{s×n}$，则 $(A_1，A_2，…，A_n)=(D_1，D_2，…，D_s)C$，即 $A=DC=ABC$.

提示 可考虑矩阵方程 $ABX=A$ 是否有解？其实

$$R(AB)≤R(AB，A)=R(A(B，E_n))≤R(A)=R(AB)⇒R(AB)=R(AB，A).$$

二、2×2 分块乘法的初等变换及应用

将 $m+n$ 阶单位矩阵 E_{m+n} 进行 $2×2$ 分块得 $\begin{pmatrix} E_m & O \\ O & E_n \end{pmatrix}$，对此分块矩阵作一次分块初等变换，则可得如下一些类型的矩阵：

$$\begin{pmatrix} O & E_n \\ E_m & O \end{pmatrix}，\begin{pmatrix} P & O \\ O & E_n \end{pmatrix}，\begin{pmatrix} E_m & O \\ O & P \end{pmatrix}，\begin{pmatrix} E_m & P \\ O & E_n \end{pmatrix}，\begin{pmatrix} E_m & O \\ P & E_n \end{pmatrix}.$$

用它们对一般的 2×2 分块矩阵进行左乘，则有相应的分块行变换效果：

$$\begin{pmatrix} O & E_n \\ E_m & O \end{pmatrix} \begin{pmatrix} A & B \\ C & D \end{pmatrix} = \begin{pmatrix} C & D \\ A & B \end{pmatrix}, \quad \begin{pmatrix} P & O \\ O & E_n \end{pmatrix} \begin{pmatrix} A & B \\ C & D \end{pmatrix} = \begin{pmatrix} PA & PB \\ C & D \end{pmatrix},$$

$$\begin{pmatrix} E_m & O \\ P & E_n \end{pmatrix} \begin{pmatrix} A & B \\ C & D \end{pmatrix} = \begin{pmatrix} A & B \\ C+PA & D+PB \end{pmatrix}.$$

同样，用它们进行右乘，也有相应的结果．

例 4.20　设 A，B 分别是 $n \times m$，$m \times n$ 矩阵．证明：

$$\begin{vmatrix} E_m & B \\ A & E_n \end{vmatrix} = |E_n - AB| = |E_m - BA|.$$

证　因为 $\begin{pmatrix} E_m & O \\ -A & E_n \end{pmatrix} \begin{pmatrix} E_m & B \\ A & E_n \end{pmatrix} = \begin{pmatrix} E_m & B \\ O & E_n - AB \end{pmatrix}$,

$$\begin{pmatrix} E_m & -B \\ O & E_n \end{pmatrix} \begin{pmatrix} E_m & B \\ A & E_n \end{pmatrix} = \begin{pmatrix} E_m - BA & O \\ A & E_n \end{pmatrix},$$

两边取行列式，由定理 1 及拉普拉斯定理，所以

$$\begin{vmatrix} E_m & B \\ A & E_n \end{vmatrix} = |E_n - AB|, \quad \begin{vmatrix} E_m & B \\ A & E_n \end{vmatrix} = |E_m - BA|.$$

例 4.21　设 A，B，C 均为 $n \times n$ 矩阵，$G = \begin{pmatrix} A & B \\ C & D \end{pmatrix}$，证明：若 $AC = CA$，$|A| \neq 0$，且 $|AD - CB| = 0$，则 $n \leqslant R(G) < 2n$.

证　由于 $|A| \neq 0$，即 A^{-1} 存在，因此

$$\begin{pmatrix} E & O \\ -CA^{-1} & E \end{pmatrix} \begin{pmatrix} A & B \\ C & D \end{pmatrix} = \begin{pmatrix} A & B \\ O & D - CA^{-1}B \end{pmatrix},$$

$$\begin{pmatrix} A & B \\ O & D - CA^{-1}B \end{pmatrix} \begin{pmatrix} E & -A^{-1}B \\ O & E \end{pmatrix} = \begin{pmatrix} A & O \\ O & D - CA^{-1}B \end{pmatrix},$$

$$R(G) = R(A) + R(D - CA^{-1}B) = R(A) + R(A(D - CA^{-1}B)) = n + R(AD - CB).$$

但 $|AD - CB| = 0$，故 $R(AD - CB) < n$，所以 $n \leqslant R(G) < 2n$.

例 4.22　设 A 为 $n \times n$ 阵，证明：$A^2 = E \Leftrightarrow R(A+E) + R(A-E) = n$.

证　因 $\begin{pmatrix} E & O \\ E-A & E \end{pmatrix} \begin{pmatrix} E & A+E \\ A-E & O \end{pmatrix} \begin{pmatrix} E & -A-E \\ O & E \end{pmatrix} = \begin{pmatrix} E & O \\ O & E-A^2 \end{pmatrix}$,

$$\begin{pmatrix} E & -\dfrac{1}{2}E \\ O & E \end{pmatrix} \begin{pmatrix} E & A+E \\ A-E & O \end{pmatrix} \begin{pmatrix} E & O \\ \dfrac{1}{2}E & E \end{pmatrix} = \begin{pmatrix} O & A+E \\ A-E & O \end{pmatrix},$$

故

$$R \begin{pmatrix} O & A+E \\ A-E & O \end{pmatrix} = R \begin{pmatrix} E & A+E \\ A-E & O \end{pmatrix} = R \begin{pmatrix} E & O \\ O & E-A^2 \end{pmatrix},$$

所以 $R(A+E) + R(A-E) = n + R(E - A^2)$，从而结论成立．

例 4.23　设 A 为 $r \times r$ 为矩阵，C 为 $k \times k$ 矩阵，$X = \begin{pmatrix} O & A \\ C & O \end{pmatrix}$，已知 A^{-1}，C^{-1} 均存在，求 X^{-1}.

解　因为

$$\begin{pmatrix} C^{-1} & O \\ O & A^{-1} \end{pmatrix}\begin{pmatrix} O & E_k \\ E_r & O \end{pmatrix}\begin{pmatrix} O & A \\ C & O \end{pmatrix}=\begin{pmatrix} E_k & O \\ O & E_r \end{pmatrix},$$

所以

$$X^{-1}=\begin{pmatrix} C^{-1} & O \\ O & A^{-1} \end{pmatrix}\begin{pmatrix} O & E_k \\ E_r & O \end{pmatrix}=\begin{pmatrix} O & C^{-1} \\ A^{-1} & O \end{pmatrix}.$$

例 4.24　$n\times n$ 矩阵 $A=(a_{ij})$ 称为上三角形矩阵, 如果 $i>j$ 时有 $a_{ij}=0$. 证明: 可逆的上三角形矩阵的逆仍是上三角形矩阵.

证　对矩阵 A 的阶数 n 作归纳. 当 $n=1$ 时, 结论显然成立.

假设 $n-1$ 时结论成立, 下证 n 时的情形. 设 $A=(a_{ij})$ 为 n 阶可逆的上三角形矩阵, 对 A 进行分块, 记 $A=\begin{pmatrix} a_{11} & \alpha \\ O & A_1 \end{pmatrix}$, 由于 A 可逆, 因此 a_{11}^{-1} 存在, 且 A_1 为 $n-1$ 阶可逆的上三角形矩阵, 那么由归纳假设, A_1^{-1} 也为上三角形矩阵.

因为

$$\begin{pmatrix} a_{11} & \alpha \\ O & A_1 \end{pmatrix}\begin{pmatrix} 1 & -a_{11}^{-1}\alpha \\ O & E_{n-1} \end{pmatrix}\begin{pmatrix} a_{11}^{-1} & O \\ O & A_1^{-1} \end{pmatrix}=\begin{pmatrix} a_{11} & O \\ O & A_1 \end{pmatrix}\begin{pmatrix} a_{11}^{-1} & O \\ O & A_1^{-1} \end{pmatrix}=E_n,$$

所以

$$A^{-1}=\begin{pmatrix} 1 & -a_{11}^{-1}\alpha \\ O & E_{n-1} \end{pmatrix}\begin{pmatrix} a_{11}^{-1} & O \\ O & A_1^{-1} \end{pmatrix}=\begin{pmatrix} a_{11}^{-1} & -a_{11}^{-1}\alpha A_1^{-1} \\ O & A_1^{-1} \end{pmatrix},$$

则 A^{-1} 仍为上三角形矩阵, 即 n 时结论也成立.

说明: 也可直接证, 当 $i<j$ 时, M_{ij} 是一个 $n-1$ 级上三角行列式, 且主对角线上必有零元素, 因此 $M_{ij}=0$, 所以 A^* 是上三角形矩阵, 则 A^{-1} 为上三角形矩阵.

习题 4.3

1. 设 A 是 $n\times n$ 矩阵, 证明: 如果对于 P^n 中的任意列向量 $X=(x_1,\ x_2,\ \cdots,\ x_n)'$, 都有 $AX=0$, 那么 $A=O$.

2. 设线性方程组 $\begin{cases} a_{11}x_1+a_{12}x_2+\cdots+a_{1n}x_n=b_1 \\ a_{21}x_1+a_{22}x_2+\cdots+a_{2n}x_n=b_2 \\ \cdots\cdots\cdots\cdots\cdots\cdots\cdots\cdots\cdots \\ a_{n1}x_1+a_{n2}x_2+\cdots+a_{nn}x_n=b_n \end{cases}$, 记 $A=(a_{ij})_{n\times n}$, 其中 $a_{ij}\in Z$(整数集), 证明: 如果对于任意 $b_1,\ b_2,\ \cdots,\ b_n\in Z$, 方程组均有整数解, 那么 $|A|=\pm1$.

3. 设 A 为 $s\times r$ 矩阵, B 为 $r\times n$ 矩阵, 且 $AB=O$. 证明: 如果 $R(A)=r$, 那么 $B=O$; 如果 $R(B)=r$, 那么 $A=O$.

4. 称 $F=\begin{pmatrix} 0 & 0 & \cdots & 0 & -a_n \\ 1 & 0 & \cdots & 0 & -a_{n-1} \\ 0 & 1 & \cdots & 0 & -a_{n-2} \\ \vdots & \vdots & & \vdots & \vdots \\ 0 & 0 & \cdots & 1 & -a_1 \end{pmatrix}$ 为 Frobenius 矩阵, 证明: 对于整数 $1\leqslant s<n$, 及不全为零的

$b_0,\ b_1,\ b_{s-1},\ \cdots,\ b_s$, 必有

$$b_s F^s + b_{s-1} F^{s-1} + \cdots + b_1 F + b_0 E \neq O.$$

5. 设 b 为 n 维列向量，A 为 $n \times n$ 矩阵，令 $B = (b, Ab, A^2 b, \cdots, A^{m-1} b)$. 证明：如果 $R(B) = r$，$0 < r \leq m$，那么向量组 $b, Ab, A^2 b, \cdots, A^{r-1} b$ 线性无关.

6. 设 A 是 $n \times n$ 矩阵 $(n \geq 2)$，证明：$R(A^*) = \begin{cases} n, & \text{当 } R(A) = n, \\ 1, & \text{当 } R(A) = n-1, \\ 0, & \text{当 } R(A) < n-1. \end{cases}$

7. 设 $A = \begin{pmatrix} -2 & 1 & 1 \\ 1 & -2 & 1 \\ 1 & 1 & -2 \end{pmatrix}$，$B = \begin{pmatrix} 1 & b \\ 2 & a \\ a & 2 \end{pmatrix}$，且矩阵方程 $AX = B$ 有解，求 a，b.

8. 设准对角矩阵 $A = diag(a_1 E_{n_1}, a_2 E_{n_2}, \cdots, a_r E_{n_r})$，其中 $a_1, a_2, \cdots, a_r$ 为两两互异的数，$\sum\limits_{i=1}^{r} n_i = n$，求与 A 可交换的矩阵.

9. 设 A，B 分别是 $n \times m$，$m \times n$ 矩阵，$\lambda \neq 0$. 证明：
$$|\lambda E_n - AB| = \lambda^{n-m} |\lambda E_m - BA|.$$

10. 设 A 为 $n \times n$ 可逆矩阵，α，β 均为 n 维非零列向量，证明：$|\lambda A - \alpha \beta'|$ 有一根为 $\beta' A^{-1} \alpha$，其它根均为零.

11. 设 α，$\beta \in R^n$（列向量空间），$\alpha' \beta = 0$，$\alpha' \alpha = \beta' \beta = 4$，$A = E_n + \alpha \alpha' + \beta \beta'$，求多项式 $|\lambda E_n - A|$.

12. 设 A，B 均为 $n \times n$ 矩阵，证明：

1) $\begin{vmatrix} A & B \\ B & A \end{vmatrix} = |A + B| \cdot |A - B|$；2) $\begin{vmatrix} A & B \\ -B & A \end{vmatrix} = |A + iB| \cdot |A - iB|$.

13. 设 A 为 $s \times n$ 矩阵，证明：$R(E_n - A'A) - R(E_s - AA') = n - s$.

14. 设 A 为 $n \times n$ 阵，证明：$A^2 = A \Leftrightarrow R(A) + R(A - E) = n$.

15. 设 A，B 均为 $n \times n$ 矩阵，证明：$R(A - ABA) = R(A) + R(E_n - BA) - n$.

16. 设 $A = \begin{pmatrix} A_1 & A_1 \\ A_1 & -A_1 \end{pmatrix}$，其中 $A_1 = \begin{pmatrix} 1 & 1 \\ 1 & -1 \end{pmatrix}$，求 A^{-1}.

17. 设 A，$B \in P^{2 \times 2}$，$|A| = 3$，$|B| = 2$，$X = \begin{pmatrix} O & A \\ B & O \end{pmatrix}$. 证明：$X^* = \begin{pmatrix} O & 3B^* \\ 2A^* & O \end{pmatrix}$.

18. 设 A 为 $r \times r$ 可逆矩阵，B 为 $(n-r) \times r$ 矩阵，C 为 $(n-r) \times (n-r)$ 可逆矩阵，令 $M = \begin{pmatrix} O & A \\ C & B \end{pmatrix}$，求 M^{-1}.

§4 初等矩阵及矩阵的等价

一、初等矩阵

定义 9 由单位矩阵 E 经过一次初等变换得到的矩阵，称为初等矩阵.

每个初等变换都有一个与之相对应的初等矩阵，因此根据三类初等行（列）变换，也有三类初等矩阵（以初等列变换为例进行列举）：

1) $E \xrightarrow{c_i \leftrightarrow c_j} P(i, j) = (e_1, \cdots, e_{i-1}, e_j, e_{i+1}, \cdots, e_{j-1}, e_i, e_{j+1}, \cdots, e_n)$；

2) $E \xrightarrow{c \cdot c_i} P(i(c)) = (e_1, \cdots, e_{i-1}, ce_i, e_{i+1}, \cdots, e_n)$；

3) $E \xrightarrow{c_j+k \cdot c_i} P(i, j(k)) = (e_1, \cdots, e_{i-1}, e_i, e_{i+1}, \cdots, e_{j-1}, ke_i+e_j, e_{j+1}, \cdots, e_n)$.

性质 对一个 $s \times n$ 矩阵 A 作一初等行变换就相当于在 A 的左边乘上相应的 $s \times s$ 初等矩阵；对 A 作一初等列变换就相当于在 A 的右边乘上相应的 $n \times n$ 初等矩阵.

$P(i, j)^{-1} = P(i, j)$，$P(i(c))^{-1} = P(i(c^{-1}))$，$P(i, j(k))^{-1} = P(i, j(-k))$.

例 4.25 设 A 是 $n \times n$ 可逆矩阵，将 A 的第 i 行和第 j 行交换后得到的矩阵记为 B，证明 B 也可逆，并求 AB^{-1}.

证 由初等变换与初等矩阵之间的关系的性质，则有 $P(i, j)A = B$，因此
$$|B| = |P(i, j)A| = |P(i, j)||A| = -|A| \neq 0,$$
所以矩阵 B 也为可逆矩阵. 对 $P(i, j)A = B$ 两边左乘以 $P(i, j)^{-1}$ 且右乘以 B^{-1}，则
$$AB^{-1} = P(i, j)^{-1} = P(i, j).$$

二、矩阵的等价

定义 10 如果矩阵 B 可以由 A 经过一系列初等变换得到，则称 A 与 B 是等价的(也称 A 与 B 相抵).

定理 5 任意一个 $s \times n$ 矩阵 A 都与一形式为

$$\begin{pmatrix} 1 & & & 0 & \cdots & 0 \\ & \ddots & & \vdots & & \vdots \\ & & 1 & 0 & \cdots & 0 \\ 0 & \cdots & 0 & 0 & \cdots & 0 \\ \vdots & & \vdots & \vdots & & \vdots \\ 0 & \cdots & 0 & 0 & \cdots & 0 \end{pmatrix} = \begin{pmatrix} E_r & O \\ O & O \end{pmatrix}$$

的矩阵等价，称之为矩阵 A 的(等价)标准形，且主对角线上 1 的个数 r 等于 $R(A)$.

矩阵 A 与 B 等价 $\Longleftrightarrow$ 存在 $s \times s$ 初等矩阵 $P_1, \cdots, P_l$，$n \times n$ 初等矩阵 $Q_1, \cdots, Q_t$ 使
$$B = P_1 P_2 \cdots P_l A Q_1 Q_2 \cdots Q_t.$$

定理 6 n 级矩阵 A 可逆 $\Longleftrightarrow A$ 能表成一些初等矩阵的乘积 $A = Q_1 Q_2 \cdots Q_m$.

推论 1 两个 $s \times n$ 矩阵 A，B 等价 $\Longleftrightarrow$ 存在 s 级可逆矩阵 P 与 n 级可逆矩阵 Q 使
$$B = PAQ.$$

推论 2 可逆矩阵 A 总可以经过一系列初等行变换化成单位矩阵 E.

用初等行变换求 A^{-1} 的方法：作 $n \times 2n$ 矩阵 (A, E)，用初等行变换将其左边一半化成 E，这时右边的一半就是 A^{-1}.

例 4.26 设 A 是 $n \times n$ 矩阵，且 $R(A) = r$. 证明：存在 $n \times n$ 可逆矩阵 P 使 PAP^{-1} 的后 $n-r$ 行全为零.

证 由于 $R(A) = r$，因此存在两个 $n \times n$ 可逆矩阵 P，Q (定理 5)，使
$$PAQ = \begin{pmatrix} E_r & O \\ O & O \end{pmatrix} \Rightarrow PAP^{-1} = \begin{pmatrix} E_r & O \\ O & O \end{pmatrix} Q^{-1} P^{-1},$$

令 $Q^{-1} P^{-1} = C$，对 C 分块，设 $C = \begin{pmatrix} C_1 \\ C_2 \end{pmatrix}$，其中 C_1，C_2 分别为 $r \times n$，$(n-r) \times n$ 矩阵，则

$$PAP^{-1} = \begin{pmatrix} E_r & O \\ O & O \end{pmatrix} \begin{pmatrix} C_1 \\ C_2 \end{pmatrix} = \begin{pmatrix} C_1 \\ O \end{pmatrix}.$$

例 4.27 设 A，B，C 分别为 $s \times n$，$n \times m$，$n \times n$ 矩阵，证明：

$$R\begin{pmatrix} A & O \\ C & B \end{pmatrix} \geqslant R(A) + R(B).$$

证　设 $R(A) = r$，$R(B) = t$，则存在四个可逆矩阵 P，Q，S，T，使得

$$PAQ = \begin{pmatrix} E_r & O \\ O & O \end{pmatrix}, \quad SBT = \begin{pmatrix} E_t & O \\ O & O \end{pmatrix},$$

$$\therefore \begin{pmatrix} P & O \\ O & S \end{pmatrix}\begin{pmatrix} A & O \\ C & B \end{pmatrix}\begin{pmatrix} Q & O \\ O & T \end{pmatrix} = \begin{pmatrix} PAQ & O \\ SCQ & SBT \end{pmatrix} = \begin{pmatrix} E_r & O & O & O \\ O & O & O & O \\ * & * & E_t & O \\ * & * & O & O \end{pmatrix}$$

所以

$$R\begin{pmatrix} A & O \\ C & B \end{pmatrix} \geqslant r + t = R(A) + R(B).$$

例 4.28　设 $A = (a_{ij})_{sn}$，$B = (b_{ij})_{nm}$，证明：$R(AB) \geqslant R(A) + R(B) - n$.

证法 1　因为

$$\begin{pmatrix} E_s & -A \\ O & E_n \end{pmatrix}\begin{pmatrix} A & O \\ E_n & B \end{pmatrix}\begin{pmatrix} E_n & -B \\ O & E_m \end{pmatrix} = \begin{pmatrix} O & -AB \\ E_n & O \end{pmatrix},$$

所以

$$R\begin{pmatrix} A & O \\ E_n & B \end{pmatrix} = R\begin{pmatrix} O & -AB \\ E_n & O \end{pmatrix},$$

则得 $R(-AB) + n \geqslant R(A) + R(B)$，进而 $R(AB) \geqslant R(A) + R(B) - n$.

证法 2　设 $R(B) = t$，则存在 $n \times n$ 可逆矩阵 P，$m \times m$ 可逆矩阵 Q 使

$$PBQ = \begin{pmatrix} E_t & O \\ O & O \end{pmatrix} \Rightarrow ABQ = AP^{-1}\begin{pmatrix} E_t & O \\ O & O \end{pmatrix},$$

记 $AP^{-1} = C$，并对 C 按列分块，设 $C = (\delta_1, \delta_2, \cdots, \delta_t, \cdots, \delta_n)$，那么

$$ABQ = (\delta_1, \delta_2, \cdots, \delta_t, 0, \cdots, 0),$$

所以

$$R(AB) = R(ABQ) = rank\{\delta_1, \delta_2, \cdots, \delta_t, 0, \cdots, 0\} = rank\{\delta_1, \delta_2, \cdots, \delta_t\} \geqslant$$

$rank\{\delta_1, \delta_2, \cdots, \delta_t, \cdots, \delta_n\} - (n-t) = R(AP^{-1}) - (n-t) = R(A) - (n-t)$,

即得 $R(AB) \geqslant R(A) + R(B) - n$.

习题 4.4

1. 设 A 为 $n(n \geqslant 2)$ 阶可逆矩阵，交换 A 的第 1 行与第 2 行得矩阵 B，证明：交换 A^* 的第 1 列与第 2 列得 $-B^*$.

2. 设 A 为 n 阶方阵，证明：存在可逆矩阵 B 及幂等矩阵 C（即满足条件 $C^2 = C$ 的矩阵）使得 $A = BC$.

3. 设 A 为 $m \times r$ 矩阵. 证明：A 列满秩（即 $R(A) = r$）当且仅当存在 $m \times m$ 可逆矩阵 P 使 $A = P\begin{pmatrix} E_r \\ O \end{pmatrix}$.

4. 设 A 是 $n \times m$ 矩阵，B 是 $m \times n$ 矩阵（$m > n$），若 $AB = E_n$，则称 A 为 B 的左逆. 证明：$R(B) = n \Longleftrightarrow$ 矩阵 B 存在左逆.

5. 设 A 为 $m \times n$ 矩阵，且 $R(A) = r$. 证明：存在 $m \times r$ 的列满秩矩阵 P 和 $r \times n$ 的行满秩矩阵 Q，使 $A = PQ$.

补 充 题

1. 设 A 为 $n \times n$ 矩阵，$A^2 + 2A - 3E = O$，m 为整数，讨论 $A + mE$ 的可逆性.

2. 设 A 为 2×2 矩阵，且存在矩阵 B 使 $A + AB = BA$. 证明：$A^2 = O$.

3. 设 A 为 $n \times n$ 矩阵 $(n > 2)$. 证明：$(A^*)^* = |A|^{n-2} A$.

4. 设 A，B 均为 n 阶实方阵，证明：$\det \begin{pmatrix} A & B \\ -B & A \end{pmatrix} \geqslant 0$.

5. 计算多项式 $|\lambda E_n - A|$，其中

$$A = \begin{pmatrix} a_1^2 & a_1 a_2 + 1 & \cdots & a_1 a_n + 1 \\ a_2 a_1 + 1 & a_2^2 & \cdots & a_2 a_n + 1 \\ \cdots & \cdots & \cdots & \cdots \\ a_n a_1 + 1 & a_n a_2 + 1 & \cdots & a_n^2 \end{pmatrix}.$$

6. 设 A 为 $n \times n$ 矩阵，且 $R(A^2) = R(A)$. 证明：对于任意自然数 p，均有
$$R(A^p) = R(A).$$

7. 设 A，B 均为 $n \times n$ 矩阵，证明：

1）$R(AB) = R(B)$ 的充分必要条件是 $ABX = 0$ 的解均为 $BX = 0$ 的解.

2）若 $R(AB) = R(B)$，则对于 $n \times m$ 矩阵 C，均有 $R(ABC) = R(BC)$.

3）若有自然数 k 使 $R(A^k) = R(A^{k+1})$，则 $R(A^k) = R(A^{k+j})$，$j = 1$，2，$\cdots$.

8. 设 A，B，C 分别为 $s \times n$，$n \times m$，$m \times l$ 矩阵. 证明：
$$R(ABC) \geqslant R(AB) + R(BC) - R(B).$$

9. 设 A 为 $n \times n$ 矩阵，证明：$A^n X = 0$ 与 $A^{n+1} X = 0$ 同解.

10. 设 A，B，U，V 均为 $n \times n$ 矩阵，且 $A = BU$，$B = AV$. 证明：存在可逆矩阵 T 使得 $A = BT$.

习 题 答 案

习题 4.1

1. 1）记 $A = \begin{pmatrix} \lambda & 1 & 0 \\ 0 & \lambda & 1 \\ 0 & 0 & \lambda \end{pmatrix}$，$J = \begin{pmatrix} 0 & 1 & 0 \\ 0 & 0 & 1 \\ 0 & 0 & 0 \end{pmatrix}$，则 $J^2 = \begin{pmatrix} 0 & 0 & 1 \\ 0 & 0 & 0 \\ 0 & 0 & 0 \end{pmatrix}$，$J^3 = O$，且

$A = \lambda E + J$，$\lambda E \cdot J = J \cdot \lambda E$，那么
$$A^n = (\lambda E + J)^n = \lambda^n E^n + C_n^1 \lambda^{n-1} E^{n-1} J + \cdots + C_n^{n-1} \lambda E J^{n-1} + J^n$$

$$= \lambda^n E + n \lambda^{n-1} J + \frac{n(-1)}{2} \lambda^{n-2} J^2 = \begin{pmatrix} \lambda^n & n\lambda^{n-1} & n(n-1)\lambda^{n-2}/2 \\ 0 & \lambda^n & n\lambda^{n-1} \\ 0 & 0 & \lambda^n \end{pmatrix}.$$

2) $\begin{pmatrix} 1 & (n+1)\alpha & \dfrac{n(n+1)}{2}\alpha^n+(n+1)\beta \\ 0 & 1 & (n+1)\alpha \\ 0 & 0 & 1 \end{pmatrix}$.

2. 对于矩阵 A，通过归纳验证可知：

$$A^n = \begin{pmatrix} a^n & f(a,\ b,\ c) \\ 0 & c^n \end{pmatrix},\ \text{其中} f(a,\ b,\ c) \text{为} a,\ b,\ c \text{的一整系数多项式}.$$

由于 $A^{10} = \begin{pmatrix} 1 & 0 \\ 0 & 1 \end{pmatrix}$，因此 $a^{10}=1,\ c^{10}=1$，则 $a=\pm1,\ c=\pm1$.

当 $a=1,\ c=1$ 时，由条件则得 $b=0$；当 $a=-1,\ c=-1$ 时，也可得 $b=0$；当 $a=1,\ c=-1$ 或 $a=-1,\ c=1$ 时，则 b 可取任意实数.

3. 一般不成立，如取 $A=\begin{pmatrix} 2 & 1 \\ 1 & 2 \end{pmatrix}$，$B=\begin{pmatrix} 1 & -1 \\ -1 & 1 \end{pmatrix}$.

4. $f(A)=A^2-5A+3E=\begin{pmatrix} 2 & -1 \\ -3 & 3 \end{pmatrix}^2-5\begin{pmatrix} 2 & -1 \\ -3 & 3 \end{pmatrix}+3\begin{pmatrix} 1 & 0 \\ 0 & 1 \end{pmatrix}=\begin{pmatrix} 0 & 0 \\ 0 & 0 \end{pmatrix}$.

5. 1) $B=\begin{pmatrix} b_1 & b_2 & b_3 & b_4 \\ & b_1 & b_2 & b_3 \\ & & b_1 & b_2 \\ & & & b_1 \end{pmatrix}$; 2) $B=\begin{pmatrix} a_1 & b_1 & a_2 & b_2 \\ 0 & a_1 & 0 & a_2 \\ a_3 & b_3 & a_4 & b_4 \\ 0 & a_3 & 0 & a_4 \end{pmatrix}$.

6. 1) 由 $AE_{12}=E_{12}A$，则有

$$\begin{pmatrix} 0 & a_{11} & 0 & \cdots & 0 \\ 0 & a_{21} & 0 & \cdots & 0 \\ \cdots & \cdots & \cdots & \cdots & \cdots \\ 0 & a_{n1} & 0 & \cdots & 0 \end{pmatrix} = \begin{pmatrix} a_{21} & a_{22} & a_{23} & \cdots & a_{2n} \\ 0 & 0 & 0 & \cdots & 0 \\ \cdots & \cdots & \cdots & \cdots & \cdots \\ 0 & 0 & 0 & \cdots & 0 \end{pmatrix},$$

由矩阵的相等，则当 $k\neq1$ 时 $a_{k1}=0$，当 $k\neq2$ 时 $a_{2k}=0$.

2) 由于 $AE_{ij}=E_{ij}A$，则有

$$\begin{pmatrix} 0 & 0 & \cdots & a_{1i} & \cdots & 0 \\ 0 & 0 & \cdots & a_{2i} & \cdots & 0 \\ \cdots & \cdots & \cdots & \cdots & \cdots & \cdots \\ 0 & 0 & \cdots & a_{ni} & \cdots & 0 \end{pmatrix} = \begin{pmatrix} 0 & 0 & \cdots & 0 \\ \cdots & \cdots & \cdots & \cdots \\ a_{j1} & a_{j2} & \cdots & a_{jn} \\ \cdots & \cdots & \cdots & \cdots \\ 0 & 0 & \cdots & 0 \end{pmatrix},$$

则 $a_{ki}=0(k\neq i)$，$a_{jk}=0(k\neq j)$，$a_{ii}=a_{jj}$.

3) A 与所有的 n 级矩阵可交换，则 A 与每个 E_{ij} 可交换，由2)，则 $A=a_{11}E$.

7. 设 A 是任一 $n\times n$ 矩阵，那么 $A=\dfrac{1}{2}(A+A')+\dfrac{1}{2}(A-A')$.

因为

$$\left(\dfrac{1}{2}(A+A')\right)'=\dfrac{1}{2}(A+A'),\quad \left(\dfrac{1}{2}(A-A')\right)'=-\dfrac{1}{2}(A-A'),$$

所以 A 可表为对称矩阵与反对称矩阵之和.

8. 提示：利用 $A'(A+B)B'=A'AB+ABB'=B+A=A+B$.

$$9. \ A = \begin{pmatrix} s_0 & s_1 & \cdots & s_{n-1} \\ s_1 & s_2 & \cdots & s_n \\ \vdots & \vdots & \ddots & \vdots \\ s_{n-1} & s_n & \cdots & s_{2n-2} \end{pmatrix} = \begin{pmatrix} 1 & 1 & \cdots & 1 \\ x_1 & x_2 & \cdots & x_n \\ \vdots & \vdots & \ddots & \vdots \\ x_1^{n-1} & x_2^{n-1} & \cdots & x_n^{n-1} \end{pmatrix} \begin{pmatrix} 1 & x_1 & \cdots & x_1^{n-1} \\ 1 & x_2 & \cdots & x_2^{n-1} \\ \vdots & \vdots & \ddots & \vdots \\ 1 & x_n & \cdots & x_n^{n-1} \end{pmatrix},$$

两边取行列式并利用定理 1，因此 $|A| = \prod\limits_{i<j} (x_i - x_j)^2$.

10. 设 $A = (a_{ij})$，$B = (b_{ij})$，则 $A+B = (a_{ij} + b_{ij})$ 也为 $m \times n$ 矩阵，设 A 的行向量组为 A_1，A_2，$\cdots$，A_m，B 的行向量组为 B_1，B_2，$\cdots$，B_m. 因 $A+B$ 的第 i 行

$$(A+B)_i = (a_{i1} + b_{i1}, \ a_{i2} + b_{i2}, \ \cdots, \ a_{in} + b_{in})$$
$$= (a_{i1}, \ a_{i2}, \ \cdots, \ a_{in}) + (b_{i1}, \ b_{i2}, \ \cdots, \ b_{in}) = A_i + B_i,$$

故 $A+B$ 的行向量组为 $A_1 + B_1$，$A_2 + B_2$，$\cdots$，$A_m + B_m$，它可由 A_1，$\cdots$，A_m，B_1，$\cdots$，B_m 线性表出，所以

$$rank\{A_1 + B_1, \ A_2 + B_2, \ \cdots, \ A_m + B_m\} \leqslant rank\{A_1, \ \cdots, \ A_m, \ B_1, \ \cdots, \ B_m\} \leqslant$$
$$rank\{A_1, \ A_2, \ \cdots, \ A_m\} + rank\{B_1, \ B_2, \ \cdots, \ B_m\},$$

即得 $R(A+B) \leqslant R(A) + R(B)$.

11. 由于 $A^k = O$，两边取行列式并利用定理 1，那么 $|A|^k = 0$，则得 $|A| = 0$，所以 $R(A) < 2$.

若 $R(A) = 0$，则 $A = O$，那么 $A^2 = O$；

若 $R(A) = 1$，则存在列向量 α，$\beta \in P^n$，且 $\alpha \neq 0$，$\beta \neq 0$，使 $A = \alpha\beta'$，那么

$$A^2 = \alpha(\beta'\alpha)\beta' = aA, \quad A^k = (\alpha\beta')(\alpha\beta')\cdots(\alpha\beta') = \alpha(\beta'\alpha)\cdots(\beta'\alpha)\beta' = a^{k-1}A,$$

其中 $a = \beta'\alpha \in P$，由条件，则 $a^{k-1}A = O$，但 $A \neq O$，因此 $a^{k-1} = 0$，从而 $a = 0$，所以 $A^2 = O$.

习题 4.2

1. 通过计算可得：

$$A_{11} = 2, \ A_{21} = 6, \ A_{31} = -4, \ A_{12} = -3, \ A_{22} = -6, \ A_{32} = 5, \ A_{13} = 2, \ A_{23} = 2, \ A_{33} = -2,$$

并且

$$|A| = \begin{vmatrix} 1 & 2 & 3 \\ 2 & 2 & 1 \\ 3 & 4 & 3 \end{vmatrix} = 2, \ \text{得} \ A^* = \begin{pmatrix} 2 & 6 & -4 \\ -3 & -6 & 5 \\ 2 & 2 & -2 \end{pmatrix}, \ A^{-1} = \frac{1}{2}\begin{pmatrix} 2 & 6 & -4 \\ -3 & -6 & 5 \\ 2 & 2 & -2 \end{pmatrix}.$$

2. 由于 $AB - A - B = 0$，因此

$$(A-E)(B-E) = E \Rightarrow |A-E||B-E| = 1,$$

所以 $|A-E| \neq 0$，从而 $A-E$ 可逆，且 $(A-E)^{-1} = B-E$，那么

$$(B-E)(A-E) = E \Rightarrow A+B = BA,$$

所以

$$AB = A+B = BA.$$

3. 1) 由于 ξ 是非零列向量，则 $\xi\xi' \neq O$，由矩阵的运算性质，则得

$$A^2 = (E - \xi\xi')^2 = E - 2\xi\xi' + \xi(\xi'\xi)\xi' = E - (2 - \xi'\xi)\xi\xi',$$

因此

$$A^2 = A \Leftrightarrow (1 - \xi'\xi)\xi\xi' = 0 \Leftrightarrow (1 - \xi'\xi) = 0 \Leftrightarrow \xi'\xi = 1.$$

2) （反证）假设 A 可逆，则 A^{-1} 存在. 当 $\xi'\xi = 1$ 时，$A^2 = A$，故 $A = E$，矛盾.

4. 由于

$$(E + A + A^2 + \cdots + A^{k-1})(E - A) = E + A + A^2 + \cdots + A^{k-1} - A - A^2 - \cdots - A^k = E,$$

所以
$$(E-A)^{-1}=E+A+A^2+\cdots+A^{k-1}.$$

5. 由于 $AA^*=|A|E$，那么

当 $|A|\neq0$ 时，$|A|\cdot|A^*|=|A|^n$，则得 $|A^*|=|A|^{n-1}$；

当 $|A|=0$ 时，$AA^*=O$，则必有 $|A^*|=0$。

(反证) 假设 $|A^*|\neq0$，则 A^* 的逆存在，对 $AA^*=O$ 右乘以 A^* 的逆，则得 $A=O$，此与 $|A^*|\neq0$ 矛盾，所以结论也成立．

6. 由 $|A^*|=|A|^{n-1}$，得 $|A|=2$。又 $AA^*=|A|E$，由 $ABA^{-1}=BA^{-1}+3E$，则
$$A^*AB=A^*B+3A^*A\Rightarrow|A|B=A^*B+3|A|E,$$

所以 $(2E-A^*)B=6E$，从而 $B=6(2E-A^*)^{-1}=\begin{pmatrix}6&0&0&0\\0&6&0&0\\6&0&6&0\\0&3&0&-1\end{pmatrix}$．

7. 令 $D=\begin{pmatrix}-a_1&&&\\&-a_2&&\\&&\ddots&\\&&&-a_n\end{pmatrix}$，$\alpha=\begin{pmatrix}1\\1\\\vdots\\1\end{pmatrix}$，$\beta=\begin{pmatrix}a_1\\a_2\\\vdots\\a_n\end{pmatrix}\Rightarrow D^{-1}\alpha=\begin{pmatrix}-a_1^{-1}\\-a_2^{-1}\\\vdots\\-a_n^{-1}\end{pmatrix}$．

由于
$$M=D+\alpha\beta'=D(E_n+D^{-1}\alpha\cdot\beta'),\ 且\ 1+\beta'\cdot D^{-1}\alpha=1-n\neq0,$$
由例 4.14，因此 M 可逆，且有
$$M^{-1}=(E_n-D^{-1}\alpha(1+\beta'D^{-1}\alpha)^{-1}\beta')D^{-1}$$
$$=\frac{1}{1-n}\begin{pmatrix}(n-2)a_1^{-1}&-a_1^{-1}&\cdots&-a_1^{-1}\\-a_2^{-1}&(n-2)a_2^{-1}&\cdots&-a_2^{-1}\\\cdots&\cdots&\cdots&\cdots\\-a_n^{-1}&-a_n^{-1}&\cdots&(n-2)a_n^{-1}\end{pmatrix}.$$

习题 4.3

1. 对矩阵 A 按列分块，记 $A=(A_1,A_2,\cdots,A_n)$。取 $e_i\in P^n$，e_i 是第 i 分量为 1 其余分量均为零的单位列向量，则 $Ae_i=A_i(i=1,2,\cdots,n)$。由题设，必有 $Ae_i=0$，所以 $A_i=0(i=1,2,\cdots,n)$，那么 $A=(A_1,A_2,\cdots,A_n)=O$。

2. 所给方程组可改记成向量方程 $AX=\beta$，其中 $\beta=(b_1,b_2,\cdots,b_n)'$ 为任意的整数分量的 n 维列向量。由条件，方程 $AX=\beta$ 总有整数分量的解，取 $\beta=e_i$，设相应的解向量分别为 $X_i(i=1,2,\cdots,n)$，则 $AX_i=e_i(i=1,2,\cdots,n)$，因此
$$A(X_1,X_1,\cdots,X_n)=(e_1,e_2,\cdots,e_n),$$
记 $B=(X_1,X_1,\cdots,X_n)$，则得 $AB=E$，那么 $|A|\cdot|B|=1$，但 $|A|$，$|B|$ 均为整数，所以 $|A|=\pm1$。

3. 若 $R(A)=r$，对 A 按列分块，记 $A=(A_1,A_2,\cdots,A_r)$，则 $A_1,A_2,\cdots,A_r$ 线性无关，设 $B=(b_{ij})_{r\times n}$，由于 $AB=O$，因此
$$b_{1j}A_1+b_{2j}A_2+\cdots+b_{rj}A_r=0,\ j=1,2,\cdots,n.$$
那么
$$b_{1j}=b_{2j}=\cdots=b_{rj}=0,\ j=1,2,\cdots,n,$$

所以 $B=O$.

若 $R(B)=r$，对 B 按行分块，设 B 的 r 个行向量分别为 β_1，β_2，$\cdots$，β_r，则它们线性无关，设 $A=(a_{ij})_{s\times r}$，同理可推得 $A=O$.

4. 记 $A=b_sF^s+b_{s-1}F^{s-1}+\cdots+b_1F+b_0E$，因 $Fe_i=e_{i+1}(i=1$，2，$\cdots$，$n-1)$，故

$$Ae_1=b_sF^se_1+b_{s-1}F^{s-1}e_1+\cdots+b_1Fe_1+b_0Ee_1$$
$$=b_se_{s+1}+b_{s-1}e_s+\cdots+b_1Fe_2+b_0e_1$$
$$=(b_0，b_1，\cdots，b_{s-1}，b_s，0，\cdots，0)',$$

但 $s+1\leqslant n$，因此矩阵 A 的第一列 $Ae_1\neq 0$，所以 $A\neq O$.

5. 设有一组数 k_1，k_2，$\cdots$，k_r 使 $k_1b+k_2Ab+\cdots+k_rA^{r-1}b=0$. 如果 $k_r\neq 0$，则

$$A^{r-1}b=-k_r^{-1}(k_1b+k_2Ab+\cdots+k_{r-1}A^{r-2}b)，$$

那么

$$A^rb=-k_r^{-1}(k_1Ab+k_2A^2b+\cdots+k_{r-1}A^{r-1}b)，$$

因此 $A^{r-1}b$，A^rb 均可由列向量组 b，Ab，$\cdots$，$A^{r-2}b$ 线性表出，同理 $A^{r+1}b$，$\cdots$，$A^{m-1}b$ 亦均可由 b，Ab，$\cdots$，$A^{r-2}b$ 线性表出，此与 $R(B)=r$ 矛盾，所以 $k_r=0$，同理 $k_{r-1}=\cdots=k_1=0$，所以向量组 b，Ab，A^2b，$\cdots$，$A^{r-1}b$ 必线性无关.

6. 若 $R(A)=n$，则 $|A|\neq 0$，由于 $AA^*=|A|E$，因此 $|A|^{-1}A\cdot A^*=E$，那么 A^* 可逆，从而 $R(A^*)=n$；

若 $R(A)=n-1$，那么 $|A|=0$，且 A 中存在 $n-1$ 阶非零子式，因此 $A^*\neq O$，则有 $R(A^*)\geqslant 1$. 又由于 $AA^*=|A|E=O$，所以 $R(A)+R(A^*)\leqslant n$，得 $R(A^*)\leqslant 1$，那么 $R(A^*)=1$；

若 $R(A)<n-1$，则 A 的所有 $n-1$ 阶子式均为零，故 $A^*=O$，即 $R(A^*)=0$.

7. 对下述矩阵作初等行变换化阶梯形

$$\begin{pmatrix} -2 & 1 & 1 & 1 & b \\ 1 & -2 & 1 & 2 & a \\ 1 & 1 & -2a & & 2 \end{pmatrix}\rightarrow\cdots\rightarrow\begin{pmatrix} 1 & -2 & 1 & 2 & a \\ 0 & 5 & -1 & -3 & b-2a \\ 0 & 0 & 0 & a+3 & a+b+2 \end{pmatrix},$$

由于矩阵方程有解，因此 $R(A，B)=R(A)=2$，则 $\begin{cases} a+3=0 \\ a+b+2=0 \end{cases}$，得 $\begin{cases} a=-3 \\ b=1 \end{cases}$.

8. 记 $B=\begin{pmatrix} B_{11} & B_{12} & \cdots & B_{1r} \\ B_{21} & B_{22} & \cdots & B_{2r} \\ \cdots & \cdots & \cdots & \cdots \\ B_{r1} & B_{r2} & \cdots & B_{rr} \end{pmatrix}$ 使 $AB=BA$，其中 B_{ij} 为 $n_i\times n_j$ 阵块，则

$$a_iB_{ij}=a_jB_{ij}，i，j=1，2，\cdots，r，$$

所以当 $i\neq j$ 时，$B_{ij}=0$，从而 $B=diag(B_{11}，B_{22}，\cdots，B_{rr})$ 为准对角矩阵.

9. 因为 $\begin{pmatrix} E_m & -B \\ O & E_n \end{pmatrix}\begin{pmatrix} \lambda E_m & B \\ A & E_n \end{pmatrix}=\begin{pmatrix} \lambda E_m-BA & O \\ A & E_n \end{pmatrix}$，

$$\begin{pmatrix} E_m & O \\ -\lambda^{-1}A & E_n \end{pmatrix}\begin{pmatrix} \lambda E_m & B \\ A & E_n \end{pmatrix}=\begin{pmatrix} \lambda E_m & B \\ O & E_n-\lambda^{-1}AB \end{pmatrix},$$

两边均取行列式，所以

$$\begin{vmatrix} \lambda E_m & B \\ O & E_n-\lambda^{-1}AB \end{vmatrix}=\begin{vmatrix} \lambda E_m & B \\ A & E_n \end{vmatrix}=\begin{vmatrix} \lambda E_m-BA & O \\ A & E_n \end{vmatrix},$$

则得 $\lambda^m\lambda^{-n}|\lambda E_n-AB|=|\lambda E_m-BA|$，从而结论成立.

10. $|\lambda A-\alpha\beta'|=|A|\,|\lambda E_n-A^{-1}\alpha\cdot\beta'|=|A|\lambda^{n-1}[\lambda-\beta'A^{-1}\alpha]$.

11. 因为 $\alpha\alpha'+\beta\beta'=(\alpha,\ \beta)\begin{pmatrix}\alpha'\\\beta'\end{pmatrix}$, $\begin{pmatrix}\alpha'\\\beta'\end{pmatrix}(\alpha,\ \beta)=\begin{pmatrix}4&0\\0&4\end{pmatrix}$, 所以

$$|\lambda E_n-A|=\left|(\lambda-1)E_n-(\alpha,\ \beta)\begin{pmatrix}\alpha'\\\beta'\end{pmatrix}\right|$$

$$=(\lambda-1)^{n-2}\left|(\lambda-1)E_2-\begin{pmatrix}4&0\\0&4\end{pmatrix}\right|=(\lambda-1)^{n-2}(\lambda-5)^2.$$

12. 1) $\begin{pmatrix}E&E\\O&E\end{pmatrix}\begin{pmatrix}A&B\\B&A\end{pmatrix}=\begin{pmatrix}A+B&B+A\\A&A\end{pmatrix}$, $\begin{pmatrix}A+B&B+A\\B&A\end{pmatrix}\begin{pmatrix}E&-E\\O&E\end{pmatrix}=\begin{pmatrix}A+B&O\\B&A-B\end{pmatrix}$,

取行列式并利用定理 1 及拉普拉斯定理，即可.

2) $\begin{pmatrix}A&B\\-B&A\end{pmatrix}\begin{pmatrix}E&O\\iE&E\end{pmatrix}=\begin{pmatrix}A+iB&B\\iA-B&A\end{pmatrix}$, $\begin{pmatrix}E&O\\-iE&E\end{pmatrix}\begin{pmatrix}A+iB&B\\iA-B&A\end{pmatrix}=\begin{pmatrix}A+iB&B\\O&A-iB\end{pmatrix}$,

再取行列式即可得证.

13. 因为 $\begin{pmatrix}E_s&-A\\O&E_n\end{pmatrix}\begin{pmatrix}E_s&A\\A'&E_n\end{pmatrix}\begin{pmatrix}E_s&O\\-A'&E_n\end{pmatrix}=\begin{pmatrix}E_s-AA'&O\\O&E_n\end{pmatrix}$,

$\begin{pmatrix}E_s&O\\-A'&E_n\end{pmatrix}\begin{pmatrix}E_s&A\\A'&E_n\end{pmatrix}\begin{pmatrix}E_s&-A\\O&E_n\end{pmatrix}=\begin{pmatrix}E_s&O\\O&E_n-A'A\end{pmatrix}$,

所以

$$R(E_s-AA')+n=R\begin{pmatrix}E_s&A\\A'&E_n\end{pmatrix}=R(E_n-A'A)+s.$$

14. 因为

$$\begin{pmatrix}A&O\\O&A-E\end{pmatrix}\rightarrow\begin{pmatrix}A&-E\\O&A-E\end{pmatrix}\rightarrow\begin{pmatrix}O&-E\\A^2-A&A-E\end{pmatrix}\rightarrow\begin{pmatrix}O&E\\A^2-A&O\end{pmatrix},$$

所以 $R(A)+R(A-E)=R(E)+R(A^2-A)$, 从而结论成立.

15. 因为

$$\begin{pmatrix}E_n-BA&O\\O&A\end{pmatrix}\rightarrow\begin{pmatrix}E_n-BA&E_n\\O&A\end{pmatrix}\rightarrow\begin{pmatrix}E_n-BA&E_n\\ABA-A&O\end{pmatrix}\rightarrow\begin{pmatrix}O&E_n\\ABA-A&O\end{pmatrix},$$

所以 $R(A)+R(E_n-BA)=R(E_n)+R(ABA-A)$, 从而结论成立.

16. 对于 $A_1=\begin{pmatrix}1&1\\1&-1\end{pmatrix}$, 易求得 $A_1^{-1}=\dfrac{1}{2}\begin{pmatrix}-1&-1\\-1&1\end{pmatrix}=\dfrac{1}{2}A_1$. 因为

$$\begin{pmatrix}E&O\\-\dfrac{1}{2}E&E\end{pmatrix}\begin{pmatrix}E&E\\O&E\end{pmatrix}\begin{pmatrix}A_1&A_1\\A_1&-A_1\end{pmatrix}=\begin{pmatrix}2A_1&O\\O&-A_1\end{pmatrix},$$

所以

$$A^{-1}=\begin{pmatrix}\dfrac{1}{2}A_1^{-1}&O\\O&-A_1^{-1}\end{pmatrix}\begin{pmatrix}E&O\\-\dfrac{1}{2}E&E\end{pmatrix}\begin{pmatrix}E&E\\O&E\end{pmatrix}=\dfrac{1}{2}\begin{pmatrix}A_1^{-1}&A_1^{-1}\\A_1^{-1}&-A_1^{-1}\end{pmatrix}=\dfrac{1}{4}A.$$

17. 由于 $|X|=\begin{vmatrix}O&A\\B&O\end{vmatrix}=(-1)^{2\times2}|A|\cdot|B|=6$, $X^{-1}=\begin{pmatrix}O&B^{-1}\\A^{-1}&O\end{pmatrix}$, 因此

$$\frac{1}{6}X^* = \begin{pmatrix} O & \dfrac{1}{2}B^* \\ \dfrac{1}{3}A^* & O \end{pmatrix} \Rightarrow X^* = \begin{pmatrix} 0 & 3B^* \\ 2A^* & 0 \end{pmatrix}.$$

18. 由 $\begin{pmatrix} C^{-1} & O \\ O & A^{-1} \end{pmatrix} \begin{pmatrix} E_{n-r} & -BA^{-1} \\ O & E_r \end{pmatrix} \begin{pmatrix} O & E_{n-r} \\ E_r & O \end{pmatrix} \begin{pmatrix} O & A \\ C & B \end{pmatrix} = \begin{pmatrix} E_{n-r} & \\ & E_r \end{pmatrix}$，则得

$$M^{-1} = \begin{pmatrix} -C^{-1}BA^{-1} & C^{-1} \\ A^{-1} & O \end{pmatrix}.$$

习题 4.4

1. 由条件，则 $P(1,2)A=B$，两边求逆得 $A^{-1}P(1,2)=B^{-1}$，由于 $A^{-1}=|A|^{-1}A^*$，$B^{-1}=|B|^{-1}B^*$，且 $|B|=-|A|$，所以 $A^*P(1,2)=-B^*$，那么交换 A^* 的第 1 列与第 2 列得 $-B^*$.

2. 设 $R(A)=r$，则存在 n 阶可逆矩阵 P，Q 使得

$$PAQ = \begin{pmatrix} E_r & O \\ O & O \end{pmatrix} \Rightarrow A = P^{-1}Q^{-1} \cdot Q\begin{pmatrix} E_r & O \\ O & O \end{pmatrix}Q^{-1}$$

令 $B=P^{-1}Q^{-1}$，$C=Q\begin{pmatrix} E_r & O \\ O & O \end{pmatrix}Q^{-1}$，则 $A=BC$，其中 B 可逆，$C^2=C$.

3. 只证必要性：设 $R(A)=r$，则存在 P_1：$m \times m$ 可逆阵，Q_1：$r \times r$ 可逆阵，使

$$P_1AQ_1 = \begin{pmatrix} E_r \\ O \end{pmatrix},$$

因此

$$A = P_1^{-1}\begin{pmatrix} E_r \\ O \end{pmatrix}Q_1^{-1} = P_1^{-1}\begin{pmatrix} Q_1^{-1} \\ O \end{pmatrix} = P_1^{-1}\begin{pmatrix} Q_1^{-1} & O \\ O & E_{m-r} \end{pmatrix}\begin{pmatrix} E_r \\ O \end{pmatrix},$$

令 $P=P_1^{-1}\begin{pmatrix} Q_1^{-1} & O \\ O & E_{m-r} \end{pmatrix}$，则 P 可逆，且使得 $A=P\begin{pmatrix} E_r \\ O \end{pmatrix}$.

4. ($\Leftarrow$) 设 B 存在左逆 A，则 $AB=E_n$，那么

$$n = R(E_n) = R(AB) \leqslant R(B) \leqslant n,$$

所以 $R(B)=n$；

($\Leftarrow$) 设 $R(B)=n$（列满秩），由上题，则存在 m 阶可逆矩阵 P，使 $B=P\begin{pmatrix} E_n \\ O \end{pmatrix}$，取 $A=(E_n, O)P^{-1}$，则 $AB=E_n$，因此 B 存在左逆.

5. 由于 $R(A)=r$，则存在 R：$m \times m$ 可逆矩阵，T：$n \times n$ 可逆矩阵，使

$$A = R\begin{pmatrix} E_r & O \\ O & O \end{pmatrix}T,$$

对 R，T 进行分块，设 $R=(P, P_1)$，$T=\begin{pmatrix} Q \\ Q_1 \end{pmatrix}$，其中 P 是 $m \times r$ 矩阵，Q 是 $r \times n$ 矩阵，那么

$$A = (P, P_1)\begin{pmatrix} E_r & O \\ O & O \end{pmatrix}\begin{pmatrix} Q \\ Q_1 \end{pmatrix} = PQ,$$

其中矩阵 P 列满秩，矩阵 Q 行满秩（因 R，T 均可逆）.

补充题

1. 由于 $A^2+2A-3A=O$，那么
$$(A+mE)(A+(2-m)E)=A^2+2A-(m^2-2m)E=-(m^2-2m-3)E.$$

1) 当 $m\neq 3$ 且 $m\neq -1$ 时，则 $m^2-2m-3\neq 0$，因此 $A+mE$ 可逆；

2) 当 $m=3$ 或 $m=-1$ 时，则 $m^2-2m-3=0$，那么 $(A+3E)(A-E)=O$；

若 $A\neq -3E$，且 $A\neq E$，则 $0<R(A+3E)<n$，$0<R(A-E)<n$，此时 $A+mE$ 不可逆；

若 $A=-3E$，则 $A-E=-4E$ 可逆；若 $A=E$，则 $A+3E=4E$ 可逆.

2. 若 $R(A)=2$，则 A 可逆，那么 $A^{-1}B\cdot A-A\cdot A^{-1}B=E$，此式不可能成立（考虑矩阵的迹），所以 $R(A)<2$.

若 $R(A)=0$，则 $A=O$，那么 $A^2=O$；

若 $R(A)=1$，则存在列向量 α，$\beta\in P^n$，且 $\alpha\neq 0$，$\beta\neq 0$，使 $A=\alpha\beta'$，那么
$$A^2=\alpha(\beta'\alpha)\beta'=aA, \text{ 其中 } a=\beta'\alpha\in P.$$

由于 $A=BA-AB$，那么
$$A^2=ABA-A^2B,\ A^2=BA^2-ABA\Rightarrow 2A^2=BA^2-A^2B,$$

因此
$$2aA=a(BA-AB)=aA\Rightarrow A^2=aA=O.$$

3. 若 A 可逆，则 $|A|\neq 0$，由 $AA^*=|A|E$，则 $(A^*)^{-1}=|A|^{-1}A$，$|A^*|=|A|^{n-1}$. 又由定理3，则
$$(A^*)^*=|A^*|^{-1}(A^*)^*=(|A|^{n-1})^{-1}(A^*)^*,$$

因此 $(A^*)^*=|A|^{n-2}A$；

若 A 不可逆，则 $|A|=0$，且 $R(A)\leqslant n-1$，那么 $R(A^*)\leqslant 1$，但 $n>2$，因此 A^* 的所有 $n-1(>1)$ 阶子式全为零，所以 $(A^*)^*=O=|A|^{n-2}A$.

4. 由习题4.3的12题，则 $\det\begin{pmatrix}A & B\\-B & A\end{pmatrix}=\det(A+iB)\cdot\det(A-iB)$.

记 n 阶实方阵 $A=(a_{kj})$，$B=(b_{kj})$，则 $A+iB=(a_{kj}+ib_{kj})$，$A-iB=(a_{kj}-ib_{kj})$ 为两个复方阵，且后者是前者的共轭，由行列式的定义，则
$$\det(A+iB)=\sum_{j_1j_2\cdots j_n}(-1)^{\tau(j_1j_2\cdots j_n)}(a_{1j_1}+ib_{1j_1})(a_{2j_2}+ib_{2j_2})\cdots(a_{nj_n}+ib_{nj_n}),$$
$$\det(A-iB)=\sum_{j_1j_2\cdots j_n}(-1)^{\tau(j_1j_2\cdots j_n)}(a_{1j_1}-ib_{1j_1})(a_{2j_2}-ib_{2j_2})\cdots(a_{nj_n}-ib_{nj_n}),$$

由复数共轭的运算性质，因此 $\det(A-iB)=\overline{\det(A+iB)}$，所以
$$\det\begin{pmatrix}A & B\\-B & A\end{pmatrix}=\det(A+iB)\cdot\overline{\det(A+iB)}=|\det(A+iB)|^2\geqslant 0.$$

5. 记矩阵 $B=\begin{pmatrix}a_1 & 1\\a_2 & 1\\\vdots & \vdots\\a_n & 1\end{pmatrix}$，$C=\begin{pmatrix}a_1 & a_2 & \cdots & a_n\\1 & 1 & \cdots & 1\end{pmatrix}$，则 $A+E_n=BC$，那么
$$|\lambda E_n-A|=|(\lambda+1)E_n-BC|=(\lambda+1)^{n-2}|(\lambda+1)E_2-CB|$$
$$=(\lambda+1)^{n-2}[(\lambda+1)^2-(\sum_{i=1}^n a_i^2+n)(\lambda+1)+n\sum_{i=1}^n a_i^2-(\sum_{i=1}^n a_i)^2].$$

6. 首先证明方程 $AX=0$ 与 $A^2X=0$ 同解：其实，若 $R(A)=R(A^2)=n$，结论显然成立；设 $R(A)=R(A^2)=r<n$，取方程 $AX=0$ 的一基础解系 η_1，η_2，$\cdots$，η_{n-r}，则它们是 $A^2X=0$ 的一组线性无关解，

但 $R(A^2)=r$，因此 η_1，η_2，$\cdots$，η_{n-r} 也为 $A^2X=0$ 的基础解系，从而 $AX=0$ 与 $A^2X=0$ 同解．

现在证明：任给自然数 p，则 $R(A^{p+1})=R(A^p)$．对 p 作归纳，当 $p=1$ 时，结论成立；假设 $p=k$ 时结论成立，下证 $p=k+1$ 时的情形．由归纳，则 $R(A^{k+1})=R(A^k)$，通过上面的讨论，同理得方程 $A^kX=0$ 与 $A^{k+1}X=0$ 同解．若 α 为 $A^{k+1}X=0$ 的解，则显然 α 也为 $A^{k+2}X=0$ 的解，反之，若 α 为 $A^{k+2}X=0$ 的解，则 $A\alpha$ 为方程 $A^{k+1}X=0$ 的解，但 $A^kX=0$ 与 $A^{k+1}X=0$ 同解，因此 $A\alpha$ 为 $A^kX=0$ 的解，即得 α 为 $A^{k+1}X=0$ 的解，所以 $A^{k+1}X=0$ 与 $A^{k+2}X=0$ 同解，考虑这两个方程的基础解系所含解向量的个数，则有 $R(A^{k+1})=R(A^{k+2})$，所以 $p=k+1$ 时结论也成立，从而本题结论成立．

7. 1) 利用上题方法可证；

2) 设 $R(AB)=R(B)$，考虑下述两向量方程：
$$BCY=0 \cdots\cdots\cdots\cdots\cdots（\text{I}）；\quad ABCY=0 \cdots\cdots\cdots\cdots\cdots（\text{II}）$$

显然方程（I）的解必是（II）的解；现设 α 为方程（II）的解，则 $ABC\alpha=0$，说明 $C\alpha$ 是方程 $ABX=0$ 的解，由 1)，则 $C\alpha$ 是方程 $BX=0$ 的解，那么 $BC\alpha=0$，因此 α 也必为方程（I）的解，所以（I）与（II）同解，从而它们有相同的基础解系，基础解系所含解向量的个数也相同，所以 $R(ABC)=R(BC)$．

3) 设存在自然数 k 使 $R(A^k)=R(A^{k+1})$，即 $R(AA^k)=R(A^k)$，对于任意自然数 p，由 2)，则有
$$R(A^{k+p+1})=R(AA^kA^p)=R(A^kA^p)=R(A^{k+p}),$$

从而所需证的结论成立．

8. 设 $R(B)=r$，则存在一 $n\times r$ 矩阵 P（列满秩）和一 $r\times m$ 矩阵 Q（行满秩），使得 $B=PQ$，那么
$$R(AP\cdot QC)\geqslant R(AP)+R(QC)-r\geqslant R(APQ)+R(PQC)-R(B),$$

即得
$$R(ABC)\geqslant R(AB)+R(BC)-R(B).$$

9. 只需证 $R(A^n)=R(A^{n+1})$．若 $R(A)=n$，显然成立．若 $R(A)<n$，由于
$$n>R(A)\geqslant R(A^2)\geqslant\cdots\geqslant R(A^n)\geqslant R(A^{n+1})\geqslant\cdots\geqslant 0,$$

则存在整数 k，$1\leqslant k\leqslant n$，使 $R(A^k)=R(A^{k+1})$，由上题，对于任意自然数 p，则
$$R(A^pA^kA)\geqslant R(A^pA^k)+R(A^kA)-R(A^k),$$

因此 $R(A^pA^kA)\geqslant R(A^pA^k)$；又 $R(A^pA^kA)\leqslant R(A^pA^k)$，故 $R(A^pA^kA)=R(A^pA^k)$，即得 $R(A^{k+p+1})=R(A^{k+p})$，由 p 的任意性，所以 $R(A^n)=R(A^{n+1})$．

10. 由 $A=BU$，$B=AV$，则 $R(A)=R(B)$，设此秩为 r，那么存在可逆矩阵 P，Q 使得（通过初等列变换可化成列阶梯形）
$$AP=(\alpha_1，\alpha_2，\cdots，\alpha_r，0，\cdots，0)，\quad BQ=(\beta_1，\beta_2，\cdots，\beta_r，0，\cdots，0)．$$

仍由 $A=BU$，$B=AV$，可得 $AP=BQ\cdot Q^{-1}UP$，$BQ=AP\cdot P^{-1}VQ$，那么两个向量组 α_1，α_2，$\cdots$，α_r 与 β_1，β_2，$\cdots$，β_r 等价，可设 $(\alpha_1，\alpha_2，\cdots，\alpha_r)=(\beta_1，\beta_2，\cdots，\beta_r)T_1$，则 T_1 必可逆，所以有
$$(\beta_1，\beta_2，\cdots，\beta_r，0，\cdots，0)=(\alpha_1，\alpha_2，\cdots，\alpha_r，0，\cdots，0)\begin{pmatrix}T_1 & O\\ O & E_{n-r}\end{pmatrix},$$

即可得证．

第五章 二 次 型

关键知识点：非退化线性替换，矩阵的合同；二次型的标准形定理（定理1），对称矩阵的合同标准形定理（定理2），实二次型的规范形定理即惯性定理（定理4），实（复）对称矩阵的合同规范形定理（定理5），实二次型（实对称矩阵）的秩及正惯性指数；正定二次型，实二次型正定的判别定理（定理6），正定矩阵，顺序主子式，实对称矩阵正定的充分必要条件定理（定理7），半正定二次型、半正定矩阵及其判定．

§1 二次型及其矩阵表示

设 P 是一个数域，一个系数在数域 P 中的 x_1，x_2，$\cdots$，x_n 的二次齐次多项式

$$f(x_1, x_2, \cdots, x_n) = a_{11}x_1^2 + 2a_{12}x_1x_2 + \cdots + 2a_{1n}x_1x_n$$
$$+ a_{22}x_2^2 + \cdots + 2a_{2n}x_2x_n + \cdots + a_{nn}x_n^2 \tag{1}$$

称为数域 P 上的一个 n 元二次型，简称二次型．

定义1 设 x_1，$\cdots$，x_n；y_1，$\cdots$，y_n 是两组文字，系数在数域 P 中的一组关系式

$$\begin{cases} x_1 = c_{11}y_1 + c_{12}y_2 + \cdots + c_{1n}y_n \\ x_2 = c_{21}y_1 + c_{22}y_2 + \cdots + c_{2n}y_n \\ \cdots\cdots\cdots\cdots\cdots \\ x_n = c_{n1}y_1 + c_{n2}y_2 + \cdots + c_{nn}y_n \end{cases} \tag{2}$$

称为由 x_1，$\cdots$，x_n 到 y_1，$\cdots$，y_n 的一个线性替换．记 n 阶矩阵 $C = (c_{ij})$，称之为替换矩阵，如果 $|C| \neq 0$，那么线性替换（2）就称为非退化的．

线性替换（2）把二次型 $f(x_1, x_2, \cdots, x_n)$ 变成二次型 $g(y_1, y_2, \cdots, y_n)$．

令 $a_{ij} = a_{ji}$，$i < j$，由于 $x_ix_j = x_jx_i$，所以二次型（1）可写成

$$f(x_1, x_2, \cdots, x_n) = a_{11}x_1^2 + a_{12}x_1x_2 + \cdots + a_{1n}x_1x_n$$
$$+ a_{21}x_2x_1 + a_{22}x_2^2 + \cdots + a_{2n}x_2x_n$$
$$\cdots\cdots\cdots\cdots\cdots$$
$$+ a_{n1}x_nx_1 + a_{n2}x_nx_2 + \cdots + a_{nn}x_n^2$$
$$= \sum_{i=1}^{n} \sum_{j=1}^{n} a_{ij}x_ix_j \tag{3}$$

（3）的系数构成 $n \times n$ 矩阵 $A = (a_{ij})$，此 A 称为二次型（3）的矩阵，它是对称矩阵．

记 $X = (x_1, x_2, \cdots, x_n)'$，$Y = (y_1, y_2, \cdots, y_n)'$，则二次型（3）和线性替换（2）可分别写成矩阵形式

$$f(x_1, x_2, \cdots, x_n) = f(X) = X'AX, \quad X = CY.$$

二次型和它的矩阵是相互唯一决定的，即：若二次型 $f(X) = X'A_1X = X'A_2X$，其中 $A'_1 = A_1$，$A'_2 = A_2$，那么 $A_1 = A_2$．

若二次型 $f(X) = X'AX$ 经线性替换 $X = CY(|C| \neq 0)$ 变成二次型 $Y'BY = g(Y)$，其中 $A = A'$，

$B=B'$,则

$$X'AX=(CY)'A(CY)=Y'C'ACY=Y'(C'AC)Y=Y'BY,$$

显然$(C'AC)'=(C'AC)$，由于二次型的矩阵具有唯一性，因此$B=C'AC$.

定义2　数域P上两个n阶矩阵A，B称为合同的，如果有数域P上可逆的$n×n$矩阵C，使得
$$B=C'AC.$$

矩阵的合同具有性质：反身性、对称性、传递性．经过非退化的线性替换，新二次型的矩阵与原二次型的矩阵是合同的．

例5.1　设$A=(a_{ij})$为n阶实对称矩阵，$R(A)=n$，记号A_{ij}表示A中元素a_{ij}的代数余子式$(i,j=1,2,\cdots,n)$，记二次型f及变列向量X分别为

$$f(x_1,x_2,\cdots,x_n)=\sum_{i=1}^{n}\sum_{j=1}^{n}|A|^{-1}A_{ij}x_ix_j,\ X=(x_1,x_2,\cdots,x_n)',$$

把二次型$f(x_1,x_2,\cdots,x_n)$表示成矩阵形式，并证明二次型$f(X)$的矩阵为A^{-1}.

解　由于$R(A)=n$，因此A可逆，$A^{-1}=\dfrac{1}{|A|}A^*$，那么$f(X)$的矩阵形式为

$$f(X)=(x_1,x_2,\cdots,x_n)\frac{1}{|A|}\begin{pmatrix}A_{11}&A_{21}&\cdots&A_{n1}\\A_{12}&A_{22}&\cdots&A_{n2}\\\cdots&\cdots&\cdots&\cdots\\A_{1n}&A_{2n}&\cdots&A_{nn}\end{pmatrix}\begin{pmatrix}x_1\\x_2\\\vdots\\x_n\end{pmatrix}=X'\frac{1}{|A|}A^*X=X'A^{-1}X,$$

又$(A^{-1})'=(A')^{-1}=A^{-1}$，则$A^{-1}$也为实对称矩阵，所以$A^{-1}$是$f(X)$的矩阵．

例5.2　已知实对称矩阵$A=\begin{pmatrix}0&1/2&-1/2\\1/2&0&-1\\-1/2&-1&0\end{pmatrix}$，$B=\begin{pmatrix}1&1/2&-3/2\\1/2&0&-1\\-3/2&-1&0\end{pmatrix}$，求可逆矩阵$C$，使得$C'AC=B$.

解　由于

$$A=\begin{pmatrix}0&1/2&-1/2\\1/2&0&-1\\-1/2&-1&0\end{pmatrix}\xrightarrow[r_1+1\cdot r_2]{c_1+1\cdot c_2}\begin{pmatrix}1&1/2&-3/2\\1/2&0&-1\\-3/2&-1&0\end{pmatrix}=B,$$

因此取$C=P(2,1(1))$即可．

习题 5.1

1. 设n阶实对称矩阵$A=(a_{ij})$可逆，定义二次型$f(X)=\begin{vmatrix}O&X'\\-X&A\end{vmatrix}$，证明：$f(X)$的矩阵是$A^*$，其中$X=(x_1,x_2,\cdots,x_n)'$.

2. 设对角形矩阵$A=diag(\lambda_1,\lambda_2,\cdots,\lambda_n)$，$B=diag(\lambda_{i_1},\lambda_{i_2},\cdots,\lambda_{i_n})$，其中$i_1i_2\cdots i_n$是$1,2,\cdots,n$的的一个排列，证明：矩阵$A$，$B$合同．

3. 设$A=(a_{ij})$是一个n级矩阵，证明：

1) A是反对称矩阵当且仅当对任一个n维列向量X，有$X'AX=0$；

2) 如果A是对称矩阵，且对任一个n维列向量X有$X'AX=0$，那么$A=O$.

§2 标准形与规范形

一、二次型的标准形

只包含平方项的形如 $d_1x_1^2+d_2x_2^2+\cdots+d_nx_n^2$ 的二次型称为标准形二次型.

定理1 数域 P 上任意一个二次型 $f(x_1,\ x_2,\ \cdots,\ x_n)$ 都可以经过非退化的线性替换变成标准形 $d_1y_1^2+d_2y_2^2+\cdots+d_ny_n^2$.

对于二次型(1),分两种情况进行讨论(配方法):

1)二次型中某个变量平方项的系数不为零,例如 $a_{11}\neq0$,此时围绕 x_1 进行配方

$$f = a_{11}x_1^2 + 2a_{12}x_1x_2 + \cdots + 2a_{1n}x_1x_n + \sum_{i=2}^{n}\sum_{j=2}^{n}a_{ij}x_ix_j,$$

$$= a_{11}(x_1 + a_{11}^{-1}a_{12}x_2 + \cdots + a_{11}^{-1}a_{1n}x_n)^2 + \sum_{i=2}^{n}\sum_{j=2}^{n}b_{ij}x_ix_j,$$

作非退化替换

$$\begin{cases}y_1=x_1+a_{11}^{-1}a_{12}x_2+\cdots+a_{11}^{-1}a_{1n}x_n\\ y_2=\qquad\qquad x_2\\ \cdots\cdots\cdots\cdots\cdots\cdots\cdots\cdots\cdots\cdots\\ y_n=\qquad\qquad\qquad\qquad x_n\end{cases} \text{或} \begin{cases}x_1=y_1-a_{11}^{-1}a_{12}y_2-\cdots-a_{11}^{-1}a_{1n}y_n\\ x_2=\qquad\qquad y_2\\ \cdots\cdots\cdots\cdots\cdots\cdots\cdots\cdots\cdots\\ x_n=\qquad\qquad\qquad\qquad y_n\end{cases},$$

则二次型 f 化成

$$a_{11}y_1^2 + \sum_{i=2}^{n}\sum_{j=2}^{n}b_{ij}y_iy_j,$$

然后再对上式右边的关于 $n-1$ 个变量 $y_2,\ y_3,\ \cdots,\ y_n$ 的局部二次型继续进行计算. 若 $a_{11}=0$,但某个 $a_{ii}\neq0$,则对 x_i 配方.

2)所有 $a_{ii}=0$,$i=1,\ 2,\ \cdots,\ n$,而有一个 $a_{ij}\neq0(i<j)$,则作线性替换

$$\begin{cases}x_i=y_i+y_j,\\ x_j=y_i-y_j,\\ x_k=y_k(k\neq i,\ j).\end{cases}$$

这就可以把二次型 f 化成第一种情况.

定理2 在数域 P 上,任意 n 阶对称矩阵 $A=(a_{ij})$ 都合同于对角形矩阵,即存在可逆矩阵 C,使

$$C'AC=D=diag(d_1,\ d_2,\ \cdots,\ d_n).$$

对于 n 阶对称矩阵 $A=(a_{ij})$,分下述几种情况进行讨论(合同法):

1)若 $a_{11}\neq0$,将 A 进行分块,记

$$A=\begin{pmatrix}a_{11}&\alpha\\\alpha'&A_1\end{pmatrix},\text{ 其中 } A_1=\begin{pmatrix}a_{22}&\cdots&a_{2n}\\\vdots&&\vdots\\a_{n2}&\cdots&a_{nn}\end{pmatrix},\ \alpha=(a_{12},\ \cdots,\ a_{1n}),$$

则有下述合同变换

$$\begin{pmatrix}a_{11}&\alpha\\\alpha'&A_1\end{pmatrix}\xrightarrow[r_2+(-\alpha'a_{11}^{-1})\cdot r_1]{c_2+c_1\cdot(-a_{11}^{-1}\alpha)}\begin{pmatrix}a_{11}&O\\O&A_1-a_{11}^{-1}\alpha'\alpha\end{pmatrix},$$

由于 $A_1-a_{11}^{-1}\alpha'\alpha$ 是 $(n-1)$ 阶对称矩阵,由归纳,因此存在 $(n-1)$ 阶可逆矩阵 G 使

$$G'(A_1 - a_{11}^{-1}\alpha'\alpha)G = D,$$

那么

$$\begin{pmatrix} a_{11} & O \\ O & A_1 - a_{11}^{-1}\alpha'\alpha \end{pmatrix} \xrightarrow[G' \cdot r_2]{c_2 \cdot G} \begin{pmatrix} a_{11} & O \\ O & D \end{pmatrix}.$$

2）若 $a_{11} = 0$，但有一个 $a_{ii} \neq 0$，则可作下述合同变换

$$A = \begin{pmatrix} 0 & & * & \\ & \ddots & & * \\ * & & a_{ii} & \\ & * & & \ddots \end{pmatrix} \xrightarrow[r_1 \leftrightarrow r_i]{c_1 \leftrightarrow c_i} \begin{pmatrix} a_{ii} & & * & \\ & \ddots & & * \\ * & & 0 & \\ & * & & \ddots \end{pmatrix},$$

这样就归结到第一种情形.

3）若 $a_{ii} = 0$，$i = 1, 2, \cdots, n$，但 $a_{1j} \neq 0$，$j \neq 1$，则可作下述合同变换

$$A = \begin{pmatrix} 0 & * & a_{1j} & * \\ * & \ddots & * & * \\ a_{1j} & * & 0 & * \\ * & * & * & \ddots \end{pmatrix} \xrightarrow[r_1 + 1 \cdot r_j]{c_1 + 1 \cdot c_j} \begin{pmatrix} 2a_{1j} & * & a_{1j} & * \\ * & \ddots & * & * \\ a_{1j} & * & 0 & * \\ * & * & * & \ddots \end{pmatrix},$$

该合同变换后也归结到第一种情形.

例 5.3　用非退化线性替换化二次型 f 为标准形，其中

$$f(x_1, x_2, x_3, x_4) = 8x_1x_4 + 2x_3x_4 + 2x_2x_3 + 8x_2x_4.$$

解　先作非退化线性替换

$$\begin{cases} x_1 = y_1 + y_4, \\ x_2 = y_2 + y_3, \\ x_3 = y_2 - y_3, \\ x_4 = y_1 - y_4, \end{cases}$$

则

$$\begin{aligned} f &= 8y_1^2 - 8y_4^2 + 10y_1y_2 - 10y_2y_4 + 6y_1y_3 - 6y_3y_4 + 2y_2^2 - 2y_3^2 \\ &= 8\left(y_1 + \frac{5}{8}y_2 + \frac{3}{8}y_3\right)^2 - 8\left(y_4 + \frac{5}{8}y_2 + \frac{3}{8}y_3\right)^2 + 2y_2^2 - 2y_3^2, \end{aligned}$$

再作非退化线性替换

$$\begin{cases} z_1 = y_1 + (5/8)y_2 + (3/8)y_3, \\ x_2 = y_2, \\ x_3 = y_3, \\ z_4 = (5/8)y_2 + (3/8)y_3 + y_4, \end{cases} \quad 即 \begin{cases} y_1 = z_1 - (5/8)z_2 - (3/8)z_3, \\ y_2 = z_2, \\ y_3 = z_3, \\ y_4 = -(5/8)z_2 - (3/8)z_3 + z_4, \end{cases}$$

则可得二次型的标准形为

$$f = 8z_1^2 + 2z_2^2 - 2z_3^2 - 8z_4^2.$$

将相应线性替换进行合成，则可得所需的非退化线性替换及替换矩阵分别为

$$\begin{cases} x_1 = z_1 - (5/4)z_2 - (3/4)z_3 + z_4, \\ x_2 = z_2 + z_3, \\ x_3 = z_2 - z_3, \\ x_4 = z_1 - w_4. \end{cases}, \quad C = \begin{pmatrix} 1 & -5/4 & -5/4 & 1 \\ 0 & 1 & 1 & 0 \\ 0 & 1 & -1 & 0 \\ 1 & 0 & 0 & -1 \end{pmatrix}.$$

104

例 5.4 设 $A = \begin{pmatrix} 4 & 0 & -6 \\ 0 & 1 & 0 \\ -6 & 0 & 9 \end{pmatrix}$，求可逆矩阵 C 使 $C'AC = D$ 为对角形矩阵.

解 对矩阵 A 作合同变换

$$\begin{pmatrix} 4 & 0 & -6 \\ 0 & 1 & 0 \\ -6 & 0 & 9 \end{pmatrix} \xrightarrow[\frac{1}{2} \cdot r_j]{\frac{1}{2} \cdot c_1} \begin{pmatrix} 1 & 0 & -3 \\ 0 & 1 & 0 \\ -3 & 0 & 9 \end{pmatrix} \xrightarrow[r_3 + 3 \cdot r_1]{c_3 + 3 \cdot c_1} \begin{pmatrix} 1 & 0 & 0 \\ 0 & 1 & 0 \\ 0 & 0 & 0 \end{pmatrix} = D,$$

可取

$$C = \begin{pmatrix} 1/2 & 0 & 0 \\ 0 & 1 & 0 \\ 0 & 0 & 1 \end{pmatrix} \begin{pmatrix} 1 & 0 & 3 \\ 0 & 1 & 0 \\ 0 & 0 & 1 \end{pmatrix} = \begin{pmatrix} 1/2 & 0 & 3/2 \\ 0 & 1 & 0 \\ 0 & 0 & 1 \end{pmatrix},$$

那么 $C'AC = D$.

例 5.5 用非退化线性替换化二次型 f 为标准形，其中

$$f(x_1, x_2, \cdots, x_n) = \sum_{i=1}^{n} x_i^2 + \sum_{1 \le i < j \le n} x_i x_j.$$

解 对二次型 f 进行配方

$$f = x_1^2 + x_1 \sum_{j=2}^{n} x_j + \sum_{i=2}^{n} x_i^2 + \sum_{2 \le i \le j \le n} x_i x_j = \left(x_1 + \frac{1}{2} \sum_{j=2}^{n} x_j \right)^2 + f_1,$$

其中

$$f_1 = \sum_{i=2}^{n} x_i^2 + \sum_{2 \le i < j \le n} x_i x_j - \frac{1}{4} \left(\sum_{j=2}^{n} x_j \right)^2 = \frac{3}{4} \sum_{i=2}^{n} x_i^2 + \frac{1}{2} \sum_{2 \le i < j \le n} x_i x_j$$

$$= \frac{3}{4} x_2^2 + \frac{1}{2} x_2 \sum_{j=3}^{n} x_j + \frac{3}{4} \sum_{i=3}^{n} x_i^2 + \frac{1}{2} \sum_{3 \le i < j \le n} x_i x_j = \frac{3}{4} \left(x_2 + \frac{1}{3} \sum_{j=3}^{n} x_j \right)^2 + f_2,$$

其中

$$f_2 = \frac{3}{4} \sum_{i=3}^{n} x_i^2 + \frac{1}{2} \sum_{3 \le i < j \le n} x_i x_j - \frac{3}{4} \cdot \frac{1}{9} \left(\sum_{j=3}^{n} x_j \right)^2 = \frac{4}{6} \sum_{i=3}^{n} x_i^2 + \frac{2}{6} \sum_{3 \le i < j \le n} x_i x_j$$

$$= \frac{4}{6} \left(x_3 + \frac{1}{4} \sum_{j=4}^{n} x_j \right)^2 + f_3, \cdots \cdots$$

最终 f 可配方成

$$f = \left(x_1 + \frac{1}{2} \sum_{j=2}^{n} x_j \right)^2 + \frac{3}{4} \left(x_2 + \frac{1}{3} \sum_{j=3}^{n} x_j \right)^2 + \cdots + \frac{n}{2(n-1)} \cdot \left(x_{n-1} + \frac{1}{n} x_n \right)^2 + \frac{n+1}{2n} x_n^2,$$

令

$$y_1 = x_1 + \frac{1}{2} \sum_{j=2}^{n} x_j, \ y_2 = x_2 + \frac{1}{3} \sum_{j=3}^{n} x_j, \ \cdots, \ y_{n-1} = x_{n-1} + \frac{1}{n} x_n, \ y_n = x_n,$$

则二次型 f 可化成标准形

$$f = y_1^2 + \frac{3}{4} y_2^2 + \frac{5}{6} y_3^2 + \cdots + \frac{n}{2(n-1)} y_{n-1}^2 + \frac{n+1}{2n} y_n^2.$$

所作非退化线性替换的替换矩阵为 $C=\begin{pmatrix} 1 & -\dfrac{1}{2} & -\dfrac{1}{3} & \cdots & -\dfrac{1}{n-1} & -\dfrac{1}{n} \\ 0 & 1 & -\dfrac{1}{3} & \cdots & -\dfrac{1}{n-1} & -\dfrac{1}{n} \\ 0 & 0 & 1 & \cdots & -\dfrac{1}{n-1} & -\dfrac{1}{n} \\ \cdots & \cdots & \cdots & \cdots & \cdots & \cdots \\ 0 & 0 & 0 & \cdots & 1 & -\dfrac{1}{n} \\ 0 & 0 & 0 & \cdots & 0 & 1 \end{pmatrix}$.

提示　也可对二次型 f 的矩阵 A 作合同变换化对角形:

$$A=\begin{pmatrix} 1 & \dfrac{1}{2} & \dfrac{1}{2} & \cdots & \dfrac{1}{2} \\ \dfrac{1}{2} & 1 & \dfrac{1}{2} & \cdots & \dfrac{1}{2} \\ \dfrac{1}{2} & \dfrac{1}{2} & 1 & \cdots & \dfrac{1}{2} \\ \cdots & \cdots & \cdots & \cdots & \cdots \\ \dfrac{1}{2} & \dfrac{1}{2} & \dfrac{1}{2} & \cdots & 1 \end{pmatrix} \xrightarrow[\substack{r_j+\left(-\frac{1}{2}\right)r_1 \\ j=2,\cdots,n}]{\substack{c_j+\left(-\frac{1}{2}\right)c_1 \\ j=2,\cdots,n}} \begin{pmatrix} 1 & 0 & 0 & \cdots & 0 \\ 0 & \dfrac{3}{4} & \dfrac{1}{4} & \cdots & \dfrac{1}{4} \\ 0 & \dfrac{1}{4} & \dfrac{3}{4} & \cdots & \dfrac{1}{4} \\ \cdots & \cdots & \cdots & \cdots & \cdots \\ 0 & \dfrac{1}{4} & \dfrac{1}{4} & \cdots & \dfrac{3}{4} \end{pmatrix}$$

$$\xrightarrow[\substack{r_j+\left(-\frac{1}{3}\right)r_2 \\ j=3,\cdots,n}]{\substack{c_j+\left(-\frac{1}{3}\right)c_2 \\ j=3,\cdots,n}} \begin{pmatrix} 1 & 0 & 0 & \cdots & 0 \\ 0 & \dfrac{3}{4} & 0 & \cdots & 0 \\ 0 & 0 & \dfrac{4}{6} & \cdots & \dfrac{1}{6} \\ \cdots & \cdots & \cdots & \cdots & \cdots \\ 0 & 0 & \dfrac{1}{6} & \cdots & \dfrac{4}{6} \end{pmatrix} \to \cdots \to \begin{pmatrix} \dfrac{2}{2} & & & & \\ & \dfrac{3}{4} & & & \\ & & \dfrac{4}{6} & & \\ & & & \ddots & \\ & & & & \dfrac{n+1}{2n} \end{pmatrix}.$$

二、复或实二次型的规范形

定理3　复数域上的任意一个二次型 $f(x_1, x_2, \cdots, x_n)$,经过一适当的非退化线性替换可以化成规范形

$$z_1^2+z_2^2+\cdots+z_r^2,$$

其中 r 称为二次型 f 的秩,即 f 的矩阵 A 的秩,此规范形唯一.

定理4　(惯性定理)实数域上的任意一个二次型 $f(x_1, x_2, \cdots, x_n)$,经过一适当的非退化线性替换可以化成规范形

$$y_1^2+\cdots+y_p^2-y_{p+1}^2-\cdots-y_r^2,$$

此规范形唯一,即完全由 r,p 这两个数所决定.

设 $f(x_1, x_2, \cdots, x_n)$ 经非退化线性替换 $X=BY$ 化成规范形

$$f(x_1, x_2, \cdots, x_n)=y_1^2+\cdots+y_p^2-y_{p+1}^2-\cdots-y_r^2 \triangleq g(y_1, y_2, \cdots, y_n),$$

又经非退化线性替换 $X=CZ$ 化成规范形

$$f(x_1, x_2, \cdots, x_n) = z_1^2 + \cdots + z_q^2 - z_{q+1}^2 - \cdots - z_r^2 \triangleq h(z_1, z_2, \cdots, z_n),$$

记 $C^{-1}B = G = (g_{ij})_{n \times n}$，那么在非退化线性替换 $Z = GY$ 下，有

$$h(z_1, z_2, \cdots, z_n) = g(y_1, y_2, \cdots, y_n).$$

若 $p > q$，考虑齐次线性方程组（以 $y_1, y_2, \cdots, y_n$ 为变元）

$$\begin{cases} g_{11}y_1 + g_{12}y_2 + \cdots + g_{1n}y_n = 0, \\ \qquad\qquad \cdots \\ g_{q1}y_1 + g_{q2}y_2 + \cdots + g_{qn}y_n = 0, \\ \qquad\qquad y_{p+1} = 0, \\ \qquad\qquad \cdots \\ \qquad\qquad y_n = 0. \end{cases}$$

由于 $q + (n-p) < n$，因此该齐次线性方程组存在非零解

$$(k_1, \cdots, k_p, k_{p+1}, \cdots, k_n)', \quad 其中 \; k_{p+1} = \cdots = k_n = 0,$$

令

$$(c_1, \cdots, c_q, c_{q+1}, \cdots, c_n)' = G(k_1, \cdots, k_p, k_{p+1}, \cdots, k_n)',$$

则必有 $c_1 = \cdots = c_q = 0$，那么

$$g(k_1, k_2, \cdots, k_n) = k_1^2 + \cdots + k_p^2 > 0, \quad h(c_1, c_2, \cdots, c_n) = -c_{q+1}^2 - \cdots - c_r^2 \leqslant 0,$$

导致矛盾，所以 $p \leqslant q$，同理 $q \leqslant p$，从而 $p = q$.

定义 3 在实二次型 $f(x_1, x_2, \cdots, x_n)$ 的规范形中，正平方项的个数 p 称为 f 的正惯性指数；负平方项的个数 $r - p$ 称为 f 的负惯性指数；差 $p - (r - p)$ 称为 f 的符号差.

定理 5 1）任一复对称矩阵 A 都合同于规范形 $\begin{pmatrix} E_r & \\ & O \end{pmatrix}$，其中 $r = R(A)$；

2）任一实对称矩阵 A 都合同于规范形 $\begin{pmatrix} E_p & & \\ & -E_{r-p} & \\ & & O \end{pmatrix}$，其中 p 称为 A 的正惯性指数，$r - p$ 称为 A

的负惯性指数，$2p - r$ 称为 A 的符号差.

例 5.6 设 $n > 1$，证明：n 元实二次型 $f(x_1, x_2, \cdots, x_n) = \sum\limits_{i=1}^{n} \sum\limits_{j=1}^{n} (ij\lambda + i + j) x_i x_j$ 的秩和符号差与参数 λ 无关.

证 记实二次型 f 的矩阵为 A，对 A 作一系列的合同变换：

$$A = \begin{pmatrix} \lambda+2 & 2\lambda+3 & 3\lambda+4 & \cdots & n\lambda+(n+1) \\ 2\lambda+3 & 4\lambda+4 & 6\lambda+5 & \cdots & 2n\lambda+(n+2) \\ 3\lambda+4 & 6\lambda+5 & 9\lambda+6 & \cdots & 3n\lambda+(n+3) \\ \cdots & \cdots & \cdots & \cdots & \cdots \\ n\lambda+(n+1) & 2n\lambda+(n+2) & 3n\lambda+(n+3) & \cdots & n^2\lambda+2n \end{pmatrix}$$

$$\xrightarrow[\substack{k=2, \cdots, n \\ r_k+(-k)r_1 \\ k=2, \cdots, n}]{c_k+(-k)c_1} \begin{pmatrix} \lambda+2 & -1 & -2 & \cdots & -(n-1) \\ -1 & 0 & 0 & \cdots & 0 \\ -2 & 0 & 0 & \cdots & 0 \\ \cdots & \cdots & \cdots & \cdots & \cdots \\ -(n-1) & 0 & 0 & \cdots & 0 \end{pmatrix} \rightarrow \begin{pmatrix} 0 & -1 & 0 & \cdots & 0 \\ -1 & 0 & 0 & \cdots & 0 \\ 0 & 0 & 0 & \cdots & 0 \\ \cdots & \cdots & \cdots & \cdots & \cdots \\ 0 & 0 & 0 & \cdots & 0 \end{pmatrix},$$

因此二次型 $f(x_1, x_2, \cdots, x_n)$ 的秩为 2，符号差为 0，与参数 λ 无关.

例 5.7 设 A 是 n 阶实可逆矩阵，令 $B = \begin{pmatrix} O & A \\ A' & O \end{pmatrix}$，求 B 的正负惯性指数.

解 对实对称矩阵 B 作合同变换：

$$\begin{pmatrix} O & A \\ A' & O \end{pmatrix} \xrightarrow[(A^{-1})' \cdot r_2]{A^{-1} \cdot c_2} \begin{pmatrix} O & E \\ E & O \end{pmatrix} \xrightarrow[r_1 + \frac{1}{2}E \cdot r_2]{c_1 + \frac{1}{2}E \cdot c_2} \begin{pmatrix} E & E \\ E & O \end{pmatrix} \xrightarrow[r_2 - E \cdot r_1]{c_2 - E \cdot c_1} \begin{pmatrix} E & O \\ O & -E \end{pmatrix},$$

即可取实可逆矩阵

$$C = \begin{pmatrix} E & A^{-1} \\ O & E \end{pmatrix} \begin{pmatrix} E & O \\ (1/2)E & E \end{pmatrix} \begin{pmatrix} E & -E \\ O & E \end{pmatrix},$$

$$\therefore C'BC = \begin{pmatrix} E & O \\ O & -E \end{pmatrix},$$

其中右边的矩阵是 B 的合同规范形，故 B 的正负惯性指数均为 n.

例 5.8 设 A 为 n 级实对称矩阵，$|A| < 0$，证明：存在 $0 \neq \alpha \in R^n$ 使 $\alpha'A\alpha < 0$.

解 由于 $|A| < 0$，因此 $R(A) = n$，那么存在实可逆矩阵 C 使

$$C'AC = \begin{pmatrix} E_p & O \\ O & -E_{n-p} \end{pmatrix},$$

两边取行列式则得

$$(-1)^{n-p} = |A||C|^2 < 0,$$

所以负惯性指数 $n-p$ 必为奇数，说明 A 的规范形的主对角线上至少有一个 -1，定义二次型 $f(X) = X'AX$，作非退化线性替换 $X = CY$，则

$$f(X) = X'AX = Y'C'ACY = Y'\begin{pmatrix} E_p & O \\ O & -E_{n-p} \end{pmatrix}Y = g(Y),$$

令 $\beta = e_{p+1}$（或 $\beta = e_{p+1} + \cdots + e_n$），取 $\alpha = C\beta$，则 $\alpha \neq 0$，且使 $f(\alpha) = \alpha'A\alpha = g(\beta) = -1 < 0$（或 $\alpha'A\alpha = -(n-p) < 0$）.

习题 5.2

1. 用非退化线性替换化二次型 f 为标准形：

1）$x_1^2 - 3x_2^2 + 4x_3^2 - 2x_1x_2 + 2x_1x_3 - 6x_2x_3$；

2）$(-2x_1 + x_2 + x_3)^2 + (x_1 - 2x_2 + x_3)^2 + (x_1 + x_2 - 2x_3)^2$；

3）$x_1x_2 + x_2x_3 + x_3x_4$.

2. 证明：秩等于 r 的对称矩阵可以表成 r 个秩等于 1 的对称矩阵之和.

3. 求下列矩阵 A 的合同标准形，并给出相应的合同变换矩阵 C，即求可逆矩阵 C 使得 $C'AC = D$ 为对角形.

1）$\begin{pmatrix} 1 & 1 & 1 \\ 1 & 5 & 3 \\ 1 & 3 & 2 \end{pmatrix}$；2）$\begin{pmatrix} 1 & -1 & 1 \\ -1 & -3 & -3 \\ 1 & -3 & 0 \end{pmatrix}$.

4. 用非退化线性替换化二次型 $f(x_1, x_2, \cdots, x_n)$ 为标准形：

1）$x_1x_2 + x_2x_3 + \cdots + x_{n-1}x_n$；2）$\sum_{i=1}^{n} (x_i - \bar{x})^2$，其中 $\bar{x} = \dfrac{x_1 + x_2 + \cdots + x_n}{n}$.

5. 如果把实 n 级对称矩阵按合同分类，即两个实 n 级对称矩阵属于同一类当且仅当它们合同，问共有几类？对于 $n=3$ 时，在每一类里写出一个最简单的矩阵（即合同规范形）.

6. 证明：一个实二次型 f 可以分解成两个实系数的一次齐次多项式的乘积的充分必要条件是，秩$(f)=2$ 和符号差$(f)=0$，或者秩$(f)=1$.

7. 设 A 为 $m×n$ 实矩阵，β 为实 m 维列向量．证明：

1）$R(A'A)=R(A)$；2）方程 $A'AX=A'\beta$ 必有解．

8. 记实矩阵 $A=\begin{pmatrix} a_{11} & a_{12} & \cdots & a_{1n} \\ a_{21} & a_{22} & \cdots & a_{2n} \\ \cdots & \cdots & \cdots & \cdots \\ a_{s1} & a_{s2} & \cdots & a_{sn} \end{pmatrix}$，设二次型

$$f(x_1, x_2, \cdots, x_n)=\sum_{i=1}^{s}(a_{i1}x_1+a_{i2}x_2+\cdots+a_{in}x_n)^2,$$

证明：秩$(f)=R(A)$.

9. 设实二次型

$$f(x_1, x_2, \cdots, x_n)=l_1^2+l_2^2+\cdots+l_s^2-l_{s+1}^2-\cdots-l_{s+t}^2,$$

其中 $l_i=l_i(x_1, x_2, \cdots, x_n)$，$i=1, 2, \cdots, s, \cdots, s+t$ 是一次齐次式，证明：$f(x_1, x_2, \cdots, x_n)$ 的正惯性指数 $p\leqslant s$，负惯性指数 $q\leqslant t$.

10. 设 A 是反对称（也称斜对称）矩阵，证明：A 合同于 $diag(S, \cdots, S, 0, \cdots, 0)$，其中 $S=\begin{pmatrix} 0 & 1 \\ -1 & 0 \end{pmatrix}$.

11. 1）问是否存在 n 阶实方阵 A，使得 $A^2+E=0$？

2）证明：反对称矩阵的秩一定是偶数．

§3   正定二次型

定义 4　设 $f(x_1, x_2, \cdots, x_n)$ 是一实二次型，任给不全为零的实数 $c_1, c_2, \cdots, c_n$，如果都有 $f(c_1, c_2, \cdots, c_n)>0$，那么称 $f(x_1, x_2, \cdots, x_n)$ 是正定二次型.

非退化的实线性替换保持实二次型的正定性不变.

定理 6　n 元实二次型 $f(x_1, x_2, \cdots, x_n)$ 是正定的充分必要条件是它的正惯性指数等于 n.

正定二次型 $f(x_1, x_2, \cdots, x_n)$ 的标准形为 $d_1y_1^2+d_2y_2^2+\cdots d_ny_n^2$，其中 $d_i>0$，$(i=1, 2, \cdots, n)$，f 的规范形为 $z_1^2+z_2^2+\cdots+z_n^2$.

定义 5　实对称矩阵 A 称为正定的，如果二次型 $f(X)=X'AX$ 正定.

合同变换保持实对称矩阵的正定性不变.

推论　如果 A 是正定矩阵，那么 $|A|>0$.

定义 6　设 $A=(a_{ij})$ 是 $n×n$ 矩阵，对于 $k=1, 2, \cdots, n$，子式

$$P_k=\begin{vmatrix} a_{11} & a_{12} & \cdots & a_{1k} \\ a_{21} & a_{22} & \cdots & a_{2k} \\ \vdots & \vdots & \vdots & \vdots \\ a_{k1} & a_{k2} & \cdots & a_{kk} \end{vmatrix}, \quad |A_k|=\begin{vmatrix} a_{i_1i_1} & a_{i_1i_2} & \cdots & a_{i_1i_k} \\ a_{i_2i_1} & a_{i_2i_2} & \cdots & a_{i_2i_k} \\ \cdots & \cdots & \cdots & \cdots \\ a_{i_ki_1} & a_{i_ki_2} & \cdots & a_{i_ki_k} \end{vmatrix} (1\leqslant i_1<\cdots<i_k\leqslant n)$$

分别称为矩阵 A 的 k 级顺序主子式和 k 级主子式.

定理 7 实二次型

$$f(x_1, x_2, \cdots, x_n) = \sum_{i=1}^{n} \sum_{j=1}^{n} a_{ij} x_i x_j = X'AX$$

是正定的充分必要条件是 A 的顺序主子式全大于零.

定义 7 设 $f(x_1, x_2, \cdots, x_n)$ 是一实二次型, 任给不全为零的实数 $c_1, c_2, \cdots, c_n$, 如果都有 $f(c_1, c_2, \cdots, c_n) \geq 0$, 那么 $f(x_1, x_2, \cdots, x_n)$ 称为半正定的.

对于实对称矩阵 A, 若 $f(X) = X'AX$ 是半正定二次型, 则称 A 为半正定矩阵.

定理 8 对于实二次型 $f(x_1, x_2, \cdots, x_n) = X'AX$($A$ 实对称), 下列条件等价:

1) $f(x_1, x_2, \cdots, x_n)$ 是半正定的;
2) 它的正惯性指数与秩相等;
3) 存在实可逆矩阵 C 使 $C'AC = diag(d_1 d_2, \cdots, d_n)$, 其中 $d_i \geq 0$, $i = 1, 2, \cdots n$;
4) 存在实矩阵 D 使 $A = D'D$;
5) A 的所有主子式皆大于或等于零.

例 5.9 问 t 取什么值时, 二次型 $f(x_1, x_2, x_3) = x_1^2 + 4x_2^2 + 2x_3^2 + 2tx_1x_2 + 2x_1x_3$ 是正定的?

解 二次型 f 所对应的矩阵为 $A = \begin{pmatrix} 1 & t & 1 \\ t & 4 & 0 \\ 1 & 0 & 2 \end{pmatrix}$, 为使二次型 f 正定, 需使 A 的各阶顺序主子式均大于零, 即

$$P_1 = 1 > 0, \quad P_2 = \begin{vmatrix} 1 & t \\ t & 4 \end{vmatrix} = 4 - t^2 > 0, \quad P_3 = |A| = 4 - 2t^2 > 0,$$

解得 $-\sqrt{2} < t < \sqrt{2}$, 所以此时二次型正定.

例 5.10 判定二次型 $f(x_1, x_2, \cdots, x_n) = 2\sum_{i=1}^{n} x_i^2 + 2\sum_{1 \leq i < j \leq n} x_i x_j$ 是否正定.

解 二次型 f 的矩阵 $A = \begin{pmatrix} 2 & 1 & \cdots & 1 \\ 1 & 2 & \cdots & 1 \\ \cdots & \cdots & \cdots & \cdots \\ 1 & 1 & \cdots & 2 \end{pmatrix}$, 其 k 阶顺序主子式

$$P_k = \begin{vmatrix} 2 & 1 & \cdots & 1 \\ 1 & 2 & \cdots & 1 \\ \cdots & \cdots & \cdots & \cdots \\ 1 & 1 & \cdots & 2 \end{vmatrix} = \begin{vmatrix} k+1 & k+1 & \cdots & k+1 \\ 1 & 2 & \cdots & 1 \\ \cdots & \cdots & \cdots & \cdots \\ 1 & 1 & \cdots & 2 \end{vmatrix} = (k+1) \begin{vmatrix} 1 & 1 & \cdots & 1 \\ 0 & 1 & \cdots & 0 \\ \cdots & \cdots & \cdots & \cdots \\ 0 & 0 & \cdots & 1 \end{vmatrix}$$

$$= (k+1) > 0, \quad k = 1, 2, \cdots, n,$$

所以对称矩阵 A 为正定矩阵, 从而二次型 f 是正定的.

另提示 由于

$$f(x_1, x_2, \cdots, x_n) = 2\sum_{i=1}^{n} x_i^2 + 2\sum_{1 \leq i < j \leq n} x_i x_j = \sum_{i=1}^{n} x_i^2 + (x_1 + x_2 + \cdots + x_n)^2,$$

因此根据定义, 二次型 f 必正定.

例 5.11 设 A 是 $n \times n$ 正定矩阵, B 是 $n \times m$ 实矩阵. 证明: $B'AB$ 是正定矩阵的充分必要条件是 $R(B) = m$.

证 ($\Rightarrow$)设 $m \times m$ 矩阵 $B'AB$ 是正定的, $\forall \alpha \in \mathbf{R}^m$(列向量)且 $\alpha \neq 0$, 则均有

$$\alpha'(B'AB)\alpha = (B\alpha)'A(B\alpha) > 0,$$

而 A 也正定, 因此 $B\alpha \neq 0$, 说明向量方程 $BX = 0$ 只有零解, 所以 $R(B) = m$.

110

（⟸）显然 $B'AB$ 是 $m×m$ 实对称矩阵. 任给 $0≠α∈\mathbf{R}^m$, 由于 $R(B)=m$, 则向量方程 $BX=0$ 只有零解, 所以 $Bα≠0$. 由题设条件, A 为正定矩阵, 所以

$$α' \cdot B'AB \cdot α=(Bα)'A(Bα)>0,$$

那么 $B'AB$ 是正定矩阵.

例 5.12 证明: 如果 A 是正定矩阵, 那么 A 的主子式全大于零.

证 记矩阵 $A=\begin{pmatrix} a_{11} & a_{12} & \cdots & a_{1n} \\ a_{21} & a_{22} & \cdots & a_{2n} \\ \cdots & \cdots & & \cdots \\ a_{n1} & a_{n2} & \cdots & a_{nn} \end{pmatrix}$, 设 $A_k=\begin{pmatrix} a_{i_1 i_1} & a_{i_1 i_2} & \cdots & a_{i_1 i_k} \\ a_{i_2 i_1} & a_{i_2 i_2} & \cdots & a_{i_2 i_k} \\ \cdots & \cdots & & \cdots \\ a_{i_k i_1} & a_{i_k i_2} & \cdots & a_{i_k i_k} \end{pmatrix}$ 是 A 的 k 阶主子阵(A 中选取

行列标号均为 i_1, i_2, $\cdots$, i_k 的 k 阶主子式所对应的矩阵). 记

$$X=(x_1, x_2, \cdots, x_n)', \quad X_k=(x_{i_1}, x_{i_2}, \cdots, x_{i_k})',$$

令(全局二次型 f 与局部二次型 f_k)

$$f(X)=X'AX=\sum_{i=1}^{n}\sum_{j=1}^{n}a_{ij}x_i x_j, \quad f_k(X_k)=X'_k A_k X_k=\sum_{s=1}^{k}\sum_{t=1}^{k}a_{i_s i_t}x_{i_s}x_{i_t},$$

则 $f(X)$ 正定, 任给不全为零的实数 c_{i_1}, c_{i_2}, $\cdots$, c_{i_k}, 那么

$$f_k(c_{i_1}, c_{i_2}, \cdots, c_{i_k})=f(0, \cdots, 0, c_{i_1}, 0, \cdots, 0, c_{i_k}, 0, \cdots, 0)>0,$$

因此 $f_k(X_k)$ 是正定二次型, 从而 A 的 k 阶主子式 $|A_k|>0$.

例 5.13 设实二次型 $f(x_1, x_2, \cdots, x_n)=n\sum_{i=1}^{n}x_i^2-(\sum_{i=1}^{n}x_i)^2$.

1) 证明 f 是半正定的; 2) 若 $n≥2$, 试确定 f 的秩和正、负惯性指数.

解 1)将原二次型进行变形可得

$$f(x_1, x_2, \cdots, x_n)=n\sum_{i=1}^{n}x_i^2-(\sum_{i=1}^{n}x_i)^2=n\sum_{i=1}^{n}x_i^2-(\sum_{i=1}^{n}x_i^2+2\sum_{1≤i<j≤n}x_i x_j)$$

$$=(n-1)\sum_{i=1}^{n}x_i^2-2\sum_{1≤i<j≤n}x_i x_j=\sum_{1≤i<j≤n}(x_i^2-2x_i x_j+x_j^2)=\sum_{1≤i<j≤n}(x_i-x_j)^2≥0.$$

所以二次型 $f(x_1, x_2, \cdots, x_n)$ 是半正定的.

2) 实二次型 $f(x_1, x_2, \cdots, x_n)$ 的矩阵为

$$A=\begin{pmatrix} n-1 & -1 & \cdots & -1 \\ -1 & n-1 & \cdots & -1 \\ \vdots & \vdots & \ddots & \vdots \\ -1 & -1 & \cdots & n-1 \end{pmatrix}=nE_n-αα', \quad 其中 α=\begin{pmatrix} 1 \\ 1 \\ \vdots \\ 1 \end{pmatrix},$$

因此实对称矩阵 A 的特征多项式

$$f(λ)=|λE_n-A|=|(λ-n)E_n-(-α)α'|$$

$$=[(λ-n)-α'(-α)] \cdot (λ-n)^{n-1}=λ(λ-n)^{n-1},$$

所以 A 的特征值分别为 $λ_1=λ_2=\cdots=λ_{n-1}=n$, $λ_n=0$, 由第九章的定理7, 那么二次型 f 的秩及正惯性指数均为 $n-1$, 负惯性指数为 0 时二次型 f 是正定的.

例 5.14 证明: 实二次型 $f(x_1, x_2, \cdots, x_n)$ 是半正定的充分必要条件是它的正惯性指数 p 与秩 r 相等.

证 （⟹）(反证)假设 $p≠r$, 即得 $p<r$, 则存在非退化线性替换 $X=CY$ 使

$$f(x_1, x_2, \cdots, x_n)=y_1^2+y_2^2+\cdots+y_p^2-y_{p+1}^2-\cdots-y_r^2=g(y_1, y_2, \cdots, y_n),$$

令 $β=e_{p+1}+e_{p+2}+\cdots+e_r=(0, \cdots, 0, 1, 1, \cdots, 1, 0, \cdots, 0)'∈\mathbf{R}^n$, 取 $α=Cβ$, 则

$$f(\alpha) = g(\beta) = -(r-p) < 0,$$

这与所给条件 $f(x_1, x_2, \cdots, x_n)$ 半正定相矛盾，故 $p=r$.

（⇐）设 $p=r$，则存在非退化线性替换 $X=CY$ 使

$$f(x_1, x_2, \cdots, x_n) = y_1^2 + y_2^2 + \cdots + y_p^2 = g(y_1, y_2, \cdots, y_n),$$

任给不全为零的实数 $c_1, c_2, \cdots, c_n$，令

$$(k_1, k_2, \cdots, k_n)' = C^{-1}(c_1, c_2, \cdots, c_n)',$$

则 $k_1, k_2, \cdots, k_n$ 也是不全为零的实数，那么

$$f(c_1, c_2, \cdots, c_n) = g(k_1, k_2, \cdots, k_n) = k_1^2 + k_2^2 + \cdots + k_p^2 \geq 0,$$

所以二次型 $f(x_1, x_2, \cdots, x_n)$ 半正定.

例 5.15 主对角线上全是 1 的上三角矩阵称为特殊上三角矩阵.

1）设 A 是一对称矩阵，T 为特殊上三角矩阵，而 $B=T'AT$，证明：A 与 B 的对应顺序主子式有相同的值；

2）证明：如果对称矩阵 A 的顺序主子式全不为 0，那么一定有一特殊上三角矩阵 T 使 $T'AT$ 成对角形；

3）证明：若实对称矩阵 A 的顺序主子式全大于零，则 A 是正定矩阵.

证 1）将 A，T 作相同分块，设 $A = \begin{pmatrix} A_{11} & A_{12} \\ A_{21} & A_{22} \end{pmatrix}$，$T = \begin{pmatrix} T_{11} & T_{12} \\ O & T_{22} \end{pmatrix}$，其中 A_{11}，T_{11} 为 $k \times k$ 矩阵块，也即 A，T 的所谓 k 阶顺序主子阵，那么

$$B = T'AT = \begin{pmatrix} T'_{11} & O \\ T'_{12} & T'_{22} \end{pmatrix}\begin{pmatrix} A_{11} & A_{12} \\ A_{21} & A_{22} \end{pmatrix}\begin{pmatrix} T_{11} & T_{12} \\ O & T_{22} \end{pmatrix} = \begin{pmatrix} T'_{11}A_{11}T_{11} & * \\ * & * \end{pmatrix},$$

由于 T_{11} 仍为特殊上三角阵，因此 $|T_{11}|=1$，所以

$$|B_{11}| = |T'_{11}A_{11}T_{11}| = |A_{11}|.$$

2）对 n 作归纳. $n=1$ 时，结论成立. 假设结论对于 $n-1$ 时成立，下证 n 的情形

设 A 为 n 级对称矩阵，对 A 分块，记 $A = \begin{pmatrix} A_1 & \alpha \\ \alpha' & a_{nn} \end{pmatrix}$，其中 A_1 为 A 的 $n-1$ 阶顺序主子式，由条件

则 $|A_1| \neq 0$，因此 A_1 可逆，取 $T_1 = \begin{pmatrix} E_{n-1} & -A_1^{-1}\alpha \\ O & 1 \end{pmatrix}$，那么

$$T'_1 A T_1 = \begin{pmatrix} A_1 & O \\ O & a_{nn} - \alpha'A_1\alpha \end{pmatrix},$$

记 $d_n = a_{nn} - \alpha'A_1\alpha$.

由于 A_1 的顺序主子式也全不为零，由归纳，则存在特殊上三角矩阵 T_2 使

$$T'_2 A_1 T_2 = diag(d_1, d_2, \cdots, d_{n-1}),$$

取 $T = T_1\begin{pmatrix} T_2 & O \\ O & 1 \end{pmatrix}$，则 T 仍为特殊上三角阵，那么

$$T'AT = \begin{pmatrix} T'_2 & O \\ O & 1 \end{pmatrix}\begin{pmatrix} A_1 & O \\ O & d_n \end{pmatrix}\begin{pmatrix} T_2 & O \\ O & 1 \end{pmatrix} = diag(d_1, d_2, \cdots, d_{n-1}, d_n).$$

3）设 A 的顺序主子式全大于零，由 2）的结论，则存在特殊上三角矩阵 T，使

$$T'AT = diag(d_1, d_2, \cdots, d_n),$$

又由 1），则 $T'AT$ 的各阶顺序主子式也全大于零，因此

$$d_i > 0, \quad i=1, 2, \cdots, n,$$

所以 A 合同于单位矩阵 E_n，从而 A 正定.

例 5.16 设 B 是 $n \times n$ 正定矩阵，C 是秩为 m 的 $n \times m$ 实矩阵，$n > m$，令

$$A = \begin{pmatrix} B & C \\ C' & O \end{pmatrix}.$$

证明：A 的正惯性指数为 n，且负惯性指数为 m.

证 由于 $B' = B$，因此 $(B^{-1})' = B^{-1}$，那么对于分块矩阵 A，有合同关系

$$\begin{pmatrix} E_n & O \\ -C'B^{-1} & E_m \end{pmatrix} A \begin{pmatrix} E_n & -B^{-1}C \\ O & E_m \end{pmatrix} = \begin{pmatrix} B & O \\ O & -C'B^{-1}C \end{pmatrix}.$$

由于 B 为正定矩阵，则 B^{-1} 也为正定矩阵，又 $R(C) = m$，由例 5.11，则 $C'B^{-1}C$ 是 $m \times m$ 正定矩阵. 对于正定阵 B，存在可逆阵 T_1 得 $T'_1 B T_1 = E_n$，对于正定阵 $C'B^{-1}C$，存在可逆矩阵 T_2 使 $T'_2(C'B^{-1}C)T_2 = -E_m$，因此又得合同关系

$$\begin{pmatrix} T'_1 & O \\ O & T'_2 \end{pmatrix} \begin{pmatrix} B & O \\ O & -C'B^{-1}C \end{pmatrix} \begin{pmatrix} T_1 & O \\ O & T_2 \end{pmatrix} = \begin{pmatrix} E_n & O \\ O & -E_m \end{pmatrix},$$

所以 A 的正惯性指数为 n，且负惯性指数为 m.

例 5.17 设 A 为 $n \times n$ 实对称矩阵，b 为实 n 维列向量，证明：$A - bb'$ 为正定矩阵的充分必要条件是 A 正定且 $b'A^{-1}b < 1$.

证 对于任意 $n \times n$ 矩阵 A，有

$$\begin{pmatrix} E & -b \\ O & 1 \end{pmatrix} \begin{pmatrix} A & b \\ b' & 1 \end{pmatrix} \begin{pmatrix} E & O \\ -b' & 1 \end{pmatrix} = \begin{pmatrix} A - bb' & O \\ O & 1 \end{pmatrix} \tag{1}$$

当 A 为可逆矩阵时，有

$$\begin{pmatrix} E & O \\ -b'A^{-1} & 1 \end{pmatrix} \begin{pmatrix} A & b \\ b' & 1 \end{pmatrix} \begin{pmatrix} E & -A^{-1}b \\ O & 1 \end{pmatrix} = \begin{pmatrix} A & O \\ O & 1 - b'A^{-1}b \end{pmatrix} \tag{2}$$

($\Leftarrow$) 设 A 正定且 $b'A^{-1}b < 1$，则 A 可逆，那么 (1) 式、(2) 式均成立，从而等式右边的两个矩阵合同. 由条件知 $\begin{pmatrix} A & O \\ O & 1 - b'A^{-1}b \end{pmatrix}$ 为正定矩阵，那么 $\begin{pmatrix} A - bb' & O \\ O & 1 \end{pmatrix}$ 也为正定矩阵，所以 $A - bb'$ 必正定.

($\Rightarrow$) 设 $A - bb'$ 为正定矩阵，由 (1) 式，则 $\begin{pmatrix} A & b \\ b' & 1 \end{pmatrix}$ 正定，从而 A 必正定，则 A 是可逆矩阵，因此 (2) 式成立，所以 $1 - b'A^{-1}b > 0$.

习题 5.3

1. 问 t 取什么值时，下列二次型是正定的：

1) $x_1^2 + x_2^2 + 5x_3^2 + 2tx_1x_2 - 2x_1x_3 + 4x_2x_3$；

2) $x_1^2 + 4x_2^2 + x_3^2 + 2tx_1x_2 + 10x_1x_3 + 6x_2x_3$.

2. 判定二次型 $f(x_1, x_2, \cdots, x_n) = \sum_{i=1}^{n} x_i^2 + \sum_{i=1}^{n-1} x_i x_{i+1}$ 是否正定.

3. 判定实二次型 $f(x_1, x_2, \cdots, x_n) = \sum_{1 \leqslant i < j \leqslant n} x_i x_j$ 属于什么相合类（正定、负定、半正定、半负定或不定）.

4. 已知实二次型 $f(x_1, x_2, x_3, x_4) = x_1^2 + x_2^2 + x_3^2 + 9x_4^2 + 2a(x_1x_2 + x_2x_3 + x_3x_1)$，问当 a 取何值时，f 是正定的、半正定的以及不定的二次型.

5. 确定实二次型的正负惯性指数：

$$f(x_1,\ x_2,\ \cdots,\ x_{10})=(x_1+x_2)^2+(x_2+x_3)^2+\cdots+(x_9+x_{10})^2+(x_{10}+x_1)^2.$$

6. 设 $f(x_1,\ x_2,\ \cdots,\ x_n)=a(x_1^2+x_2^2+\cdots+x_n^2)-(x_1+x_2+\cdots+x_n)^2$，其中 $a\in R$，问 a 取何值时二次型 f 正定．

7. 设 n 元实二次型

$$f(x_1,\ x_2,\ \cdots,\ x_n)=(x_1+a_1x_2)^2+\cdots+(x_{n-1}+a_{n-1}x_n)^2+(x_n+a_nx_1)^2,$$

其中 $a_i(i=1,\ 2,\ \cdots,\ n)$ 为实数，问当 $a_1,\ a_2,\ \cdots,\ a_n$ 满足何条件时 f 正定．

8. 设 $a_i(1\leqslant i\leqslant n)$ 为实数，$P=(a_ia_j)_{n\times n}$，证明：P 半正定．

9. 设 A 是 n 级实对称矩阵，证明：当实数 t 充分大之后，$tE+A$ 是正定矩阵．

10. 设 A 是 n 级实对称矩阵，证明：存在一正实数 c 使对任一个实 n 维列向量 X 都有 $|X'AX|\leqslant cX'X$．

11. 设实二次型 $f(x_1,\ x_2,\ \cdots,\ x_n)=X'AX$ 存在实 n 维列向量 $X_1,\ X_2$ 使

$$X'_1AX_1>0,\ X'_2AX_2<0.$$

证明：存在实 n 维列向量 $X_3\neq0,\ X_4\neq0$ 使

$$X'_3AX_3=0,\ X'_4AX_4=0,\ 但(X'_3+X'_4)A(X_3+X_4)\neq0.$$

12. 设 $A=(a_{ij})_{n\times n}$ 是正定矩阵，证明：

1）$a_{ii}>0,\ i=1,\ 2,\ \cdots,\ n$；2）$a_{ij}^2<a_{ii}a_{jj},\ i\neq j$；

3）A 中元素绝对值最大者在对角线上．

13. 设 C，D 均为 $n\times n$ 实矩阵，$A=C'C$，$B=D'D$，λ，μ 为正实数．证明：

1）存在实方阵 P，使 $\lambda A+\mu B=P'P$；

2）若 C 与 D 中至少有一个可逆，则上述 P 可逆．

14. 设 $A=\begin{pmatrix}a_{11}&\beta'\\\beta&A_{n-1}\end{pmatrix}$，其中 $a_{11}<0$，A_{n-1} 为 $n-1$ 阶正定矩阵，$\beta\in\mathbf{R}^{n-1}$（实 $n-1$ 维列向量）．证明：$A_{n-1}-a_{11}^{-1}\beta\beta'$ 正定，且 A 的符号差为 $n-2$．

15. 设 $A=\begin{pmatrix}Q&\alpha\\\alpha'&r\end{pmatrix}$，其中 Q 为 $n-1$ 阶正定矩阵，$\alpha\in\mathbf{R}^{n-1}$（列向量），证明：$A$ 正定的充分必要条件是 $r>\alpha'Q^{-1}\alpha$．

16. 设 $A=\begin{pmatrix}B&C\\C'&D\end{pmatrix}$ 为实对称矩阵，其中 B 为 r 阶方阵，D 为 $n-r$ 阶方阵，证明：A 正定的充分必要条件是 B，$D-C'B^{-1}C$ 均正定．

补 充 题

1. 设 A 为 $n\times n$ 实矩阵，若 $A+A'=E$，证明：$|A|\neq0$．

2. 设 A 为 n 阶实对称矩阵，B 为 n 阶实矩阵，并且矩阵 $BA+AB'$ 的特征值全大于零．证明：$|A|\neq0$．

3. 设 A 为 n 阶实对称矩阵，证明：A 正定的充分必要条件是存在 $m\times n$ 实矩阵 G，其中 $m>n$ 且 $R(G)=n$（称 G 为高矩阵），使 $A=G'G$．

4. 设矩阵 $A=\begin{pmatrix}a_{11}&a_{12}\\a_{21}&a_{22}\end{pmatrix}$，$B=\begin{pmatrix}b_{11}&b_{12}\\b_{21}&b_{22}\end{pmatrix}$ 均正定，令 $C=\begin{pmatrix}a_{11}b_{11}&a_{12}b_{12}\\a_{21}b_{21}&a_{22}b_{22}\end{pmatrix}$．证明：矩阵 C 也正定．

5. 设 $A=(a_{ij})$，$B=(b_{ij})$ 均为 n 阶正定矩阵，证明：n 阶矩阵 $C=(c_{ij})$ 也正定，其中 $c_{ij}=a_{ij}b_{ij}$．

6. 设 Q 为 $n \times n$ 正定矩阵，证明：任给列向量 $\alpha \in \mathbf{R}^n$，均有

$$0 \leqslant \alpha'(Q+\alpha\alpha')^{-1}\alpha < 1.$$

7. 证明：1）若 $A=(a_{ij})_{n\times n}$ 是正定矩阵，则 $f(Y) = \begin{vmatrix} A & Y \\ Y' & O \end{vmatrix}$ 是负定二次型；

2）若 A 是正定矩阵，则 $|A| \leqslant a_{nn}P_{n-1}$，其中 P_{n-1} 是 A 的 $n-1$ 级顺序主子式；

3）若 A 是正定矩阵，则 $|A| \leqslant a_{11}a_{22}\cdots a_{nn}$；

4）若 $T=(t_{ij})$ 是 n 级实可逆矩阵，则 $|T|^2 \leqslant \prod_{i=1}^{n}(t_{1i}^2+\cdots+t_{ni}^2)$.

8. 设 A 为 n 阶正定矩阵，λ_1，λ_2，$\cdots$，λ_n 为 A 的特征值，记 $X=(x_1, x_2, \cdots, x_n)'$，$a$ 为实常数.

1）写出二次型 $f(X) = \begin{vmatrix} A^* & X \\ X' & aX'X \end{vmatrix}$ 的矩阵；

2）由 a 及 λ_1，λ_2，$\cdots$，λ_n 给出此二次型正定的充分必要条件，并证明.

9. 设 A，B 均为 n 阶实对称矩阵，且 A 的特征值全大于 a，B 的特征值全大于 b，证明：$A+B$ 的特征值全大于 $a+b$.

10. 证明：实对称矩阵 A 半正定当且仅当 A 的一切主子式均大于或等于零.

11. 设 A 为 n 阶实对称矩阵，证明：若 A 是半正定的，则 A^* 也是半正定的.

12. 设 A 为 n 阶非零半正定矩阵，B 为同阶正定矩阵. 证明：

1）$|A+E|>1$，且 $|A+E|>1+|A|$；

2）$|A+B|>|B|$，且 $|A+B|>|A|+|B|$.

习 题 答 案

习题 5.1

1. 由于 A 可逆，则 A^{-1} 存在，那么

$$\begin{pmatrix} O & X' \\ -X & A \end{pmatrix}\begin{pmatrix} 1 & O \\ A^{-1}X & E \end{pmatrix} = \begin{pmatrix} X'A^{-1}X & X' \\ O & A \end{pmatrix},$$

两边取行列式，由行列式乘法定理及拉普拉斯定理，因此

$$f(X) = \begin{vmatrix} O & X' \\ -X & A \end{vmatrix} = \begin{vmatrix} X'A^{-1}X & X' \\ O & A \end{vmatrix} = |A| \cdot X'A^{-1}X = X'(|A|A^{-1})X,$$

易知 $|A|A^{-1}$ 也为对称矩阵，且 $|A|A^{-1}=A^*$，所以 $f(X)$ 的矩阵是 A^*.

2. 对 n 作归纳. 当 $n=1$ 时，结论成立. 假设 $n-1$ 时结论成立. 下证 n 时情形：

1）若 $i_1=1$，则 $i_2i_3\cdots i_n$ 是 2，3，$\cdots$，n 的一个排列，分别记

$$A_1=diag(\lambda_2, \cdots, \lambda_n)，\quad B_1=diag(\lambda_{i_2}, \cdots, \lambda_{i_n})，$$

那么由归纳，则 A_1，B_1 合同，因此 $A=\begin{pmatrix} \lambda_1 & \\ & A_1 \end{pmatrix}$ 与 $B=\begin{pmatrix} \lambda_1 & \\ & B_1 \end{pmatrix}$ 也合同；

2）若 $i_1 \neq 1$，设 $i_j=1$，取 $C_1=P(1, j)$，则

$$C_1'BC_1=diag(\lambda_1, \lambda_{i_2'}, \cdots, \lambda_{i_n'})=D,$$

其中 $i_2'i_3'\cdots i_n'$ 是 2，3，$\cdots$，n 的一个排列，由 1）知 A 合同于 D，从而 A 合同于 B.

另证：分别记二次型为

$$f(x_1,\ x_2,\ \cdots,\ x_n)=\lambda_{i_1}x_1^2+\lambda_{i_2}x_2^2+\cdots+\lambda_{i_n}x_n^2,$$
$$g(y_1,\ y_2,\ \cdots,\ y_n)=\lambda_1 y_1^2+\lambda_2 y_2^2+\cdots+\lambda_n y_n^2,$$

作非退化线性替换 $x_k=y_{i_k}$，$k=1$，2，$\cdots$，n，那么二次型 f 可化成 g，所以它们的矩阵 B 与 A 必合同.

3.1)（必要性）设 A 是反对称矩阵，即 $A=-A'$，由于 $X'AX\in P$，因此
$$X'AX=(X'AX)'=X'A'X=-X'AX,$$

所以 $2X'AX=0$，即得 $X'AX=0$；

（充分性）由于任给 n 维列向量 $X=(x_1,\ x_2,\ \cdots,\ x_n)'$，均有 $X'AX=0$，即
$$a_{11}x_1^2+(a_{12}+a_{21})x_1x_2+\cdots+(x_{1n}+a_{n1})x_1x_n$$
$$+a_{22}x_2^2+\cdots+(a_{2n}+a_{n2})x_2x_n+\cdots+a_{nn}x_n^2=0,$$

因此可取 $X=e_i(i=1,\ 2,\ \cdots,\ n)$（第 i 分量为 1 其它分量为零的 n 维列向量）代入，则
$$a_{11}=a_{22}=\cdots=a_{nn}=0,$$

再取 $X=e_i+e_j(i\neq j)$ 代入，则得 $a_{ij}+a_{ji}=0$，即 $a_{ij}=-a_{ji}(i\neq j)$，所以 A 是反对称矩阵.

2）设 A 是对称矩阵，即 $A'=A$，由于对任一个 n 维列向量 X，有 $X'AX=0$，因此 A 也是反对称矩阵，即 $A'=-A$，那么 $A=-A$，所以 $A=O$.

习题 5.2

1.1) $f=x_1^2-3x_2^2+4x_3^2-2x_1x_2+2x_1x_3-6x_2x_3$
$$=(x_1-x_2-x_3)^2-(2x_2+x_3)^2+4x_3^2,$$

令 $y_1=x_1-x_2+x_3$，$y_2=2x_2+x_3$，$y_3=x_3$，则二次型 f 可化成标准形
$$f=y_1^2-y_2^2+4y_3^2.$$

所需作的非退化线性替换及相应的替换矩阵分别为
$$\begin{cases}x_1=y_1+(1/2)y_2-(3/2)y_3\\ x_2=(1/2)y_2-(1/2)y_3\\ x_3=y_3\end{cases},\quad T=\begin{pmatrix}1&1/2&-3/2\\0&1/2&-1/2\\0&0&1\end{pmatrix}.$$

2）先作非退化线性替换
$$\begin{cases}y_1=-2x_1+x_2+x_3\\ y_2=x_1-2x_2+x_3\\ y_3=x_3\end{cases},\quad 即\begin{cases}x_1=-(2/3)y_1-(1/3)y_2+y_3\\ x_2=-(1/3)y_1-(2/3)y_2+y_3\\ x_3=\qquad\qquad y_3\end{cases},$$

则得
$$f(x_1,\ x_2,\ x_3)=y_1^2+y_2^2+(-y_1-y_2)^2=2\left(y_1+\frac{1}{2}y_2\right)^2+\frac{3}{2}y_2^2,$$

再作非退化线性替换
$$\begin{cases}z_1=y_1+(1/2)y_2\\ z_2=y_2\\ z_3=y_3\end{cases},\quad 即\begin{cases}y_1=z_1-(1/2)z_2\\ y_2=z_2\\ y_3=z_3\end{cases},$$

可得标准形
$$f(x_1,\ x_2,\ x_3)=2z_1^2+(3/2)z_2^2,$$

所求线性替换的矩阵为

$$C = \begin{pmatrix} -2/3 & -1/3 & 1 \\ -1/3 & -2/3 & 1 \\ 0 & 0 & 1 \end{pmatrix} \begin{pmatrix} 1 & -1/2 & 0 \\ 0 & 1 & 0 \\ 0 & 0 & 1 \end{pmatrix} = \begin{pmatrix} -2/3 & 0 & 1 \\ -1/3 & -1/2 & 1 \\ 0 & 0 & 1 \end{pmatrix}.$$

3) $f = x_1 x_2 + x_2 x_3 + x_3 x_4$，令 $x_1 = y_1 + y_2$，$x_2 = y_1 - y_2$，$x_3 = y_3$，$x_4 = y_4$，则

$$f = y_1^2 - y_2^2 + y_1 y_3 - y_2 y_3 + y_3 y_4$$

$$= \left(y_1 + \frac{1}{2} y_3 \right)^2 - \left(y_2 + \frac{1}{2} y_3 \right)^2 + y_3 y_4,$$

令 $y_1 + (1/2) y_3 = z_1$，$y_2 + (1/2) y_3 = z_2$，$y_3 = z_3$，$y_4 = z_4$，则

$$f = z_1^2 - z_2^2 + z_3 z_4,$$

最后令 $z_1 = w_1$，$z_2 = w_2$，$z_3 = w_3 + w_4$，$z_4 = w_3 - w_4$，则二次型 f 可化成标准形

$$f = w_1^2 - w_2^2 + w_3^2 - w_4^2,$$

所求线性替换的矩阵为

$$C = \begin{pmatrix} 1 & 1 & & \\ 1 & -1 & & \\ & & 1 & \\ & & & 1 \end{pmatrix} \begin{pmatrix} 1 & & -1/2 & \\ & 1 & -1/2 & \\ & & 1 & \\ & & & 1 \end{pmatrix} \begin{pmatrix} 1 & & & \\ & 1 & & \\ & & 1 & 1 \\ & & 1 & -1 \end{pmatrix}$$

$$= \begin{pmatrix} 1 & 1 & -1 & \\ 1 & -1 & 0 & \\ & & 1 & \\ & & & 1 \end{pmatrix} \begin{pmatrix} 1 & & & \\ & 1 & & \\ & & 1 & 1 \\ & & 1 & -1 \end{pmatrix}.$$

2. 由题设，$A' = A$，且 $R(A) = r$，那么存在可逆矩阵 C 使

$$A = C'DC, \quad \text{其中} \ D = diag(d_1, d_2, \cdots, d_r, 0, \cdots, 0), \ d_i \neq 0,$$

令 $D_i = diag(0, \cdots, 0, d_i, 0, \cdots, 0)$，$i = 1, 2, \cdots, r$，那么

$$A = C'D_1 C + C'D_2 C + \cdots + C'D_r C,$$

很明显，每个 $C'D_i C (i = 1, 2, \cdots, r)$ 都是对称矩阵，且秩为 1.

3. 1) 对矩阵 A 作合同变换：

$$\begin{pmatrix} 1 & 1 & 1 \\ 1 & 5 & 3 \\ 1 & 3 & 2 \end{pmatrix} \xrightarrow[r_2 + r_1, \ r_3 + r_1]{c_2 + c_1, \ c_3 + c_1} \begin{pmatrix} 1 & 0 & 0 \\ 0 & 4 & 2 \\ 0 & 2 & 1 \end{pmatrix} \xrightarrow[\frac{1}{2} \cdot r_2]{\frac{1}{2} \cdot c_2} \begin{pmatrix} 1 & 0 & 0 \\ 0 & 1 & 1 \\ 0 & 1 & 1 \end{pmatrix} \xrightarrow[r_3 - r_2]{c_3 - c_2} \begin{pmatrix} 1 & 0 & 0 \\ 0 & 1 & 0 \\ 0 & 0 & 0 \end{pmatrix},$$

可取

$$C = \begin{pmatrix} 1 & -1 & -1 \\ 0 & 1 & 0 \\ 0 & 0 & 1 \end{pmatrix} \begin{pmatrix} 1 & 0 & 0 \\ 0 & 1/2 & 0 \\ 0 & 0 & 1 \end{pmatrix} \begin{pmatrix} 1 & 0 & 0 \\ 0 & 1 & -1 \\ 0 & 0 & 1 \end{pmatrix} = \begin{pmatrix} 1 & -1/2 & -1/2 \\ 0 & 1/2 & -1/2 \\ 0 & 0 & 1 \end{pmatrix},$$

那么 $C'AC = diag(1, 1, 0)$.

2) 对矩阵 A 作合同变换：

$$\begin{pmatrix} 1 & -1 & 1 \\ -1 & -3 & -3 \\ 1 & -3 & 0 \end{pmatrix} \xrightarrow[\substack{r_2 + r_1 \\ r_3 - r_1}]{\substack{c_2 + c_1 \\ c_3 - c_1}} \begin{pmatrix} 1 & 0 & 0 \\ 0 & -4 & -2 \\ 0 & -2 & -1 \end{pmatrix} \xrightarrow[r_3 + (-\frac{1}{2}) r_2]{c_3 + (-\frac{1}{2}) c_2} \begin{pmatrix} 1 & 0 & 0 \\ 0 & -4 & 0 \\ 0 & 0 & 0 \end{pmatrix} \xrightarrow[\frac{1}{2} \cdot r_2]{\frac{1}{2} \cdot c_2} \begin{pmatrix} 1 & 0 & 0 \\ 0 & -1 & 0 \\ 0 & 0 & 0 \end{pmatrix},$$

可取

$$C=\begin{pmatrix}1 & 1 & -1\\0 & 1 & 0\\0 & 0 & 1\end{pmatrix}\begin{pmatrix}1 & 0 & 0\\0 & 1 & -1/2\\0 & 0 & 1\end{pmatrix}\begin{pmatrix}1 & 0 & 0\\0 & 1/2 & 0\\0 & 0 & 1\end{pmatrix}=\begin{pmatrix}1 & 1/2 & -3/2\\0 & 1/2 & -1/2\\0 & 0 & 1\end{pmatrix},$$

那么 $C'AC=diag(1,\ -1,\ 0)$.

4. 1) 若令 $y_1=(x_1+x_2+x_3)/2$，$y_2=(x_1-x_2+x_3)/2$，则

$$y_1^2-y_2^2=(y_1+y_2)(y_1-y_2)=x_1x_2+x_2x_3.$$

当 n 为奇数时，作非退化线性替换

$$\begin{cases}y_i=(x_i+x_{i+1}+x_{i+2})/2,\\y_{i+1}=(x_i-x_{i+1}+x_{i+2})/2,\end{cases}(i=1,\ 3,\ \cdots,\ n-2)$$

$$y_n=x_n.$$

二次型 f 可化成标准形

$$f(x_1,\ x_2,\ \cdots,\ x_n)=y_1^2-y_2^2+y_3^2-y_4^2+\cdots+y_{n-2}^2-y_{n-1}^2,$$

此时，对应于 $n=4k+1$、$n=4k+3$ 时的替换矩阵 C 分别为：

$$\begin{pmatrix}1 & 1 & -1 & -1 & \cdots & -1 & -1 & 1\\1 & -1 & 0 & 0 & \cdots & 0 & 0 & 0\\ & & 1 & 1 & \cdots & 1 & 1 & -1\\ & & 1 & -1 & \cdots & 0 & 0 & 0\\ & & & & \cdots & \cdots & \cdots & \\ & & & & & 1 & -1 & 0\\ & & & & & & & 1\end{pmatrix},\begin{pmatrix}1 & 1 & -1 & -1 & \cdots & 1 & 1 & -1\\1 & -1 & 0 & 0 & \cdots & 0 & 0 & 0\\ & & 1 & 1 & \cdots & -1 & -1 & 1\\ & & 1 & -1 & \cdots & 0 & 0 & 0\\ & & & & \cdots & \cdots & \cdots & \\ & & & & & 1 & -1 & 0\\ & & & & & & & 1\end{pmatrix}.$$

当 n 为偶数时，作非退化线性替换

$$\begin{cases}y_i=(x_i+x_{i+1}+x_{i+2})/2,\\y_{i+1}=(x_i-x_{i+1}+x_{i+2})/2,\\y_{n-1}=(x_{n-1}+x_n)/2,\\y_n=(x_{n-1}-x_n)/2.\end{cases}(i=1,\ 3,\ \cdots,\ n-3)$$

二次型 f 可化成标准形

$$f(x_1,\ x_2,\ \cdots,\ x_n)=y_1^2-y_2^2+y_3^2-y_4^2+\cdots+y_{n-1}^2-y_n^2,$$

此时，对应于 $n=4k$、$n=4k+2$ 时的替换矩阵 C 分别为：

$$\begin{pmatrix}1 & 1 & -1 & -1 & \cdots & -1 & -1\\1 & -1 & 0 & 0 & \cdots & 0 & 0\\ & & 1 & 1 & \cdots & 1 & 1\\ & & 1 & -1 & \cdots & 0 & 0\\ & & & & \cdots & \cdots & \\ & & & & & 1 & 1\\ & & & & & 1 & -1\end{pmatrix},\begin{pmatrix}1 & 1 & -1 & -1 & \cdots & 1 & 1\\1 & -1 & 0 & 0 & \cdots & 0 & 0\\ & & 1 & 1 & \cdots & -1 & -1\\ & & 1 & -1 & \cdots & 0 & 0\\ & & & & \cdots & \cdots & \\ & & & & & 1 & 1\\ & & & & & 1 & -1\end{pmatrix}.$$

另一方法略解如下：设二次型 f 的矩阵为 A，令

$$C=\begin{pmatrix}1 & 1 & \\1 & -1 & \\ & & 1\end{pmatrix}\begin{pmatrix}1 & 0 & -1/2\\ & 1 & -1/2\\ & & 1\end{pmatrix}=\begin{pmatrix}1 & 1 & -1\\1 & -1 & 0\\ & & 1\end{pmatrix}.$$

当 $n=2k+1$ 时，取

$$P=\begin{pmatrix} C & \\ & E_{n-3} \end{pmatrix}\begin{pmatrix} E_2 & & \\ & C & \\ & & E_{n-5} \end{pmatrix}\cdots\begin{pmatrix} E_{n-3} & \\ & C \end{pmatrix},$$

则 $P'AP=diag(1,\ -1,\ 1,\ -1,\ \cdots,\ 1,\ -1,\ 0)$；

当 $n=2k$ 时，取

$$P=\begin{pmatrix} C & \\ & E_{n-3} \end{pmatrix}\begin{pmatrix} E_2 & & \\ & C & \\ & & E_{n-5} \end{pmatrix}\cdots\begin{pmatrix} E_{n-4} & & \\ & C & \\ & & 1 \end{pmatrix}\begin{pmatrix} E_{n-2} & & \\ & 1 & 1 \\ & 1 & -1 \end{pmatrix},$$

则 $P'AP=diag(1,\ -1,\ 1,\ -1,\ \cdots,\ 1,\ -1)$；

2）作非退化线性替换

$$\begin{cases} y_i=x_i-\overline{x}(i=1,\ 2,\ \cdots,\ n-1), \\ y_n=x_n. \end{cases}$$

即

$$\begin{cases} x_i=y_1+\cdots+y_{i-1}+2y_i+y_{i+1}+\cdots+y_n(i=1,\ 2,\ \cdots,\ n-1), \\ x_n=y_n. \end{cases}$$

则二次型 f 可化成

$$f=\sum_{i=1}^{n-1}y_i^2+\left(y_n-\sum_{i=1}^{n}y_i\right)^2=\sum_{i=1}^{n-1}y_i^2+\left(\sum_{i=1}^{n-1}y_i\right)^2=2\left(\sum_{i=1}^{n-1}y_i^2+\sum_{1\le i<j\le n-1}y_iy_j\right),$$

由例 5.5，可作非退化线性替换

$$\begin{cases} y_1=z_1-\dfrac{1}{2}z_2-\dfrac{1}{3}z_3-\cdots-\dfrac{1}{n-1}z_{n-1}, \\ y_2=z_2-\dfrac{1}{3}z_3-\dfrac{1}{4}z_4-\cdots-\dfrac{1}{n-1}z_{n-1}, \\ \cdots\cdots\cdots\cdots \\ y_{n-1}=z_{n-1}, \\ y_n=z_n. \end{cases}$$

那么二次型 f 可化成标准形

$$f=2z_1^2+\frac{3}{2}z_2^2+\cdots+\frac{n}{n-1}z_{n-1}^2,$$

可取

$$C=\begin{pmatrix} 2 & 0 & 0 & \cdots & 0 & 1 \\ 1 & \dfrac{3}{2} & 0 & \cdots & 0 & 1 \\ 1 & \dfrac{1}{2} & \dfrac{4}{3} & \cdots & 0 & 1 \\ \cdots & \cdots & \cdots & \cdots & \cdots & \cdots \\ 0 & \dfrac{1}{2} & \dfrac{1}{3} & \cdots & \dfrac{n}{n-1} & 1 \\ 0 & 0 & 0 & \cdots & 0 & 1 \end{pmatrix},$$

那么 $C'AC = diag(2, 3/2, 4/3, \cdots, n/(n-1), 0)$.

5. 两个实 n 级对称矩阵 A 与 B 合同的充分必要条件是秩和正惯性指数分别相同，下面按秩和正惯性指数的选取来计算合同分类情况：

秩 r	正惯性指数 p	类
$r=0$	$p=0$	1
$r=1$	$p=0, 1$	2
$\cdots$	$\cdots\cdots\cdots$	$\cdots\cdots$
$r=n-1$	$p=0, 1, \cdots, n-1$	n
$r=n$	$p=0, 1, \cdots, n$	$n+1$

所以共有 $1+2+\cdots+(n+1) = (n+1)(n+2)/2$ 个合同类.

对于 $n=3$ 时，每一类的合同规范形为

$$\begin{pmatrix} 0 & 0 & 0 \\ 0 & 0 & 0 \\ 0 & 0 & 0 \end{pmatrix}, \begin{pmatrix} 1 & 0 & 0 \\ 0 & 0 & 0 \\ 0 & 0 & 0 \end{pmatrix}, \begin{pmatrix} -1 & 0 & 0 \\ 0 & 0 & 0 \\ 0 & 0 & 0 \end{pmatrix}, \begin{pmatrix} 1 & 0 & 0 \\ 0 & 1 & 0 \\ 0 & 0 & 0 \end{pmatrix}, \begin{pmatrix} 1 & 0 & 0 \\ 0 & -1 & 0 \\ 0 & 0 & 0 \end{pmatrix},$$

$$\begin{pmatrix} -1 & 0 & 0 \\ 0 & -1 & 0 \\ 0 & 0 & 0 \end{pmatrix}, \begin{pmatrix} 1 & 0 & 0 \\ 0 & 1 & 0 \\ 0 & 0 & 1 \end{pmatrix}, \begin{pmatrix} 1 & 0 & 0 \\ 0 & 1 & 0 \\ 0 & 0 & -1 \end{pmatrix}, \begin{pmatrix} 1 & 0 & 0 \\ 0 & -1 & 0 \\ 0 & 0 & -1 \end{pmatrix}, \begin{pmatrix} -1 & 0 & 0 \\ 0 & -1 & 0 \\ 0 & 0 & -1 \end{pmatrix}.$$

6. ($\Rightarrow$) 设实二次型 $f(x_1, x_2, \cdots, x_n)$ 可表成两个实系数一次齐次式的乘积：

$$f(x_1, x_2, \cdots, x_n) = (a_1 x_1 + a_2 x_2 + \cdots + a_n x_n)(b_1 x_1 + b_2 x_2 + \cdots + b_n x_n).$$

记向量 $\alpha = (a_1, a_2, \cdots, a_n)$, $\beta = (b_1, b_2, \cdots, b_n)$, 若 $rank\{\alpha, \beta\} = 1$, 不妨设 $a_1 \neq 0$ 且 $\beta = k\alpha$, 其中 $k \neq 0$, 那么

$$f(x_1, x_2, \cdots, x_n) = k(a_1 x_1 + a_2 x_2 + \cdots + a_n x_n)^2,$$

取矩形 $C = \begin{pmatrix} a_1 & a_2 & \cdots & a_n \\ O & & E_{n-1} & \end{pmatrix}$, 作非退化线性替换 $X = C^{-1}Y$, 则二次型 f 可化成

$$f(x_1, x_2, \cdots, x_n) = ky_1^2,$$

那么此时秩$(f) = 1$; 若 $rank\{\alpha, \beta\} = 2$, 则以 α, β 为行形成的 $2 \times n$ 矩阵的秩也为 2, 不妨设 $a_1 b_2 - a_2 b_1 \neq 0$, 令矩阵

$$C = \begin{pmatrix} a_1 & a_2 & a_3 & \cdots & a_n \\ b_1 & b_2 & b_3 & \cdots & b_n \\ O & & & E_{n-2} & \end{pmatrix}, D = \begin{pmatrix} 1 & 1 & & \\ 1 & -1 & & O \\ O & & E_{n-2} & \end{pmatrix},$$

作非退化线性替换 $X = C^{-1}Y$, 则 $f = y_1 y_2$, 再作非退化线性替换 $Y = DZ$, 则二次型 f 可化成规范形 $f = z_1^2 - z_2^2$, 所以此时秩$(f) = 2$, 符号差$(f) = 0$.

($\Leftarrow$) 若秩$(f) = 2$, 符号差$(f) = 0$, 则 f 可通过非退化线性替换 $X = CY$ 使

$$f(x_1, x_2, \cdots, x_n) = y_1^2 - y_2^2 = (y_1 + y_2)(y_1 - y_2),$$

由 $Y = C^{-1}X$, 得 y_1, y_2 可由 $x_1, x_2, \cdots, x_n$ 线性表示，因此 $f(x_1, x_2, \cdots x_n)$ 可表成两个一次齐次式的乘积；若秩$(f) = 1$, 则 f 的规范形为 y_1^2, 根据同样道理结论也成立.

7.1) 先证向量方程 $AX = 0$ 与 $A'AX = 0$ 同解：

若 α 为 $AX = 0$ 的解，则 $A\alpha = 0$, 两边左乘以 A', 则 $A'A\alpha = 0$, 因此 $AX = 0$ 的解必为 $A'AX = 0$ 的解；若 α 为 $A'AX = 0$ 的解，则 $A'A\alpha = 0$, 两边左乘以 α', 则得

$$\alpha'A'A\alpha=(A\alpha)'(A\alpha)=0,$$

设 $A\alpha=(k_1,\ k_2,\ \cdots,\ k_n)'$，其中 $k_i\in R$，那么

$$k_1^2+k_2^2+\cdots+k_n^2=0,\ \text{推得}\ k_1=k_2=\cdots=k_n=0,$$

因此 $A\alpha=0$，即 α 也为 $AX=0$ 的解，所以 $AX=0$ 与 $A'AX=0$ 同解．

根据 $AX=0$ 与 $A'AX=0$ 的基础解系所含解向量的个数相同，立即可得

$$n-R(A)=n-R(A'A),\ \text{从而}\ R(A)=R(A'A).$$

2) 由矩阵分块的运算关系及第四章定理 2，那么

$$R(A'A)\le R(A'A,\ A'\beta)=R(A'(A,\ \beta))\le R(A')=R(A)=R(A'A),$$

因此 $R(A'A)=R(A'A,\ A'\beta)$，所以方程 $A'AX=A'\beta$ 必有解．

8. 令

$$l_i=a_{i1}x_1+a_{i2}x_2+\cdots+a_{in}x_n(i=1,\ 2,\ \cdots,\ s),$$

记 $X=(x_1,\ x_2,\ \cdots,\ x_n)'$，$L=(l_1,\ l_2,\ \cdots,\ l_s)'$，则有 $L=AX$，那么

$$f(x_1,\ x_2,\ \cdots,\ x_n)=l_1^2+l_2^2+\cdots+l_s^2=L'L=(AX)'(AX)=X'(A'A)X,$$

很明显 $A'A$ 是实对称矩阵，因此二次型 f 的矩阵是 $A'A$，所以

$$\text{秩}(f)=R(A'A)=R(A).$$

9. 二次型 f 可经非退化线性替换 $X=CY$ 化为规范形

$$f(x_1,\ x_2,\ \cdots,\ x_n)=y_1^2+y_2^2\cdots+y_p^2-y_{p+1}^2\cdots-y_{p+q}^2=g(y_1,\ y_2,\ \cdots,\ y_n).$$

记 $C^{-1}=D=\begin{pmatrix} d_{11} & d_{12} & \cdots & d_{1n} \\ d_{21} & d_{22} & \cdots & d_{2n} \\ \cdots & \cdots & \cdots & \cdots \\ d_{n1} & d_{n2} & \cdots & d_{nn} \end{pmatrix}$，由 $Y=C^{-1}X=DX$，则得

$$y_i=d_{i1}x_1+d_{i2}x_2+\cdots+d_{in}x_n,\ i=1,\ 2,\ \cdots,\ n,$$

若 $p>s$，考虑关于 $x_1,\ x_2,\ \cdots,\ x_n$ 的齐次线性方程组

$$\begin{cases} l_i=l_i(x_1,\ x_2,\ \cdots,\ x_n)=0,\ i=1,\ 2,\ \cdots,\ s \\ d_{j1}x_1+d_{j2}x_2+\cdots+d_{jn}x_n=0,\ j=p+1,\ \cdots,\ n \end{cases}$$

其中的方程个数 $s+(n-p)<n($变元个数$)$，则存在非零解 $(c_1,\ c_2,\ \cdots,\ c_n)$，令

$$k_i=d_{i1}c_1+d_{i2}c_2+\cdots+d_{in}c_n,\ i=1,\ 2,\ \cdots,\ n,$$

由于 C 可逆，则 $(k_1,\ k_2,\ \cdots,\ k_n)\ne 0$．又由上述线性方程组知 $k_{p+1}=\cdots=k_n=0$，那么分量 $k_1,$ $k_2,\ \cdots,\ k_p$ 不全为零，所以

$$f(c_1,\ c_2,\ \cdots,\ c_n)=g(k_1,\ k_2,\ \cdots,\ k_n)=k_1^2\cdots+k_p^2>0.$$

另一方面，仍由上述方程组，则 $l_1(c_1,\ c_2,\ \cdots,\ c_n)=\cdots=l_s(c_1,\ c_2,\ \cdots,\ c_n)=0$，故

$$f(c_1,\ c_2,\ \cdots,\ c_n)=-l_{s+1}^2(c_1,\ c_2,\ \cdots,\ c_n)-\cdots-l_{s+t}^2(c_1,\ c_2,\ \cdots,\ c_n)\le 0.$$

那么导致矛盾，所以 $p\le s$．

若 $q>t$，可考虑关于 $x_1,\ x_2,\ \cdots,\ x_n$ 的齐次线性方程组

$$\begin{cases} l_i=l_i(x_1,\ x_2,\ \cdots,\ x_n)=0,\ i=s+1,\ s+2,\ \cdots,\ s+t \\ d_{j1}x_1+d_{j2}x_2+\cdots+d_{jn}x_n=0,\ j=1,\ 2,\ \cdots,\ p \\ d_{j1}x_1+d_{j2}x_2+\cdots+d_{jn}x_n=0,\ j=p+q+1,\ \cdots,\ n \end{cases}$$

同理可以推出矛盾，因此 $q\le t$．

10. 设 A 为非零反对称矩阵(显然对于零矩阵，结论成立)，用归纳法证明．$n=2$ 时，反对称矩

阵 $A = \begin{pmatrix} 0 & a_{12} \\ -a_{12} & 0 \end{pmatrix}$ 明显地合同于 $\begin{pmatrix} 0 & 1 \\ -1 & 0 \end{pmatrix}$，结论成立.

假设 $n \leq k$ 时结论成立. 当 $n = k+1$ 时，若最后一列全为零，则最后一行也全为零，由归纳，则结论成立，若最后一列不全为零，不妨设 $a_{k,k+1} \neq 0$，先对 A 作合同变换

$$A = \begin{pmatrix} 0 & a_{12} & \cdots & a_{1k} & a_{1,k+1} \\ -a_{12} & 0 & \cdots & a_{2k} & a_{2,k+1} \\ \cdots & \cdots & \cdots & \cdots & \cdots \\ -a_{1k} & -a_{2k} & \cdots & 0 & a_{k,k+1} \\ -a_{1,k+1} & -a_{2,k+1} & \cdots & -a_{k,k+1} & 0 \end{pmatrix} \rightarrow \begin{pmatrix} 0 & a_{12} & \cdots & a_{1k} & a_1 \\ -a_{12} & 0 & \cdots & a_{2k} & a_2 \\ \cdots & \cdots & \cdots & \cdots & \cdots \\ -a_{1k} & -a_{2k} & \cdots & 0 & 1 \\ -a_1 & -a_2 & \cdots & -1 & 0 \end{pmatrix},$$

再利用右下角的 1，-1，通过一系列的合同变换，可将最后两行两列的其余非零元全化为 0，那么 A 矩阵合同于 $\begin{pmatrix} A_1 & O \\ O & S \end{pmatrix}$，其中 A_1 仍为反对称矩阵，因此矩阵 A 合同于 $\begin{pmatrix} S & O \\ O & A_1 \end{pmatrix}$，由归纳，则 $n = k+1$ 时结论也成立.

11. 1) 当 n 为奇数时，若存在 A 使 $A^2 + E = 0$，则 $A^2 = -E$，那么
$$|A|^2 = (-1)^n = -1,$$
由于 $|A|$ 为实数，导致矛盾.

当 n 为偶数时，设 $n = 2m$，令 $A = diag(S, S, \cdots, S)$（主对角线上有 m 个二阶块），其中 $S = \begin{pmatrix} 0 & 1 \\ -1 & 0 \end{pmatrix}$，则
$$S^2 = \begin{pmatrix} -1 & 0 \\ 0 & -1 \end{pmatrix} = -E_2 \Rightarrow A^2 = diag(S^2, S^2, \cdots, S^2) = -E_{2m}.$$

2) 由上题结论，则反对称矩阵 A 合同于准对角矩阵
$$B = diag\left\{ \begin{pmatrix} 0 & 1 \\ -1 & 0 \end{pmatrix}, \begin{pmatrix} 0 & 1 \\ -1 & 0 \end{pmatrix}, \cdots, \begin{pmatrix} 0 & 1 \\ -1 & 0 \end{pmatrix}, 0, \cdots, 0 \right\},$$

设其中 $\begin{pmatrix} 0 & 1 \\ -1 & 0 \end{pmatrix}$ 的个数为 k，则显然 B 中有 $2k$ 个列向量线性无关，因此
$$R(A) = R(B) = 2k.$$

习题 5.3

1. 1) 二次型 f 的矩阵为 $A = \begin{pmatrix} 1 & t & -1 \\ t & 1 & 2 \\ -1 & 2 & 5 \end{pmatrix}$，当 A 的各阶顺序主子式

$$P_1 = 1 > 0, \quad P_2 = \begin{vmatrix} 1 & t \\ t & 1 \end{vmatrix} > 0, \quad P_3 = |A| = \begin{vmatrix} 1 & t & -1 \\ t & 1 & 2 \\ -1 & 2 & 5 \end{vmatrix} > 0 \text{ 即 } \begin{cases} 1 - t^2 > 0 \\ -5t^2 - 4t > 0 \end{cases}$$

时二次型 f 正定，由此得 $-\dfrac{4}{5} < t < 0$.

2) 二次型 f 的矩阵为 $A = \begin{pmatrix} 1 & t & 5 \\ t & 4 & 3 \\ 5 & 3 & 1 \end{pmatrix}$，当 A 的所有顺序主子式

$$P_1=1>0, \quad P_2=\begin{vmatrix}1 & t \\ t & 4\end{vmatrix}=4-t^2>0, \quad P_3=\begin{vmatrix}1 & t & 5 \\ t & 4 & 3 \\ 5 & 3 & 1\end{vmatrix}=-t^2+30t-105>0$$

即得

$$\begin{cases}4-t^2>0 \\ -t^2+30t-105>0\end{cases}$$

时二次型 f 正定，但此不等式组无解，所以不存在 t 值使二次型 f 正定.

2. 所给二次型 f 的矩阵 $A(n$ 阶) 及 A 的 k 阶顺序主子式 P_k 分别如下：

$$A=\begin{pmatrix}1 & 1/2 & 0 & \cdots & 0 & 0 \\ 1/2 & 1 & 1/2 & \cdots & 0 & 0 \\ 0 & 1/2 & 1 & \cdots & 0 & 0 \\ \cdots & \cdots & \cdots & \cdots & \cdots & \cdots \\ 0 & 0 & 0 & \cdots & 1/2 & 1\end{pmatrix}, \quad P_k=\begin{vmatrix}1 & 1/2 & 0 & \cdots & 0 & 0 \\ 1/2 & 1 & 1/2 & \cdots & 0 & 0 \\ 0 & 1/2 & 1 & \cdots & 0 & 0 \\ \cdots & \cdots & \cdots & \cdots & \cdots & \cdots \\ 0 & 0 & 0 & \cdots & 1/2 & 1\end{vmatrix},$$

用例 2.14 的方法，则得

$$P_k=P_{k-1}-(1/4)P_{k-2}\Rightarrow P_k=(k+1)(1/2)^k>0, \quad k=1, 2, \cdots, n,$$

所以 A 正定，从而 f 亦正定.

另解 对于 P_k，可先将每行提取 $1/2$，再转化成上三角形行列式：

$$P_k=(1/2)^k\begin{vmatrix}2 & 1 & & & \\ 1 & 2 & \ddots & & \\ & \ddots & \ddots & \ddots & \\ & & \ddots & 2 & 1 \\ & & & 1 & 2\end{vmatrix}=(1/2)^k\begin{vmatrix}2 & 1 & 0 & \cdots & 0 \\ 0 & 3/2 & 1 & \cdots & 0 \\ 0 & 0 & 4/3 & \cdots & 0 \\ \vdots & \vdots & \vdots & \ddots & \vdots \\ 0 & 0 & 0 & \cdots & (k+1)/k\end{vmatrix}=(1/2)^k(k+1)>0,$$

所以 A 正定，从而 f 正定.

3. 方法1 由于

$$|\lambda E_n-A|=|(\lambda+1)E_n-\alpha\alpha'|=(\lambda+1)^{n-1}[(\lambda+1)-n],$$

因此 A 的特征值分别为 $\lambda_1=\lambda_2=\cdots=\lambda_{n-1}=-1$，$\lambda_n=n-1$，所以 A 不定，从而 f 也不定.

方法2 令 $g(x_1, x_2, \cdots, x_n)=2f(x_1, x_2, \cdots, x_n)=2\sum_{1\leqslant i<j\leqslant n}x_ix_j$，则二次型 g 的矩阵

$$A=\begin{pmatrix}0 & 1 & \cdots & 1 \\ 1 & 0 & \cdots & 1 \\ \cdots & \cdots & \cdots & \cdots \\ 1 & 1 & \cdots & 0\end{pmatrix}=\alpha\alpha'-E_n, \quad 其中 \alpha=\begin{pmatrix}1 \\ 1 \\ \vdots \\ 1\end{pmatrix}.$$

A 的 k 阶主子式

$$|A_k|=|\alpha_k\alpha'_k-E_k|=(-1)^k|E_k-\alpha_k\alpha'_k|=(-1)^k(1-k),$$

其中 α_k 为各分量均为 1 的 k 维列向量，则 $|A_k|$ 正负相间，同理 $-A$ 的 k 阶主子式 $|-A_k|$ 也正负相间，所以 g 不定，从而 f 也不定.

4. 类似于上题，用特征值法比较简单，二次型 f 的矩阵

$$A=\begin{pmatrix}1 & a & a & 0 \\ a & 1 & a & 0 \\ a & a & 1 & 0 \\ 0 & 0 & 0 & 9\end{pmatrix},$$

那么
$$|\lambda E-A|=(\lambda-9)(\lambda-1-2a)(\lambda-1+a)^2,$$

则得 A 的特征值分别为 $\lambda_1=9$，$\lambda_2=1+2a$，$\lambda_3=\lambda_4=1-a$，因此当 $-1/2<a<1$ 时，f 正定，当 $-1/2\leqslant a\leqslant1$ 时，f 半正定，当 $a<-1/2$ 或 $a>1$ 时，f 不定.

5. 显然实二次型 $f(x_1,x_2,\cdots,x_{10})$ 半正定，由习题 5.2 的第 8 题的讨论，则易知二次型 f 的秩为 9，因此 f 的正惯性指数为 9，负惯性指数为 0.

6. 当 $a>n$ 时，f 正定.

7. 方法 1　显然实二次型 $f(x_1,x_2,\cdots,x_n)$ 半正定.

考虑下述齐次线性方程组及相应的系数行列式：

$$\begin{cases}x_1+a_1x_2=0,\\x_2+a_2x_3=0,\\\cdots\cdots\cdots\cdots,\\x_{n-1}+a_{n-1}x_n=0,\\a_nx_1+x_n=0.\end{cases}\quad D=\begin{vmatrix}1&a_1&0&\cdots&0&0\\0&1&a_2&\cdots&0&0\\\cdots&\cdots&\cdots&\cdots&\cdots&\cdots\\0&0&0&\cdots&1&a_{n-1}\\a_n&0&0&\cdots&0&1\end{vmatrix},$$

行列式 $D=1+(-1)^{n+1}a_1a_2\cdots a_n$，当 $D\neq0$ 时，方程组只有零解，此时，对于一组不全为零的实数 $c_1,c_2,\cdots,c_n$，代入上述方程组则一定不成立，那么有

$$f(c_1,c_2,\cdots,c_n)=(c_1+a_1c_2)^2+\cdots+(c_{n-1}+a_{n-1}c_n)^2+(c_n+a_nc_1)^2>0,$$

所以当 $1+(-1)^{n+1}a_1a_2\cdots a_n\neq0$ 时，f 正定.

方法 2　记 $C=\begin{pmatrix}1&a_1&0&\cdots&0&0\\0&1&a_2&\cdots&0&0\\\cdots&\cdots&\cdots&\cdots&\cdots&\cdots\\0&0&0&\cdots&1&a_{n-1}\\a_n&0&0&\cdots&0&1\end{pmatrix}$，$X=\begin{pmatrix}x_1\\x_2\\\vdots\\x_{n-1}\\x_n\end{pmatrix}$，$Y=\begin{pmatrix}y_1\\y_2\\\vdots\\y_{n-1}\\y_n\end{pmatrix}$，

令 $Y=CX$，那么

$$f=y_1^2+y_2^2+\cdots+y_{n-1}^2+y_n^2=Y'Y=X'C'CX,$$

由于 $C'C$ 为实对称矩阵，则它是二次型 $f(x_1,x_2,\cdots,x_n)$ 的矩阵，因此当矩阵 C 的行列式 $|C|=1+(-1)^{n+1}a_1a_2\cdots a_n\neq0$ 时，则矩阵 C 可逆，则 f 的矩阵 $C'C$ 正定，从而二次型 f 正定.

8. 方法 1　显然矩阵 P 是实对称矩阵.$\forall 0\neq\alpha=(c_1,c_2,\cdots,c_n)'\in\mathbf{R}^n$，均有

$$\alpha'P\alpha=\sum_{i=1}^n\sum_{j=1}^n a_ia_jc_ic_j=\sum_{i=1}^n\sum_{j=1}^n(a_ic_i)(a_jc_j)=\Big(\sum_{i=1}^n a_ic_i\Big)^2\geqslant0,$$

所以矩阵 P 半正定.

方法 2　记 $\beta=(a_1,a_2,\cdots,a_n)'$，则 $P=\beta\beta'$，那么

$$\alpha'P\alpha=\alpha'\beta\beta'\alpha=(\beta'\alpha)^2\geqslant0,$$

所以矩阵 P 半正定(当然也可以考虑主子式均非负).

9. 在 $t\in R$ 时，$tE+A$ 是实对称矩阵.考虑 $tE+A$ 的 k 阶顺序主子式

$$P_k(t)=\begin{vmatrix}t+a_{11}&a_{12}&\cdots&a_{1k}\\a_{21}&t+a_{22}&\cdots&a_{2k}\\\cdots&\cdots&\cdots&\cdots\\a_{k1}&a_{k2}&\cdots&t+a_{kk}\end{vmatrix}=t^k+c_1t^{k-1}+\cdots+c_{k-1}t+c_k,$$

当 $t\to+\infty$ 时，$P_k(t)\to+\infty$，因此存在 $t_k>0$，当 $t>t_k$ 时

$$P_k(t)>0, \quad k=1, 2, \cdots, n,$$

取 $t_0=\max\{t_1, t_2, \cdots, t_n\}$，则当 $t>t_0$ 时 $P_k(t)>0 (k=1, 2, \cdots, n)$，此时 $tE+A$ 正定.

10. 由于 A 为实对称矩阵，由上题，因此当 t 充分大时，$tE+A$ 正定，则存在 $t_1>0$ 使当 $t>t_1$ 时，$\forall X\in\mathbf{R}^n$，均有

$$X'(tE+A)X\geqslant 0 \text{ 即得 } X'AX\geqslant -tX'X;$$

又 $-A$ 亦为实对称矩阵，同理则存在 $t_2>0$ 使当 $t>t_2$ 时，$\forall X\in\mathbf{R}^n$，均有

$$X'(tE-A)X\geqslant 0 \text{ 即得 } X'AX\leqslant tX'X,$$

取 $c>\max\{t_1, t_2\}$，任给 $X\in\mathbf{R}^n$，则均有

$$-cX'X\leqslant X'AX\leqslant cX'X \text{ 即 } |X'AX|\leqslant cX'X.$$

11. 由条件，则 f 既不半正定也不半负定，即知 f 的正惯性指数和负惯性指数均大于零，那么存在非退化线性替换 $X=CY$，使

$$f(x_1, x_2, \cdots, x_n)=y_1^2+\cdots+y_p^2-y_{p+1}^2-\cdots-y_{p+q}^2=g(y_1, y_2, \cdots, y_n),$$

令 $Y_3=e_1+e_{p+1}$，$Y_4=e_1-e_{p+1}$，取 $X_3=CY_3$，$X_4=CY_4$ 即可.

12. 由于 A 正定，则其一阶、二阶主子式均正，即得 $a_{ii}>0$，且 $\begin{vmatrix} a_{ii} & a_{ij} \\ a_{ij} & a_{jj} \end{vmatrix}>0$，那么 $a_{ij}^2<a_{ii}a_{jj}(i\neq j)$.

设 A 的主对角线上最大元素为 a_{kk}，那么

$$|a_{ij}|\leqslant\sqrt{a_{ii}a_{jj}}\leqslant\sqrt{a_{kk}a_{kk}}=a_{kk}(1\leqslant i\leqslant j\leqslant n).$$

13. 1) 由于 $(\lambda A+\mu B)'=\lambda A'+\mu B'=\lambda A+\mu B$，则 $\lambda A+\mu B$ 为实对称矩阵，任给 $\alpha\in\mathbf{R}^n$，则

$$\alpha'(\lambda A+\mu B)\alpha=\lambda\alpha'C'C\alpha+\mu\alpha'D'D\alpha=\lambda(C\alpha)'(C\alpha)+\mu(D\alpha)'(D\alpha)\geqslant 0,$$

所以 $\lambda A+\mu B$ 为半正定矩阵，从而存在实方阵 P，使 $\lambda A+\mu B=P'P$.

2) 若 C 与 D 中至少有一个可逆，不妨设 C 可逆，$\forall \alpha\in\mathbf{R}^n$，$\alpha\neq 0$，则 $C\alpha\neq 0$，那么

$$\alpha'(\lambda A+\mu B)\alpha=\lambda(C\alpha)'(C\alpha)+\mu(D\alpha)'(D\alpha)>0,$$

所以 $\lambda A+\mu B$ 为正定矩阵，从而存在实可逆方阵 P，使 $\lambda A+\mu B=P'P$.

14. 由题 8 知 $(-a_{11}^{-1})\beta\beta'$ 是 $n-1$ 阶半正定阵，又 A_{n-1} 正定，因此 $A_{n-1}-a_{11}^{-1}\beta\beta'$ 也正定. 因为矩阵 $A=\begin{pmatrix} a_{11} & \beta' \\ \beta & A_{n-1} \end{pmatrix}$ 合同于 $\begin{pmatrix} a_{11} & O \\ O & A_{n-1}-a_{11}^{-1}\beta\beta' \end{pmatrix}$，所以 A 的正惯性指数为 $n-1$，负惯性指数为 1，从而符号差为 $n-2$.

15. 由于矩阵 Q 正定，则 Q^{-1} 存在，且 $(Q^{-1})'=Q^{-1}$，那么

$$\begin{pmatrix} E_{n-1} & O \\ -\alpha'Q^{-1} & 1 \end{pmatrix}\begin{pmatrix} Q & \alpha \\ \alpha' & r \end{pmatrix}\begin{pmatrix} E_{n-1} & -Q^{-1}\alpha \\ O & 1 \end{pmatrix}=\begin{pmatrix} Q & O \\ O & r-\alpha'Q^{-1}\alpha \end{pmatrix}=B,$$

即知矩阵 A 与 B 合同.

$(\Rightarrow)$ 设 A 正定，由于 A, B 合同，因此 B 正定，那么 $|Q|(r-\alpha'Q^{-1}\alpha)>0$，而 Q 正定，则 $|Q|>0$，所以 $r-\alpha'Q^{-1}\alpha>0$，则 $r>\alpha'Q^{-1}\alpha$.

$(\Leftarrow)$ 若 $r>\alpha'Q^{-1}\alpha$，则 $|B|=|Q|(r-\alpha'Q^{-1}\alpha)>0$. 又 Q 正定，则其顺序主子式全大于零，因此 B 的各阶顺序主子式均大于零，所以 B 正定，从而 A 正定.

16. 当矩阵 B 可逆时，由于 $B'=B$，因此 $(B^{-1})'=B^{-1}$，那么有合同关系

$$\begin{pmatrix} E_r & O \\ -C'B^{-1} & E_{n-r} \end{pmatrix}\begin{pmatrix} B & C \\ C' & D \end{pmatrix}\begin{pmatrix} E_r & -B^{-1}C \\ O & E_{n-r} \end{pmatrix}=\begin{pmatrix} B & O \\ O & D-C'B^{-1}C \end{pmatrix} \tag{1}$$

$(\Rightarrow)$ 设 A 正定，则 B 也正定（其顺序主子式全正），从而 B 可逆，那么 (1) 成立，由于合同关系保正定性不变，因此 (1) 右边矩阵正定，则 $D-C'B^{-1}C$ 的顺序主子式全正，所以 $D-C'B^{-1}C$ 也正定.

（⟸）设 B，$D-C'B^{-1}C$ 均正定，则 B 可逆，因此(1)成立，由于 B 合同于 E_r，且 $D-C'B^{-1}C$ 合同于 E_{n-r}，从而 A 合同于 E_n，所以矩阵 A 必然正定．

补充题

1. 任给 $\alpha \in \mathbf{R}^n$，且 $\alpha \neq 0$，则
$$\alpha' \cdot A\alpha + (A\alpha)' \cdot \alpha = \alpha'(A+A')\alpha = \alpha'\alpha > 0,$$
那么 $A\alpha \neq 0$，因此向量方程 $AX=0$ 只有零解，所以 $|A| \neq 0$．

2. 由于 A 为实对称矩阵，因此
$$(BA+AB')' = A'B' + BA' = BA + AB',$$
那么 $BA+AB'$ 也为实对称矩阵，由第九章定理7，则存在正交矩阵 T，使
$$T'(BA+AB')T = diag(\lambda_1, \lambda_2, \cdots, \lambda_n),$$
其中 $\lambda_1, \lambda_2, \cdots, \lambda_n$ 为 $BA+AB'$ 的特征值，由题设，则它们全大于零，所以 $BA+AB'$ 正定．任给非零列向量 $\alpha \in \mathbf{R}^n$，则均有
$$\alpha'(BA+AB')\alpha > 0 \Rightarrow (B'\alpha)'(A\alpha) + (A\alpha)'(B'\alpha) > 0,$$
因此 $A\alpha \neq 0$，说明向量方程 $AX=0$ 只有零解，所以 $|A| \neq 0$．

3. （⟹）设 A 为正定矩阵，则存在 n 阶实可逆矩阵 P，使 $A=P'P$，令 $m \times n$ 矩阵 $G = \begin{pmatrix} P \\ O \end{pmatrix}$，则 $R(G)=n$，且 $A=G'G$．

（⟸）设 $A=G'G$，其中 G 为 $m \times n$ 实矩阵，$m > n$ 且 $R(G)=n$，则方程 $GX=0$ 只有零解，任给 $0 \neq \alpha \in \mathbf{R}^n$，则 $G\alpha \neq 0$，且 $G\alpha \in \mathbf{R}^m$，那么
$$\alpha'A\alpha = \alpha'G'G\alpha = (G\alpha)'(G\alpha) > 0,$$
所以 A 是正定矩阵．

4. 显然 C 是实对称矩阵，由于 B 正定，则存在实可逆矩阵 $P = \begin{pmatrix} p_{11} & p_{12} \\ p_{21} & p_{22} \end{pmatrix}$，使得 $B=P'P$，那么
$$b_{11} = p_{11}p_{11} + p_{21}p_{21}, \quad b_{12} = p_{11}p_{12} + p_{21}p_{22},$$
$$b_{21} = p_{12}p_{11} + p_{22}p_{21}, \quad b_{22} = p_{12}p_{12} + p_{22}p_{22},$$
任给 $0 \neq X \in \mathbf{R}^2$，记 $X = (x_1, x_2)'$，那么
$$X'CX = a_{11}b_{11}x_1^2 + a_{12}b_{12}x_1x_2 + a_{21}b_{21}x_2x_1 + a_{22}b_{22}x_2^2$$
$$= a_{11}(p_{11}x_1)^2 + a_{12}(p_{11}x_1)(p_{12}x_2) + a_{21}(p_{12}x_2)(p_{11}x_1) + a_{22}(p_{12}x_2)^2$$
$$+ a_{11}(p_{21}x_1)^2 + a_{12}(p_{21}x_1)(p_{22}x_2) + a_{21}(p_{22}x_2)(p_{21}x_1) + a_{22}(p_{22}x_2)^2,$$
记 $Y_1 = (p_{11}x_1, p_{12}x_2)'$，$Y_2 = (p_{21}x_1, p_{22}x_2)'$，则 $Y_1, Y_2 \in \mathbf{R}^2$，而 P 可逆，且 x_1, x_2 不全为零，因此 Y_1, Y_2 中至少有一个非零，考虑到矩阵 A 正定，所以
$$X'CX = Y'_1AY_1 + Y'_2AY_2 > 0,$$
即得矩阵 C 正定．

5. 显然 C 是实对称矩阵，对于正定矩阵 B，则存在实可逆矩阵 P，使 $B=P'P$，记 $P = (p_{ij})_{nn}$，那么
$$b_{ij} = p_{1i}p_{1j} + p_{2i}p_{2j} + \cdots + p_{ni}p_{nj}.$$
任给非零列向量 $X = (x_1, x_2, \cdots, x_n)' \in \mathbf{R}^n$，那么
$$X'CX = \sum_{i=1}^{n} \sum_{j=1}^{n} c_{ij}x_ix_j = \sum_{i=1}^{n} \sum_{j=1}^{n} a_{ij}(p_{1i}p_{1j} + p_{2i}p_{2j} + \cdots + p_{ni}p_{nj})x_ix_j$$

$$= \sum_{i=1}^{n} \sum_{j=1}^{n} a_{ij}(p_{1i}x_i)(p_{1j}x_j) + \sum_{i=1}^{n} \sum_{j=1}^{n} a_{ij}(p_{2i}x_i)(p_{2j}x_j) + \cdots + \sum_{i=1}^{n} \sum_{j=1}^{n} a_{ij}(p_{ni}x_i)(p_{nj}x_j),$$

记 n 维列向量 $Y_k = (p_{k1}x_1, p_{k2}x_2, \cdots, p_{kn}x_n)'$, $k = 1, 2, \cdots, n$, 则有

$$X'CX = Y'_1AY_1 + Y'_2AY_2 + \cdots + Y'_nAY_n.$$

由于向量 $X \neq 0$, 则存在非零分量, 不妨设 $x_1 \neq 0$, 考虑矩阵 P 中第一列的各个分量 p_{11}, p_{21}, $\cdots$, p_{n1}, 它们一定不全为零(P 可逆), 设 $p_{m1} \neq 0$, 则 $Y_m \neq 0$, 由于矩阵 A 正定, 所以 $X'CX > 0$, 从而矩阵 C 正定.

6. 任给非零列向量 $\delta \in \mathbf{R}^n$, 由于矩阵 Q 正定, 因此

$$\delta'(Q + \alpha\alpha')\delta = \delta'Q\delta + \delta'\alpha\alpha'\delta = \delta'Q\delta + (\delta'\alpha)^2 > 0,$$

所以 $Q + \alpha\alpha'$ 是正定矩阵, 从而 $(Q + \alpha\alpha')^{-1}$ 也正定, 则得 $\alpha'(Q + \alpha\alpha')^{-1}\alpha \geqslant 0$.

由于 $Q + \alpha\alpha' = Q(E + Q^{-1}\alpha\alpha')$, 因此 $E + Q^{-1}\alpha\alpha'$ 可逆, 那么 $1 + \alpha'Q^{-1}\alpha \neq 0$, 由例 4.14, 则得

$$(Q + \alpha\alpha')^{-1} = Q^{-1} - (1 + \alpha'Q^{-1}\alpha)^{-1}Q^{-1}\alpha\alpha'Q^{-1},$$

那么

$$\alpha'(Q + \alpha\alpha')^{-1}\alpha = \alpha'Q^{-1}\alpha - (1 + \alpha'Q^{-1}\alpha)^{-1}\alpha'Q^{-1}\alpha \cdot \alpha'Q^{-1}\alpha$$
$$= \alpha'Q^{-1}\alpha \cdot (1 + \alpha'Q^{-1}\alpha)^{-1} < 1.$$

7. 1) 由于矩阵 A 正定, 则 A^{-1} 存在, 且 A^{-1} 也正定, 那么

$$\begin{pmatrix} E_n & O \\ -Y'A^{-1} & 1 \end{pmatrix} \begin{pmatrix} A & Y \\ Y' & O \end{pmatrix} = \begin{pmatrix} A & Y \\ O & -Y'A^{-1}Y \end{pmatrix},$$

两边取行列式则立即有

$$f(Y) = \begin{vmatrix} A & Y \\ Y' & O \end{vmatrix} = \begin{vmatrix} A & Y \\ O & -Y'A^{-1}Y \end{vmatrix} = -|A|Y'A^{-1}Y,$$

所以 $f(Y)$ 负定;

2) 对矩阵 A 进行分块, 记 $A = \begin{pmatrix} A_1 & \alpha \\ \alpha' & a_{nn} \end{pmatrix}$, 则矩阵块 A_1 亦正定, 那么

$$|A| = \begin{vmatrix} A_1 & \alpha \\ \alpha' & a_{nn} \end{vmatrix} = \begin{vmatrix} A_1 & O \\ \alpha' & a_{nn} \end{vmatrix} + \begin{vmatrix} A_1 & \alpha \\ \alpha' & O \end{vmatrix} \leqslant \begin{vmatrix} A_1 & O \\ \alpha' & a_{nn} \end{vmatrix} = a_{nn}|A_1| = a_{nn}P_{n-1};$$

3) 矩阵 A 的各阶顺序主子式所对应的矩阵均正定, 因此可连续利用 2), 则

$$|A| \leqslant a_{nn}P_{n-1} \leqslant a_{nn}a_{n-1,n-1}P_{n-2} \leqslant \cdots \leqslant a_{11}a_{22}\cdots a_{nn};$$

4) 由于 $T = (t_{ij})_{nn}$ 为 n 阶可逆矩阵, 因此 $T'T$ 正定, 而 $T'T$ 中第 i 行第 i 列处的元素为 $a_{1i}^2 + a_{2i}^2 + \cdots + a_{ni}^2$, 所以

$$|T|^2 = |T'T| \leqslant \prod_{i=1}^{n}(a_{1i}^2 + a_{2i}^2 + \cdots + a_{ni}^2).$$

8. 1) 由于 A 正定, 因此 A^{-1} 存在. 由 $AA^* = |A|E$, 则 $A^* = |A|A^{-1}$. 那么

$$\begin{pmatrix} A^* & X \\ X' & aX'X \end{pmatrix} \begin{pmatrix} E & -|A|^{-1}AX \\ O & 1 \end{pmatrix} = \begin{pmatrix} A^* & O \\ X' & aX'X - |A|^{-1}X'AX \end{pmatrix},$$

则得

$$f(X) = \begin{vmatrix} A^* & X \\ X' & aX'X \end{vmatrix} = |A^*|(aX'X - |A|^{-1}X'AX) = |A|^{n-2}X'(a|A|E - A)X,$$

所以二次型 $f(X)$ 的矩阵为 $|A|^{n-2}(a|A|E - A)$.

2) 对于正定矩阵 A, 则存在正交矩阵 T, 使得

$$T'AT = diag(\lambda_1, \lambda_2, \cdots, \lambda_n),$$

那么

$$T'(a|A|E-A)T=diag(a|A|-\lambda_1,\ a|A|-\lambda_2,\ \cdots,\ a|A|-\lambda_n),$$

因此二次型 $f(X)$ 正定 $\Leftrightarrow$ 矩阵 $a|A|E-A$ 正定 $\Leftrightarrow a|A|>\lambda_i(i=1,\ 2,\ \cdots,\ n)$，又由于 $|A|=\lambda_1\lambda_2\cdots\lambda_n$，所以 $f(X)$ 正定的充分必要条件是

$$a\lambda_1\cdots\lambda_{i-1}\lambda_{i+1}\cdots\lambda_n>1,\ (i=1,\ 2,\ \cdots,\ n).$$

9. 由于 A 是实对称矩阵，且特征值全大于 a，因此存在正交矩阵 T，使

$$T'AT=diag(\lambda_1,\ \lambda_2,\ \cdots,\ \lambda_n),$$

其中 $\lambda_i>a(i=1,\ 2,\ \cdots,\ n)$，那么得

$$T'(A-aE)T=diag(\lambda_1-a,\ \lambda_2-a,\ \cdots,\ \lambda_n-a),$$

其中 $\lambda_i-a>0(i=1,\ 2,\ \cdots,\ n)$，所以矩阵 $A-aE$ 正定，同理 $B-bE$ 也正定，又由于

$$(A+B)-(a+b)E=(A-aE)+(B-bE),$$

矩阵 $(A+B)-(a+b)E$ 正定．

对于实对称矩阵 $A+B$，则存在正交矩阵 Q，使（$\mu_1,\ \mu_2,\ \cdots,\ \mu_n$ 为 $A+B$ 的特征值）

$$Q'(A+B)Q=diag(\mu_1,\ \mu_2,\ \cdots,\ \mu_n),$$

那么有

$$T'[(A+B)-(a+b)E]T=diag[\mu_1-(a+b),\ \mu_2-(a+b),\ \cdots,\ \mu_n-(a+b)],$$

所以 $\mu_i-(a+b)>0$，即得 $\mu_i>a+b$，$(i=1,\ 2,\ \cdots,\ n)$．

10.（$\Rightarrow$）根据例 5.12 的讨论，同理，由 A 半正定，则 $f(X)$ 半正定，得 $f_k(X_k)$ 半正定，从而 A_k 半正定，因此存在实可逆矩阵 C_k，使

$$C'_kA_kC_k=diag(d_{i_1},\ d_{i_2},\ \cdots,\ d_{i_k}),\ d_{i_j}\geqslant0,$$

所以可推得 $|A_k|\geqslant0$．

（$\Leftarrow$）对于 A 的任一 k 级顺序主子式所对应的矩阵 A_k，任给 $\lambda>0$，则必有

$$|\lambda E_k+A_k|=\lambda^k+c_1\lambda^{k-1}+\cdots+c_{k-1}\lambda+c_k,$$

其中 c_i 为 A_k 的所有 i 阶主子式之和（是 A 的部分 i 阶主子式之和），因此

$$|\lambda E_k+A_k|>0,\ k=1,\ 2,\ \cdots,\ n,$$

所以对称矩阵 $\lambda E+A$ 正定．

下证二次型 $f(X)=X'AX$ 半正定：（反证法）设 $f(X)$ 不半正定，则存在非零向量 $\alpha\in R^n$，使 $\alpha'A\alpha=-a$，其中 $a>0$．对于正数 a 和向量 $\alpha\in R^n$，令 $b=a/(\alpha'\alpha)$，则 $b>0$，那么 $\alpha'(bE+A)\alpha=0$，由前面的讨论知 $bE+A$ 正定，导致矛盾．

11. 由 $a_{ij}=a_{ji}$，则易得 $A_{ij}=A_{ji}$，因此 A^* 也是实对称矩阵．

若 $R(A)=n$，则 A 正定，从而 A^{-1} 也正定，因此 $A^*=|A|A^{-1}$ 正定．

若 $R(A)\leqslant n-2$，则 $A^*=O$，那么 A^* 半正定．

若 $R(A)=n-1$，则 $R(A^*)=1$，那么 A^* 的 2 阶以上的主子式均为零，A^* 的 1 阶主子式为 $A_{ii}(i=1,\ 2,\ \cdots,\ n)$，且 $A_{ii}=M_{ii}$，其中 M_{ii} 为 A 中元素 a_{ii} 的余子式，那么 M_{ii} 是 A 的 $n-1$ 阶主子式，因此 $M_{ii}\geqslant0$，所以 A^* 半正定．

12. 1）由于

$$|A+E|=|1\cdot E+A|=1+c_1+c_2+\cdots+c_n,$$

其中 c_k 为半正定矩阵 A 中一切 k 阶主子式之和，因此 $c_k\geqslant0(k=1,\ 2,\ \cdots,\ n)$，所以

$$|A+E|\geqslant1,\ |A+E|\geqslant1+c_n=1+|A|.$$

又 $A\neq O$，则必有某个 $a_{ij}\neq0$，那么 a_{ii}，a_{jj} 不全为零（因为否则，则导致二阶主子式 $\begin{vmatrix}0&a_{ij}\\a_{ij}&0\end{vmatrix}=$

$-a_{ij}^2<0$,此与 A 半正定矛盾),因此某个 $a_{ii}>0$,则 $c_1>0$,所以

$$|A+E|>1, \quad |A+E|>1+|A|.$$

另证 由于 A 半正定,且 $A\neq O$,因此存在正交矩阵 T,使

$$T'AT=diag(\lambda_1, \lambda_2, \cdots, \lambda_n),$$

其中 $\lambda_i\geq0(i=1, 2, \cdots, n)$,且至少有某个 $\lambda_k>0$,那么

$$T'(A+E)T=diag(1+\lambda_1, 1+\lambda_2, \cdots, 1+\lambda_n),$$

所以 $|A+E|=(1+\lambda_1)(1+\lambda_2)\cdots(1+\lambda_n)$,则可得 $|A+E|>1$,$|A+E|>1+|A|$.

2)由于 B 正定,则存在可逆阵 Q 使 $Q'BQ=E$,则得 $|B|=1/|Q|^2$.

对于实对称矩阵 $Q'AQ$,则它半正定,且 $Q'AQ\neq O$,因此

$$|Q'AQ+E|>1, \quad |Q'AQ+E|>1+|Q'AQ|,$$

那么可得

$$|A+B|>|B|, \quad 且 |A+B|>|A|+|B|.$$

第六章 线性空间

关键知识点：线性空间的定义，线性空间的简单运算性质；线性空间中向量组的线性相关性，线性空间的维数、基及坐标，形式矩阵（形式行向量）及其性质，过渡矩阵（基变换关系），坐标变换公式；子空间及其判定，生成子空间（表达子空间的主要方法），基扩充定理（定理4），维数公式（定理7），交空间、和空间及其直和，直和的判定定理（定理11）；线性空间的同构.

§1 线性空间的定义及简单性质

定义 1 设 V 是一个非空集合，P 是一个数域，在集合 V 的元素之间定义一种代数运算，叫做**加法**：即给出一个法则，对于 V 中的任意两个元素 α 与 β，在 V 中都有唯一的一个元素 γ 与它们对应，称为 α 与 β 的**和**，记为 $\gamma=\alpha+\beta$. 在数域 P 与集合 V 之间定义一种运算，叫做**数量乘法**：即对于数域 P 中任意一数 k 与 V 中任一元素 α，在 V 中都有唯一的一个元素 δ 与它们对应，称为 k 与 α 的**数量乘积**，记为 $\delta=k\alpha$. 如果加法与数量乘法满足下列规则，那么 V 称为数域 P 上的**线性空间**.

任给 k，$l\in P$，α，β，$\gamma\in V$，均有

1）$\alpha+\beta=\beta+\alpha$；

2）$(\alpha+\beta)+\gamma=\alpha+(\beta+\gamma)$；

3）在 V 中有一个元素 0，对于 V 中任一元素 α 都有（具有下述性质的元素 0 称为 V 的零元素）
$$0+\alpha=\alpha;$$

4）对于 V 中每一个元素 α，都有 V 中的元素 β（此 β 称为 α 的负元素），使
$$\alpha+\beta=0;$$

5）$1\alpha=\alpha$；

6）$k(l\alpha)=(kl)\alpha$；

7）$(k+l)\alpha=k\alpha+l\alpha$；

8）$k(\alpha+\beta)=k\alpha+k\beta$.

线性空间具有下述简单性质：

1）零元素（向量）是唯一的；

2）α 的负元素（负向量）是唯一的，可记为 $-\alpha$，由此可定义减法如下：
$$\beta-\alpha=\beta+(-\alpha);$$

3）$0\alpha=0$；$k0=0$；$(-1)\alpha=-\alpha$；

4）若 $k\alpha=0$，则 $k=0$ 或者 $\alpha=0$.

例 6.1 检验以下集合对于所指的线性运算是否构成实数域 **R** 上的线性空间：

1）设 A 是一个 $n\times n$ 实数矩阵，A 的实系数多项式 $f(A)$ 的全体，对于矩阵的加法和数量乘法；

2）全体实数的二元数列，对于下面定义的运算：
$$(a_1,\ b_1)\oplus(a_2,\ b_2)=(a_1+a_2,\ b_1+b_2+a_1a_2),\ k\circ(a_1,\ b_1)=\left(ka_1,\ kb_1+\frac{1}{2}k(k-1)a_1^2\right);$$

3）平面上全体向量，对于通常的加法和如下定义的数量乘法：
$$k\circ\alpha=0.$$

解 1)记 A 的实系数多项式 $f(A)$ 的全体构成的集合为 V，即

$$V=\{f(A)\,|f(x)\in\mathbf{R}[x]\}.$$

任取 $f(A)$，$g(A)\in V$，则 $f(x)$，$g(x)\in\mathbf{R}[x]$，可得 $f(x)+g(x)=h(x)\in\mathbf{R}[x]$，因此 $f(A)+g(A)=h(A)\in V$；

任给 $k\in\mathbf{R}$，$f(A)\in V$，则 $f(x)\in\mathbf{R}[x]$，同理可得 $kf(x)=l(x)\in\mathbf{R}[x]$，因此也有 $kf(A)=l(A)\in V$. 容易验证定义中的八条运算律均成立，所以构成线性空间.

2）记 $V=\{(a,b)\,|a,b\in\mathbf{R}\}$，显然 V 对于所定义的加法和数量乘法运算封闭，易验证加法交换律、结合律成立；

任给 $(a,b)\in V$，则

$$(a,b)\oplus(0,0)=(a,b),\ (a,b)\oplus(-a,a^2-b)=(0,0),$$

因此 $(0,0)$ 是 V 中的零元，且 $(-a,a^2-b)$ 是 V 中 (a,b) 的负元；

对于其它的运算律，也可以验证均成立，所以构成线性空间.

3）平面上的全体向量构成的集合可记为 $\mathbf{R}^2$，则 $\mathbf{R}^2$ 关于这里定义的运算构不成线性空间，因为可取 $0\neq\alpha\in\mathbf{R}^2$，则 $1\circ\alpha=0$，此与线性空间定义中的运算律矛盾.

例 6.2 在线性空间 V 中，证明：$k(\alpha-\beta)=k\alpha-k\beta$.

证 因为

$$k(\alpha-\beta)+k\beta=k[(\alpha-\beta)+\beta]=k\{\alpha+[(-\beta)+\beta]\}=k(\alpha+0)=k\alpha,$$

所以

$$k(\alpha-\beta)=k\alpha+(-k\beta)=k\alpha-k\beta.$$

另证 $k(\alpha-\beta)=k[\alpha+(-\beta)]=k[\alpha+(-1)\beta]=k\alpha+[k(-1)]\beta$
$$=k\alpha+(-1)(k\beta)=k\alpha-k\beta.$$

习题 6.1

1. 检验以下集合对于所指的线性运算是否构成实数域 $\mathbf{R}$ 上的线性空间：

1）平面上全体向量，对于通常的加法和如下定义的数量乘法：

$$k\circ\alpha=\alpha;$$

2）全体正实数 $\mathbf{R}^+$，加法与数量乘法定义为：

$$a\oplus b=ab,\quad k\circ a=a^k.$$

2. 设 P 是数域，$V=\{\alpha_1,\alpha_2,\cdots,\alpha_s\}$，且 $s>1$，问能否对 V 定义加法及 P 与 V 的数量乘法，使 V 构成 P 上的线性空间？

§2 线性空间中的向量的表示

一、维数、基与坐标

定义 2 设 V 是数域 P 上的线性空间，α_1，α_2，$\cdots$，$\alpha_r\in V$，k_1，k_2，$\cdots$，$k_r\in P$，其中个数 $r\geqslant 1$，那么向量

$$\alpha=k_1\alpha_1+k_2\alpha_2+\cdots+k_r\alpha_r$$

称为向量组 α_1，α_2，$\cdots$，α_r 的一个线性组合（或说向量 α 可以用向量组 α_1，α_2，$\cdots$，α_r 线性表出）.

定义 3 对于线性空间 V 中的两个向量组 A：α_1，α_2，$\cdots$，α_r；B：β_1，β_2，$\cdots$，β_s，如果 A 中每个向量 $\alpha_i(i=1$，2，$\cdots$，$r)$ 都以用向量组 B 线性表出，则称向量组 A 可以用向量组 B 线性表出；若向量组 A 与 B 可以互相线性表出，则称向量组 A 和向量组 B 等价.

定义 4 线性空间 V 中向量组 α_1，α_2，$\cdots$，$\alpha_r(r\geq 1)$ 称为线性相关，如果在数域 P 中有 r 个不全为零的数 k_1，k_2，$\cdots$，k_r，使

$$k_1\alpha_1+k_2\alpha_2+\cdots+k_r\alpha_r=0. \tag{1}$$

如果向量组 α_1，α_2，$\cdots$，α_r 不线性相关，就称为线性无关. 即向量组 α_1，α_2，$\cdots$，α_r 称为线性无关，如果等式（1）只有在 $k_1=k_2=\cdots=k_r=0$ 时才成立.

线性空间中经常用到的几个基本性质：

① 单个向量 α 线性相关当且仅当 $\alpha=0$；

② 若向量组 α_1，α_2，$\cdots$，α_r 线性无关，且可被 β_1，β_2，$\cdots$，β_s 线性表出，则 $r\leq s$；

③ 如果向量组 α_1，α_2，$\cdots$，α_r 线性无关，但 α_1，α_2，$\cdots$，α_r，β 线性相关，那么 β 可以由 α_1，α_2，$\cdots$，α_r 线性表出，而且表法是唯一的.

定义 5 如果在线性空间 V 中有 n 个线性无关的向量，但是没有更多数目的线性无关的向量，那么 V 就称为 n 维的，即 V 的维数为 n，记为 $\dim V=n$；如果在 V 中可以找到任意多个线性无关的向量，那么 V 就称为无限维的.

定义 6 设 $\dim V=n$，称 V 中 n 个线性无关的向量 ε_1，ε_2，$\cdots$，ε_n 为 V 的一组基. 任给 $\alpha\in V$，则 ε_1，ε_2，$\cdots$，ε_n，α 线性相关，因此 α 可被基 ε_1，ε_2，$\cdots$，ε_n 线性表出：

$$\alpha=a_1\varepsilon_1+a_2\varepsilon_2+\cdots+a_n\varepsilon_n,$$

其中系数数组 $(a_1$，a_2，$\cdots$，$a_n)$ 被向量 α 和基 ε_1，ε_2，$\cdots$，ε_n 唯一确定，此数组就称为向量 α 在基 ε_1，ε_2，$\cdots$，ε_n 下的坐标.

定理 1 如果在线性空间 V 中有 n 个线性无关的向量 α_1，α_2，$\cdots$，α_n，且 V 中任一向量都可以用它们线性表出，那么 $\dim V=n$，且 α_1，α_2，$\cdots$，α_n 是 V 的一组基.

例 6.3 如果 $f_1(x)$，$f_2(x)$，$f_3(x)$ 是线性空间 $P[x]$ 中三个互素的多项式，但其中任意两个都不互素，那么它们线性无关.

证 若有不全为零的数 k_1，k_2，$k_3\in P$ 使

$$k_1f_1(x)+k_2f_2(x)+k_3f_3(x)=0,$$

不妨设 $k_1\neq 0$，则得

$$f_1(x)=-k_1^{-1}k_2f_2(x)-k_1^{-1}k_3f_3(x),$$

由于 $f_1(x)$，$f_2(x)$，$f_3(x)$ 中任意两个都不互素，因此可设不可约多项式 $p(x)$ 是 $f_2(x)$ 与 $f_3(x)$ 的一个公因式，那么 $p(x)\big|f_1(x)$，此与 $f_1(x)$，$f_2(x)$，$f_3(x)$ 互素矛盾，所以

$$k_1=k_2=k_3=0,$$

即得 $f_1(x)$，$f_2(x)$，$f_3(x)$ 线性无关.

例 6.4 在 P^4 中，求向量 $\xi=(0$，0，0，$1)$ 在基 ε_1，ε_2，ε_3，ε_4 下的坐标，其中

$$\varepsilon_1=(1,1,0,1),\ \varepsilon_2=(2,1,3,1),\ \varepsilon_3=(1,1,0,0),\ \varepsilon_4=(0,1,-1,-1).$$

解 考虑向量方程 $x_1\varepsilon_1+x_2\varepsilon_2+x_3\varepsilon_3+x_4\varepsilon_4=\xi$，则得矩阵方程

$$\begin{pmatrix} 1 & 2 & 1 & 0 \\ 1 & 1 & 1 & 1 \\ 0 & 3 & 0 & -1 \\ 1 & 1 & 0 & -1 \end{pmatrix}\begin{pmatrix} x_1 \\ x_2 \\ x_3 \\ x_4 \end{pmatrix}=\begin{pmatrix} 0 \\ 0 \\ 0 \\ 1 \end{pmatrix},$$

$$\begin{pmatrix} 1 & 2 & 1 & 0 & 0 \\ 1 & 1 & 1 & 1 & 0 \\ 0 & 3 & 0 & -1 & 0 \\ 1 & 1 & 0 & -1 & 1 \end{pmatrix} \rightarrow \begin{pmatrix} 1 & 1 & 1 & 1 & 0 \\ 0 & 1 & 0 & -1 & 0 \\ 0 & 3 & 0 & -1 & 0 \\ 0 & 0 & -1 & -2 & 1 \end{pmatrix} \rightarrow \begin{pmatrix} 1 & 1 & 1 & 1 & 0 \\ 0 & 1 & 0 & -1 & 0 \\ 0 & 0 & 1 & 2 & -1 \\ 0 & 0 & 0 & 1 & 0 \end{pmatrix},$$

由此可解得 $\xi = \varepsilon_1 - \varepsilon_3$，即知 ξ 在基 ε_1，ε_2，ε_3，ε_4 下的坐标为 $(1, 0, -1, 0)$.

例 6.5 $P^{3\times3}$ 中全体反对称矩阵构成数域 P 上的线性空间 V，求 V 的基及维数.

解 线性空间 $V = \{A \in P^{3\times3} \mid A' = -A\}$，记 $F_{ij} = E_{ij} - E_{ji}(1 \leq i < j \leq 3)$，即

$$F_{12} = \begin{pmatrix} 0 & 1 & 0 \\ -1 & 0 & 0 \\ 0 & 0 & 0 \end{pmatrix}, F_{13} = \begin{pmatrix} 0 & 0 & 1 \\ 0 & 0 & 0 \\ -1 & 0 & 0 \end{pmatrix}, F_{23} = \begin{pmatrix} 0 & 0 & 0 \\ 0 & 0 & 1 \\ 0 & -1 & 0 \end{pmatrix},$$

则 F_{12}，F_{13}，$F_{23} \in V$. 若有 a，b，$c \in P$ 使 $aF_{12} + bF_{13} + cF_{23} = O$，则

$$\begin{pmatrix} 0 & a & b \\ -a & 0 & c \\ -b & -c & 0 \end{pmatrix} = \begin{pmatrix} 0 & 0 & 0 \\ 0 & 0 & 0 \\ 0 & 0 & 0 \end{pmatrix} \Rightarrow a = b = c = 0,$$

因此 F_{12}，F_{13}，F_{23} 线性无关.

任给 $A \in V$，则 $a_{ji} = -a_{ij}$，因此

$$A = \begin{pmatrix} 0 & a_{12} & a_{13} \\ -a_{12} & 0 & a_{23} \\ -a_{13} & -a_{23} & 0 \end{pmatrix} = a_{12}F_{12} + a_{13}F_{13} + a_{23}F_{23},$$

所以 F_{12}，F_{13}，F_{23} 是 V 的一组基，且 $\dim V = 3$.

例 6.6 全体正实数 $V = \mathbf{R}^+$ 定义运算 $a \oplus b = ab$，$k \circ a = a^k$ 作成实数域 $\mathbf{R}$ 上的线性空间，求 V 的一组基及维数.

解 数 $1 \in V$ 是零向量，取自然对数的底数 $e \in V$，由于 $e \neq 1$，即 e 为 V 中的非零向量，因此向量 e 线性无关，任给 $x \in V$，则均有

$$x = e^{\ln x} = (\ln x) \circ e,$$

说明 x 可由向量 e 线性表出，所以 e 构成 V 的一组基，且 $\dim V = 1$.

例 6.7 设 $sl(n, P) = \{A \in P^{n\times n} \mid tr(A) = 0\}$，记号 $tr(A)$ 表示矩阵 A 的迹，即若矩阵 $A = (a_{ij})_{nn}$，则 $tr(A) = a_{11} + a_{22} + \cdots + a_{nn}$. 验证 $sl(n, P)$ 对于矩阵的加法与数量乘法构成数域 P 上的线性空间，并求 $sl(n, P)$ 的维数和基.

解 容易验证 $sl(n, P)$ 中的矩阵关于加法、数量乘法运算封闭，且满足八大运算律，因此构成线性空间. 任取 $A \in sl(n, P)$，则 $a_{11} + a_{22} + \cdots + a_{nn} = 0$，因此

$$A = \begin{pmatrix} -\sum_{i=2}^{n} a_{ii} & a_{12} & \cdots & a_{1n} \\ a_{21} & a_{22} & \cdots & a_{2n} \\ \cdots & \cdots & \ddots & \cdots \\ a_{n1} & a_{n2} & \cdots & a_{nn} \end{pmatrix}, \quad 记 F_{ij} = \begin{cases} E_{ii} - E_{11}, & i = j, \ i = 2, 3, \cdots, n, \\ E_{ij}, & i \neq j, \ i = 1, \cdots, n, \ j = 1, \cdots, n. \end{cases}$$

那么

$$A = \sum_{i \neq j} a_{ij}E_{ij} + \left(-\sum_{i=2}^{n} a_{ii}\right)E_{11} + \sum_{i=2}^{n} a_{ii}E_{ii} = \sum_{i \neq j} a_{ij}F_{ij} + \sum_{i=2}^{n} a_{ii}F_{ii}$$

即 A 可由向量组 F_{12}，F_{13}，$\cdots$，F_{1n}，F_{21}，F_{22}，F_{23}，$\cdots$，F_{2n}，$\cdots$，F_{n1}，F_{n2}，F_{n3}，$\cdots$，F_{nn} 线性表出，易验证此向量组线性无关，因此它们组构成 $sl(n, P)$ 的基，$\dim sl(n, P) = n^2 - 1$.

二、基变换与坐标变换

在 n 维线性空间 V 中，设 ε_1，ε_2，$\cdots$，ε_n 和 η_1，η_2，$\cdots$，η_n 是两组基，那么有

$$\begin{cases} \eta_1 = a_{11}\varepsilon_1 + a_{21}\varepsilon_2 + \cdots + a_{n1}\varepsilon_n, \\ \eta_2 = a_{12}\varepsilon_1 + a_{22}\varepsilon_2 + \cdots + a_{n2}\varepsilon_n, \\ \cdots\cdots\cdots\cdots\cdots\cdots\cdots\cdots\cdots\cdots\cdots \\ \eta_n = a_{1n}\varepsilon_1 + a_{2n}\varepsilon_2 + \cdots + a_{nn}\varepsilon_n. \end{cases} \quad \text{记 } A = \begin{pmatrix} a_{11} & a_{12} & \cdots & a_{1n} \\ a_{21} & a_{22} & \cdots & a_{2n} \\ \vdots & \vdots & & \vdots \\ a_{n1} & a_{n2} & \cdots & a_{nn} \end{pmatrix},$$

则可将上述一组线性表出式写成形式

$$(\eta_1, \eta_2, \cdots, \eta_n) = (\varepsilon_1, \varepsilon_2, \cdots, \varepsilon_n)A. \tag{2}$$

关系(2)中的矩阵 A 称为由基 ε_1，ε_2，$\cdots$，ε_n 到基 η_1，η_2，$\cdots$，η_n 的过渡矩阵，此矩阵是可逆的，且 A^{-1} 是基 η_1，η_2，$\cdots$，η_n 到基 ε_1，ε_2，$\cdots$，ε_n 的过渡矩阵(后面证明)；此外(2)式中的 $(\varepsilon_1, \varepsilon_2, \cdots, \varepsilon_n)$ 称为形式上的 $1 \times n$ 矩阵或形式行向量，规定其相等和运算如下：

1）如果 $\alpha_i = \beta_i$，$i = 1$，2，$\cdots$，n，则称形式矩阵 $(\alpha_1, \alpha_2, \cdots, \alpha_n)$ 与 $(\beta_1, \beta_2, \cdots, \beta_n)$ 相等，并记 $(\alpha_1, \alpha_2, \cdots, \alpha_n) = (\beta_1, \beta_2, \cdots, \beta_n)$；

2）定义形式矩阵 $(\alpha_1, \alpha_2, \cdots, \alpha_n)$ 与 $(\beta_1, \beta_2, \cdots, \beta_n)$ 的加法为

$(\alpha_1, \alpha_2, \cdots, \alpha_n) + (\beta_1, \beta_2, \cdots, \beta_n) = (\alpha_1 + \beta_1, \alpha_2 + \beta_2, \cdots, \alpha_n + \beta_n)$；

3）设 $K = (k_{ij})_{nm}$ 是数域 P 上的 $n \times m$ 矩阵，定义 $1 \times n$ 形式矩阵 $(\alpha_1, \alpha_2, \cdots, \alpha_n)$ 与矩阵 P 的乘法为 $(\alpha_1, \alpha_2, \cdots, \alpha_n)K = (k_{11}\alpha_1 + k_{21}\alpha_2 + \cdots + k_{n1}\alpha_n, k_{12}\alpha_1 + k_{22}\alpha_2 + \cdots + k_{n2}\alpha_n, k_{1m}\alpha_1 + k_{2m}\alpha_2 + \cdots + k_{nm}\alpha_n)$.

容易验证形式矩阵具有下述性质：

① $((\alpha_1, \alpha_2, \cdots, \alpha_n)A)B = (\alpha_1, \alpha_2, \cdots, \alpha_n)(AB)$；

② $(\alpha_1, \alpha_2, \cdots, \alpha_n)A + (\alpha_1, \alpha_2, \cdots, \alpha_n)B = (\alpha_1, \alpha_2, \cdots, \alpha_n)(A+B)$；

③ $(\alpha_1, \alpha_2, \cdots, \alpha_n)A + (\beta_1, \beta_2, \cdots, \beta_n)A = (\alpha_1+\beta_1, \alpha_2+\beta_2, \cdots, \alpha_n+\beta_n)A$；

④ 设 α_1，α_2，$\cdots$，α_n 线性无关，那么 $(\alpha_1, \alpha_2, \cdots, \alpha_n)A = (\alpha_1, \alpha_2, \cdots, \alpha_n)B$ 的充分必要条件是 $A = B$.

只验证④，充分性显然，下证必要性，设 $(\alpha_1, \alpha_2, \cdots, \alpha_n)A = (\alpha_1, \alpha_2, \cdots, \alpha_n)B$，则有 $(\alpha_1, \alpha_2, \cdots, \alpha_n)(A-B) = (0, 0, \cdots, 0)$，记 $A - B = C = (c_{ij})_{nn}$，那么

$$c_{1i}\alpha_1 + c_{2i}\alpha_2 + \cdots + c_{ni}\alpha_n = 0 \Rightarrow c_{1i} = c_{2i} = \cdots = c_{ni} = 0 (i = 1, 2, \cdots, n),$$

所以 $C = O$，即得 $A = B$.

对于 n 维线性空间 V 中的两组基 ε_1，ε_2，$\cdots$，ε_n 和 η_1，η_2，$\cdots$，η_n，设第一组基到第二组基的过渡矩阵为 A，即 $(\eta_1, \eta_2, \cdots, \eta_n) = (\varepsilon_1, \varepsilon_2, \cdots, \varepsilon_n)A$，任给 $\alpha \in V$，设 α 在这两组基下的坐标分别为 $(x_1, x_2, \cdots, x_n)$ 和 $(y_1, y_2, \cdots, y_n)$，则

$$(\varepsilon_1, \varepsilon_2, \cdots, \varepsilon_n)\begin{pmatrix} x_1 \\ x_2 \\ \vdots \\ x_n \end{pmatrix} = (\eta_1, \eta_2, \cdots, \eta_n)\begin{pmatrix} y_1 \\ y_2 \\ \vdots \\ y_n \end{pmatrix} \Rightarrow \begin{pmatrix} x_1 \\ x_2 \\ \vdots \\ x_n \end{pmatrix} = A\begin{pmatrix} y_1 \\ y_2 \\ \vdots \\ y_n \end{pmatrix} \text{(坐标变换公式)}.$$

例 6.8 设基 ε_1，ε_2，$\cdots$，ε_n 到基 η_1，η_2，$\cdots$，η_n 的过渡矩阵为 A，证明：A 可逆，且 A^{-1} 是基 η_1，η_2，$\cdots$，η_n 到基 ε_1，ε_2，$\cdots$，ε_n 的过渡矩阵.

证 设基 η_1，η_2，$\cdots$，η_n 到基 ε_1，ε_2，$\cdots$，ε_n 的过渡矩阵为 B，那么

$(\eta_1, \eta_2, \cdots, \eta_n) = (\varepsilon_1, \varepsilon_2, \cdots, \varepsilon_n)A$，$(\varepsilon_1, \varepsilon_2, \cdots, \varepsilon_n) = (\eta_1, \eta_2, \cdots, \eta_n)B$，

因此

$$(\varepsilon_1, \varepsilon_2, \cdots, \varepsilon_n)E = (\varepsilon_1, \varepsilon_2, \cdots, \varepsilon_n) = (\eta_1, \eta_2, \cdots, \eta_n)B = (\varepsilon_1, \varepsilon_2, \cdots, \varepsilon_n)(AB),$$

又基 $\varepsilon_1, \varepsilon_2, \cdots, \varepsilon_n$ 线性无关，所以 $AB = E$，那么 A 可逆，且 $B = A^{-1}$.

例 6.9 在线性空间 P^4 中，求由基 $\varepsilon_1, \varepsilon_2, \varepsilon_3, \varepsilon_4$ 到基 $\eta_1, \eta_2, \eta_3, \eta_4$ 的过渡矩阵，并求向量 $\xi = (1, 0, 0, 0)$ 在基 $\varepsilon_1, \varepsilon_2, \varepsilon_3, \varepsilon_4$ 下的坐标，其中：

$$\varepsilon_1 = (1, 2, -1, 0), \quad \varepsilon_2 = (1, -1, 1, 1), \quad \varepsilon_3 = (-1, 2, 1, 1), \quad \varepsilon_4 = (-1, -1, 0, 1),$$
$$\eta_1 = (2, 1, 0, 1), \quad \eta_2 = (0, 1, 2, 2), \quad \eta_3 = (-2, 1, 1, 2), \quad \eta_4 = (1, 3, 1, 2).$$

解 取 P^4 的单位行向量组构成的一组基如下

$$\alpha_1 = (1, 0, 0, 0), \quad \alpha_2 = (0, 1, 0, 0), \quad \alpha_3 = (0, 0, 1, 0), \quad \alpha_4 = (0, 0, 0, 1),$$

记矩阵 $A = \begin{pmatrix} 1 & 1 & -1 & -1 \\ 2 & -1 & 2 & -1 \\ -1 & 1 & 1 & 0 \\ 0 & 1 & 1 & 1 \end{pmatrix}$，$B = \begin{pmatrix} 2 & 0 & -2 & 1 \\ 1 & 1 & 1 & 3 \\ 0 & 2 & 1 & 1 \\ 1 & 2 & 2 & 2 \end{pmatrix}$，那么

$$(\varepsilon_1, \varepsilon_2, \varepsilon_3, \varepsilon_3) = (\alpha_1, \alpha_2, \alpha_3, \alpha_4)A, \quad (\eta_1, \eta_2, \eta_3, \eta_4) = (\alpha_1, \alpha_2, \alpha_3, \alpha_4)B,$$

所以 $(\eta_1, \eta_2, \eta_3, \eta_4) = (\varepsilon_1, \varepsilon_2, \varepsilon_3, \varepsilon_4)A^{-1}B$，作初等行变换

$$(A \quad B) = \begin{pmatrix} 1 & 1 & -1 & -1 & 2 & 0 & -2 & 1 \\ 2 & -1 & 2 & -1 & 1 & 1 & 1 & 3 \\ -1 & 1 & 1 & 0 & 0 & 2 & 1 & 1 \\ 0 & 1 & 1 & 1 & 1 & 2 & 2 & 2 \end{pmatrix} \rightarrow \begin{pmatrix} 1 & 0 & 0 & 0 & 1 & 0 & 0 & 1 \\ 0 & 1 & 0 & 0 & 1 & 1 & 0 & 1 \\ 0 & 0 & 1 & 0 & 0 & 1 & 1 & 1 \\ 0 & 0 & 0 & 1 & 0 & 0 & 1 & 0 \end{pmatrix}$$

$$= (E \quad A^{-1}B),$$

因此可得过渡矩阵 $A^{-1}B = \begin{pmatrix} 1 & 0 & 0 & 1 \\ 1 & 1 & 0 & 1 \\ 0 & 1 & 1 & 1 \\ 0 & 0 & 1 & 0 \end{pmatrix}$.

设 $\xi = x_1\varepsilon_1 + x_2\varepsilon_2 + x_3\varepsilon_3 + x_4\varepsilon_4$，用求解向量方程法或坐标变换法，则可得

$$(x_1, x_2, x_3, x_4) = \left(\frac{3}{13}, \frac{5}{13}, -\frac{2}{13}, -\frac{3}{13}\right).$$

习题 6.2

1. 闭区间 $[a, b]$ 上的实连续函数的全体按函数的加法和数与函数的乘法构成 **R** 上的线性空间，记为 $C(a, b)$. 证明：$C(a, b)$ 中的函数组 $e^{\lambda_1 x}, e^{\lambda_2 x}, \cdots, e^{\lambda_n x}$ 是线性无关的，其中 $\lambda_1, \lambda_2, \cdots, \lambda_n$ 是互不相同的实数.

2. 在矩阵空间 $P^{2\times2}$ 中，矩阵组 $F_{11}, F_{12}, F_{21}, F_{22}$ 构成一组基，其中

$$F_{11} = \begin{pmatrix} 1 & 0 \\ 0 & 0 \end{pmatrix}, \quad F_{12} = \begin{pmatrix} 1 & 1 \\ 0 & 0 \end{pmatrix}, \quad F_{21} = \begin{pmatrix} 1 & 1 \\ 1 & 0 \end{pmatrix}, \quad F_{22} = \begin{pmatrix} 1 & 1 \\ 1 & 1 \end{pmatrix}.$$

求矩阵 $A = \begin{pmatrix} -3 & 5 \\ 4 & 2 \end{pmatrix}$ 在基 $F_{11}, F_{12}, F_{21}, F_{22}$ 下的坐标.

3. 给定空间 P^3 的两组基

$\varepsilon_1 = (1, 1, 1), \varepsilon_2 = (0, 1, 1), \varepsilon_3 = (0, 0, 1), \eta_1 = (1, 0, 1), \eta_2 = (0, 1, -1), \eta_3 = (1, 2, 0)$.

1）求由基 $\varepsilon_1, \varepsilon_2, \varepsilon_3$ 到基 η_1, η_2, η_3 的过渡矩阵；

2) 设 ξ 在基 ε_1, ε_2, ε_3 下的坐标为 $(1, -2, -1)$, 求 ξ 在基 η_1, η_2, η_3 下的坐标.

4. $P^{n \times n}$ 中全体对称矩阵构成数域 P 上的线性空间 V, 求 V 的一组基及维数.

5. 设矩阵 $A = \begin{pmatrix} 1 & 0 & 0 \\ 0 & \omega & 0 \\ 0 & 0 & \omega^2 \end{pmatrix}$, 其中 $\omega = \dfrac{-1+\sqrt{3}i}{2}$, 矩阵 A 的实系数多项式 $f(A)$ 的全体构成实数域 $\mathbf{R}$ 上的线性空间 V, 求 V 的一组基及维数.

6. 设 $V = \left\{ \begin{pmatrix} \alpha & \beta \\ -\bar{\beta} & \bar{\alpha} \end{pmatrix} \middle| \alpha, \beta \in \mathbf{C} \right\}$, 证明: V 按矩阵的加法与数量乘法构成实数域 $\mathbf{R}$ 上的一个线性空间, 并求 V 的维数与基.

7. 设 $V = \{ A = (a_{kj}) \in \mathbf{C}^{2 \times 2} \mid tr(A) = 0, \ a_{21} = -\bar{a}_{12} \}$. 证明: V 是 $\mathbf{R}$ 上的线性空间(对通常矩阵加法与数乘), 并求此空间一组基与维数.

8. 令 $V = \{ A \in \mathbf{C}^{n \times n} \mid A^H = -A \}$, 其中: A^H 表示 A 的转置共轭矩阵, 例如

$$\text{若 } A = \begin{pmatrix} 1 & 2+i \\ 3 & 4 \end{pmatrix}, \text{ 则 } A^H = \begin{pmatrix} 1 & 3 \\ 2-i & 4 \end{pmatrix}.$$

问 V 是否构成复数域 $\mathbf{C}$ 上的线性空间 V 构成实数域 $\mathbf{R}$ 上的线性空间吗? 若能构成, 求此空间的一组基及维数.

9. 1) 证明: 在 $P[x]_n$ 中, 多项式
$$f_i = (x-a_1)\cdots(x-a_{i-1})(x-a_{i+1})\cdots(x-a_n), \ i=1, 2, \cdots, n,$$
是一组基, 其中 a_1, a_2, $\cdots$, $a_n \in P$ 是互不相同的数;

2) 对 1) 中定义的 f_i, 取 a_1, a_2, $\cdots$, a_n 是全体 n 次单位根, 求由基 1, x, $\cdots$, x^{n-1} 到基 f_1, f_2, $\cdots$, f_n 的过渡矩阵.

10. 设 V 是数域 P 上的 n 维线性空间, 证明: 任给正整数 $m > n$, 则 V 中必存在 m 个向量 α_1, α_2, $\cdots$, α_m 使得其中任意 n 个向量均构成 V 的一组基.

§3 线性子空间

定义 7 数域 P 上线性空间 V 的一个非空子集合 W 称为 V 的一个线性子空间(或简称子空间), 如果 W 对于 V 的两种运算也构成数域 P 上的线性空间.

定理 2 如果线性空间 V 的非空子集合 W 对于 V 的两种运算封闭, 即满足:

1) 如果 W 中包含向量 α, 那么 W 就一定同时包含数域 P 中的数 k 与 α 的数量乘积 $k\alpha$;

2) 如果 W 中包含向量 α 与 β, 那么 W 就同时包含 α 与 β 的和 $\alpha+\beta$.

那么 W 就是一个子空间.

对于线性空间 V, 设 α_1, α_2, $\cdots$, $\alpha_r \in V$, 则
$$\{ k_1\alpha_1 + k_2\alpha_2 + \cdots + k_r\alpha_r \mid k_i \in P, \ i=1, 2, \cdots, r \}$$
是 V 的一个子空间, 称为由 α_1, α_2, $\cdots$, α_r 生成的子空间, 记为 $L(\alpha_1, \alpha_2, \cdots, \alpha_r)$, 有些文献也记为 $Span\{ \alpha_1, \alpha_2, \cdots, \alpha_r \}$ 或 $<\alpha_1, \alpha_2, \cdots, \alpha_r>$.

定理 3 1) 两个向量组生成相同子空间的充分必要条件是这两个向量组等价.

2) $\dim L(\alpha_1, \alpha_2, \cdots, \alpha_r) = rank\{ \alpha_1, \alpha_2, \cdots, \alpha_r \}$.

定理 4 设 W 是数域 P 上 n 维线性空间 V 的一个 m 维子空间, α_1, α_2, $\cdots$, α_m 是 W 的一组基, 那么这组向量必定可以扩充为整个空间 V 的基. 也就是说, 在 V 中必定可以找到 $n-m$ 个向量 α_{m+1}, α_{m+2}, $\cdots$, α_n, 使得 α_1, α_2, $\cdots$, α_m, α_{m+1}, $\cdots$, α_n 是 V 的一组基.

证 对维数差 $n-m$ 作归纳法，当 $n-m=0$，定理成立（α_1，α_2，$\cdots$，α_m 即为 V 的一组基）．假定 $n-m=k$ 时定理成立．下面考虑 $n-m=k+1$ 的情形，由于 $k+1\geqslant 1$，因此 $V\neq W$，取 $\alpha_{m+1}\in V\setminus W$，则 α_1，α_2，$\cdots$，α_m，α_{m+1} 线性无关，令

$$W'=L(\alpha_1，\alpha_2，\cdots，\alpha_m，\alpha_{m+1})，$$

则 $\dim W'=m+1$，$\dim V-\dim W'=n-(m+1)=k$，由归纳，则存在 α_{m+2}，$\cdots$，α_n 使 α_1，α_2，$\cdots$，α_m，α_{m+1}，α_{m+2}，$\cdots$，α_n 成为 V 的一组基，则定理得证．

例 6.10 设 V_1，V_2 都是线性空间 V 的子空间，$V_1\subset V_2$．证明：若 $\dim V_1=\dim V_2$，则 $V_1=V_2$．

证 设 $\dim V_1=\dim V_2=r$，取 V_1 的一组基 ε_1，ε_2，$\cdots$，ε_r，由于 $V_1\subset V_2$，则向量组 ε_1，ε_2，$\cdots$，$\varepsilon_r\in V_2$ 且线性无关．任给向量 $\alpha\in V_2$，则 α，ε_1，ε_2，$\cdots$，ε_r 线性相关，否则就有 $\dim V_2\geqslant r+1$，导致矛盾，故 α 可由 ε_1，ε_2，$\cdots$，ε_r 线性表出，那么 ε_1，ε_2，$\cdots$，ε_r 也为 V_2 的一组基，所以 $V_2=L(\varepsilon_1，\varepsilon_2，\cdots，\varepsilon_r)=V_1$．

例 6.11 在 P^4 中，求由齐次线性方程组

$$\begin{cases} 3x_1+2x_2-5x_3+4x_4=0，\\ 3x_1-x_2+3x_3-3x_4=0，\\ 3x_1+5x_2-13x_3+11x_4=0 \end{cases}$$

确定的解空间的基与维数．

解 $\begin{pmatrix} 3 & 2 & -5 & 4 \\ 3 & -1 & 3 & -3 \\ 3 & 5 & -13 & 11 \end{pmatrix} \xrightarrow[r_3-r_1]{r_2-r_1} \begin{pmatrix} 3 & 2 & -5 & 4 \\ 0 & -3 & 8 & -7 \\ 0 & 3 & -8 & 7 \end{pmatrix} \xrightarrow{r_3+r_2} \begin{pmatrix} 3 & 2 & -5 & 4 \\ 0 & -3 & 8 & -7 \\ 0 & 0 & 0 & 0 \end{pmatrix}，$

所以方程组的解空间的维数是 2，它的一组基是方程组的基础解系

$$\eta_1=(-1/9，8/3，1，0)，\quad \eta_2=(2/9，7/3，0，1)．$$

例 6.12 在 P^4 中，求由向量 α_1，α_2，α_3，α_4 生成的子空间的基与维数，其中

$$\alpha_1=(2，1，3，1)，\alpha_2=(1，2，0，1)，\alpha_3=(-1，1，-3，0)，\alpha_4=(1，1，1，1)．$$

解 记 $W=L(\alpha_1，\alpha_2，\alpha_3，\alpha_4)$，对下述矩阵作初等行变换

$$\begin{pmatrix} 2 & 1 & -1 & 1 \\ 1 & 2 & 1 & 1 \\ 3 & 0 & -3 & 1 \\ 1 & 1 & 1 & 1 \end{pmatrix} \to \begin{pmatrix} 1 & 1 & 0 & 1 \\ 1 & 2 & 1 & 1 \\ 3 & 0 & -3 & 1 \\ 2 & 1 & -1 & 1 \end{pmatrix} \to \begin{pmatrix} 1 & 1 & 0 & 1 \\ 0 & 1 & 1 & 0 \\ 0 & -3 & -3 & -2 \\ 0 & -1 & -1 & -1 \end{pmatrix} \to \begin{pmatrix} 1 & 1 & 0 & 1 \\ 0 & 1 & 1 & 0 \\ 0 & 0 & 0 & 1 \\ 0 & 0 & 0 & 0 \end{pmatrix}，$$

则 α_1，α_2，α_4 为生成元组 α_1，α_2，α_3，α_4 的一极大线性无关组，因此 α_1，α_2，α_4 是 W 的一组基，$\dim W=3$．

例 6.13 求一个齐次线性方程组，它的解空间 $W=L(\alpha_1，\alpha_2，\alpha_3)$，其中

$$\alpha_1=(1，-2，0，3)，\alpha_2=(1，-1，-1，4)，\alpha_3=(1，0，-2，5)．$$

解 记 $\alpha=(x_1，x_2，x_3，x_4)\in P^4$，则 $\alpha\in W$ 当且仅当 α 可由 α_1，α_2，α_3 线性表出当且仅当向量方程 $z_1\alpha_1+z_2\alpha_2+z_3\alpha_3=\alpha$ 有解，即下述方程组（z_1，z_2，z_3 为变量）有解

$$\begin{cases} z_1 & +z_2 & +z_3 & =x_1 \\ -2z_1 & -z_2 & & =x_2 \\ & -z_2 & -2z_3 & =x_3 \\ 3z_1 & +4z_2 & +5z_3 & =x_4 \end{cases}，$$

对其增广矩阵作初等行变换

$$\begin{pmatrix} 1 & 1 & 1 & x_1 \\ -2 & -1 & 0 & x_2 \\ 0 & -1 & -2 & x_3 \\ 3 & 4 & 5 & x_4 \end{pmatrix} \rightarrow \begin{pmatrix} 1 & 1 & 1 & x_1 \\ 0 & 1 & 2 & x_2+2x_1 \\ 0 & -1 & -2 & x_3 \\ 0 & 1 & 2 & x_4-3x_1 \end{pmatrix} \rightarrow \begin{pmatrix} 1 & 1 & 1 & x_1 \\ 0 & 1 & 2 & x_2+2x_1 \\ 0 & 0 & 0 & 2x_1+x_2+x_3 \\ 0 & 0 & 0 & -3x_1+x_3+x_4 \end{pmatrix},$$

因此要使上述方程组有解，必须 $\begin{cases} 2x_1+x_2+x_3=0 \\ -3x_1+x_3+x_4=0 \end{cases}$，此即为所求方程组.

例 6.14 设 $A \in P^{n \times n}$，定义 $C(A) = \{B \in P^{n \times n} \mid AB = BA\}$.

1）证明：$C(A)$ 构成 $P^{n \times n}$ 的子空间；

2）取 $A = \begin{pmatrix} 0 & 1 & 0 & 0 \\ 0 & 0 & 1 & 0 \\ 0 & 0 & 0 & 1 \\ 0 & 0 & 0 & 0 \end{pmatrix}$，求 $C(A)$ 的基和维数.

解 1）$C(A) \subset P^{n \times n}$，且 $0 \in C(A)$，因此 $C(A)$ 非空.

任取 B_1，$B_2 \in C(A)$，则 $AB_1 = B_1A$，$AB_2 = B_2A$，所以

$$A(B_1+B_2) = AB_1+AB_2 = B_1A+B_2A = (B_1+B_2)A,$$

故 $B_1+B_2 \in C(A)$；

任取 $B \in C(A)$，$k \in P$，则 $AB = BA$，因此

$$A(kB) = k(AB) = k(BA) = (kB)A,$$

则知 $kB \in C(A)$. 所以 $C(A)$ 是 $P^{n \times n}$ 的子空间.

2）设 $B = (b_{ij}) \in C(A)$，则 $AB = BA$，那么

$$b_{ij} = 0(i > j)，\quad b_{11} = b_{22} = b_{33} = b_{44}，\quad b_{12} = b_{23} = b_{34}，\quad b_{13} = b_{24}，$$

因此

$$B = \begin{pmatrix} b_{11} & b_{12} & b_{13} & b_{14} \\ 0 & b_{11} & b_{12} & b_{13} \\ 0 & 0 & b_{11} & b_{12} \\ 0 & 0 & 0 & b_{11} \end{pmatrix} = b_{11}E + b_{12}A + b_{13}A^2 + b_{14}A^3,$$

则知 $B \in L(E, A, A^2, A^3)$，反之，若 $B \in L(E, A, A^2, A^3)$，则 $AB = BA$，所以

$$C(A) = L(E, A, A^2, A^3),$$

易验证 E，A，A^2，A^3 线性无关，所以 E，A，A^2，A^3 是 $C(A)$ 的基，$\dim C(A) = 4$.

例 6.15 设 α_1，α_2，$\cdots$，α_n 是 n 维线性空间 V 的一组基，A 是一 $n \times s$ 矩阵，且

$$(\beta_1, \beta_2, \cdots, \beta_s) = (\alpha_1, \alpha_2, \cdots, \alpha_n)A.$$

证明：$\dim L(\beta_1, \beta_2, \cdots, \beta_s) = R(A)$

证法 1 设 $A = (A_1, A_2, \cdots, A_s)$，即 A 由 s 个 n 维列向量构成，记 $R(A) = r$，不妨设部分组 A_1，A_2，$\cdots$，A_r 为列组 A_1，A_2，$\cdots$，A_s 的一个极大线性无关组，由条件，则

$$\beta_1 = (\alpha_1, \alpha_2, \cdots, \alpha_n)A_1，\cdots，\beta_r = (\alpha_1, \alpha_2, \cdots, \alpha_n)A_r，\cdots，\beta_s = (\alpha_1, \alpha_2, \cdots, \alpha_n)A_s.$$

设有 k_1，k_2，$\cdots$，$k_r \in P$，使 $k_1\beta_1 + k_2\beta_2 + \cdots + k_r\beta_r = 0$，即

$$k_1(\alpha_1, \alpha_2, \cdots, \alpha_n)A_1 + k_2(\alpha_1, \alpha_2, \cdots, \alpha_n)A_2 + \cdots + k_r(\alpha_1, \alpha_2, \cdots, \alpha_n)A_r = 0,$$

因此

$$(\alpha_1, \alpha_2, \cdots, \alpha_n)(k_1A_1 + k_2A_2 + \cdots + k_rA_r) = 0,$$

但 α_1，α_2，$\cdots$，α_n 线性无关，故 $k_1A_1 + k_2A_2 + \cdots + k_rA_r = 0$，得 $k_1 = k_2 = \cdots = k_r = 0$，所以 β_1，β_2，$\cdots$，β_r

线性无关.

当 $j=r+1$，$\cdots$，s 时，可设 $A_j=c_1A_1+c_2A_2+\cdots+c_rA_r$，那么
$$\beta_j=(\alpha_1,\ \alpha_2,\ \cdots,\ \alpha_n)A_j=c_1\beta_1+c_2\beta_2+\cdots+c_r\beta_r,$$
因此 β_1，β_2，$\cdots$，β_r 为 $L(\beta_1,\ \beta_2,\ \cdots,\ \beta_s)$ 的一组基，从而 $\dim L(\beta_1,\ \beta_2,\ \cdots,\ \beta_s)=R(A)$.

证法 2　设 $R(A)=r$，则存在 $n\times n$ 可逆矩阵 P 和 $s\times s$ 可逆矩阵 Q，使
$$A=P\cdot\begin{pmatrix}E_r & O\\ O & O\end{pmatrix}\cdot Q\Rightarrow(\beta_1,\ \beta_2,\ \cdots,\ \beta_s)=(\alpha_1,\ \alpha_2,\ \cdots,\ \alpha_n)P\cdot\begin{pmatrix}E_r & O\\ O & O\end{pmatrix}\cdot Q,$$
令 $(\eta_1,\ \eta_2,\ \cdots,\ \eta_n)=(\alpha_1,\ \alpha_2,\ \cdots,\ \alpha_n)P$，因 P 可逆，故 η_1，η_2，$\cdots$，η_n 也是 V 的基，那么
$$(\beta_1,\ \beta_2,\ \cdots,\ \beta_s)=(\eta_1,\ \eta_2,\ \cdots,\ \eta_n)\begin{pmatrix}E_r & O\\ O & O\end{pmatrix}\cdot Q=(\eta_1,\ \eta_2,\ \cdots,\ \eta_r,\ 0,\ \cdots,\ 0)Q,$$
因此向量组 β_1，β_2，$\cdots$，β_s 与 η_1，η_2，$\cdots$，η_r 等价，所以 $\dim L(\beta_1,\ \beta_2,\ \cdots,\ \beta_s)=R(A)$.

证法 3　任给 $\beta\in V$，可设 $\beta=x_1\alpha_1+x_2\alpha_2+\cdots+x_n\alpha_n$，记 $X=(x_1,\ x_2,\ \cdots,\ x_n)'$，则有 $\beta=(\alpha_1,\ \alpha_2,\ \cdots,\ \alpha_n)X$，定义映射 φ：$V\to P^n$，$\varphi(\beta)=X$，则 φ 是 V 到 P^n 的同构映射．记 $A=(A_1,\ A_2,\ \cdots,\ A_s)$，由题设，则 $\varphi(\beta_i)=A_i$，$i=1$，2，$\cdots$，s，由于同构映射保持对应向量组的线性相关性，因此 $rank(\beta_1,\ \beta_2,\ \cdots,\ \beta_s)=rank(A_1,\ A_2,\ \cdots,\ A_s)$，所以
$$\dim L(\beta_1,\ \beta_2,\ \cdots,\ \beta_s)=R(A).$$

习题 6.3

1. 在 P^4 中，求由齐次线性方程组
$$\begin{cases} x_1+x_2+x_3+x_4=0\\ 2x_1+3x_2-x_3+2x_4=0\\ x_1+2x_2-2x_3+x_4=0\\ x_1+3x_2-5x_3+x_4=0\end{cases}$$
确定的解空间的基与维数．

2. 在 P^4 中，求由向量 α_1，α_2，α_3，α_4 生成的子空间的基与维数，设

1) $\alpha_1=(1,\ -3,\ 2,\ -1)$，$\alpha_2=(-2,\ 1,\ 5,\ 3)$，$\alpha_3=(4,\ -3,\ 7,\ 1)$，$\alpha_4=(-1,\ -11,\ 8,\ -3)$；

2) $\alpha_1=(2,\ 1,\ 3,\ -1)$，$\alpha_2=(-1,\ 1,\ -3,\ 1)$，$\alpha_3=(4,\ 5,\ 3,\ -1)$，$\alpha_4=(1,\ 5,\ -3,\ 1)$.

3. 求齐次线性方程组，使其解空间是 $Span\{\alpha_1,\ \alpha_2,\ \alpha_3\}$（$\alpha_1$，$\alpha_2$，$\alpha_3$ 生成），其中
$$\alpha_1=(1,\ -1,\ 1,\ 0)',\quad \alpha_2=(1,\ 1,\ 0,\ 1)',\quad \alpha_3=(2,\ 0,\ 1,\ 1)'.$$

4. 设 $A=\begin{pmatrix}1 & 0 & 0\\ 0 & 1 & 0\\ 3 & 1 & 2\end{pmatrix}$，求 $C(A)$（$P^{3\times3}$ 中与 A 可交换的矩阵的全体所成的子空间）的基和维数．

5. 设 W 是 $\mathbf{R}^n$ 的一个非零子空间，W 满足性质：$\forall(a_1,\ a_2,\ \cdots,\ a_n)\in W$，均有
$$a_1=a_2=\cdots=a_n=0,\quad \text{或者}\ a_i\neq0(i=1,\ 2,\ \cdots,\ n).$$
证明：$\dim W=1$.

6. 设 A 为 n 级半正定矩阵，$W_1=\{X\in\mathbf{R}^n\,|\,X'AX=0\}$，$W_2=\{X\in\mathbf{R}^n\,|\,AX=0\}$．证明：$W_1=W_2$.

7. 设 V_1，V_2 是线性空间 V 的两个非平凡子空间，证明：存在 $\alpha\in V$，使得
$$\alpha\notin V_1,\ \text{且}\ \alpha\notin V_2.$$

8. 设 V 是数域 P 上的 n 维线性空间，且 $0<r<n$，证明：V 的 r 维子空间必有无限多个．

9. 设 V 是数域 P 上的 n 维线性空间，ε_1，ε_2，$\cdots$，ε_n 是 V 的一组基，$A=(a_{ij})\in P^{m\times n}$，且 $R(A)=r(0<r<n)$，令

$$W=\{x_1\varepsilon_1+x_2\varepsilon_2+\cdots+x_n\varepsilon_n \mid a_{i1}x_1+a_{i2}x_2+\cdots+a_{in}x_n=0,\ i=1,\ 2,\ \cdots,\ m\}.$$

证明：W 构成 V 的子空间，并求其维数.

§4 子空间的交与和及其直和

一、子空间的交与和

定理 5 如果 V_1，V_2 是线性空间 V 的两个子空间，那么它们的交 $V_1\cap V_2$ 也是 V 的子空间.

定义 8 设 V_1，V_2 是线性空间 V 的子空间，所谓 V_1 与 V_2 的和，是指由所有能表示成 $\alpha_1+\alpha_2$（其中 $\alpha_1\in V_1$，$\alpha_2\in V_2$）的向量组成的子集合，记作 V_1+V_2.

定理 6 如果 V_1，V_2 是 V 的子空间，那么它们的和 V_1+V_2 也是 V 的子空间.

设 V_1，V_2，$\cdots$，V_s 是 V 的子空间，由于子空间的交满足结合律，则多个子空间的交 $V_1\cap V_2\cap\cdots\cap V_s$ 也是子空间；多个子空间的和 $V_1+V_2+\cdots+V_s$ 是由所有表示成

$$\alpha_1+\alpha_2+\cdots+\alpha_s,\quad \alpha_i\in V_i(i=1,\ 2,\ \cdots,\ s)$$

的向量组成的集合，子空间的和也满足结合律，因此和也为 V 的子空间.

定理 7（维数公式） 如果 V_1，V_2 是线性空间 V 的两个子空间，那么

$$\dim(V_1)+\dim(V_2)=\dim(V_1+V_2)+\dim(V_1\cap V_2).$$

略证设 $\dim V_1=s$，$\dim V_2=t$，$\dim(V_1\cap V_2)=r$，取 $V_1\cap V_2$ 的基 ε_1，ε_2，$\cdots$，ε_r（若 $V_1\cap V_2=\{0\}$，显然成立），将此基分别扩充为 V_1，V_2 的基

$$\varepsilon_1,\ \varepsilon_2,\ \cdots,\ \varepsilon_r,\ \alpha_1,\ \alpha_2,\ \cdots,\ \alpha_{s-r};\ \varepsilon_1,\ \varepsilon_2,\ \cdots,\ \varepsilon_r,\ \beta_1,\ \beta_2,\ \cdots,\ \beta_{t-r},$$

需证 ε_1，ε_2，$\cdots$，ε_r，α_1，α_2，$\cdots$，α_{s-r}，β_1，β_2，$\cdots$，β_{t-r} 是 V_1+V_2 的一组基即可.

由于

$$V_1=L(\varepsilon_1,\ \varepsilon_2,\ \cdots,\ \varepsilon_r,\ \alpha_1,\ \alpha_2,\ \cdots,\ \alpha_{s-r}),\ V_2=L(\varepsilon_1,\ \varepsilon_2,\ \cdots,\ \varepsilon_r,\ \beta_1,\ \beta_2,\ \cdots,\ \beta_{t-r}),$$

因此

$$V_1+V_2=L(\varepsilon_1,\ \varepsilon_2,\ \cdots,\ \varepsilon_r,\ \alpha_1,\ \alpha_2,\ \cdots,\ \alpha_{s-r},\ \beta_1,\ \beta_2,\ \cdots,\ \beta_{t-r}).$$

下面证明向量组 ε_1，ε_2，$\cdots$，ε_r，α_1，α_2，$\cdots$，α_{s-r}，β_1，β_2，$\cdots$，β_{t-r} 线性无关：设

$$k_1\varepsilon_1+k_2\varepsilon_2+\cdots+k_r\varepsilon_r+a_1\alpha_1+a_2\alpha_2+\cdots+a_{s-r}\alpha_{s-r}+b_1\beta_1+b_2\beta_2+\cdots+b_{t-r}\beta_{t-r}=0$$

则得

$$k_1\varepsilon_1+k_2\varepsilon_2+\cdots+k_r\varepsilon_r+a_1\alpha_1+a_2\alpha_2+\cdots+a_{s-r}\alpha_{s-r}$$
$$=-b_1\beta_1-b_2\beta_2-\cdots-b_{t-r}\beta_{t-r}\in V_1\cap V_2,$$

可设

$$-b_1\beta_1-b_2\beta_2-\cdots-b_{t-r}\beta_{t-r}=h_1\varepsilon_1+h_2\varepsilon_2+\cdots+h_r\varepsilon_r,$$
$$\therefore h_1\varepsilon_1+h_2\varepsilon_2+\cdots+h_r\varepsilon_r+b_1\beta_1+b_2\beta_2+\cdots+b_{t-r}\beta_{t-r}=0,$$
$$\therefore h_1=h_2=\cdots=h_r=b_1=b_2=\cdots=b_{t-r}=0,$$
$$\therefore k_1=k_2=\cdots=k_r=a_1=a_2=\cdots=a_{s-r}=0,$$

所以向量组 ε_1，ε_2，$\cdots$，ε_r，α_1，α_2，$\cdots$，α_{s-r}，β_1，β_2，$\cdots$，β_{t-r} 线性无关，定理得证.

例 6.16 设 $V_1=L(\alpha_1,\ \alpha_2)$，$V_2=L(\beta_1,\ \beta_2)$，求 V_1+V_2，$V_1\cap V_2$ 的维数和基，设

$$\alpha_1=(1,\ 2,\ 1,\ 0),\ \alpha_2=(-1,\ 1,\ 1,\ 1),\ \beta_1=(2,\ -1,\ 0,\ 1),\ \beta_2=(1,\ -1,\ 3,\ 7).$$

解 对矩阵作初等行变换化成阶梯形

$$\begin{pmatrix} 1 & -1 & 2 & 1 \\ 2 & 1 & -1 & -1 \\ 1 & 1 & 0 & 3 \\ 0 & 1 & 1 & 7 \end{pmatrix} \rightarrow \begin{pmatrix} 1 & -1 & 2 & 1 \\ 0 & 3 & -5 & -3 \\ 0 & 2 & -2 & 2 \\ 0 & 1 & 1 & 7 \end{pmatrix} \rightarrow \begin{pmatrix} 1 & -1 & 2 & 1 \\ 0 & 1 & -1 & 1 \\ 0 & 0 & 1 & 3 \\ 0 & 0 & 0 & 0 \end{pmatrix},$$

显然 $\dim V_1 = 2$，$\dim V_2 = 2$，由于 $V_1 + V_2 = L(\alpha_1, \alpha_2, \beta_1, \beta_2)$，由上述的初等行变换，则 α_1，α_2，β_1 为 $V_1 + V_2$ 的一组基，$\dim(V_1 + V_2) = 3$.

由维数公式，则必有 $\dim V_1 \cap V_2 = 1$，设 $\xi \in V_1 \cap V_2$，则可设

$$\xi = x_1 \alpha_1 + x_2 \alpha_2 = -x_3 \beta_1 - x_4 \beta_2,$$

解向量方程 $x_1 \alpha_1 + x_2 \alpha_2 + x_3 \beta_1 + x_4 \beta_2 = 0$，仍由上述矩阵的初等行变换，则可得此向量方程的一非零解 $x_1 = 1$，$x_2 = -4$，$x_3 = -3$，$x_4 = 1$. 所以

$$\xi = \alpha_1 - 4\alpha_2 = 3\beta_1 - \beta_2 = (5, -2, -3, -4),$$

则 ξ 为 $V_1 \cap V_2$ 的基.

例 6.17 设 V_1，V_2，$\cdots$，V_s 均是线性空间 V 的有限维子空间，证明：

$$\dim \sum_{i=1}^{s} V_i = \sum_{i=1}^{s} \dim V_i - \sum_{i=2}^{s} \dim V_i \cap \sum_{k=1}^{i-1} V_k.$$

证 $\dim V_2 \cap V_1 = \dim V_1 + \dim V_2 - \dim(V_1 + V_2)$，

$\dim V_3 \cap (V_1 + V_2) = \dim V_3 + \dim(V_1 + V_2) - \dim(V_1 + V_2 + V_3)$，

$\cdots\cdots\cdots\cdots\cdots\cdots\cdots\cdots\cdots\cdots\cdots\cdots\cdots\cdots\cdots\cdots$

$\dim V_{s-1} \cap \sum_{k=1}^{s-2} V_k = \dim V_{s-1} + \dim \sum_{k=1}^{s-2} V_k - \dim \sum_{k=1}^{s-1} V_k$，

$\dim V_s \cap \sum_{k=1}^{s-1} V_k = \dim V_s + \dim \sum_{k=1}^{s-1} V_k - \dim \sum_{k=1}^{s} V_k$，

将上述各式进行相加，即得证.

二、子空间的直和

定义 9 设 V_1，V_2 是线性空间 V 的子空间，如果和 $V_1 + V_2$ 中每个向量 α 的分解式

$$\alpha = \alpha_1 + \alpha_2, \quad \alpha_1 \in V_1, \quad \alpha_2 \in V_2,$$

是唯一的，这个和就称为直和，记为 $V_1 \oplus V_2$.

定理 8 和 $V_1 + V_2$ 是直和的充分必要条件是等式

$$\alpha_1 + \alpha_2 = 0, \quad 其中 \alpha_i \in V_i (i = 1, 2)$$

只有在 α_i 全为零向量时才成立.

定理 9 设 V_1，V_2 是线性空间 V 的子空间，令 $W = V_1 + V_2$，则 $W = V_1 \oplus V_2$ 的充分必要条件为 $\dim W = \dim V_1 + \dim V_2$.

定理 10 设 U 是 n 维线性空间 V 的子空间，那么存在子空间 W 使 $V = U \oplus W$.

定义 10 设 V_1，V_2，$\cdots$，V_s 都是线性空间 V 的子空间. 如果和 $V_1 + V_2 + \cdots + V_s$ 中每个向量 α 的分解式

$$\alpha = \alpha_1 + \alpha_2 + \cdots + \alpha_s, \quad \alpha_i \in V_i (i = 1, 2, \cdots, s)$$

是唯一的，这个和就称为直和. 记为 $V_1 \oplus V_2 \oplus \cdots \oplus V_s$.

定理 11 设 V_1，V_2，$\cdots$，V_s 是 V 的一些子空间，下面这些条件是等价的：

1）$W = \sum V_i$ 是直和；   2）零向量的表法唯一；

3）$V_i \cap \sum_{j \neq i} V_j = \{0\} (i = 1, 2, \cdots, s)$；4）$\dim W = \sum \dim V_i$.

证 只需证明 3）、4）等价

3)$\Rightarrow$4)对 s 作归纳. $s=2$ 时, 由维数公式, 则得

$$\dim(V_1+V_2)=\dim V_1+\dim V_2-\dim(V_1\cap V_2)=\dim V_1+\dim V_2.$$

假设 $s-1$ 时成立($s\geqslant 3$). 下证 s 时也成立.

$$\dim(V_1+V_2+\cdots+V_s)$$
$$=\dim V_s+\dim(V_1+V_2+\cdots+V_{s-1})-\dim V_s\cap(V_1+V_2+\cdots+V_{s-1})$$
$$=\dim V_s+\dim(V_1+V_2+\cdots+V_{s-1}),$$

而当 $i=1,2,\cdots,s-1$ 时, 均有

$$V_i\cap(V_1+\cdots+V_{i-1}+V_{i+1}+\cdots+V_{s-1})\subseteq V_i\cap(V_1+\cdots+V_{i-1}+V_{i+1}+\cdots+V_s)=\{0\};$$

那么由归纳假设, 则可以得到

$$\dim(V_1+V_2+\cdots+V_s)=\dim V_1+\dim V_2+\cdots+\dim V_s.$$

4)$\Rightarrow$3)当 $i=1,2,\cdots,s-1$ 时, 均有

$$\dim V_i\cap\sum_{k\neq i}V_k=\dim(V_i)+\dim\sum_{k\neq i}V_k-\dim\sum V_k=\dim\sum_{k\neq i}V_k-\sum_{k\neq i}\dim V_k\leqslant 0,$$

所以 $V_i\cap(V_1+\cdots+V_{i-1}+V_{i+1}+\cdots+V_s)=\{0\}$.

例 6.18 设 V_1 是 $x_1+x_2+\cdots+x_n=0$ 的解空间, V_2 是 $x_1=x_2=\cdots=x_n$ 的解空间. 证明: $P^n=V_1\oplus V_2$.

证 由题设, 则 $V_1=\{(x_1,x_2,\cdots x_n)\,|\,x_1+x_2+\cdots+x_n=0\}$,

$$V_2=\{(x_1,x_2,\cdots,x_n)\,|\,x_1=x_2=\cdots=x_n\},$$

因此 $V_1\cap V_2=\{(x_1,x_2,\cdots x_n)\,|\,x_1+x_2+\cdots+x_n=0,\ x_1=x_2=\cdots=x_n\}=\{0\}$,

故 V_1+V_2 是直和.

由于齐次方程组 $x_1+x_2+\cdots+x_n=0$ 的系数矩阵的秩等于 1, 因此它的基础解系含有 $n-1$ 个解向量, 所以 $\dim V_1=n-1$, 而方程组 $x_1=x_2=\cdots=x_n$ 的系数矩阵的秩为 $n-1$, 则其基础解系只含一个解向量, 故 $\dim V_2=1$, 所以 $\dim(V_1\oplus V_2)=n$, 从而 $P^n=V_1\oplus V_2$.

例 6.19 设 $W_1=\{kE_n\,|\,k\in P\}$, $W_2=sl(n,P)$, 证明: W_2 是 $P^{n\times n}$ 的子空间, 且 $P^{n\times n}=W_1\oplus W_2$.

证 易证 W_2 关于矩阵的加法以及矩阵与数的数乘运算具有封闭性, 因此 W_2 是 $P^{n\times n}$ 的子空间. 任取 $A\in P^{n\times n}$, 则

$$A=\frac{1}{n}tr(A)E_n+\left(A-\frac{1}{n}tr(A)E_n\right),\ 其中\ \frac{1}{n}tr(A)E_n\in W_1,\ A-\frac{1}{n}tr(A)E_n\in W_2,$$

因此 $P^{n\times n}=W_1+W_2$. 易证 $W_1\cap W_2=\{0\}$, 则 W_1+W_2 是直和, 所以

$$P^{n\times n}=W_1\oplus W_2.$$

另证 由例 6.7, 则 $\dim W_2=n^2-1$, 显然 $\dim W_1=1$, 因 W_1+W_2 是直和, 故

$$\dim(W_1\oplus W_2)=\dim W_1+\dim W_2=n^2=\dim P^{n\times n},$$

所以 $P^{n\times n}=W_1\oplus W_2$.

例 6.20 设 V 为 n 维线性空间, V_1 为 V 的非平凡子空间. 证明: 存在不只一个 V 的子空间 W, 使 $V=V_1\oplus W$.

证 设 $\alpha_1,\alpha_2,\cdots,\alpha_s$ 为 V_1 的一组基($0<s<n$), 由定理 4, 可将其扩充成 V 的基

$$\alpha_1,\alpha_2,\cdots,\alpha_s,\alpha_{s+1},\alpha_{s+2},\cdots,\alpha_n,$$

令 $W_1=L(\alpha_{s+1},\alpha_{s+2},\cdots,\alpha_n)$, 由于 $V_1=L(\alpha_1,\alpha_2,\cdots,\alpha_s)$, 那么 $V=V_1\oplus W_1$.

由于 V_1, W_1 均为 V 的非平凡子空间, 则存在 $\beta_1\in V$, 使得 $\beta_1\notin V_1$, $\beta_1\notin W_1$, 那么 $\alpha_1,\alpha_2,\cdots,\alpha_s,\beta_1$ 线性无关, 将此向量组扩充成 V 的一组基

$$\alpha_1,\alpha_2,\cdots,\alpha_s,\beta_1,\beta_2,\cdots,\beta_{n-s},$$

取 $W_2=L(\beta_1,\beta_2,\cdots,\beta_{n-s})$, 则 $V=V_1\oplus W_2$, 因 $\beta_1\notin W_1$, $\beta_1\in W_2$, 故 $W_1\neq W_2$.

习题 6.4

1. 设 $V_1 = L(\alpha_1, \alpha_2)$，$V_2 = L(\beta_1, \beta_2)$，求 $V_1 + V_2$，$V_1 \cap V_2$ 的维数和基，设 $\alpha_1 = (1, -1, 0, 1)$，$\alpha_2 = (-2, 3, 1, -3)$，$\beta_1 = (1, 2, 0, -2)$，$\beta_2 = (1, 3, 1, -3)$.

2. 设 $W_1 = \{(x_1, x_2, x_3, x_4) \mid x_1 + 2x_2 - x_4 = 0\}$，$W_2 = L(\alpha_1, \alpha_2)$，求 $W_1 \cap W_2$ 的基和维数，其中向量 $\alpha_1 = (1, -1, 0, 1)$，$\alpha_2 = (1, 0, 2, 3)$.

3. 设线性空间 V 的两组基分别为 $\alpha_1, \alpha_2, \cdots, \alpha_n$；$\beta_1, \beta_2, \cdots, \beta_n$.

1）证明：$\forall i \in \{1, 2, \cdots, n\}$，则存在 $j_i \in \{1, 2, \cdots, n\}$ 使 $\beta_1, \cdots, \beta_{i-1}, \alpha_{j_i}, \beta_{i+1}, \cdots, \beta_n$ 为 V 的一组基.

2）若 $n = 3$，$\forall i \in \{1, 2, 3\}$，是否存在 $j, k \in \{1, 2, 3\}$，$j \neq k$，使 $\beta_i, \alpha_j, \alpha_k$ 为 V 的一组基？说明理由.

4. 设 V_1，V_2 均是 n 维线性空间 V 的子空间，$\dim V_1 \cap V_2 + 1 = \dim(V_1 + V_2)$，证明：$V_1 + V_2$ 等于其中一子空间，$V_1 \cap V_2$ 等于另一子空间.

5. 设 V_1，V_2 分别是方程组 $k_1 x_1 + k_2 x_2 + \cdots + k_n x_n = 0$ 与 $x_1 = x_2 = \cdots = x_n$ 的解空间，其中 $k_1, k_2, \cdots, k_n$ 满足 $k_1 + k_2 + \cdots + k_n \neq 0$. 证明：$P^n = V_1 \oplus V_2$.

6. 设 V 为数域 P 上的 n 维线性空间，$\alpha_1, \alpha_2, \cdots, \alpha_n$ 是 V 的一组基，令
$$V_1 = L(\alpha_1 + \alpha_2 + \cdots + \alpha_n), \quad V_2 = \{x_1 \alpha_1 + x_2 \alpha_2 + \cdots + x_n \alpha_n \mid x_1 + x_2 + \cdots + x_n = 0\},$$
证明：V_2 是 V 的子空间，且 $V = V_1 \oplus V_2$.

7. 证明：如果 $V = V_1 + V_2$，$V_1 = V_{11} \oplus V_{12}$，那么 $V = V_{11} \oplus V_{12} \oplus V_2$.

8. 证明：每一个 n 维线性空间都可以表示成 n 个一维子空间的直和.

9. 证明：和 $\sum_{i=1}^{s} V_i$ 是直和的充分必要条件是 $V_i \cap \sum_{j=1}^{i-1} V_j = \{0\}$ ($i = 2, \cdots, s$).

10. 设 V_1，V_2，V_3 是线性空间 V 的三个子空间，满足关系
$$V_1 \cap V_2 = \{0\}, \quad V_1 \cap V_3 = \{0\}, \quad V_2 \cap V_3 = \{0\},$$
问和空间 $V_1 + V_2 + V_3$ 是否为直和.

§5 线性空间的同构

定义 11　数域 P 上两个线性空间 V 与 V' 称为同构的，如果由 V 到 V' 有一个双射 σ，具有一下性质：

1）$\sigma(\alpha + \beta) = \sigma(\alpha) + \sigma(\beta)$；

2）$\sigma(k\alpha) = k\sigma(\alpha)$，

其中 α，β 是 V 中任意向量，k 是 P 中任意数. 这样的映射 σ 称为同构映射.

若 V 到 V' 的一个映射 σ 满足上述性质 1）和 2），则称 σ 为 V 到 V' 的线性映射. 对于线性映射 σ，定义
$$\ker\sigma = \{\alpha \in V \mid \sigma(\alpha) = 0\}, \quad \mathrm{Im}\sigma = \{\sigma(\alpha) \mid \alpha \in V\},$$
则称 $\ker\sigma$ 为 σ 的核，称 $\mathrm{Im}\sigma$ 为 σ 的象集合，$\ker\sigma$ 是 V 的子空间，$\mathrm{Im}\sigma$ 是 V' 的子空间，若 $\alpha_1, \alpha_2, \cdots, \alpha_n$ 是 V 的一组基，则 $\mathrm{Im}\sigma = L(\sigma(\alpha_1), \sigma(\alpha_2), \cdots, \sigma(\alpha_n))$.

设 σ 是 V 到 V' 的同构映射，且 $\alpha_1, \alpha_2, \cdots, \alpha_s \in V$，则 $\sigma(\alpha_1), \sigma(\alpha_2), \cdots, \sigma(\alpha_s)$ 线性相关当且仅当 $\alpha_1, \alpha_2, \cdots, \alpha_s$ 线性相关.

定理 12 数域 P 上两个有限线性空间同构的充分必要条件是它们有相同的维数.

例 6.21 实数域 $\mathbf{R}$ 作为它自身上的线性空间记为 V，全体正实数 $\mathbf{R}^+$ 定义运算 $a \oplus b = ab$，$k \circ a = a^k$ 作成实数域 $\mathbf{R}$ 上的线性空间记为 V'，证明：V 与 V' 同构.

证 定义映射 $\sigma: V \to V'$，使 $\sigma(x) = e^x$，则此映射是双射，并且

$$\sigma(a+b) = e^{a+b} = e^a \cdot e^b = \sigma(a)\sigma(b) = \sigma(a) \oplus \sigma(b),$$

$$\sigma(ka) = e^{ka} = (e^a)^k = (\sigma(a))^k = k \circ \sigma(a),$$

所以 σ 是 V 到 V' 的同构映射，从而 V 与 V' 同构.

另证 显然 $\dim V = 1$，由例 6.6 知，e 构成 V' 的一组基，因此 $\dim V' = 1$，由定理 12，所以 V 与 V' 同构.

习题 6.5

1. 证明映射 $\varphi: R^2 \to R^3$，$\varphi((x, y)) = (x+y, x-y, 2x+3y)$ 是线性映射，并求核 $\ker \varphi$ 与象 $\mathrm{Im}\varphi$.

2. 设 $V_1 = \{A = (a_{ij}) \in \mathbf{R}^{n \times n} \mid A' = A, \ Tr(A) = 0\}$，$V_2 = \{A = (a_{ij}) \in \mathbf{R}^{n \times n} \mid A$ 为上三角形的，且 $a_{11} = 0\}$，问：它们作为实数域 $\mathbf{R}$ 上的两个线性空间是否同构？请证明你的结论，若同构，给出一个具体的同构映射.

补 充 题

1. 设 $f(x_1, x_2, \cdots, x_n)$ 为一实二次型，秩$(f) = n$，符号差$(f) = s$，且 $s > 0$，记 $t = (n-s)/2$. 证明：存在 $\mathbf{R}^n$ 的一个 t 维子空间 V_1，使

$$f(x_{01}, x_{02}, \cdots, x_{0n}) = 0, \ \forall (x_{01}, x_{02}, \cdots, x_{0n}) \in V_1.$$

2. 设 A 是 n 阶实对称矩阵，定义 $S = \{X \in R^n \mid X'AX = 0\}$.

1）试给出 S 为 $\mathbf{R}^n$ 的子空间的充分必要条件，并加以证明；

2）当 S 是子空间且 $R(A) = r < n$ 时，试求 $\dim S$.

3. 设 $V_1, V_2, \cdots, V_s$ 是线性空间 V 的 s 个非平凡子空间. 证明：V 中至少有一向量不属于 $V_1, V_2, \cdots, V_s$ 中任何一个.

4. 设 $W_1, W_2, \cdots, W_s$ 是向量空间 P^n 的 s 个线性子空间，$W = W_1 \cup W_2 \cup \cdots \cup W_s$. 证明：$W$ 为 P^n 的线性子空间的充分必要条件是，存在 $i(1 \leqslant i \leqslant s)$，使 $W = W_i$.

5. 设 A 为 n 阶方阵，令

$$W_1 = \{X \in P^n \mid AX = 0\}, \quad W_2 = \{X \in P^n \mid (A-E)X = 0\},$$

证明：$A^2 = A$ 的充分必要条件是 $P^n = W_1 \oplus W_2$.

6. 设 A 为 n 阶方阵，令

$$V_1 = \{X \in P^n \mid (A-E)X = 0\}, \quad V_2 = \{X \in P^n \mid (A+E)X = 0\},$$

证明：$A^2 = E$ 的充分必要条件是 $P^n = V_1 \oplus V_2$.

7. 设 A，B 分别是 $m \times k$，$k \times n$ 矩阵，令 $W = \{B\alpha \mid AB\alpha = 0, \ \alpha \in P^n\}$. 证明：

$$\dim W = R(B) - R(AB).$$

8. 设 $\mathbf{C}$ 为复数域，$A \in \mathbf{C}^{m \times n}$，视 A 为 $\mathbf{C}^n \to \mathbf{C}^m$ 的线性映射，证明：

$$\ker(A) \perp \mathrm{Im}\overline{A}', \ \text{且} \ \mathbf{C}^n = \ker(A) \oplus \mathrm{Im}\overline{A}'.$$

9. 设 A 为给定的 n 阶方阵且其最小多项式 $m(x)$ 的次数为 r，$P[x]$ 表示数域 P 上以 x 为不定元

的一元多项式环，令 $W=\{f(A)\,|\,f(x)\in P[x]\}$. 证明：$W$ 为一线性空间，且 $\dim W=r$.

10. 设 n 阶方阵 $A=\begin{pmatrix} 1 & & & \\ 1 & 1 & & \\ \cdot & \cdot & \cdot & \\ 1 & \cdot & 1 & 1 \end{pmatrix}$，求 $C(A)$ 的一组基.

习 题 答 案

习题 6.1

1.1）平面上的全体向量构成的集合记为 $\mathbf{R}^2$，则 $\mathbf{R}^2$ 关于题中定义的运算构不成线性空间. 否则，若构成线性空间，则可取 $0\neq\alpha\in\mathbf{R}^2$，必有
$$0\circ\alpha=(0+0)\circ\alpha=0\circ\alpha+0\circ\alpha\Rightarrow\alpha=\alpha+\alpha\Rightarrow\alpha=0,$$
导致矛盾.

2）记 $V=\mathbf{R}^+$，则 V 对于定义的加法和数量乘法都运算封闭，且满足

① $a\oplus b=ab=ba=b\oplus a$；

② $(a\oplus b)\oplus c=(ab)\oplus c=abc=a\oplus(bc)=a\oplus(b\oplus c)$；

③ V 中存在零元 1：$a\oplus 1=a\cdot 1=a$；

④ 任给 $a\in V$，则 a^{-1} 为其负元：$a\oplus a^{-1}=a\cdot a^{-1}=1$，$a^{-1}\oplus a=a^{-1}\cdot a=1$；

⑤ $1\circ a=a^1=a$；

⑥ $k\circ(l\circ a)=k\circ(a^l)=(a^l)^k=a^{kl}=(kl)\circ a$；

⑦ $(k+l)\circ a=a^{k+l}=a^k\cdot a^l=(k\circ a)\oplus(l\circ a)$；

⑧ $k\circ(a\oplus b)=k\circ(ab)=(ab)^k=a^k b^k=(k\circ a)\oplus(k\circ b)$.

所以构成线性空间.

2. 若 V 关于数域 P 可通过定义构成线性空间，则 V 中只有一个元为零向量，不妨设 α_1 是零向量，则 $\alpha_2\neq 0$，$\forall k$，$l\in P$，且 $k\neq l$，则 $k\alpha_2\neq l\alpha_2$，且 $k\alpha_2$，$l\alpha_2\in V$，而数域 P 是无限集，因此导致矛盾.

习题 6.2

1. 设有 k_1，k_2，$\cdots$，$k_n\in\mathbf{R}$，使
$$k_1 e^{\lambda_1 x}+k_2 e^{\lambda_2 x}+\cdots+k_n e^{\lambda_n x}=0,$$
对其依次求导 1，2，$\cdots$，$n-1$ 次，则得关于 k_1，k_2，$\cdots$，k_n 为变元的齐次线性方程组
$$\begin{cases} k_1 e^{\lambda_1 x}+k_2 e^{\lambda_2 x}+\cdots+k_n e^{\lambda_n x}=0, \\ k_1\lambda_1 e^{\lambda_1 x}+k_2\lambda_2 e^{\lambda_2 x}+\cdots+k_n\lambda_n e^{\lambda_n x}=0, \\ \cdots\cdots\cdots\cdots\cdots\cdots\cdots\cdots\cdots\cdots \\ k_1\lambda_1^{n-1} e^{\lambda_1 x}+k_2\lambda_2^{n-1} e^{\lambda_2 x}+\cdots+k_n\lambda_n^{n-1} e^{\lambda_n x}=0. \end{cases}$$
由于系数行列式
$$\begin{vmatrix} e^{\lambda_1 x} & e^{\lambda_2 x} & \cdots & e^{\lambda_n x} \\ \lambda_1 e^{\lambda_1 x} & \lambda_2 e^{\lambda_2 x} & \cdots & \lambda_n e^{\lambda_n x} \\ \cdots & \cdots & \cdots & \cdots \\ \lambda_1^{n-1} e^{\lambda_1 x} & \lambda_2^{n-1} e^{\lambda_2 x} & \cdots & \lambda_n^{n-1} e^{\lambda_n x} \end{vmatrix}=e^{(\lambda_1+\lambda_2+\cdots+\lambda_n)x}\prod_{1\leqslant j<i\leqslant n}(\lambda_i-\lambda_j)\neq 0,$$

因此 $k_1=k_2=\cdots=k_n=0$，所以 $e^{\lambda_1 x}$，$e^{\lambda_2 x}$，$\cdots$，$e^{\lambda_n x}$ 线性无关.

2. 考虑方程 $x_1 F_{11}+x_2 F_{12}+x_3 F_{21}+x_4 F_{22}=A$，则得线性方程组

$$\begin{cases} x_1+x_3+x_3+x_4=-3 \\ x_3+x_3+x_4=5 \\ x_3+x_4=4 \\ x_4=2 \end{cases} \Rightarrow \begin{pmatrix} x_1 \\ x_2 \\ x_3 \\ x_4 \end{pmatrix}=\begin{pmatrix} -8 \\ 1 \\ 2 \\ 2 \end{pmatrix},$$

所以 A 在基 F_{11}，F_{12}，F_{21}，F_{22} 下的坐标为 $(-8,\ 1,\ 2,\ 2)$.

3. 1) 取 P^3 的一组基 $\alpha_1=(1,\ 0,\ 0)$，$\alpha_2=(0,\ 1,\ 0)$，$\alpha_3=(0,\ 0,\ 1)$，记

$$A=\begin{pmatrix} 1 & 0 & 0 \\ 1 & 1 & 0 \\ 1 & 1 & 1 \end{pmatrix},\quad B=\begin{pmatrix} 1 & 0 & 1 \\ 0 & 1 & 2 \\ 1 & -1 & 0 \end{pmatrix}$$

则

$$(\varepsilon_1,\ \varepsilon_2,\ \varepsilon_3)=(\alpha_1,\ \alpha_2,\ \alpha_3)A,\quad (\eta_1,\ \eta_2,\ \eta_3)=(\alpha_1,\ \alpha_2,\ \alpha_3)B,$$

因此 $(\eta_1,\ \eta_2,\ \eta_3)=(\varepsilon_1,\ \varepsilon_2,\ \varepsilon_3)A^{-1}B$，那么所求过渡矩阵为 $A^{-1}B$，作初等行变换

$$(A\ \ B)=\begin{pmatrix} 1 & 0 & 0 & 1 & 0 & 1 \\ 1 & 1 & 0 & 0 & 1 & 2 \\ 1 & 1 & 1 & 1 & -1 & 0 \end{pmatrix} \to \begin{pmatrix} 1 & 0 & 0 & 1 & 0 & 1 \\ 0 & 1 & 0 & -1 & 1 & 1 \\ 0 & 0 & 1 & 1 & -2 & -2 \end{pmatrix}=(E\ \ A^{-1}B),$$

所以所求过渡矩阵为 $P=A^{-1}B=\begin{pmatrix} 1 & 0 & 1 \\ -1 & 1 & 1 \\ 1 & -2 & -2 \end{pmatrix}$.

2）由坐标变换公式，则得

$$\begin{pmatrix} y_1 \\ y_2 \\ y_3 \end{pmatrix}=P^{-1}\begin{pmatrix} x_1 \\ x_2 \\ x_3 \end{pmatrix}=\begin{pmatrix} 0 & -2 & -1 \\ -1 & -3 & -2 \\ 1 & 2 & 1 \end{pmatrix}\begin{pmatrix} 1 \\ -2 \\ -1 \end{pmatrix}=\begin{pmatrix} 5 \\ 7 \\ -4 \end{pmatrix},$$

故 ξ 在基 η_1，η_2，η_3 下的坐标为 $(5,\ 7,\ -4)$.

4. 线性空间 $V=\{A\in P^{n\times n}\,|\,A'=A\}$，令 $F_{ij}=\begin{cases} E_{ij}+E_{ji}, & 1\le i<j\le n \\ E_{ij}, & i=j=1,\ 2,\ \cdots,\ n \end{cases}$，那么

$$F_{11},\ F_{12},\ \cdots,\ F_{1n},\ F_{22},\ \cdots,\ F_{2n},\ \cdots,\ F_{nn}\in V.$$

任取矩阵 $A\in V$，记 $A=(a_{ij})_{nn}$，则 $a_{ji}=a_{ij}$，因此

$$A=\sum_{i=1}^{n}\sum_{j=1}^{n}a_{ij}E_{ij}=\sum_{1\le i<j\le n}a_{ij}(E_{ij}+E_{ji})+\sum_{i=1}^{n}a_{ii}E_{ii}=\sum_{1\le i\le j\le n}a_{ij}F_{ij}.$$

若存在 $k_{ij}\in P(1\le i\le j\le n)$ 使 $\sum_{1\le i\le j\le n}k_{ij}F_{ij}=O$，则得 $(k_{ij})_{nn}=O$，其中 $k_{ji}=k_{ij}$，故 $k_{ij}=0(1\le i\le j\le n)$，说明 F_{11}，F_{12}，$\cdots$，F_{1n}，F_{22}，$\cdots$，F_{2n}，$\cdots$，F_{nn} 线性无关，因此它们构成 V 的一组基，且 $\dim V=n(n+1)/2$.

另解　令 $S=\{E_{ij}+E_{ji}\,|\,1\le i\le j\le n\}$，可以验证 S 中的矩阵组线性无关，且 V 中任意矩阵均可由 S 中的矩阵组线性表出，因此 S 构成 V 的基，$\dim V=n(n+1)/2$.

5. 线性空间 $V=\{f(A)\,|\,f(x)\in \mathbf{R}[x]\}$，由于 ω 是 3 次单位根，因此

$$\omega^n=\begin{cases} 1, & n=3k \\ \omega, & n=3k+1 \\ \omega^2, & n=3k+2 \end{cases} \Rightarrow A^n=\begin{cases} E, & n=3k \\ A, & n=3k+1 \\ A^2, & n=3k+2 \end{cases},\ 其中\ A^2=\begin{pmatrix} 1 & & \\ & \omega^2 & \\ & & \omega \end{pmatrix}.$$

任给 $f(A) \in V$，可设
$$f(x) = a_m x^m + a_{m-1} x^{m-1} + \cdots + a_1 x + a_0, \text{ 其中 } a_i \in \mathbf{R},$$
那么存在 b_0，b_1，$b_2 \in \mathbf{R}$，使
$$f(A) = a_m A^m + a_{m-1} A^{m-1} + \cdots + a_1 A + a_0 E = b_2 A^2 + b_1 A + b_0 E,$$
容易验证 E，A，$A^2 \in V$ 线性无关，因此 E，A，A^2 构成 V 的一组基，$\dim V = 3$.

6. 很明显两种运算封闭，易验证八大运算律成立，因此构成线性空间，可取 V 中的矩阵 $\begin{pmatrix} 1 & 0 \\ 0 & 1 \end{pmatrix}$，$\begin{pmatrix} i & 0 \\ 0 & -i \end{pmatrix}$，$\begin{pmatrix} 0 & 1 \\ 1 & 0 \end{pmatrix}$，$\begin{pmatrix} 0 & i \\ i & 0 \end{pmatrix}$，它们构成 V 的一组基，$\dim V = 4$.

7. 任给 $A \in V$，由 V 中矩阵所给的关系，则可设
$$A = \begin{pmatrix} a+ib & c+id \\ -c+id & -a-ib \end{pmatrix},$$
易验证 V 对于加法和数乘运算封闭，且八种运算律也成立，因此构成线性空间.

因为
$$A = a \begin{pmatrix} 1 & \\ & -1 \end{pmatrix} + b \begin{pmatrix} i & \\ & -i \end{pmatrix} + c \begin{pmatrix} & 1 \\ -1 & \end{pmatrix} + d \begin{pmatrix} & i \\ i & \end{pmatrix},$$
所以 $\begin{pmatrix} 1 & \\ & -1 \end{pmatrix}$，$\begin{pmatrix} i & \\ & -i \end{pmatrix}$，$\begin{pmatrix} & 1 \\ -1 & \end{pmatrix}$，$\begin{pmatrix} & i \\ i & \end{pmatrix}$ 是 V 的一组基，$\dim V = 4$.

8. 由于 $\mathbf{C}$ 中的数 i 与 V 中的矩阵数乘不具有封闭性，因此不能构成复数域 $\mathbf{C}$ 上的线性空间，但 V 可以构成实数域 $\mathbf{R}$ 上的线性空间，任给 $A = (a_{kj})_{nn} \in V$，则有
$$a_{kk} = iy_{kk}(y_{kk} \in \mathbf{R}), \text{ 且 } a_{kj} = x_{kj} + iy_{kj}(x_{kj}, y_{kj} \in \mathbf{R}) \Rightarrow a_{jk} = -x_{jk} + iy_{jk},$$
所以
$$iE_{11}, iE_{22}, \cdots, iE_{nn}, E_{12} - E_{21}, i(E_{12} + E_{21}), \cdots, E_{1n} - E_{n1}, i(E_{1n} + E_{n1}), E_{23} - E_{32},$$
$$i(E_{23} + E_{32}), \cdots, E_{2n} - E_{n2}, i(E_{2n} + E_{n2}), \cdots, E_{n-1,n} - E_{n,n-1}, i(E_{n-1,n} + E_{n,n-1})$$
是线性空间 $V(\mathbf{R} \text{ 上})$ 的一组基，此时 $\dim V = n^2$.

9. 1) 记 $F(x) = (x-a_1)(x-a_2) \cdots (x-a_n)$，$f_i(x) = f_i$，则
$$f_i(x) = F(x)/(x-a_i) \Rightarrow f_i(a_j) = 0 (j \neq i), \quad i = 1, 2, \cdots, n, \quad j = 1, 2, \cdots, n.$$
设存在一组数 k_1，k_2，$\cdots$，$k_n \in P$，使
$$k_1 f_1(x) + k_2 f_2(x) + \cdots + k_n f_n(x) = 0,$$
以 a_j 代 x，则得 $k_j f_j(a_j) = 0$，由于
$$f_j(a_j) = (a_j - a_1) \cdots (a_j - a_{j-1})(a_j - a_{j+1}) \cdots (a_j - a_n) \neq 0,$$
因此 $k_j = 0 (j = 1, 2, \cdots, n)$，所以多项式组 f_1，f_2，$\cdots$，f_n 线性无关，又 $\dim P[x]_n = n$，故 f_1，f_2，$\cdots$，f_n 构成 $P[x]_n$ 的一组基.

2) 记 $\omega = \cos \dfrac{2\pi}{n} + i\sin \dfrac{2\pi}{n}$，则 $a_i = \omega^{i-1}$，$i = 2, 3, \cdots, n$，$a_1 = 1 = \omega^n$，那么
$$F(x) = x^n - 1.$$

通过作综合除法，则可得
$$\begin{cases} f_1 = 1 + x + \cdots + x^{n-2} + x^{n-1}, \\ f_2 = a_2^{n-1} + a_2^{n-2}x + \cdots + a_2 x^{n-2} + x^{n-1}, \\ \cdots\cdots\cdots\cdots\cdots\cdots\cdots\cdots\cdots \\ f_n = a_n^{n-1} + a_n^{n-2}x + \cdots + a_n x^{n-2} + x^{n-1}. \end{cases}, \text{ 记 } A = \begin{pmatrix} 1 & a_2^{n-1} & \cdots & a_n^{n-1} \\ 1 & a_2^{n-2} & \cdots & a_n^{n-2} \\ \cdots & \cdots & \cdots & \cdots \\ 1 & a_2 & \cdots & a_n \\ 1 & 1 & \cdots & 1 \end{pmatrix},$$

则基 1，x，$\cdots$，x^{n-1} 到基 f_1，f_2，$\cdots$，f_n 的的过渡矩阵为 A.

10. 取 V 的一组基 ε_1，ε_2，$\cdots$，ε_n，取 m 个两两互异的数 a_1，a_2，$\cdots$，$a_m \in P$，令

$$X_i = (1, a_i, a_i^2, \cdots, a_i^{n-1})', \quad \alpha_i = (\varepsilon_1, \varepsilon_2, \cdots, \varepsilon_n) X_i, \quad i = 1, 2, \cdots, m,$$

则 α_1，α_2，$\cdots$，$\alpha_m \in V$，任取 n 个向量 α_{i_1}，α_{i_2}，$\cdots$，α_{i_n}，记 $b_k = a_{i_k}$，$k = 1, 2, \cdots, n$，则

$$\alpha_{i_k} = \varepsilon_1 + b_k \varepsilon_2 + \cdots + b_k^{n-1} \varepsilon_n, \quad k = 1, 2, \cdots, n,$$

因此向量组 α_{i_1}，α_{i_2}，$\cdots$，α_{i_n} 线性无关，所以 α_1，α_2，$\cdots$，α_m 即为所求.

习题 6.3

1. 对系数矩阵作初等行变换，则有

$$\begin{pmatrix} 1 & 1 & 1 & 1 \\ 2 & 3 & -1 & 2 \\ 1 & 2 & -2 & 1 \\ 1 & 3 & -5 & 1 \end{pmatrix} \rightarrow \begin{pmatrix} 1 & 1 & 1 & 1 \\ 0 & 1 & -3 & 0 \\ 0 & 1 & -3 & 0 \\ 0 & 2 & -6 & 0 \end{pmatrix} \rightarrow \begin{pmatrix} 1 & 1 & 1 & 1 \\ 0 & 1 & -3 & 0 \\ 0 & 0 & 0 & 0 \\ 0 & 0 & 0 & 0 \end{pmatrix},$$

所以方程组的解空间的维数是 2，它的一组基是方程组的基础解系

$\eta_1 = (-4, 3, 1, 0)$，$\eta_2 = (-1, 0, 0, 1)$.

2. 1）记 $W = L(\alpha_1, \alpha_2, \alpha_3, \alpha_4)$，对下述矩阵作初等行变换

$$\begin{pmatrix} 1 & -2 & 4 & -1 \\ -3 & 1 & -3 & -11 \\ 2 & 5 & 7 & 8 \\ -1 & 3 & 1 & -3 \end{pmatrix} \rightarrow \begin{pmatrix} 1 & -2 & 4 & -1 \\ 0 & -5 & 9 & -14 \\ 0 & 9 & -1 & 10 \\ 0 & 1 & 5 & -4 \end{pmatrix} \rightarrow \begin{pmatrix} 1 & -2 & 4 & -1 \\ 0 & 1 & 5 & -4 \\ 0 & 0 & 1 & -1 \\ 0 & 0 & 0 & 0 \end{pmatrix},$$

则 α_1，α_2，α_3 为生成元组 α_1，α_2，α_3，α_4 的一极大线性无关组，因此 α_1，α_2，α_3 是 W 的一组基，$\dim W = 3$.

2）记 $W = L(\alpha_1, \alpha_2, \alpha_3, \alpha_4)$，对下述矩阵作初等行变换

$$\begin{pmatrix} 2 & -1 & 4 & 1 \\ 1 & 1 & 5 & 5 \\ 3 & -3 & 3 & -3 \\ -1 & 1 & -1 & 1 \end{pmatrix} \rightarrow \begin{pmatrix} -1 & 1 & -1 & 1 \\ 1 & 1 & 5 & 5 \\ 3 & -3 & 3 & -3 \\ 2 & -1 & 4 & 1 \end{pmatrix} \rightarrow \begin{pmatrix} -1 & 1 & -1 & 1 \\ 0 & 1 & 2 & 3 \\ 0 & 0 & 0 & 0 \\ 0 & 0 & 0 & 0 \end{pmatrix},$$

则 α_1，α_2 为 α_1，α_2，α_3，α_4 的一极大线性无关组，故 α_1，α_2 是 W 的基，$\dim W = 2$.

3. 设所求方程组为 $AX = 0$，由于 $rank\{\alpha_1, \alpha_2, \alpha_3\} = 2$，则 $R(A) = 2$，由题设，需方程组 $AX = 0$

的解空间 $W_A = Span\{\alpha_1, \alpha_2, \alpha_3\}$，故 $A(\alpha_1, \alpha_2, \alpha_3) \begin{pmatrix} k_1 \\ k_2 \\ k_3 \end{pmatrix} = 0$ 恒成立，所以 $A(\alpha_1, \alpha_2, \alpha_3) = O$，则

得 $\begin{pmatrix} \alpha'_1 \\ \alpha'_2 \\ \alpha'_3 \end{pmatrix} A' = O$，记 $B = \begin{pmatrix} \alpha'_1 \\ \alpha'_2 \\ \alpha'_3 \end{pmatrix}$，则 A' 的列向量恰为线性方程组 $BY = 0$ 的解，可求得 $BY = 0$ 的基础解系

$(1, 0, -1, -1)'$，$\alpha_2 = (0, 1, 1, -1)'$，那么所求线性方程组为 $\begin{cases} x_1 - x_3 - x_4 = 0 \\ x_2 + x_3 - x_4 = 0 \end{cases}$.

4. 记 $A = E + S$，其中

$$S = \begin{pmatrix} 0 & 0 & 0 \\ 0 & 0 & 0 \\ 3 & 1 & 1 \end{pmatrix}, \quad 并记 \quad B = \begin{pmatrix} a & b & c \\ a_1 & b_1 & c_1 \\ a_2 & b_2 & c_2 \end{pmatrix},$$

那么 $AB=BA$ 当且仅当 $SB=BS$，故 $B\in C(A)\Leftrightarrow B\in C(S)$. 设 $B\in C(S)$，则

$$\begin{pmatrix} 0 & 0 & 0 \\ 0 & 0 & 0 \\ 3a+a_1+a_2 & 3b+b_1+b_2 & 3c+c_1+c_2 \end{pmatrix}=\begin{pmatrix} 3c & c & c \\ 3c_1 & c_1 & c_1 \\ 3c_2 & c_2 & c_2 \end{pmatrix},$$

可得 $c_1=c=0$，且

$$\begin{cases} 3a+a_1+a_2=3c_2 \\ 3b+b_1+b_2=c_2 \end{cases},$$

所以

$$B=\begin{pmatrix} a & b & 0 \\ a_1 & b_1 & 0 \\ 3c_2-3a-a_1 & c_2-3b-b_1 & c_2 \end{pmatrix},$$

从而 $\dim C(A)=\dim C(S)=5$，且可得 $C(A)$ 的一组基为

$$\begin{pmatrix} 1 & 0 & 0 \\ 0 & 0 & 0 \\ -3 & 0 & 0 \end{pmatrix},\begin{pmatrix} 0 & 1 & 0 \\ 0 & 0 & 0 \\ 0 & -3 & 0 \end{pmatrix},\begin{pmatrix} 0 & 0 & 0 \\ 1 & 0 & 0 \\ -1 & 0 & 0 \end{pmatrix},\begin{pmatrix} 0 & 0 & 0 \\ 0 & 1 & 0 \\ 0 & -1 & 0 \end{pmatrix},\begin{pmatrix} 0 & 0 & 0 \\ 0 & 0 & 0 \\ 3 & 1 & 1 \end{pmatrix}.$$

5. （反证）假设 $\dim W\geqslant 2$，则存在 $\alpha,\beta\in W$，使 $rank\{\alpha,\beta\}=2$，可设

$\alpha=(a_1,a_2,\cdots,a_n)$，$\beta=(b_1,b_2,\cdots,b_n)$，其中 $a_i\neq 0,b_i\neq 0(i=1,2,\cdots,n)$，

那么矩阵 $\begin{pmatrix} a_1 & a_2 & \cdots & a_n \\ b_1 & b_2 & \cdots & b_n \end{pmatrix}$ 中至少存在一个二阶非零子式，不妨设 $\begin{vmatrix} a_1 & a_2 \\ b_1 & b_2 \end{vmatrix}\neq 0$，则得 $a_1^{-1}a_2-b_1^{-1}b_2\neq 0$，那么

$$a_1^{-1}\alpha-b_1^{-1}\beta=(0,a_1^{-1}a_2-b_1^{-1}b_2,\cdots,a_1^{-1}a_n-b_1^{-1}b_n)\in W,$$

导致矛盾.

6. 由于矩阵 A 半正定，因此存在实可逆矩阵 C，使 $A=C'C$.

若 $\alpha\in \mathbf{R}^n$，使 $A\alpha=0$，则显然 $\alpha'A\alpha=0$.

若 $\alpha\in \mathbf{R}^n$，使 $\alpha'A\alpha=0$，则 $\alpha'C'C\alpha=0$，即 $(C\alpha)'(C\alpha)=0$，但 $(C\alpha)\in \mathbf{R}^n$，因此 $C\alpha=0$，则得 $C'C\alpha=0$，即 $A\alpha=0$.

所以方程 $AX=0$ 与 $X'AX=0$ 同解，则结论成立.

7. 由于 V_1 为 V 的非平凡子空间，因此存在 $\alpha\notin V_1$，若 $\alpha\notin V_2$，则结论成立，那么可设 $\alpha\in V_2$；V_2 也为 V 的非平凡子空间，则存在 $\beta\notin V_2$，若 $\beta\notin V_1$，则结论成立，可设 $\beta\in V_1$，因此必有 $\alpha+\beta\notin V_1$，$\alpha+\beta\notin V_2$. 其实，若 $\alpha+\beta\in V_1$，由于 $\beta\in V_1$，因此 $(\alpha+\beta)+(-\beta)\in V_1$，即得 $\alpha\in V_1$，矛盾，故 $\alpha+\beta\notin V_1$，同理 $\alpha+\beta\notin V_2$.

8. 设 $\alpha_1,\alpha_2,\cdots,\alpha_n$ 为 V 的一组基，任给自然数 k，令 $\beta_k=\alpha_r+k\alpha_n$.

首先，对于任意一个自然数 k，证明向量组 $\alpha_1,\alpha_2,\cdots,\alpha_{r-1},\beta_k$ 线性无关：设存在一组数 $p_1,p_2,\cdots,p_{r-1},p$，使 $p_1\alpha_1+p_2\alpha_2+\cdots+p_{r-1}\alpha_{r-1}+p\beta_k=0$，则

$$p_1\alpha_1+p_2\alpha_2+\cdots+p_{r-1}\alpha_{r-1}+p\alpha_r+pk\alpha_n=0,$$

由于 $\alpha_1,\alpha_2,\cdots,\alpha_{r-1},\alpha_r,\alpha_n$ 线性无关 $(r<n)$，所以

$$p_1=p_2=\cdots=p_{r-1}=p=0.$$

其次，对于任意自然数 k，令 $V_k=L(\alpha_1,\alpha_2,\cdots,\alpha_{r-1},\beta_k)$，则 $\dim V_k=r$ 为，下面证明：若 $k\neq h$，则 $V_k\neq V_h$，其中 $V_h=L(\alpha_1,\alpha_2,\cdots,\alpha_{r-1},\beta_h)$，只需证 $\beta_h\notin V_k$.

其实，若 $\beta_h\in V_k$，可设 $\beta_h=q_1\alpha_1+q_2\alpha_2+\cdots+q_{r-1}\alpha_{r-1}+q\beta_k$，那么

$$q_1\alpha_1 + q_2\alpha_2 + \cdots + q_{r-1}\alpha_{r-1} + (q-1)\alpha_r + (qk-h)\alpha_n = 0,$$

但 α_1, α_2, $\cdots$, α_{r-1}, α_r, α_n 线性无关，所以 $q_1 = q_2 = \cdots = q_{r-1} = 0$，$q = 1$，$k = h$，矛盾．所以，$V$ 中有无限多个 r 维的子空间 $V_k (k = 1, 2, \cdots)$．

9. 容易验证 W 中的向量关于加法和数乘运算具有封闭性，因此 W 是 V 的子空间．考虑齐次线性方程组

$$\begin{cases} a_{11}x_1 + a_{12}x_2 + \cdots + a_{1n}x_n = 0, \\ a_{21}x_1 + a_{22}x_2 + \cdots + a_{2n}x_n = 0, \\ \cdots\cdots\cdots\cdots\cdots\cdots\cdots\cdots\cdots \\ a_{m1}x_1 + a_{m2}x_2 + \cdots + a_{mn}x_n = 0. \end{cases}$$

由于 $R(A) = r$，因此它存在基础解系 η_1, η_2, $\cdots$, η_{n-r}，记

$$\eta_k = (t_{1k}, t_{2k}, \cdots, t_{nk})', \text{ 并令 } \alpha_k = (\varepsilon_1, \varepsilon_2, \cdots, \varepsilon_n)\eta_k, \ k = 1, 2, \cdots, n-r,$$

由基础解系的性质，则 α_1, α_2, $\cdots$, $\alpha_{n-r} \in W$ 线性无关，且 W 中的任意向量均可由此向量组线性表出，因此 α_1, α_2, $\cdots$, α_{n-r} 是 W 的一组基，所以 $\dim W = n-r$．

习题 6.4

1. $\begin{pmatrix} 1 & -2 & 1 & 1 \\ -1 & 3 & 2 & 3 \\ 0 & 1 & 0 & 1 \\ 1 & -3 & -2 & -3 \end{pmatrix} \rightarrow \begin{pmatrix} 1 & -2 & 1 & 1 \\ 0 & 1 & 3 & 4 \\ 0 & 1 & 0 & 1 \\ 0 & -1 & -3 & -4 \end{pmatrix} \rightarrow \begin{pmatrix} 1 & -2 & 1 & 1 \\ 0 & 1 & 3 & 4 \\ 0 & 0 & 1 & 1 \\ 0 & 0 & 0 & 0 \end{pmatrix}$.

显然 $\dim V_1 = 2$，$\dim V_2 = 2$，由上述变换，则

$$V_1 + V_2 = L(\alpha_1, \alpha_2, \beta_1, \beta_2) = L(\alpha_1, \alpha_2, \beta_1), \ \dim(V_1 + V_2) = 3,$$

α_1, α_2, β_1 为 $V_1 + V_2$ 的一组基．此外可得

$$\beta_2 = 2\alpha_1 + \alpha_2 + \beta_1 \Rightarrow 2\alpha_1 + \alpha_2 = \beta_2 - \beta_1 \in V_1 \cap V_2,$$

由维数公式，则 $\dim V_1 \cap V_2 = 1$，由上式则 $\beta_2 - \beta_1 = (0, 1, 1, -1)$ 为 $V_1 \cap V_2$ 的基．

2. 用例 6.13 的方法，可得

$$W_2 = \{(x_1, x_2, x_3, x_4) \mid 2x_1 + 2x_2 - x_3 = 0, \ 3x_1 + 2x_2 - x_4 = 0\},$$

那么 $W_1 \cap W_2$ 就是线性方程组 $\begin{cases} x_1 + 2x_2 - x_4 = 0 \\ 2x_1 + 2x_2 - x_3 = 0 \\ 3x_1 + 2x_2 - x_4 = 0 \end{cases}$ 的解空间，于是可求得基础解系为 $\eta = (0, 1, 2, 2)$，

则 $W_1 \cap W_2 = L(\eta)$，$\dim W_1 \cap W_2 = 1$．

3. 1) 令 $V_i = L(\beta_1, \cdots, \beta_{i-1}, \beta_{i+1}, \cdots, \beta_n)$，则 $\dim V_i = n-1$，因此 α_1, α_2, $\cdots$, α_n 中必存在向量不在 V_i 中，所以有 $j_i \in \{1, 2, \cdots, n\}$ 使 $\alpha_{j_i} \notin V_i$，则 β_1, $\cdots$, β_{i-1}, α_{j_i}, β_{i+1}, $\cdots$, β_n 线性无关，构成 V 的一组基．

2) 对于任意 $i \in \{1, 2, 3\}$，则存在 j，$k \in \{1, 2, 3\}$ 且 $j \neq k$，使得 β_i，α_j，α_k 为 V 的一组基．（反证）说明：对于 β_i，假设 α_1，α_2，α_3 中每两个向量与 β_i 合并均不构成 V 的一组基，则 $\beta_i \in L(\alpha_1, \alpha_2)$，$\beta_i \in L(\alpha_1, \alpha_3)$，$\beta_i \in L(\alpha_2, \alpha_3)$，那么

$$\beta_i \in L(\alpha_1, \alpha_2) \cap L(\alpha_1, \alpha_3) \cap L(\alpha_2, \alpha_3) = \{0\},$$

导致矛盾．

4. 显然 $\dim V_1 \leqslant \dim(V_1 + V_2)$，由题设，$\dim(V_1 + V_2) = \dim V_1 \cap V_2 + 1$，因此

$$\dim V_1 \cap V_2 \leqslant \dim V_1 \leqslant \dim V_1 \cap V_2 + 1,$$

由于 $\dim V_1 \cap V_2$，$\dim V_1$ 均为非负整数，因此上式中的两个 $\leqslant$ 中恰有一个取等号.

若 $\dim V_1 \cap V_2 = \dim V_1$，由维数公式，则 $\dim(V_1 + V_2) = \dim V_2$，因此
$$V_1 = V_1 \cap V_2, \quad V_2 = V_1 + V_2;$$

若 $\dim V_1 = \dim V_1 \cap V_2 + 1$，即 $\dim V_1 = \dim(V_1 + V_2)$，则 $\dim V_2 = \dim V_1 \cap V_2$，因此
$$V_2 = V_1 \cap V_2, \quad V_1 = V_1 + V_2.$$

5. $\forall \alpha = (a_1, a_2, \cdots, a_n) \in P^n$，令 $k = (k_1 + \cdots + k_n)^{-1}(k_1 a_1 + \cdots + k_n a_n)$，则
$$\alpha = (a_1 - k, a_2 - k, \cdots, a_n - k) + (b, b, \cdots, b),$$
令 $\alpha_1 = (a_1 - k, a_2 - k, \cdots, a_n - k)$，$\alpha_2 = (b, b, \cdots, b)$，则
$$\alpha = \alpha_1 + \alpha_2, \quad 其中 \alpha_1 \in V_1, \quad \alpha_2 \in V_2,$$
因此 $P^n = V_1 + V_2$.

设 $\alpha = (a, a, \cdots, a) \in V_1 \cap V_2$，则 $k_1 a + k_2 a + \cdots + k_n a = 0$，故 $a = 0$，即 $\alpha = 0$，所以 $V_1 \cap V_2 = \{0\}$，从而 $P^n = V_1 \oplus V_2$.

6. 容易验证 V_2 是 V 的子空间.

先证 $V_1 + V_2$ 是直和，需证 $V_1 \cap V_2 = \{0\}$：$\forall \alpha \in V_1 \cap V_2$，则 $\alpha \in V_1$，$\alpha \in V_2$，因此可设 $\alpha = k(\alpha_1 + \alpha_2 + \cdots + \alpha_n)$，且 $k + k + \cdots + k = 0$，则得 $k = 0$，从而 $\alpha = 0$.

再证 $V = V_1 \oplus V_2$：其实，显然 $\alpha_1 + \alpha_2 + \cdots + \alpha_n \neq 0$，因此 $\dim V_1 = 1$；易得齐次线性方程组 $x_1 + x_2 + \cdots + x_n = 0$ 的基础解系
$$(-1, 1, 0, \cdots, 0), (-1, 0, 1, \cdots, 0), \cdots, (-1, 0, 0, \cdots, 1),$$
令 $\eta_1 = \alpha_2 - \alpha_1$，$\eta_2 = \alpha_3 - \alpha_1$，$\cdots$，$\eta_{n-1} = \alpha_n - \alpha_1$，则 η_1，η_2，$\cdots$，η_{n-1} 是 V_2 的一组基，因此 $\dim V_2 = n - 1$，所以 $\dim(V_1 \oplus V_2) = \dim V_1 + \dim V_2 = \dim V$，从而 $V = V_1 \oplus V_2$.

证 2　（只证 $V = V_1 + V_2$）$\forall \alpha \in V$，设 $\alpha = k_1 \alpha_1 + k_2 \alpha_2 + \cdots + k_n \alpha_n$，则
$$\alpha = k(\alpha_1 + \alpha_2 + \cdots + \alpha_n) + ((k_1 - k)\alpha_1 + (k_2 - k)\alpha_2 + \cdots + (k_n - k)\alpha_n),$$
其中 $k = \dfrac{1}{n}(k_1 + k_2 + \cdots + k_n)$（此 k 是通过令 $(k_1 - k) + (k_2 - k) + \cdots + (k_n - k) = 0$ 求得），记 $\alpha_1 = \alpha_1 + \alpha_2 + \cdots + \alpha_n$，$\alpha_2 = (k_1 - k)\alpha_1 + (k_2 - k)\alpha_2 + \cdots + (k_n - k)\alpha_n$，则 $\alpha = \alpha_1 + \alpha_2$，且 $\alpha_1 \in V_1$，$\alpha_2 \in V_2$，所以 $V = V_1 + V_2$，从而 $V = V_1 \oplus V_2$.

7. 由题设知，$V = V_{11} + V_{12} + V_2$. 由于 $V = V_1 \oplus V_2$，$V_1 = V_{11} \oplus V_{12}$，因此
$$\dim V = \dim V_1 + \dim V_2, \quad \dim V_1 = \dim V_{11} + \dim V_{12}$$
那么 $\dim V = \dim V_{11} + \dim V_{12} + \dim V_2$，所以 $V = V_{11} \oplus V_{12} \oplus V_2$.

8. 设 α_1，α_2，$\cdots$，α_n 是 n 维线性空间 V 的一组基，显然 $L(\alpha_1)$，$L(\alpha_2)$，$\cdots$，$L(\alpha_n)$ 都是 V 的一维子空间，且
$$L(\alpha_1) + L(\alpha_2) + \cdots + L(\alpha_n) = L(\alpha_1, \alpha_2, \cdots, \alpha_n) = V,$$
又因为
$$\dim L(\alpha_1) + \dim L(\alpha_2) + \cdots + \dim L(\alpha_n) = \dim(L(\alpha_1) + L(\alpha_2) + \cdots + L(\alpha_n)),$$
所以 $V = L(\alpha_1) \oplus L(\alpha_2) \oplus \cdots \oplus L(\alpha_n)$.

9. $(\Rightarrow)$ 若 $\sum\limits_{i=1}^{s} V_i$ 为直和，由定理 11，则 $V_i \cap \sum\limits_{i \neq j} V_j = \{0\}$ $(i = 1, 2, \cdots, s)$，那么
$$V_i \cap \sum\limits_{j=1}^{i-1} V_j \subset V_i \cap \sum\limits_{i \neq j} V_j \Rightarrow V_i \cap \sum\limits_{j=1}^{i-1} V_j = \{0\} \ (i = 2, \cdots, s).$$

$(\Leftarrow)$ 若 $V_i \cap \sum\limits_{j=1}^{i-1} V_j = \{0\}$ $(i = 2, \cdots, s)$，设

151

$$0 = \alpha_1 + \alpha_2 + \cdots + \alpha_s, \quad \alpha_i \in V_i, \quad i = 1, 2, \cdots, s,$$

$$\therefore \quad -\alpha_s = \alpha_1 + \alpha_2 + \cdots + \alpha_{s-1} \in V_s \cap \sum_{i=1}^{s-1} V_i = \{0\},$$

那么 $-\alpha_s = 0$ 即得 $\alpha_s = 0$，且 $\alpha_1 + \alpha_2 + \cdots + \alpha_{s-1} = 0$，用上述方法一直下去，则得

$$\alpha_{s-1} = 0, \cdots, \alpha_2 = 0, \alpha_1 = 0,$$

说明零向量分解唯一，所以 $\sum\limits_{i=1}^{s} V_i$ 为直和.

10. 一般地和 $V_1 + V_2 + V_3$ 构不成直和，如在 P^3 中，取 $\alpha_1 = (1, 0, 0)$，$\alpha_2 = (0, 1, 0)$，$\alpha_3 = (0, 0, 1)$，$\alpha_4 = (1, 0, 1)$，令 $V_1 = L(\alpha_1, \alpha_2)$，$V_2 = L(\alpha_3)$，$V_3 = L(\alpha_4)$，那么

$$\dim(V_1 + V_2 + V_3) = 3, \quad \dim V_1 + \dim V_2 + \dim V_3 = 4,$$

故此时 $V_1 + V_2 + V_3$ 构不成直和.

习题 6.5

1. $\ker\varphi = \{0\}$，$\mathrm{Im}\varphi = \{(a, b, c) \mid 5a - b - 2c = 0\} = L((1, 5, 0), (0, -2, 1))$.

2. 令 $F_{ij} = \begin{cases} E_{ii} - E_{11}, & i = j, \ i = 2, \cdots, n \\ E_{ij} + E_{ji}, & 1 \le i < j \le n \end{cases}$，易验证 $\dim V_1 = \dfrac{1}{2} n(n+1) - 1$，并且矩阵组 F_{12}，F_{13}，$\cdots$，F_{1n}，F_{22}，F_{23}，$\cdots$，F_{2n}，$\cdots$，$F_{n-1, n-1}$，$F_{n-1, n}$，F_{nn} 为 V_1 的基.

另外，E_{12}，E_{13}，$\cdots$，E_{1n}，E_{22}，E_{23}，$\cdots$，E_{2n}，$\cdots$，$E_{n-1, n-1}$，$E_{n-1, n}$，E_{nn} 构成 V_2 的一组基，那么 $\dim V_2 = \dfrac{1}{2} n(n+1) - 1$，因此由定理 12，$V_1 \cong V_2$.

定义 $\sigma: V_1 \to V_2$，使 $\sigma(F_{ij}) = E_{ij}$，并保持相应的线性运算关系，则 σ 为 V_1 到 V_2 的同构映射.

补 充 题

1. 对于 $f(x_1, x_2, \cdots, x_n)$，则存在 $\mathbf{R}$ 上的非退化线性替换 $X = CY$，使

$$f(x_1, x_2, \cdots, x_n) = y_1^2 + \cdots + y_t^2 + y_{t+1}^2 + \cdots + y_{t+s}^2 - y_{t+s+1}^2 - \cdots - y_n^2.$$

令 $Y_i = e_i + e_{n-i+1} (i = 1, 2, \cdots, t)$，其中 $e_i = (0, \cdots, 0, 1, 0, \cdots, 0)'$（第 i 分量为 1 的单位列向量），则 Y_1，Y_2，$\cdots$，Y_t 线性无关，取 $X_i = CY_i (i = 1, 2, \cdots, t)$，则向量组 X_1，X_2，$\cdots$，X_t 也线性无关. 作 $\mathbf{R}^n$（行向量空间）的子空间 $V_1 = L(X'_1, X'_2, \cdots, X'_t)$，则 $\dim V_1 = t$.

$\forall \alpha = (x_{01}, x_{02}, \cdots, x_{0n}) \in V_1$，设 $\alpha = k_1 X'_1 + k_2 X'_2 + \cdots + k_t X'_t$，则

$$\alpha' = k_1 X_1 + k_2 X_2 + \cdots + k_t X_t = C(k_1 Y_1 + k_2 Y_2 + \cdots + k_t Y_t),$$

但 $k_1 Y_1 + k_2 Y_2 + \cdots + k_t Y_t = (k_1, k_2, \cdots, k_t, 0, \cdots, 0, k_t, \cdots, k_2, k_1)'$，所以

$$f(x_{01}, x_{02}, \cdots, x_{0n}) = k_1^2 + k_2^2 + \cdots + k_t^2 - k_t^2 - \cdots - k_2^2 - k_1^2 = 0.$$

2. 1) S 为 $\mathbf{R}^n$ 的子空间的充分必要条件是矩阵 A 半正定或半负定.

（$\Leftarrow$）若 A 半正定，由习题 6.3 的题 6，则 $S = \{X \in \mathbf{R}^n \mid AX = 0\}$，因此 S 为 $\mathbf{R}^n$ 的子空间，若 A 半负定，可得 $-A$ 半正定，则 $S = \{X \in \mathbf{R}^n \mid (-A)X = 0\}$，$S$ 也为 $\mathbf{R}^n$ 的子空间.

（$\Rightarrow$）（反证）假设 A 既不半正定也不半负定，因此其正惯性指数 $p > 0$，负惯性指数 $q > 0$，则存在 $\mathbf{R}$ 上的非退化线性替换 $X = CY$，使

$$f(X) = X'AX = Y'C'ACY = g(Y) = y_1^2 + \cdots + y_p^2 - y_{p+1}^2 - \cdots - y_{p+q}^2.$$

令 $Y_1 = e_1 + e_{p+1}$，$Y_2 = e_1 - e_{p+1}$，取 $X_i = CY_i (i = 1, 2)$，则有

$$f(X_i) = g(Y_i) = 0 (i = 1, 2), \quad 但 \ f(X_1 + X_2) = g(Y_1 + Y_2) \ne 0,$$

所以 X_1，$X_2 \in S$，但 $X_1 + X_2 \notin S$，导致矛盾.

2）由于 $R(A) = r$，由 1），因此

$$\dim S = \dim\{X \in \mathrm{R}^n \mid AX = 0\} = \dim\{X \in \mathrm{R}^n \mid (-A)X = 0\} = n - r.$$

3. 对 s 作归纳 . $s = 1$ 时，结论显然成立 .

假定 $s = k$ 时成立 . 下证 $s = k+1$ 时也成立，设 V_1，V_2，$\cdots$，V_k，V_{k+1} 均为非平凡子空间为，对于 V_1，V_2，$\cdots$，V_k，由归纳，则存在 $\alpha \in V$，使得 α 不属于 V_1，V_2，$\cdots$，V_k 中的任何一个 . 若 $\alpha \notin V_{k+1}$，则结论成立 . 下设 $\alpha \in V_{k+1}$，由于 V_{k+1} 为 V 的非平凡子空间，则存在 $\beta \in V$，$\beta \notin V_{k+1}$，考虑如下 $k+1$ 个向量（均不在 V_{k+1} 中），

$$\alpha + \beta,\ 2\alpha + \beta,\ \cdots,\ k\alpha + \beta,\ (k+1)\alpha + \beta,$$

若有某两个向量属于同一个 $V_i (1 \leqslant i \leqslant k)$，则得 $m\alpha \in V_i (m$ 为自然数$)$，那么必有 $\alpha \in V_i (1 \leqslant i \leqslant k)$，矛盾 . 所以上述 $k+1$ 个向量中必有一向量不属于 V_1，V_2，$\cdots$，V_k 中的任何一个，因此这个向量即为所求，所以结论成立 .

4. 充分性显然 . 下证必要性 . 对 s 作归纳 . 当 $s = 1$ 时，结论显然成立 .

假定 $s-1$ 时成立，考察 $W = W_1 \cup W_2 \cup \cdots \cup W_s$. 若 $W \neq W_s$，则有 $\beta \in W \setminus W_s$. 任给 $\alpha \in W_s$，则必有 $k\alpha + \beta \in W \setminus W_s$. 当 $k = 1, 2, \cdots, s$ 时，s 个向量中必有两个向量属于同一个 $W_i (1 \leqslant i \leqslant s-1)$. 此两向量相减后可得 $\alpha \in W_i$，因此 $W_s \subset W_1 \cup \cdots \cup W_{s-1}$，于是 $W = W_1 \cup \cdots \cup W_{s-1}$. 利用归纳假设，则可得一个 $i (1 \leqslant i \leqslant s-1)$ 使得 $W = W_i$. 结论成立 .

5.（必要性）先证 $P^n = W_1 + W_2$：其实，$\forall \alpha \in P^n$，则 $\alpha = (E-A)\alpha + A\alpha$，令 $\alpha_1 = (E-A)\alpha$，$\alpha_2 = A\alpha$，则 $\alpha = \alpha_1 + \alpha_2$，$\alpha_1 \in W_1$，$\alpha_2 \in W_2$，故 $P^n = W_1 + W_2$.

再证 $W_1 + W_2$ 是直和，即证 $W_1 \cap W_2 = \{0\}$：其实 $\forall \delta \in W_1 \cap W_2$，则 $A\delta = 0$，且 $(A-E)\delta = 0$，那么 $\delta = A\delta - (A-E)\delta = 0$.

（充分性）设 $R(A) = r$，那么 $\dim W_1 = n - r$，$\dim W_2 = r$，分别取 W_2，W_1 的基为 ξ_1，ξ_2，$\cdots$，ξ_r；ξ_{r+1}，$\cdots$，ξ_n，则合并组线性无关构成 P^n 的一组基，令可逆矩阵

$$P = (\xi_1,\ \xi_2,\ \cdots,\ \xi_r,\ \xi_{r+1},\ \cdots,\ \xi_n),$$

则 $P^{-1}AP = diag(1,\ 1,\ \cdots,\ 1,\ 0,\ \cdots,\ 0)$，则必有 $A^2 = A$.

6.（必要性）设 $A^2 = E$，由例 4.22，则 $R(A+E) + R(A-E) = n$，因此

$$\dim V_1 + \dim V_2 = \dim P^n.$$

$\forall \delta \in V_1 \cap V_2$，则 $A\delta = \delta$，$A\delta = -\delta$，故 $\delta = 0$，则 $V_1 \cap V_2 = \{0\}$，即 $V_1 + V_2$ 是直和，所以可得 $P^n = V_1 \oplus V_2$.

（充分性）$\forall X \in P^n$，则 $X = X_1 + X_2$，$X_1 \in V_1$，$X_2 \in V_2$，那么

$$(A-E)X_1 = 0,\ (A+E)X_2 = 0 \Rightarrow AX_1 = X_1,\ AX_2 = -X_2,$$

$$\therefore A^2 X = A \cdot A(X_1 + X_2) = A(X_1 - X_2) = X_1 + X_2 = X,$$

即得 $(A^2 - E)X = 0$，由 X 向量的任意性，所以 $A^2 - E$，即得 $A^2 = E$.

7. 记 $V_1 = \{X \in P^n \mid BX = 0\}$，$V_2 = \{X \in P^n \mid ABX = 0\}$，则 $V_1 \subset V_2$. 可设

$$\dim V_1 = n - R(B) = p,\ \dim V_2 = n - R(AB) = p + q,$$

取 V_1 的基 α_1，α_2，$\cdots$，α_p，可扩充成 V_2 的基 α_1，α_2，$\cdots$，α_p，α_{p+1}，$\cdots$，α_{p+q}，则

$$W = \{B\alpha \mid \alpha \in V_2\} = L(B\alpha_1,\ \cdots,\ B\alpha_p,\ B\alpha_{p+1},\ \cdots,\ B\alpha_{p+q})$$

$$= L(B\alpha_{p+1},\ \cdots,\ B\alpha_{p+q}).$$

下证向量组 $B\alpha_{p+1}$，$\cdots$，$B\alpha_{p+q}$ 线性无关：设有 x_{p+1}，$\cdots$，$x_{p+q} \in P$，使

$$x_{p+1}B\alpha_{p+1} + \cdots + x_{p+q}B\alpha_{p+q} = 0 \Rightarrow B(x_{p+1}\alpha_{p+1} + \cdots + x_{p+q}\alpha_{p+q}) = 0,$$

因此 $x_{p+1}\alpha_{p+1} + \cdots + x_{p+q}\alpha_{p+q} \in V_1$，故存在 x_1，$\cdots$，$x_p \in P$，使得

$$x_{p+1}\alpha_{p+1} + \cdots + x_{p+q}\alpha_{p+q} = x_1\alpha_1 + \cdots + x_p\alpha_p \Rightarrow x_1 = \cdots = x_{p+1} = \cdots = x_{p+q} = 0.$$

所以 $B\alpha_{p+1}$，$\cdots$，$B\alpha_{p+q}$ 是 W 的一组基，那么
$$\dim W = q = \dim V_2 - \dim V_1 = R(B) - R(AB).$$

8. 由定义，则 $\ker(A) = \{X \in \mathbf{C}^n \mid AX = 0\}$，$\mathrm{Im}\bar{A}' = \{\bar{A}'Y \mid Y \in \mathbf{C}^m\}$.

$\forall X \in \ker(A)$，$\bar{A}'Y \in \mathrm{Im}\bar{A}'$，则
$$(\bar{A}'Y, X) = (\bar{A}'Y)'\bar{X} = Y'\overline{(AX)} = Y'0 = 0,$$

故 $\ker(A) \perp \mathrm{Im}\bar{A}'$. 设 A 的行向量组为 A_1，A_2，$\cdots$，A_m，则 $\bar{A}' = (\bar{A}'_1, \bar{A}'_2, \cdots, \bar{A}'_m)$，故
$$\mathrm{Im}\bar{A}' = L(\bar{A}'e_1, \bar{A}'e_2, \cdots, \bar{A}'e_m) = L(\bar{A}'_1, \bar{A}'_2, \cdots, \bar{A}'_m),$$
那么
$$\dim\mathrm{Im}\bar{A}' = rank\{\bar{A}'_1, \bar{A}'_2, \cdots, \bar{A}'_m\} = R(\bar{A}') = R(A),$$

但 $\dim\ker(A) = n - R(A)$，所以 $\mathbf{C}^n = \ker(A) \oplus \mathrm{Im}\bar{A}'$.

9. W 中的 E，A，A^2，$\cdots$，A^{r-1} 必线性无关，否则，存在 k_0，k_1，k_2，$\cdots$，k_{r-1} 不全为零，使 $k_0E + k_1A + k_2A^2 + \cdots + k_{m-1}A^{m-1} = O$，此与 $\partial (m(x)) = r$. 另外，$\forall f(A) \in W$，其中 $f(x) \in P[x]$，用 $m(x)$ 对 $f(x)$ 作带余除，则有 $f(x) = q(x)m(x) + u(x)$，其中 $u(x)$ 为余式，即 $u(x) = 0$ 或 $u(x)$ 的次数小于 r，因此 $f(A) = u(A)$ 可由 E，A，A^2，$\cdots$，A^{r-1} 线性表出，所以 E，A，A^2，$\cdots$，A^{r-1} 是 W 的一组基，即得 $\dim W = r$.

10. 记若尔当块形矩阵
$$J = \begin{pmatrix} 0 & & & \\ 1 & 0 & & \\ & \ddots & \ddots & \\ & & 1 & 0 \end{pmatrix},$$

那么 $A = E + J + J^2 + \cdots + J^{n-1}$，又 $J^n = O$，因此 $A^{-1} = E - J$.

由于 $AB = BA \Leftrightarrow BA^{-1} = A^{-1}B \Leftrightarrow B(E-J) = (E-J)B \Leftrightarrow BJ = JB$，因此 $C(A) = C(J)$，通过计算比较，则可得 $C(J) = L(E, J, \cdots, J^{n-1})$，通过证明可知 E，J，$\cdots$，J^{n-1} 线性无关，所以它们构成 $C(A)$ 的一组基.

第七章 线性变换

关键知识点：线性变换的定义及简单性质，线性变换的基本运算及性质；n 维线性空间的线性变换在一组基下的矩阵，线性变换与其基下的矩阵之间的关系，矩阵相似的概念，线性变换在不同基下的矩阵之间的关系；特征值及特征向量的定义，相似矩阵特征值的性质，哈密尔顿-凯莱定理，线性变换表示矩阵可对角化的充要条件，特征向量的性质；线性变换的值域与核的定义，值域与核的维数关系定理，不变子空间的定义，线性空间关于线性变换的特征值分解定理；若尔当标准形的有关理论，最小多项式的概念及性质.

§1 线性变换的定义及运算

一、线性变换的定义

定义 1　设 V 为数域 P 上的线性空间，变换 $\mathscr{A}: V \rightarrow V$ 保持线性运算，即
$$\mathscr{A}(\alpha+\beta) = \mathscr{A}(\alpha) + \mathscr{A}(\beta)，\mathscr{A}(k\beta) = k\mathscr{A}(\beta)，\forall \alpha，\beta \in V，k \in P，$$
则称 $\mathscr{A}$ 为 V 的一个**线性变换**. 线性变换一般用花体字母 $\mathscr{A}$，$\mathscr{B}$，$\mathscr{C}$，$\mathscr{D}$ 等表示。

1) 设 $\mathscr{A}$ 是 V 的线性变换，则 $\mathscr{A}(0) = 0$，$\mathscr{A}(-\alpha) = -\mathscr{A}(\alpha)$；

2) 线性变换保持线性组合关系不变，即若 β 可由 α_1，α_2，$\cdots$，α_r 线性表出，则 $\mathscr{A}(\beta)$ 可由 $\mathscr{A}(\alpha_1)$，$\mathscr{A}(\alpha_2)$，$\cdots$，$\mathscr{A}(\alpha_r)$ 线性表出，其中 $\forall \alpha_1$，α_2，$\cdots$，$\alpha_r \in V$；

3) 若 α_1，α_2，$\cdots$，α_r 线性相关，则 $\mathscr{A}(\alpha_1)$，$\mathscr{A}(\alpha_2)$，$\cdots$，$\mathscr{A}(\alpha_r)$ 也线性相关；反之不一定成立.

例 7.1　在 P^3 上，定义 $\mathscr{A}(x_1，x_2，x_3) = (2x_2-3x_3，x_1+x_2+x_3，x_1+5x_2)$，判别此变换是否为线性变换.

解　任取 $\alpha = (x_1，x_2，x_3)$，$\beta = (y_1，y_2，y_3) \in P^3$，$k \in P$，那么
$$\begin{aligned}
\mathscr{A}(\alpha+\beta) &= \mathscr{A}(x_1+y_1，x_2+y_2，x_3+y_3) \\
&= (2x_2+2y_2-3x_3-3y_3，x_1+y_1+x_2+y_2+x_3+y_3，x_1+y_1+5x_2+5y_2) \\
&= (2x_2-3x_3，x_1+x_2+x_3，x_1+5x_2) + (2y_2-3y_3，y_1+y_2+y_3，y_1+5y_2) \\
&= \mathscr{A}(\alpha) + \mathscr{A}(\beta)，
\end{aligned}$$
$$\begin{aligned}
\mathscr{A}(k\alpha) &= \mathscr{A}(kx_1，kx_2，kx_3) \\
&= (2kx_2-3kx_3，kx_1+kx_2+kx_3，kx_1+5kx_2) \\
&= k(2x_2-3x_3，x_1+x_2+x_3，x_1+5x_2) \\
&= k\mathscr{A}(\alpha)，
\end{aligned}$$
所以 $\mathscr{A}$ 是 P^3 上的线性变换.

二、线性变换的运算

设 $\mathscr{A}$，$\mathscr{B}$ 是线性空间 V 的两个线性变换，定义它们的乘积 $\mathscr{A}\mathscr{B}$ 为
$$(\mathscr{A}\mathscr{B})(\alpha) = \mathscr{A}(\mathscr{B}(\alpha))，\forall \alpha \in V，$$
线性变换的乘积也是线性变换.

线性变换的乘法满足结合律，即 $(\mathscr{A}\mathscr{B})\mathscr{C}=\mathscr{A}(\mathscr{B}\mathscr{C})$．

关于乘法，单位变换 $\mathscr{E}$ 有特殊的地位，对于 $\mathscr{A}$ 有 $\mathscr{E}\mathscr{A}=\mathscr{A}\mathscr{E}=\mathscr{A}$．

设 $\mathscr{A}$，$\mathscr{B}$ 是线性空间 V 的两个线性变换，定义它们的和 $\mathscr{A}+\mathscr{B}$ 为

$$(\mathscr{A}+\mathscr{B})(\alpha)=\mathscr{A}(\alpha)+\mathscr{B}(\alpha)，\quad \forall\,\alpha\in V，$$

线性变换的和还是线性变换．

线性变换的加法满足

$$(\mathscr{A}+\mathscr{B})+\mathscr{C}=\mathscr{A}+(\mathscr{B}+\mathscr{C})，\quad \mathscr{A}+\mathscr{B}=\mathscr{B}+\mathscr{A}．$$

关于加法，零变换 $\mathscr{O}$ 有特殊的地位，对于 $\mathscr{A}$ 有 $\mathscr{A}+\mathscr{O}=\mathscr{A}$．

对于线性变换 $\mathscr{A}$，定义它的负变换 $(-\mathscr{A})$ 为

$$(-\mathscr{A})(\alpha)=-\mathscr{A}(\alpha)，\quad \forall\,\alpha\in V．$$

负变换 $(-\mathscr{A})$ 也是线性变换，且满足 $\mathscr{A}+(-\mathscr{A})=\mathscr{O}$．

线性变换的乘法对加法有单侧分配律

$$\mathscr{A}(\mathscr{B}+\mathscr{C})=\mathscr{A}\mathscr{B}+\mathscr{A}\mathscr{C}，\quad (\mathscr{B}+\mathscr{C})\mathscr{A}=\mathscr{B}\mathscr{A}+\mathscr{C}\mathscr{A}．$$

对于数 $k\in P$，对于线性变换 $\mathscr{A}$，定义它们的数量乘法 $k\mathscr{A}$ 为

$$(k\mathscr{A})(\alpha)=k\mathscr{A}(\alpha)，\quad \forall\,\alpha\in V，$$

数量乘积 $k\mathscr{A}$ 还是线性变换，且满足

$$k(l\mathscr{A})=(kl)\mathscr{A}，\ 1\cdot\mathscr{A}=\mathscr{A}，$$
$$(k+l)\mathscr{A}=k\mathscr{A}+l\mathscr{A}，\ k(\mathscr{A}+\mathscr{B})=k\mathscr{A}+k\mathscr{B}．$$

线性空间 V 上的全体线性变换，对于上述定义的加法与数量乘法，也构成数域 P 上的一个线性空间，记为 $L(V)$．

称 V 的变换 $\mathscr{A}$ 为可逆的，若存在 V 的变换 $\mathscr{B}$ 使

$$\mathscr{A}\mathscr{B}=\mathscr{B}\mathscr{A}=\mathscr{E}，$$

记 $\mathscr{B}=\mathscr{A}^{-1}$，称为 $\mathscr{A}$ 的逆变换．如果线性变换 $\mathscr{A}$ 是可逆的，那么它的逆 $\mathscr{A}^{-1}$ 也是线性变换．

设 $f(x)=a_mx^m+a_{m-1}x^{m-1}+\cdots+a_1x+a_0\in P[x]$，$\mathscr{A}$ 是 V 的线性变换，定义

$$f(\mathscr{A})=a_m\mathscr{A}^m+a_{m-1}\mathscr{A}^{m-1}+\cdots+a_1\mathscr{A}+a_0\mathrm{E}，$$

则 $f(\mathscr{A})$ 是一个线性变换，称 $f(\mathscr{A})$ 为线性变换 $\mathscr{A}$ 的多项式．

如果 $h(x)=f(x)+g(x)$，$p(x)=f(x)g(x)$，其中 $f(x)$，$g(x)\in P[x]$，那么必有 $h(\mathscr{A})=f(\mathscr{A})+g(\mathscr{A})$，$p(\mathscr{A})=f(\mathscr{A})g(\mathscr{A})$．

同一个线性变换的多项式的乘法满足交换律

$$f(\mathscr{A})g(\mathscr{A})=g(\mathscr{A})f(\mathscr{A})，\quad \forall f(x)，g(x)\in P[x]．$$

例 7.2 在三维几何空间 $V=\mathbf{R}^3$ 中，取直角坐标系 $Oxyz$，设 $\mathscr{A}$ 表示将空间绕 Ox 轴由 Oy 向 Oz 方向旋转 $90°$ 的变换，$\mathscr{B}$ 表示绕 Oy 轴由 Oz 向 Ox 方向旋转 $90°$ 的变换，$\mathscr{C}$ 表示绕 Oz 轴由 Ox 向 Oy 方向旋转 $90°$ 的变换．证明：

$$\mathscr{A}^4=\mathscr{B}^4=\mathscr{C}^4=\mathscr{E}，\ \mathscr{A}\mathscr{B}\neq\mathscr{B}\mathscr{A}，\ \mathscr{A}^2\mathscr{B}=\mathscr{B}\mathscr{A}^2．$$

并检验 $(\mathscr{A}\mathscr{B})^2=\mathscr{A}^2\mathscr{B}^2$ 是否成立．

解 取 V 的基 $\varepsilon_1=(1，0，0)$，$\varepsilon_2=(0，1，0)$，$\varepsilon_3=(0，0，1)$，$\forall\,\alpha=(x，y，z)\in V$，因旋转变换是线性变换，故 $\mathscr{A}\alpha=\mathscr{A}(x\varepsilon_1+y\varepsilon_2+z\varepsilon_3)=x\varepsilon_1+y\varepsilon_3-z\varepsilon_2=(x，-z，y)$，同理可知，$\mathscr{B}\alpha=(z，y，-x)$，$\mathscr{C}\alpha=(-y，x，z)$．

1）因为

$$\mathscr{A}\alpha=(x，-z，y)，\ \mathscr{A}^2\alpha=(x，-y，-z)，\ \mathscr{A}^3\alpha=(x，z，-y)，\ \mathscr{A}^4\alpha=(x，y，z)，$$
$$\mathscr{B}\alpha=(z，y，-x)，\ \mathscr{B}^2\alpha=(-x，y，-z)，\ \mathscr{B}^3\alpha=(-z，y，x)，\ \mathscr{B}^4\alpha=(x，y，z)，$$

$$\mathscr{C}\alpha=(-y,\ x,\ z),\quad \mathscr{C}^2\alpha=(-x,\ -y,\ z),\quad \mathscr{C}^3\alpha=(y,\ -x,\ z),\quad \mathscr{C}^4\alpha=(x,\ y,\ z),$$

所以 $\mathscr{A}^4=\mathscr{B}^4=\mathscr{C}^4=\mathscr{E}$.

2）因 $\mathscr{A}\mathscr{B}\varepsilon_1=-\mathscr{A}\varepsilon_3=\varepsilon_2$, $\mathscr{B}\mathscr{A}\varepsilon_1=\mathscr{B}\varepsilon_1=-\varepsilon_3$, 故 $\mathscr{A}\mathscr{B}\neq\mathscr{B}\mathscr{A}$.

3）$\mathscr{A}^2\mathscr{B}\alpha=\mathscr{A}^2(-x,\ y,\ -z)=(-x,\ -y,\ z)$,

$\quad\mathscr{B}\mathscr{A}^2\alpha=\mathscr{B}^2(x,\ -y,\ -z)=(-x,\ -y,\ z)$,

所以 $\mathscr{A}^2\mathscr{B}=\mathscr{B}\mathscr{A}^2$.

4）因为
$$(\mathscr{A}\mathscr{B})^2\varepsilon_1=(\mathscr{A}\mathscr{B})(\mathscr{A}\mathscr{B})\varepsilon_1=(\mathscr{A}\mathscr{B})\varepsilon_2=\varepsilon_3,\quad \mathscr{B}^2\varepsilon_1=-\mathscr{A}^2\varepsilon_1=-\varepsilon_1,$$

所以 $(\mathscr{A}\mathscr{B})^2\neq\mathscr{A}^2\mathscr{B}^2$.

例 7.3 设 $f(x)$, $g(x)\in P[x]$, $d(x)=(f(x),\ g(x))$, $\mathscr{A}$ 是数域 P 上线性空间 V 的线性变换，且 $f(\mathscr{A})=\mathscr{O}$, $g(\mathscr{A})=\mathscr{O}$, 证明：$d(\mathscr{A})=\mathscr{O}$.

证 由于 $d(x)=(f(x),\ g(x))$, 因此存在 $u(x)$, $v(x)\in P[x]$ 使
$$d(x)=u(x)f(x)+v(x)g(x),$$
由线性变换的多项式的性质，那么
$$d(\mathscr{A})=u(\mathscr{A})f(\mathscr{A})+v(\mathscr{A})g(\mathscr{A})=u(\mathscr{A})\mathscr{O}+v(\mathscr{A})\mathscr{O}=\mathscr{O}.$$

例 7.4 变换 $\mathscr{A}$ 可逆的充分必要条件是 $\mathscr{A}$ 为双射.

证（$\Leftarrow$）设 $\mathscr{A}$ 是 V 的双射，任给 $\beta\in V$, 则存在唯一的 $\alpha\in V$, 使 $\mathscr{A}(\alpha)=\beta$, 定义 V 的变换 $\mathscr{B}$ 使 $\mathscr{B}(\beta)=\alpha$, 那么 $\mathscr{A}\mathscr{B}(\beta)=\mathscr{A}(\alpha)=\beta$, 即得 $\mathscr{A}\mathscr{B}=\mathscr{E}$;

任给 $\alpha\in V$, 令 $\beta=\mathscr{A}(\alpha)$, 则 $\mathscr{B}(\beta)=\alpha$, 那么 $\mathscr{B}\mathscr{A}(\alpha)=\mathscr{B}(\beta)=\alpha$, 因此有 $\mathscr{B}\mathscr{A}=\mathscr{E}$, 所以 $\mathscr{A}$ 为可逆变换.

（$\Rightarrow$）设变换 $\mathscr{A}$ 是可逆的，则存在变换 $\mathscr{B}$ 使得 $\mathscr{A}\mathscr{B}=\mathscr{B}\mathscr{A}=\mathscr{E}$. 任给 $\alpha\in V$, 令 $\mathscr{B}(\alpha)=\beta$, 则 $\beta\in V$, 且 $\mathscr{A}(\beta)=\mathscr{A}\mathscr{B}(\alpha)=\alpha$, 因此 $\mathscr{A}$ 为满射.

设 α, $\beta\in V$, 使得 $\mathscr{A}(\alpha)=\mathscr{A}(\beta)$, 则 $\mathscr{B}\mathscr{A}(\alpha)=\mathscr{B}\mathscr{A}(\beta)$, 那么 $\alpha=\beta$, 因此 $\mathscr{A}$ 为单射.

习题 7.1

1. 判别下面所定义的变换是否为线性变换.

1）在 P^3 上，$\mathscr{A}(x_1,\ x_2,\ x_3)=(2x_1-x_2,\ x_2+x_3,\ 3x_1-x_2+x_3)$;

2）在 $P^{n\times n}$ 中，$\mathscr{A}(X)=BXC$, 其中 B, $C\in P^{n\times n}$ 是两个固定的矩阵.

2. 在 $P[x]$ 中，令 $\mathscr{A}f(x)=xf(x)$, $\forall f(x)\in P[x]$.

1）证明 $\mathscr{A}$ 是 $P[x]$ 上的一个线性变换;

2）设 $\mathscr{D}f(x)=f'(x)$, 证明：$\mathscr{D}\mathscr{A}-\mathscr{A}\mathscr{D}=\mathscr{E}$.

3. 设 $\mathscr{A}$, $\mathscr{B}$ 均是 V 的线性变换，$\mathscr{A}^2=\mathscr{A}$, $\mathscr{B}^2=\mathscr{B}$. 证明：

1）若 $(\mathscr{A}+\mathscr{B})^2=\mathscr{A}+\mathscr{B}$, 则 $\mathscr{A}\mathscr{B}=\mathscr{O}$;

2）若 $\mathscr{A}\mathscr{B}=\mathscr{B}\mathscr{A}$, 则 $(\mathscr{A}+\mathscr{B}-\mathscr{A}\mathscr{B})^2=\mathscr{A}+\mathscr{B}-\mathscr{A}\mathscr{B}$.

4. 设 $\mathscr{A}$, $\mathscr{B}$ 是 V 的线性变换，若 $\mathscr{A}\mathscr{B}-\mathscr{B}\mathscr{A}=\mathscr{E}$, 证明：
$$\mathscr{A}^k\mathscr{B}-\mathscr{B}\mathscr{A}^k=k\mathscr{A}^{k-1},\quad k>1.$$

§2　线性变换的矩阵

设 ε_1, ε_2, $\cdots$, ε_n 是线性空间 V 的一组基，若线性变换 $\mathscr{A}$ 与 $\mathscr{B}$ 在这组基上的作用相同，即

$\mathscr{A}\varepsilon_i = \mathscr{B}\varepsilon_i$，$i=1$，$2$，$\cdots$，$n$，则 $\mathscr{A}=\mathscr{B}$.

设 ε_1，ε_2，$\cdots$，ε_n 是线性空间 V 的一组基，对于 V 中任意一组向量 α_1，α_2，$\cdots$，α_n，则存在线性变换 $\mathscr{A}$ 使 $\mathscr{A}\varepsilon_i = \alpha_i$，$i=1$，$2$，$\cdots$，$n$.

其实，$\forall \xi \in V$，可设 $\xi = \sum_{i=1}^{n} x_i \varepsilon_i$，定义 $\mathscr{A}$ 使 $\mathscr{A}\xi = \sum_{i=1}^{n} x_i \alpha_i$ 即可.

定理 1 设 ε_1，ε_2，$\cdots$，ε_n 是线性空间 V 的一组基，α_1，α_2，$\cdots$，α_n 是 V 中任意 n 个向量，则存在唯一的线性变换 $\mathscr{A}$ 使 $\mathscr{A}\varepsilon_i = \alpha_i$，$i=1$，$2$，$\cdots$，$n$.

定义 2 设 V 是数域 P 上的 n 维线性空间，ε_1，ε_2，$\cdots$，ε_n 是 V 的一组基，$\mathscr{A}$ 是 V 上的一个线性变换，基向量的象可以由基线性表出

$$\begin{cases} \mathscr{A}\varepsilon_1 = a_{11}\varepsilon_1 + a_{21}\varepsilon_2 + \cdots + a_{n1}\varepsilon_n \\ \mathscr{A}\varepsilon_2 = a_{12}\varepsilon_1 + a_{22}\varepsilon_2 + \cdots + a_{n2}\varepsilon_n \\ \cdots\cdots\cdots\cdots\cdots \\ \mathscr{A}\varepsilon_n = a_{1n}\varepsilon_1 + a_{2n}\varepsilon_2 + \cdots + a_{nn}\varepsilon_n \end{cases}，\text{并记 } A = \begin{pmatrix} a_{11} & a_{12} & \cdots & a_{1n} \\ a_{21} & a_{22} & \cdots & a_{2n} \\ \cdots & \cdots & \cdots & \cdots \\ a_{n1} & a_{n2} & \cdots & a_{nn} \end{pmatrix},$$

那么，用形式矩阵可表示为

$$\mathscr{A}(\varepsilon_1，\varepsilon_2，\cdots，\varepsilon_n) = (\mathscr{A}\varepsilon_1，\mathscr{A}\varepsilon_2，\cdots，\mathscr{A}\varepsilon_n) = (\varepsilon_1，\varepsilon_2，\cdots，\varepsilon_n)A,$$

矩阵 A 称为线性变换 $\mathscr{A}$ 在基 ε_1，ε_2，$\cdots$，ε_n 下的矩阵.

定理 2 设 $\dim V = n$（数域 P 上），ε_1，ε_2，$\cdots$，ε_n 是 V 的一组基，$\forall \mathscr{A} \in L(V)$，设 $\mathscr{A}$ 在基 ε_1，ε_2，$\cdots$，ε_n 下的矩阵为 A，定义映射 $\varphi: L(V) \rightarrow P^{n \times n}$，使 $\varphi(\mathscr{A}) = A$，那么 φ 是双射，且具有以下性质：

1）$\varphi(\mathscr{A}+\mathscr{B}) = \varphi(\mathscr{A}) + \varphi(\mathscr{B})$，$\forall \mathscr{A}$，$\mathscr{B} \in L(V)$；

2）$\varphi(k\mathscr{A}) = k\varphi(\mathscr{A})$，$\forall \mathscr{A} \in L(V)$，$k \in P$；

3）$\varphi(\mathscr{A}\mathscr{B}) = \varphi(\mathscr{A})\varphi(\mathscr{B})$，$\forall \mathscr{A}$，$\mathscr{B} \in L(V)$；

4）设 $\varphi(\mathscr{A}) = A$，$\varphi(\mathscr{B}) = B$，则 $\mathscr{A}$ 可逆当且仅当 A 可逆，且 $\mathscr{B}$ 为 $\mathscr{A}$ 的逆当且仅当 B 为 A 的逆.

证 若 $\mathscr{A}$，$\mathscr{B} \in L(V)$ 使 $\varphi(\mathscr{A}) = \varphi(\mathscr{B})$，设 $\varphi(\mathscr{A}) = A$，$\varphi(\mathscr{B}) = B$，则 $A=B$，且

$$\mathscr{A}(\varepsilon_1，\varepsilon_2，\cdots，\varepsilon_n) = (\varepsilon_1，\varepsilon_2，\cdots，\varepsilon_n)A, \quad \mathscr{B}(\varepsilon_1，\varepsilon_2，\cdots，\varepsilon_n) = (\varepsilon_1，\varepsilon_2，\cdots，\varepsilon_n)B,$$

那么 $\mathscr{A}\varepsilon_i = \mathscr{B}\varepsilon_i$，$i=1$，$2$，$\cdots$，$n$，故 $\mathscr{A}=\mathscr{B}$，说明 φ 是单射；任取 $A \in P^{n \times n}$，对 A 分块，设 $A = (A_1, A_2, \cdots, A_n)$，令 $\alpha_i = (\varepsilon_1，\varepsilon_2，\cdots，\varepsilon_n)A_i$，$i=1$，$2$，$\cdots$，$n$，则有 $\mathscr{A} \in L(V)$ 使得 $\mathscr{A}\varepsilon_i = \alpha_i$，$i=1$，$2$，$\cdots$，$n$，那么

$$\mathscr{A}(\varepsilon_1，\varepsilon_2，\cdots，\varepsilon_n) = (\alpha_1，\alpha_2，\cdots，\alpha_n) = (\varepsilon_1，\varepsilon_2，\cdots，\varepsilon_n)A \Rightarrow \varphi(\mathscr{A}) = A,$$

这说明 φ 是满射. 下面只证明 3）的情形. 设

$$\mathscr{A}(\varepsilon_1，\varepsilon_2，\cdots，\varepsilon_n) = (\varepsilon_1，\varepsilon_2，\cdots，\varepsilon_n)A, \quad \mathscr{B}(\varepsilon_1，\varepsilon_2，\cdots，\varepsilon_n) = (\varepsilon_1，\varepsilon_2，\cdots，\varepsilon_n)B,$$

并记 $B = (b_{ij})_{nn}$，那么

$$\begin{cases} \mathscr{B}\varepsilon_1 = b_{11}\varepsilon_1 + b_{21}\varepsilon_2 + \cdots + b_{n1}\varepsilon_n \\ \mathscr{B}\varepsilon_2 = b_{12}\varepsilon_1 + b_{22}\varepsilon_2 + \cdots + b_{n2}\varepsilon_n \\ \cdots\cdots\cdots\cdots\cdots \\ \mathscr{B}\varepsilon_n = b_{1n}\varepsilon_1 + b_{2n}\varepsilon_2 + \cdots + b_{nn}\varepsilon_n \end{cases} \Rightarrow \begin{cases} \mathscr{A}\mathscr{B}\varepsilon_1 = b_{11}\mathscr{A}\varepsilon_1 + b_{21}\mathscr{A}\varepsilon_2 + \cdots + b_{n1}\mathscr{A}\varepsilon_n \\ \mathscr{A}\mathscr{B}\varepsilon_2 = b_{12}\mathscr{A}\varepsilon_1 + b_{22}\mathscr{A}\varepsilon_2 + \cdots + b_{n2}\mathscr{A}\varepsilon_n \\ \cdots\cdots\cdots\cdots\cdots \\ \mathscr{A}\mathscr{B}\varepsilon_n = b_{1n}\mathscr{A}\varepsilon_1 + b_{2n}\mathscr{A}\varepsilon_2 + \cdots + b_{nn}\mathscr{A}\varepsilon_n \end{cases}$$

$\therefore \mathscr{A}\mathscr{B}(\varepsilon_1，\varepsilon_2，\cdots，\varepsilon_n) = (\mathscr{A}(\varepsilon_1，\varepsilon_2，\cdots，\varepsilon_n))B = (\varepsilon_1，\varepsilon_2，\cdots，\varepsilon_n)(AB)$，即得 $\varphi(\mathscr{A}\mathscr{B}) = AB = \varphi(\mathscr{A})\varphi(\mathscr{B})$.

定理 3 设线性变换 $\mathscr{A}$ 在基 ε_1，ε_2，$\cdots$，ε_n 下的矩阵为 A，$\xi \in V$ 在基 ε_1，ε_2，$\cdots$，ε_n 下的坐

标为$(x_1, x_2, \cdots, x_n)$，而$\mathscr{A}\xi$在基$\varepsilon_1, \varepsilon_2, \cdots, \varepsilon_n$下的坐标为$(y_1, y_2, \cdots, y_n)$，那么
$$Y=AX, \text{ 其中 } X=(x_1, x_2, \cdots, x_n)', Y=(y_1, y_2, \cdots, y_n)'.$$

定理 4 设线性空间V的线性变换$\mathscr{A}$在两组基$\varepsilon_1, \varepsilon_2, \cdots, \varepsilon_n$和$\eta_1, \eta_2, \cdots, \eta_n$下的矩阵分别为$A$，$B$，由基$\varepsilon_1, \varepsilon_2, \cdots, \varepsilon_n$到基$\eta_1, \eta_2, \cdots, \eta_n$的过渡矩阵为$T$，则$B=T^{-1}AT$.

定义 3 设A，$B \in P^{n\times n}$，若存在可逆矩阵$T \in P^{n\times n}$，使得$B=T^{-1}AT$，则称A相似于B，记为$A \sim B$.

定理 5 线性变换在不同基下所对应的矩阵是相似的；反过来，如果两个矩阵相似，那么它们可以看作同一个线性变换在两组基下所对应的矩阵.

矩阵的相似具有性质：反身性，对称性，传递性，且还有如下运算性质

1）若$B_1=T^{-1}A_1T$，$B_2=T^{-1}A_2T$，则
$$B_1+B_2=T^{-1}(A_1+A_2)T, \quad B_1B_2=T^{-1}(A_1A_2)T;$$

2）若$B=T^{-1}AT$，且$f(x) \in P[x]$，则$f(B)=T^{-1}f(A)T$.

设$f(x)=a_mx^m+a_{m-1}x^{m-1}+\cdots+a_1x+a_0$，易知$B^k=T^{-1}A^kT$，$k=1, 2, \cdots$，故
$$f(B) = a_mB^m+a_{m-1}B^{m-1}+\cdots+a_1B+a_0E$$
$$= T^{-1}(a_mA^m+a_{m-1}A^{m-1}+\cdots+a_1A+a_0E)T=T^{-1}f(A)T.$$

例 7.5 求下列线性变换在所指定基下的矩阵：

1）在P^3上，定义变换$\mathscr{A}(x_1, x_2, x_3)=(2x_1-x_2, x_2+x_3, 3x_1-x_2+x_3)$，求$\mathscr{A}$在基$\varepsilon_1=(1, 0, 0)$，$\varepsilon_2=(0, 1, 0)$，$\varepsilon_3=(0, 0, 1)$下的矩阵；

2）设$A=\begin{pmatrix} a & b \\ c & d \end{pmatrix}$，在$P^{2\times 2}$上，定义变换$\mathscr{A}$，$\mathscr{B}$分别为
$$\mathscr{A}(X)=AX, \quad \mathscr{B}(X)=XA, \quad \forall X \in P^{2\times 2},$$
求$\mathscr{A}$，$\mathscr{B}$及$\mathscr{A}-\mathscr{B}$，$\mathscr{A}\mathscr{B}$在基E_{11}，E_{12}，E_{21}，E_{22}下的矩阵；

3）在P^3上，设基$\eta_1=(-1, 0, 2)$，$\eta_2=(0, 1, 1)$，$\eta_3=(3, -1, 0)$，定义变换$\mathscr{A}$为
$$\mathscr{A}\eta_1=(-5, 0, 3), \quad \mathscr{A}\eta_2=(0, -1, 6), \quad \mathscr{A}\eta_3=(-5, -1, 9),$$
求$\mathscr{A}$在基$\varepsilon_1=(1, 0, 0)$，$\varepsilon_2=(0, 1, 0)$，$\varepsilon_3=(0, 0, 1)$及基η_1, η_2, η_3下的矩阵.

解 1）$\begin{cases} \mathscr{A}\varepsilon_1=(2, 0, 3)=2\varepsilon_1+3\varepsilon_3 \\ \mathscr{A}\varepsilon_2=(-1, 1, -1)=-\varepsilon_1+\varepsilon_2-\varepsilon_3, \\ \mathscr{A}\varepsilon_3=(0, 1, 1)=\varepsilon_2+\varepsilon_3 \end{cases}$ 记$A=\begin{pmatrix} 2 & -1 & 0 \\ 0 & 1 & 1 \\ 3 & -1 & 1 \end{pmatrix}$，

因此线性变换$\mathscr{A}$在基$\varepsilon_1, \varepsilon_2, \varepsilon_3$下的矩阵为$A$.

2）由于
$$\begin{cases} \mathscr{A}E_{11}=aE_{11}+cE_{21} \\ \mathscr{A}E_{12}=aE_{12}+cE_{22} \\ \mathscr{A}E_{21}=bE_{11}+dE_{21} \\ \mathscr{A}E_{22}=bE_{12}+dE_{22} \end{cases}, \quad \begin{cases} \mathscr{B}E_{11}=aE_{11}+bE_{12} \\ \mathscr{B}E_{12}=cE_{11}+dE_{12} \\ \mathscr{B}E_{21}=aE_{21}+bE_{22} \\ \mathscr{B}E_{22}=cE_{21}+dE_{22} \end{cases},$$

记
$$A=\begin{pmatrix} a & 0 & b & 0 \\ 0 & a & 0 & b \\ c & 0 & d & 0 \\ 0 & c & 0 & d \end{pmatrix}, \quad B=\begin{pmatrix} a & c & 0 & 0 \\ b & d & 0 & 0 \\ 0 & 0 & a & c \\ 0 & 0 & b & d \end{pmatrix},$$

因此$\mathscr{A}$，$\mathscr{B}$及$\mathscr{A}-\mathscr{B}$，$\mathscr{A}\mathscr{B}$在基E_{11}，E_{12}，E_{21}，E_{22}下的矩阵分别为A，B，$A-B$，AB.

3）由题设条件，则有
$$\mathcal{A}(\eta_1,\ \eta_2,\ \eta_3)=(\varepsilon_1,\ \varepsilon_2,\ \varepsilon_3)A,\ (\eta_1,\ \eta_2,\ \eta_3)=(\varepsilon_1,\ \varepsilon_2,\ \varepsilon_3)X,$$
其中
$$A=\begin{pmatrix}-5&0&-5\\0&-1&-1\\3&6&9\end{pmatrix},\ X=\begin{pmatrix}-1&0&3\\0&1&-1\\2&1&0\end{pmatrix},$$
因此
$$\mathcal{A}(\eta_1,\ \eta_2,\ \eta_3)=\mathcal{A}(\varepsilon_1,\ \varepsilon_2,\ \varepsilon_3)X\Rightarrow(\varepsilon_1,\ \varepsilon_2,\ \varepsilon_3)A=\mathcal{A}(\varepsilon_1,\ \varepsilon_2,\ \varepsilon_3)X,$$
故 $\mathcal{A}(\varepsilon_1,\ \varepsilon_2,\ \varepsilon_3)=(\varepsilon_1,\ \varepsilon_2,\ \varepsilon_3)AX^{-1}$. 此外，易得 $\mathcal{A}(\eta_1,\ \eta_2,\ \eta_3)=(\eta_1,\ \eta_2,\ \eta_3)X^{-1}A$，通过计算可求得 $\mathcal{A}$ 在基 $\varepsilon_1,\ \varepsilon_2,\ \varepsilon_3$ 及基 $\eta_1,\ \eta_2,\ \eta_3$ 下的矩阵分别为
$$AX^{-1}=\frac{1}{7}\begin{pmatrix}-5&20&-20\\-4&-5&-2\\27&18&24\end{pmatrix},\ X^{-1}A=\begin{pmatrix}2&3&5\\-1&0&-1\\-1&1&0\end{pmatrix}.$$

例 7.6 设 $x,\ y,\ z\in P$，令 $A=\begin{pmatrix}x&y&z\\y&z&x\\z&x&y\end{pmatrix}$，$B=\begin{pmatrix}z&x&y\\x&y&z\\y&z&x\end{pmatrix}$，$C=\begin{pmatrix}y&z&x\\z&x&y\\x&y&z\end{pmatrix}$，证明：$A,\ B,\ C$ 彼此相似.

解 取三维线性空间 V 并取一组基 $\varepsilon_1,\ \varepsilon_2,\ \varepsilon_3$，对于矩阵 A，则有 V 上的线性变换 $\mathcal{A}$，使得
$$\mathcal{A}(\varepsilon_1,\ \varepsilon_2,\ \varepsilon_3)=(\varepsilon_1,\ \varepsilon_2,\ \varepsilon_3)A,$$
那么
$$\begin{cases}\mathcal{A}\varepsilon_1=x\varepsilon_1+y\varepsilon_2+z\varepsilon_3\\\mathcal{A}\varepsilon_2=y\varepsilon_1+z\varepsilon_2+x\varepsilon_3\\\mathcal{A}\varepsilon_3=z\varepsilon_1+x\varepsilon_2+y\varepsilon_3\end{cases}\Rightarrow\begin{cases}\mathcal{A}\varepsilon_2=z\varepsilon_2+x\varepsilon_3+y\varepsilon_1\\\mathcal{A}\varepsilon_3=x\varepsilon_2+y\varepsilon_3+z\varepsilon_1\\\mathcal{A}\varepsilon_1=y\varepsilon_2+z\varepsilon_3+x\varepsilon_1\end{cases}\Rightarrow\begin{cases}\mathcal{A}\varepsilon_3=y\varepsilon_3+z\varepsilon_1+x\varepsilon_2\\\mathcal{A}\varepsilon_1=z\varepsilon_3+x\varepsilon_1+y\varepsilon_2\\\mathcal{A}\varepsilon_2=x\varepsilon_3+y\varepsilon_1+z\varepsilon_2\end{cases}$$
因此
$$\mathcal{A}(\varepsilon_2,\ \varepsilon_3,\ \varepsilon_1)=(\varepsilon_2,\ \varepsilon_3,\ \varepsilon_1)B,\ \mathcal{A}(\varepsilon_3,\ \varepsilon_1,\ \varepsilon_2)=(\varepsilon_3,\ \varepsilon_1,\ \varepsilon_2)C,$$
所以 $A,\ B,\ C$ 彼此相似.

例 7.7 设 $\dim V=n$，且 $\varepsilon_1,\ \varepsilon_2,\ \cdots,\ \varepsilon_n$ 为 V 的一组基，证明：$\mathcal{A}$ 为 V 上的可逆线性变换的充分必要条件是 $\mathcal{A}\varepsilon_1,\ \mathcal{A}\varepsilon_2,\ \cdots,\ \mathcal{A}\varepsilon_n$ 线性无关.

证（$\Rightarrow$）方法 1 （反证）假设 $\mathcal{A}\varepsilon_1,\ \mathcal{A}\varepsilon_2,\ \cdots,\ \mathcal{A}\varepsilon_n$ 线性相关，由于 $\mathcal{A}$ 为可逆线性变换，因此 $\mathcal{A}^{-1}$ 也为线性变换，那么 $\mathcal{A}^{-1}\mathcal{A}\varepsilon_1,\ \mathcal{A}^{-1}\mathcal{A}\varepsilon_2,\ \cdots,\ \mathcal{A}^{-1}\mathcal{A}\varepsilon_n$ 线性相关，由此即得 $\varepsilon_1,\ \varepsilon_2,\ \cdots,\ \varepsilon_n$ 线性相关，矛盾.

方法 2 设有一组数 $k_1,\ k_2,\ \cdots,\ k_n$，使 $k_1\mathcal{A}\varepsilon_1+k_2\mathcal{A}\varepsilon_2+\cdots+k_n\mathcal{A}\varepsilon_n=0$，由于 $\mathcal{A}$ 为线性变换且可逆，因此 $\mathcal{A}^{-1}$ 存在，那么
$$\mathcal{A}(k_1\varepsilon_1+k_2\varepsilon_2+\cdots+k_n\varepsilon_n)=0\Rightarrow k_1\varepsilon_1+k_2\varepsilon_2+\cdots+k_n\varepsilon_n=0,$$
所以 $k_1=k_2=\cdots=k_n=0$，从而 $\mathcal{A}\varepsilon_1,\ \mathcal{A}\varepsilon_2,\ \cdots,\ \mathcal{A}\varepsilon_n$ 线性无关.

（$\Leftarrow$）方法 1 如果 $\mathcal{A}\varepsilon_1,\ \mathcal{A}\varepsilon_2,\ \cdots,\ \mathcal{A}\varepsilon_n$ 线性无关，那么它们构成 V 的基. $\forall\,\alpha\in V$，记 $\alpha=k_1\mathcal{A}\varepsilon_1+k_2\mathcal{A}\varepsilon_2+\cdots+k_n\mathcal{A}\varepsilon_n$，故 $\alpha=\mathcal{A}(k_1\varepsilon_1+k_2\varepsilon_2+\cdots+k_n\varepsilon_n)$，$\mathcal{A}$ 满射.

任取 $\alpha,\ \beta\in V$，使 $\mathcal{A}\alpha=\mathcal{A}\beta$，可设
$$\alpha=x_1\varepsilon_1+x_2\varepsilon_2+\cdots+x_n\varepsilon_n,\ \beta=y_1\varepsilon_1+y_2\varepsilon_2+\cdots+y_n\varepsilon_n,$$
那么
$$x_1\mathcal{A}\varepsilon_1+x_2\mathcal{A}\varepsilon_2+\cdots+x_n\mathcal{A}\varepsilon_n=y_1\mathcal{A}\varepsilon_1+y_2\mathcal{A}\varepsilon_2+\cdots+y_n\mathcal{A}\varepsilon_n,$$

因此 $x_i = y_i (i = 1, 2, \cdots, n)$，从而 $\alpha = \beta$，$\mathscr{A}$ 单射．所以 $\mathscr{A}$ 可逆．

方法 2　如果 $\mathscr{A}\varepsilon_1$，$\mathscr{A}\varepsilon_2$，$\cdots$，$\mathscr{A}\varepsilon_n$ 线性无关，那么它们构成 V 的一组基，因此存在线性变换 $\mathscr{B}$ 使得 $\mathscr{B}(\mathscr{A}\varepsilon_i) = \varepsilon_i (i = 1, 2, \cdots, n)$，即得 $\mathscr{B}\mathscr{A} = \mathscr{E}$，所以 $\mathscr{B} = \mathscr{A}^{-1}$．

方法 3　若 $\mathscr{A}\varepsilon_1$，$\mathscr{A}\varepsilon_2$，$\cdots$，$\mathscr{A}\varepsilon_n$ 线性无关，设 $\mathscr{A}$ 在基 ε_1，ε_2，$\cdots$，ε_n 下的矩阵为 A，

$$(\mathscr{A}\varepsilon_1, \mathscr{A}\varepsilon_2, \cdots, \mathscr{A}\varepsilon_n) = (\varepsilon_1, \varepsilon_2, \cdots, \varepsilon_n)A,$$

则 A 也为基 ε_1，ε_2，$\cdots$，ε_n 到 $\mathscr{A}\varepsilon_1$，$\mathscr{A}\varepsilon_2$，$\cdots$，$\mathscr{A}\varepsilon_n$ 的过渡矩阵，因此 A 可逆，由定理 2，则线性变换 $\mathscr{A}$ 也可逆．

例 7.8　设 V 是数域 P 上的 n 维线性空间．证明：V 的与全体线性变换可以交换的线性变换是数乘变换．

证　设 $\mathscr{A} \in L(V)$，并且 $\mathscr{A}$ 与 $L(V)$ 中的任意线性变换可交换．在线性空间 V 中取一组基 ε_1，ε_2，$\cdots$，ε_n，设

$$\mathscr{A}(\varepsilon_1, \varepsilon_2, \cdots, \varepsilon_n) = (\varepsilon_1, \varepsilon_2, \cdots, \varepsilon_n)A,$$

任给 $B \in P^{n \times n}$，则存在 $\mathscr{B} \in L(V)$，使得

$$\mathscr{B}(\varepsilon_1, \varepsilon_2, \cdots, \varepsilon_n) = (\varepsilon_1, \varepsilon_2, \cdots, \varepsilon_n)B,$$

由条件，则有 $\mathscr{A}\mathscr{B} = \mathscr{B}\mathscr{A}$，由定理 2，因此 $AB = BA$（矩阵 A 与全体 $n \times n$ 矩阵可交换），由习题 4.1 的题 6，那么 $A = kE$，所以 $\mathscr{A} = k\mathscr{E}$（数乘变换）．

习题 7.2

1. 求下列线性变换在所指定基下的矩阵：

1) $[O; \varepsilon_1, \varepsilon_2]$ 是平面直角坐标系，$\mathscr{A}$ 是平面上的向量对第一三象限角的平分线的垂直投影，$\mathscr{B}$ 是平面上的向量对 ε_2 的垂直投影，求 $\mathscr{A}$，$\mathscr{B}$，$\mathscr{A}\mathscr{B}$ 在基 ε_1，ε_2 下的矩阵；

2) 对于例 7.2 的线性变换 $\mathscr{A}$，$\mathscr{B}$，取基 $\varepsilon_1 = (1, 0, 0)$，$\varepsilon_2 = (0, 1, 0)$，$\varepsilon_3 = (0, 0, 1)$，求 $\mathscr{A}\mathscr{B}$ 在基 ε_1，ε_2，ε_3 下的矩阵；

3) 在 P^3 上，线性变换 $\mathscr{A}$ 在基 $\eta_1 = (-1, 1, 1)$，$\eta_2 = (1, 0, -1)$，$\eta_3 = (0, 1, 1)$ 下的矩阵为 $\begin{pmatrix} 1 & 0 & 1 \\ 1 & 1 & 0 \\ -1 & 2 & 1 \end{pmatrix}$，求 $\mathscr{A}$ 在基 $\varepsilon_1 = (1, 0, 0)$，$\varepsilon_2 = (0, 1, 0)$，$\varepsilon_3 = (0, 0, 1)$ 下的矩阵．

4) 在 P^3 中，定义 $\mathscr{A}$：$\mathscr{A}\varepsilon_i = \eta_i$，$i = 1, 2, 3$，其中基 ε_1，ε_2，ε_3 和基 η_1，η_2，η_3 为

$$\varepsilon_1 = (1, 0, 1), \varepsilon_2 = (2, 1, 0), \varepsilon_3 = (1, 1, 1);$$
$$\eta_1 = (1, 2, -1), \eta_2 = (2, 2, -1), \eta_3 = (2, -1, -1).$$

分别求出 $\mathscr{A}$ 在基 ε_1，ε_2，ε_3 和 η_1，η_2，η_3 下的矩阵．

2. 给定 P^3 的两组基：

$\varepsilon_1 = (1, 0, 0)$，$\varepsilon_2 = (0, 1, 0)$，$\varepsilon_3 = (0, 0, 1)$；$\eta_1 = \varepsilon_1$，$\eta_2 = 2\varepsilon_2 + \varepsilon_1$，$\eta_3 = 3\varepsilon_3 + 2\varepsilon_2 + \varepsilon_1$．

在 P^3 上，定义线性变换 $\mathscr{A}(x_1, x_2, x_3) = (2x_2 - 3x_3, x_1 + x_2 + x_3, x_1 + 5x_2)$．

1) 求 $\mathscr{A}$ 在基 ε_1，ε_2，ε_3 下的矩阵；

2) 求 $\mathscr{A}$ 在基 η_1，η_2，η_3 下的矩阵；

3) 求向量 $\alpha \in P^3$，使 $\mathscr{A}\alpha$ 在基 η_1，η_2，η_3 下的坐标为 $(3, 2, 1)$．

3. 在空间 $P^{2 \times 2}$ 中，下列矩阵组构成一组基

$$F_{11} = \begin{pmatrix} 1 & 0 \\ 0 & 0 \end{pmatrix}, \quad F_{12} = \begin{pmatrix} 1 & 1 \\ 0 & 0 \end{pmatrix}, \quad F_{21} = \begin{pmatrix} 1 & 1 \\ 1 & 0 \end{pmatrix}, \quad F_{22} = \begin{pmatrix} 1 & 1 \\ 1 & 1 \end{pmatrix},$$

定义线性变换 $\mathscr{A}$，使 $\mathscr{A}F_{ij}=G_{ij}(i=1,\ 2,\ j=1,\ 2)$，其中

$$G_{11}=\begin{pmatrix}1 & 0\\ 3 & 0\end{pmatrix},\ G_{12}=\begin{pmatrix}1 & 1\\ 3 & 3\end{pmatrix},\ G_{21}=\begin{pmatrix}3 & 1\\ 7 & 3\end{pmatrix},\ G_{22}=\begin{pmatrix}3 & 3\\ 7 & 7\end{pmatrix},$$

求 $\mathscr{A}G_{11}$，$\mathscr{A}G_{12}$，$\mathscr{A}G_{21}$，$\mathscr{A}G_{22}$.

4. 设 V 是数域 P 上的 n 维线性空间.

1）证明：$\dim L(V)=n^2$；

2）设 $\mathscr{A}\in L(V)$，则存在 $f(x)\in P[x]$，$\partial(f(x))\leqslant n^2$，使 $f(\mathscr{A})=\mathcal{O}$；

3）$\mathscr{A}\in L(V)$ 可逆当且仅当存在一常数项不为零的 $f(x)$，使 $f(\mathscr{A})=\mathcal{O}$.

5.1）设 $\dim V=n$，$\mathscr{A}\in L(V)$，且存在 $\xi\in V$，使 $\mathscr{A}^{n-1}\xi\neq 0$，但 $\mathscr{A}^n\xi=0$. 证明：存在 V 的一组基，使得 $\mathscr{A}$ 在此基下的矩阵为 J，其中

$$J=\begin{pmatrix}0 & 0 & \cdots & 0 & 0\\ 1 & 0 & \cdots & 0 & 0\\ 0 & 1 & \cdots & 0 & 0\\ \cdots & \cdots & \cdots & \cdots & \cdots\\ 0 & 0 & \cdots & 1 & 0\end{pmatrix}.$$

2）设 A，$B\in P^{n\times n}$，$A^n=B^n=\mathcal{O}$，但 $A^{n-1}\neq\mathcal{O}$，$B^{n-1}\neq\mathcal{O}$. 证明：A 与 B 相似.

6. 设 $\dim V=n$，$\mathscr{A}\in L(V)$，证明：如果 $\mathscr{A}$ 在 V 的任意一组基下的矩阵都相同，那么 $\mathscr{A}$ 是数乘变换.

§3 线性变换的矩阵对角化

一、特征值与特征向量

定义 4 设 $\mathscr{A}\in L(V)$，若对于 $\lambda_0\in P$，存在非零向量 $\xi\in V$，使得 $\mathscr{A}\xi=\lambda_0\xi$，则 λ_0 称为 $\mathscr{A}$ 的一个特征值，而 ξ 称为 $\mathscr{A}$ 的属于特征值 λ_0 的一个特征向量.

定义 5 设 $A\in P^{n\times n}$，称 $f(\lambda)=|\lambda E-A|$ 为矩阵 A 的特征多项式. 若矩阵 A 是线性变换 $\mathscr{A}$ 在一组基下的矩阵，则 $|\lambda E-A|$ 称为线性变换 $\mathscr{A}$ 的特征多项式.

取 V 的一组基 ε_1，ε_2，$\cdots$，ε_n，设线性变换 $\mathscr{A}$ 在此基下的矩阵为 A，并设 ξ 是属于 λ_0 的特征向量，记 $\xi=(\varepsilon_1,\ \varepsilon_2,\ \cdots,\ \varepsilon_n)X$，其中 $X=(x_1,\ x_2,\ \cdots,\ x_n)'$，那么存在非零向量 ξ 使得 $\mathscr{A}\xi=\lambda_0\xi$ 当且仅当存在非零列向量 X 使得 $(\varepsilon_1,\ \cdots,\ \varepsilon_n)AX=(\varepsilon_1,\ \cdots,\ \varepsilon_n)\lambda_0X$ 当且仅当 $(\lambda_0 E-A)X=0$ 有非零解当且仅当 $|\lambda_0 E-A|=0$，此时的 λ_0 也称为 A 的特征值，而相应的非零解向量 X 称为 A 的属于这个特征值的特征向量.

设 $\mathscr{A}\in L(V)$，对于特征值 λ_0，线性空间 V 中属于 λ_0 的特征向量（添加上零向量）构成的子空间称为 $\mathscr{A}$ 的一个特征子空间，记为 V_{λ_0}，即 $V_{\lambda_0}=\{\alpha\in V\,|\,\mathscr{A}\alpha=\lambda_0\alpha\}$.

对于矩阵 $A=(a_{ij})_{nn}$，由例 2.21，则其特征多项式

$$f(\lambda)=|\lambda E-A|=\lambda^n-\left(\sum_{i=1}^n a_{ii}\right)\lambda^{n-1}+\left(\sum_{1\leqslant i<j\leqslant n}\begin{vmatrix}a_{ii} & a_{ij}\\ a_{ji} & a_{jj}\end{vmatrix}\right)\lambda^{n-2}+\cdots+(-1)^n|A|.$$

定理 6 相似的矩阵有相同的特征多项式.

此定理的逆不成立，如 $A=\begin{pmatrix}1 & 0\\ 0 & 1\end{pmatrix}$，$B=\begin{pmatrix}1 & 1\\ 0 & 1\end{pmatrix}$.

哈密顿-凯莱(Hamilton-Caylay)定理 设 $A=(a_{ij})_{nn}$ 是数域 P 上的矩阵，$f(\lambda)$ 是 A 的特征多项

式，那么

$$f(A) = A^n - (a_{11} + a_{22} + \cdots + a_{nn})A^{n-1} + \cdots + (-1)^n |A| E = O.$$

推论 设 $\dim V = n$，$\mathscr{A} \in L(V)$，$f(\lambda)$ 是其特征多项式，则 $f(\mathscr{A}) = \mathcal{O}$.

例 7.9 设 $\mathscr{A}$ 为线性空间 V 的线性变换，在基 ε_1，ε_2，ε_3 下的矩阵为

$$A = \begin{pmatrix} 2 & 3 & 2 \\ 1 & 8 & 2 \\ -2 & -14 & -3 \end{pmatrix},$$

求 $\mathscr{A}$ 的特征值、特征向量及特征子空间.

解 线性变换 $\mathscr{A}$ 的特征多项式

$$f(\lambda) = |\lambda E - A| = \begin{vmatrix} \lambda-2 & -3 & -2 \\ -1 & \lambda-8 & -2 \\ 2 & 14 & \lambda+3 \end{vmatrix} = (\lambda-3)^2(\lambda-1),$$

故 $\mathscr{A}$ 的特征值为 $\lambda_1 = \lambda_2 = 3$，$\lambda_3 = 1$.

当 $\lambda_1 = \lambda_2 = 3$ 时，解 $(\lambda_1 E - A)X = 0$ 得基础解系 $(1, -1, 2)'$，故 $\mathscr{A}$ 的属于特征值 λ_1 的全部特征向量为 $k\xi_1(k \neq 0)$，其中 $\xi_1 = \varepsilon_1 - \varepsilon_2 + 2\varepsilon_3$，$V_{\lambda_1} = L(\xi_1)$；

当 $\lambda_3 = 1$ 时，解 $(\lambda_3 E - A)X = 0$ 得基础解系 $(-2, 0, 1)'$，故 $\mathscr{A}$ 的属于特征值 λ_3 的全部特征向量为 $l\xi_2(l \neq 0)$，其中 $\xi_2 = -2\varepsilon_1 + \varepsilon_3$，$V_{\lambda_3} = L(\xi_2)$.

例 7.10 设 $\mathscr{A} \in L(V)$. 如果存在正整数 k，使 $(\mathscr{A} - \mathscr{E})^k = \mathcal{O}$，证明：$\mathscr{A}$ 的特征值为 1.

证 设 λ_0 是 $\mathscr{A}$ 的特征值，ξ 是相应的特征向量，那么

$$(\mathscr{A} - \mathscr{E})\xi = \mathscr{A}\xi - \mathscr{E}\xi = \lambda_0\xi - \xi = (\lambda_0 - 1)\xi \Rightarrow (\mathscr{A} - \mathscr{E})^k\xi = (\lambda_0 - 1)^k\xi,$$

由于 $(\mathscr{A} - \mathscr{E})^k = \mathcal{O}$，因此 $(\lambda_0 - 1)^k\xi = 0$，但 $\xi \neq 0$，故 $(\lambda_0 - 1)^k = 0$，则 $\lambda_0 = 1$.

例 7.11 设 $A = (a_{ij})_{n \times n}$，且 A 的每行元素之和均等于常数 a，证明：

1) a 是矩阵 A 的一个特征值；

2) 对于任意正整数 m，则 A^m 的每行元素之和均为 a^m.

证 1) 令列向量 $\xi = (1, 1, \cdots, 1)'$，由于 $a_{i1} + a_{i2} + \cdots + a_{in} = a$，$i = 1, 2, \cdots, n$，因此

$$A\xi = (a_{11} + a_{12} + \cdots + a_{1n}, \cdots, a_{n1} + a_{n2} + \cdots + a_{nn})' = a\xi,$$

所以 a 为 A 的一个特征值，且 ξ 是 A 的对应于 a 的一个特征向量；

2) 由于 $A\xi = a\xi$，因此

$$A^m\xi = A^{m-1}A\xi = aA^{m-1}\xi = \cdots = a^m\xi,$$

假设 $A^m = B = (b_{ij})$，因为 $B\xi = a^m\xi$，所以 $b_{i1} + b_{i2} + \cdots + b_{in} = a^m$，$i = 1, 2, \cdots, n$.

例 7.12 设 $A = \begin{pmatrix} 1 & 0 & 0 \\ 1 & 0 & 1 \\ 0 & 1 & 0 \end{pmatrix}$. 证明：$A^n = A^{n-2} + A^2 - E(n \geq 3)$，并求 A^{100}.

解 矩阵 A 的特征多项式

$$f(\lambda) = |\lambda E - A| = \begin{vmatrix} \lambda-1 & 0 & 0 \\ -1 & -\lambda & -1 \\ 0 & -1 & -\lambda \end{vmatrix} = \lambda^3 + \lambda^2 - \lambda + 1,$$

由哈密顿-凯莱定理，因此 $A^3 - A^2 - A + E = O$，从而 $A^3 = A^2 + A - E$.

下用数学归纳法证明结论：$n = 3$ 时，由上面的讨论，则结论成立，假设 $n-1$ 时结论成立，即 $A^{n-1} = A^{n-3} + A^2 - E$，两边乘以 A 可得 $A^n = A^{n-2} + A^3 - A$，那么

$$A^n = A^{n-2} + (A^2 + A - E) - A = A^{n-2} + A^2 - E,$$

即 n 时结论亦成立, 所以当 $n \geqslant 3$ 时, $A^n = A^{n-2} + A^2 - E$.

通过递推关系, 则可得

$$A^{100} = A^{98} + (A^2 - E) = A^{96} + 2(A^2 - E) = \cdots\cdots$$

$$= A^2 + 49(A^2 - E) = 50A^2 - 49E = \begin{pmatrix} 1 & 0 & 0 \\ 50 & 1 & 0 \\ 50 & 0 & 1 \end{pmatrix}.$$

例 7.13 设 A, B 分别为 $m \times m$, $n \times n$ 复矩阵, $f_B(\lambda)$ 表示矩阵 B 的特征多项式, 证明: $f_B(A)$ 为可逆矩阵的充分必要条件是 A 与 B 没有相同的特征值.

证 设 λ_1, λ_2, $\cdots$, λ_m 为 A 的特征值, μ_1, μ_2, $\cdots$, μ_n 为 B 的特征值, 那么

$$f_B(\lambda) = |\lambda E_n - B| = (\lambda - \mu_1)(\lambda - \mu_2)\cdots(\lambda - \mu_n),$$
$$f_A(\lambda) = |\lambda E_m - A| = (\lambda - \lambda_1)(\lambda - \lambda_2)\cdots(\lambda - \lambda_m),$$

因此

$$f_B(A) = (A - \mu_1 E_m)(A - \mu_2 E_m)\cdots(A - \mu_n E_m),$$

两边取行列式, 由行列式的乘法定理, 则得

$$|f_B(A)| = |A - \mu_1 E_m| |A - \mu_2 E_m| \cdots |A - \mu_n E_m|,$$

但

$$|A - \mu_i E_m| = (-1)^m |\mu_i E_m - A| = (-1)^m \prod_{j=1}^{m} (\mu_i - \lambda_j) = \prod_{j=1}^{m} (\lambda_j - \mu_i),$$

因此

$$|f_B(A)| = \prod_{i=1}^{n} \prod_{j=1}^{m} (\lambda_j - \mu_i).$$

所以 $f_B(A)$ 可逆 $\Longleftrightarrow |f_B(A)| \neq 0 \Longleftrightarrow \lambda_j \neq \mu_i (j = 1, 2, \cdots, m, i = 1, 2, \cdots, n)$.

二、线性变换的矩阵对角化

定理 7 设 $\mathscr{A}$ 是 n 维线性空间 V 的一个线性变换, $\mathscr{A}$ 的矩阵可以在某一组基下成为对角矩阵的充分必要条件是 $\mathscr{A}$ 有 n 个线性无关的特征向量.

定理 8 线性变换 $\mathscr{A}$ 的属于不同特征值的特征向量线性无关.

定理 9 如果 λ_1, λ_2, $\cdots$, λ_k 是线性变换 $\mathscr{A}$ 的不同的特征值, 而 α_{i1}, α_{i2}, $\cdots$, α_{ir_i} 是属于特征值 $\lambda_i (i = 1, 2, \cdots, k)$ 的线性无关的特征向量, 那么向量组

$$\alpha_{11}, \alpha_{12}, \cdots, \alpha_{1r_1}, \alpha_{21}, \alpha_{22}, \cdots, \alpha_{2r_2}, \cdots, \alpha_{k1}, \alpha_{k2}, \cdots, \alpha_{kr_k}$$

也线性无关.

设 $\dim V = n$, $\mathscr{A} \in L(V)$, λ_1, λ_2, $\cdots$, λ_k 是 $\mathscr{A}$ 的全部不同的特征值, 则 $\mathscr{A}$ 在某一组基下的矩阵成对角形的充分必要条件是 $V = V_{\lambda_1} \oplus V_{\lambda_2} \oplus \cdots \oplus V_{\lambda_k}$.

例 7.14 设线性空间 V 的线性变换 $\mathscr{A}$ 在基 ε_1, ε_2, ε_3 下的矩阵为

$$A = \begin{pmatrix} -1 & 3 & -1 \\ -3 & 5 & -1 \\ -3 & 3 & 1 \end{pmatrix},$$

问 变换 $\mathscr{A}$ 的矩阵是否可以在适当的基下变成对角形, 若可以, 写出相应的基变换的过渡矩阵 T.

解 线性变换 $\mathscr{A}$ 的特征多项式 $f(\lambda) = |\lambda E - A| = (\lambda - 1)(\lambda - 2)^2$, 故 $\mathscr{A}$ 的特征值为 $\lambda_1 = 1$, $\lambda_2 = \lambda_3 = 2$.

当 $\lambda_1 = 1$ 时, 解 $(\lambda_1 E - A)X = 0$ 得基础解系 $(1, 1, 1)'$, 故 $\mathscr{A}$ 的属于 λ_1 线性无关特征向量为

$\xi_1 = \varepsilon_1 + \varepsilon_2 + \varepsilon_3$，$V_{\lambda_1} = L(\xi_1)$；

当 $\lambda_2 = \lambda_3 = 2$ 时，解 $(\lambda_2 E - A)X = 0$ 得基础解系 $(1，1，0)'$，$(1，0，-3)'$，故 $\mathscr{A}$ 的属于 λ_2 线性无关特征向量为 $\xi_2 = \varepsilon_1 + \varepsilon_2$，$\xi_3 = \varepsilon_1 - 3\varepsilon_3$，$V_{\lambda_2} = L(\xi_2，\xi_3)$．

由于 $\mathscr{A}$ 有 3 个线性无关的特征向量 ξ_1，ξ_2，ξ_3，它们也构成 V 的一组基，因此 $\mathscr{A}$ 在此基下的矩阵为对角形 $diag(1，2，2)$，相应的基变换的过渡矩阵

$$T = \begin{pmatrix} 1 & 1 & 1 \\ 1 & 1 & 0 \\ 1 & 0 & -3 \end{pmatrix}.$$

例 7.15 在 $V = P[x]_n$ 中 $(n>1)$，求微分变换 $\mathscr{D}$ 的特征多项式，并证明 $\mathscr{D}$ 在任何一组基下的矩阵都不可能是对角矩阵．

证 取 $P[x]_n$ 的一组基 $\varepsilon_1 = 1$，$\varepsilon_2 = x$，$\varepsilon_3 = x^2/2!$，$\cdots$，$\varepsilon_n = x^{n-1}/(n-1)!$，由于

$$\mathscr{D}\varepsilon_1 = 0，\mathscr{D}\varepsilon_2 = (x)' = \varepsilon_1，\mathscr{D}\varepsilon_3 = (x^2/2!)' = \varepsilon_2，\cdots，\mathscr{D}\varepsilon_n = (x^{n-2}/(n-2)!)' = \varepsilon_{n-1}，$$

因此变换 $\mathscr{D}$ 在此基下的矩阵为

$$D = \begin{pmatrix} 0 & 1 & 0 & \cdots & 0 \\ 0 & 0 & 1 & \cdots & 0 \\ \cdots & \cdots & \cdots & \cdots & \cdots \\ 0 & 0 & 0 & \cdots & 1 \\ 0 & 0 & 0 & \cdots & 0 \end{pmatrix}，$$

故 $\mathscr{D}$ 的特征多项式 $f(\lambda) = |\lambda E - D| = \lambda^n$，特征值为 $\lambda_1 = \lambda_2 = \cdots = \lambda_n = 0$，对于 λ_1，解方程 $(\lambda_1 E - D)X = 0$，得基础解系 $(1，0，\cdots，0)$，因此 D 的线性无关特征向量只有一个 $\xi_1 = \varepsilon_1$（只有非零常数这种特征向量），其个数小于空间 $P[x]_n$ 的维数，所以不存在合适的基使得 $\mathscr{D}$ 在此基下的矩阵为对角阵．

例 7.16 设 A 是一个 $n \times n$ 复矩阵．证明：必存在复可逆矩阵 T，使得 $T^{-1}AT$ 为上三角矩阵．

证 设 V 是复数域上的 n 维线性空间，取 V 的一组基 ε_1，ε_2，$\cdots$，ε_n，对于复矩阵 A，则存在线性变换 $\mathscr{A}$：$V \to V$，使 $\mathscr{A}(\varepsilon_1，\varepsilon_2，\cdots，\varepsilon_n) = (\varepsilon_1，\varepsilon_2，\cdots，\varepsilon_n)A$．

由于变换 $\mathscr{A}$ 的特征多项式 $f(\lambda) \in \mathbf{C}[\lambda]$ 必存在根 $\lambda_1 \in \mathbf{C}$，此 λ_1 就是 $\mathscr{A}$ 的特征值，因此可设 $\alpha_1 \in V$ 为相应的特征向量，现将 α_1 扩充为 V 的一组基 α_1，α_2，$\cdots$，α_n，那么

$$\begin{cases} \mathscr{A}\alpha_1 = \lambda_1 \alpha_1 \\ \mathscr{A}\alpha_2 = b_{12}\alpha_1 + b_{22}\alpha_2 + \cdots + b_{n2}\alpha_n \\ \cdots\cdots\cdots\cdots\cdots \\ \mathscr{A}\alpha_n = b_{1n}\varepsilon_1 + b_{2n}\alpha_2 + \cdots + b_{nn}\alpha_n \end{cases}，\text{记 } B = \begin{pmatrix} \lambda_1 & b_{12} & \cdots & b_{1n} \\ 0 & b_{22} & \cdots & b_{2n} \\ \cdots & \cdots & \cdots & \cdots \\ 0 & b_{n2} & \cdots & b_{nn} \end{pmatrix} = \begin{pmatrix} \lambda_1 & B_{11} \\ O & B_1 \end{pmatrix}，$$

其中 B_{11} 为 $1 \times (n-1)$ 复矩阵，B_1 为 $(n-1)$ 阶复方阵，因此即得

$$\mathscr{A}(\alpha_1，\alpha_2，\cdots，\alpha_n) = (\alpha_1，\alpha_2，\cdots，\alpha_n)B，$$

记由基 ε_1，ε_2，$\cdots$，ε_n 到基 α_1，α_2，$\cdots$，α_n 的过渡矩阵为 T_1，则 $T_1 \in \mathbf{C}^{n \times n}$ 可逆，使

$$T_1^{-1}AT_1 = B = \begin{pmatrix} \lambda_1 & B_{11} \\ O & B_1 \end{pmatrix} \tag{1}$$

现证本题结论，对 n 作归纳：$n=1$ 时，结论明显成立，假设 $n-1$ 时结论成立．对于 n 的情形，由于 A 为 n 阶复方阵，因此存在复可逆矩阵 T_1 使 (1) 式成立，其中 B_1 为 $n-1$ 阶复方阵．对于 B_1，由归纳，则存在 $n-1$ 阶复可逆矩阵 T_2，使

$$T_2^{-1}B_1T_2 = \begin{pmatrix} \lambda_2 & * & * \\ & \ddots & * \\ & & \lambda_n \end{pmatrix},$$

令 $T = T_1 \begin{pmatrix} 1 & O \\ O & T_2 \end{pmatrix}$，那么复矩阵 T 可逆，且

$$T^{-1}AT = \begin{pmatrix} 1 & O \\ O & T_2^{-1} \end{pmatrix} T_1^{-1}AT_1 \begin{pmatrix} 1 & O \\ O & T_2 \end{pmatrix} = \begin{pmatrix} \lambda_1 & B_{11} \\ O & T_2^{-1}B_1T_2 \end{pmatrix}$$

仍为上三角矩阵，所以，根据归纳法原理，任意的 n 阶复矩阵 A 结论都成立.

例 7.17 设 A 为 $n \times n$ 复矩阵，λ_0 为特征多项式 $|\lambda E - A|$ 的 k 重根，证明：
$$R(\lambda_0 E - A) \geq n - k.$$

证 设 A 的全部特征值分别为 λ_0，$\cdots$，λ_0，λ_{k+1}，$\cdots$，λ_n，（$\lambda_i \neq \lambda_0$，$i = k+1$，$\cdots$，n），因此存在复可逆矩阵 T 使得

$$T^{-1}AT = \begin{pmatrix} \lambda_0 & & & * & & * \\ & \ddots & & & * & & * \\ & & \lambda_0 & & & * \\ & & & \lambda_{k+1} & & * \\ & & & & \ddots & * \\ & & & & & \lambda_n \end{pmatrix},$$

那么

$$T^{-1}(\lambda_0 E - A)T = \begin{pmatrix} 0 & & & * & & * \\ & \ddots & & & * & & * \\ & & 0 & & & * \\ & & & \mu_{k+1} & & * \\ & & & & \ddots & * \\ & & & & & \mu_n \end{pmatrix},$$

其中 $\mu_i = \lambda_0 - \lambda_i \neq 0$，$i = k+1$，$\cdots$，$n$，因为上式右边的上三角矩阵中必存在 $n-k$ 阶非零子式，所以 $R(\lambda_0 E - A) \geq n - k$.

说明 设 $\mathscr{A}$ 是 n 维线性空间 V 的线性变换，λ_0 为 $\mathscr{A}$ 的一个特征值，称 λ_0 作为 $\mathscr{A}$ 的特征多项式的根的重数为 λ_0 的代数重数；称 $\mathscr{A}$ 的属于 λ_0 的特征子空间 V_{λ_0} 的维数为 λ_0 的几何重数，那么 λ_0 的几何重数不超过其代数重数. 其实，设 λ_0 的代数重数为 k，并设 $\mathscr{A}$ 在 V 的某组基下的矩阵为 A，记 $W = \{X \in \mathbf{C}^n \mid (\lambda_0 E - A)X = 0\}$，由本例，则 $R(\lambda_0 E - A) \geq n - k$，因此 $\dim W \leq k$，即 $\dim V_{\lambda_0} \leq k$.

例 7.18 设 $\dim V = n$，$\mathscr{A}$，$\mathscr{B} \in L(V)$，且 $\mathscr{A}$ 有 n 个互不相同的特征值. 证明：$\mathscr{A}\mathscr{B} = \mathscr{B}\mathscr{A}$ 的充分必要条件是 $\mathscr{A}$ 的特征向量也是 $\mathscr{B}$ 的特征向量.

证 设变换 $\mathscr{A}$ 的 n 个互异特征值分别是 λ_1，λ_2，$\cdots$，λ_n，且 α_1，α_2，$\cdots$，α_n 是这些特征值所对应的特征向量，那么 α_1，α_2，$\cdots$，α_n 线性无关，从而可构成 V 的一组基，因此
$$\mathscr{A}(\alpha_1, \alpha_2, \cdots, \alpha_n) = (\alpha_1, \alpha_2, \cdots, \alpha_n)\Lambda,$$
其中 $\Lambda = diag(\lambda_1, \lambda_2, \cdots, \lambda_n)$.

（$\Rightarrow$）设 $\mathscr{B}(\alpha_1, \alpha_2, \cdots, \alpha_n) = (\alpha_1, \alpha_2, \cdots, \alpha_n)B$，因 $\mathscr{A}\mathscr{B} = \mathscr{B}\mathscr{A}$，故 $\Lambda B = B\Lambda$，但 Λ 的对角元 $\lambda_i \neq \lambda_j (i \neq j)$，所以 B 只能是对角矩阵，记 $B = diag(\mu_1, \mu_2, \cdots, \mu_n)$，那么 $\mathscr{B}\alpha_i = \mu_i\alpha_i (i = 1, 2, \cdots, n)$，即 α_i 是 $\mathscr{B}$ 的属于特征值 μ_i 的特征向量.

（⟸）设 $\mathscr{A}$ 的特征向量也是 $\mathscr{B}$ 的特征向量，则 $\mathscr{B}$ 存在 n 个线性无关的特征向量，故 $\mathscr{B}$ 在基 α_1，α_2，$\cdots$，α_n 下的矩阵 B 也是对角矩阵，记 $B = diag(\mu_1, \mu_2, \cdots, \mu_n)$，则

$$\mathscr{A}\mathscr{B}\alpha_i = \lambda_i \mu_i \alpha_i = \mathscr{B}\mathscr{A}\alpha_i, \quad i = 1, 2, \cdots, n,$$

所以 $\mathscr{A}\mathscr{B} = \mathscr{B}\mathscr{A}$.

习题 7.3

1. 设 V 为复数域上的线性空间，求线性变换 $\mathscr{A}$ 的特征值与特征向量，其中 $\mathscr{A}$ 在一组基 ε_1，ε_2，ε_3，ε_4 下的矩阵 A 为

$$1)\begin{pmatrix} 0 & 0 & 1 \\ 0 & 1 & 0 \\ 1 & 0 & 0 \end{pmatrix}; \quad 2)\begin{pmatrix} 1 & 1 & 1 & 1 \\ 1 & 1 & -1 & -1 \\ 1 & -1 & 1 & -1 \\ 1 & -1 & -1 & 1 \end{pmatrix}; \quad 3)\begin{pmatrix} 3 & 2 & -1 \\ -2 & -2 & 2 \\ 3 & 6 & -1 \end{pmatrix}; \quad 4)\begin{pmatrix} 3 & 1 & 0 \\ -4 & -1 & 0 \\ 4 & -8 & -2 \end{pmatrix}.$$

2. 在上题中，哪些变换的矩阵可以在适当的基下变成对角形？在可以化成对角形的情况下，写出相应的基变换的过渡矩阵 T.

3. 设 $V = P^{2\times 2}$，$A = \begin{pmatrix} 1 & 2 \\ -1 & 4 \end{pmatrix}$，线性变换 $\mathscr{A}$，使 $\mathscr{A}(X) = AX$，$X \in V$. 求 $\mathscr{A}$ 的特征值和特征子空间.

4. 设矩阵 $A = (a_{ij})_{n\times n}$ 满足条件

$a_{ij} \geq 0$，$i = 1, 2, \cdots, n$，$j = 1, 2, \cdots, n$；$a_{i1} + a_{i2} + \cdots + a_{in} = 1$，$i = 1, 2, \cdots, n$.

证明：若 $\lambda_0 \in \mathbf{R}$ 是矩阵 A 的特征值，则 $|\lambda_0| \leq 1$.

5. 设 n 阶方阵 A 可逆，证明：A^{-1}，A^* 均可表成 A 的多项式，并用 A 的多项式表示 A^{-1}，A^*.

6. 设 $\mathscr{A} \in L(V)$，α_1 是 $\mathscr{A}$ 的属于特征值 λ_0 的一特征向量，且 α_1，α_2，$\cdots$，α_s 满足

$$(\mathscr{A} - \lambda_0 \mathscr{E})\alpha_{i+1} = \alpha_i, \quad i = 1, 2, \cdots, s-1.$$

证明：α_1，α_2，$\cdots$，α_s 线性无关.

7. 1）设 λ_1，λ_2 是线性变换 $\mathscr{A}$ 的两个不同特征值，ε_1，ε_2 是分别属于 λ_1，λ_2 的特征向量，证明：$\varepsilon_1 + \varepsilon_2$ 不是 $\mathscr{A}$ 的特征向量；

2）证明：若线性空间 V 的线性变换 $\mathscr{A}$ 以 V 中每个非零向量作为它的特征向量，则 $\mathscr{A}$ 必为数乘变换.

8. 求 A^k，其中矩阵

$$A = \begin{pmatrix} 1 & 4 & 2 \\ 0 & -3 & 4 \\ 0 & 4 & 3 \end{pmatrix}.$$

9. 设 $b \neq 0$，且 n 阶矩阵

$$A = \begin{pmatrix} 1 & b & \cdots & b \\ b & 1 & \cdots & b \\ \cdots & \cdots & \cdots & \cdots \\ b & b & \cdots & 1 \end{pmatrix},$$

求可逆矩阵 T，使 $T^{-1}AT$ 为对角矩阵.

10. 设 A 是一个 n 级下三角矩阵，证明：

1）如果 $a_{ii} \neq a_{jj}(i \neq j, i, j = 1, 2, \cdots, n)$，那么 A 相似于一对角矩阵；

2）如果 $a_{11} = a_{22} = \cdots = a_{nn}$，且至少有一个 $a_{i_0 j_0} \neq 0(i_0 > j_0)$，那么 A 不与对角矩阵相似.

11. 设 A 为 n 阶复矩阵，λ_1，λ_2，$\cdots$，λ_n 是矩阵 A 的 n 个特征值，对于任意多项式

$$f(x)=a_m x^m+\cdots+a_1 x+a_0,$$

证明：$f(A)$ 的 n 个特征值恰好就是 $f(\lambda_1)$，$f(\lambda_2)$，$\cdots$，$f(\lambda_n)$.

12. 设 A 为一 $n\times n$ 降秩复矩阵，则 A 的伴随矩阵 A^* 的 n 个特征值至少有 $n-1$ 个 0，若它存在非零特征值，则必为 $A_{11}+A_{22}+\cdots+A_{nn}$.

13. 设 A 为 n 阶复矩阵，定义 $e^A=\sum\limits_{k=0}^{\infty}\dfrac{1}{k!}A^k=E+A+\dfrac{1}{2!}A^2+\cdots+\dfrac{1}{m!}A^m+\cdots$，证明：若 λ_1，λ_2，$\cdots$，λ_n 是 A 的 n 个特征值，则 e^A 的 n 个特征值恰为 e^{λ_1}，e^{λ_2}，$\cdots$，e^{λ_n}.

14. 设 A，B 均为 $n\times n$ 矩阵，且 A 有 n 个两两不同的特征值，$AB=BA$. 证明：

1）B 相似于一个对角矩阵；

2）存在唯一的一个次数小于 n 的多项式 $f(x)$，使 $f(A)=B$.

15. 设 n 阶方阵 A 和 B 满足 $AB=A-B$，证明：

1）$\lambda=1$ 不是 B 的特征值；

2）若 B 相似于对角矩阵，则有可逆矩阵 T，使 $T^{-1}AT$ 与 $T^{-1}BT$ 均为对角矩阵.

16. 具有下述形式的矩阵 A，C 分别称为 n 阶循环矩阵和基本循环矩阵：

$$A=\begin{pmatrix} a_0 & a_1 & a_2 & \cdots & a_{n-1} \\ a_{n-1} & a_0 & a_1 & \cdots & a_{n-2} \\ a_{n-2} & a_{n-1} & a_0 & \cdots & a_{n-3} \\ \cdots & \cdots & \cdots & & \cdots \\ a_1 & a_2 & a_3 & \cdots & a_0 \end{pmatrix},\quad C=\begin{pmatrix} 0 & 1 & 0 & \cdots & 0 \\ 0 & 0 & 1 & \cdots & 0 \\ \cdots & \cdots & \cdots & \cdots & \cdots \\ 0 & 0 & 0 & \cdots & 1 \\ 1 & 0 & 0 & \cdots & 0 \end{pmatrix}.$$

证明：循环矩阵 A 可相似对角化，并求 A 的特征值.

§4　不变子空间

一、值域与核

定义 6　设 $\mathscr{A}$ 是线性空间 V 的一个线性变换，称 $\{\mathscr{A}\alpha\mid\alpha\in V\}$ 为 $\mathscr{A}$ 的值域，可记为 $\mathscr{A}V$ 或 $\mathrm{Im}\mathscr{A}$，其维数称为 $\mathscr{A}$ 的秩，记为 $R(\mathscr{A})$，称 $\{\xi\in V\mid\mathscr{A}\xi=0\}$ 为 $\mathscr{A}$ 的核，可记为 $\mathscr{A}^{-1}(0)$ 或 $\ker\mathscr{A}$，其维数称为 $\mathscr{A}$ 的零度，记为 $null(\mathscr{A})$.

定理 10　设 $\dim V=n$，$\mathscr{A}\in L(V)$，且 ε_1，ε_2，$\cdots\varepsilon_n$ 是 V 的一组基，则

1）$\mathscr{A}V=L(\mathscr{A}\varepsilon_1,\ \mathscr{A}\varepsilon_2,\ \cdots,\ \mathscr{A}\varepsilon_n)$；

2）若 $\mathscr{A}$ 在基 ε_1，ε_2，$\cdots\varepsilon_n$ 下的矩阵为 A，则 $R(\mathscr{A})=R(A)$.

定理 11　设 $\dim V=n$，$\mathscr{A}\in L(V)$，则 $\mathscr{A}V$ 的一组基的原象及 $\mathscr{A}^{-1}(0)$ 的一组基合起来就是 V 的一组基，从而 $\dim\mathscr{A}V+\dim\mathscr{A}^{-1}(0)=n$.

关于维数关系 $\dim\mathscr{A}V+\dim\mathscr{A}^{-1}(0)=n$，有两种证明思路

① 设 $\dim\mathscr{A}^{-1}(0)=s$，取 $\mathscr{A}^{-1}(0)$ 的一组基 α_1，α_2，$\cdots$，α_s，将其扩充成 V 的一组基 α_1，α_2，$\cdots$，α_s，α_{s+1}，$\cdots$，α_n，那么

$$\mathscr{A}V=L(\mathscr{A}\alpha_1,\ \mathscr{A}\alpha_2,\ \cdots,\ \mathscr{A}\alpha_s,\ \mathscr{A}\alpha_{s+1},\ \cdots,\ \mathscr{A}\alpha_n)=L(\mathscr{A}\alpha_{s+1},\ \cdots,\ \mathscr{A}\alpha_n),$$

只需证明 $\mathscr{A}\alpha_{s+1}$，$\cdots$，$\mathscr{A}\alpha_n$ 线性无关即可.

② 设 $\dim\mathscr{A}V=r$，取 $\mathscr{A}V$ 的一组基 η_1，η_2，$\cdots$，η_r，则存在 ε_1，ε_2，$\cdots$，$\varepsilon_r\in V$，使得 $\mathscr{A}\varepsilon_i=\eta_i$，

$i=1$，2，$\cdots$，r，再取 $\mathscr{A}^{-1}(0)$ 的一组基 ε_{r+1}，$\cdots$，ε_s，只需证明 $\mathscr{A}V$ 的基的原象组 ε_1，ε_2，$\cdots$，ε_r 与 $\mathscr{A}^{-1}(0)$ 的基组 ε_{r+1}，$\cdots$，ε_s 的合并组可构成 V 的一组基即可.

推论 设 $\dim V=n$，$\mathscr{A}\in L(V)$，则 $\mathscr{A}$ 是单射当且仅当 $\mathscr{A}$ 是满射.

尽管 $\dim\mathscr{A}V+\dim\mathscr{A}^{-1}(0)=n$，但是 $\mathscr{A}V\cap\mathscr{A}^{-1}(0)$ 未必是零空间，因此和空间 $\mathscr{A}V+\mathscr{A}^{-1}(0)$ 一般不是直和，例如 $V=P[x]_n$，$\mathscr{D}f(x)=f'(x)$，则 $\mathscr{D}V=P[x]_{n-1}$，$\mathscr{D}^{-1}(0)=P$，此时 $\mathscr{D}V+\mathscr{D}^{-1}(0)$ 不是直和.

例7.19 设线性空间 $V=P[x]_n$，线性变换 $\mathscr{A}$，使 $\mathscr{A}f(x)=xf'(x)-f(x)$.

1）求 $\mathscr{A}$ 的核 $\mathscr{A}^{-1}(0)$ 与值域 $\mathscr{A}V$；2）证明：$V=\mathscr{A}^{-1}(0)\oplus\mathscr{A}V$.

解 1）设 $f(x)=a_{n-1}x^{n-1}+\cdots+a_1x+a_0\in\mathscr{A}^{-1}(0)$，则 $xf'(x)-f(x)=0$，得
$$(n-1)a_{n-1}x^{n-1}+\cdots+2a_2x^2+a_1x-(a_{n-1}x^{n-1}+\cdots+a_2x^2+a_1x+a_0)=0,$$
那么 $a_{n-1}=0$，$\cdots$，$a_2=0$，$a_0=0$，则 $f(x)=a_1x$，所以 $\mathscr{A}^{-1}(0)=L(x)$.

取 V 的一组基 1，x，x^2，x^3，$\cdots$，x^{n-1}，由于
$$\mathscr{A}1=-1,\ \mathscr{A}x=0,\ \mathscr{A}x^2=x^2,\ \mathscr{A}x^3=2x^3,\ \cdots,\ \mathscr{A}x^{n-1}=(n-2)x^{n-1},$$
所以
$$\mathscr{A}V=L(\mathscr{A}1,\ \mathscr{A}x,\ \mathscr{A}x^2,\ \mathscr{A}x^3,\ \cdots,\ \mathscr{A}x^{n-1})=L(1,\ x^2,\ x^3,\ \cdots,\ x^{n-1}).$$

2）由于
$$\mathscr{A}^{-1}(0)+\mathscr{A}V=L(x)+L(1,\ x^2,\ \cdots,\ x^{n-1})=L(1,\ x,\ x^2,\ \cdots,\ x^{n-1})=V,$$
$$\dim(\mathscr{A}^{-1}(0)+\mathscr{A}V)=\dim V=n=\dim\mathscr{A}^{-1}(0)+\dim\mathscr{A}V,$$
所以 $V=\mathscr{A}^{-1}(0)\oplus\mathscr{A}V$.

例7.20 设 $\mathscr{A}^2=\mathscr{A}$，$\mathscr{B}^2=\mathscr{B}$. 证明：

1）$\mathscr{A}$ 与 $\mathscr{B}$ 有相同的值域的充分必要条件是 $\mathscr{A}\mathscr{B}=\mathscr{B}$，$\mathscr{B}\mathscr{A}=\mathscr{A}$；

2）$\mathscr{A}$ 与 $\mathscr{B}$ 有相同的核的充分必要条件是 $\mathscr{A}\mathscr{B}=\mathscr{A}$，$\mathscr{B}\mathscr{A}=\mathscr{B}$.

证 1）$(\Rightarrow)$ $\forall\alpha\in V$，则 $\mathscr{B}\alpha\in\mathscr{B}V=\mathscr{A}V$，故存在 $\beta\in V$ 使 $\mathscr{B}\alpha=\mathscr{A}\beta$，则
$$(\mathscr{A}-\mathscr{E})\mathscr{B}\alpha=(\mathscr{A}-\mathscr{E})\mathscr{A}\beta=(\mathscr{A}^2-\mathscr{A})\beta=\mathscr{O}\beta=0,$$
所以 $(\mathscr{A}-\mathscr{E})\mathscr{B}=\mathscr{O}$，即得 $\mathscr{A}\mathscr{B}=\mathscr{B}$，同理 $\mathscr{B}\mathscr{A}=\mathscr{A}$.

$(\Leftarrow)$ 由于 $\mathscr{A}\mathscr{B}=\mathscr{B}$，则 $\mathscr{B}V=\mathscr{A}\mathscr{B}V=\mathscr{A}(\mathscr{B}V)\subset\mathscr{A}V$，同理 $\mathscr{A}V\subset\mathscr{B}V$，所以 $\mathscr{A}V=\mathscr{B}V$.

2）$(\Rightarrow)$ $\forall\alpha\in V$，则有
$$\mathscr{B}(\mathscr{B}-\mathscr{E})\alpha=(\mathscr{B}^2-\mathscr{B})\alpha=\mathscr{O}\alpha=0,$$
故 $(\mathscr{B}-\mathscr{E})\alpha\in\mathscr{B}^{-1}(0)=\mathscr{A}^{-1}(0)$，从而 $\mathscr{A}(\mathscr{B}-\mathscr{E})\alpha=0$，所以 $\mathscr{A}(\mathscr{B}-\mathscr{E})=\mathscr{O}$，即得 $\mathscr{A}\mathscr{B}=\mathscr{A}$，同理 $\mathscr{B}\mathscr{A}=\mathscr{B}$.

$(\Leftarrow)$ 若 $\alpha\in\mathscr{A}^{-1}(0)$，则 $\mathscr{A}\alpha=0$，得 $\mathscr{B}\alpha=\mathscr{B}\mathscr{A}\alpha=\mathscr{B}0=0$，故 $\alpha\in\mathscr{B}^{-1}(0)$，那么 $\mathscr{A}^{-1}(0)\subset\mathscr{B}^{-1}(0)$，同理 $\mathscr{B}^{-1}(0)\subset\mathscr{A}^{-1}(0)$，所以 $\mathscr{B}^{-1}(0)=\mathscr{A}^{-1}(0)$.

例7.21 设 $\dim V=n$，$\mathscr{A}\in L(V)$，$R(\mathscr{A})+R(\mathscr{E}-\mathscr{A})=n$. 证明：$\mathscr{A}^2=\mathscr{A}$.

证 $\forall\alpha\in V$，则 $\alpha=\mathscr{A}\alpha+(\alpha-\mathscr{A}\alpha)$，而 $\mathscr{A}\alpha\in\mathscr{A}V$，$\alpha-\mathscr{A}\alpha\in(\mathscr{E}-\mathscr{A})V$，因此 $V=\mathscr{A}V+(\mathscr{E}-\mathscr{A})V$，由题设
$$\dim\mathscr{A}V+\dim(\mathscr{E}-\mathscr{A})V=\dim(\mathscr{A}V+(\mathscr{E}-\mathscr{A})V),$$
所以 $V=\mathscr{A}V\oplus(\mathscr{E}-\mathscr{A})V$，从而 $\mathscr{A}V\cap(\mathscr{E}-\mathscr{A})V=\{0\}$.

$\forall\delta\in V$，则
$$\mathscr{A}(\mathscr{E}-\mathscr{A})\delta=(\mathscr{E}-\mathscr{A})\mathscr{A}\delta\in\mathscr{A}V\cap(\mathscr{E}-\mathscr{A})V,$$
因此 $\mathscr{A}(\mathscr{E}-\mathscr{A})\delta=0$，即得 $\mathscr{A}(\mathscr{E}-\mathscr{A})=\mathscr{O}$，从而 $\mathscr{A}^2=\mathscr{A}$.

例7.22 设 $\dim V=n$，N，T 是 V 的两个子空间. 证明：若 $\dim N+\dim T=n$，则存在线性变换 $\mathscr{A}$，

使 $\mathscr{A}V=T$，$\mathscr{A}^{-1}(0)=N$.

证　设 $\dim N=r$，则 $\dim T=n-r$. 取子空间 N 的一组基 α_1，$\cdots$，α_r，再取 T 的一组基 β_{r+1}，$\cdots$，β_n，则 $N=L(\alpha_1$，$\cdots$，$\alpha_r)$，$T=L(\beta_{r+1}$，$\cdots$，$\beta_n)$，将 α_1，$\cdots$，α_r 扩充成 V 的一组基 α_1，$\cdots$，α_r，α_{r+1}，$\cdots$，α_n.

定义线性变换 $\mathscr{A}$，使 $\mathscr{A}\alpha_1=0$，$\cdots$，$\mathscr{A}\alpha_r=0$，$\mathscr{A}\alpha_{r+1}=\beta_{r+1}$，$\cdots$，$\mathscr{A}\alpha_n=\beta_n$，则

$$\mathscr{A}V=L(\beta_{r+1}，\cdots，\beta_n)=T，\quad N\subset\mathscr{A}^{-1}(0)=\{\alpha\in V\,|\,\mathscr{A}\alpha=0\}.$$

由定理 11 及条件，则 $\dim\mathscr{A}^{-1}(0)=\dim N$，所以 $\mathscr{A}^{-1}(0)=N$.

二、不变子空间

定义 7　设 $\mathscr{A}$ 是数域 P 上线性空间 V 的线性变换，W 是 V 的子空间，若 W 中的向量在 $\mathscr{A}$ 下的象仍在 W 中，即 $\forall\xi\in W$，均有 $\mathscr{A}\xi\in W$，则称 W 为 $\mathscr{A}$ 的不变子空间，也可简称 $\mathscr{A}$-子空间.

设 $\mathscr{A}$ 是线性空间 V 的线性变换，W 是 $\mathscr{A}$ 的不变子空间，可把 $\mathscr{A}$ 看成是 W 的一个线性变换，称为 $\mathscr{A}$ 在不变子空间 W 上引起的变换，用符号 $\mathscr{A}|W$ 表示.

设 $\dim V=n$，$\mathscr{A}\in L(V)$，W 是 $\mathscr{A}$ 的不变子空间，取 W 的基 ε_1，ε_2，$\cdots$，ε_k，将其扩充为 V 的一组基 ε_1，ε_2，$\cdots$，ε_k，ε_{k+1}，$\cdots$，ε_n，则 $\mathscr{A}$ 在此基下的矩阵为 $A=\begin{pmatrix} A_1 & A_3 \\ O & A_2 \end{pmatrix}$，且左上角的 k 阶块 A_1 就是 $\mathscr{A}|W$ 在 W 的基 ε_1，ε_2，$\cdots$，ε_k 下的矩阵；反之，若 $\mathscr{A}$ 在基 ε_1，ε_2，$\cdots$，ε_k，ε_{k+1}，$\cdots$，ε_n 下的矩阵为 A，则 $W=L(\varepsilon_1$，ε_2，$\cdots$，$\varepsilon_k)$ 是 $\mathscr{A}$ 的不变子空间.

V 能分解成若干个 $\mathscr{A}$-子空间的直和 $V=W_1\oplus W_2\oplus\cdots\oplus W_s$ 的充分必要条件是 V 中存在一组基 ε_{11}，ε_{12}，$\cdots$，ε_{1n_1}，ε_{21}，$\cdots$，ε_{2n_2}，ε_{s1}，$\cdots\varepsilon_{sn_s}$，其中 ε_{i1}，ε_{i2}，$\cdots$，ε_{in_i} 为 W_i 的一组基，使得 $\mathscr{A}$ 在此基下的矩阵为准对角矩阵 $diag(A_1$，A_2，$\cdots$，$A_s)$，其中 A_i 是 $\mathscr{A}|W_i$ 在基 ε_{i1}，ε_{i2}，$\cdots$，ε_{in_i} 下的矩阵.

定理 12　设线性变换 $\mathscr{A}$ 的特征多项式 $f(\lambda)=(\lambda-\lambda_1)^{r_1}(\lambda-\lambda_2)^{r_2}\cdots(\lambda-\lambda_s)^{r_s}$，则 V 可分解成不变子空间的直和

$$V=V_1\oplus V_2\oplus\cdots\oplus V_s，\quad V_i=\{\xi\in V\,|\,(\mathscr{A}-\lambda_i\mathscr{E})^{r_i}\xi=0\}.$$

证明思路　令 $f_i(\lambda)=f(\lambda)/(\lambda-\lambda_i)^{r_i}$，记 $V_i=f_i(\mathscr{A})V$，$W_i=\ker(\mathscr{A}-\lambda_i\mathscr{E})^{r_i}$.

1) 证明 $V_i\subset W_i$；2) 证明 $V=V_1+V_2+\cdots+V_s$；3) 证明 $W_1+W_2+\cdots+W_s$ 是直和，从而 $V_1+V_2+\cdots+V_s$ 也是直和；4) 证明 $W_i\subset V_i$.

例 7.23　设 $\dim V=4$，$\mathscr{A}\in L(V)$，$\mathscr{A}$ 在基 ε_1，ε_2，ε_3，ε_4 下的矩阵为

$$A=\begin{pmatrix} 1 & 2 & 1 & 0 \\ 0 & 1 & 0 & 0 \\ 1 & 3 & 0 & 0 \\ 0 & 4 & 2 & 1 \end{pmatrix}.$$

求 $\mathscr{A}$ 的含 ε_1 的最小不变子空间 W，并写出 $\mathscr{A}|W$ 在 W 的相应基下的矩阵.

证　由于 $\mathscr{A}(\varepsilon_1$，$\varepsilon_2$，$\varepsilon_3$，$\varepsilon_4)=(\varepsilon_1$，$\varepsilon_2$，$\varepsilon_3$，$\varepsilon_4)A$，那么

$$\mathscr{A}\varepsilon_1=\varepsilon_1+\varepsilon_3，\quad \mathscr{A}\varepsilon_3=\varepsilon_1+2\varepsilon_4，\quad \mathscr{A}\varepsilon_4=\varepsilon_4. \tag{1}$$

因 W 是含 ε_1 的 $\mathscr{A}$-子空间，则 $\mathscr{A}\varepsilon_1\in W$，那么 $\varepsilon_3\in W$，因此 $\mathscr{A}\varepsilon_3\in W$，从而有 $\varepsilon_4\in W$，所以 $W\supset L(\varepsilon_1$，ε_3，$\varepsilon_4)$，另外，由 (1) 知，$\mathscr{A}\varepsilon_i\in L(\varepsilon_1$，$\varepsilon_3$，$\varepsilon_4)$，$i=1$，3，4，因此 $L(\varepsilon_1$，ε_3，$\varepsilon_4)$ 也是 $\mathscr{A}$-子空间，所以 $W=L(\varepsilon_1$，ε_3，$\varepsilon_4)$.

由 (1) 也可知，$\mathscr{A}|W$ 在 W 的基 ε_1，ε_3，ε_4 下的矩阵为 $A_1=\begin{pmatrix} 1 & 1 & 0 \\ 1 & 0 & 0 \\ 0 & 2 & 1 \end{pmatrix}$.

例 7. 24 设 V 是复数域上的 n 维线性空间，$\mathscr{A}$，$\mathscr{B} \in L(V)$，$\mathscr{A}\mathscr{B} = \mathscr{B}\mathscr{A}$. 证明：

1) 若 λ_0 是 $\mathscr{A}$ 的一特征值，则特征子空间 V_{λ_0} 是 $\mathscr{B}$-子空间；

2) $\mathscr{A}$，$\mathscr{B}$ 至少有一个公共的特征向量.

证 1) $V_{\lambda_0} = \{\xi \in V \mid \mathscr{A}\xi = \lambda_0 \xi\}$，任给 $\alpha \in V_{\lambda_0}$，那么

$$\mathscr{A}(\mathscr{B}\alpha) = \mathscr{A}\mathscr{B}(\alpha) = \mathscr{B}\mathscr{A}(\alpha) = \mathscr{B}(\mathscr{A}\alpha) = \mathscr{B}(\lambda_0 \alpha) = \lambda_0 \mathscr{B}\alpha,$$

因此 $\mathscr{B}\alpha \in V_{\lambda_0}$，所以 V_{λ_0} 是 $\mathscr{B}$-子空间.

2) 由 1) 知 V_{λ_0} 是 $\mathscr{B}$-子空间，则 $\mathscr{B}|V_{\lambda_0}$ 是 V_{λ_0} 的一个线性变换，其特征多项式必有复根 μ_0（即 $\mathscr{B}|V_{\lambda_0}$ 的特征值），设相应的特征向量为 $\beta \in V_{\lambda_0}$，那么

$$\mathscr{B}\beta = (\mathscr{B}|V_{\lambda_0})\beta = \mu_0 \beta,$$

所以 β 就是 $\mathscr{A}$，$\mathscr{B}$ 的公共特征向量.

习题 7. 4

1. 设 V 是数域 P 上的四维线性空间，ε_1，ε_2，ε_3，ε_4 为其一组基，线性变换 $\mathscr{A}$ 在这组基下的矩阵为

$$A = \begin{pmatrix} 1 & 0 & 2 & 1 \\ -1 & 2 & 1 & 3 \\ 1 & 2 & 5 & 5 \\ 2 & -2 & 1 & -2 \end{pmatrix}.$$

1) 在 $\mathscr{A}^{-1}(0)$ 中选一组基，将其扩充成 V 的一组基，并求 $\mathscr{A}$ 在此基下的矩阵；

2) 在 $\mathscr{A}V$ 中选一组基，将其扩充成 V 的一组基，并求 $\mathscr{A}$ 在此基下的矩阵.

2. 如果 $\mathscr{A}_1$，$\mathscr{A}_2$，$\cdots$，$\mathscr{A}_s$ 是线性空间 V 的 s 个两两不同的线性变换，那么在 V 中必存在向量 α，使 $\mathscr{A}_1\alpha$，$\mathscr{A}_2\alpha$，$\cdots$，$\mathscr{A}_s\alpha$ 亦两两不同.

3. 设 $\dim V < \infty$，$\mathscr{A} \in L(V)$，W 是 V 的子空间，$\mathscr{A}W = \{\mathscr{A}\alpha \mid \alpha \in W\}$. 证明：

$$\dim \mathscr{A}W + \dim \mathscr{A}^{-1}(0) \cap W = \dim W.$$

4. 设 $\dim V = n$，$\mathscr{A}$，$\mathscr{B} \in L(V)$. 证明：$R(\mathscr{A}\mathscr{B}) \geqslant R(\mathscr{A}) + R(\mathscr{B}) - n$.

5. 设 $\dim V = n$，$\mathscr{A}_1$，$\mathscr{A}_2 \in L(V)$，$\mathscr{A}_i^2 = \mathscr{A}_i (i = 1, 2)$，$\mathscr{A}_1\mathscr{A}_2 = \mathscr{A}_2\mathscr{A}_1 = \mathscr{O}$. 证明：

$$V = W_1 \oplus W_2 \oplus U, \quad W_i = \mathscr{A}_i V (i = 1, 2), \quad U = \mathscr{A}_1^{-1}(0) \cap \mathscr{A}_2^{-1}(0).$$

6. 设 $\dim V = n$，$\mathscr{A} \in L(V)$. 证明：$R(\mathscr{A}^2) = R(\mathscr{A}) \Leftrightarrow \mathscr{A}V \cap \mathscr{A}^{-1}(0) = \{0\}$.

7. 设 $\dim V = n$，$\mathscr{A} \in L(V)$，且 $\dim \mathscr{A}V = r$. 证明：存在可逆线性变换 $\mathscr{B}$ 及 V 的一组基 β_1，β_2，$\cdots$，β_n 使得

$$\mathscr{B}\mathscr{A}(k_1\beta_1 + k_2\beta_2 + \cdots + k_r\beta_r + k_{r+1}\beta_{r+1} + \cdots + k_n\beta_n) = k_1\beta_1 + k_2\beta_2 + \cdots + k_r\beta_r.$$

8. 设 $\mathscr{A}$ 是线性空间 V 上的线性变换，λ_1，λ_2，$\cdots \lambda_k$ 为 $\mathscr{A}$ 的 k 个不同的特征值，且 α_1，α_2，$\cdots$，α_k 为这些特征值所对应的特征向量. 证明：若 $\alpha_1 + \alpha_2 + \cdots + \alpha_k \in W$，且 W 是 $\mathscr{A}$-子空间，则 $\dim W \geqslant k$.

9. 设 V 是复数域 $\mathbf{C}$ 上的 n 维线性空间，$\mathscr{A} \in L(V)$，任给 $\mathscr{A}$ 的特征值 $\lambda \in \mathbf{C}$，均有 $(\mathscr{A} - \lambda\mathscr{E})V \cap (\mathscr{A} - \lambda\mathscr{E})^{-1}(0) = \{0\}$，证明：$\mathscr{A}$ 的矩阵可化为对角形.

§5 若尔当标准形与最小多项式

一、若尔当标准形

定义 8　$t \times t$ 的形如 $J(\lambda, t) = \begin{pmatrix} \lambda & 0 & \cdots & 0 & 0 & 0 \\ 1 & \lambda & \cdots & 0 & 0 & 0 \\ \vdots & \vdots & & \vdots & \vdots & \vdots \\ 0 & 0 & \cdots & 1 & \lambda & 0 \\ 0 & 0 & \cdots & 0 & 1 & \lambda \end{pmatrix}$ 的矩阵称为若尔当(Jordan)块，其中 λ

是复数．由若干个若尔当块组成的准对角矩阵称为若尔当形矩阵，可表示为 $diag(J_1, J_2, \cdots, J_s)$，其中

$$J_i = \begin{pmatrix} \lambda_i & & & \\ 1 & \lambda_i & & \\ & \ddots & \ddots & \\ & & 1 & \lambda_i \\ & & & 1 & \lambda_i \end{pmatrix}_{k_i \times k_i} \quad (i = 1, 2, \cdots, s) \tag{1}$$

定理 13　设 $\mathscr{A}$ 是复数域上线性空间 V 的一个线性变换，则在 V 中必定存在一组基，使 $\mathscr{A}$ 在这组基下的矩阵是若尔当形矩阵．称为 $\mathscr{A}$ 的若尔当标准形．

引理　n 维线性空间 V 上线性变换 $\mathscr{B}$ 满足 $\mathscr{B}^k = \mathscr{O}$，$k$ 是某正整数，就称 $\mathscr{B}$ 为 V 上幂零线性变换．对幂零线性变换 $\mathscr{B}$，V 中必有下列形式的一组元素作为基

$$\alpha_1, \mathscr{B}\alpha_1, \cdots, \mathscr{B}^{k_1-1}\alpha_1, \alpha_2, \mathscr{B}\alpha_2, \cdots, \mathscr{B}^{k_2-1}\alpha_2, \cdots, \alpha_s, \mathscr{B}\alpha_s, \cdots, \mathscr{B}^{k_s-1}\alpha_s,$$

其中 α_i 满足 $\mathscr{B}^{k_i}\alpha_i = 0$，向量组 $\alpha_i, \mathscr{B}\alpha_i, \cdots, \mathscr{B}^{k_i-1}\alpha_i (i = 1, 2, \cdots, s)$ 称为若尔当链，上述形式的一组基称为若尔当基，那么 $\mathscr{B}$ 在这组基下的矩阵为 $diag(J_1, J_2, \cdots, J_s)$，其中 J_i 为形如(1)式的 $\lambda_i = 0$ 的 $k_i \times k_i (i = 1, 2, \cdots, s)$ 的若尔当块．

定理 14　每个 n 级复矩阵 A 都与一个若尔当形矩阵相似．

例 7.25　设 V 为 3 维复线性空间，线性变换 $\mathscr{A}$ 在基 ε_1，ε_2，ε_3 下的矩阵为

$$A = \begin{pmatrix} -1 & -2 & 6 \\ -1 & 0 & 3 \\ -1 & -1 & 4 \end{pmatrix},$$

求 V 的一组基(若尔当基)，使 $\mathscr{A}$ 在此基下的矩阵为若尔当形矩阵．

解　A 的特征多项式 $f(\lambda) = |\lambda E - A| = (\lambda - 1)^3$．记 $\mathscr{B} = \mathscr{A} - \mathscr{E}$，$B = A - E$，那么 $B = \begin{pmatrix} -2 & -2 & 6 \\ -1 & -1 & 3 \\ -1 & -1 & 3 \end{pmatrix}$，

通过计算得 $B^2 = 0$，因此 $\mathscr{B}^2 = \mathscr{O}$．

易知 $\mathscr{B}V = L(\mathscr{B}\varepsilon_1, \mathscr{B}\varepsilon_2, \mathscr{B}\varepsilon_3) = L(\mathscr{B}\varepsilon_1)$，且 $\mathscr{B}\varepsilon_1 \in \mathscr{B}^1(0)$．解方程 $BX = 0$，得一非零解 $X = (-1, 1, 0)'$ (需使 X 不能由 $(-2, -1, -1)'$ 线性表出)，令 $\alpha = -\varepsilon_1 + \varepsilon_2$，则 $\alpha \in \mathscr{B}^1(0)$，因此 $\mathscr{B}\varepsilon_1$，α 构成 $\mathscr{B}^1(0)$ 的一组基，那么 ε_1，$\mathscr{B}\varepsilon_1$，α 为 V 的一组基．

记 $\eta_1 = \varepsilon_1$，$\eta_2 = \mathscr{B}\varepsilon_1$，$\eta_3 = -\varepsilon_1 + \varepsilon_2$，那么

$$\mathscr{B}(\eta_1, \eta_2, \eta_3) = (\eta_1, \eta_2, \eta_3)\begin{pmatrix} 0 & & \\ 1 & 0 & \\ & & 0 \end{pmatrix} \Rightarrow \mathscr{A}(\eta_1, \eta_2, \eta_3) = (\eta_1, \eta_2, \eta_3)\begin{pmatrix} 1 & & \\ 1 & 1 & \\ & & 1 \end{pmatrix}.$$

例 7.26 设 V 是数域 P 上的 n 维线性空间，$\mathscr{A} \in L(V)$，若有 $0 \neq \xi \in V$ 与 $\lambda \in P$，使得 $(\mathscr{A} - \lambda \mathscr{E})^m \xi = 0$，其中 m 为一自然数，则称 ξ 为属于 λ 的根向量；若此时 $(\mathscr{A} - \lambda \mathscr{E})^{m-1}\xi \neq 0$，则称 ξ 为属于 λ 的 m 次根向量．证明：

1）属于 λ 的根向量存在的充分必要条件是 λ 为 $\mathscr{A}$ 的特征值；

2）若有一个属于 λ 的 n 次根向量，则 V 中存在一组基，使 $\mathscr{A}$ 在此基下的矩阵是若尔当块形矩阵．

证 1）只需证必要性：假设 ξ 为属于 λ 的 m 次根向量，令 $\alpha = (\mathscr{A} - \lambda \mathscr{E})^{m-1}\xi$，由于 $(\mathscr{A} - \lambda \mathscr{E})^m \xi = 0$，即 $(\mathscr{A} - \lambda \mathscr{E})\alpha = 0$，因此 $\mathscr{A}\alpha = \lambda \alpha$，但 $\alpha \neq 0$，所以 λ 是 $\mathscr{A}$ 的特征值．

2）设 ξ 是 λ 的 n 次根向量，记 $\mathscr{B} = \mathscr{A} - \lambda \mathscr{E}$，则 $\mathscr{B}^{n-1}\xi \neq 0$，$\mathscr{B}^n \xi = 0$，由习题 7.2 的题 5，则 ξ，$\mathscr{B}\xi$，$\cdots$，$\mathscr{B}^{n-1}\xi$ 构成 V 的一组基，且 $\mathscr{B}$ 在此基下的矩阵为若尔当形矩阵（特征值 0），从而 $\mathscr{A} = \mathscr{B} + \lambda \mathscr{E}$ 在此基下的矩阵也为若尔当形矩阵（特征值 λ）．

二、最小多项式

设 $A \in P^{n \times n}$，若有多项式 $f(x) \in P[x]$，使 $f(A) = O$，则称 $f(x)$ 以 A 为根．次数最低的首项系数为 1 的以 A 为根的多项式 $f(x)$ 称为 A 的最小多项式．同样可以定义线性变换 A 的最小多项式．

引理 1 矩阵 A 的最小多项式是唯一的．

引理 2 设 $g(x)$ 是矩阵 A 的最小多项式，那么 $f(x)$ 以 A 为根的充分必要条件是 $g(x)$ 整除 $f(x)$．

若记 A 的最小多项式为 $m(\lambda)$，由此引理，则 $m(\lambda) \mid f_A(\lambda)$．若 $A \sim B$，则它们的最小多项式相等，但反之不一定成立．

引理 3 设 A 是一个准对角矩阵 $A = \begin{pmatrix} A_1 & \\ & A_2 \end{pmatrix}$，并设 A_1 的最小多项式为 $g_1(x)$，A_2 的最小多项式为 $g_2(x)$，那么 $\mathscr{A}$ 的最小多项式为 $g_1(x)$，$g_2(x)$ 的最小公倍式 $[g_1(x), g_2(x)]$．

引理 4 k 级若尔当块 $J(a, k)$ 的最小多项式为 $(x-a)^k$．

定理 15 数域 P 上 n 级矩阵 A 与对角矩阵相似的充分必要条件为 A 的最小多项式是 P 上互素的一次因式的乘积．

例 7.27 设 $\dim V = n$，$\mathscr{A} \in L(V)$，已知 $\mathscr{A}^3 = \mathscr{A}^2$，$\mathscr{A}^2 \neq \mathscr{A}$，问是否存在 V 的一组基使 $\mathscr{A}$ 在此基下的矩阵为对角矩阵．

证 取 V 的一组基 ε_1，ε_2，$\cdots$，ε_n，设 $\mathscr{A}$ 在此基下的矩阵为 A，那么

$$A^3 = A^2, \quad A^2 \neq A$$

因此矩阵 A 的最小多项式为 $m(\lambda) = \lambda^2$ 或 $m(\lambda) = \lambda^2(\lambda-1)$，由定理 15，矩阵 A 不可能相似于对角矩阵，所以 V 中找不到一组基使 $\mathscr{A}$ 在此基下的矩阵为对角矩阵．

例 7.28 设 A 为 n 阶复方阵，$m(\lambda)$ 为 A 的最小多项式，证明：

1）矩阵 A 的特征值必是 $m(\lambda)$ 的根；

2）任给复多项式 $g(\lambda)$，则 $g(A)$ 可逆当且仅当 $(m(\lambda), g(\lambda)) = 1$．

证 1）（反证）假设 λ_0 是 A 的特征值，$m(\lambda_0) \neq 0$，则 $(m(\lambda), \lambda - \lambda_0) = 1$，那么存在 $u(\lambda)$，$v(\lambda)$，使

$$u(\lambda)m(\lambda) + v(\lambda)(\lambda - \lambda_0) = 1 \Rightarrow u(A)m(A) + v(A)(A - \lambda_0 E) = E,$$

则得 $v(A)(A - \lambda_0 E) = E$，所以 $|A - \lambda_0 E| \neq 0$，此与 λ_0 为 A 的特征值相矛盾．

2) （充分性）由于 $(m(\lambda), g(\lambda)) = 1$，因此存在 $u(\lambda)$，$v(\lambda)$，使

$$u(\lambda)m(\lambda) + v(\lambda)g(\lambda) = 1 \Rightarrow u(A)m(A) + v(A)g(A) = E,$$

所以 $v(A)g(A) = E$，即得 $g(A)$ 可逆.

（必要性）假设 $m(\lambda)$，$g(\lambda)$ 不互素，则它们存在公共根 λ_0，此 λ_0 是 A 的特征值，且可设 $g(\lambda) = q(\lambda)(\lambda - \lambda_0)$，则 $|g(A)| = |q(A)| |A - \lambda_0 E| = 0$，此与 $g(A)$ 可逆矛盾.

习题 7.5

1. 求复线性空间 V 的线性变换 $\mathscr{A}$ 的一组 Jordan 基，若 $\mathscr{A}$ 在一组基下的矩阵为

$$1) \begin{pmatrix} 3 & 0 & 8 \\ 3 & 1 & 6 \\ -2 & 0 & -5 \end{pmatrix}; \qquad 2) \begin{pmatrix} 0 & -2 & 3 & 2 \\ 1 & 1 & -1 & -1 \\ 0 & 0 & 2 & 0 \\ 1 & -1 & 0 & 1 \end{pmatrix}.$$

2. 设 n 维复线性空间 V 的线性变换 $\mathscr{A}$ 在基 ε_1，ε_2，$\cdots$，ε_n 下的矩阵是若尔当块. 证明：

1) V 中包含 ε_1 的 $\mathscr{A}$-子空间只有 V 自身；

2) V 中任一非零 $\mathscr{A}$-子空间都包含 ε_n；

3) V 不能分解成两个非平凡的 $\mathscr{A}$-子空间的直和.

3. 设 $\dim V = n$，$\mathscr{A} \in L(V)$. 求证：如果 V 没有非平凡的 $\mathscr{A}$ 的不变子空间，则 $\mathscr{A}$ 的最小多项式是不可约的.

4. 设 $\dim V = n$，$\mathscr{A}$ 的最小多项式 $f(x) = f_1(x)f_2(x)$，其中 $f_1(x)$，$f_2(x)$ 均首项系数为 1，$(f_1(x), f_2(x)) = 1$，$V_1 = \{\alpha \in V | f_1(\mathscr{A})\alpha = 0\}$，$V_2 = \{\alpha \in V | f_2(\mathscr{A})\alpha = 0\}$. 证明：$V = V_1 \oplus V_2$，且 $\mathscr{A}|V_1$ 的最小多项式是 $f_1(x)$，$\mathscr{A}|V_2$ 的最小多项式是 $f_2(x)$.

补充题

1. 设 A，B 均为 n 阶实方阵，证明：A 与 B 在实数域上相似当且仅当 A 与 B 在复数域上相似.

2. 设 A 为 $n \times n$ 实对称矩阵，证明：矩阵 A 负定的充分必要条件是 A 的特征多项式的系数全大于零.

3. 设 A，B 均为 n 阶复方阵，且 $AB = BA$，证明：存在 n 阶复可逆矩阵 P，使

$$P^{-1}AP = \begin{pmatrix} \lambda_1 & & & * \\ & \lambda_2 & & * \\ & & \ddots & \\ & & & \lambda_n \end{pmatrix}, \quad P^{-1}BP = \begin{pmatrix} \mu_1 & & & * \\ & \mu_2 & & * \\ & & \ddots & \\ & & & \mu_n \end{pmatrix}.$$

4. 设 A，B 均为 n 阶方阵，$AB = BA$，且它们均可相似对角化，证明：存在可逆矩阵 P，使 $P^{-1}AP = diag(\lambda_1, \lambda_2, \cdots, \lambda_n)$，$P^{-1}BP = diag(\mu_1, \mu_2, \cdots, \mu_n)$.

5. 设 A，B 分别为复数域上的 $m \times m$ 和 $n \times n$ 矩阵，证明：A，B 没有公共特征值的充分必要条件是矩阵方程 $AX = XB$ 只有零解.

6. 证明：实线性空间 V 上的线性变换 $\mathscr{A}$ 必存在一维或二维不变子空间.

习题答案

习题 7.1

1.1) 任取 $\alpha=(x_1,\ x_2,\ x_3)$，$\beta=(y_1,\ y_2,\ y_3)\in P^3$，$k\in P$，那么

$$\mathscr{A}(\alpha+\beta)WB=\mathscr{A}(x_1+y_1,\ x_2+y_2,\ x_3+y_3)$$
$$=(2x_1+2y_1-x_2-y_2,\ x_2+y_2+x_3+y_3,\ 3x_1+3y_1-x_2-y_2+x_3+y_3)$$
$$=(2x_1-x_2,\ x_2+x_3,\ 3x_1-x_2+x_3)+(2y_1-y_2,\ y_2+y_3,\ 3y_1-y_2+y_3)$$
$$=\mathscr{A}(\alpha)+\mathscr{A}(\beta),$$

$$\mathscr{A}(k\alpha)=\mathscr{A}(kx_1,\ kx_2,\ kx_3)$$
$$=(2kx_1-kx_2,\ kx_2+kx_3,\ 3kx_1-kx_2+kx_3)$$
$$=k(2x_1-x_2,\ x_2+x_3,\ 3x_1-x_2+x_3)$$
$$=k\mathscr{A}(\alpha),$$

所以 $\mathscr{A}$ 是 P^3 上的线性变换.

2) 任取 $X,\ Y\in P^{n\times n}$，$k\in P$，那么

$$\mathscr{A}(X+Y)=B(X+Y)C=BXC+BYC=\mathscr{A}(X)+\mathscr{A}(Y),$$
$$\mathscr{A}(kX)=B(kX)C=kBXC=k\mathscr{A}(X),$$

所以 $\mathscr{A}$ 是 $P^{n\times n}$ 上的线性变换.

2.1) 任取 $f(x),\ g(x)\in P[x]$，$k\in P$，则

$$\mathscr{A}(f(x)+g(x))=x(f(x)+g(x))=xf(x)+xg(x)=\mathscr{A}(f(x))+\mathscr{A}(g(x)),$$
$$\mathscr{A}(kf(x))=x(kf(x))=k(xf(x))=k\mathscr{A}(f(x)),$$

所以 $\mathscr{A}$ 是 $P[x]$ 上的线性变换.

2) 任取 $f(x)\in P[x]$，则

$$(\mathscr{D}\mathscr{A})f(x)=\mathscr{D}(\mathscr{A}f(x))=(xf(x))'=f(x)+xf'(x),$$
$$(\mathscr{A}\mathscr{D})f(x)=\mathscr{A}(\mathscr{D}f(x))=xf'(x),$$

那么

$$(\mathscr{D}\mathscr{A}-\mathscr{A}\mathscr{D})f(x)=f(x)+xf'(x)-xf'(x)=f(x),$$

所以 $\mathscr{D}\mathscr{A}-\mathscr{A}\mathscr{D}=\mathscr{E}$.

3.1) 由于

$$\mathscr{A}+\mathscr{B}=(\mathscr{A}+\mathscr{B})^2=(\mathscr{A}+\mathscr{B})(\mathscr{A}+\mathscr{B})=\mathscr{A}^2+\mathscr{A}\mathscr{B}+\mathscr{B}\mathscr{A}+\mathscr{B}^2,$$

由题设条件 $\mathscr{A}^2=\mathscr{A}$，$\mathscr{B}^2=\mathscr{B}$，因此 $\mathscr{A}\mathscr{B}+\mathscr{B}\mathscr{A}=\mathscr{O}$，对其左乘以 $\mathscr{A}$，则

$$\mathscr{A}(\mathscr{A}\mathscr{B}+\mathscr{B}\mathscr{A})=\mathscr{O}\Rightarrow\mathscr{A}\mathscr{B}+\mathscr{A}\mathscr{B}\mathscr{A}=\mathscr{O},$$

对 $\mathscr{A}\mathscr{B}+\mathscr{A}\mathscr{B}\mathscr{A}=\mathscr{O}$ 右乘以 $\mathscr{A}$，则 $2\mathscr{A}\mathscr{B}\mathscr{A}=\mathscr{O}$，则 $\mathscr{A}\mathscr{B}\mathscr{A}=\mathscr{O}$，故 $\mathscr{A}\mathscr{B}=\mathscr{O}$.

2) 由于 $\mathscr{A}^2=\mathscr{A}$，$\mathscr{B}^2=\mathscr{B}$，$\mathscr{A}\mathscr{B}=\mathscr{B}\mathscr{A}$，因此

$$(\mathscr{A}+\mathscr{B}-\mathscr{A}\mathscr{B})^2=(\mathscr{A}+\mathscr{B}-\mathscr{A}\mathscr{B})(\mathscr{A}+\mathscr{B}-\mathscr{A}\mathscr{B})$$
$$=\mathscr{A}^2+\mathscr{B}^2+\mathscr{A}^2\mathscr{B}^2+2\mathscr{A}\mathscr{B}-2\mathscr{A}^2\mathscr{B}-2\mathscr{A}\mathscr{B}^2$$
$$=\mathscr{A}+\mathscr{B}+\mathscr{A}\mathscr{B}+2\mathscr{A}\mathscr{B}-2\mathscr{A}\mathscr{B}-2\mathscr{A}\mathscr{B}=\mathscr{A}+\mathscr{B}-\mathscr{A}\mathscr{B}.$$

4. 对 k 作归纳.

当 $k=2$ 时，由 $\mathscr{A}\mathscr{B}-\mathscr{B}\mathscr{A}=\mathscr{E}$，对其左乘以 $\mathscr{A}$，则 $\mathscr{A}^2\mathscr{B}-\mathscr{A}\mathscr{B}\mathscr{A}=\mathscr{A}$，将 $\mathscr{A}\mathscr{B}=\mathscr{E}+\mathscr{B}\mathscr{A}$ 代入其中，即得 $\mathscr{A}^2\mathscr{B}-\mathscr{B}\mathscr{A}^2=2\mathscr{A}$，此时结论成立.

假设 $k=m$ 时结论成立，下证 $k=m+1$ 情形，由 $\mathscr{A}^m\mathscr{B}-\mathscr{B}\mathscr{A}^m=m\mathscr{A}^{m-1}$，对其左乘以 $\mathscr{A}$，则得 $\mathscr{A}^{m+1}\mathscr{B}-\mathscr{A}\mathscr{B}\mathscr{A}^m=m\mathscr{A}^m$，将 $\mathscr{A}\mathscr{B}=\mathscr{E}+\mathscr{B}\mathscr{A}$ 代入此式，则立即可得 $\mathscr{A}^{m+1}\mathscr{B}-\mathscr{B}\mathscr{A}^{m+1}=(m+1)\mathscr{A}^m$，因此 $k=m+1$ 时结论也成立，得证.

习题 7.2

1.1）由于 $\mathscr{A}\varepsilon_1=\dfrac{1}{2}\varepsilon_1+\dfrac{1}{2}\varepsilon_2$，$\mathscr{A}\varepsilon_2=\dfrac{1}{2}\varepsilon_1+\dfrac{1}{2}\varepsilon_2$，$\mathscr{B}\varepsilon_1=0$，$\mathscr{B}\varepsilon_2=\varepsilon_2$，因此

$\mathscr{A}(\varepsilon_1,\ \varepsilon_2)=(\varepsilon_1,\ \varepsilon_2)A$，$\mathscr{B}(\varepsilon_1,\ \varepsilon_2)=(\varepsilon_1,\ \varepsilon_2)B$，其中 $A=\begin{pmatrix}1/2&1/2\\1/2&1/2\end{pmatrix}$，$B=\begin{pmatrix}0&0\\0&1\end{pmatrix}$，

由计算得 $AB=\begin{pmatrix}0&1/2\\0&1/2\end{pmatrix}$，所以 $\mathscr{A}$，$\mathscr{B}$，$\mathscr{A}\mathscr{B}$ 在基 ε_1，ε_2 下的矩阵分别为 A，B，AB.

2）因 $\mathscr{A}\varepsilon_1=\varepsilon_1$，$\mathscr{A}\varepsilon_2=\varepsilon_3$，$\mathscr{A}\varepsilon_3=-\varepsilon_2$，$\mathscr{B}\varepsilon_1=-\varepsilon_3$，$\mathscr{B}\varepsilon_2=\varepsilon_2$，$\mathscr{B}\varepsilon_3=\varepsilon_1$，故
$$\mathscr{A}(\varepsilon_1,\ \varepsilon_2,\ \varepsilon_3)=(\varepsilon_1,\ \varepsilon_2,\ \varepsilon_3)A,\quad \mathscr{B}(\varepsilon_1,\ \varepsilon_2,\ \varepsilon_3)=(\varepsilon_1,\ \varepsilon_2,\ \varepsilon_3)B,$$

其中 $A=\begin{pmatrix}1&0&0\\0&0&-1\\0&1&0\end{pmatrix}$，$B=\begin{pmatrix}0&0&1\\0&1&0\\-1&0&0\end{pmatrix}$，计算可得 $AB=\begin{pmatrix}0&0&1\\1&0&0\\0&1&0\end{pmatrix}$，所以 $\mathscr{A}\mathscr{B}$ 在基 ε_1，ε_2，ε_3

下的矩阵为 AB.

3）设 $\mathscr{A}(\varepsilon_1,\ \varepsilon_2,\ \varepsilon_3)=(\varepsilon_1,\ \varepsilon_2,\ \varepsilon_3)A$，$\mathscr{A}(\eta_1,\ \eta_2,\ \eta_3)=(\eta_1,\ \eta_2,\ \eta_3)B$，并且
$$(\eta_1,\ \eta_2,\ \eta_3)=(\varepsilon_1,\ \varepsilon_2,\ \varepsilon_3)T,$$

由题设，则
$$B=\begin{pmatrix}1&0&1\\1&1&0\\-1&2&1\end{pmatrix},\quad T=\begin{pmatrix}-1&1&0\\1&0&1\\1&-1&1\end{pmatrix},$$

由定理 4，必有 $B=T^{-1}AT$，所以
$$A=TBT^{-1}=\begin{pmatrix}-1&1&-2\\2&2&0\\3&0&2\end{pmatrix}.$$

4）取 P^3 的基 $\alpha_1=(1,\ 0,\ 0)$，$\alpha_2=(0,\ 1,\ 0)$，$\alpha_3=(0,\ 0,\ 1)$，那么
$$(\varepsilon_1,\ \varepsilon_2,\ \varepsilon_3)=(\alpha_1,\ \alpha_2,\ \alpha_3)A,\quad (\eta_1,\ \eta_2,\ \eta_3)=(\alpha_1,\ \alpha_2,\ \alpha_3)B,$$
其中
$$A=\begin{pmatrix}1&2&1\\0&1&1\\1&0&1\end{pmatrix},\quad B=\begin{pmatrix}1&2&2\\2&2&-1\\-1&-1&-1\end{pmatrix},$$

因此 $(\eta_1,\ \eta_2,\ \eta_3)=(\varepsilon_1,\ \varepsilon_2,\ \varepsilon_3)A^{-1}B$，可求得基 ε_1，ε_2，ε_3 到 η_1，η_2，η_3 的过渡矩阵为
$$T=A^{-1}B=\dfrac{1}{2}\begin{pmatrix}-4&-3&3\\2&3&3\\2&1&-5\end{pmatrix}.$$

由题中的定义，则
$$\mathscr{A}(\varepsilon_1,\ \varepsilon_2,\ \varepsilon_3)=(\mathscr{A}\varepsilon_1,\ \mathscr{A}\varepsilon_2,\ \mathscr{A}\varepsilon_3)=(\eta_1,\ \eta_2,\ \eta_3)=(\varepsilon_1,\ \varepsilon_2,\ \varepsilon_3)T,$$
由于 $(\eta_1,\ \eta_2,\ \eta_3)=(\varepsilon_1,\ \varepsilon_2,\ \varepsilon_3)T$，用 $\mathscr{A}$ 作用于两边，因此
$$\mathscr{A}(\eta_1,\ \eta_2,\ \eta_3)=\mathscr{A}(\varepsilon_1,\ \varepsilon_2,\ \varepsilon_3)T=(\mathscr{A}\varepsilon_1,\ \mathscr{A}\varepsilon_2,\ \mathscr{A}\varepsilon_3)T=(\eta_1,\ \eta_2,\ \eta_3)T,$$

所以 $\mathscr{A}$ 在基 ε_1, ε_2, ε_3 和 η_1, η_2, η_3 下的矩阵均是 T.

2. 1) 由于 $\mathscr{A}\varepsilon_1 = (0, 1, 1)$, $\mathscr{A}\varepsilon_2 = (2, 1, 5)$, $\mathscr{A}\varepsilon_3 = (-3, 1, 0)$, 因此

$$\mathscr{A}(\varepsilon_1, \varepsilon_2, \varepsilon_3) = (\varepsilon_1, \varepsilon_2, \varepsilon_3)A, \quad \text{其中} A = \begin{pmatrix} 0 & 2 & -3 \\ 1 & 1 & 1 \\ 1 & 5 & 0 \end{pmatrix}.$$

2) 由题设, 则 $(\eta_1, \eta_2, \eta_3) = (\varepsilon_1, \varepsilon_2, \varepsilon_3)T$, 其中 $T = \begin{pmatrix} 1 & 1 & 1 \\ 0 & 2 & 2 \\ 0 & 0 & 3 \end{pmatrix}$, 现设 $\mathscr{A}$ 在基 η_1, η_2, η_3

下的矩阵为 B, 那么

$$B = T^{-1}AT = \begin{pmatrix} -\dfrac{1}{2} & \dfrac{5}{2} & -8 \\[2mm] \dfrac{1}{6} & -\dfrac{13}{6} & -\dfrac{2}{3} \\[2mm] \dfrac{1}{3} & \dfrac{11}{3} & \dfrac{11}{3} \end{pmatrix}.$$

3) 设所求 $\alpha = (x_1, x_2, x_3) = (\varepsilon_1, \varepsilon_2, \varepsilon_3)X$, 其中 $X = (x_1, x_2, x_3)'$ (待定), 那么

$$\mathscr{A}\alpha = (\varepsilon_1, \varepsilon_2, \varepsilon_3)AX = (\eta_1, \eta_2, \eta_3)T^{-1}AX,$$

$$\therefore T^{-1}AX = \begin{pmatrix} 3 \\ 2 \\ 1 \end{pmatrix} \Rightarrow X = A^{-1} \cdot T \begin{pmatrix} 3 \\ 2 \\ 1 \end{pmatrix} = \frac{1}{2}\begin{pmatrix} 21 \\ -3 \\ -6 \end{pmatrix},$$

故所求向量 $\alpha = \dfrac{1}{2}(21, -3, -6)$.

3. 取 $P^{2\times 2}$ 的基 $E_{11} = \begin{pmatrix} 1 & 0 \\ 0 & 0 \end{pmatrix}$, $E_{12} = \begin{pmatrix} 0 & 1 \\ 0 & 0 \end{pmatrix}$, $F_{21} = \begin{pmatrix} 0 & 0 \\ 1 & 0 \end{pmatrix}$, $F_{22} = \begin{pmatrix} 0 & 0 \\ 0 & 1 \end{pmatrix}$, 则

$$(F_{11}, F_{12}, F_{21}, F_{22}) = (E_{11}, E_{12}, E_{21}, E_{22})A, \quad (G_{11}, G_{12}, G_{21}, G_{22}) = (E_{11}, E_{12}, E_{21}, E_{22})B,$$

其中 $A = \begin{pmatrix} 1 & 1 & 1 & 1 \\ 0 & 1 & 1 & 1 \\ 0 & 0 & 1 & 1 \\ 0 & 0 & 0 & 1 \end{pmatrix}$, $B = \begin{pmatrix} 1 & 1 & 3 & 3 \\ 0 & 1 & 1 & 3 \\ 3 & 3 & 7 & 7 \\ 0 & 3 & 3 & 7 \end{pmatrix}$,

故 $\mathscr{A}(F_{11}, F_{12}, F_{21}, F_{22}) = \mathscr{A}(E_{11}, E_{12}, E_{21}, E_{22})A$, 又 $\mathscr{A}F_{ij} = G_{ij}(i=1, 2, j=1, 2)$, 则

$$\mathscr{A}(E_{11}, E_{12}, E_{21}, E_{22}) = (E_{11}, E_{12}, E_{21}, E_{22})BA^{-1},$$

所以可求得 $\mathscr{A}$ 在自然基 E_{11}, E_{12}, E_{21}, E_{22} 下的矩阵

$$BA^{-1} = \begin{pmatrix} 1 & 0 & 2 & 0 \\ 0 & 1 & 0 & 2 \\ 3 & 0 & 4 & 0 \\ 0 & 3 & 0 & 4 \end{pmatrix}.$$

因 G_{11} 在 E_{11}, E_{12}, E_{21}, E_{22} 下的坐标为 $(1, 0, 3, 0)$, 故通过定理 3, 可求得 $\mathscr{A}G_{11}$ 在自然基

E_{11}, E_{12}, E_{21}, E_{22} 下的坐标为 $(7, 0, 15, 0)$ (由 $Y = BA^{-1}X$ 求), 则 $\mathscr{A}G_{11} = \begin{pmatrix} 7 & 0 \\ 15 & 0 \end{pmatrix}$, 同理可得

$$\mathscr{A}G_{12} = \begin{pmatrix} 7 & 7 \\ 15 & 15 \end{pmatrix}, \quad \mathscr{A}G_{21} = \begin{pmatrix} 17 & 7 \\ 37 & 15 \end{pmatrix}, \quad \mathscr{A}G_{11} = \begin{pmatrix} 17 & 17 \\ 37 & 37 \end{pmatrix}.$$

4.1）由定理 2（其中的映射 φ 是双射，而且由 1）和 2），则 φ 保持加法和数乘运算），则 $L(V)\cong P^{n\times n}$，所以 $\dim L(V)=\dim P^{n\times n}=n^2$.

2）记 $m=n^2$，由于 $\mathscr{E}$，$\mathscr{A}$，$\mathscr{A}^2$，$\cdots$，$\mathscr{A}^m\in L(V)$，且 $m+1>\dim L(V)$，因此 $L(V)$ 中这 $m+1$ 个变换线性相关，那么存在不全为零的数 a_0，a_1，a_2，$\cdots$，a_m，使得

$$a_0\mathscr{E}+a_1\mathscr{A}+a_2\mathscr{A}^2+\cdots+a_m\mathscr{A}^m=\mathscr{O},$$

取 $f(x)=a_0x+a_1x+a_2x^2+\cdots+a_mx^m$，则 $\partial(f)\leqslant m=n^2$，使得 $f(\mathscr{A})=\mathscr{O}$.

3）（$\Leftarrow$）设有 $f(x)=a_mx^m+\cdots+a_1x+a_0$，其中 $a_0\neq0$，使 $f(\mathscr{A})=\mathscr{O}$，那么

$$a_m\mathscr{A}^m+\cdots+a_1\mathscr{A}+a_0\mathscr{E}=\mathscr{O},$$

$$\therefore\mathscr{A}\cdot(-a_0^{-1}a_m\mathscr{A}^{m-1}-\cdots-a_0^{-1}a_2\mathscr{A}-a_0^{-1}a_1\mathscr{E})=\mathscr{E},$$

所以 $\mathscr{A}$ 可逆.

（$\Rightarrow$）设 $\mathscr{A}$ 可逆. 对于 $\mathscr{A}\in L(V)$，则存在 $g(x)=a_mx^m+\cdots+a_1x+a_0\neq0$，使得 $g(\mathscr{A})=\mathscr{O}$，即

$$a_m\mathscr{A}^m+\cdots+a_1\mathscr{A}+a_0\mathscr{E}=\mathscr{O},$$

对于不全为零的 a_0，a_1，$\cdots$，a_k，$\cdots$，a_m，设 $a_0=a_1=\cdots=a_{k-1}=0$，$a_k\neq0$，那么

$$a_m\mathscr{A}^m+\cdots+a_{k+1}\mathscr{A}^{k+1}+a_k\mathscr{A}^k=\mathscr{O},$$

两边同乘以 $\mathscr{A}^{-k}$，则得

$$a_m\mathscr{A}^{m-k}+\cdots+a_{k+1}\mathscr{A}+a_k\mathscr{E}=\mathscr{O}.$$

5.1）先证明 ξ，$\mathscr{A}\xi$，$\cdots$，$\mathscr{A}^{n-1}\xi$ 线性无关. 其实，若存在 k_0，k_1，$\cdots$，k_{n-1}，使

$$k_0\xi+k_1\mathscr{A}\xi+\cdots+k_{n-1}\mathscr{A}^{n-1}\xi=0$$

两边作用以 $\mathscr{A}^{n-1}$，由题给条件，则 $k_0\mathscr{A}^{n-1}\xi=0$，但 $\mathscr{A}^{n-1}\xi\neq0$，故 $k_0=0$，因此

$$k_1\mathscr{A}\xi+\cdots+k_{n-1}\mathscr{A}^{n-1}\xi=0,$$

两边再作用以 $\mathscr{A}^{n-2}$，则同理可得 $k_1=0$，依次下去，则 $k_0=k_1=\cdots=k_{n-1}=0$，所以 ξ，$\mathscr{A}\xi$，$\cdots$，$\mathscr{A}^{n-1}\xi$ 线性无关. 那么 ξ，$\mathscr{A}\xi$，$\cdots$，$\mathscr{A}^{n-1}\xi$ 为 V 的一组基，由于

$$\mathscr{A}(\xi)=\mathscr{A}\xi,\quad\mathscr{A}(\mathscr{A}\xi)=\mathscr{A}^2\xi,\quad\cdots,\quad\mathscr{A}(\mathscr{A}^{n-1}\xi)=\mathscr{A}^n\xi=0,$$

因此 $\mathscr{A}$ 在基 ξ，$\mathscr{A}\xi$，$\cdots$，$\mathscr{A}^{n-1}\xi$ 下的矩阵为 J（若尔当块形矩阵）.

2）在 n 维线性空间 V 中，取基 ε_1，ε_2，$\cdots$，ε_n，对于矩阵 A，由定理 2，则存在线性变换 $\mathscr{A}$，使得 $\mathscr{A}(\varepsilon_1,\varepsilon_2,\cdots,\varepsilon_n)=(\varepsilon_1,\varepsilon_2,\cdots,\varepsilon_n)A$，由于 $A^n=O$，且 $A^{n-1}\neq O$，因此 $\mathscr{A}^n=\mathscr{O}$，且 $\mathscr{A}^{n-1}\neq\mathscr{O}$，所以存在 $\xi\in V$，使 $\mathscr{A}^{n-1}\xi\neq0$，但 $\mathscr{A}^n\xi=0$，那么由 1），ξ，$\mathscr{A}\xi$，$\cdots$，$\mathscr{A}^{n-1}\xi$ 也为 V 的基，且 $\mathscr{A}(\xi,\mathscr{A}\xi,\cdots,\mathscr{A}^{n-1}\xi)=(\xi,\mathscr{A}\xi,\cdots,\mathscr{A}^{n-1}\xi)J$，所以 $A\sim J$，同理 $B\sim J$，从而 $A\sim B$.

6. 在 V 中取一组基 ε_1，ε_2，$\cdots$，ε_n，设 $\mathscr{A}(\varepsilon_1,\varepsilon_2,\cdots,\varepsilon_n)=(\varepsilon_1,\varepsilon_2,\cdots,\varepsilon_n)A$. 任给 n 阶可逆矩阵 T，令 $(\eta_1,\eta_2,\cdots,\eta_n)=(\varepsilon_1,\varepsilon_2,\cdots,\varepsilon_n)T$，那么向量组 η_1，η_2，$\cdots$，η_n 线性无关，因此 η_1，η_2，$\cdots$，η_n 也是 V 的一组基，且 $\mathscr{A}$ 在此基下的矩阵为 $T^{-1}AT$.

由题设，则必有 $T^{-1}AT=A$，因此 $AT=TA$，即 A 与任意可逆矩阵 T 均可交换. 记 $A=(a_{ij})_{n\times n}$，取可逆矩阵 $T=P(i(2))$，由 $AT=TA$，则当 $i\neq j$ 时，$2a_{ij}=a_{ij}$，那么 $a_{ij}=0$，因此矩阵 A 是对角矩阵，即 $A=diag(a_{11},a_{22},\cdots,a_{nn})$；再取可逆矩阵 $T=P(1,i)$，由 $AT=TA$，则 $a_{ii}=a_{11}(i\neq1)$，得 $A=a_{11}E$，所以 $\mathscr{A}=a_{11}\mathscr{E}$.

说明：由于 A 与任意可逆矩阵 T 均可交换，则 $AP(i,j(1))=P(i,j(1))A$，那么 $A(E+E_{ij})=(E+E_{ij})A$，因此 $AE_{ij}=E_{ij}A$，则得 $A=kE$，故 $\mathscr{A}=k\mathscr{E}$.

习题 7.3

1.1) 线性变换 $\mathscr{A}$(即矩阵 A)的特征多项式

$$f(\lambda) = |\lambda E - A| = \begin{vmatrix} \lambda & 0 & -1 \\ 0 & \lambda-1 & 0 \\ -1 & 0 & \lambda \end{vmatrix} = (\lambda-1)^2(\lambda+1),$$

故 $\mathscr{A}$ 的特征值为 $\lambda_1 = \lambda_2 = 1$, $\lambda_3 = -1$.

$\lambda_1 = \lambda_2 = 1$ 时，解 $(\lambda_1 E - A)X = 0$，即得

$$\begin{cases} x_1 - x_3 = 0 \\ -x_1 + x_3 = 0 \end{cases},$$

得基础解系 $X_1 = (1, 0, 1)'$, $X_2 = (0, 1, 0)'$, 故线性变换 $\mathscr{A}$ 的属于特征值 λ_1 的全部特征向量为 $k_1\xi_1 + k_2\xi_2(k_1, k_2$ 不全为零), 其中 $\xi_1 = \varepsilon_1 + \varepsilon_3$, $\xi_2 = \varepsilon_3$;

当 $\lambda_3 = -1$ 时，解 $(\lambda_3 E - A)X = 0$，即得

$$\begin{cases} -x_1 - x_3 = 0 \\ -2x_2 = 0 \end{cases},$$

得基础解系 $X_3 = (1, 0, -1)'$, 故线性变换 $\mathscr{A}$ 的属于特征值 λ_3 的全部特征向量为 $k\xi_3(k \neq 0)$, 其中 $\xi_3 = \varepsilon_1 - \varepsilon_3$.

2) $\mathscr{A}$ 的特征多项式 $|\lambda E - A| = (\lambda-2)^3(\lambda+2)$, 故 $\mathscr{A}$ 的特征值为

$$\lambda_1 = \lambda_2 = \lambda_3 = 2, \quad \lambda_4 = -2.$$

$\lambda_1 = \lambda_2 = \lambda_3 = 2$ 时，解方程 $(\lambda_1 E - A)X = 0$，得基础解系

$$X_1 = (1, 1, 0, 0)', \quad X_2 = (1, 0, 1, 0)', \quad X_3 = (1, 0, 0, 1)',$$

故 $\mathscr{A}$ 的属于特征值 λ_1 的全部特征向量为 $k_1\xi_1 + k_2\xi_2 + k_3\xi_3(k_1, k_2, k_3$ 不全为零), 其中 $\xi_1 = \varepsilon_1 + \varepsilon_2$, $\xi_2 = \varepsilon_1 + \varepsilon_3$, $\xi_3 = \varepsilon_1 + \varepsilon_4$;

$\lambda_4 = -2$ 时，解方程 $(\lambda_4 E - A)X = 0$，得基础解系 $X_4 = (1, -1, -1, -1)'$, 故 $\mathscr{A}$ 的属于特征值 λ_4 的全部特征向量为 $k\xi_4(k \neq 0)$, 其中 $\xi_4 = \varepsilon_1 - \varepsilon_2 - \varepsilon_3 - \varepsilon_4$.

3) $\mathscr{A}$ 的特征多项式 $|\lambda E - A| = (\lambda-2)^2(\lambda+4)$, 故 $\mathscr{A}$ 的特征值为

$$\lambda_1 = \lambda_2 = 2, \quad \lambda_3 = -4.$$

$\mathscr{A}$ 的属于特征值 λ_1 的全部特征向量为 $k_1\xi_1 + k_2\xi_2(k_1, k_2$ 不全为零), 其中 $\xi_1 = 2\varepsilon_1 - \varepsilon_2$, $\xi_2 = \varepsilon_1 + \varepsilon_3$;

$\mathscr{A}$ 的属于特征值 λ_3 的全部特征向量为 $k\xi_3(k \neq 0)$, 其中 $\xi_3 = \varepsilon_1 - 2\varepsilon_2 + 3\varepsilon_3$.

4) $\mathscr{A}$ 的特征多项式 $|\lambda E - A| = (\lambda-1)^2(\lambda+2)$, 故 $\mathscr{A}$ 的特征值为

$$\lambda_1 = \lambda_2 = 1, \quad \lambda_3 = -2.$$

$\mathscr{A}$ 的属于特征值 λ_1 的全部特征向量为 $k\xi_1(k \neq 0)$, 其中 $\xi_1 = 3\varepsilon_1 - 6\varepsilon_2 + 20\varepsilon_3$.

$\mathscr{A}$ 的属于特征值 λ_3 的全部特征向量为 $k\xi_2(k \neq 0)$, 其中 $\xi_2 = \varepsilon_3$.

2.1) 由于 $\mathscr{A}$ 有 3 个线性无关的特征向量 ξ_1, ξ_2, ξ_3, 它们也构成 V 的一组基, 因此 $\mathscr{A}$ 在此基下的矩阵为对角形 $diag(1, 1, -1)$, 相应的基变换的过渡矩阵

$$T = \begin{pmatrix} 1 & 0 & 1 \\ 0 & 1 & 0 \\ 1 & 0 & -1 \end{pmatrix}.$$

2) 由于 $\mathscr{A}$ 有 4 个线性无关的特征向量 ξ_1, ξ_2, ξ_3, ξ_4, 它们也构成 V 的一组基, 因此 $\mathscr{A}$ 在此

基下的矩阵为对角形 $diag(2, 2, 2, -2)$，相应的基变换的过渡矩阵

$$T = \begin{pmatrix} 1 & 1 & 1 & 1 \\ 1 & 0 & 0 & -1 \\ 0 & 1 & 0 & -1 \\ 0 & 0 & 1 & -1 \end{pmatrix}.$$

3）由于 $\mathscr{A}$ 有 3 个线性无关的特征向量 ξ_1，ξ_2，ξ_3，它们也构成 V 的一组基，因此 $\mathscr{A}$ 在此基下的矩阵为对角形 $diag(2, 2, -4)$，相应的基变换的过渡矩阵

$$T = \begin{pmatrix} 2 & 1 & 1 \\ -1 & 0 & -2 \\ 0 & 1 & 3 \end{pmatrix}.$$

4）由于 $\mathscr{A}$ 只有 2 个线性无关的特征向量 ξ_1，ξ_2，此时 V 找不到由特征向量构成的一组基，即 $V \neq V_{\lambda_1} \oplus V_{\lambda_3}$，因此变换 $\mathscr{A}$ 的矩阵不能变成对角形.

3. 取 V 的基 $E_{11} = \begin{pmatrix} 1 & 0 \\ 0 & 0 \end{pmatrix}$，$E_{12} = \begin{pmatrix} 0 & 1 \\ 0 & 0 \end{pmatrix}$，$F_{21} = \begin{pmatrix} 0 & 0 \\ 1 & 0 \end{pmatrix}$，$F_{22} = \begin{pmatrix} 0 & 0 \\ 0 & 1 \end{pmatrix}$，则

$$\mathscr{A}(E_{11}) = \begin{pmatrix} 1 & 0 \\ -1 & 0 \end{pmatrix} = E_{11} - E_{21}, \quad \mathscr{A}(E_{12}) = \begin{pmatrix} 0 & 1 \\ 0 & -1 \end{pmatrix} = E_{12} - E_{22},$$

$$\mathscr{A}(E_{21}) = \begin{pmatrix} 2 & 0 \\ 4 & 0 \end{pmatrix} = 2E_{11} + 4E_{21}, \quad \mathscr{A}(E_{22}) = \begin{pmatrix} 0 & 2 \\ 0 & 4 \end{pmatrix} = 2E_{12} + 4E_{22},$$

那么 $\mathscr{A}$ 在基 E_{11}，E_{12}，E_{21}，E_{22} 下的矩阵为

$$A = \begin{pmatrix} 1 & 0 & 2 & 0 \\ 0 & 1 & 0 & 2 \\ -1 & 0 & 4 & 0 \\ 0 & -1 & 0 & 4 \end{pmatrix}.$$

$\mathscr{A}$ 的特征多项式为 $|\lambda E - A| = (\lambda - 2)^2 (\lambda - 3)^2$，因此特征值为

$$\lambda_1 = \lambda_2 = 2, \quad \lambda_3 = \lambda_4 = 3.$$

对于 λ_1，则 $V_{\lambda_1} = L(\xi_1, \xi_2)$，其中 $\xi_1 = 2E_{11} + E_{21}$，$\xi_2 = 2E_{12} + E_{22}$；

对于 λ_3，则 $V_{\lambda_3} = L(\xi_3, \xi_4)$，其中 $\xi_3 = E_{11} + E_{21}$，$\xi_4 = E_{12} + E_{22}$.

4. 设 $0 \neq \xi = (x_1, x_2, \cdots, x_n)' \in \mathbf{R}^n$ 是矩阵 A 的属于特征值 λ_0 的一个特征向量，那么 $A\xi = \lambda_0 \xi$，即

$$a_{i1}x_1 + a_{i2}x_2 + \cdots + a_{in}x_n = \lambda_0 x_i, \quad i = 1, 2, \cdots, n,$$

现设 $|x_k| = \max_{1 \leqslant i \leqslant n} |x_i|$，则 $|x_k| > 0$，那么

$$|\lambda_0 x_k| = |a_{k1}x_1 + a_{k2}x_2 + \cdots + a_{kn}x_n| \leqslant |a_{k1}x_1| + |a_{k2}x_2| + \cdots + |a_{kn}x_n|$$
$$= a_{k1}|x_1| + a_{k2}|x_2| + \cdots + a_{kn}|x_n| \leqslant (a_{k1} + a_{k2} + \cdots + a_{kn})|x_k| = |x_k|,$$

因此 $|\lambda_0||x_k| \leqslant |x_k|$，所以 $|\lambda_0| \leqslant 1$.

5. 设矩阵 A 的特征多项式

$$f(\lambda) = |\lambda E - A| = \lambda^n + a_1 \lambda^{n-1} + \cdots + a_{n-1}\lambda + a_n,$$

则 $a_n = (-1)^n |A|$，由于 A 可逆，因此 $a_n \neq 0$. 对于 $f(\lambda)$，由哈密顿-凯莱定理，则

$$f(A) = A^n + a_1 A^{n-1} + \cdots + a_{n-1}A + a_n E = O,$$

$$\therefore -a_n^{-1}(A^{n-1} + a_1 A^{n-2} + \cdots + a_{n-1}E) \cdot A = E,$$

$$\therefore A^{-1} = -a_n^{-1}(A^{n-1} + a_1 A^{n-2} + \cdots + a_{n-1}E),$$

$$\therefore A^* = |A|A^{-1} = (-1)^{n+1}(A^{n-1} + a_1 A^{n-2} + \cdots + a_{n-1}E).$$

6. 由题设，则有
$$\mathscr{A}\alpha_1 = \lambda_0\alpha_1, \quad \mathscr{A}\alpha_{i+1} = \alpha_i + \lambda_0\alpha_{i+1}, \quad i = 1, 2, \cdots, s-1.$$

假设有一组数 $k_1, k_2, \cdots, k_s$，使
$$k_1\alpha_1 + k_2\alpha_2 + \cdots + k_s\alpha_s = 0, \tag{1}$$

等式两边乘以 λ_0，则
$$k_1\lambda_0\alpha_1 + k_2\lambda_0\alpha_2 + \cdots + k_s\lambda_0\alpha_s = 0. \tag{2}$$

再对(1)式两边用变换 $\mathscr{A}$ 作用，得
$$k_1\lambda_0\alpha_1 + (k_2\alpha_1 + k_2\lambda_0\alpha_2) + \cdots + (k_s\alpha_{s-1} + k_s\lambda_0\alpha_s) = 0. \tag{3}$$

(3) 减去(2)，则得
$$k_2\alpha_1 + k_3\alpha_2 + \cdots + k_s\alpha_{s-1} = 0.$$

继续用上述方法一直作下去，则可得 $k_s\alpha_1 = 0$，但 $\alpha_1 \neq 0$，所以 $k_s = 0$，那么
$$k_1\alpha_1 + k_2\alpha_2 + \cdots + k_{s-1}\alpha_{s-1} = 0,$$

因此同理可得 $k_{s-1} = 0, k_{s-2} = 0, \cdots, k_2 = 0, k_1 = 0$，所以 $\alpha_1, \alpha_2, \cdots, \alpha_s$ 线性无关.

7.1) (反证)假设 $\varepsilon_1 + \varepsilon_2$ 是 $\mathscr{A}$ 的某个特征值 λ_0 的一个特征向量，那么
$$\mathscr{A}(\varepsilon_1 + \varepsilon_2) = \lambda_0(\varepsilon_1 + \varepsilon_2)$$

由题设条件，则 $\mathscr{A}\varepsilon_1 = \lambda_1\varepsilon_1, \mathscr{A}\varepsilon_2 = \lambda_2\varepsilon_2$，因此
$$\lambda_0(\varepsilon_1 + \varepsilon_2) = \lambda_1\varepsilon_1 + \lambda_2\varepsilon_2 \Rightarrow (\lambda_0 - \lambda_1)\varepsilon_1 + (\lambda_0 - \lambda_2)\varepsilon_2 = 0,$$
但属于不同特征值的特征向量线性无关，所以 $\lambda_1 = \lambda_2 = \lambda_0$，矛盾.

2) 任取 V 中两个非零向量 ξ_1, ξ_2，由题设，可设它们分别是线性变换 $\mathscr{A}$ 的属于特征值 λ_1, λ_2 的特征向量，若 $\lambda_1 \neq \lambda_2$，则 ξ_1, ξ_2 线性无关，因此 $\xi_1 + \xi_2 \neq 0$，由题中所给条件，则 $\xi_1 + \xi_2$ 也为 $\mathscr{A}$ 的特征向量，此与1)所得结论矛盾，所以 $\lambda_1 = \lambda_2$，那么，对于 V 中的任意非零向量 ξ，均有 $\mathscr{A}\xi = \lambda_1\xi$，当然也有 $\mathscr{A}0 = \lambda_1 0$，所以 $\mathscr{A} = \lambda_1\mathscr{E}$.

8. 矩阵 A 的特征多项式
$$f(\lambda) = |\lambda E - A| = (\lambda - 1)(\lambda - 5)(\lambda + 5),$$
则 A 的特征值为 $\lambda_1 = 1, \lambda_2 = 5, \lambda_3 = -5$.

可求得 A 的属于特征值 λ_1 的一特征向量为 $X_1 = (1, 0, 0)'$；A 的属于特征值 λ_2 的一特征向量为 $X_2 = (2, 1, 2)'$；A 的属于 λ_2 特征值的一特征向量为 $X_3 = (1, -2, 1)'$，令
$$T = \begin{pmatrix} 1 & 2 & 1 \\ 0 & 1 & -2 \\ 0 & 2 & 1 \end{pmatrix},$$

则
$$T^{-1}AT = \Lambda = \begin{pmatrix} 1 & 0 & 0 \\ 0 & 5 & 0 \\ 0 & 0 & -5 \end{pmatrix} \Rightarrow T^{-1}A^kT = \Lambda^k = \begin{pmatrix} 1 & 0 & 0 \\ 0 & 5^k & 0 \\ 0 & 0 & (-5)^k \end{pmatrix},$$

所以
$$A^k = TB^kT^{-1} = \begin{pmatrix} 1 & 5^{k-1}(2+(-1)^{k+1}2) & 5^{k-1}(4+(-1)^k)-1 \\ 0 & 5^{k-1}(1+4(-1)^k) & 5^{k-1}(2+(-1)^{k+1}2) \\ 0 & 5^{k-1}(2+(-1)^{k+1}2) & 5^{k-1}(4+(-1)^k) \end{pmatrix}.$$

9. 矩阵 A 的特征多项式
$$f(\lambda) = |\lambda E - A| = [\lambda - 1 - (n-1)b][\lambda - (1-b)]^{n-1},$$

因此 A 的特征值为 $\lambda_1=\lambda_2=\cdots=\lambda_{n-1}=1-b$，$\lambda_n=1+(n-1)b$.

对于 $\lambda_1=1-b$，解方程 $(\lambda_1 E-A)X=0$，得基础解系

$$X_1=(1,\ -1,\ 0,\ \cdots,\ 0)',\ X_2=(1,\ 0,\ -1,\ \cdots,\ 0)',\ \cdots,\ X_{n-1}=(1,\ 0,\ 0,\ \cdots,\ -1)',$$

这些向量即为矩阵 A 的特征值 $\lambda_1=\lambda_2=\cdots=\lambda_{n-1}=1-b$ 的线性无关特征向量.

对于 $\lambda_n=1+(n-1)b$，解方程 $(\lambda_n E-A)X=0$，作初等行变换

$$\lambda_1 E-A=\begin{pmatrix} (n-1)b & -b & \cdots & -b \\ -b & (n-1)b & \cdots & -b \\ \cdots & \cdots & \cdots & \cdots \\ -b & -b & \cdots & (n-1)b \end{pmatrix} \rightarrow \begin{pmatrix} (n-1) & -1 & \cdots & -1 \\ -1 & (n-1) & \cdots & -1 \\ \cdots & \cdots & \cdots & \cdots \\ -1 & -1 & \cdots & (n-1) \end{pmatrix}$$

$$\rightarrow \begin{pmatrix} n-1 & -1 & \cdots & -1 & -1 \\ -1 & n-1 & \cdots & -1 & -1 \\ \vdots & \vdots & & \vdots & \vdots \\ -1 & -1 & \cdots & n-1 & -1 \\ 0 & 0 & 0 & \cdots & 0 \end{pmatrix} \rightarrow \begin{pmatrix} 1 & 0 & \cdots & 0 & -1 \\ 0 & 1 & \cdots & 0 & -1 \\ \vdots & \vdots & & \vdots & \vdots \\ 0 & 0 & \cdots & 1 & -1 \\ 0 & 0 & 0 & \cdots & 0 \end{pmatrix},$$

可解得基础解系 $X_n=(1,\ 1,\ 1,\ \cdots,\ 1)'$，此即矩阵 A 的属于 $\lambda_n=1+(n-1)b$ 的特征向量.

矩阵 A 有 n 个线性无关的特征向量 X_1，X_2，$\cdots$，X_n，令 $T=(X_1,\ X_2,\ \cdots,\ X_n)$，则 T 可逆，使得

$$T^{-1}AT=diag(1-b,\ \cdots,\ 1-b,\ 1+(n-1)b).$$

10. 1）矩阵 A 的特征多项式

$$f_A(\lambda)=|\lambda E-A|=(\lambda-a_{11})(\lambda-a_{22})\cdots(\lambda-a_{nn}),$$

则 A 的特征值为 a_{11}，a_{22}，$\cdots$，a_{nn}. 由于 $a_{ii}\neq a_{jj}(i\neq j,\ i,\ j=1,\ 2,\ \cdots,\ n)$，因此矩阵 A 有 n 个线性无关的特征向量，所以 A 可相似于对角矩阵.

2）（反证）假设矩阵 A 相似于对角阵 $\Lambda=diag(\lambda_1,\ \lambda_2,\ \cdots,\ \lambda_n)$，则它们有相同的特征值，但 $f_A(\lambda)=(\lambda-a_{11})^n$，因此 $\lambda_1=\lambda_2=\cdots=\lambda_n=a_{11}$，故 $\Lambda=a_{11}E$，那么存在可逆矩阵 T 使

$$A=T^{-1}\Lambda T=T^{-1}\cdot a_{11}E\cdot T=a_{11}E,$$

此与所给的矩阵 A 矛盾.

11. 由例 7.16，则存在可逆可逆 T，使

$$T^{-1}AT=\begin{pmatrix} \lambda_1 & * & * \\ & \ddots & * \\ & & \lambda_n \end{pmatrix} \Rightarrow T^{-1}A^k T=\begin{pmatrix} \lambda_1^k & * & * \\ & \ddots & * \\ & & \lambda_n^k \end{pmatrix},\ \forall k\in N.$$

那么

$$T^{-1}f(A)T=a_m T^{-1}A^m T+a_{m-1}T^{-1}A^{m-1}T+\cdots+a_0 E=\begin{pmatrix} f(\lambda_1) & * & * \\ & \ddots & * \\ & & f(\lambda_n) \end{pmatrix},$$

所以 $f(A)$ 的 n 个特征值恰好是 $f(\lambda_1)$，$f(\lambda_2)$，$\cdots$，$f(\lambda_n)$.

12. 由于 $R(A)<n$，则 $R(A^*)\leqslant 1$. 若 $A^*=O$，结论自然成立；若 $R(A^*)=1$，对于矩阵 A^*，由例 7.16，则存在可逆矩阵 T，使

$$T^{-1}A^* T=\begin{pmatrix} \lambda_1 & & & * \\ & \lambda_2 & & * \\ & & \ddots & \\ & & & \lambda_n \end{pmatrix},$$

那么 A^* 的特征值 λ_1，λ_2，$\cdots$，λ_n 中至少有 $n-1$ 个 0，若存在非零者，不妨设 $\lambda_n \neq 0$，则此非零特征值为 $\lambda_n = \lambda_1 + \lambda_2 + \cdots + \lambda_n = tr(A^*) = A_{11} + A_{22} + \cdots + A_{nn}$.

13. 对于复矩阵 A，由例 7.16，则存在复可逆矩阵 T，使

$$T^{-1}AT = \begin{pmatrix} \lambda_1 & * & * \\ & \ddots & * \\ & & \lambda_n \end{pmatrix} \Rightarrow T^{-1}A^kT = \begin{pmatrix} \lambda_1^k & * & * \\ & \ddots & * \\ & & \lambda_n^k \end{pmatrix}, \quad \forall\, k \in N.$$

那么

$$P^{-1}e^AP = E + P^{-1}AP + \frac{1}{2!}P^{-1}A^2P + \cdots + \frac{1}{m!}P^{-1}A^mP + \cdots = \begin{pmatrix} e^{\lambda_1} & * & * \\ & \ddots & * \\ & & e^{\lambda_n} \end{pmatrix},$$

所以 e^A 的 n 个特征值恰是 e^{λ_1}，e^{λ_2}，$\cdots$，e^{λ_n}.

14.1) 由于 A 有 n 个不同的特征值，分别设为 λ_1，λ_2，$\cdots$，λ_n，因此 A 存在 n 个线性无关的特征向量，则有可逆矩阵 T，使 $T^{-1}AT = \Lambda$，其中 $\Lambda = diag(\lambda_1, \lambda_2, \cdots, \lambda_n)$. 又由于 $AB = BA$，即得 $\Lambda \cdot T^{-1}BT = T^{-1}BT \cdot \Lambda$，其中对角矩阵 Λ 的主对角元素彼此互异，因此 $T^{-1}BT$ 也为对角阵，可设 $T^{-1}BT = diag(\mu_1, \mu_2, \cdots, \mu_n)$.

2) 由于 λ_1，λ_2，$\cdots$，λ_n 为 n 个不同的数，对于 μ_1，μ_2，$\cdots$，μ_n，由拉格朗日插值公式，则存在唯一的一个次数小于 n 的多项式 $f(x)$，使得 $f(\lambda_i) = \mu_i (i = 1, 2, \cdots, n)$.

记 $f(x) = a_m x^m + \cdots + a_1 x + a_0$，则

$$\begin{aligned} f(\Lambda) &= a_m \Lambda^m + \cdots + a_1 \Lambda + a_0 E \\ &= a_m diag(\lambda_1^m, \cdots, \lambda_n^m) + \cdots + a_1 diag(\lambda_1, \cdots, \lambda_n) + a_0 E \\ &= diag(f(\lambda_1), \cdots, f(\lambda_n)) = diag(\mu_1, \cdots, \mu_n), \end{aligned}$$

又由 $T^{-1}AT = \Lambda$，则可得 $T^{-1}A^kT = \Lambda^k (k = 1, 2, \cdots, m)$，由上式，因此有

$$a_m T^{-1}A^mT + \cdots + a_1 T^{-1}AT + a_0 T^{-1}ET = T^{-1}BT,$$

$$\therefore B = a_m A^m + \cdots + a_1 A + a_0 E = f(A).$$

15.1) 由于 $AB = A - B$，因此 $(A+E)(E-B) = E$，则 $|E-B| \neq 0$，所以 1 不是矩阵 B 的特征值.

2) 设 B 相似于对角矩阵，即存在可逆矩阵 T，使 $T^{-1}BT = diag(\lambda_1, \lambda_2, \cdots, \lambda_n)$. 由于 $AB = A - B$，因此 $A(E-B) = B$，得 $T^{-1}AT \cdot T^{-1}(E-B)T = T^{-1}BT$，那么

$$T^{-1}AT \cdot diag(1-\lambda_1, 1-\lambda_2, \cdots, 1-\lambda_n) = diag(\lambda_1, \lambda_2, \cdots, \lambda_n),$$

由 1) 可知 $\lambda_i \neq 1$，$i = 1, 2, \cdots, n$，所以

$$T^{-1}AT = diag(\lambda_1(1-\lambda_1)^{-1}, \lambda_2(1-\lambda_2)^{-1}, \cdots, \lambda_n(1-\lambda_n)^{-1}).$$

16. 易知

$$C^2 = \begin{pmatrix} 0 & 0 & 1 & 0 & \cdots & 0 \\ 0 & 0 & 0 & 1 & \cdots & 0 \\ \cdots & \cdots & \cdots & \cdots & \cdots & \cdots \\ 0 & 0 & 0 & 0 & \cdots & 1 \\ 1 & 0 & 0 & 0 & \cdots & 0 \\ 0 & 1 & 0 & 0 & \cdots & 0 \end{pmatrix}, \quad \cdots, \quad C^{n-1} = \begin{pmatrix} 0 & 0 & \cdots & 0 & 0 & 1 \\ 1 & 0 & \cdots & 0 & 0 & 0 \\ 0 & 1 & \cdots & 0 & 0 & 0 \\ \cdots & \cdots & \cdots & \cdots & \cdots & \cdots \\ 0 & 0 & \cdots & 1 & 0 & 0 \\ 0 & 0 & \cdots & 0 & 1 & 0 \end{pmatrix},$$

故 $A = a_0 E + a_1 C + a_2 C^2 + \cdots + a_{n-1} C^{n-1} = g(C)$，其中 $g(x) = \sum\limits_{i=0}^{n-1} a_i x^i$.

容易求得 C 的特征多项式 $f_C(\lambda) = |\lambda E - C| = \lambda^n - 1$，所以 C 的 n 个特征值就是全部的 n 次单位根

ω_1，ω_2，$\cdots$，ω_n，这些特征值互异，那么存在可逆矩阵 T，使

$$T^{-1}CT = diag(\omega_1，\omega_2，\cdots，\omega_n) \Rightarrow T^{-1}AT = diag(g(\omega_1)，g(\omega_2)，\cdots，g(\omega_n))，$$

从而循环矩阵 A 的全部特征值为 $g(\omega_1)$，$g(\omega_2)$，$\cdots$，$g(\omega_n)$.

习题 7.4

1. 设 $\xi = (\varepsilon_1，\varepsilon_2，\varepsilon_3，\varepsilon_4)X \in \mathscr{A}^{-1}(0)$，其中 $X = (x_1，x_2，x_3，x_4)'$，则 $AX = 0$，解向量方程 $AX = 0$，得基础解系 $X_1 = (-2，-\frac{3}{2}，1，0)'$，$X_2 = (-1，-2，0，1)'$，记

$$\alpha_1 = -2\varepsilon_1 - \frac{3}{2}\varepsilon_2 + \varepsilon_3，\quad \alpha_2 = -\varepsilon_1 - 2\varepsilon_2 + \varepsilon_4，$$

则 $\mathscr{A}^{-1}(0) = L(\alpha_1，\alpha_2)$. 因 $\dim\mathscr{A}^{-1}(0) = 2$，故 $\dim\mathscr{A}V = 2$，易知 $\mathscr{A}\varepsilon_1$，$\mathscr{A}\varepsilon_2$ 线性无关，所以 $\mathscr{A}V = (\mathscr{A}\varepsilon_1，\mathscr{A}\varepsilon_2，\mathscr{A}\varepsilon_3，\mathscr{A}\varepsilon_4) = L(\mathscr{A}\varepsilon_1，\mathscr{A}\varepsilon_2)$.

α_1，α_2 为 $\mathscr{A}^{-1}(0)$ 的一组基，易知 ε_1，ε_2，α_1，α_2 为 V 的一组基，$\mathscr{A}\varepsilon_1$，$\mathscr{A}\varepsilon_2$ 为 $\mathscr{A}V$ 的一组基，易知 $\mathscr{A}\varepsilon_1$，$\mathscr{A}\varepsilon_2$，ε_3，ε_4 也为 V 的一组基，设基 ε_1，ε_2，ε_3，ε_4 到基 ε_1，ε_2，α_1，α_2 的过渡矩阵为 P_1，基 ε_1，ε_2，ε_3，ε_4 到基 $\mathscr{A}\varepsilon_1$，$\mathscr{A}\varepsilon_2$，ε_3，ε_4 的过渡矩阵为 P_2，则

$$P_1 = \begin{pmatrix} 1 & 0 & -2 & 1 \\ 0 & 1 & -3/2 & -2 \\ 0 & 0 & 1 & 0 \\ 0 & 0 & 0 & 1 \end{pmatrix}，P_2 = \begin{pmatrix} 1 & 0 & 0 & 0 \\ -1 & 2 & 0 & 0 \\ 1 & 2 & 1 & 0 \\ 1 & -2 & 0 & 1 \end{pmatrix}，$$

$$\Rightarrow P_1^{-1}AP_1 = \begin{pmatrix} 5 & 2 & 0 & 0 \\ 9/2 & 1 & 0 & 0 \\ 1 & 2 & 0 & 0 \\ 2 & -2 & 0 & 0 \end{pmatrix}，P_2^{-1}AP_2 = \begin{pmatrix} 5 & 2 & 2 & 1 \\ 9/2 & 1 & 3/2 & 2 \\ 0 & 0 & 0 & 0 \\ 0 & 0 & 0 & 0 \end{pmatrix}，$$

那么 $P_1^{-1}AP_1$，$P_2^{-1}AP_2$ 分别为 $\mathscr{A}$ 在基 ε_1，ε_2，α_1，α_2 和基 $\mathscr{A}\varepsilon_1$，$\mathscr{A}\varepsilon_2$，ε_3，ε_4 下的矩阵.

2. 令 $\mathscr{B}_{ij} = \mathscr{A}_i - \mathscr{A}_j$，$1 \leq i < j \leq s$，由于 $\mathscr{A}_1$，$\mathscr{A}_2$，$\cdots$，$\mathscr{A}_s$ 两两不同，则每个 $\mathscr{B}_{ij}$ 为非零变换，从而每个 $\mathscr{B}_{ij}^{-1}(0)$ 均为 V 的真子空间，因此存在 $\alpha \in V$ 使 $\alpha \notin \mathscr{B}_{ij}^{-1}(0)$（第六章补充题 3 对于真子空间也成立），那么 $\mathscr{B}_{ij}\alpha \neq 0$，即 $\mathscr{A}_i\alpha \neq \mathscr{A}_j\alpha(1 \leq i < j \leq s)$.

3. 设 $\dim(\mathscr{A}^{-1}(0) \cap W) = r$，$\dim W = m$，取 $\mathscr{A}^{-1}(0) \cap W$ 的基 ε_1，ε_2，$\cdots$，ε_r，将其扩充为 W 的一组基 ε_1，ε_2，$\cdots$，ε_r，ε_{r+1}，$\cdots$，ε_m，由于 $\mathscr{A}\varepsilon_i = 0(i = 1，2，\cdots，r)$，因此

$$\mathscr{A}W = L(\mathscr{A}\varepsilon_1，\cdots，\mathscr{A}\varepsilon_r，\mathscr{A}\varepsilon_{r+1}，\cdots，\mathscr{A}\varepsilon_m) = L(\mathscr{A}\varepsilon_{r+1}，\cdots，\mathscr{A}\varepsilon_m).$$

下证 $\mathscr{A}\varepsilon_{r+1}$，$\cdots$，$\mathscr{A}\varepsilon_m$ 线性无关：设 $k_{r+1}\mathscr{A}\varepsilon_{r+1} + \cdots + k_m\mathscr{A}\varepsilon_m = 0$，那么

$$\mathscr{A}(k_{r+1}\varepsilon_{r+1} + \cdots + k_m\varepsilon_m) = 0 \Rightarrow k_{r+1}\varepsilon_{r+1} + \cdots + k_m\varepsilon_m \in \mathscr{A}^{-1}(0) \cap W，$$

因此可设 $k_{r+1}\varepsilon_{r+1} + \cdots + k_m\varepsilon_m = k_1\varepsilon_1 + \cdots + k_r\varepsilon_r$，即得

$$-k_1\varepsilon_1 - \cdots - k_r\varepsilon_r + k_{r+1}\varepsilon_{r+1} + \cdots + k_m\varepsilon_m = 0 \Rightarrow k_1 = \cdots = k_r = k_{r+1} \cdots = k_m = 0，$$

故 $\mathscr{A}\varepsilon_{r+1}$，$\cdots$，$\mathscr{A}\varepsilon_m$ 线性无关，所以 $\dim\mathscr{A}W = m - r$，得证.

4. 取子空间 $W = \mathscr{B}V$，则 $\dim\mathscr{A}W = \dim\mathscr{A}\mathscr{B}V = R(\mathscr{A}\mathscr{B})$，$\dim W = R(\mathscr{B})$，由上题及定理 11，则

$$R(\mathscr{B}) - R(\mathscr{A}\mathscr{B}) = \dim(\mathscr{A}^{-1}(0) \cap \mathscr{B}V) \leq \dim\mathscr{A}^{-1}(0) = n - R(\mathscr{A}).$$

所以 $R(\mathscr{A}\mathscr{B}) \geq R(\mathscr{A}) + R(\mathscr{B}) - n$.

5. $\forall \alpha \in V$，则

$$\alpha = \mathscr{A}_1\alpha + \mathscr{A}_2\alpha + (\alpha - \mathscr{A}_1\alpha - \mathscr{A}_2\alpha)，$$

显然 $\mathscr{A}_1\alpha \in W_1$，$\mathscr{A}_2\alpha \in W_2$，因 $\mathscr{A}_1(\alpha - \mathscr{A}_1\alpha - \mathscr{A}_2\alpha) = 0$，$\mathscr{A}_2(\alpha - \mathscr{A}_1\alpha - \mathscr{A}_2\alpha) = 0$，故 $(\alpha - \mathscr{A}_1\alpha - \mathscr{A}_2\alpha)$

$\in U$，所以 $V = W_1 + W_2 + U$.

设 $0 = \beta_1 + \beta_2 + \beta$，其中 $\beta_1 \in W_1$，$\beta_2 \in W_2$，$\beta \in U$，那么存在 α_1，$\alpha_2 \in V$，使得 $\beta_1 = \mathscr{A}_1 \alpha_1$，$\beta_2 = \mathscr{A}_2 \alpha_2$，用 $\mathscr{A}_1$ 作用于等式 $0 = \beta_1 + \beta_2 + \beta$ 的两边，则得 $\beta_1 = 0$，因此 $0 = \beta_2 + \beta$，对此式用 $\mathscr{A}_2$ 作用，得 $\beta_2 = 0$，从而 $\beta = 0$，故 $V = W_1 \oplus W_2 \oplus U$.

6. ($\Leftarrow$) 若 $\mathscr{A} V \cap \mathscr{A}^{-1}(0) = \{0\}$，由定理 11 得 $V = \mathscr{A} V \oplus \mathscr{A}^{-1}(0)$. $\forall \delta \in \mathscr{A} V$，则有 $\alpha \in V$，使 $\delta = \mathscr{A} \alpha$，可设 $\alpha = \mathscr{A} \beta + \gamma$，其中 $\gamma \in \mathscr{A}^{-1}(0)$，则 $\mathscr{A} \alpha = \mathscr{A}^2 \beta$，因此 $\mathscr{A} V \subset \mathscr{A}^2 V$，又显然 $\mathscr{A}^2 V \subset \mathscr{A} V$，故 $\mathscr{A}^2 V = \mathscr{A} V$，即得 $R(\mathscr{A}^2) = R(\mathscr{A})$.

($\Rightarrow$) 设 $\dim \mathscr{A}^2 V = \dim \mathscr{A} V$，由于 $\mathscr{A}^2 V \subset \mathscr{A} V$，故 $\mathscr{A}^2 V = \mathscr{A} V$. $\forall \alpha \in V$，则 $\mathscr{A} \alpha \in \mathscr{A} V = \mathscr{A}^2 V$，从而存在 $\beta \in V$，使 $\mathscr{A} \alpha = \mathscr{A}^2 \beta$，故 $(\alpha - \mathscr{A} \beta) \in \mathscr{A}^{-1}(0)$. 由于 $\alpha = \mathscr{A} \beta + (\alpha - \mathscr{A} \beta)$，显然 $\mathscr{A} \beta \in \mathscr{A} V$，因此 $V = \mathscr{A} V + \mathscr{A}^{-1}(0)$. 由定理 11，则

$$\dim \mathscr{A} V + \dim \mathscr{A}^{-1}(0) = \dim V = \dim(\mathscr{A} V + \mathscr{A}^{-1}(0)),$$

所以和 $\mathscr{A} V + \mathscr{A}^{-1}(0)$ 是直和，因此 $\mathscr{A} V \cap \mathscr{A}^{-1}(0) = \{0\}$.

7. 由于 $\dim \mathscr{A} V = r$，则 $\dim \mathscr{A}^{-1}(0) = n - r$. 取 $\mathscr{A} V$ 的一组基 α_1，α_2，$\cdots$，α_r，将其扩充成 V 的一组基 α_1，α_2，$\cdots$，α_r，α_{r+1}，$\cdots$，α_n. 取 $\mathscr{A}^{-1}(0)$ 的一组基 β_{r+1}，$\cdots$，β_n，对于 $\alpha_i \in \mathscr{A} V$，则存在 $\beta_i \in V$，使 $\mathscr{A} \beta_i = \alpha_i (i = 1, 2, \cdots, r)$，由定理 11，则 $\mathscr{A} V$ 的基的原象与 $\mathscr{A}^{-1}(0)$ 的一组基的合并组 β_1，β_2，$\cdots$，β_r，β_{r+1}，$\cdots$，β_n 也构成 V 的一组基.

定义线性变换 $\mathscr{B}$，使 $\mathscr{B} \alpha_i = \beta_i (i = 1, 2, \cdots, r, r+1, \cdots, n)$，由于变换 $\mathscr{B}$ 使 V 的基还变成 V 的基，因此变换 $\mathscr{B}$ 可逆，又

$$\mathscr{B} \mathscr{A} \beta_i = \mathscr{B} \alpha_i = \beta_i (i = 1, 2, \cdots, r), \quad \mathscr{B} \mathscr{A} \beta_j = \mathscr{B} 0 = 0 (j = r+1, \cdots, n),$$

所以线性变换 $\mathscr{B}$ 即为所求.

8. 由题设，则 $\mathscr{A} \alpha_i = \lambda_i \alpha_i$，$i = 1, 2, \cdots, k$. 由于 $\alpha_1 + \alpha_2 + \cdots + \alpha_k \in W$，且 W 为 $\mathscr{A}$-子空间，因此（用 $\mathscr{A}$ 作用于求和向量，另外用 λ_1 数乘求和向量）

$$\lambda_1 \alpha_1 + \lambda_2 \alpha_2 + \cdots + \lambda_k \alpha_k \in W, \quad \lambda_1 (\alpha_1 + \alpha_2 + \cdots + \alpha_k) \in W,$$

两式求差，则 $(\lambda_2 - \lambda_1) \alpha_2 + \cdots + (\lambda_k - \lambda_1) \alpha_k \in W$，用 $\mathscr{A}$ 作用以及用 λ_2 数乘，得

$$(\lambda_2 - \lambda_1) \lambda_2 \alpha_2 + \cdots + (\lambda_k - \lambda_1) \lambda_k \alpha_k \in W, \quad \lambda_2 ((\lambda_2 - \lambda_1) \alpha_2 + \cdots + (\lambda_k - \lambda_1) \alpha_k) \in W,$$

再求差，则 $(\lambda_3 - \lambda_1)(\lambda_3 - \lambda_2) \alpha_3 + \cdots + (\lambda_k - \lambda_1)(\lambda_k - \lambda_2) \alpha_k \in W$，这样一直下去，则 $(\lambda_k - \lambda_1)(\lambda_k - \lambda_2) \cdots (\lambda_k - \lambda_{k-1}) \alpha_k \in W$，所以 $\alpha_k \in W$，从而

$$\alpha_1 + \alpha_2 + \cdots + \alpha_{k-1} = (\alpha_1 + \alpha_2 + \cdots + \alpha_k) - \alpha_k \in W.$$

同理，得 $\alpha_{k-1} \in W$，$\cdots$，$\alpha_2 \in W$，$\alpha_1 \in W$，所以 $\dim W \geqslant \dim L(\alpha_1, \alpha_2, \cdots \alpha_k) = k$.

9. 可设 $\mathscr{A}$ 的特征多项式 $f(\lambda) = (\lambda - \lambda_1)^{r_1} (\lambda - \lambda_2)^{r_2} \cdots (\lambda - \lambda_s)^{r_s}$，由定理 12，则

$$V = V_1 \oplus V_2 \oplus \cdots \oplus V_s, \quad V_i = \{\xi \in V | (\mathscr{A} - \lambda_i \mathscr{E})^{r_i} \xi = 0\}.$$

首先证明 $V_i = (\mathscr{A} - \lambda_i \mathscr{E})^{-1}(0)$. 其实，$\forall \alpha \in (\mathscr{A} - \lambda_i \mathscr{E})^{-1}(0)$，那么

$$(\mathscr{A} - \lambda_i \mathscr{E}) \alpha = 0 \Rightarrow (\mathscr{A} - \lambda_i \mathscr{E})^{r_i} \alpha = 0 \Rightarrow \alpha \in V_i,$$

所以 $(\mathscr{A} - \lambda_i \mathscr{E})^{-1}(0) \subset V_i$.

$\forall \beta \in V_i$，则 $(\mathscr{A} - \lambda_i \mathscr{E})^{r_i} \beta = 0$，即 $(\mathscr{A} - \lambda_i \mathscr{E})(\mathscr{A} - \lambda_i \mathscr{E})^{r_i - 1} \beta = 0$，因此

$$(\mathscr{A} - \lambda_i \mathscr{E})^{r_i - 1} \beta \in (\mathscr{A} - \lambda_i \mathscr{E}) V \cap (\mathscr{A} - \lambda_i \mathscr{E})^{-1}(0) = \{0\},$$

故 $(\mathscr{A} - \lambda_i \mathscr{E})^{r_i - 1} \beta = 0$，一直推下去，得 $(\mathscr{A} - \lambda_i \mathscr{E}) \beta = 0$，即 $\beta \in (\mathscr{A} - \lambda_i \mathscr{E})^{-1}(0)$，则 $V_i \subset (\mathscr{A} - \lambda_i \mathscr{E})^{-1}(0)$，所以 $V_i = (\mathscr{A} - \lambda_i \mathscr{E})^{-1}(0)$.

下面证明本题结论. 由于
$$V = V_1 \oplus V_2 \oplus \cdots \oplus V_s$$
$$= (\mathscr{A} - \lambda_1 \mathscr{E})^{-1}(0) \oplus (\mathscr{A} - \lambda_2 \mathscr{E})^{-1}(0) \oplus \cdots \oplus (\mathscr{A} - \lambda_s \mathscr{E})^{-1}(0)$$
$$= V_{\lambda_1} \oplus V_{\lambda_2} \oplus \cdots \oplus V_{\lambda_s},$$
其中 V_{λ_i} 是特征值 λ_i 的特征子空间, 所以 $\mathscr{A}$ 的矩阵可化为对角形.

习题 7.5

1.1) 矩阵 A 的特征多项式为 $f(\lambda) = |\lambda E - A| = (\lambda - 1)(\lambda + 1)^2$, 则 A 的特征值分别为 $\lambda_1 = 1$, $\lambda_2 = \lambda_3 = -1$.

对于 $\lambda_1 = 1$, 由于 $A - \lambda_1 E = \begin{pmatrix} 2 & 0 & 8 \\ 3 & 0 & 6 \\ -2 & 0 & -6 \end{pmatrix} \rightarrow \begin{pmatrix} 1 & 0 & 4 \\ 0 & 0 & 1 \\ 0 & 0 & 0 \end{pmatrix}$, 可取核 $N(A - \lambda_1 E)$ 的基向量 $\xi_1 = (0, 1, 0)'$;

对于 $\lambda_2 = -1$, 由于
$$A - \lambda_2 E = \begin{pmatrix} 4 & 0 & 8 \\ 3 & 2 & 6 \\ -2 & 0 & -4 \end{pmatrix} \rightarrow \begin{pmatrix} 1 & 0 & 2 \\ 0 & 1 & 0 \\ 0 & 0 & 0 \end{pmatrix}, \quad (A - \lambda_2 E)^2 = \begin{pmatrix} 0 & 0 & 0 \\ 6 & 4 & 12 \\ 0 & 0 & 0 \end{pmatrix} \rightarrow \begin{pmatrix} 3 & 2 & 6 \\ 0 & 0 & 0 \\ 0 & 0 & 0 \end{pmatrix},$$
可取 $\xi_2 = (-2, 3, 0)'$, 使 $\xi_2 \notin N(A - \lambda_2 E)$, $\xi_2 \in N[(A - \lambda_2 E)^2]$, 令
$$\xi_3 = (A - \lambda_2 E)\xi_2 = (-8, 0, 4)',$$
则 $\xi_3 \in N(A - \lambda_2 E)$. 所以 $A\xi_1 = \lambda_1 \xi_1$, $A\xi_2 = \lambda_2 \xi_2 + \xi_3$, $A\xi_3 = \lambda_2 \xi_3$, 可取可逆矩阵 $P = (\xi_1, \xi_2, \xi_3) = \begin{pmatrix} 0 & -2 & -8 \\ 1 & 3 & 0 \\ 0 & 0 & 4 \end{pmatrix}$, 则 $P^{-1}AP = \begin{pmatrix} 1 & & \\ & -1 & \\ & 1 & -1 \end{pmatrix} = J$, 那么所求 Jordan 基为 $\eta_1 = \varepsilon_2$, $\eta_2 = -2\varepsilon_1 + 3\varepsilon_2$, $\eta_3 = -8\varepsilon_1 + 4\varepsilon_3$.

2) $\eta_1 = \varepsilon_1$, $\eta_2 = \varepsilon_2 + \varepsilon_4$, $\eta_3 = \varepsilon_1 + \varepsilon_3$, $\eta_4 = \varepsilon_1 + \varepsilon_4$

2. 设 $(\varepsilon_1, \varepsilon_2, \cdots, \varepsilon_n) = (\varepsilon_1, \varepsilon_2, \cdots, \varepsilon_n)J(\lambda, n)$, 那么
$$\mathscr{A}\varepsilon_1 = \lambda \varepsilon_1 + \varepsilon_2, \quad \mathscr{A}\varepsilon_2 = \lambda \varepsilon_2 + \varepsilon_3, \quad \cdots, \quad \mathscr{A}\varepsilon_{n-1} = \lambda \varepsilon_{n-1} + \varepsilon_n, \quad \mathscr{A}\varepsilon_n = \lambda \varepsilon_n. \tag{1}$$

1) 设 W 为 $\mathscr{A}$-子空间, 且 $\varepsilon_1 \in W$, 那么 $\varepsilon_1 \in W$, 又 $\lambda \varepsilon_1 \in W$, 因此由 (1), 则有 $\varepsilon_2 \in W$, 这样一直推下去, 则得 $\varepsilon_3 \in W$, $\cdots$, $\varepsilon_n \in W$, 所以 $W = V$.

2) 任取非零 $\mathscr{A}$-子空间 U, 则存在 $0 \neq \alpha \in U$, 记 $\alpha = k_1 \varepsilon_1 + k_2 \varepsilon_2 + \cdots + k_n \varepsilon_n$, 那么 $k_1, k_2, \cdots, k_n$ 不全为零, 不妨设 $k_1 \neq 0$, 由 (1), 则得
$$\mathscr{A}\alpha = k_1(\lambda \varepsilon_1 + \varepsilon_2) + k_2(\lambda \varepsilon_2 + \varepsilon_3) + \cdots + k_{n-1}(\lambda \varepsilon_{n-1} + \varepsilon_n) + k_n \lambda \varepsilon_n$$
$$= \lambda \alpha + k_1 \varepsilon_2 + k_2 \varepsilon_3 + k_{n-1} \varepsilon_n,$$
记 $\beta = k_1 \varepsilon_2 + k_2 \varepsilon_3 + k_{n-1} \varepsilon_n$, 由于 $\mathscr{A}\alpha \in U$, $\lambda \alpha \in U$, 因此 $\beta = \mathscr{A}\alpha - \lambda \alpha \in U$, 那么 $\mathscr{A}\beta \in U$, 同理得 $k_1 \varepsilon_3 + k_2 \varepsilon_4 + k_{n-2} \varepsilon_n \in U$, 这样一直推下去, 则得 $k_1 \varepsilon_n \in U$, 所以 $\varepsilon_n \in U$.

3) 设 V_1, V_2 均是 V 的非平凡 $\mathscr{A}$-子空间, 则 $V_1 \neq \{0\}$, $V_2 \neq \{0\}$, 那么
$$\varepsilon_n \in V_1, \quad \varepsilon_n \in V_2 \Rightarrow V_1 \cap V_2 \neq \{0\},$$
所以 $V_1 + V_2$ 不可能是直和.

3. 假设 $\mathscr{A}$ 的最小多项式 $m(x)$ 是可约的, 则可设 $m(x) = p(x)q(x)$, 其中
$$0 < \partial(p(x)) < \partial(m(x)), \quad 0 < \partial(q(x)) < \partial(m(x)),$$
定义 $W = \{\xi \in V \mid p(\mathscr{A})\xi = 0\}$, 则 W 是 $\mathscr{A}$ 的不变子空间, 但 V 没有非平凡的 $\mathscr{A}$ 的不变子空间, 所以 $W = \{0\}$ 或 $W = V$.

若 $W=\{0\}$，即 $(p(\mathscr{A}))^{-1}(0)=\{0\}$，因此变换 $p(\mathscr{A})$ 可逆，又 $m(\mathscr{A})=\mathscr{O}$，那么 $p(\mathscr{A})q(\mathscr{A})=$ $\mathscr{O}$，得 $q(\mathscr{A})=\mathscr{O}$，此与 $m(x)$ 为 $\mathscr{A}$ 的最小多项式矛盾；若 $W=V$，则 $p(\mathscr{A})=0$，也导致矛盾，所以最小多项式 $m(x)$ 不可约．

4. 只证最小多项式问题：对于变换 $\mathscr{A}|V_1$，$\forall \alpha \in V_1$，$f_1(\mathscr{A}|V_1)\alpha = f_1(\mathscr{A})\alpha = 0$，故 $f_1(x)$ 是 $\mathscr{A}|V_1$ 的化零多项式，同理 $f_2(x)$ 也是 $\mathscr{A}|V_2$ 的化零多项式．

下证它们是最小多项式．设 $m_1(x)$，$m_2(x)$ 分别是 $\mathscr{A}|V_1$，$\mathscr{A}|V_2$ 的最小多项式，令 $m(x)=m_1(x)m_2(x)$，则 $m_1(x)|f_1(x)$，$m_2(x)|f_2(x)$；

$\forall \alpha \in V$，可设 $\alpha = \alpha_1 + \alpha_2$，其中 $\alpha_1 \in V_1$，$\alpha_2 \in V_2$，那么

$$m(\mathscr{A})\alpha = m_1(\mathscr{A})m_2(\mathscr{A})(\alpha_1+\alpha_2) = m_1(\mathscr{A})m_2(\mathscr{A})\alpha_1 + m_1(\mathscr{A})m_2(\mathscr{A})\alpha_2 = 0,$$

则知 $m(x)=m_1(x)m_2(x)$ 为 $\mathscr{A}$ 化零多项式，因此 $f_1(x)f_2(x)|m_1(x)m_2(x)$，所以

$$m_1(x)=f_1(x)，m_2(x)=f_2(x).$$

补充题

1. 需证充分性．设 A 与 B 在复数域上相似，即存在复可逆矩阵 P，使 $A=P^{-1}BP$，记 $P=C+iD$，其中 C，D 为实方阵，则 $(C+iD)A=B(C+iD)$，那么

$$CA=BC, \quad DA=BD \Rightarrow (C+xD)A=B(C+xD), \quad \forall x \in \mathbf{R}.$$

令 $f(x)=|C+xD| \in \mathbf{R}[x]$，由于 $f(i)=|C+iD|=|P|\neq 0$，因此 $f(x)\neq 0$，则实多项式 $f(x)$ 的次数有限，它只有有限个实根，所以存在 $x_0 \in \mathbf{R}$，使 $|C+x_0D|\neq 0$，取 $Q=C+x_0D$，则 Q 为实可逆矩阵，使 $A=Q^{-1}BQ$．

2. 由于 A 为实对称矩阵，则存在正交矩阵 T，使得

$$T^{-1}AT=T'AT=diag(\lambda_1, \lambda_2, \cdots, \lambda_n),$$

其中 $\lambda_i \in R(i=1, 2, \cdots, n)$ 为矩阵 A 的特征值．

$(\Rightarrow)$ 设 A 负定，则特征值 $\lambda_i < 0(i=1, 2, \cdots, n)$．由于 A 的特征多项式

$$f(\lambda)=|\lambda E-A|=(\lambda-\lambda_1)(\lambda-\lambda_2)\cdots(\lambda-\lambda_n)=\lambda^n+c_1\lambda^{n-1}+c_2\lambda^{n-2}+\cdots+c_n,$$

其中 $c_1=-(\lambda_1+\lambda_2+\cdots+\lambda_n)$，$c_2=\lambda_1\lambda_2+\lambda_1\lambda_3+\cdots+\lambda_1\lambda_n+\cdots+\lambda_{n-1}\lambda_n$，$\cdots$，$c_n=(-1)^n\lambda_1\lambda_2\cdots\lambda_n$，所以 $f(\lambda)$ 的系数全大于零．

$(\Leftarrow)$ 设矩阵 A 的特征多项式

$$f(\lambda)=|\lambda E-A|=\lambda^n+c_1\lambda^{n-1}+\cdots+c_{n-1}\lambda+c_n,$$

其中系数 $c_i>0(i=1, 2, \cdots, n)$．

对于 A 的任意特征值 λ_0，若 $\lambda_0=0$，则 $f(\lambda_0)=c_n>0$，矛盾；若 $\lambda_0>0$，则

$$f(\lambda_0)=\lambda_0^n+c_1\lambda_0^{n-1}+\cdots+c_{n-1}\lambda_0+c_n>0,$$

也矛盾，所以矩阵 A 的特征值必全小于零，从而 A 是负定的．

3. 取复 n 维线性空间 V 及一组基 α_1，α_2，$\cdots$，α_n，对于矩阵 A，B，则存在两个线性变换 $\mathscr{A}$，$\mathscr{B}: V\to V$，使得它们在基 α_1，α_2，$\cdots$，α_n 下的矩阵分别为 A，B．

由于 $AB=BA$，因此 $\mathscr{A}\mathscr{B}=\mathscr{B}\mathscr{A}$，由例 7.24，则 $\mathscr{A}$，$\mathscr{B}$ 存在公共特征向量，设此向量为 β_1，$\mathscr{A}\beta_1=\lambda_1\beta_1$，$\mathscr{B}\beta_1=\mu_1\beta_1$．将 β_1 扩充成 V 的一组基 β_1，β_2，$\cdots$，β_n，则 $\mathscr{A}$，$\mathscr{B}$ 在此基下的矩阵分别为

$$\begin{pmatrix} \lambda_1 & * \\ 0 & A_1 \end{pmatrix}, \quad \begin{pmatrix} \mu_1 & * \\ 0 & B_1 \end{pmatrix},$$

其中 A_1，B_1 为 $n-1$ 阶复方阵．

记 P_1 为基 α_1，α_2，$\cdots$，α_n 到基 β_1，β_2，$\cdots$，β_n 的过渡矩阵，那么

$$P_1^{-1}AP_1 = \begin{pmatrix} \lambda_1 & * \\ 0 & A_1 \end{pmatrix}, \quad P_1^{-1}BP_1 = \begin{pmatrix} \mu_1 & * \\ 0 & B_1 \end{pmatrix}.$$

由 $AB = BA$ 则得 $A_1B_1 = B_1A_1$. 对于 $n-1$ 阶方阵 A_1, B_1, 由归纳假设, 则存在 $n-1$ 阶可逆矩阵 P_2, 使

$$P_2^{-1}A_1P_2 = \begin{pmatrix} \lambda_2 & & * \\ & \ddots & * \\ & & \lambda_n \end{pmatrix}, \quad P_2^{-1}B_1P_2 = \begin{pmatrix} \mu_2 & & * \\ & \ddots & * \\ & & \mu_n \end{pmatrix}.$$

那么取 $P = P_1 \begin{pmatrix} 1 & 0 \\ 0 & P_2 \end{pmatrix}$ 即可得证.

4. 对于矩阵 A, 则存在可逆矩阵 P_1, 使

$$P_1^{-1}AP_1 = diag(\lambda_1 E_{n_1}, \ \lambda_2 E_{n_2}, \ \cdots, \ \lambda_r E_{n_r}), \ \lambda_i \neq \lambda_j,$$

由 $AB = BA$, 得 $P_1^{-1}AP_1 \cdot P_1^{-1}BP_1 = P_1^{-1}BP_1 \cdot P_1^{-1}AP_1$, 则 $P_1^{-1}BP$ 必为准对角矩阵, 可设

$$P_1^{-1}BP_1 = diag(B_1, \ B_2, \ \cdots, \ B_r),$$

由于 B 可相似对角化, 因此各 B_i 也可相似对角化(从最小多项式考虑), 则存在可逆矩阵 Q_i, 使 $Q_i^{-1}B_iQ_i$ 均为对角阵, 因此取可逆矩阵 $P = P_1 diag(Q_1, \ Q_2, \ \cdots, \ Q_r)$ 即可得证.

5. ($\Rightarrow$) 设 $m \times n$ 矩阵 C 为方程 $AX = XB$ 的解, 即 $AC = CB$, 那么

$$A^2C = A \cdot AC = A \cdot CB = AC \cdot B = CB \cdot B = CB^2,$$

同理可得 $A^3C = CB^3$, $\cdots$, $A^nC = CB^n$.

记特征多项式 $f_B(\lambda) = |\lambda E_n - B| = \lambda^n + \cdots + b_2\lambda^2 + b_1\lambda + b_0$, 由上述关系, 则

$$b_0 E_m \cdot C = C \cdot b_0 E_n, \ b_1 A \cdot C = C \cdot b_1 B, \ b_2 A^2 \cdot C = C \cdot b_2 B^2, \ \cdots, \ A^n \cdot C = C \cdot B^n,$$

将各式相加, 得 $f_B(A) \cdot C = C \cdot f_B(B)$, 因此由哈密顿-凯莱定理, 则 $f_B(A) \cdot C = O$, 又由例 7.13, 则 $f_B(A)$ 是可逆矩阵, 所以 $C = O$, 即得方程 $AX = XB$ 只有零解.

($\Leftarrow$)(反证) 假设 A, B 存在公共特征值 λ_0, 由于 B 与 B' 有相同的特征值, 因此 λ_0 也是 B' 的特征值, 设 $\alpha \in \mathbb{C}^m$ 为 A 的关于特征值 λ_0 的特征向量, 且 $\beta \in \mathbb{C}^n$ 为 B' 的关于特征值 λ_0 的特征向量, 令 $C = \alpha\beta'$, 则 C 为 $m \times n$ 非零矩阵, 那么

$$AC - CB = A\alpha\beta' - \alpha\beta'B = A\alpha \cdot \beta' - \alpha \cdot (B'\beta)' = \lambda_0\alpha\beta' - \alpha(\lambda_0\beta)' = O,$$

此与矩阵方程 $AX = XB$ 只有零解矛盾.

6. 若 $\mathscr{A}$ 有实特征值, 则有特征向量, 因此存在一维不变子空间. 下设 $\mathscr{A}$ 无实特征值, 取 V 的基 ε_1, ε_2, $\cdots$, ε_n, 设 $\mathscr{A}(\varepsilon_1, \varepsilon_2, \cdots, \varepsilon_n) = (\varepsilon_1, \varepsilon_2, \cdots, \varepsilon_n)A$, 则 A 有特征值 $a + ib$ 及相应特征向量 $X + iY$, 其中 $a, b \in \mathbb{R}$, $X, Y \in \mathbb{R}^n$, $b \neq 0$, $Y \neq 0$, 则

$$A(X + iY) = (a + ib)(X + iY) \Rightarrow AX = aX - bY, \ AY = bX + aY.$$

令 $\alpha = (\varepsilon_1, \varepsilon_2, \cdots, \varepsilon_n)X$, $\beta = (\varepsilon_1, \varepsilon_2, \cdots, \varepsilon_n)Y$, 则

$$\mathscr{A}\alpha = \mathscr{A}(\varepsilon_1, \varepsilon_2, \cdots, \varepsilon_n)X = a\alpha - b\beta, \ \mathscr{A}\beta = \mathscr{A}(\varepsilon_1, \varepsilon_2, \cdots, \varepsilon_n)Y = b\alpha + a\beta,$$

若 α, β 线性相关, 可设 $\alpha = k\beta$, 其中 $k \in \mathbb{R}$, 则 $\mathscr{A}\beta = (a + bk)\beta$, 得 $\mathscr{A}$ 存在实特征值, 导致矛盾, 所以 $L(\alpha, \beta)$ 就是 $\mathscr{A}$ 的二维不变子空间.

第八章 λ-矩 阵

关键知识点：λ-矩阵的等价标准形，行列式因子及不变因子的定义及其关系，两个 λ-矩阵等价的充分必要条件；特征矩阵的概念，以特征矩阵为工具的两矩阵相似的判定，矩阵初等因子的定义，通过初等因子判定两个矩阵的相似，初等因子的确定方法，复矩阵相似于若尔当标准形定理，数域 P 上的矩阵相似于有理标准形定理.

§1　λ-矩阵的等价标准形理论

设 P 是数域，元素取自于 $P[\lambda]$ 的矩阵称为 λ-矩阵，记为 $A(\lambda)=(a_{ij}(\lambda))_{sn}$.

定义 1　如果 λ-矩阵 $A(\lambda)$ 中存在一个 $r(r\geqslant 1)$ 级子式不为零，并且所有 $r+1$ 级子式(如果有的话)全为零，那么称 $A(\lambda)$ 的秩为 r. 零矩阵的秩规定为零.

定义 2　一个 $n\times n$ 的 λ-矩阵 $A(\lambda)$ 称为可逆，若有一个 $n\times n$ 的 λ-矩阵 $B(\lambda)$ 使

$$A(\lambda)B(\lambda)=B(\lambda)A(\lambda)=E, \tag{1}$$

这里 E 是 n 级单位矩阵. 适合(1)的 $B(\lambda)$(唯一)称为 $A(\lambda)$ 的逆矩阵，记为 $A^{-1}(\lambda)$.

定理 1　一个 $n\times n$ 的 λ-矩阵 $A(\lambda)$ 是可逆的充分必要条件为行列式 $|A(\lambda)|$ 是一个非零的数.

定义 3　下面的三种变换叫做 λ-矩阵的初等变换：

1）矩阵的两行(列)互换位置；

2）矩阵的某一行(列)乘以非零的常数 c；

3）矩阵的某一行(列)加另一行(列)的 $\varphi(\lambda)$ 倍，$\varphi(\lambda)$ 是一个多项式.

定义 4　称 λ-矩阵 $A(\lambda)$，$B(\lambda)$ 等价，若可经一系列初等变换将 $A(\lambda)$ 化为 $B(\lambda)$.

定理 2　任意一个非零的 $s\times n$ 的 λ-矩阵 $A(\lambda)$ 都等价于下列形式的矩阵

$$\begin{pmatrix} d_1(\lambda) & & & & & & & \\ & d_2(\lambda) & & & & & & \\ & & \ddots & & & & & \\ & & & d_r(\lambda) & & & & \\ & & & & 0 & & & \\ & & & & & \ddots & & \\ & & & & & & 0 & \end{pmatrix},$$

其中 $r\geqslant 1$，$d_i(\lambda)(i=1,2,\cdots,r)$ 是首项系数为 1 的多项式，且
$$d_i(\lambda)|d_{i+1}(\lambda)(i=1,2,\cdots,r-1).$$

定义 5　设 λ-矩阵 $A(\lambda)$ 的秩为 r，对于正整数 k，$1\leqslant k\leqslant r$，$A(\lambda)$ 中必有非零的 k 级子式. $A(\lambda)$ 中全部 k 级子式的首项系数为 1 的最大公因式 $D_k(\lambda)$ 称为 $A(\lambda)$ 的 k 级行列式因子.

定理 3　等价的 λ-矩阵具有相同的秩与相同的各级行列式因子.

定理 4　λ-矩阵的标准形是唯一的.

定义 6　标准形的主对角线上非零元素 $d_1(\lambda)$，$d_2(\lambda)$，$\cdots$，$d_r(\lambda)$ 称为 λ-矩阵 $A(\lambda)$ 的不变因子.

定理 5　两个 λ-矩阵等价的充分必要条件是它们有相同的行列式因子，或者，它们有相同的不

变因子.

定理 6 矩阵 $A(\lambda)$ 是可逆的充分必要条件是它可以表成一些初等矩阵的乘积.

推论 两个 $s \times n$ 的 λ-矩阵 $A(\lambda)$ 与 $B(\lambda)$ 等价的充分必要条件为，有一个 $s \times s$ 可逆矩阵 $P(\lambda)$ 与一个 $n \times n$ 可逆矩阵 $Q(\lambda)$，使 $B(\lambda) = P(\lambda)A(\lambda)Q(\lambda)$.

例 8.1 化 $A(\lambda)$ 成标准形，并求行列式因子和不变因子，其中 $A(\lambda)$ 为

$$1)\begin{pmatrix} 1-\lambda & \lambda^2 & \lambda \\ \lambda & \lambda & -\lambda \\ 1-\lambda^2 & \lambda^2 & -\lambda^2 \end{pmatrix}; \qquad 2)\begin{pmatrix} \lambda^2+\lambda & 0 & 0 \\ 0 & \lambda & 0 \\ 0 & 0 & (\lambda+1)^2 \end{pmatrix}.$$

解 1) 对 $A(\lambda)$ 作初等变换

$$A(\lambda) = \begin{pmatrix} 1-\lambda & \lambda^2 & \lambda \\ \lambda & \lambda & -\lambda \\ 1-\lambda^2 & \lambda^2 & -\lambda^2 \end{pmatrix} \rightarrow \begin{pmatrix} 1 & \lambda^2 & \lambda \\ 0 & \lambda & -\lambda \\ 1 & \lambda^2 & -\lambda^2 \end{pmatrix}$$

$$\rightarrow \begin{pmatrix} 1 & \lambda^2 & \lambda \\ 0 & \lambda & -\lambda \\ 0 & 0 & -\lambda(\lambda+1) \end{pmatrix} \rightarrow \begin{pmatrix} 1 & 0 & 0 \\ 0 & \lambda & 0 \\ 0 & 0 & \lambda^2+\lambda \end{pmatrix},$$

则 $d_1(\lambda) = 1$，$d_2(\lambda) = \lambda$，$d_3(\lambda) = \lambda^2+\lambda$，$D_1(\lambda) = 1$，$D_2(\lambda) = \lambda$，$D_3(\lambda) = \lambda^3+\lambda^2$.

2) 因 $A(\lambda)$ 的行列式因子为 $D_1(\lambda) = 1$，$D_2(\lambda) = \lambda(\lambda+1)$，$D_3(\lambda) = \lambda^2(\lambda+1)^3$，故不变因子为 $d_1(\lambda) = 1$，$d_2(\lambda) = \lambda$，$d_3(\lambda) = \lambda(\lambda+1)^2$，所以 $A(\lambda)$ 可化成等价标准形

$$B(\lambda) = \begin{pmatrix} 1 & 0 & 0 \\ 0 & \lambda(\lambda+1) & 0 \\ 0 & 0 & \lambda(\lambda+1)^2 \end{pmatrix}.$$

习题 8.1

1. 求 $A(\lambda)$ 的不变因子，并求其等价标准形，其中 $A(\lambda)$ 为

$$1)\begin{pmatrix} \lambda+\alpha & \beta & 1 & 0 \\ -\beta & \lambda+\alpha & 0 & 1 \\ 0 & 0 & \lambda+\alpha & \beta \\ 0 & 0 & -\beta & \lambda+\alpha \end{pmatrix}; \qquad 2)\begin{pmatrix} 0 & 0 & 1 & \lambda+2 \\ 0 & 1 & \lambda+2 & 0 \\ 1 & \lambda+2 & 0 & 0 \\ \lambda+2 & 0 & 0 & 0 \end{pmatrix}.$$

2. 证明：$A(\lambda)$ 的不变因子 $d_1(\lambda) = d_2(\lambda) = \cdots = d_{n-1}(\lambda) = 1$，$d_n(\lambda) = f(\lambda)$，设

$$A(\lambda) = \begin{pmatrix} \lambda & 0 & 0 & \cdots & 0 & a_n \\ -1 & \lambda & 0 & \cdots & 0 & a_{n-1} \\ 0 & -1 & \lambda & \cdots & 0 & a_{n-2} \\ \cdots & \cdots & \cdots & \cdots & \cdots & \cdots \\ 0 & 0 & 0 & \cdots & \lambda & a_2 \\ 0 & 0 & 0 & \cdots & -1 & \lambda+a_1 \end{pmatrix},$$

其中 $f(\lambda) = \lambda^n + a_1\lambda^{n-1} + \cdots + a_{n-1}\lambda + a_n$.

§2 矩阵的相似及相似标准形

定理 7 设 A，B 是数域 P 上两个 $n \times n$ 矩阵. A 与 B 相似的充分必要条件是它们的特征矩阵 $\lambda E - A$

和 $\lambda E-B$ 等价.

矩阵 A 的特征矩阵 $\lambda E-A$ 的不变因子可简称为 A 的不变因子.

推论 矩阵 A 与 B 相似的充分必要条件是它们有相同的不变因子.

定义 7 把矩阵 A(或线性变换 $\mathscr{A}$)的每个次数大于零的不变因子分解成互不相同的首项为 1 的一次因式方幂的乘积,所有这些一次因式方幂(相同的必须按出现的次数计算)称为矩阵 A(或线性变换 $\mathscr{A}$)的初等因子.

定理 8 两个同级复数矩阵相似的充分必要条件是它们有相同的初等因子.

定理 9 首先用初等变换化特征矩阵 $\lambda E-A$ 为对角形式,然后将主对角线上的元素分解成互不相同的一次因式方幂的乘积,则所有这些一次因式的方幂(相同的按出现的次数计算)就是 A 的全部初等因子.

定理 10 每个 n 级的复数矩阵 A 都与一个若尔当形矩阵相似,这个若尔当形矩阵除去其中若尔当块的排列次序外是被矩阵 A 唯一决定的,它称为 A 的若尔当标准形.

定理* 设 λ_0 为矩阵 A 的一个特征值,令 $n_0=n$,$n_k=R(A-\lambda_0 E)^k$,$k=1$,2,$\cdots$,作下表

$$
\begin{array}{ccccccc}
n_0 & n_1 & n_2\cdots n_{k-1} & n_k & n_{k+1}\cdots \\
b_1 & b_2 & b_3 & \cdots & b_k & b_{k+1} & \cdots \\
& a_1 & a_2 & \cdots & a_k & \cdots
\end{array}
$$

其中 $b_k=n_{k-1}-n_k$,$a_k=b_k-b_{k+1}$,则

1)b_1 等于 A 的属于特征值 λ_0 的若尔当块(也是初等因子)的个数;

2)a_k 等于 A 的属于特征值 λ_0 的 k 阶若尔当块(也是 k 次初等因子)的个数.

定理 11 设 $\mathscr{A}$ 是复数域上 n 维线性空间 V 的线性变换,在 V 中必定存在一组基,使 $\mathscr{A}$ 在这组基下的矩阵是若尔当形,并且这个若尔当形矩阵除去其中若尔当块的排列次序外是被 $\mathscr{A}$ 唯一决定的.

定理 12 复数矩阵 A 与对角矩阵相似的充分必要条件是 A 的初等因子全为一次.

矩阵 A 的最小多项式 $m(\lambda)$ 与 A 的最后一个不变因子 $d_n(\lambda)$ 相等(后面证明).

定理 13 复数矩阵 A 与对角矩阵相似的充分必要条件是 A 的不变因子没有重根.

定义 8 对数域 P 上的一个多项式 $d(\lambda)=\lambda^n+a_1\lambda^{n-1}+\cdots+a_n$,称矩阵

$$
A=\begin{pmatrix}
0 & 0 & \cdots & 0 & -a_n \\
1 & 0 & \cdots & 0 & -a_{n-1} \\
0 & 1 & \cdots & 0 & -a_{n-2} \\
\vdots & \vdots & & \vdots & \vdots \\
0 & 0 & \cdots & 1 & -a_1
\end{pmatrix}
$$

为多项式 $d(\lambda)$ 的伴侣阵.

通过计算容易得到,矩阵 A 的特征多项式 $f(\lambda)=d(\lambda)$,由哈密顿-凯莱定理及第四章习题 4.3 的题 4 知,A 的最小多项式 $m(\lambda)=d(\lambda)$.

定义 9 准对角矩阵 $A=diag(A_1,A_2,\cdots,A_s)$,其中 A_i 分别是数域 P 上某些多项式 $d_i(\lambda)(i=1,2,\cdots,s)$ 的伴侣阵,且满足 $d_i(\lambda)\,|\,d_{i+1}(\lambda)(i=1,2,\cdots,s-1)$,就称 A 为 P 上的一个有理标准形矩阵.

定理 14 数域 P 上 $n\times n$ 方阵 A 在 P 上相似于唯一的一个有理标准形,称为 A 的有理标准形.

定理 15 设 $\mathscr{A}$ 是数域 P 上 n 维线性空间的线性变换,则在 V 中存在一组基,使 $\mathscr{A}$ 在该基下的矩阵是有理标准形,并且这个有理标准形由 $\mathscr{A}$ 唯一决定,称为 $\mathscr{A}$ 的有理标准形.

例 8.2 设复矩阵 $A = \begin{pmatrix} 3 & 0 & 8 \\ 3 & -1 & 6 \\ -2 & 0 & -5 \end{pmatrix}$，求 A 的若尔当标准形.

解 将特征矩阵 $\lambda E - A$ 化等价标准形

$$\begin{pmatrix} \lambda-3 & 0 & -8 \\ -3 & \lambda+1 & -6 \\ 2 & 0 & \lambda+5 \end{pmatrix} \rightarrow \begin{pmatrix} \lambda & -(\lambda+1) & -2 \\ -3 & \lambda+1 & -6 \\ 2 & 0 & \lambda+5 \end{pmatrix} \rightarrow \begin{pmatrix} 1 & \lambda+1 & 2 \\ \lambda-2 & \lambda+1 & -6 \\ 2 & 0 & \lambda+5 \end{pmatrix}$$

$$\rightarrow \begin{pmatrix} 1 & 0 & 0 \\ 0 & (\lambda+1)^2 & 0 \\ 0 & -2(\lambda+1) & \lambda+1 \end{pmatrix} \rightarrow \begin{pmatrix} 1 & 0 & 0 \\ 0 & \lambda+1 & -2(\lambda+1) \\ 0 & 0 & (\lambda+1)^2 \end{pmatrix} \rightarrow \begin{pmatrix} 1 & 0 & 0 \\ 0 & \lambda+1 & 0 \\ 0 & 0 & (\lambda+1)^2 \end{pmatrix},$$

则 A 的初等因子是 $\lambda+1$，$(\lambda+1)^2$，所以 A 的若尔当标准形为

$$\begin{pmatrix} -1 & 0 & 0 \\ 0 & -1 & 0 \\ 0 & 1 & -1 \end{pmatrix}.$$

例 8.3 设 $A = \alpha\beta'$，其中 $\alpha = (a_1, a_2\cdots, a_n)' \neq 0$，$\beta = (b_1, b_2, \cdots, b_n)' \neq 0$，求矩阵 A 的最小多项式及若尔当标准形.

解 令 $k = \alpha'\beta = a_1 b_1 + a_2 b_2 + \cdots + a_n b_n$，那么

$$A^2 = (\alpha\beta')(\alpha\beta') = \alpha(\beta'\alpha)\beta' = k(\alpha\beta') = kA,$$

取 $g(\lambda) = \lambda^2 - k\lambda$，则 $g(A) = O$，又由例 4.10，则 $R(A) = 1$.

若 $k = 0$，由于 $A \neq O$，因此 A 的最小多项式 $m(\lambda) = \lambda^2$，那么 $d_n(\lambda) = \lambda^2$，考虑到 $d_i(\lambda) \mid d_{i+1}(\lambda)$，且 $R(A) = 1$，因此 $d_{n-1}(\lambda) = \cdots = d_2(\lambda) = \lambda$，$d_1(\lambda) = 1$，那么矩阵 A 的若当标准形为 $J = \begin{pmatrix} J_0 & \\ & J_1 \end{pmatrix}$，其中 $J_0 = J(0, n-2)$，$J_1 = J(0, 2) = \begin{pmatrix} 0 & \\ 1 & 0 \end{pmatrix}$.

若 $k \neq 0$，则 A 的最小多项式 $m(\lambda) = \lambda(\lambda - k)$，因此矩阵 A 可相似对角化，又由于 $R(A) = 1$，因此矩阵 A 的若当标准形为 $J = diag(k, 0, \cdots, 0)$.

例 8.4 求矩阵 $A = \begin{pmatrix} 0 & 1 & & \\ & 0 & 1 & \\ & & 0 & 1 \\ -5 & -4 & -3 & -2 \end{pmatrix}$ 的不变因子和有理标准形.

解 特征矩阵 $\lambda E - A = \begin{pmatrix} \lambda & -1 & 0 & 0 \\ 0 & \lambda & -1 & 0 \\ 0 & 0 & \lambda & -1 \\ 5 & 4 & 3 & \lambda+2 \end{pmatrix}$，且有子式 $\begin{vmatrix} -1 & 0 & 0 \\ \lambda & -1 & 0 \\ 0 & \lambda & -1 \end{vmatrix} = -1$，因此 $D_3(\lambda) = D_2(\lambda) = D_1(\lambda) = 1$，又 $D_4(\lambda) = |\lambda E - A| = \lambda^4 + 2\lambda^3 + 3\lambda^2 + 4\lambda + 5$，所以 A 的不变因子是 $d_1(\lambda) = d_2(\lambda) = d_3(\lambda) = 1$，$d_4(\lambda) = \lambda^4 + 2\lambda^3 + 3\lambda^2 + 4\lambda + 5$，那么 A 的有理标准形为 $B = \begin{pmatrix} 0 & & & -5 \\ 1 & 0 & & -4 \\ & 1 & 0 & -3 \\ & & 1 & -2 \end{pmatrix}$.

例 8.5 设 $A = \begin{pmatrix} 4 & 5 & -2 \\ -2 & a & 1 \\ b & -1 & 1 \end{pmatrix}$，$B = \begin{pmatrix} 2 & 1 & -1 \\ -1 & 1 & c \\ 1 & 1 & 0 \end{pmatrix}$，当 a，b，c 取何值时，矩阵 A 与 B 相似.

解 若 A 与 B 相似，则特征多项式 $f_A(\lambda) = f_B(\lambda)$，先算特征多项式：

$$f_A(\lambda) = \lambda^3 - (5+a)\lambda^2 + (5a+2b+15)\lambda - (2a+5)(b+2),$$

$$f_B(\lambda) = \lambda^3 - 3\lambda^2 + (4-c)\lambda - (2-c),$$

比较对应系数，则得

$$5+a=3, \quad 5a+2b+15=4-c, \quad (2a+5)(b+2)=2-c,$$

解得 $a=-2$，$b=-1$，$c=1$，故 $f_A(\lambda) = f_B(\lambda) = \lambda^3 - 3\lambda^2 + 3\lambda - 1 = (\lambda-1)^3$，此时

$$A = \begin{pmatrix} 4 & 5 & -2 \\ -2 & -2 & 1 \\ -1 & -1 & 1 \end{pmatrix}, \quad B = \begin{pmatrix} 2 & 1 & -1 \\ -1 & 1 & 1 \\ 1 & 1 & 0 \end{pmatrix}$$

$$A-E = \begin{pmatrix} 3 & 5 & -2 \\ -2 & -3 & 1 \\ -1 & -1 & 0 \end{pmatrix}, \quad B-E = \begin{pmatrix} 1 & 1 & -1 \\ -1 & 0 & 1 \\ 1 & 1 & -1 \end{pmatrix}$$

那么 $R(A-E)=2$，$R(B-E)=2$，由于矩阵阶数 $n=3$，与这两个秩的差均为 1，因此特征值 $\lambda_0=1$ 的若尔当块只有一个，即 A 与 B 的若尔当标准形都是 $J(\lambda_0, 3)$，从而它们相似．由此得，当且仅当 $a=-2$，$b=-1$，$c=1$ 时，矩阵 A，B 相似．

例 8.6 设 A 为 n 阶方阵，若使 $A^k = O$ 的最小正整数为 k，则称 A 为 k 次幂零阵．证明：所有 n 阶 $n-1$ 次幂零阵彼此相似．

证 设 A 为 n 阶 $n-1$ 次幂零阵，即 A 满足条件 $A^{n-1} = O$，$A^{n-2} \neq O$，则 A 的最小多项式 $m(\lambda) = \lambda^{n-1}$，因此 A 的第 n 个不变因子 $d_n(\lambda) = \lambda^{n-1}$．

由于 $d_{i-1}(\lambda) \mid d_i(\lambda)$，$i=2, \cdots, n$，$\partial(d_1(\lambda)d_2(\lambda)\cdots d_n(\lambda)) = n$，所以

$$d_{n-1}(\lambda) = \lambda, \quad d_1(\lambda) = \cdots = d_{n-2}(\lambda) = 1,$$

则初等因子为 λ^{n-1}，λ，故 A 相似于若尔当标准形 $J = \begin{pmatrix} J(0, n-1) & \\ & J(0, 1) \end{pmatrix}$，从而所有的 n 阶 $n-1$ 次幂零矩阵均相似于 J．

例 8.7 矩阵 A 的最小多项式 $m(\lambda)$ 与 A 的最后一个不变因子 $d_n(\lambda)$ 相等．

证 矩阵 A 相似于若尔当标准形 $J = diag(J_1, J_2, \cdots, J_s)$，其中

$$J_k = \begin{pmatrix} \lambda_k & & & \\ 1 & \lambda_k & & \\ & \ddots & \ddots & \\ & & 1 & \lambda_k \end{pmatrix}_{n_k \times n_k}, \quad k=1, 2, \cdots, s,$$

对于若尔当块 J_k，它的最小多项式和初等因子均为 $(\lambda - \lambda_k)^{n_k}$，$k=1, 2, \cdots, s$，因此

$$m_A(\lambda) = m_J(\lambda) = [(\lambda-\lambda_1)^{n_1}, (\lambda-\lambda_2)^{n_2}, \cdots, (\lambda-\lambda_s)^{n_s}] = d_n(\lambda).$$

例 8.8 设 A 的特征值全为 1，证明：任给自然数 k，则 A^k 与 A 相似．

证 1）先证：若 $J = J(1, r)$，即特征值全为 1 的 $r \times r$ 若尔当块，则 J^k，J 相似．因 $J^k = \begin{pmatrix} 1 & & & \\ k & 1 & & \\ * & \ddots & \ddots & \\ & * & k & 1 \end{pmatrix}$，故 J^k 的特征值全 1．但 $J^k - E_r = \begin{pmatrix} 0 & & & \\ -k & 0 & & \\ * & \ddots & \ddots & \\ & * & -k & 0 \end{pmatrix}$，因此 $R(J^k - E_r) = r-1$，那么

$b_1 = r - (r-1) = 1$，即 J^k 仅有一个属于特征值 $\lambda=1$ 的若尔当块，所以 J^k 的若尔当标准形为 $J(1, r)$．

从而 J^k 与 J 相似.

2) 设 A 为任一特征值全为 1 的 n 阶方阵. 设 A 的若尔当标准形为

$$J = diag(J_1, \ J_2, \ \cdots, \ J_s),$$

其中 J_i 为特征值全为 1 的若尔当块, 由 1) 知, J_i^k 与 J_i 相似, 所以 J^k 与 J 相似, 从而 A^k 与 A 相似.

习题 8.2

1. 设矩阵 $A = \begin{pmatrix} 3 & 7 & -3 \\ -2 & -5 & 2 \\ -4 & -10 & 3 \end{pmatrix}$, 求 A 的若尔当标准形和有理标准形.

2. 设 A 是数域 P 上的一个 $n \times n$ 矩阵, 证明 A 与 A' 相似.

3. 设矩阵 $A = \begin{pmatrix} 2 & 0 & 0 \\ a & 2 & 0 \\ b & c & 2 \end{pmatrix}$, 试确定 A 的所有可能的若尔当标准形, 并确定 A 可对角化的条件.

4. 设 A 的特征多项式为 $f_A(\lambda) = \lambda^5 + \lambda^4 - 5\lambda^3 - \lambda^2 + 8\lambda - 4$, 试求出 A 的所有可能的若尔当标准形.

5. 设 $2n$ 阶方阵 $A = \begin{pmatrix} -E & E \\ E & E \end{pmatrix}$, 其中 E 是 n 阶单位矩阵. 求 A 的特征多项式, 最小多项式和若尔当标准形.

6. 设 A 为 $n \times n$ 复矩阵, λ_0 为 $|\lambda E - A|$ 的 n 重复根, $R(\lambda_0 E - A) = n - 1$, 求使 $(\lambda_0 E - A)^m = O$ 的最小正整数 m.

补充题

1. 设 A 为 n 阶复矩阵, λ_0 为 A 的一个特征值, 且

$$R(\lambda_0 E - A) = n - 2, \ R(\lambda_0 E - A)^2 = R(\lambda_0 E - A)^3 = n - 4,$$

求矩阵 A 的一切形如 $(\lambda - \lambda_0)^k$ 的初等因子.

2. 设 $A \in C^{n \times n}$, $d_1(\lambda)$, $d_2(\lambda)$, $\cdots$, $d_n(\lambda)$ 为 A 的不变因子, λ_0 为 A 的一个特征值. 证明: $R(\lambda_0 E - A) = r$ 当且仅当 $(\lambda - \lambda_0) \mid d_{r+1}(\lambda)$, $(\lambda - \lambda_0) d_r(\lambda)$.

3. 设 $R(A^k) = R(A^{k+1})$, 证明: 若 A 有零特征值, 则零特征值对应的初等因子次数不超过 k.

4. 设 A 为 $n \times n$ 复矩阵, λ_0 为 A 的特征多项式 $f(\lambda) = |\lambda E - A|$ 的 k 重复根. 证明:

$$R(A - \lambda_0 E)^k = n - k.$$

5. 设 $\mathscr{A}$ 是 n 维线性空间 V 上的线性变换. 若 $\mathscr{A}$ 在 V 的某基下的矩阵 A 是 $d(\lambda)$ 的伴侣阵, 则 $\mathscr{A}$ 的最小多项式等于 $d(\lambda)$.

6. 设 $\mathscr{A}$ 是 n 维线性空间 V 上的线性变换, $\mathscr{A}$ 在某基下的矩阵 A 是多项式 $d(\lambda)$ 的伴侣阵. 证明: V 是循环空间, 即存在 $\alpha \in V$, 使 α, $\mathscr{A}\alpha$, $\cdots$, $\mathscr{A}^{n-1}\alpha$ 为 V 的一组基, 且 $d(\lambda)$ 是 $\mathscr{A}$ 的最小多项式.

7. 设 $\dim V = n$, $\mathscr{A} \in L(V)$, 且 V 存在循环向量. 证明: 与 $\mathscr{A}$ 可交换的 V 的任一线性变换 $\mathscr{B}$ 必为 $\mathscr{A}$ 的多项式.

习题答案

习题 8.1

1. 1) 当 $\beta \neq 0$ 时，

$$D_4(\lambda) = |A(\lambda)| = \begin{vmatrix} \lambda+\alpha & \beta \\ -\beta & \lambda+\alpha \end{vmatrix} \cdot \begin{vmatrix} \lambda+\alpha & \beta \\ -\beta & \lambda+\alpha \end{vmatrix} = ((\lambda+\alpha)^2 + \beta^2)^2,$$

由于 $A(\lambda)$ 中有如下三阶子式

$$\Delta_3(\lambda) = \begin{vmatrix} \beta & 1 & 0 \\ \lambda+\alpha & 0 & 1 \\ 0 & \lambda+\alpha & \beta \end{vmatrix} = -2\beta(\lambda+\alpha),$$

考虑到

$$(\Delta_3(\lambda), D_4(\lambda)) = 1, \quad D_3(\lambda) \mid \Delta_3(\lambda), \quad D_3(\lambda) \mid D_4(\lambda),$$

所以 $D_3(\lambda) = 1$，因此 $d_1(\lambda) = d_2(\lambda) = d_3(\lambda) = 1$，$d_4(\lambda) = ((\lambda+\alpha)^2+\beta^2)^2$.

当 $\beta = 0$ 时，由于 $D_4(\lambda) = (\lambda+\alpha)^4$，$D_3(\lambda) = (\lambda+\alpha)^2$，$D_2(\lambda) = 1$，$D_1(\lambda) = 1$，因此 $d_1(\lambda) = d_2(\lambda) = 1$，$d_3(\lambda) = (\lambda+\alpha)^2$，$d_4(\lambda) = (\lambda+\alpha)^2$.

2) 由计算可得 $|A(\lambda)| = (\lambda+2)^4$，因此 $D_4(\lambda) = (\lambda+2)^4$，又 $A(\lambda)$ 中左上角的三阶子式为
$\begin{vmatrix} 0 & 0 & 1 \\ 0 & 1 & \lambda+2 \\ 1 & \lambda+2 & 0 \end{vmatrix} = -1$，所以 $D_3(\lambda) = 1$，从而 $D_2(\lambda) = 1$，$D_1(\lambda) = 1$，故 $d_1(\lambda) = d_2(\lambda) = d_3(\lambda) = 1$，
$d_4(\lambda) = (\lambda+2)^4$.

2. 由例 2.10 知，

$$D_n(\lambda) = |A(\lambda)| = \lambda^n + a_1\lambda^{n-1} + a_2\lambda^{n-2} + \cdots + a_{n-1}\lambda + a_n = f(\lambda),$$

又 $A(\lambda)$ 中左下角的 $n-1$ 阶子式为

$$\begin{vmatrix} -1 & \lambda & & & \\ & -1 & \lambda & & \\ & & \ddots & \ddots & \\ & & & -1 & \lambda \\ & & & & -1 \end{vmatrix} = (-1)^{n-1},$$

因此 $D_{n-1}(\lambda) = 1$，从而 $D_{n-2}(\lambda) = \cdots = D_2(\lambda) = D_1(\lambda) = 1$，所以不变因子为

$$d_1(\lambda) = d_2(\lambda) = \cdots = d_{n-1}(\lambda) = 1, \quad d_n(\lambda) = f(\lambda).$$

习题 8.2

1. 对特征矩阵作初等变换化等价标准形

$$\lambda E - A = \begin{pmatrix} \lambda-3 & -7 & 3 \\ 2 & \lambda+5 & -2 \\ 4 & 10 & \lambda-3 \end{pmatrix} \rightarrow \begin{pmatrix} 1 & 0 & 0 \\ 0 & 1 & 0 \\ 0 & 0 & (\lambda-1)(\lambda^2+1) \end{pmatrix},$$

则 A 的不变因子为 $d_1(\lambda) = d_2(\lambda) = 1$，$d_3(\lambda) = (\lambda-1)(\lambda^2+1) = \lambda^3 - \lambda^2 + \lambda - 1$，$A$ 的初等因子为
$\lambda-1$，$\lambda+i$，$\lambda-i$，所以 A 的若尔当标准形和有理标准形分别为

$$J = \begin{pmatrix} 1 & 0 & 0 \\ 0 & -i & 0 \\ 0 & 0 & i \end{pmatrix}, \quad B = \begin{pmatrix} 0 & 0 & 1 \\ 1 & 0 & -1 \\ 0 & 1 & 1 \end{pmatrix}.$$

2. 设 $B(\lambda)$ 是特征矩阵 $\lambda E - A$ 的等价标准形，则有可逆 λ-矩阵 $P(\lambda)$，$Q(\lambda)$，使

$$P(\lambda)(\lambda E - A)Q(\lambda) = B(\lambda),$$

两边取转置，可得

$$Q'(\lambda)(\lambda E - A')P'(\lambda) = B(\lambda),$$

因此 $\lambda E - A$ 与 $\lambda E - A'$ 等价，从而 A 与 A' 相似.

3. 1) $f_A(\lambda) = (\lambda - 2)^3$，特征值 $\lambda_1 = \lambda_2 = \lambda_3 = 2$. A 的相似若尔当标准形可为

$$J_1 = \begin{pmatrix} 2 & & \\ 1 & 2 & \\ & 1 & 2 \end{pmatrix}, \quad J_2 = \begin{pmatrix} 2 & & \\ & 2 & \\ & 1 & 2 \end{pmatrix}, \quad J_3 = \begin{pmatrix} 2 & & \\ & 2 & \\ & & 2 \end{pmatrix}.$$

考虑矩阵 $A - 2E = \begin{pmatrix} 0 & 0 & 0 \\ a & 0 & 0 \\ b & c & 0 \end{pmatrix}$ 的秩的情形：

当 $ac \neq 0$ 时，$R(A - 2E) = 2$，则只有一个若尔当块，因此 $A \sim J_1$；当 $a = 0$ 且 b，c 不同时为零，或 $c = 0$ 且 a，b 不同时为零时，$R(A - 2E) = 1$，则有两个若尔当块，因此 $A \sim J_2$；当 $a = b = c = 0$ 时，$A \sim J_3$.

2) 当且仅当 $a = b = c = 0$ 时，A 可对角化..

4. $f_A(\lambda) = (\lambda - 1)^3(\lambda + 2)^2$. 令

$$J_{11} = \begin{pmatrix} 1 & & \\ & 1 & \\ & & 1 \end{pmatrix}, \quad J_{12} = \begin{pmatrix} 1 & & \\ & 1 & \\ & 1 & 1 \end{pmatrix}, \quad J_{13} = \begin{pmatrix} 1 & & \\ 1 & 1 & \\ & 1 & 1 \end{pmatrix};$$

$$J_{21} = \begin{pmatrix} -2 & \\ & -2 \end{pmatrix}, \quad J_{22} = \begin{pmatrix} -2 & \\ 1 & -2 \end{pmatrix}.$$

则可能的若尔当标准形为

$$\begin{pmatrix} J_{11} & \\ & J_{21} \end{pmatrix}, \begin{pmatrix} J_{12} & \\ & J_{21} \end{pmatrix}, \begin{pmatrix} J_{13} & \\ & J_{21} \end{pmatrix}, \begin{pmatrix} J_{11} & \\ & J_{22} \end{pmatrix}, \begin{pmatrix} J_{12} & \\ & J_{22} \end{pmatrix}, \begin{pmatrix} J_{13} & \\ & J_{22} \end{pmatrix}.$$

5. 先计算 A 的特征多项式 $f(\lambda) = |\lambda E - A| = \begin{vmatrix} (\lambda + 1)E & -E \\ -E & (\lambda - 1)E \end{vmatrix}$，由于

$$\begin{pmatrix} E & (\lambda + 1)E \\ O & E \end{pmatrix} \begin{pmatrix} (\lambda + 1)E & -E \\ -E & (\lambda - 1)E \end{pmatrix} = \begin{pmatrix} O & (\lambda^2 - 2)E \\ -E & (\lambda - 1)E \end{pmatrix},$$

所以 $f(\lambda) = \begin{vmatrix} O & (\lambda^2 - 2)E \\ -E & (\lambda - 1)E \end{vmatrix} = (\lambda^2 - 2)^n$.

对于 A 的最小多项式 $m(\lambda)$，由于 $m(\lambda) \mid f(\lambda)$，则易得 $m(\lambda) = \lambda^2 - 1$，那么矩阵 A 的不变因子分别为 $d_{2n}(\lambda) = \cdots = d_{n+1}(\lambda) = \lambda^2 - 2$，$d_n(\lambda) = \cdots = d_1(\lambda) = 1$，所以 A 的若尔当标准形为 $J = \begin{pmatrix} \sqrt{2}E & O \\ O & -\sqrt{2}E \end{pmatrix}$.

6. 由于 λ_0 是矩阵 A 的 n 重特征值，且 $R(\lambda_0 E - A) = n - 1$，因此矩阵 A 的若尔当标准形中只有一个若尔当块，那么存在可逆矩阵 T，使

$$T^{-1}AT = J = \begin{pmatrix} \lambda_0 & & & \\ 1 & \lambda_0 & & \\ & \ddots & \ddots & \\ & & 1 & \lambda_0 \end{pmatrix} \Rightarrow T^{-1}(\lambda_0 E - A)T = \begin{pmatrix} 0 & & & \\ -1 & 0 & & \\ & \ddots & \ddots & \\ & & -1 & 0 \end{pmatrix},$$

所以使 $(\lambda_0 E - A)^m = O$ 的最小正整数 $m = n$.

补充题

1. 因 $b_1 = n - (n-2) = 2$，$b_2 = (n-2) - (n-4) = 2$，$b_3 = (n-4) - (n-4) = 0$，故 $a_1 = 0$，$a_2 = 2$，因此矩阵 A 的关于 λ_0 的若尔当块有两块，且均为二阶块，所以 A 的形如 $(\lambda - \lambda_0)^k$ 的初等因子为 $(\lambda - \lambda_0)^2$，$(\lambda - \lambda_0)^2$.

2. 存在可逆矩阵 $U(\lambda)$，$V(\lambda)$，使
$$U(\lambda)(\lambda E - A)V(\lambda) = diag(d_1(\lambda), d_2(\lambda), \cdots, d_r(\lambda), \cdots, d_n(\lambda)),$$
则
$$U(\lambda_0)(\lambda_0 E - A)V(\lambda_0) = diag(d_1(\lambda_0), d_2(\lambda_0), \cdots, d_r(\lambda_0), \cdots, d_n(\lambda_0)).$$
因 $U(\lambda)$，$V(\lambda)$ 可逆，故 $U(\lambda_0)$，$V(\lambda_0)$ 可逆. 从而
$$R(\lambda_0 E - A) = R(U(\lambda_0)(\lambda_0 E - A)V(\lambda_0)),$$
即得 $R(\lambda_0 E - A)$ 等于 $d_1(\lambda_0)$，$d_2(\lambda_0)$，$\cdots$，$d_n(\lambda_0)$ 中的非零项的个数.

由于 $d_i(\lambda) \mid d_{i+1}(\lambda)$，因此"$d_k(\lambda_0) = 0 \Rightarrow d_{k+1}(\lambda_0) = \cdots = d_n(\lambda_0) = 0$"，由此可得 $R(\lambda_0 E - A) = r$ 当且仅当 $d_1(\lambda_0)$，$d_2(\lambda_0)$，$\cdots$，$d_n(\lambda_0)$ 中有且仅有 $n-r$ 个零当且仅当 $d_r(\lambda_0) \neq 0$，$d_{r+1}(\lambda_0) = 0$ 当且仅当 $(\lambda - \lambda_0) d_r(\lambda)$，$(\lambda - \lambda_0) \mid d_{r+1}(\lambda)$.

3. 设矩阵 A 通过可逆矩阵 T 相似于若尔当标准形
$$T^{-1}AT = diag(J_1(0), \cdots, J_s(0), J(\lambda_1), \cdots, J(\lambda_t))$$
其中
$$J_i(0) = \begin{pmatrix} 0 & & & \\ 1 & 0 & & \\ & \ddots & \ddots & \\ & & 1 & 0 \end{pmatrix}_{m_i \times m_i}, i = 1, \cdots, s, \quad J(\lambda_j) = \begin{pmatrix} \lambda_j & & & \\ 1 & \lambda_j & & \\ & \ddots & \ddots & \\ & & 1 & \lambda_j \end{pmatrix}_{l_j \times l_j}, j = 1, \cdots, t,$$
且特征值 $\lambda_j \neq 0$，$j = 1, \cdots, t$，那么 $|J(\lambda_j)| \neq 0$，$j = 1, \cdots, t$.

设 $t = \max\{m_1, m_2, \cdots, m_s\}$，下证 $t \leq k$，（反证）假设 $t > k$. 由于
$$T^{-1}A^kT = diag(J_1^k(0), \cdots, J_s^k(0), J^k(\lambda_1), \cdots, J^k(\lambda_t)),$$
$$T^{-1}A^{k+1}T = diag(J_1^{k+1}(0), \cdots, J_s^{k+1}(0), J^{k+1}(\lambda_1), \cdots, J^{k+1}(\lambda_t)),$$
且 $J(\lambda_j)$ 可逆，即得 $R(J^k(\lambda_j)) = R(J^{k+1}(\lambda_j))$，$j = 1, \cdots, t$，但是
$$\text{秩} \, diag(J_1^k(0), \cdots, J_s^k(0)) \geq \text{秩} \, diag(J_1^{k+1}(0), \cdots, J_s^{k+1}(0)),$$
所以 $R(A^k) > R(A^{k+1})$，矛盾. 那么 A 的若尔当标准形中的每个零特征值的若尔当块的阶数不超过 k，所以零特征值所对应的初等因子的次数不超过 k.

4. 对于复矩阵 A，则存在复可逆矩阵 P，使
$$T^{-1}AT = diag(J_1(\lambda_0), \cdots, J_s(\lambda_0), J(\lambda_1), \cdots, J(\lambda_t))$$
其中

$$J_i(\lambda_0) = \begin{pmatrix} \lambda_0 & & & \\ 1 & \lambda_0 & & \\ & \ddots & \ddots & \\ & & 1 & \lambda_0 \end{pmatrix}_{m_i \times m_i}, \quad i=1, \cdots, s, \quad J(\lambda_j) = \begin{pmatrix} \lambda_j & & & \\ 1 & \lambda_j & & \\ & \ddots & \ddots & \\ & & 1 & \lambda_j \end{pmatrix}_{l_j \times l_j}, \quad j=1, \cdots, t,$$

且 $\lambda_j \neq \lambda_0$，$j=1$，$\cdots$，t，$m_1 + m_2 + \cdots + m_s = k$. 那么

$$T^{-1}(A - \lambda_0 E)T = diag(J_1(0), \cdots, J_s(0), J(\mu_1), \cdots, J(\mu_t)),$$

从而

$$T^{-1}(A - \lambda_0 E)^k T = diag(J_1^k(0), \cdots, J_s^k(0), J^k(\mu_1), \cdots, J^k(\mu_t)),$$

其中

$$J_i(0) = \begin{pmatrix} 0 & & & \\ 1 & 0 & & \\ & \ddots & \ddots & \\ & & 1 & 0 \end{pmatrix}_{m_i \times m_i}, \quad i=1, \cdots, s, \quad J(\mu_j) = \begin{pmatrix} \mu_j & & & \\ 1 & \mu_j & & \\ & \ddots & \ddots & \\ & & 1 & \mu_j \end{pmatrix}_{l_j \times l_j}, \quad j=1, \cdots, t,$$

$\mu_j = \lambda_j - \lambda_0 \neq 0$，$j=1$，$\cdots$，$t$，由于 $J_i^k(0) = O(i=1, \cdots, s)$，$J^k(\mu_j)(j=1, \cdots, t)$ 为可逆阵块，所以 $R(A - \lambda_0 E)^k = n - k$.

5. 设 $\mathscr{A}$ 在 V 的一组基 ε_1，ε_2，$\cdots$，ε_n 下的矩阵为 A，由于 A 是 $d(\lambda)$ 的伴侣阵，因此可设多项式 $d(\lambda) = \lambda^n + a_1 \lambda^{n-1} + \cdots + a_{n-1} \lambda + a_n$，且 $\mathscr{A}$ 在此基下的矩阵就为

$$A = \begin{pmatrix} 0 & 0 & \cdots & 0 & -a_n \\ 1 & 0 & \cdots & 0 & -a_{n-1} \\ 0 & 1 & \cdots & 0 & -a_{n-2} \\ \vdots & \vdots & \ddots & \vdots & \vdots \\ 0 & 0 & \cdots & 1 & -a_1 \end{pmatrix},$$

由习题 8.1 的题 2，则 $\mathscr{A}$ 的不变因子分别为

$$d_1(\lambda) = d_2(\lambda) = \cdots = d_{n-1}(\lambda) = 1, \quad d_n(\lambda) = d(\lambda),$$

由例 8.7，因此 $\mathscr{A}$ 的最小多项式 $m(\lambda) = d_n(\lambda) = d(\lambda)$.

6. 设 $\mathscr{A}$ 在 V 的一组基 ε_1，ε_2，$\cdots$，ε_n 下的矩阵为

$$A = \begin{pmatrix} 0 & 0 & \cdots & 0 & -a_n \\ 1 & 0 & \cdots & 0 & -a_{n-1} \\ 0 & 1 & \cdots & 0 & -a_{n-2} \\ \vdots & \vdots & \ddots & \vdots & \vdots \\ 0 & 0 & \cdots & 1 & -a_1 \end{pmatrix},$$

即矩阵 A 是多项式 $d(\lambda) = \lambda^n + a_1 \lambda^{n-1} + \cdots + a_{n-1} \lambda + a_n$ 的伴侣阵，则有

$$\mathscr{A}\varepsilon_1 = \varepsilon_2, \quad \mathscr{A}\varepsilon_2 = \varepsilon_3, \quad \cdots, \quad \mathscr{A}\varepsilon_{n-1} = \varepsilon_n, \quad \mathscr{A}\varepsilon_n = -a_n\varepsilon_1 - a_{n-1}\varepsilon_2 - \cdots - a_1\varepsilon_n,$$

$$\therefore \varepsilon_1 = \varepsilon_1, \quad \varepsilon_2 = \mathscr{A}\varepsilon_1, \quad \varepsilon_3 = \mathscr{A}^2\varepsilon_1, \quad \cdots, \quad \varepsilon_n = \mathscr{A}^{n-1}\varepsilon_1,$$

所以 ε_1，ε_2，$\cdots$，ε_n 是 V 的循环基，$\alpha = \varepsilon_1$ 是循环向量，即得 V 是循环空间.

关于 $m(\lambda) = d(\lambda)$，上题已证，下用另外方法证. 线性变换 $\mathscr{A}$ 的特征多项式

$$f_{\mathscr{A}}(\lambda) = |\lambda E - A| = \lambda^n + a_1 \lambda^{n-1} + \cdots + a_{n-1} \lambda + a_n = d(\lambda),$$

由哈密顿-凯莱定理，则 $d(\mathscr{A}) = O$，只需证 $\mathscr{A}$ 的最小多项式 $m(\lambda)$ 的次数为 n 即可.

(反证) 假设 $\partial(m(\lambda)) = k < n$，设 $m(\lambda) = \lambda^k + c_1 \lambda^{k-1} + \cdots + c_{k-1} \lambda + c_k$，则

$$0 = m(\mathscr{A})\varepsilon_1 = \mathscr{A}^k\varepsilon_1 + c_1\mathscr{A}^{n-1}\varepsilon_1 + \cdots + c_{k-1}\mathscr{A}\varepsilon_1 + c_k\varepsilon_1,$$

那么 $\mathscr{A}^k\varepsilon_1$，$\mathscr{A}^{k-1}\varepsilon_1$，$\cdots$，$\mathscr{A}\varepsilon_1$，$\varepsilon_1$ 线性相关，矛盾，所以 $m(\lambda) = f_{\mathscr{A}}(\lambda) = d(\lambda)$.

7. 由已知，V 关于变换 $\mathscr{A}$ 存在循环向量，即存在 $\alpha \in V$，使 α，$\mathscr{A}\alpha$，$\cdots$，$\mathscr{A}^{n-1}\alpha$ 为 V 的一组基. 设 $\mathscr{B} \in L(V)$，使 $\mathscr{A}\mathscr{B} = \mathscr{B}\mathscr{A}$，记

$$\mathscr{B}\alpha = b_0\alpha + b_0\mathscr{A}\alpha + \cdots + b_{n-1}\mathscr{A}^{n-1}\alpha = f(\mathscr{A})\alpha,$$

其中 $f(\lambda) = b_0 + b_1\lambda + \cdots + b_{n-1}\lambda^{n-1}$.

$\forall \beta \in V$，设 $\beta = x_1\alpha + x_2\mathscr{A}\alpha + \cdots + x_n\mathscr{A}^{n-1}\alpha$，那么

$$
\begin{aligned}
\mathscr{B}\beta &= \mathscr{B}(x_1\alpha + x_2\mathscr{A}\alpha + \cdots + x_n\mathscr{A}^{n-1}\alpha) \\
&= x_1\mathscr{B}\alpha + x_2\mathscr{B}\mathscr{A}\alpha + \cdots + x_n\mathscr{B}\mathscr{A}^{n-1}\alpha \\
&= x_1\mathscr{B}\alpha + x_2\mathscr{A}\mathscr{B}\alpha + \cdots + x_n\mathscr{A}^{n-1}\mathscr{B}\alpha \\
&= x_1 f(\mathscr{A})\alpha + x_2\mathscr{A}f(\mathscr{A})\alpha + \cdots + x_n\mathscr{A}^{n-1}f(\mathscr{A})\alpha \\
&= f(\mathscr{A})(x_1\alpha + x_2\mathscr{A}\alpha + \cdots + x_n\mathscr{A}^{n-1}\alpha) = f(\mathscr{A})\beta,
\end{aligned}
$$

所以 $\mathscr{B} = f(\mathscr{A})$.

第九章 欧几里得空间

关键知识点：内积及欧几里得空间(欧氏空间)，长度、夹角及正交，度量矩阵及其性质；标准正交基，施密特正交化方法及其定理，正交矩阵，正交补及其性质，内射影；欧氏空间的同构，正交变换及其性质；实对称矩阵的特征值特征向量的性质，对称变换，对称变换与实对称矩阵之间的关系，对称变换的不变性，实对称矩阵正交相似对角化定理，实二次型经正交线性替换化成标准形定理；酉空间的概念性质.

§1 定义与基本性质

定义 1 设 V 是实数域 $\mathbf{R}$ 上的线性空间，在 V 上定义一个二元向量实函数，称为内积，记作 (α, β)，它具有以下性质：

1) $(\alpha, \beta) = (\beta, \alpha)$；

2) $(k\alpha, \beta) = k(\alpha, \beta)$；

3) $(\alpha+\beta, \gamma) = (\alpha, \gamma)+(\beta, \gamma)$；

4) $(\alpha, \alpha) \geqslant 0$，当且仅当 $\alpha = 0$ 时 $(\alpha, \alpha) = 0$.

其中任意 $\alpha, \beta, \gamma \in V$，任意 $k \in \mathbf{R}$，此线性空间 V 称为欧几里得空间(欧氏空间).

定义 2 非负实数 $\sqrt{(\alpha, \alpha)}$ 称为向量 α 的长度，记为 $|\alpha|$. 若 $|\alpha| = 1$，则称 α 为单位向量.

柯西-布涅柯夫斯基不等式 对于欧几里得空间 V 中的任意两个向量 α, β，有
$$|(\alpha, \beta)| \leqslant |\alpha| \cdot |\beta|.$$

当且仅当 α, β 线性相关时，等号才成立.

定义 3 非负向量 α, β 的夹角 $\langle \alpha, \beta \rangle$ 规定为
$$\langle \alpha, \beta \rangle = \arccos \frac{(\alpha, \beta)}{|\alpha||\beta|}, \quad 0 \leqslant \langle \alpha, \beta \rangle \leqslant \pi.$$

根据柯西-布涅柯夫斯基不等式，我们有三角形不等式 $|\alpha+\beta| \leqslant |\alpha|+|\beta|$.

其实
$$|\alpha+\beta|^2 = (\alpha+\beta, \alpha+\beta) = (\alpha, \alpha)+2(\alpha, \beta)+(\beta, \beta)$$
$$\leqslant |\alpha|^2+2|\alpha||\beta|+|\beta|^2 = (|\alpha|+|\beta|)^2,$$
$$\therefore |\alpha+\beta| \leqslant |\alpha|+|\beta|.$$

定义 4 若向量 α, β 的内积为零，即 $(\alpha, \beta) = 0$，则 α, β 称为正交或互相垂直，记为 $\alpha \perp \beta$.

勾股定理：当 α, β 正交时，$|\alpha+\beta|^2 = |\alpha|^2+|\beta|^2$.

设 V 是 n 维欧几里得空间，取一组基 $\varepsilon_1, \varepsilon_2, \cdots, \varepsilon_n$，任给 $\alpha, \beta \in V$，设
$$\alpha = x_1\varepsilon_1+x_2\varepsilon_2+\cdots+x_n\varepsilon_n, \quad \beta = y_1\varepsilon_1+y_2\varepsilon_2+\cdots+y_n\varepsilon_n,$$

则
$$(\alpha, \beta) = (x_1\varepsilon_1+x_2\varepsilon_2+\cdots+x_n\varepsilon_n, \ y_1\varepsilon_1+y_2\varepsilon_2+\cdots+y_n\varepsilon_n)$$
$$= \sum_{i=1}^{n}\sum_{j=1}^{n}(\varepsilon_i, \varepsilon_j)x_iy_j,$$

记 $a_{ij} = (\varepsilon_i, \varepsilon_j)$，$i, j = 1, 2, \cdots, n$，则 $a_{ij} = a_{ji}$，令 $A = (a_{ij})_{n \times n}$，$A$ 是实对称矩阵，称矩阵 A 为基 ε_1，$\varepsilon_2, \cdots, \varepsilon_n$ 的度量矩阵，记 $X = (x_1, x_2, \cdots, x_n)'$，$Y = (y_1, y_2, \cdots, y_n)'$，那么

$$(\alpha, \beta) = \sum_{i=1}^{n} \sum_{j=1}^{n} a_{ij} x_i y_j = X'AY. \tag{1}$$

不同基的度量矩阵是合同的（习题证明）；度量矩阵 $A = (a_{ij})_{n \times n}$ 是正定矩阵，这是因为：$\forall X = (x_1, x_2, \cdots, x_n)' \in \mathbf{R}^n$，$X \neq 0$，令 $\alpha = (\varepsilon_1, \varepsilon_2, \cdots, \varepsilon_n) X$，$0 \neq \alpha \in V$，那么

$$X'AX = \sum_{i=1}^{n} \sum_{j=1}^{n} x_i x_j (\varepsilon_i, \varepsilon_j) = \left(\sum_{i=1}^{n} x_i \varepsilon_i, \sum_{j=1}^{n} x_j \varepsilon_j \right) = (\alpha, \alpha) > 0.$$

例 9.1 设 $A = (a_{ij})$ 是一个 n 阶正定矩阵，而

$$\alpha = (x_1, x_2, \cdots, x_n), \quad \beta = (y_1, y_2, \cdots, y_n),$$

在 $\mathbf{R}^n$ 中定义内积 $(\alpha, \beta) = \alpha A \beta'$.

1）证明在这个定义之下，$\mathbf{R}^n$ 成一欧氏空间；

2）求基 $\varepsilon_1 = (1, 0, \cdots, 0)$，$\varepsilon_2 = (0, 1, \cdots, 0)$，$\cdots$，$\varepsilon_n = (0, 0, \cdots, 1)$ 的度量矩阵；

3）具体写出这个空间中的柯西–布湿柯夫斯基不等式.

解 1）易见 $(\alpha, \beta) = \alpha A \beta'$ 是 $\mathbf{R}^n$ 上的一个二元向量实函数，且

① $(\alpha, \beta) = \alpha A \beta' = (\alpha A \beta')' = \beta A' \alpha' = \beta A \alpha' = (\beta, \alpha)$；

② $(k\alpha, \beta) = (k\alpha) A \beta' = k(\beta A \alpha') = k(\beta, \alpha)$；

③ $(\alpha + \beta, \gamma) = (\alpha + \beta) A \gamma' = \alpha A \gamma' + \beta A \gamma' = (\alpha, \gamma) + (\beta, \gamma)$；

④ $(\alpha, \alpha) = \alpha A \alpha' = \sum_{i=1}^{n} \sum_{j=1}^{n} a_{ij} x_i x_j$.

由于 A 是正定矩阵，因此 $\sum_{i=1}^{n} \sum_{j=1}^{n} a_{ij} x_i x_j$ 是正定二次型，从而 $(\alpha, \alpha) \geqslant 0$，当且仅当 $\alpha = 0$ 时有 $(\alpha, \alpha) = 0$.

2）由于

$$b_{ij} = (\varepsilon_i, \varepsilon_j) = \varepsilon_i A \varepsilon'_j = a_{ij} (i, j = 1, 2, \cdots, n),$$

因此基 ε_1，$\varepsilon_2, \cdots, \varepsilon_n$ 的度量矩阵为 A.

3）柯西–布涅柯夫斯基不等式为

$$\left| \sum_{i=1}^{n} \sum_{j=1}^{n} a_{ij} x_i y_j \right| \leqslant \sqrt{\sum_{i=1}^{n} \sum_{j=1}^{n} a_{ij} x_i x_j} \sqrt{\sum_{i=1}^{n} \sum_{j=1}^{n} a_{ij} y_i y_j}.$$

例 9.2 设 $a_i \in \mathbf{R}$，$i = 1, 2, \cdots, n$，证明：$\sum_{i=1}^{n} |a_i| \leqslant \sqrt{n(a_1^2 + a_2^2 + \cdots + a_n^2)}$.

证 取 $\alpha = (1, 1, \cdots, 1)$，$\beta = (|a_1|, |a_2|, \cdots, |a_n|)$，则 $\alpha, \beta \in \mathbf{R}^n$，由柯西–布涅柯夫斯基不等式，则

$$\sum_{i=1}^{n} |a_i| = |(\alpha, \beta)| \leqslant |\alpha| |\beta| = \sqrt{n(a_1^2 + a_2^2 + \cdots + a_n^2)}.$$

例 9.3 设 V 是 n 维欧几里得空间，ε_1，$\varepsilon_2, \cdots, \varepsilon_n$ 是 V 的一组基. 证明：存在 V 的一组基 ε'_1，$\varepsilon'_2, \cdots, \varepsilon'_n$，使 $(\varepsilon_i, \varepsilon'_j) = \delta_{ij} = \begin{cases} 0 & i \neq j \\ 1 & i = j \end{cases}$.

证 设 $\varepsilon'_k = x_1 \varepsilon_1 + \cdots + x_k \varepsilon_k + \cdots + x_n \varepsilon_n (k = 1, 2, \cdots, n)$，使 $(\varepsilon_i, \varepsilon'_k) = \begin{cases} 0 & i \neq k \\ 1 & i = k \end{cases}$，

那么

$$\begin{cases} (\varepsilon_1, \ \varepsilon_1)x_1+\cdots+(\varepsilon_1, \ \varepsilon_k)x_k+\cdots+(\varepsilon_1, \ \varepsilon_n)x_n=0, \\ \cdots\cdots\cdots\cdots \\ (\varepsilon_k, \ \varepsilon_1)x_1+\cdots+(\varepsilon_k, \ \varepsilon_k)x_k+\cdots+(\varepsilon_k, \ \varepsilon_n)x_n=1, \\ \cdots\cdots\cdots\cdots \\ (\varepsilon_n, \ \varepsilon_1)x_1+\cdots+(\varepsilon_n, \ \varepsilon_k)x_k+\cdots+(\varepsilon_n, \ \varepsilon_n)x_n=0. \end{cases}$$

此方程组的系数矩阵 $A=((\varepsilon_i, \ \varepsilon_j))$ 为基 ε_1，ε_2，$\cdots$，ε_n 的度量矩阵，A 正定，因此可逆，所以方程组有解且解唯一，因此向量组 ε'_1，ε'_2，$\cdots$，ε'_n 存在(唯一)，下证其线性无关.

设 $l_1\varepsilon'_1+\cdots+l_k\varepsilon'_k+\cdots+l_n\varepsilon'_n=0$，用 ε_k 对等式两边作内积，由条件立即可得

$$l_k=0, \ k=1, \ 2, \ \cdots, \ n,$$

所以 ε'_1，ε'_2，$\cdots$，ε'_n 线性无关，也构成 V 的一组基.

习题 9.1

1. 在实矩阵空间 $V=\mathbf{R}^{n\times n}$ 中，定义二元向量实函数

$$(A, \ B)=tr(A'B), \ \forall A, \ B\in V.$$

证明：$(A, \ B)$ 是一个内积.

2. 设 X，$Y\in\mathbf{R}^n$，A 为 $n\times n$ 实对称矩阵，证明：

1) 若 A 是半正定矩阵，则 $(X'AY)^2\leqslant(X'AX)(Y'AY)$；

2) 若 A 是正定矩阵，则 $(X'Y)^2\leqslant(X'AX)(Y'A^{-1}Y)$.

3. 设 V 是 n 维欧氏空间，α_1，α_2，$\cdots$，α_n 是 V 的一组基. 证明：若 $\gamma\in V$，使

$$(\gamma, \ \alpha_i)=0, \ i=1, \ 2, \ \cdots, \ n,$$

则 $\gamma=0$.

4. 设 V 是 n 维欧几里得空间，证明：V 中不同基的度量矩阵是合同的.

5. 设 V 是 n 维欧氏空间，α_1，α_2，$\cdots$，$\alpha_m\in V$，记矩阵

$$\Delta=\begin{pmatrix} (\alpha_1, \ \alpha_1) & (\alpha_1, \ \alpha_2) & \cdots & (\alpha_1, \ \alpha_m) \\ (\alpha_2, \ \alpha_1) & (\alpha_2, \ \alpha_2) & \cdots & (\alpha_2, \ \alpha_m) \\ \vdots & \vdots & & \vdots \\ (\alpha_m, \ \alpha_1) & (\alpha_m, \ \alpha_2) & \cdots & (\alpha_m, \ \alpha_m) \end{pmatrix},$$

称 Δ 为格拉姆(Gram)矩阵，Δ 也可记为 $G(\alpha_1, \ \alpha_2, \ \cdots, \ \alpha_m)$. 证明：

1) 矩阵 Δ 是半正定的；

2) 行列式 $|\Delta|\neq0$ 当且仅当 α_1，α_2，$\cdots$，α_m 线性无关.

§2 标准正交基与子空间

一、标准正交基

定义 5 欧氏空间 V 中一组非零的向量，若它们两两正交，则称为一正交向量组.

欧氏空间 V 中的正交向量组 α_1，α_2，$\cdots$，α_m 必线性无关.

定义 6 在 n 维欧氏空间中，由 n 个向量组成的正交向量组称为正交基；由单位向量组成的正交基称为标准正交基.

由定义，则 ε_1，ε_2，$\cdots$，ε_n 是 V 的一组标准正交基的充分必要条件是

$$(\varepsilon_i, \varepsilon_j) = \begin{cases} 1, & i=j, \\ 0, & i\neq j. \end{cases} (i, j = 1, 2, \cdots, n).$$

因此 ε_1，ε_2，$\cdots$，ε_n 为标准正交基当且仅当它的度量矩阵是单位矩阵.

在 n 维欧氏空间 V 中取一组基 α_1，α_2，$\cdots$，α_n，其度量矩阵 $A = ((\alpha_i, \alpha_j))$ 正定，那么 A 合同于单位矩阵 E，因此存在实可逆矩阵 C，使 $C'AC = E$，令

$$(\eta_1, \eta_2, \cdots, \eta_n) = (\alpha_1, \alpha_2, \cdots, \alpha_n)C,$$

则 η_1，η_2，$\cdots$，η_n 也构成 V 的一组基，此基的度量矩阵 $B = ((\eta_i, \eta_j)) = C'AC = E$，所以 η_1，η_2，$\cdots$，η_n 构成 V 的标准正交基，即 V 存在标准正交基.

定理 1 n 维欧氏空间中任一个正交向量组都能扩充成一组正交基.

定理 2 对于 n 维欧氏空间中任意一组基 ε_1，ε_2，$\cdots$，ε_n，都可以找到一组标准正交基 η_1，η_2，$\cdots$，η_n，使

$$L(\varepsilon_1, \varepsilon_2, \cdots, \varepsilon_i) = L(\eta_1, \eta_2, \cdots, \eta_i), \ i = 1, 2, \cdots, n.$$

定理中的将一组线性无关向量化成单位正交向量组的方法称为施密特（Schimidt）正交化过程.

设向量组 α_1，α_2，$\cdots$，α_m 线性无关，则化正交向量组的正交化公式为

$$\beta_1 = \alpha_1, \ \beta_j = \alpha_j - \sum_{i=1}^{j-1} \frac{(\alpha_j, \beta_i)}{(\beta_i, \beta_i)}\beta_i, \ (j = 2, 3, \cdots, m).$$

由正交化公式，则由基 ε_1，ε_2，$\cdots$，ε_n 化成标准正交基 η_1，η_2，$\cdots$，η_n 产生的过渡矩阵是上三角形矩阵.

定义 7 n 级实数矩阵 A 称为正交矩阵，如果 $A'A = E$.

设 ε_1，ε_2，$\cdots$，ε_n 是 V 的一组标准正交基，令

$$(\eta_1, \eta_2, \cdots, \eta_n) = (\varepsilon_1, \varepsilon_2, \cdots, \varepsilon_n)A,$$

则 η_1，η_2，$\cdots$，η_n 是 V 的一组标准正交基当且仅当过渡矩阵 A 是正交矩阵.

n 阶实方阵 A 为正交矩阵的充分必要条件是行（列）向量组构成 $\mathbf{R}^n$ 的标准正交基.

例 9.4 在 $\mathbf{R}[x]_4$ 中，定义内积为 $(f, g) = \int_{-1}^1 f(x)g(x)\mathrm{d}x$，求 $\mathbf{R}[x]_4$ 的一组标准正交基（由基 1，x，x^2，x^3 出发作正交化）.

解 取 $\mathbf{R}[x]_4$ 的一组基为 $\alpha_1 = 1$，$\alpha_2 = x$，$\alpha_3 = x^2$，$\alpha_4 = x^3$，将其正交化

$$\beta_1 = \alpha_1 = 1, \ \beta_2 = \alpha_2 - \frac{(\alpha_2, \beta_1)}{(\beta_1, \beta_1)}\beta_1 = x, \ \text{其中}(\alpha_2, \beta_1) = \int_{-1}^1 x \cdot 1\mathrm{d}x = 0,$$

$$\because (\alpha_3, \beta_1) = (\beta_2, \beta_2) = \int_{-1}^1 x^2 \mathrm{d}x = \frac{2}{3}, \ (\beta_1, \beta_1) = \int_{-1}^1 1 \cdot 1 \mathrm{d}x\mathrm{d}x = 2,$$

$$(\alpha_3, \beta_2) = \int_{-1}^1 x^2 \cdot x\mathrm{d}x = 0,$$

$$\therefore \beta_3 = \alpha_3 - \frac{(\alpha_3, \beta_1)}{(\beta_1, \beta_1)}\beta_1 - \frac{(\alpha_3, \beta_2)}{(\beta_2, \beta_2)}\beta_2 = x^2 - \frac{1}{3},$$

同理可得

$$\beta_4 = \alpha_4 - \frac{(\alpha_4, \beta_1)}{(\beta_1, \beta_1)}\beta_1 - \frac{(\alpha_4, \beta_2)}{(\beta_2, \beta_2)}\beta_2 - \frac{(\alpha_4, \beta_3)}{(\beta_3, \beta_3)}\beta_3 = x^3 - \frac{3}{5}x.$$

再将 β_1，β_2，β_3，β_4 单位化，即得

$$\eta_1 = \frac{\sqrt{2}}{2}, \ \eta_2 = \frac{\sqrt{6}}{2x}, \ \eta_3 = \frac{\sqrt{10}}{4}(3x^2 - 1), \ \eta_4 = \frac{\sqrt{14}}{4}(5x^3 - 3x).$$

那么 η_1，η_2，η_3，η_4 即为所求的一组标准正交基.

例 9.5 设 ε_1，ε_2，$\cdots$，ε_m 为 n 维欧氏空间 V 的单位正交向量组. 证明：$\forall \alpha \in V$，有
$$(\alpha, \varepsilon_1)^2 + (\alpha, \varepsilon_2)^2 + \cdots + (\alpha, \varepsilon_m)^2 \leqslant |\alpha|^2,$$
且等号成立当且仅当 $\alpha = (\alpha, \varepsilon_1)\varepsilon_1 + (\alpha, \varepsilon_2)\varepsilon_2 + \cdots + (\alpha, \varepsilon_m)\varepsilon_m$（Bessel 不等式）.

证 可将 ε_1，ε_2，$\cdots$，ε_m 扩充成 V 的一组标准正交基 ε_1，ε_2，$\cdots$，ε_m，ε_{m+1}，$\cdots$，ε_n，那么任给 $\alpha \in V$，可设
$$\alpha = k_1\varepsilon_1 + k_2\varepsilon_2 + \cdots + k_m\varepsilon_m + k_{m+1}\varepsilon_{m+1} + \cdots + k_n\varepsilon_n,$$
两边与 ε_i 作内积，则 $k_i = (\alpha, \varepsilon_i)$，$i = 1, 2, \cdots, n$，因此
$$\alpha = (\alpha, \varepsilon_1)\varepsilon_1 + (\alpha, \varepsilon_2)\varepsilon_2 + \cdots + (\alpha, \varepsilon_m)\varepsilon_m + (\alpha, \varepsilon_{m+1})\varepsilon_{m+1} + \cdots + (\alpha, \varepsilon_n)\varepsilon_n,$$
所以
$$|\alpha|^2 = (\alpha, \varepsilon_1)^2 + (\alpha, \varepsilon_2)^2 + \cdots + (\alpha, \varepsilon_m)^2 + (\alpha, \varepsilon_{m+1})^2 + \cdots + (\alpha, \varepsilon_n)^2$$
$$\geqslant (\alpha, \varepsilon_1)^2 + (\alpha, \varepsilon_2)^2 + \cdots + (\alpha, \varepsilon_m)^2,$$
取等号当且仅当 $k_{m+1} = \cdots = k_n = 0$，即 $\alpha = (\alpha, \varepsilon_1)\varepsilon_1 + (\alpha, \varepsilon_2)\varepsilon_2 + \cdots + (\alpha, \varepsilon_m)\varepsilon_m$.

例 9.6 证明：上三角的正交矩阵是对角矩阵，且对角线上的元素为 +1 或 −1.

证 设 T 是上三角矩阵，也是正交矩阵，则 $T^{-1} = T'$. 由例 4.24，则 T^{-1} 仍为上三角矩阵，但 T' 是下三角矩阵，所以 $T^{-1} = T'$ 必为对角矩阵，即得 T 为对角矩阵，因此可设 $T = diag(t_{11}, t_{22}, \cdots, t_{nn})$，由于 $T'T = E$，因此 $t_{ii}^2 = 1$，所以 $t_{ii} = \pm 1$.

例 9.7 1) 设 A 为 n 级实矩阵，且 $|A| \neq 0$. 证明：A 可以分解成 $A = QT$，其中 Q 是正交矩阵，T 是上三角形矩阵

$$T = \begin{pmatrix} t_{11} & t_{12} & \cdots & t_{1n} \\ 0 & t_{22} & \cdots & t_{2n} \\ \cdots & \cdots & \cdots & \cdots \\ 0 & 0 & \cdots & t_{nn} \end{pmatrix},$$

T 中主对角线上的元素 $t_{ii} > 0$（$i = 1, 2, \cdots, n$）. 并且这种分解唯一；

2) 设 A 是 n 级正定矩阵，证明：存在唯一的上三角形矩阵 T，使 $A = T'T$.

证 1) 对实可逆矩阵 A 按列分块，记 $A = (\alpha_1, \alpha_2, \cdots, \alpha_n)$，则 $\alpha_1, \alpha_2, \cdots, \alpha_n$ 构成空间 $\mathbf{R}^n$ 的一组基，将此基进行施密特正交化，可得 $\mathbf{R}^n$ 的标准正交基 $\eta_1, \eta_2, \cdots, \eta_n$，由正交化过程知，可设

$$\begin{cases} \eta_1 = k_{11}\alpha_1, \\ \eta_2 = k_{12}\alpha_1 + k_{22}\alpha_2, \\ \cdots\cdots\cdots\cdots\cdots\cdots \\ \eta_n = k_{1n}\alpha_1 + k_{2n}\alpha_2 + \cdots + k_{nn}\alpha_n. \end{cases}, \quad 并记 K = \begin{pmatrix} k_{11} & k_{12} & \cdots & k_{1n} \\ 0 & k_{22} & \cdots & k_{2n} \\ \cdots & \cdots & \cdots & \cdots \\ 0 & 0 & \cdots & k_{nn} \end{pmatrix},$$

其中 $k_{ij} \in \mathbf{R}$（$1 \leqslant i \leqslant j \leqslant n$），且 $k_{ii} > 0$（$i = 1, 2, \cdots, n$）. 那么
$$(\eta_1, \eta_2, \cdots, \eta_n) = (\alpha_1, \alpha_2, \cdots, \alpha_n)K.$$

由于 $k_{ii} > 0$（$i = 1, 2, \cdots, n$），则矩阵 K 可逆，其逆仍为上三角形矩阵，并且主对角线上的元素全正，因此有 $(\alpha_1, \alpha_2, \cdots, \alpha_n) = (\eta_1, \eta_2, \cdots, \eta_n)K^{-1}$.

记 $Q = (\eta_1, \eta_2, \cdots, \eta_n)$，$T = K^{-1}$，则得 $A = QT$，其中 Q 为正交矩阵，并且 T 为上三角形矩阵，主对角线上的元素全大于零.

下证 $A = QT$ 的分解唯一：设 A 另可分解为 $A = Q_1T_1$，其中 Q_1 为正交矩阵，T_1 是上三角形矩阵，且主对角线上的元素也全大于零，那么

$$QT = Q_1 T_1 \Rightarrow T T_1^{-1} = Q^{-1} Q_1 = Q' Q_1,$$

易验证 $Q'Q_1$ 是正交矩阵，但 TT_1^{-1} 是上三角形矩阵，由上例，则 $TT_1^{-1} = E$，故 $T = T_1$，从而 $Q = Q_1$.

2）由于 A 是正定矩阵，则存在实可逆矩阵 D，使 $A = D'D$，对于 D，由 1），则有 $D = QT$，其中 Q 为正交矩阵，T 为上三角形矩阵，且主对角线上的元素均正，故

$$A = T'Q'QT = T'T.$$

下证分解式 $A = T'T$ 唯一：另设 $A = T'_1 T_1$，其中 T_1 亦为上三角形矩阵且主对角线上的元素均正，则

$$T'T = T'_1 T_1 \Rightarrow (TT_1^{-1})' (TT_1^{-1}) = E,$$

那么 TT_1^{-1} 既是正交矩阵，又是上三角形矩阵，且主对角线上的元素均正，故 $TT_1^{-1} = E$，从而 $T = T_1$.

二、子空间

定义 8 设 V_1，V_2 均为欧氏空间 V 的子空间，$\forall \alpha \in V_1$，$\beta \in V_2$，恒有 $(\alpha, \beta) = 0$，则称 V_1，V_2 为正交的，记为 $V_1 \perp V_2$. 一个向量 α，若 $\forall \beta \in V_1$，恒有 $(\alpha, \beta) = 0$，则称 α 与子空间 V_1 正交，记为 $\alpha \perp V_1$.

定理 3 如果子空间 V_1，V_2，$\cdots$，V_s 两两正交，那么和 $V_1 + V_2 + \cdots + V_s$ 是直和.

定义 9 子空间 V_2 称为子空间 V_1 的一个正交补，如果 $V_1 \perp V_2$，且 $V_1 + V_2 = V$.

定理 4 n 维欧氏空间 V 的每一个子空间 V_1 都有唯一的正交补（记为 $V_1^{\perp}$）.

推论 设 V_1 是欧氏空间 V 的子空间，记 $W = \{\alpha \in V \mid \alpha \perp V_1\}$，则 $V_1^{\perp} = W$.

其实，$\forall \alpha \in V_1^{\perp}$，由于 $V_1^{\perp} \perp V_1$，因此 $\alpha \perp V_1$，即 $\alpha \in W$，说明 $V_1^{\perp} \subset W$；反之，$\forall \alpha \in W$，则 $\alpha \in V$，可设 $\alpha = \alpha_1 + \alpha_2$，其中 $\alpha_1 \in V_1$，$\alpha_2 \in V_1^{\perp}$，那么

$$(\alpha, \alpha_1) = (\alpha_1, \alpha_1) + (\alpha_2, \alpha_1) \Rightarrow (\alpha_1, \alpha_1) = 0 \Rightarrow \alpha_1 = 0,$$

因此 $\alpha = \alpha_2 \in V_1^{\perp}$，说明 $W \subset V_1^{\perp}$，所以 $V_1^{\perp} = W$.

由于 $V = V_1 \oplus V_1^{\perp}$，因此任给向量 $\alpha \in V$，则 α 可唯一地分解成 $\alpha = \alpha_1 + \alpha_2$，其中 $\alpha_1 \in V_1$，$\alpha_2 \in V_1^{\perp}$，那么称 α_1 为向量 α 在子空间 V_1 上的内射影.

例 9.8 在空间 $\mathbf{R}^4$ 中，设子空间 W 的基为 $\alpha_1 = (1, -1, 1, -1)$，$\alpha_2 = (0, 1, 1, 0)$，求向量 $\alpha = (1, -3, 1, -3)$ 在 W 上的内射影.

解 设 $\beta = x_1 \alpha_1 + x_2 \alpha_2 \in W$ 为向量 α 在 W 上的内射影，因此即有 $\beta - \alpha \perp W$，则得 $\beta - \alpha \perp \alpha_1$，$\beta - \alpha \perp \alpha_2$，即 $(\alpha_1, \beta - \alpha) = 0$，$(\alpha_2, \beta - \alpha) = 0$，解方程组

$$\begin{cases} (\alpha_1, \alpha_1) x_1 + (\alpha_1, \alpha_2) x_2 = (\alpha_1, \alpha) \\ (\alpha_2, \alpha_1) x_1 + (\alpha_2, \alpha_2) x_2 = (\alpha_2, \alpha) \end{cases} \text{即} \begin{cases} 4x_1 + 0x_2 = 8 \\ 0x_1 + 2x_2 = -2 \end{cases},$$

得唯一解 $x_1 = 2$，$x_2 = -1$，所以 $\beta = 2\alpha_1 - \alpha_2 = (2, -3, 1, -2)$.

另解 易知 W 的标准正交基为 $\eta_1 = \dfrac{1}{2}(1, -1, 1, -1)$，$\eta_2 = \dfrac{\sqrt{2}}{2}(0, 1, 1, 0)$，那么 α 在 W 上的内射影

$$\beta = (\alpha, \eta_1) \eta_1 + (\alpha, \eta_2) \eta_2 = (2, -3, 1, -2).$$

例 9.9 设 V_1，V_2 是欧氏空间 V 的两个子空间. 证明：

$$(V_1 + V_2)^{\perp} = V_1^{\perp} \cap V_2^{\perp}, \quad (V_1 \cap V_2)^{\perp} = V_1^{\perp} + V_2^{\perp}.$$

证 任给 $\gamma \in (V_1 + V_2)^{\perp}$，那么 $\gamma \perp (V_1 + V_2)$，由于 $V_1 \subset V_1 + V_2$，$V_2 \subset V_1 + V_2$，因此 $\gamma \perp V_1$，$\gamma \perp V_2$，

即 $\gamma \in V_1^\perp$，$\gamma \in V_2^\perp$，则 $\gamma \in V_1^\perp \cap V_2^\perp$，故 $(V_1+V_2)^\perp \subset V_1^\perp \cap V_2^\perp$.

任给 $\gamma \in V_1^\perp \cap V_2^\perp$，则 $\gamma \in V_1^\perp$，且 $\gamma \in V_2^\perp$，故 $\gamma \perp V_1$，$\gamma \perp V_2$. $\forall \delta \in V_1+V_2$，可设 $\delta = \alpha+\beta$，其中 $\alpha \in V_1$，$\beta \in V_2$，那么

$$(\gamma, \delta) = (\gamma, \alpha+\beta) = (\gamma, \alpha) + (\gamma, \beta) = 0,$$

因此 $\gamma \in (V_1+V_2)^\perp$，所以 $V_1^\perp \cap V_2^\perp \subset (V_1+V_2)^\perp$. 总之 $(V_1+V_2)^\perp = V_1^\perp \cap V_2^\perp$.

用 $V_1^\perp$ 替换 V_1，$V_2^\perp$ 替换 V_2，代入上式即可证得另一式.

习题 9.2

1. 在 $\mathbf{R}^5$ 中，设齐次线性方程组

$$\begin{cases} 2x_1+x_2-x_3+x_4-3x_5=0 \\ x_1+x_2-x_3+x_5=0 \end{cases}$$

的解空间为 W，求 W 的一组标准正交基.

2. 设 V 是 n 维欧氏空间，给定 $0 \neq \alpha \in V$，令 $V_1 = \{x \in V \mid (x, \alpha)=0\}$，证明：$V_1$ 是 V 的子空间，且 $\dim V_1 = n-1$.

3. 构造两个 2×2 正交矩阵 A，B，使得 $A+B$ 仍为正交矩阵.

4. 证明：不存在正交矩阵 A，B，使得 $A^2 = AB+B^2$.

5. 将矩阵 A 分解成 $A=QT$，其中 Q 为正交矩阵，T 为上三角形矩阵. 其中

$$A = \begin{pmatrix} 1 & 0 & 2 \\ 2 & 2 & 1 \\ 2 & 1 & 3 \end{pmatrix}.$$

6. 欧氏空间 $\mathbf{R}^{n\times n}$ 中，指定的内积为 $(A, B)=tr(A'B)$，设 W 是由所有对角矩阵组成的子空间，求 $W^\perp$ 及 $W^\perp$ 的一个标准正交基.

7. 证明：向量 $\beta \in V_1$ 是向量 α 在子空间 V_1 上的内射影的充分必要条件是任给 $\xi \in V_1$，均有 $|\alpha-\beta| \leq |\alpha-\xi|$.

8. 设 V 为 n 维欧氏空间，V_1，V_2 是 V 的两个子空间，且 $\dim V_1 < \dim V_2$. 证明：必存在 $0 \neq \alpha \in V_2$，使 $\alpha \perp V_1$.

§3 同构与正交变换

一、同构

定义 10 设 V，V' 均为实数域 $\mathbf{R}$ 上的欧氏空间，若存在 V 到 V' 的双射 σ，使

1）$\sigma(\alpha+\beta) = \sigma(\alpha)+\sigma(\beta)$；

2）$\sigma(k\alpha) = k\sigma(\alpha)$；

3）$(\sigma(\alpha), \sigma(\beta)) = (\alpha, \beta)$，

这里 α，$\beta \in V$，$k \in \mathbf{R}$，则称映射 σ 为 V 到 V' 的同构映射，称 V 与 V' 同构.

定理 5 两个有限维欧氏空间同构的充分必要条件是它们的维数相同.

二、正交变换

定义 11 欧氏空间 V 的线性变换 $\mathscr{A}$ 称为正交变换，若它保持向量的内积不变，即 $\forall \alpha$，$\beta \in V$，

都有$(\mathcal{A}\alpha, \mathcal{A}\beta)=(\alpha, \beta)$.

定理6 设$\mathcal{A}$是n维欧氏空间V的线性变换,则下面四个命题相互等价:

1)$\mathcal{A}$是正交变换;

2)$\mathcal{A}$保持向量的长度不变,即$\forall \alpha \in V$, $|\mathcal{A}\alpha|=|\alpha|$;

3) 若ε_1, ε_2, $\cdots$, ε_n是标准正交基,则$\mathcal{A}\varepsilon_1$, $\mathcal{A}\varepsilon_2$, $\cdots$, $\mathcal{A}\varepsilon_n$也是标准正交基;

4)$\mathcal{A}$在任一组标准正交基下的矩阵是正交矩阵.

n维欧氏空间V的正交变换$\mathcal{A}$,则其在标准正交基ε_1, ε_2, $\cdots$, ε_n下的矩阵A是正交矩阵,因此$|A|=1$或$|A|=-1$,若$|A|=1$,则$\mathcal{A}$称为旋转或第一类的;若$|A|=-1$,则$\mathcal{A}$称为第二类的.

例9.10 设$\mathcal{A}$是欧氏空间V的变换.证明:若$\mathcal{A}$保持内积不变,即
$$(\mathcal{A}\alpha, \mathcal{A}\beta)=(\alpha, \beta), \quad \forall \alpha, \beta \in V.$$
则$\mathcal{A}$必是线性变换,从而是正交变换.

证 $\forall \alpha, \beta \in V$, $k \in \mathbf{R}$,由于内积具有双线性性和对称性,且$\mathcal{A}$保内积,因此
$$(\mathcal{A}(\alpha+\beta)-\mathcal{A}\alpha-\mathcal{A}\beta, \mathcal{A}(\alpha+\beta)-\mathcal{A}\alpha-\mathcal{A}\beta)$$
$$=(\mathcal{A}(\alpha+\beta), \mathcal{A}(\alpha+\beta))+(\mathcal{A}\alpha, \mathcal{A}\alpha)+(\mathcal{A}\beta, \mathcal{A}\beta)$$
$$-2(\mathcal{A}(\alpha+\beta), \mathcal{A}\alpha)-2(\mathcal{A}(\alpha+\beta), \mathcal{A}\beta)+2(\mathcal{A}\alpha, \mathcal{A}\beta)$$
$$=(\alpha+\beta, \alpha+\beta)+(\alpha, \alpha)+(\beta, \beta)-2(\alpha+\beta, \alpha)-2(\alpha+\beta, \beta)+2(\alpha, \beta)=0,$$
所以$\mathcal{A}(\alpha+\beta)-\mathcal{A}\alpha-\mathcal{A}\beta=0$,即得$\mathcal{A}(\alpha+\beta)=\mathcal{A}\alpha+\mathcal{A}\beta$.

同理由$(\mathcal{A}(k\alpha)-k\mathcal{A}\alpha, \mathcal{A}(k\alpha)-k\mathcal{A}\alpha)=0$,可得$\mathcal{A}(k\alpha)=k\mathcal{A}\alpha$,所以$\mathcal{A}$必是线性变换,从而是正交变换.

例9.11 设A为n级正交矩阵,证明:矩阵A的特征值的模为1.

证 设$\lambda_0 \in \mathbf{C}$是正交矩阵A的特征值,且$0 \neq \xi=(x_1, x_2, \cdots, x_n)' \in \mathbf{C}^n$是相应的特征向量,则
$$A\xi=\lambda_0\xi \Rightarrow \bar{\xi}'A'=\bar{\lambda}_0\bar{\xi}', A\bar{\xi}=\bar{\lambda}_0\bar{\xi},$$
两式左右相乘,则得$\bar{\xi}'A'A\bar{\xi}=\lambda_0\bar{\xi}'\bar{\lambda}_0\bar{\xi}$,又$A'A=E$,因此$(\lambda_0\bar{\lambda}_0-1)\bar{\xi}'\xi=0$.考虑到向量$\xi \neq 0$,因此$\bar{\xi}'\xi=\bar{x}_1x_1+\bar{x}_2x_2+\cdots+\bar{x}_nx_n>0$,则$\bar{\lambda}_0\lambda_0=1$,所以$|\lambda_0|=1$.

例9.12 设A为n级正交矩阵,且$\lambda=a+bi$和$\xi=X+iY$分别是A的特征值和相应的特征向量,其中a, $b \in \mathbf{R}$, $b \neq 0$, X, $Y \in \mathbf{R}^n$, $Y \neq 0$.证明:$X'Y=0$, $|X|=|Y|$.

证 由于$A\xi=\lambda\xi$,即$A(X+iY)=(a+bi)(X+iY)$,因此
$$AX=aX-bY, AY=aY+bX,$$
那么
$$\begin{cases} X'X=(AX)'(AX)=a^2X'X+b^2Y'Y-2abX'Y, \\ X'Y=(AX)'(AY)=(a^2-b^2)X'Y+ab(X'X-Y'Y). \end{cases}$$
由上题知,$a^2+b^2=1$,代入上式,考虑到$b \neq 0$,因此
$$\begin{cases} b(X'X-Y'Y)+2aX'Y=0, \\ a(X'X-Y'Y)-2bX'Y=0. \end{cases}$$
所以$X'Y=0$, $X'X-Y'Y=0$即$|X|=|Y|$.

例9.13 设$\mathcal{A}$是n维欧氏空间V的正交变换,证明:$\mathcal{A}$的不变子空间的正交补也是$\mathcal{A}$的不变子空间.

证 设W是$\mathcal{A}$的不变子空间,取W的一组标准正交基ε_1, ε_2, $\cdots$, ε_m,将其扩充成V的标准正交基ε_1, ε_2, $\cdots$, ε_m, ε_{m+1}, $\cdots$, ε_n,那么
$$W=L(\varepsilon_1, \varepsilon_2, \cdots, \varepsilon_m), W^{\perp}=L(\varepsilon_{m+1}, \cdots, \varepsilon_n).$$

由于 $\mathscr{A}$ 为正交变换，因此 $\mathscr{A}\varepsilon_1$，$\mathscr{A}\varepsilon_2$，$\cdots$，$\mathscr{A}\varepsilon_m$，$\mathscr{A}\varepsilon_{m+1}$，$\cdots$，$\mathscr{A}\varepsilon_n$ 也是 V 的标准正交基，但 W 是 $\mathscr{A}$ 的不变子空间，因此 $\mathscr{A}\varepsilon_1$，$\mathscr{A}\varepsilon_2$，$\cdots$，$\mathscr{A}\varepsilon_m \in W$，且构成 W 的标准正交基，那么 $\mathscr{A}\varepsilon_{m+1}$，$\cdots$，$\mathscr{A}\varepsilon_n \in W^\perp$，任取 $\delta \in W^\perp$，设 $\delta = x_{m+1}\varepsilon_{m+1}+\cdots+x_n\varepsilon_n$，那么

$$\mathscr{A}\delta = x_{m+1}\mathscr{A}\varepsilon_{m+1}+\cdots+x_n\mathscr{A}\varepsilon_n \in W^\perp,$$

所以 $W^\perp$ 也是 $\mathscr{A}$ 的不变子空间.

另证 设 W 为 $\mathscr{A}$-子空间，$\forall \gamma \in W^\perp$，需证 $\mathscr{A}\gamma \in W^\perp$. 显然 $\mathscr{A}|W$ 也是 W 上的正交变换，则 $\mathscr{A}|W$ 存在逆变换，设 $\mathscr{B}$ 为其逆变换. $\forall \alpha \in W$，设 $\mathscr{B}\alpha = \beta \in W$，那么

$$\alpha = \mathscr{B}^{-1}\beta = (\mathscr{A}|W)\beta = \mathscr{A}\beta,$$

因此

$$(\mathscr{A}\gamma,\ \alpha) = (\mathscr{A}\gamma,\ \mathscr{A}\beta) = (\gamma,\ \beta) = 0,$$

由 α 的任意性，故 $\mathscr{A}\gamma \perp W$，即 $\mathscr{A}\gamma \in W^\perp$，所以 $W^\perp$ 也是 $\mathscr{A}$-子空间.

例 9.14 设 $\mathscr{A}$ 是 4 维欧氏空间 V 的正交变换，若 $\mathscr{A}$ 没有实特征值，证明：V 可分解成两个正交的 2 维 $\mathscr{A}$-子空间的直和.

证 取 V 的一组标准正交基 ε_1，ε_2，ε_3，ε_4，设 $\mathscr{A}$ 在基 ε_1，ε_2，ε_3，ε_4 下的矩阵为 A，则 A 是正交矩阵，且 A 没有实特征值. 设 $\lambda = a+bi$ 和 $\xi = X+iY$ 分别是 A 的复特征值和相应的特征向量，其中 a，$b \in \mathbf{R}$，$b \neq 0$，X，$Y \in \mathbf{R}^4$，$Y \neq 0$，由例 9.12 的讨论，则

$$AX = aX - bY,\quad AY = aY + bX,$$

且 $X'Y = 0$. 令 $\alpha = (\varepsilon_1,\ \varepsilon_2,\ \varepsilon_3,\ \varepsilon_4)X$，$\beta = (\varepsilon_1,\ \varepsilon_2,\ \varepsilon_3,\ \varepsilon_4)Y$，则 $(\alpha,\ \beta) = 0$，且

$$\mathscr{A}\alpha = (\varepsilon_1,\ \varepsilon_2,\ \varepsilon_3,\ \varepsilon_4)AX = (\varepsilon_1,\ \varepsilon_2,\ \varepsilon_3,\ \varepsilon_4)(aX - bY) = a\alpha - b\beta,$$

$$\mathscr{A}\beta = (\varepsilon_1,\ \varepsilon_2,\ \varepsilon_3,\ \varepsilon_4)AY = (\varepsilon_1,\ \varepsilon_2,\ \varepsilon_3,\ \varepsilon_4)(aY + bX) = a\beta + b\alpha.$$

令 $W = L(\alpha,\ \beta)$，则 W 是 2 维 $\mathscr{A}$-子空间，由上题，$W^\perp$ 也是 2 维 $\mathscr{A}$-子空间，所以 $V = W \oplus W^\perp$.

注 可直接反证 α，β 线性无关，否则，可设 $\alpha = k\beta$，则 $\mathscr{A}\beta = (a+bk)\beta$，导致 $\mathscr{A}$ 存在实特征值，矛盾.

习题 9.3

1. 设 η 是欧氏空间 V 的单位向量，定义 $\mathscr{A}\alpha = \alpha - 2(\alpha,\ \eta)\eta$，$\forall \alpha \in V$. 证明：

1) $\mathscr{A}$ 是正交变换. 这样的正交变换称为镜面反射；

2) $\mathscr{A}$ 是第二类的；

3) 如果 n 维欧氏空间 V 中，正交变换 $\mathscr{B}$ 有特征值 1，且属于特征值 1 的特征子空间 W 的维数为 $n-1$，那么 $\mathscr{B}$ 是镜面反射.

2. 证明：奇数维欧氏空间中的旋转一定以 1 作为它的一个特征值.

3. 设 A 为 3×3 正交矩阵，且 $|A| = 1$. 证明：存在 t，且 $-1 \leqslant t \leqslant 3$，使

$$A^3 - tA^2 + tA - E = O.$$

4. 1) 设 A 为 2×2 正交矩阵，且 $|A| = 1$. 证明：存在 φ，$-\pi \leqslant \varphi < \pi$，使

$$A = \begin{pmatrix} \cos\varphi & \sin\varphi \\ -\sin\varphi & \cos\varphi \end{pmatrix};$$

2) 设 $A = (a_{ij})$ 是 3×3 正交矩阵，且 $|A| = 1$. 证明：存在正交矩阵 T，使

$$T^{-1}AT = \begin{pmatrix} 1 & 0 & 0 \\ 0 & \cos\varphi & \sin\varphi \\ 0 & -\sin\varphi & \cos\varphi \end{pmatrix}.$$

5. 设 A 是正交矩阵，且 -1 不是其特征值. 证明：$(E-A)(E+A)^{-1}$ 反对称.

6. 设 V 是 n 维欧氏空间，(α, β) 为内积，$\mathscr{A}: V \to V$ 是正交变换，记

$$V_1 = \{\alpha \mid \mathscr{A}\alpha = \alpha\}, \quad V_2 = \{\alpha - \mathscr{A}\alpha \mid \alpha \in V\}.$$

证明：$V = V_1 \oplus V_2$.

§4 对称变换与实对称矩阵

定义 12 欧氏空间 V 的线性变换 $\mathscr{A}$ 称为对称变换，若 $\forall \alpha, \beta \in V$，都有

$$(\mathscr{A}\alpha, \beta) = (\alpha, \mathscr{A}\beta).$$

性质 1 设 $\mathscr{A}$ 是 n 维欧氏空间 V 的线性变换，那么 $\mathscr{A}$ 为对称变换的充分必要条件是 $\mathscr{A}$ 在标准正交基 $\varepsilon_1, \varepsilon_2, \cdots, \varepsilon_n$ 下的矩阵 A 为实对称矩阵.

设 $\mathscr{A}$ 是对称变换，且 $\mathscr{A}(\varepsilon_1, \varepsilon_2, \cdots, \varepsilon_n) = (\varepsilon_1, \varepsilon_2, \cdots, \varepsilon_n)A$，$A = (a_{ij})$，那么

$$\mathscr{A}\varepsilon_i = a_{1i}\varepsilon_1 + a_{2i}\varepsilon_2 + \cdots + a_{ni}\varepsilon_n, \quad i = 1, 2, \cdots, n,$$

则得 $(\mathscr{A}\varepsilon_i, \varepsilon_j) = a_{ji}$，$(\varepsilon_i, \mathscr{A}\varepsilon_j) = a_{ij}$，因 $(\mathscr{A}\varepsilon_i, \varepsilon_j) = (\varepsilon_i, \mathscr{A}\varepsilon_j)$，故 $a_{ji} = a_{ij}$，所以 A 为实对称矩阵.

反之，若 $A' = A$，且 $\mathscr{A}(\varepsilon_1, \varepsilon_2, \cdots, \varepsilon_n) = (\varepsilon_1, \varepsilon_2, \cdots, \varepsilon_n)A$，任给 $\alpha, \beta \in V$，设

$$\alpha = (\varepsilon_1, \varepsilon_2, \cdots, \varepsilon_n)X, \quad \beta = (\varepsilon_1, \varepsilon_2, \cdots, \varepsilon_n)Y,$$

$$\therefore \mathscr{A}\alpha = (\varepsilon_1, \varepsilon_2, \cdots, \varepsilon_n)AX, \quad \mathscr{A}\beta = (\varepsilon_1, \varepsilon_2, \cdots, \varepsilon_n)AY,$$

$$\therefore (\mathscr{A}\alpha, \beta) = (AX)'Y = X'(AY) = (\alpha, \mathscr{A}\beta).$$

即 $\mathscr{A}$ 为对称变换.

性质 2 设 A 是实对称矩阵，则 A 的特征值皆为实数.

性质 3 设 A 是实对称矩阵，则 $\mathbf{R}^n$ 中属于 A 的不同特征值的特征向量必正交.

性质 4 设 $\mathscr{A}$ 是对称变换，V_1 是 $\mathscr{A}$-子空间，则 $V_1^{\perp}$ 也是 $\mathscr{A}$-子空间.

定理 7 对于任意一个 n 级实对称矩阵 A，都存在一个 n 级正交矩阵 T，使

$$T'AT = T^{-1}AT = \Lambda,$$

为对角形.

定理 8 任意一个实二次型 $\sum_{i=1}^{n}\sum_{j=1}^{n} a_{ij}x_i x_j (a_{ij} = a_{ji})$ 都可以经过正交的线性替换变成平方和 $\lambda_1 y_1^2 + \lambda_2 y_2^2 + \cdots + \lambda_n y_n^2$，其中平方项的系数 $\lambda_1, \lambda_2, \cdots, \lambda_n$ 就是矩阵 A 的特征多项式全部的根.

例 9.15 设二次型 $f(x_1, x_2, x_3) = 2x_1^2 + 2x_2^2 + 2x_3^2 + 2x_1 x_2 + 2x_1 x_3 + 2x_2 x_3$，求正交线性替换化 f 为标准形.

解 二次型 f 的矩阵为 $A = \begin{pmatrix} 2 & 1 & 1 \\ 1 & 2 & 1 \\ 1 & 1 & 2 \end{pmatrix}$，其特征多项式

$$f(\lambda) = |\lambda E - A| = (\lambda - 1)^2(\lambda - 4),$$

因此特征值为 $\lambda_1 = \lambda_2 = 1$，$\lambda_3 = 4$.

解方程 $(\lambda_1 E - A)X = 0$，得线性无关特征向量 $\alpha_1 = (1, -1, 0)'$，$\alpha_2 = (1, 0, -1)'$，正交化得

$$\beta_1 = \alpha_1 = (1, -1, 0)', \quad \beta_2 = \alpha_2 - \frac{(\alpha_2, \beta_1)}{(\beta_1, \beta_1)}\beta_1 = \frac{1}{2}(1, 1, -2)';$$

解方程 $(\lambda_3 E - A)X = 0$，得特征向量 $\beta_3 = \alpha_3 = (1, 1, 1)'$.

将 $\beta_i(i = 1, 2, 3)$ 单位化，得

$$\eta_1 = \frac{\sqrt{2}}{2}(1, -1, 0)', \quad \eta_2 = \frac{\sqrt{6}}{6}(1, 1, -2)', \quad \eta_3 = \frac{\sqrt{3}}{3}(1, 1, 1)'.$$

令 $T = \begin{pmatrix} \dfrac{\sqrt{2}}{2} & \dfrac{\sqrt{6}}{6} & \dfrac{\sqrt{3}}{3} \\ -\dfrac{\sqrt{2}}{2} & \dfrac{\sqrt{6}}{6} & \dfrac{\sqrt{3}}{3} \\ 0 & -\dfrac{\sqrt{6}}{3} & \dfrac{\sqrt{3}}{3} \end{pmatrix}$，作正交线性替换 $X = TY$，则得标准形

$$f = y_1^2 + y_2^2 + 4y_3^2.$$

例 9.16 设 A 是 n 级实对称矩阵，证明：

1）A 正定的充分必要条件是 A 的特征值全正；

2）若 A 为正定矩阵，则存在正定矩阵 S，使 $A = S^2$.

证 1）因 A 为实对称阵，则特征值 $\lambda_1, \lambda_2, \cdots, \lambda_n$ 均为实数，且存在正交阵 T，使

$$T^{-1}AT = T'AT = diag(\lambda_1, \lambda_2, \cdots, \lambda_n) = \Lambda,$$

而合同关系保持正定性，因此 A 正定当且仅当 Λ 正定当且仅当 $\lambda_i > 0 (i = 1, 2, \cdots, n)$.

2）由于 A 正定，则存在正交阵 T，使

$$A = T \cdot diag(\lambda_1, \lambda_2, \cdots, \lambda_n) \cdot T', \text{ 其中 } \lambda_i > 0 (i = 1, 2, \cdots, n).$$

令 $\mu_i = \sqrt{\lambda_i}(i = 1, 2, \cdots, n)$，则 $\mu_i > 0$，取矩阵 $S = T \cdot diag(\mu_1, \mu_2, \cdots, \mu_n) \cdot T'$，则显然 S 也是正定矩阵，且 $A = S^2$.

例 9.17 设正定矩阵 $A = \begin{pmatrix} 2 & 1 & 1 \\ 1 & 2 & 1 \\ 1 & 1 & 2 \end{pmatrix}$，求正定矩阵正定矩阵 S，使 $A = S^2$.

证 由例 9.15 的求解过程知，取正交矩阵 $T = \begin{pmatrix} \dfrac{\sqrt{2}}{2} & \dfrac{\sqrt{6}}{6} & \dfrac{\sqrt{3}}{3} \\ -\dfrac{\sqrt{2}}{2} & \dfrac{\sqrt{6}}{6} & \dfrac{\sqrt{3}}{3} \\ 0 & -\dfrac{\sqrt{6}}{3} & \dfrac{\sqrt{3}}{3} \end{pmatrix}$，则

$$T'AT = diag(1, 1, 4) \Rightarrow A = T \cdot diag(1, 1, 4) \cdot T',$$

令

$$S = T \cdot diag(1, 1, 2) \cdot T' = \frac{1}{3} \begin{pmatrix} 4 & 1 & 1 \\ 1 & 4 & 1 \\ 1 & 1 & 4 \end{pmatrix}$$

则 $A = S^2$.

例 9.18 设 A 是 n 级正定矩阵，B 是 n 级实对称矩阵，证明：

1）AB 的特征值必为实数.

2）若 B 也是正定矩阵，则 AB 的特征值全正.

证 1）A 是正定矩阵，则存在正定矩阵 S，使 $A = S^2$. S 既对称又可逆，故

$$AB = S^2B = S(SBS)S^{-1} = S(S'BS)S^{-1}.$$

因此 AB 相似于实对称矩阵 $S'BS$. 由于相似矩阵有相同的特征值，且实对称矩阵的特征值全为实数，

所以 AB 的特征值全为实数.

2）由1）所得的关系，由于 B 是正定矩阵，因此 $S'BS$ 也是正定矩阵，那么 AB 的特征值等于 $S'BS$ 的特征值也全正（注意的是 AB 未必正定）.

例 9.19　设 A，B 均为 n 级实对称矩阵，证明：存在正交矩阵 T，使 $T^{-1}AT=B$ 的充分必要条件是 A，B 的特征多项式的根全部相同.

证　$(\Rightarrow)$ 因为相似矩阵有相同的特征多项式，因此有相同的特征多项式的根.

$(\Leftarrow)$ 设 A，B 的特征多项式的根全部相同，记它们分别为 λ_1，λ_2，$\cdots$，λ_n，由定理7，则存在正交矩阵 T_1，T_2，使

$$T_1^{-1}AT_1 = diag(\lambda_1, \lambda_2, \cdots, \lambda_n), \quad T_2^{-1}BT_2 = diag(\lambda_1, \lambda_2, \cdots, \lambda_n),$$

那么 $T_1^{-1}AT_1 = T_2^{-1}BT_2$，所以 $(T_2T_1^{-1})A(T_1T_2^{-1}) = B$，令 $T = T_1T_2^{-1}$，则 T 仍为正交矩阵阵，使得 $T^{-1}AT = B$.

例 9.20　设实二次型 $f(x_1, x_2, \cdots, x_n) = X'AX$，且 $\lambda_1 \leqslant \lambda_2 \leqslant \cdots \leqslant \lambda_n$ 是 A 的 n 个特征值. 证明：对于任意 $X \in \mathbf{R}^n$，均有 $\lambda_1 X'X \leqslant X'AX \leqslant \lambda_n X'X$.

证　由于 A 是实对称矩阵，则存在正交矩阵 T，使 $T'AT = diag(\lambda_1, \lambda_2, \cdots, \lambda_n)$. 作正交线性替换 $X = TY$，则

$$X'AX = Y' \cdot T'AT \cdot Y = \lambda_1 y_1^2 + \lambda_2 y_2^2 + \cdots + \lambda_n y_n^2,$$

那么

$$\lambda_1 Y'Y = \lambda_1 \sum_{i=1}^n y_i^2 \leqslant \lambda_1 y_1^2 + \lambda_2 y_2^2 + \cdots + \lambda_n y_n^2 \leqslant \lambda_n \sum_{i=1}^n y_i^2 = \lambda_n Y'Y,$$

又 $X'X = Y'T'TY = Y'Y$，所以 $\forall X \in \mathbf{R}^n$，均有 $\lambda_1 X'X \leqslant X'AX \leqslant \lambda_n X'X$.

例 9.21　设实二次型 $f(x_1, x_2, \cdots, x_n)$ 的矩阵为 $\mathscr{A}$，λ 是 A 的特征根，证明：存在 $\mathbf{R}^n$ 中的非零向量 $(x_{01}, x_{02}, \cdots, x_{0n})$ 使得

$$f(x_{01}, x_{02}, \cdots, x_{0n}) = \lambda(x_{01}^2 + x_{02}^2 + \cdots + x_{0n}^2).$$

证　可记二次型 $f(x_1, x_2, \cdots, x_n) = X'AX$，其中 $X = (x_1, x_2, \cdots, x_n)'$，对于 A 的特征根 λ，设 $\alpha = (x_{01}, x_{02}, \cdots, x_{0n})'$ 为与 λ 相应的一特征向量，因此 $A\alpha = \lambda\alpha$，由 $\alpha \neq 0$ 可得 $0 \neq (x_{01}, x_{02}, \cdots, x_{0n}) \in \mathbf{R}^n$，那么

$$f(x_{01}, x_{02}, \cdots, x_{0n}) = \alpha'A\alpha = \alpha'\lambda\alpha = \lambda\alpha'\alpha = \lambda(x_{01}^2 + x_{02}^2 + \cdots + x_{0n}^2).$$

例 9.22　设 A，B 是两个 $n \times n$ 实对称矩阵，且 B 是正定矩阵，证明：存在 $n \times n$ 实可逆矩阵 T，使 $T'AT$ 与 $T'BT$ 同为对角形.

证　由于 B 是正定矩阵，因此存在实可逆矩阵 C，使 $C'BC = E$. 对于 $C'AC$，由 A 是实对称矩阵，则有

$$(C'AC)' = C'A'C = C'AC,$$

因此 $C'AC$ 也是实对称矩阵，由定理7，则存在正交矩阵 Q，使 $Q'C'ACQ = \Lambda$，其中 Λ 为对角矩阵.

令 $T = CQ$，则 T 是实可逆矩阵，且有

$$T'AT = Q'C'ACQ = \Lambda, \quad T'BT = Q'C'BCQ = Q'EQ = E.$$

即有可逆矩阵 T，使 $T'AT$ 与 $T'BT$ 同为对角形.

例 9.23　设 A，B 均为 n 级正定矩阵. 证明：多项式 $|\lambda A - B|$ 的根必全大于零，且 $|\lambda A - B|$ 的根全为1的充分必要条件是 $A = B$.

证　由于 A 是正定矩阵，因此存在实可逆矩阵 P，使 $P'AP = E$，那么

$$P'(\lambda A - B)P = \lambda P'AP - P'BP = \lambda E - P'BP,$$

两边取行列式，则得 $|\lambda A-B||P|^2=|\lambda E-P'BP|$，因 $|P|^2>0$，故 $|\lambda A-B|=0$ 当且仅当 $|\lambda E-P'BP|=0$，所以多项式 $|\lambda A-B|$ 的根即 $P'BP$ 的特征值.

又由于 B 是正定矩阵，因此 $P'BP$ 也为正定矩阵，所以 $|\lambda A-B|$ 的根即 $P'BP$ 的特征值全正.

多项式 $|\lambda A-B|$ 的根全为 1 当且仅当 $P'BP$ 的特征值全为 1，此时，存在正交矩阵 T，使得 $T'(P'BP)T=E$ 即得 $P'BP=E$，考虑到矩阵 P 可逆，所以 $P'BP=E$ 当且仅当 $A=B$，说明充分必要条件成立.

例 9.24 设 A 是 n 级实矩阵. 证明：存在正交矩阵 T，使 $T^{-1}AT$ 为上三角矩阵的充分必要条件是 A 的特征多项式的根全是实数.

证 （$\Rightarrow$）设存在正交矩阵 T，使

$$T^{-1}AT=\begin{pmatrix} c_1 & & & * \\ & c_2 & & * \\ & & \ddots & \\ & & & c_n \end{pmatrix},$$

则 A 与 $T^{-1}AT$ 有相同的特征值，矩阵 $T^{-1}AT$ 为实矩阵，因此 c_1，c_2，$\cdots$，c_n 全为实数，即得 $T^{-1}AT$ 的特征值 c_1，c_2，$\cdots$，c_n 也全为实数.

（$\Rightarrow$）设 λ_1，λ_2，$\cdots$，λ_s 为 A 的所有互异特征值（有些特征值可能为重根），且它们均为实数，则 A 可相似于一个若尔当标准形 J，即存在一实可逆矩阵 P（因为 λ_i 全为实数，则求解根向量方程 $(\lambda_i E-A)^r X=0$ 时所得解必为实向量），使

$$P^{-1}AP=J,$$

其中

$$J=\begin{pmatrix} J_1 & & & \\ & J_2 & & \\ & & \ddots & \\ & & & J_s \end{pmatrix}, \quad J_i=\begin{pmatrix} \lambda_i & 1 & & \\ & \lambda_i & \ddots & \\ & & \ddots & 1 \\ & & & \lambda_i \end{pmatrix}, \quad i=1, 2, \cdots, s.$$

若尔当标准形 J 为实上三角矩阵. 由例 9.7，则实可逆矩阵 P 可以分解为 $P=QR$，其中 Q 是正交矩阵，R 是上三角矩阵，那么必有

$$Q^{-1}AQ=RJR^{-1},$$

其中 RJR^{-1} 仍为上三角矩阵.

例 9.25 设 A，C 均为 n 级正定矩阵，若矩阵方程 $AX+XA=C$ 有唯一解 B. 证明：B 也是正定矩阵.

证 由题设，则 $AB+BA=C$，对其分别取转置和取共轭，则得

$$B'A+AB'=C, \quad A\bar{B}+\bar{B}A=C,$$

由于矩阵方程 $AX+XA=C$ 有唯一解 B，因此 $B'=B$ 且 $\bar{B}=B$，所以矩阵 B 是实对称矩阵，从而其特征值全为实数.

设 $\lambda\in\mathbf{R}$ 是矩阵 B 的任一特征值，并设 $0\neq\alpha\in\mathbf{R}^n$ 是属于特征值 λ 的一个特征向量，那么 $B\alpha=\lambda\alpha$，对等式 $AB+BA=C$ 的两边分别左右乘以 α' 和 α，则

$$\alpha'AB\alpha+\alpha'BA\alpha=\alpha'C\alpha\Rightarrow 2\lambda\alpha'A\alpha=\alpha'C\alpha,$$

由于 A，C 均正定，因此 $\alpha'A\alpha>0$ 且 $\alpha'C\alpha>0$，所以 $\lambda>0$，故 B 是正定矩阵.

例 9.26 设 $\mathscr{A}$ 是 n 维欧氏空间 V 的对称变换，证明：$\mathscr{A}^{-1}(0)=(\mathscr{A}V)^{\perp}$.

证 任取 $\gamma\in\mathscr{A}^{-1}(0)$，任取 $\beta\in\mathscr{A}V$，则存在 $\alpha\in V$，使 $\beta=\mathscr{A}\alpha$，那么

$$(\gamma, \beta)=(\gamma, \mathscr{A}\alpha)=(\mathscr{A}\gamma, \alpha)=(0, \alpha)=0,$$

因此 $\gamma \perp \mathcal{A}V$，即 $\gamma \in (\mathcal{A}V)^{\perp}$，所以 $\mathcal{A}^{-1}(0) \subset (\mathcal{A}V)^{\perp}$.

又由于

$$\dim (\mathcal{A}V)^{\perp} = n - \dim \mathcal{A}V, \quad \dim \mathcal{A}^{-1}(0) = n - \dim \mathcal{A}V,$$

因此 $\dim \mathcal{A}^{-1}(0) = \dim (\mathcal{A}V)^{\perp}$，所以 $\mathcal{A}^{-1}(0) = (\mathcal{A}V)^{\perp}$.

习题 9.4

1. 设矩阵 $A = \begin{pmatrix} 2 & 1 & 0 \\ 1 & 2 & 0 \\ 0 & 0 & 3 \end{pmatrix}$，求正交矩阵 T 使 $T'AT$ 为对角矩阵.

2. 设 A 是 n 级实对称矩阵，且 $A^2 = E$，证明：存在正交矩阵 T 使得

$$T^{-1}AT = \begin{pmatrix} E_r & 0 \\ 0 & -E_{n-r} \end{pmatrix}.$$

3. 设 A 为 n 级实对称矩阵，且 $A^2 = A$，则存在正交矩阵 T 使得

$$T^{-1}AT = \begin{pmatrix} E_r & \\ & O \end{pmatrix}.$$

4. 设 A 为 n 阶实可逆矩阵，证明：

1) 矩阵 A 可分解成 $A = QS$，其中 Q 为正交矩阵，S 为正定矩阵；

2) 存在两个正交矩阵 Q 和 T，使

$$Q^{-1}AT = diag(\lambda_1, \lambda_2, \cdots, \lambda_n),$$

其中 $\lambda_i > 0 (i = 1, 2, \cdots, n)$.

5. 设矩阵 $A = \begin{pmatrix} 1 & 1 & 1 \\ -1 & 0 & 1 \\ 0 & -1 & 1 \end{pmatrix}$.

1) 求正交矩阵 Q_1 和正定矩阵 S，使 $A = Q_1 S$；

2) 求正交矩阵 Q 和 T，使 $Q^{-1}AT = D$ 为对角矩阵.

6. 设 V 为 n 维欧氏空间，$\mathcal{A}: V \rightarrow V$ 是对称变换，$g(x) = x^2 - 3x + 3$，证明：

$$\forall 0 \neq \alpha \in V, \text{ 均有} (\alpha, g(\mathcal{A})\alpha) > 0.$$

7. 设 A 为 n 阶实对称矩阵，λ_1, λ_n 分别为矩阵 A 的最小和最大的特征值，证明：

$$\lambda_1 = \inf_{0 \neq X \in \mathbf{R}^n} \frac{X'AX}{X'X}, \quad \lambda_n = \sup_{0 \neq X \in \mathbf{R}^n} \frac{X'AX}{X'X}.$$

8. 证明：n 元实二次型 $f(X) = X'AX$ 在条件 $X'X = 1$ 下的最小值和最大值分别为矩阵 A 的最小和最大特征值，其中 $X = (x_1, x_2, \cdots, x_n)'$.

9. 设 $A = \begin{pmatrix} 2 & 0 & 1 \\ 0 & 3 & 0 \\ 1 & 0 & 2 \end{pmatrix}$，$B = \begin{pmatrix} 2 & 0 & 1 \\ 0 & -2 & -5 \\ 1 & -5 & -3 \end{pmatrix}$，求可逆矩阵 T，使 $T'AT$ 与 $T'BT$ 同时化为对角形.

10. 设 A, B 均是 n 阶正定矩阵. 证明：若 $A - B$ 正定，则 $B^{-1} - A^{-1}$ 也正定.

11. 设 A, B 是两个 $n \times n$ 实对称矩阵，且 A 是正定矩阵. 证明：$A + B$ 正定的充分必要条件是 BA^{-1} 的特征值均大于 -1.

12. 设 A 为 n 级正交矩阵，且特征值全为实数，证明：A 必为实对称矩阵.

13. 设 A, B 均为 n 级正定矩阵，证明：若 $A^2 = B^2$，则 $A = B$.

14. 设 S 为 n 级实反对称(也称斜对称)矩阵, 证明:

1) 矩阵 S 的特征值为零或纯虚数;

2) 若 A 为 n 级正定矩阵, 则 $|A+S|>0$.

15. 欧氏空间 V 中的线性变换 $\mathscr{A}$: $V \rightarrow V$ 称为反对称变换, 若任给 $\alpha, \beta \in V$

$$(\mathscr{A}\alpha, \beta) = -(\alpha, \mathscr{A}\beta).$$

1) 证明: $\mathscr{A}$ 为反对称当且仅当 $\mathscr{A}$ 在一组标准正交基 $\varepsilon_1, \varepsilon_2, \cdots, \varepsilon_n$ 下的矩阵 A 为实反对称矩阵;

2) 证明: 若 V_1 是反对称变换 $\mathscr{A}$ 的不变子空间, 则 $V_1^{\perp}$ 也是.

16. 设 V 为 n 维欧氏空间, $\mathscr{A}$: $V \rightarrow V$ 为线性变换, 若变换 $\mathscr{B}$: $V \rightarrow V$ 使得

$$(\mathscr{A}\alpha, \beta) = (\alpha, \mathscr{B}\beta), \quad \forall \alpha, \beta \in V,$$

则称 $\mathscr{B}$ 为 $\mathscr{A}$ 的共轭变换.

1) 证明: $\mathscr{B}$ 为线性变换;

2) 设 $\mathscr{A}, \mathscr{B}$ 在标准正交基 $\varepsilon_1, \varepsilon_2, \cdots, \varepsilon_n$ 下的矩阵分别为 $A=(a_{ij})$ 和 $B=(b_{ij})$, 证明: $B=A'$;

3) 证明: $\mathscr{A}^{-1}(0) = (\mathscr{B}V)^{\perp}$.

§5　酉　空　间

定义 13　设 V 是复数域上的线性空间, 在 V 上定义了一个二元向量复函数, 称为内积, 记作 (α, β), 它具有以下性质:

1) $(\alpha, \beta) = \overline{(\beta, \alpha)}$, 这里 $\overline{(\beta, \alpha)}$ 是 (β, α) 的共轭复数;

2) $(k\alpha, \beta) = k(\alpha, \beta)$;

3) $(\alpha+\beta, \gamma) = (\alpha, \gamma) + (\beta, \gamma)$;

4) (α, α) 是非负实数, 且 $(\alpha, \alpha) = 0$ 当且仅当 $\alpha = 0$.

这里 α, β, γ 是 V 中任意的向量, k 为任意复数, 这样的线性空间称为酉空间.

$|\alpha| = \sqrt{(\alpha, \alpha)}$ 称为酉空间中向量 α 的长度, $|\alpha| = 1$ 时, 称 α 为单位向量.

$(\alpha, \beta) = 0$ 时, 称向量 α, β 正交.

设 V 是 n 维酉空间, 取 V 的一组基 $\varepsilon_1, \varepsilon_2, \cdots, \varepsilon_n$, 任给 $\alpha, \beta \in V$, 设

$$\alpha = (\varepsilon_1, \varepsilon_2, \cdots, \varepsilon_n)X, \quad \beta = (\varepsilon_1, \varepsilon_2, \cdots, \varepsilon_n)Y,$$

若 A 是基 $\varepsilon_1, \varepsilon_2, \cdots, \varepsilon_n$ 的度量矩阵, 则 $(\alpha, \beta) = X'\overline{AY}$.

n 维酉空间 V 中, 由 n 个两两正交的单位向量组成的向量组称为酉空间 V 的一组标准正交基.

n 维酉空间 V 中的任一两两正交的单位向量组都可以扩充为 V 的标准正交基.

n 级复矩阵 U 称为酉矩阵, 如果 $U'\overline{U} = E$.

酉空间 V 上的线性变换 $\mathscr{A}$, 如果满足 $(\mathscr{A}\alpha, \mathscr{A}\beta) = (\alpha, \beta)$, $\forall \alpha, \beta \in V$, 则称 $\mathscr{A}$ 是 V 的一个酉变换, $\mathscr{A}$ 在标准正交基下的矩阵是酉矩阵.

n 级复矩阵 A 称为厄尔米特矩阵, 如果 $A' = \overline{A}$.

酉空间 V 上的线性变换 $\mathscr{A}$, 如果满足 $(\mathscr{A}\alpha, \beta) = (\alpha, \mathscr{A}\beta)$, $\forall \alpha, \beta \in V$, 则称 $\mathscr{A}$ 是 V 的一个对称变换, $\mathscr{A}$ 在标准正交基下的矩阵是厄尔米特矩阵.

厄尔米特矩阵的特征值都是实数, 它的属于不同特征值的特征向量互相正交.

设 V_1 是 n 维酉空间 V 的子空间, 则 $V = V_1 \oplus V_1^{\perp}$.

若 A 是厄尔米特矩阵, 则存在酉矩阵 C, 使 $C^{-1}AC = \overline{C}'AC$ 是对角形矩阵.

设 A 是厄尔米特矩阵, n 个复变量 x_1, x_2, $\cdots$, x_n 的二次齐次函数

$$f(x_1,\ x_2,\ \cdots,\ x_n)=\sum_{i=1}^{n}\sum_{j=1}^{n}a_{ij}x_i\bar{x}_j=X'A\bar{X}$$

称为厄尔米特二次型.

厄尔米特二次型 f 在适当的酉替换下可以化为标准形

$$f=d_1y_1\bar{y}_1+d_2y_2\bar{y}_2+\cdots+d_ny_n\bar{y}_n.$$

例 9.27 证明: 酉矩阵的特征根的模为 1.

证 设 U 为酉矩阵, 则 $U'\bar{U}=E$. 若有 $\lambda\in C$, $0\neq\alpha\in C^n$, 使 $U\alpha=\lambda\alpha$, 则

$$\bar{\alpha}'\bar{U}=\bar{\lambda}\bar{\alpha}',\quad \overline{U\alpha}=\overline{\lambda\alpha}\Rightarrow\bar{\alpha}'U'\bar{U}\alpha=\lambda\ \bar{\lambda}\bar{\alpha}'\alpha,$$

因此 $\bar{\alpha}'\alpha=\lambda\ \bar{\lambda}\bar{\alpha}'\alpha$, 又 $\bar{\alpha}'\alpha>0$, 所以 $\bar{\lambda}\lambda=1$, 即特征值 λ 的模为 1.

例 9.28 设 A 是正交矩阵, 证明: 在酉空间 C^n 中, A 的属于不同特征值的特征向量必相互正交.

证 设 λ, $\mu\in C$, $0\neq\alpha\in C^n$, $0\neq\beta\in C^n$, 且 $\lambda\neq\mu$, 使 $A\alpha=\lambda\alpha$, $A\beta=\mu\beta$, 则

$$(A\alpha,\ A\beta)=(A\alpha)'\overline{A\beta}=\alpha'A'A\bar{\beta}=\alpha'\bar{\beta},$$

$$(A\alpha,\ A\beta)=(\lambda\alpha,\ \mu\beta)=(\lambda\alpha)'\overline{\mu\beta}=\lambda\ \bar{\mu}\alpha'\bar{\beta},$$

因此 $\alpha'\bar{\beta}=\lambda\ \bar{\mu}\alpha'\bar{\beta}$, 两边同乘以 μ, 因 $\mu\bar{\mu}=1$, 故 $\mu\alpha'\bar{\beta}=\lambda\alpha'\bar{\beta}$, 即得

$$(\mu-\lambda)\alpha'\bar{\beta}=0\Rightarrow\alpha'\bar{\beta}=0.$$

例 9.29 设 $A=(a_{ij})$ 是 n 级厄尔米特矩阵, $\lambda_1\leqslant\lambda_2\leqslant\cdots\leqslant\lambda_n$ 是 A 的 n 个特征值, 证明: $\max\limits_{1\leqslant k\leqslant n}\{a_{kk}\}\leqslant\lambda_n$, $\min\limits_{1\leqslant k\leqslant n}\{a_{kk}\}\geqslant\lambda_1$.

证 由于 A 是厄尔米特矩阵, 则存在酉矩阵 U, 使 $\bar{U}'AU=diag(\lambda_1,\ \lambda_2,\ \cdots,\ \lambda_n)$. 作酉线性替换 $X=\bar{U}Y$, 则

$$X'A\bar{X}=Y'\cdot\bar{U}'AU\cdot\bar{Y}=\lambda_1y_1\bar{y}_1+\lambda_2y_2\bar{y}_2+\cdots+\lambda_ny_n\bar{y}_n,$$

那么

$$\lambda_1Y'\bar{Y}=\lambda_1\sum_{k=1}^{n}y_k\bar{y}_k\leqslant\lambda_1y_1\bar{y}_1+\lambda_2y_2\bar{y}_2+\cdots+\lambda_ny_n\bar{y}_n\leqslant\lambda_n\sum_{k=1}^{n}y_k\bar{y}_k=\lambda_nY'\bar{Y},$$

又 $X'\bar{X}=Y'\bar{U}'U\bar{Y}=Y'\bar{Y}$, 所以 $\forall X\in C^n$, 均有 $\lambda_1X'\bar{X}\leqslant X'A\bar{X}\leqslant\lambda_nX'\bar{X}$.

取 X 为标准单位列向量 e_k, 代入上式, 则有 $\lambda_1\leqslant a_{kk}\leqslant\lambda_n(k=1,\ 2,\ \cdots,\ n)$, 所以结论成立.

习题 9.5

1. 证明: 酉空间中两组标准正交基的过渡矩阵是酉矩阵.

2. 证明: 厄尔米特矩阵 A 的特征值是实数, 并且它的属于不同特征值的特征向量相互正交.

3. 设 A 为 n 级正交矩阵, 且 $\lambda=a+bi\in\mathbf{C}$ 和 $\xi=X+iY\in\mathbf{C}^n$ 分别是 A 的特征值和相应的特征向量, 其中 a, $b\in\mathbf{R}$, $b\neq0$, X, $Y\in\mathbf{R}^n$, $Y\neq0$. 试在酉空间中运用有关性质证明: $X'Y=0$, $|X|=|Y|$.

补充题

1. 设 A, B 均是 n 阶实对称矩阵 $(n\geqslant2)$. 证明: $tr(ABAB)\leqslant tr(AABB)$.

2. 设 V 是 n 维欧氏空间，$\mathscr{A}$，$\mathscr{B} \in L(V)$，且 $\mathscr{A}$，$\mathscr{B}$ 在 V 的基 η_1，η_2，$\cdots$，η_n 下的矩阵分别为 A，B. 证明：若 $\forall \alpha \in V$，都有 $|\mathscr{A}\alpha| = |\mathscr{B}\alpha|$，则存在正定矩阵 P，使

$$A'PA = B'PB.$$

3. 设 A 为 n 阶实方阵，定义 $S(A)$ 为矩阵 A 的所有元素的平方和，即

$$S(A) = \sum_{j=1}^{n} (a_{1j}^2 + a_{2j}^2 + \cdots + a_{nj}^2).$$

证明：任给实方阵 A，若 T 为正交阵，则 $S(A) = S(T'AT)$.

4. 设 α_1，α_2，$\cdots$，α_m 和 β_1，β_2，$\cdots$，β_m 是 n 维欧氏空间 V 中的两个向量组. 证明：存在一正交变换 $\mathscr{A}$，使 $\mathscr{A}\alpha_i = \beta_i (i = 1, 2, \cdots, m)$ 的充分必要条件为

$$(\alpha_i, \alpha_j) = (\beta_i, \beta_j), \quad i, j = 1, 2, \cdots, m.$$

5. 设 A，B 均为 n 级实对称矩阵，且 $AB = BA$. 证明：若 A，B 均为半正定矩阵，则 AB 亦为半正定矩阵.

6. 设 A，B 为 n 阶实对称矩阵，且 A 为半正定阵，λ_n 为 B 的最小特征值. 证明：

$$tr(AB) \geqslant \lambda_n tr(A).$$

7. 设 A，B 均为 $n \times n$ 实对称矩阵，且 $|A| \neq 0$. 证明：A 为正定矩阵的充分必要条件是对所有正定矩阵 B，恒有 $tr(AB) > 0$.

8. 设 A 为 $n \times n$ 实矩阵，证明：存在正交矩阵 T，使 $T'AT$ 为对角矩阵的充分必要条件是 A 的特征值全为实数且 $AA' = A'A$.

9. 设 A，B 均为 n 阶实对称矩阵，且 $AB = BA$，证明：存在正交矩阵 T，使

$$T^{-1}AT = diag(\lambda_1, \lambda_2, \cdots, \lambda_n), \quad T^{-1}BT = diag(\mu_1, \mu_2, \cdots, \mu_n).$$

10.1) 设 V 是欧氏空间，α，$\beta \in V$，$\alpha \neq \beta$，$|\alpha| = |\beta|$. 证明：存在镜面反射 $\mathscr{A}$，使 $\mathscr{A}\alpha = \beta$；

2) 证明：n 维欧氏空间 V 中任一正交变换都可表成一系列镜面反射的乘积.

习题答案

习题 9.1

1. 任给 A，B，$C \in \mathbf{R}^{n \times n}$，$k \in \mathbf{R}$，由矩阵迹的性质，则

1) $(A, B) = tr(A'B) = tr((A'B)') = tr(B'A) = (B, A)$；

2) $(A+B, C) = tr((A+B)'C) = tr(A'C + B'C)$
$$= tr(A'C) + tr(B'C) = (A, C) + (B, C)；$$

3) $(kA, B) = tr((kA)'B) = tr(kA'B) = k \cdot tr(A'B) = k(A, B)$；

4) 设 $A = (a_{ij}) \in \mathbf{R}^{n \times n}$，那么

$$(A, A) = tr(A'A) = \sum_{j=1}^{n} (a_{1j}^2 + a_{2j}^2 + \cdots + a_{nj}^2) \geqslant 0,$$

并且 $(A, A) = 0$ 当且仅当 $a_{1j} = a_{2j} = \cdots = a_{nj} = 0 (j = 1, 2, \cdots, n)$ 即 $A = O$. 故 (A, B) 是一个内积.

2.1) 由于 A 半正定，因此存在 n 阶实方阵 C，使 $A = C'C$，由柯西–布涅柯夫斯基不等式，那么

$$(X'AY)^2 = (X'C'CY)^2 = (CX, CY)^2$$

$$\leqslant (CX, CX)(CY, CY) = (CX)'(CX)(CY)'(CY) = (X'AX)(Y'AY).$$

2) 由于 A 正定，则存在 n 阶实可逆矩阵 C，使 $A = C'C$，则 $A = C^{-1}(C^{-1})'$，由柯西–布涅柯夫斯基不等式，那么

$$(X'Y)^2 = (X'C'(C^{-1})'Y)^2 = (CX, (C^{-1})'Y)^2$$
$$\leqslant (CX, CX)((C^{-1})'Y, (C^{-1})'Y) = (X'AX)(Y'A^{-1}Y).$$

3. 设 $\gamma = k_1\alpha_1 + k_2\alpha_2 + \cdots + k_n\alpha_n$，由内积的性质及题设条件，则
$$(\gamma, \gamma) = (\gamma, k_1\alpha_1 + k_2\alpha_2 + \cdots + k_n\alpha_n)$$
$$= k_1(\gamma, \alpha_1) + k_2(\gamma, \alpha_2) + \cdots + k_n(\gamma, \alpha_n) = 0,$$
所以 $\gamma = 0$.

4. 取欧氏空间 V 的两组基 $\varepsilon_1, \varepsilon_2, \cdots, \varepsilon_n$；$\eta_1, \eta_2, \cdots, \eta_n$，设这两组基的度量矩阵分别为 A，B，即
$$A = (a_{ij})_{nn}, B = (b_{ij})_{nn}, \text{其中 } a_{ij} = (\varepsilon_i, \varepsilon_j), b_{ij} = (\eta_i, \eta_j), i, j = 1, 2, \cdots, n.$$
设基 $\varepsilon_1, \varepsilon_2, \cdots, \varepsilon_n$ 到基 $\eta_1, \eta_2, \cdots, \eta_n$ 的过渡矩阵为 C，即
$$(\eta_1, \eta_2, \cdots, \eta_n) = (\varepsilon_1, \varepsilon_2, \cdots, \varepsilon_n)C,$$
对过渡矩阵 C 按列分块，记 $C = (C_1, C_2, \cdots, C_n)$，则
$$\eta_i = (\varepsilon_1, \varepsilon_2, \cdots, \varepsilon_n)C_i, \eta_j = (\varepsilon_1, \varepsilon_2, \cdots, \varepsilon_n)C_j,$$
由内积（通过度量矩阵）的计算公式，那么
$$b_{ij} = (\eta_i, \eta_j) = C'_iAC_j, i, j = 1, 2, \cdots, n,$$
所以
$$B = \begin{pmatrix} C'_1AC_1 & \cdots & C'_1AC_n \\ \cdots & \cdots & \cdots \\ C'_nAC_1 & \cdots & C'_nAC_n \end{pmatrix} = \begin{pmatrix} C' \\ \vdots \\ C'_n \end{pmatrix} A(C_1, \cdots, C_n) = C'AC.$$

5.1）显然 Δ 为实对称矩阵，任取 $X = (x_1, x_2, \cdots, x_n)' \in \mathbf{R}^n$，且 $X \neq 0$，令
$$\alpha = x_1\alpha_1 + x_2\alpha_2 + \cdots + x_m\alpha_m,$$
由内积的性质，则有
$$X'\Delta X = \sum_{i=1}^{m}\sum_{j=1}^{m} x_ix_j(\alpha_i, \alpha_j)$$
$$= (x_1\alpha_1 + x_2\alpha_2 + \cdots + x_m\alpha_m, x_1\alpha_1 + x_2\alpha_2 + \cdots + x_m\alpha_m) = (\alpha, \alpha) \geqslant 0,$$
所以矩阵 Δ 半正定.

2）考虑向量方程
$$x_1\alpha_1 + x_2\alpha_2 + \cdots + x_m\alpha_m = 0 \qquad (1)$$
用 $\alpha_i(i = 1, 2, \cdots, m)$ 分别与（1）两边作内积，则得
$$\begin{cases} (\alpha_1, \alpha_1)x_1 + (\alpha_1, \alpha_2)x_2 + \cdots + (\alpha_1, \alpha_m)x_m = 0, \\ (\alpha_2, \alpha_1)x_1 + (\alpha_2, \alpha_2)x_2 + \cdots + (\alpha_2, \alpha_m)x_m = 0, \\ \cdots\cdots\cdots\cdots\cdots\cdots\cdots \\ (\alpha_m, \alpha_1)x_1 + (\alpha_m, \alpha_2)x_2 + \cdots + (\alpha_m, \alpha_m)x_m = 0. \end{cases} \qquad (2)$$
反之，若（2）成立，则 $(\alpha_i, x_1\alpha_1 + x_2\alpha_2 + \cdots + x_m\alpha_m) = 0, i = 1, 2, \cdots, m$，记
$$\beta = x_1\alpha_1 + x_2\alpha_2 + \cdots + x_m\alpha_m,$$
则 $(\alpha_i, \beta) = 0, i = 1, 2, \cdots, m$，因此
$$(x_1\alpha_1 + x_2\alpha_2 + \cdots + x_m\alpha_m, \beta) = x_1(\alpha_1, \beta) + x_2(\alpha_2, \beta) + \cdots + x_m(\alpha_m, \beta) = 0,$$
即 $(\beta, \beta) = 0$，则得 $\beta = 0$，因此（1）成立，所以（1）与（2）同解，那么 $|\Delta| \neq 0$ 当且仅当（2）只有零解当且仅当（1）只有零解即向量组 $\alpha_1, \alpha_2, \cdots, \alpha_m$ 线性无关.

习题 9.2

1. 方程组同解于 $\begin{cases} x_1 = -x_4 + 4x_5 \\ x_2 = x_3 + x_4 - 5x_5 \end{cases}$，可得基础解系

$$\alpha_1 = (0,\ 1,\ 1,\ 0,\ 0),\ \alpha_2 = (-1,\ 1,\ 0,\ 1,\ 0),\ \alpha_3 = (4,\ -5,\ 0,\ 0,\ 1),$$

α_1，α_2，α_3 即为 W 的一组基. 将 α_1，α_2，α_3 正交化，可得

$$\beta_1 = \alpha_1 = (0,\ 1,\ 1,\ 0,\ 0),\ \beta_2 = \alpha_2 - \frac{(\alpha_2,\ \beta_1)}{(\beta_1,\ \beta_1)}\beta_1 = \frac{1}{2}(-2,\ 1,\ -1,\ 2,\ 0),$$

$$\beta_3 = \alpha_3 - \frac{(\alpha_3,\ \beta_1)}{(\beta_1,\ \beta_1)}\beta_1 - \frac{(\alpha_3,\ \beta_2)}{(\beta_2,\ \beta_2)}\beta_2 = \frac{1}{5}(7,\ -6,\ 6,\ 13,\ 5).$$

再将 β_1，β_2，β_3 单位化，可得

$$\eta_1 = \frac{1}{\sqrt{2}}(0,\ 1,\ 1,\ 0,\ 0),\ \eta_2 = \frac{1}{\sqrt{10}}(-2,\ 1,\ -1,\ 2,\ 0),\ \eta_3 = \frac{1}{3\sqrt{35}}(7,\ -6,\ 6,\ 13,\ 5).$$

则 η_1，η_2，η_3 就是 W 的一组标准正交基.

2. 因 $0 \in V_1$，故 V_1 非空，任取 x_1，$x_2 \in V_1$，则 $(x_1,\ \alpha) = 0$，$(x_2,\ \alpha) = 0$，那么

$$(x_1 + x_2,\ \alpha) = (x_1,\ \alpha) + (x_2,\ \alpha) = 0,\ \text{即得 } x_1 + x_2 \in V_1,$$

又任取 $k \in \mathbf{R}$，也有 $(kx_1,\ \alpha) = k(x_1,\ \alpha) = 0$，即 $kx_1 \in V_1$，故 V_1 是 V 的子空间.

对非零向量 α 进行单位化得单位向量 $\varepsilon_1 = \frac{1}{|\alpha|}\alpha$，将 ε_1 扩充成 V 的一组标准正交基 ε_1，ε_2，$\cdots$，ε_n，那么

$$(\varepsilon_i,\ \alpha) = |\alpha|(\varepsilon_i,\ \varepsilon_1) = 0 \Rightarrow \varepsilon_i \in V_1 (i = 2,\ 3,\ \cdots,\ n),$$

因此 $\dim V_1 \geqslant n-1$，若 $\dim V_1 = n$，则 $\varepsilon_1 \in V_1$，则得 $\alpha \in V_1$，那么 $(\alpha,\ \alpha) = 0$，导致矛盾，所以 $\dim V_1 = n-1$.

3. 取矩阵 A，B 分别为

$$A = \begin{pmatrix} \frac{\sqrt{3}}{2} & -\frac{1}{2} \\ \frac{1}{2} & \frac{\sqrt{3}}{2} \end{pmatrix},\ B = \begin{pmatrix} -\frac{\sqrt{3}}{2} & -\frac{1}{2} \\ \frac{1}{2} & -\frac{\sqrt{3}}{2} \end{pmatrix} \Rightarrow A+B = \begin{pmatrix} 0 & -1 \\ 1 & 0 \end{pmatrix},$$

则 A，B 均为正交矩阵，和矩阵 $A+B$ 也正交.

4. (反证) 假设存在正交矩阵 A，B，使得

$$A^2 = AB + B^2 \Rightarrow A^2 = (A+B)B,\ A(A-B) = B^2,$$

由于 A，B 均可逆，因此

$$A+B = A^2 B^{-1} = A^2 B',\ A-B = A^{-1}B^2 = A'B^2,$$

容易验证 $A^2 B'$，$A'B^2$ 均为正交矩阵，那么 $A+B$，$A-B$ 也均为正交矩阵. 所以

$$E = (A+B)'(A+B) = (A'+B')(A+B) = 2E + A'B + B'A,$$

$$E = (A-B)'(A-B) = (A'-B')(A-B) = 2E - A'B - B'A.$$

即得 $2E = 4E$，导致矛盾.

5. 记 A 的列向量组为 $\alpha_1 = (1,\ 2,\ 2)'$，$\alpha_2 = (0,\ 2,\ 1)'$，$\alpha_3 = (2,\ 1,\ 3)'$，先作正交化

$$\beta_1 = \alpha_1 = (1,\ 2,\ 2)',$$

$$\beta_2 = \alpha_2 - \frac{(\alpha_2, \beta_1)}{(\beta_1, \beta_1)}\beta_1 = \alpha_2 - \frac{2}{3}\beta_1 = \frac{1}{3}(-2, 2, -1)',$$

$$\beta_3 = \alpha_3 - \frac{(\alpha_3, \beta_1)}{(\beta_1, \beta_1)}\beta_1 - \frac{(\alpha_3, \beta_2)}{(\beta_2, \beta_2)}\beta_2 = \alpha_3 - \frac{10}{9}\beta_1 + \frac{5}{3}\beta_2 = \frac{1}{9}(-2, -1, 2)',$$

再作单位化，可得 $\mathbf{R}^3$ 的标准正交基

$$\gamma_1 = \frac{1}{|\beta_1|}\beta_1 = \frac{1}{3}\beta_1 = \frac{1}{3}(1, 2, 2)', \quad \gamma_2 = \frac{1}{|\beta_2|}\beta_2 = \beta_2 = \frac{1}{3}(-2, 2, -1)',$$

$$\gamma_3 = \frac{1}{|\beta_3|}\beta_3 = 3\beta_3 = \frac{1}{3}(-2, -1, 2)'.$$

$$\therefore \begin{cases} \alpha_1 = 3\gamma_1 \\ \alpha_2 = 2\gamma_1 + \gamma_2 \\ \alpha_3 = \left(\frac{10}{3}\right)\gamma_1 - \left(\frac{5}{3}\right)\gamma_2 + \left(\frac{1}{3}\right)\gamma_3 \end{cases} \Rightarrow (\alpha_1, \alpha_2, \alpha_3) = (\gamma_1, \gamma_2, \gamma_3)\begin{pmatrix} 3 & 2 & \frac{10}{3} \\ 0 & 1 & -\frac{5}{3} \\ 0 & 0 & \frac{1}{3} \end{pmatrix},$$

那么 $A = QT$，其中

$$Q = \begin{pmatrix} \frac{1}{3} & -\frac{2}{3} & -\frac{2}{3} \\ \frac{2}{3} & \frac{2}{3} & -\frac{1}{3} \\ \frac{2}{3} & -\frac{1}{3} & \frac{2}{3} \end{pmatrix}, \quad T = \begin{pmatrix} 3 & 2 & \frac{10}{3} \\ 0 & 1 & -\frac{5}{3} \\ 0 & 0 & \frac{1}{3} \end{pmatrix}.$$

6. 设 $D = diag(d_1, d_2, \cdots, d_n)$，则 $(A, D) = d_1 a_{11} + d_2 a_{22} + \cdots + d_n a_{nn}$，那么

$\forall d_1, d_2, \cdots, d_n \in \mathbf{R}, \ d_1 a_{11} + d_2 a_{22} + \cdots + d_n a_{nn} = 0 \Leftrightarrow a_{ii} = 0 (i = 1, 2, \cdots, n)$，由此可得

$W^\perp = \{A \in \mathbf{R}^{n \times n} | A \perp W\} = \{A = (a_{ij}) \in \mathbf{R}^{n \times n} | a_{ii} = 0 (i = 1, 2, \cdots, n)\}$.

$W^\perp$ 有一组基：$E_{ij}, i, j = 1, 2, \cdots, n (i \neq j)$，则 $\dim W^\perp = n^2 - n$. 由

$$E_{ij}E_{st} = \begin{cases} E_{it}, & j = s \\ O, & j \neq t \end{cases}$$

可得，当 $j = s, i = t$ 时，$tr(E_{ij}E_{st}) = 1$，否则，$tr(E_{ij}E_{st}) = 0$，所以上述 $W^\perp$ 的基也是其标准正交基.

7. $(\Rightarrow)$ 设 β 是 α 在 V_1 上的内射影，则 $\alpha - \beta \in V_1^\perp$. $\forall \xi \in V_1$，则

$$\alpha - \xi = (\alpha - \beta) + (\beta - \xi),$$

由于 $\beta - \xi \in V_1$，因此 $(\alpha - \beta) \perp (\beta - \xi)$，所以

$$|\alpha - \xi|^2 = |\alpha - \beta|^2 + |\beta - \xi|^2 \geqslant |\alpha - \beta|^2,$$

即得 $|\alpha - \beta| \leqslant |\alpha - \xi|$.

$(\Leftarrow)$ 假设任给 $\xi \in V_1$，均有 $|\alpha - \beta| \leqslant |\alpha - \xi|$. 对于 $\alpha \in V$，设 $\gamma \in V_1$ 是 α 在 V_1 上的内射影，则 $\alpha - \gamma \perp V_1$，由于 $\gamma - \beta \in V_1$，因此

$$|\alpha - \beta|^2 = |\alpha - \gamma|^2 + |\gamma - \beta|^2.$$

若 $\gamma \neq \beta$，则 $|\gamma - \beta| > 0$，那么 $|\alpha - \beta| > |\alpha - \gamma|$，与所设条件矛盾，所以 $\gamma = \beta$.

8. 设 $\dim V_1 = s$，$\dim V_2 = t$，则 $s < t$. 因 $V = V_1 \oplus V_1^\perp$，故 $\dim V_1^\perp = n - s$，由维数公式，有

$$n \geqslant \dim(V_2+V_1^\perp) = \dim V_2 + \dim V_1^\perp - \dim V_2 \cap V_1^\perp = t+(n-s)-\dim V_2 \cap V_1^\perp,$$

因此 $\dim V_2 \cap V_1^\perp \geqslant t-s > 0$, 从而存在 $0 \neq \alpha \in V_2 \cap V_1^\perp$, 得证.

习题9.3

1. 1) 任取 α, $\beta \in V$, $k \in \mathbf{R}$, 由定义, 则

$$\mathscr{A}(\alpha+\beta) = (\alpha+\beta) - 2(\alpha+\beta, \eta)\eta$$
$$= \alpha+\beta - 2(\alpha, \eta)\eta - 2(\beta, \eta)\eta = \mathscr{A}\alpha + \mathscr{A}\beta,$$
$$\mathscr{A}(k\alpha) = k\alpha - 2(k\alpha, \eta)\eta = k\alpha - 2k(\alpha, \eta)\eta = k\mathscr{A}\alpha.$$

所以 $\mathscr{A}$ 为线性变换. 又因为

$$(\mathscr{A}\alpha, \mathscr{A}\beta) = (\alpha - 2(\alpha, \eta)\eta, \beta - 2(\beta, \eta)\eta)$$
$$= (\alpha, \beta) - 4(\alpha, \eta)(\beta, \eta) + 4(\alpha, \eta)(\beta, \eta)(\eta, \eta) = (\alpha, \beta),$$

所以 $\mathscr{A}$ 是正交变换.

2) 取 $\varepsilon_1 = \eta_1$, 将 ε_1 扩充成 V 的一组标准正交基 ε_1, ε_2, $\cdots$, ε_n, 则

$$\mathscr{A}\varepsilon_1 = \eta - 2(\varepsilon_1, \eta)\eta = \eta - 2(\eta, \eta)\eta = -\eta = -\varepsilon_1,$$
$$\mathscr{A}\varepsilon_i = \varepsilon_i - 2(\varepsilon_i, \eta)\eta = \varepsilon_i - 2(\varepsilon_i, \varepsilon_1)\eta = \varepsilon_i, \quad i = 2, \cdots, n.$$

那么 $\mathscr{A}$ 在标准正交基 ε_1, ε_2, $\cdots$, ε_n 下的矩阵为 $A = diag(-1, 1, \cdots, 1)$, 因 $A'A = E$, 且 $|A| = -1$, 所以 $\mathscr{A}$ 为第二类的正交变换.

3) 特征子空间 $W = \{\xi \in V \mid \mathscr{B}\xi = \xi\}$, 且 $\dim W = n-1$. 取 W 的一组标准正交基 ε_2, $\cdots$, ε_n, 那么 $\mathscr{B}\varepsilon_i = \varepsilon_i (i = 2, \cdots, n)$. 将 W 的基 ε_2, $\cdots$, ε_n 扩充成 V 的一组标准正交基 ε_1, ε_2, $\cdots$, ε_n, 设 $\mathscr{B}\varepsilon_1 = b_1\varepsilon_1 + b_2\varepsilon_2 + \cdots + b_n\varepsilon_n$, 则 $\mathscr{B}$ 在标准正交基 ε_1, ε_2, $\cdots$, ε_n 下的矩阵必为

$$B = \begin{pmatrix} b_1 & 0 & \cdots & 0 \\ b_2 & 1 & & \\ \vdots & & \ddots & \\ b_n & & & 1 \end{pmatrix},$$

因 B 是正交矩阵, 故 $b_2 = \cdots = b_n = 0$, $b_1^2 = 1$, 那么 $b_1 = \pm 1$, 若 $b_1 = 1$, 则 $\varepsilon_1 \in W$, 此与 $\dim W = n-1$ 矛盾, 所以 $b_1 = -1$, 则得 $\mathscr{B}\varepsilon_1 = -\varepsilon_1$.

任给 $\alpha \in V$, 设 $\alpha = k_1\varepsilon_1 + k_2\varepsilon_2 + \cdots + k_n\varepsilon_n$, 那么

$$\mathscr{B}\alpha = k_1\mathscr{B}\varepsilon_1 + k_2\mathscr{B}\varepsilon_2 + \cdots + k_n\mathscr{B}\varepsilon_n$$
$$= -k_1\varepsilon_1 + k_2\varepsilon_2 + \cdots + k_n\varepsilon_n = \alpha - 2(\alpha, \varepsilon_1)\varepsilon_1,$$

所以 $\mathscr{B}$ 是镜面反射(其单位向量 $\eta = \varepsilon_1$).

2. 设 V 为 n(奇数)维欧氏空间, 且 $\mathscr{A}: V \to V$ 为旋转, 即第一类正交变换, 则 $\mathscr{A}$ 在 V 的一组标准正交基下的矩阵 A 为正交矩阵, 且 $|A| = 1$.

由于 $\mathscr{A}$ 的特征多项式 $f(\lambda)$ 为 n 次实系数多项式, 因此 $\mathscr{A}$ 的 n 个特征值($f(\lambda)$ 的根)之积等于 $|A| = 1$, 且虚特征值(若存在)必以共轭形式成对出现, 实特征值(若存在)必为 ± 1. 那么可设 $\mathscr{A}$ 的 n 个特征值分别为:

$$\lambda_1, \overline{\lambda}_1, \cdots, \lambda_k, \overline{\lambda}_k, 1, \cdots, 1, -1, \cdots, -1.$$

其中 1 的个数为 l, -1 的个数为 m, 因此有

$$(-1)^m \lambda_1\overline{\lambda}_1\cdots\lambda_k\overline{\lambda}_k = 1,$$

又 $\lambda_i\overline{\lambda}_i = 1$, 故 m 必为偶数, 从而 l 必为奇数, 所以 1 必是 $\mathscr{A}$ 的特征值.

另证 设 $\mathscr{A}$ 在 V 的一组标准正交基下的矩阵为 A, 则 A 是正交矩阵, 且 $|A| = 1$. 记 $\mathscr{A}$ 的特征多

项式为 $f(\lambda)=|\lambda E-A|$，那么

$$f(1)=|E-A|=|A'A-A|=|A'-E||A|=|(A-E)'|$$
$$=|A-E|=(-1)^n|E-A|=-|E-A|=-f(1),$$

所以 $2f(1)=0$，即得 $f(1)=0$，所以 1 必是 $\mathscr{A}$ 的特征值.

3. 设矩阵 A 的三个特征值分别为 λ_1，λ_2，λ_3，则其特征多项式为

$$f(\lambda)=\lambda^3-(\lambda_1+\lambda_2+\lambda_3)\lambda^2+(\lambda_1\lambda_2+\lambda_1\lambda_3+\lambda_2\lambda_3)\lambda-|A|,$$

由于 $|A|=1$，则 $\lambda_1\lambda_2\lambda_3=1$，又 $f(\lambda)\in\mathbf{R}[\lambda]$，则 A 的特征值或者全为实数(由例 9.11 知，则此三个特征值必有一个为 1，可记为 $\lambda_1=1$)，或者有一对彼此共轭的复特征值(此时假设 λ_2，λ_3 彼此共轭，则 $\lambda_2\lambda_3=1$，故也有 $\lambda_1=1$)，那么

$$f(\lambda)=\lambda^3-(1+\lambda_2+\lambda_3)\lambda^2+(\lambda_2+\lambda_2+1)\lambda-1,$$

记 $t=(1+\lambda_2+\lambda_3)$，由于每个特征值的模均为 1，因此 $t\in\mathbf{R}$，$-1\leqslant t\leqslant 3$，由哈密顿–凯莱定理，所以 $A^3-tA^2+tA-E=O$.

4. 1) 设 $A=\begin{pmatrix} a & b \\ c & d \end{pmatrix}$ 为正交矩阵，且 $|A|=1$，则

$$a^2+c^2=1,\quad b^2+d^2=1,\quad ab+cd=0,\quad ad-bc=1,$$

那么 $(a-d)^2+(b+c)^2=0$，从而 $a=d$，$b=-c$，由上式还可得知，$|a|\leqslant 1$，因此，必存在 φ，$-\pi\leqslant\varphi<\pi$，使 $a=\cos\varphi$，则 $c^2=1-a^2=\sin^2\varphi$，可取 $c=-\sin\varphi$，那么

$$A=\begin{pmatrix} \cos\varphi & \sin\varphi \\ -\sin\varphi & \cos\varphi \end{pmatrix}.$$

2) 因 A 是 3 阶正交矩阵，且 $|A|=1$，故 A 必有特征值 $\lambda_1=1$，设 ε_1 是其单位特征向量，将 ε_1 扩充成 $\mathbf{R}^3$(列向量空间)的标准正交基 ε_1，ε_2，ε_3，取 $T=(\varepsilon_1,\varepsilon_2,\varepsilon_3)$，则

$$B=T^{-1}AT=\begin{pmatrix} 1 & \alpha \\ O & A_1 \end{pmatrix},$$

又 T 是正交矩阵，则 B 也是正交矩阵，那么可推得 A_1 为 2 阶正交矩阵，且 $\alpha=0$，所以结论成立.

5. 由于 -1 不是 A 的特征值，因此 $|-E-A|\neq 0$，得 $|E+A|\neq 0$，那么 $(E+A)^{-1}$ 存在，记 $R=(E-A)(E+A)^{-1}$，因此

$$R'=((E+A)^{-1})'(E-A)'=(E+A')^{-1}(E-A^{-1})$$
$$=(E+A^{-1})^{-1}(E-A^{-1})=(A+E)^{-1}(A-E)$$
$$=(A+E)^{-1}(A-E)(A+E)(A+E)^{-1}$$
$$=(A+E)^{-1}(A+E)(A-E)(A+E)^{-1}=-R.$$

6. 首先证明：$V_1\cap V_2=\{0\}$，其实，$\forall\alpha\in V_1\cap V_2$，则存在 $\beta\in V$，使

$$\alpha=\beta-\mathscr{A}\beta,\quad 且\ \alpha=\mathscr{A}\alpha,$$

那么

$$(\alpha,\alpha)=(\alpha,\beta-\mathscr{A}\beta)=(\alpha,\beta)-(\alpha,\mathscr{A}\beta)=(\alpha,\beta)-(\mathscr{A}\alpha,\mathscr{A}\beta)=0,$$

因此 $\alpha=0$，所以 V_1+V_2 为直和.

其次，由于

$$V_1=\{\alpha\,|\,(\mathscr{E}-\mathscr{A})\alpha=0\}=(\mathscr{E}-\mathscr{A})^{-1}(0),\quad V_2=\{(\mathscr{E}-\mathscr{A})\alpha\,|\,\alpha\in V\}=(\mathscr{E}-\mathscr{A})V,$$

因此 $\dim V_1+\dim V_2=n$，所以 $\dim(V_1\oplus V_2)=n$，则得 $V=V_1\oplus V_2$.

习题 9.4

1. 矩阵 A 的特征多项式

$$f(\lambda) = |\lambda E - A| = (\lambda - 1)(\lambda - 3)^2,$$

因此特征值为 $\lambda_1 = 1$，$\lambda_2 = \lambda_3 = 3$.

解方程 $(\lambda_1 E - A) X = 0$，得特征向量 $\alpha_1 = (-1, 1, 0)'$；

解方程 $(\lambda_2 E - A) X = 0$，得正交特征向量 $\alpha_2 = (1, 1, 0)'$，$\alpha_3 = (0, 0, 1)'$.

将特征向量 $\alpha_i (i = 1, 2, 3)$ 单位化，得

$$\eta_1 = \frac{\sqrt{2}}{2}(-1, 1, 0)', \quad \eta_2 = \frac{\sqrt{2}}{2}(1, 1, 0)', \quad \eta_3 = (0, 0, 1)',$$

令正交矩阵 $T = \begin{pmatrix} -\sqrt{2}/2 & \sqrt{2}/2 & 0 \\ \sqrt{2}/2 & \sqrt{2}/2 & 0 \\ 0 & 0 & 1 \end{pmatrix}$，则

$$T'AT = diag(1, 3, 3).$$

2. 由于 A 是实对称矩阵，则存在正交阵 T，使

$$T^{-1}AT = diag(\lambda_1, \lambda_2, \cdots, \lambda_n),$$

其中 $\lambda_1, \lambda_2, \cdots, \lambda_n$ 为 A 的特征值全是实数，可不妨设 $\lambda_1 \geqslant \lambda_2 \geqslant \cdots \geqslant \lambda_n$，那么

$$T^{-1}A^2T = diag(\lambda_1^2, \lambda_2^2, \cdots, \lambda_n^2),$$

由于 $A^2 = E$，因此 $\lambda_i^2 = 1$，从而 $\lambda_i = \pm 1 (i = 1, 2, \cdots, n)$，所以

$$T^{-1}AT = \begin{pmatrix} E_r & \\ & -E_{n-r} \end{pmatrix}.$$

3. 因 A 为实对称阵，故 A 的特征值 $\lambda_1, \lambda_2, \cdots, \lambda_n \in \mathbf{R}$，不妨设 $\lambda_1 \geqslant \lambda_2 \geqslant \cdots \geqslant \lambda_n$，则存在正交阵 T，使

$$T^{-1}AT = diag(\lambda_1, \lambda_2, \cdots, \lambda_n) \Rightarrow T^{-1}A^2T = diag(\lambda_1^2, \lambda_2^2, \cdots, \lambda_n^2),$$

由于 $A^2 = A$，则 $\lambda_i^2 = \lambda_i$，因此 $\lambda_i = 0$ 或者 $\lambda_i = 1$，所以结论成立.

4. 1) 因 A 是实可逆矩阵，故 $A'A$ 为正定矩阵，由例 9.16 的第 2) 小题，则存在正定矩阵 S，使得 $A'A = S^2$，正定矩阵 S 的逆 S^{-1} 也正定，因此 S^{-1} 也对称，那么

$$S^{-1}A'AS^{-1} = E \Rightarrow (AS^{-1})'(AS^{-1}) = E,$$

令 $Q = AS^{-1}$，则矩阵 Q 是正交矩阵，且有 $A = QS$.

2) 由于 A 为实可逆矩阵，因此 $A'A$ 是正定矩阵，那么存在正交矩阵 T，使

$$T'(A'A)T = diag(\mu_1, \mu_2, \cdots, \mu_n),$$

其中 $\mu_i > 0 (i = 1, 2, \cdots, n)$ 为 $A'A$ 的特征值. 令 $\lambda_i = \sqrt{\mu_i}$，则 $\lambda_i > 0 (i = 1, 2, \cdots, n)$，记 $D = diag(\lambda_1, \lambda_2, \cdots, \lambda_n)$，因此

$$T'A'AT = D^2 \Rightarrow (ATD^{-1})'(ATD^{-1}) = E.$$

令 $Q = ATD^{-1}$，则 Q 为正交矩阵，且有

$$Q^{-1}AT = diag(\lambda_1, \lambda_2, \cdots, \lambda_n).$$

5. 1) $A'A = \begin{pmatrix} 2 & 1 & 0 \\ 1 & 2 & 0 \\ 0 & 0 & 3 \end{pmatrix}$，由本节题1，有正交阵 $T = \begin{pmatrix} -\sqrt{2}/2 & \sqrt{2}/2 & 0 \\ \sqrt{2}/2 & \sqrt{2}/2 & 0 \\ 0 & 0 & 1 \end{pmatrix}$，使

$$T'A'AT = diag(1, 3, 3) \Rightarrow A'A = T \cdot diag(1, 3, 3) \cdot T',$$

令

$$S = T \begin{pmatrix} 1 & & \\ & \sqrt{3} & \\ & & \sqrt{3} \end{pmatrix} T' = \begin{pmatrix} (1/2)+(\sqrt{3}/2) & -(1/2)+(\sqrt{3}/2) & 0 \\ -(1/2)+(\sqrt{3}/2) & (1/2)+(\sqrt{3}/2) & 0 \\ 0 & 0 & \sqrt{3} \end{pmatrix},$$

则 S 正定，且 $A'A = S^2$，可得 $S^{-1}A'AS^{-1} = E$，令

$$Q_1 = AS^{-1} = \begin{pmatrix} 1 & 1 & 1 \\ -1 & 0 & 1 \\ 0 & -1 & 1 \end{pmatrix} \begin{pmatrix} (1/2)+(\sqrt{3}/2) & -(1/2)+(\sqrt{3}/2) & 0 \\ -(1/2)+(\sqrt{3}/2) & (1/2)+(\sqrt{3}/2) & 0 \\ 0 & 0 & \sqrt{3} \end{pmatrix}$$

$$= \begin{pmatrix} \sqrt{3}/3 & \sqrt{3}/3 & \sqrt{3}/3 \\ -(\sqrt{3}/6)-(1/2) & -(\sqrt{3}/6)+(1/2) & \sqrt{3}/3 \\ -(\sqrt{3}/6)+(1/2) & -(\sqrt{3}/6)-(1/2) & \sqrt{3}/3 \end{pmatrix},$$

则 $A = Q_1 S$，其中的 Q_1 和 S 即为所求；

2）记 $\Lambda = diag(1, 3, 3)$，可取 $D = diag(1, \sqrt{3}, \sqrt{3})$，那么

$$T'A'AT = \Lambda = D^2 \Rightarrow D^{-1}T'A'ATD^{-1} = E,$$

令

$$Q = ATD^{-1} = \begin{pmatrix} 1 & 1 & 1 \\ -1 & 0 & 1 \\ 0 & -1 & 1 \end{pmatrix} \begin{pmatrix} -\sqrt{2}/2 & \sqrt{2}/2 & 0 \\ \sqrt{2}/2 & \sqrt{2}/2 & 0 \\ 0 & 0 & 1 \end{pmatrix} \begin{pmatrix} 1 & & \\ & \sqrt{3}/3 & \\ & & \sqrt{3}/3 \end{pmatrix}$$

$$= \begin{pmatrix} 0 & \sqrt{6}/3 & \sqrt{3}/3 \\ \sqrt{2}/2 & -\sqrt{6}/6 & \sqrt{3}/3 \\ -\sqrt{2}/2 & -\sqrt{6}/6 & \sqrt{3}/3 \end{pmatrix},$$

则 $Q^{-1}AT = D$，其中的 Q 和 T 即为所求.

6. 取 V 的标准正交基 $\varepsilon_1, \varepsilon_2, \cdots, \varepsilon_n$，设 $\mathscr{A}(\varepsilon_1, \varepsilon_2, \cdots, \varepsilon_n) = (\varepsilon_1, \varepsilon_2, \cdots, \varepsilon_n)A$，则 A 为实对称矩阵，记 $\alpha = (\varepsilon_1, \varepsilon_2, \cdots, \varepsilon_n)X$，其中 $X = (x_1, x_2, \cdots, x_n)' \in \mathbf{R}^n$，$X \neq 0$，那么

$g(\mathscr{A})(\varepsilon_1, \varepsilon_2, \cdots, \varepsilon_n) = (\varepsilon_1, \varepsilon_2, \cdots, \varepsilon_n)g(A)$，$g(\mathscr{A})\alpha = (\varepsilon_1, \varepsilon_2, \cdots, \varepsilon_n)g(A)X$，

因此

$$(\alpha, g(\mathscr{A})\alpha) = X'g(A)X = X'(A^2 - 3A + 3E)X.$$

对于实对称矩阵 A，设其特征值分别为 $\lambda_1, \lambda_2, \cdots, \lambda_n$（全为实数），由定理 7，那么存在正交矩阵 Q，使

$$Q'AQ = diag(\lambda_1, \lambda_2, \cdots, \lambda_n),$$

那么

$$Q'(A^2 - 3A + 3E)Q = diag(\lambda_1^2 - 3\lambda_1 + 3, \lambda_2^2 - 3\lambda_2 + 3, \cdots, \lambda_n^2 - 3\lambda_n + 3),$$

由于

$$\lambda_i^2 - 3\lambda_i + 3 = \left(\lambda_i - \frac{3}{2}\right)^2 + \frac{3}{4} > 0 (i = 1, 2, \cdots, n),$$

因此实对称矩阵 $A^2 - 3A + 3E$ 正定，所以必有 $(\alpha, g(\mathscr{A})\alpha) > 0$.

7. 由例 9.20，任给 $X \in \mathbf{R}^n$，均有 $\lambda_1 X'X \leqslant X'AX \leqslant \lambda_n X'X$，因此当 $0 \neq X \in \mathbf{R}^n$ 时，恒有 $\lambda_1 \leqslant \dfrac{X'AX}{X'X} \leqslant \lambda_n$.

取 $\alpha_1, \alpha_n \in \mathbf{R}^n$ 分别为属于特征值 λ_1, λ_n 的特征向量，则有 $A\alpha_1 = \lambda_1\alpha_1$，$A\alpha_n = \lambda_n\alpha_n$，且 $\alpha_1 \neq 0$，$\alpha_n \neq 0$，那么

$$\alpha'_1 A\alpha_1 = \alpha'_1(\lambda_1\alpha_1) = \lambda_1\alpha'_1\alpha_1, \quad \alpha'_n A\alpha_n = \alpha'_n(\lambda_n\alpha_n) = \lambda_n\alpha'_n\alpha_n,$$

因此

$$\frac{\alpha'_1 A\alpha_1}{\alpha'_1\alpha_1} = \lambda_1, \quad \frac{\alpha'_n A\alpha_n}{\alpha'_n\alpha_n} = \lambda_n.$$

所以

$$\lambda_1 = \inf_{0\neq X\in\mathbf{R}^n}\frac{X'AX}{X'X}, \quad \lambda_n = \sup_{0\neq X\in\mathbf{R}^n}\frac{X'AX}{X'X}.$$

8. 设 λ_1，λ_n 分别为矩阵 A 的最小和最大的特征值，由例 9.20，则任给 $X\in\mathbf{R}^n$，均有 $\lambda_1 X'X\leq X'AX\leq\lambda_n X'X$，则当 $X'X=1$ 时，恒有 $\lambda_1\leq X'AX\leq\lambda_n$。

取 α_1，$\alpha_n\in\mathbf{R}^n$ 分别为属于特征值 λ_1，λ_n 的单位特征向量，则必有

$$\alpha'_1\alpha_1 = 1, \quad \alpha'_n\alpha_n = 1, \quad \alpha'_1 A\alpha_1 = \lambda_1\alpha'_1\alpha_1 = \lambda_1, \quad \alpha'_n A\alpha_n = \lambda_n\alpha'_n\alpha_n = \lambda_n,$$

所以 $f(X) = X'AX$ 在条件 $X'X=1$ 下的最小值和最大值分别为 A 的最小特征值 λ_1 和最大特征值 λ_n。

9. 通过对 A，B 作同步合同变换，则可得可逆阵 $C = \begin{pmatrix} \sqrt{2}/2 & 0 & -\sqrt{3}/3 \\ 0 & \sqrt{3}/3 & 0 \\ 0 & 0 & \sqrt{6}/3 \end{pmatrix}$，使

$$C'AC = \begin{pmatrix} 1 & 0 & 0 \\ 0 & 1 & 0 \\ 0 & 0 & 1 \end{pmatrix}, \quad C'BC = \begin{pmatrix} 1 & 0 & 0 \\ 0 & -2/3 & -5\sqrt{2}/3 \\ 0 & -5\sqrt{2}/3 & -7/3 \end{pmatrix},$$

记 $C'BC = D$，则其特征多项式

$$f(\lambda) = |\lambda E - D| = (\lambda - 1)^2(\lambda + 4),$$

因此特征值为 $\lambda_1 = \lambda_2 = 1$，$\lambda_3 = -4$。

解方程 $(\lambda_1 E - A)X = 0$，得正交特征向量 $\alpha_1 = (1, 0, 0)'$，$\alpha_2 = (0, -\sqrt{2}, 1)'$；

解方程 $(\lambda_3 E - A)X = 0$，得特征向量 $\alpha_3 = (0, 1, \sqrt{2})'$。

将特征向量 $\alpha_i (i=1, 2, 3)$ 单位化，得

$$\eta_1 = (1, 0, 0)', \quad \eta_2 = \frac{1}{3}(0, -\sqrt{6}, \sqrt{3})', \quad \eta_3 = \frac{1}{3}(0, \sqrt{3}, \sqrt{6})',$$

取正交阵 $Q = \begin{pmatrix} 1 & 0 & 0 \\ 0 & -\sqrt{6}/3 & \sqrt{3}/3 \\ 0 & \sqrt{3}/3 & \sqrt{6}/3 \end{pmatrix}$，令 $T = CQ = \begin{pmatrix} \sqrt{2}/2 & -1/3 & \sqrt{2}/3 \\ 0 & -\sqrt{2}/3 & 1/3 \\ 0 & \sqrt{2}/3 & 2/3 \end{pmatrix}$，则

$$T'AT = E, \quad T'BT = diag(1, 1, -4).$$

10. 由例 9.22，则存在实可逆矩阵 P，使

$$P'AP = E, \quad P'BP = diag(\lambda_1, \lambda_2, \cdots, \lambda_n),$$
$$\therefore P'(A-B)P = diag(1-\lambda_1, 1-\lambda_2, \cdots, 1-\lambda_n)$$

由条件，B，$A-B$ 均正定，因此 $0<\lambda_i<1$，$i=1, 2, \cdots, n$。记 $T = (P^{-1})'$，那么

$$T'A^{-1}T = E, \quad T'B^{-1}T = diag(\lambda_1^{-1}, \lambda_2^{-1}, \cdots, \lambda_n^{-1}),$$
$$\therefore T'(B^{-1}-A^{-1})T = diag(\lambda_1^{-1}-1, \lambda_2^{-1}-1, \cdots, \lambda_n^{-1}-1)$$

又 $\lambda_i^{-1}-1>0$，$i=1, 2, \cdots, n$，所以矩阵 $B^{-1}-A^{-1}$ 也是正定矩阵。

11. 由例 9.22，则有实可逆阵 P，使 $P'AP = E$，$P'BP = diag(\lambda_1, \lambda_2, \cdots, \lambda_n)$，从而

$P^{-1}A^{-1}(P')^{-1}=E$，将前两式相加，将后两式进行左右相乘，则得

$$P'(A+B)P=diag(1+\lambda_1,\ 1+\lambda_2,\ \cdots,\ 1+\lambda_n),$$
$$P'\cdot BA^{-1}\cdot(P')^{-1}=diag(\lambda_1,\ \lambda_2,\ \cdots,\ \lambda_n),$$

因此由上面的合同关系和相似关系，则立即可得：矩阵 $A+B$ 正定当且仅当 $1+\lambda_i>0$ 当且仅当 $\lambda_i>-1(i=1,\ 2,\ \cdots,\ n)$ 即矩阵 BA^{-1} 的特征值均大于 -1.

12. 由于正交矩阵 $A\in\mathbf{R}^{n\times n}$，且特征值 $\lambda_i(i=1,\ 2,\ \cdots,\ n)$ 全为实数，因此由例 9.24，则存在正交矩阵 T，使

$$T'AT=\begin{pmatrix}\lambda_1 & & & * \\ & \lambda_2 & & * \\ & & \ddots & \\ & & & \lambda_n\end{pmatrix}=D,$$

由正交矩阵的性质，则易知 $T'AT$ 仍为正交矩阵，因此矩阵 D 既是正交矩阵又是上三角矩阵，从而 D 必是对角矩阵(例 9.6)，可设 $D=diag(\lambda_1,\ \lambda_2,\ \cdots,\ \lambda_n)$，所以 $A=TDT'$ 必是实对称矩阵.

13. 由于 $A^2=B^2$，考虑到正定矩阵是可逆的，且其逆也正定，因此

$$(AB^{-1})'(AB^{-1})=E,$$

那么矩阵 AB^{-1} 是正交矩阵. 由于 A，B^{-1} 均是正定矩阵，由例 9.18，则 AB^{-1} 的特征值全是正数，从而正交矩阵 AB^{-1} 的特征值全为 1，因此由例 9.24，存在正交矩阵 T，使

$$T^{-1}AB^{-1}T=\begin{pmatrix}1 & * & * \\ & \ddots & * \\ & & 1\end{pmatrix},$$

那么 $T^{-1}AB^{-1}T$ 既是正交矩阵又是上三角矩阵，由例 9.6，所以 $T^{-1}AB^{-1}T=E$，即得 $A=B$.

14.1) 由于 S 是实反对称矩阵，因此 $S'=-S$，且 $\bar{S}=S$. 设 $\lambda\in\mathbf{C}$ 为 S 的一特征值，且 $0\neq\xi\in\mathbf{C}^n$ 为对应的一特征向量，那么 $S\xi=\lambda\xi$，对其分别取转置和取共轭，则

$$-\xi'S=\lambda\xi',\ S\bar{\xi}=\bar{\lambda}\bar{\xi}\Rightarrow-\xi'S\bar{\xi}=\lambda\xi'\bar{\xi},\ \xi'S\bar{\xi}=\bar{\lambda}\xi'\bar{\xi},$$

将两式相加，则得 $(\lambda+\bar{\lambda})\xi'\bar{\xi}=0$，但 $\xi'\bar{\xi}>0$，故 $\lambda+\bar{\lambda}=0$，即 λ 为零或纯虚数.

2) 由于实矩阵 $A+S$ 的特征多项式为实系数多项式，因此 $A+S$ 的虚特征值必共轭成对出现，于是要证 $|A+S|>0$，只需证明 $A+S$ 的实特征值均大于零即可.

设 $\lambda\in R$ 为矩阵 $A+S$ 的任一特征值，且 $0\neq\alpha\in\mathbf{R}^n$ 是属于特征值 λ 的一个特征向量，那么 $(A+S)\alpha=\lambda\alpha$，对于实反对称矩阵 S，必有 $\alpha'S\alpha=0$，因此

$$\alpha'(A+S)\alpha=\alpha'A\alpha=\lambda\alpha'\alpha,$$

对于正定矩阵 A，必有 $\alpha'A\alpha>0$，所以 $\lambda=\dfrac{\alpha'A\alpha}{\alpha'\alpha}>0$，从而结论成立.

说明 2) 的另一证明思路：存在实可逆 C 使 $C'AC=E$，记 $C'SC=D$，则 D 也实反对称，只需证 $|E+D|>0$ 即可. 对于实反对称矩阵 D，则存在复可逆矩阵 T，使

$$T^{-1}(D)T=\begin{pmatrix}\lambda_1 & & & * \\ & \lambda_2 & & * \\ & & \ddots & \\ & & & \lambda_n\end{pmatrix}\Rightarrow T^{-1}(E+D)T=\begin{pmatrix}1+\lambda_1 & & & * \\ & 1+\lambda_2 & & * \\ & & \ddots & \\ & & & 1+\lambda_n\end{pmatrix},$$

由 1) 知，则 $\lambda_1,\ \lambda_2,\ \cdots,\ \lambda_n$ 可不妨设成 $d_1i,\ -d_1i,\ \cdots,\ d_ki,\ -d_ki,\ 0,\ \cdots,\ 0$，所以

$$|E+D|=(1+d_1i)(1-d_1i)\cdots(1+d_ki)(1-d_ki)>0.$$

15. 1)（⇐）设 A 反对称，即 $A'=-A$. 任给 $\alpha,\ \beta\in V$, 记

$$\alpha=(\varepsilon_1,\ \cdots,\ \varepsilon_n)X,\ \beta=(\varepsilon_1,\ \cdots,\ \varepsilon_n)Y,\ \text{其中}\ X=(x_1,\ \cdots,\ x_n)',\ Y=(y_1,\ \cdots,\ y_n)',$$

由于 $\mathscr{A}(\varepsilon_1,\ \varepsilon_2,\ \cdots,\ \varepsilon_n)=(\varepsilon_1,\ \varepsilon_2,\ \cdots,\ \varepsilon_n)A$, 因此

$$\mathscr{A}\alpha=(\varepsilon_1,\ \varepsilon_2,\ \cdots,\ \varepsilon_n)AX,\ \mathscr{A}\beta=(\varepsilon_1,\ \varepsilon_2,\ \cdots,\ \varepsilon_n)AY,$$

$$\therefore\ (\mathscr{A}\alpha,\ \beta)=(AX)'Y=X'A'Y=-X'AY=-(\alpha,\ \mathscr{A}\beta),$$

即 $\mathscr{A}$ 为反对称变换.

（⇒）设 $\mathscr{A}$ 反对称，记 $A=(a_{ij})$, 因 $\mathscr{A}(\varepsilon_1,\ \varepsilon_2,\ \cdots,\ \varepsilon_n)=(\varepsilon_1,\ \varepsilon_2,\ \cdots,\ \varepsilon_n)A$, 故

$$\mathscr{A}\varepsilon_i=a_{1i}\varepsilon_1+a_{2i}\varepsilon_2+\cdots+a_{ni}\varepsilon_n,\ \mathscr{A}\varepsilon_j=a_{1j}\varepsilon_1+a_{2j}\varepsilon_2+\cdots+a_{nj}\varepsilon_n,$$

因此 $(\mathscr{A}\varepsilon_i,\ \varepsilon_j)=a_{ji}$, $(\varepsilon_i,\ \mathscr{A}\varepsilon_j)=a_{ij}$, 所以

$$a_{ij}=(\varepsilon_i,\ \mathscr{A}\varepsilon_j)=-(\mathscr{A}\varepsilon_i,\ \varepsilon_j)=-a_{ji}.$$

即 $A'=-A$, 说明 A 为反对称矩阵.

2）设 $\mathscr{A}$ 为反对称变换，且 V_1 是 $\mathscr{A}$ 的不变子空间. 任给 $\alpha\in V_1^{\perp}$, $\forall\beta\in V_1$, 则 $\mathscr{A}\beta\in V_1$, 那么

$$(\mathscr{A}\alpha,\ \beta)=-(\alpha,\ \mathscr{A}\beta)=0,$$

由 $\beta\in V_1$ 的任意性，因此 $\mathscr{A}\alpha\perp V_1$, 即 $\mathscr{A}\alpha\in V_1^{\perp}$, 故 $V_1^{\perp}$ 亦是 $\mathscr{A}$ 的不变子空间.

16. 1）任给 $\alpha,\ \beta\in V$, $k\in\mathbf{R}$, 任给 $\delta\in V$, 则

$$(\delta,\ \mathscr{B}(\alpha+\beta)-\mathscr{B}\alpha-\mathscr{B}\beta)=(\delta,\ \mathscr{B}(\alpha+\beta))-(\delta,\ \mathscr{B}\alpha)-(\delta,\ \mathscr{B}\beta)$$

$$=(\mathscr{A}\delta,\ \alpha+\beta)-(\mathscr{A}\delta,\ \alpha)-(\mathscr{A}\delta,\ \beta)=0,$$

因 α 的任意性，故有 $\mathscr{B}(\alpha+\beta)-\mathscr{B}\alpha-\mathscr{B}\beta=0$, 即 $\mathscr{B}(\alpha+\beta)=\mathscr{B}\alpha+\mathscr{B}\beta$, 同理可得 $\mathscr{B}(k\alpha)=k\mathscr{B}\alpha$, 所以 $\mathscr{B}$ 为线性变换.

2）由条件，则有

$$\mathscr{A}(\varepsilon_1,\ \varepsilon_2,\ \cdots,\ \varepsilon_n)=(\varepsilon_1,\ \varepsilon_2,\ \cdots,\ \varepsilon_n)A,\ \mathscr{B}(\varepsilon_1,\ \varepsilon_2,\ \cdots,\ \varepsilon_n)=(\varepsilon_1,\ \varepsilon_2,\ \cdots,\ \varepsilon_n)B,$$

因此

$$\mathscr{A}\varepsilon_i=a_{1i}\varepsilon_1+a_{2i}\varepsilon_2+\cdots+a_{ni}\varepsilon_n,\ \mathscr{B}\varepsilon_j=b_{1j}\varepsilon_1+b_{2j}\varepsilon_2+\cdots+b_{nj}\varepsilon_n,$$

由于变换 $\mathscr{B}$ 是 $\mathscr{A}$ 的共轭变换，所以

$$a_{ji}=(\mathscr{A}\varepsilon_i,\ \varepsilon_j)=(\varepsilon_i,\ \mathscr{B}\varepsilon_j)=b_{ij},$$

即得 $B=A'$.

3）任给 $\alpha\in\mathscr{A}^{-1}(0)$, 且 $\forall\delta\in\mathscr{B}V$, 则存在 $\beta\in V$, 使 $\delta=\mathscr{B}\beta$, 那么

$$(\alpha,\ \delta)=(\alpha,\ \mathscr{B}\beta)=(\mathscr{A}\alpha,\ \beta)=(0,\ \beta)=0,$$

故 $\alpha\perp\mathscr{B}V$, 即 $\alpha\in(\mathscr{B}V)^{\perp}$, 所以 $\mathscr{A}^{-1}(0)\subset(\mathscr{B}V)^{\perp}$;

任给 $\alpha\in(\mathscr{B}V)^{\perp}$, 且 $\forall\beta\in V$, 则 $(\mathscr{A}\alpha,\ \beta)=(\alpha,\ \mathscr{B}\beta)=0$, 由 β 的任意性，则必有 $\mathscr{A}\alpha=0$, 故 $\alpha\in\mathscr{A}^{-1}(0)$, 所以 $(\mathscr{B}V)^{\perp}\subset\mathscr{A}^{-1}(0)$, 总之 $\mathscr{A}^{-1}(0)=(\mathscr{B}V)^{\perp}$.

习题 9.5

1. 设酉空间 V 的标准正交基 $\varepsilon_1,\ \varepsilon_2,\ \cdots,\ \varepsilon_n$ 到标准正交基 $\eta_1,\ \eta_2,\ \cdots,\ \eta_n$ 的过渡矩阵为 $U=(u_{ij})$, 即

$$(\eta_1,\ \eta_2,\ \cdots,\ \eta_n)=(\varepsilon_1,\ \varepsilon_2,\ \cdots,\ \varepsilon_n)U,$$

记 $U=(U_1,\ U_2,\ \cdots,\ U_n)$, 则 $\eta_i=(\varepsilon_1,\ \varepsilon_2,\ \cdots,\ \varepsilon_n)U_i$, $\eta_j=(\varepsilon_1,\ \varepsilon_2,\ \cdots,\ \varepsilon_n)U_j$.

由于 $\varepsilon_1,\ \varepsilon_2,\ \cdots,\ \varepsilon_n$ 为标准正交基，因此其度量矩阵是单位矩阵，那么

$$U'_i\overline{U}_j=(\eta_i,\ \eta_j)=\begin{cases}1,& i=j\\0,& i\neq j\end{cases},$$

所以 $U'\overline{U}=E$, 即 U 为酉矩阵.

2. 由于 A 为厄米特矩阵，因此 $A'=\bar{A}$. 设 $\lambda\in\mathbf{C}$ 为 A 的特征值，$0\neq\alpha\in\mathbf{C}^n$ 为对应的特征向量，即 $A\alpha=\lambda\alpha$，则

$$\lambda(\alpha,\ \alpha)=(\lambda\alpha,\ \alpha)=(A\alpha,\ \alpha)=\alpha'A'\bar{\alpha}=\alpha'\overline{A\alpha}=(\alpha,\ A\alpha)=(\alpha,\ \lambda\alpha)=\bar{\lambda}(\alpha,\ \alpha),$$

但 $(\alpha,\ \alpha)>0$，所以 $\lambda=\bar{\lambda}$，即得 λ 为实数.

设 λ，μ 是 A 的两个不同特征值，α，β 分别是它们所对应的特征向量，那么 $A\alpha=\lambda\alpha$，$A\beta=\mu\beta$. 因此

$$\lambda(\alpha,\ \beta)=(\lambda\alpha,\ \beta)=(A\alpha,\ \beta)=\alpha'A'\bar{\beta}=\alpha'\overline{A\beta}=(\alpha,\ A\beta)=(\alpha,\ \mu\beta)=\bar{\mu}(\alpha,\ \beta),$$

则有 $(\lambda-\bar{\mu})(\alpha,\ \beta)=0$，又由于 A 的特征值均为实数，那么 $(\lambda-\mu)(\alpha,\ \beta)=0$，但是 $\lambda-\mu\neq0$，所以 $(\alpha,\ \beta)=0$，即得 α，β 正交.

3. 由于 $A\xi=\lambda\xi$，两边取共轭，因此有 $A\bar{\xi}=\bar{\lambda}\bar{\xi}$，由于 $\lambda\neq\bar{\lambda}$，且 $\bar{\xi}\neq0$，因此 ξ 和 $\bar{\xi}$ 是分别属于不同特征值 λ 和 $\bar{\lambda}$ 的特征向量，由例 9.28，因此它们正交，即有

$$0=(\xi,\ \bar{\xi})=(X+iY,\ X-iY)=(X,\ X)+i(Y,\ X)-\bar{i}(X,\ Y)-i\cdot\bar{i}(Y,\ Y),$$

由此即得 $(X,\ X)-(Y,\ Y)=0$，且 $2(X,\ Y)=0$，从而结论成立.

补充题

1. 在欧氏空间 $V=\mathbf{R}^{n\times n}$ 中，考虑取内积 $(A,\ B)=tr(A'B)$，利用柯西-布涅柯夫斯基不等式，则有

$$tr(ABAB)=(BA,\ AB)\leqslant\sqrt{(BA,\ BA)}\sqrt{(AB,\ AB)},$$

又由于

$$(BA,\ BA)=tr(A'B'BA)=tr(ABB\cdot A)=tr(A\cdot ABB)=tr(AABB),$$

同理 $(AB,\ AB)=tr(AABB)$，所以结论成立.

2. 任取 $X\in\mathbf{R}^n$（实 n 维列向量），令 $\alpha=(\eta_1,\ \eta_2,\ \cdots,\ \eta_n)X$，由于线性变换 $\mathscr{A}$，$\mathscr{B}$ 在 V 的基 η_1，η_2，$\cdots$，η_n 下的矩阵分别为 A，B，即

$$\mathscr{A}(\eta_1,\ \eta_2,\ \cdots,\ \eta_n)=(\eta_1,\ \eta_2,\ \cdots,\ \eta_n)A,\quad \mathscr{B}(\eta_1,\ \eta_2,\ \cdots,\ \eta_n)=(\eta_1,\ \eta_2,\ \cdots,\ \eta_n)B,$$

因此

$$\mathscr{A}\alpha=(\eta_1,\ \eta_2,\ \cdots,\ \eta_n)AX,\quad \mathscr{B}\alpha=(\eta_1,\ \eta_2,\ \cdots,\ \eta_n)BX.$$

设 P 为基 η_1，η_2，$\cdots$，η_n 的度量矩阵，则 P 是正定矩阵. 由题设，$|\mathscr{A}\alpha|=|\mathscr{B}\alpha|$，因此 $(\mathscr{A}\alpha,\ \mathscr{A}\alpha)=(\mathscr{B}\alpha,\ \mathscr{B}\alpha)$，由内积（通过度量矩阵）的计算公式，所以

$$(AX)'P(AX)=(BX)'P(BX),\quad 即\ X'\cdot A'PA\cdot X=X'\cdot B'PB\cdot X,$$

由于 $A'PA$，$B'PB$ 均为实对称矩阵，且向量 X 具有任意性，故 $A'PA=B'PB$.

3. 记 $A'A=(d_{ij})_{nn}$，则 $d_{jj}=a_{1j}^2+a_{2j}^2+\cdots+a_{nj}^2(j=1,\ 2,\ \cdots,\ n)$，因此

$$S(A)=(d_{11}+d_{22}+\cdots+d_{nn})=tr(A'A).$$

又由于

$$(T'AT)'(T'AT)=T'A'TT'AT=T'A'AT=T^{-1}(A'A)T,$$

而相似矩阵有相同的特征值，因此有相同的迹，所以

$$S(T'AT)=tr((T'AT)'(T'AT))=tr(A'A)=S(A).$$

4. $(\Rightarrow)$ 若存在正交变换 $\mathscr{A}$ 使 $\mathscr{A}\alpha_i=\beta_i(i=1,\ 2,\ \cdots,\ m)$，由于正交变换保持内积不变，即 $(\mathscr{A}\alpha_i,\ \mathscr{A}\alpha_j)=(\alpha_i,\ \alpha_j)$，因此 $(\alpha_i,\ \alpha_j)=(\beta_i,\ \beta_j)$，$i,\ j=1,\ 2,\ \cdots,\ m$.

（⟸）设 $(\alpha_i, \alpha_j) = (\beta_i, \beta_j)$，$i, j = 1, 2, \cdots, m$，由习题9.1题5的讨论可知，向量方程 $x_1\alpha_1 + x_2\alpha_2 + \cdots + x_m\alpha_m = 0$ 与 $y_1\alpha_1 + y_2\alpha_2 + \cdots + y_m\alpha_m = 0$ 同解，因此这两个向量组的线性相关性一致，从而 $rank\{\alpha_1, \alpha_2, \cdots, \alpha_m\} = rank\{\beta_1, \beta_2, \cdots, \beta_m\}$，记此秩为 r，令 $V_1 = L(\alpha_1, \alpha_2, \cdots, \alpha_m)$，$V_2 = L(\beta_1, \beta_2, \cdots, \beta_m)$，则 $\dim V_1 = \dim V_2 = r$. 那么

$$V = V_1 \oplus V_1^\perp = V_2 \oplus V_2^\perp.$$

取 $V_1^\perp$ 的标准正交基 $\varepsilon_{r+1}, \cdots, \varepsilon_n$，取 $V_2^\perp$ 的标准正交基 $\eta_{r+1}, \cdots, \eta_n$，任给 $\alpha \in V$，则可设 $\alpha = \sum_{i=1}^{m} a_i\alpha_i + \sum_{i=r+1}^{n} x_i\varepsilon_i$，定义变换 $\mathscr{A}: V \to V$，使 $\mathscr{A}\alpha = \sum_{i=1}^{m} a_i\beta_i + \sum_{i=r+1}^{n} x_i\eta_i$，下证 $\mathscr{A}$ 即为所求. 另取 $\beta \in V$，记 $\beta = \sum_{i=1}^{m} b_i\alpha_i + \sum_{i=r+1}^{n} y_i\varepsilon_i$，则 $\mathscr{A}\beta = \sum_{i=1}^{m} b_i\beta_i + \sum_{i=r+1}^{n} y_i\eta_i$，那么

$$(\mathscr{A}\alpha, \mathscr{A}\beta) = \left(\sum_{i=1}^{m} a_i\beta_i + \sum_{i=r+1}^{n} x_i\eta_i, \sum_{j=1}^{m} b_j\beta_j + \sum_{j=r+1}^{n} y_j\eta_j\right)$$

$$= \left(\sum_{i=1}^{m} a_i\beta_i, \sum_{j=1}^{m} b_j\beta_j\right) + \left(\sum_{i=r+1}^{n} x_i\eta_i, \sum_{j=r+1}^{n} y_j\eta_j\right)$$

$$= \sum_{i=1}^{m}\sum_{j=1}^{m} a_ib_j(\beta_i, \beta_j) + \sum_{i=r+1}^{n} x_iy_i = \sum_{i=1}^{m}\sum_{j=1}^{m} a_ib_j(\alpha_i, \alpha_j) + \sum_{i=r+1}^{n} x_iy_i = (\alpha, \beta),$$

由例9.10，因此 $\mathscr{A}$ 为正交变换，且自然也有 $\mathscr{A}\alpha_i = \beta_i$，$i = 1, 2, \cdots, m$.

5. 由于 A, B 为实对称矩阵，且 $AB = BA$，则 AB 亦为实对称矩阵. 又 A, B 半正定，则存在实矩阵 S, R，使 $A = R'R$，$B = S'S$，所以 $AB = R'RS'S$.

由于 $R'RS'S = R'(RS'S)$，$(RS'S)R' = (SR')'(SR')$，显然 $(SR')'(SR')$ 半正定，因此其特征值均非负，而 $R'(RS'S)$ 与 $(RS'S)R'$ 有相同的特征值，则知 $AB = R'RS'S$ 的特征值也全非负，所以 AB 半正定.

6. 对于实对称矩阵 B，则存在正交矩阵 T，使 $T^{-1}BT = diag(\lambda_1, \lambda_2, \cdots, \lambda_n)$，记矩阵 $T^{-1}AT = C = (c_{ij})$，那么 $T^{-1} \cdot AB \cdot T = T^{-1}AT \cdot T^{-1}BT = \begin{pmatrix} \lambda_1 c_{11} & \cdots & \lambda_n c_{1n} \\ \vdots & \vdots & \vdots \\ \lambda_1 c_{n1} & \cdots & \lambda_n c_{nn} \end{pmatrix}$. 因 A 是半正定矩阵，故 $T^{-1}AT$ 也为半正定矩阵，则 $c_{ii} \geq 0 (i = 1, 2, \cdots, n)$，所以

$$tr(AB) = tr(T^{-1} \cdot AB \cdot T) = tr(T^{-1}AT \cdot T^{-1}BT) = (\lambda_1 c_{11} + \lambda_2 c_{22} + \cdots + \lambda_n c_{nn})$$

$$\geq \lambda_n(c_{11} + c_{22} + \cdots + c_{nn}) = \lambda_n tr(C) = \lambda_n tr(A).$$

7. 对于实对称矩阵 A，则存在正交矩阵 T，使得

$$T^{-1}AT = diag(\lambda_1, \lambda_2, \cdots, \lambda_n),$$

其中特征值 $\lambda_i \in \mathbf{R}(i = 1, 2, \cdots, n)$.

（⟸）由于 $|A| \neq 0$，则 $\lambda_i \neq 0(i = 1, 2, \cdots, n)$. 任给正数 $\mu_1, \mu_2, \cdots, \mu_n$，取

$$B = T \cdot diag(\mu_1, \mu_2, \cdots, \mu_n) \cdot T^{-1},$$

则 B 为正定矩阵. 那么

$$T^{-1}ABT = T^{-1}AT \cdot T^{-1}BT = diag(\lambda_1\mu_1, \lambda_2\mu_2, \cdots, \lambda_n\mu_n),$$

因此 $tr(AB) = \lambda_1\mu_1 + \lambda_2\mu_2 + \cdots + \lambda_n\mu_n > 0$.

若特征值 $\lambda_1, \lambda_2, \cdots, \lambda_n$ 中有某个为负，可不妨设 $\lambda_1 < 0$，取 $\mu_1 > 0$，使

$$|\lambda_1\mu_1| > |\lambda_2\mu_2| + \cdots + |\lambda_n\mu_n|,$$

则有 $tr(AB) < 0$，矛盾，因此 $\lambda_1 > 0$，同理 $\lambda_i > 0 (i = 2, \cdots, n)$，所以 A 正定.

$(\Rightarrow)$ 设 A 为正定矩阵，则其特征值 $\lambda_i > 0 (i=1, 2, \cdots, n)$．对于正定矩阵 B，记 $T^{-1}BT = C = (c_{ij})$，则矩阵 C 也正定，$c_{ii} > 0 (i=1, 2, \cdots, n)$，且

$$T^{-1}ABT = T^{-1}AT \cdot T^{-1}BT = \begin{pmatrix} \lambda_1 c_{11} & \lambda_1 c_{12} & \cdots & \lambda_1 c_{1n} \\ \lambda_2 c_{21} & \lambda_2 c_{22} & \cdots & \lambda_2 c_{2n} \\ \cdots & \cdots & \cdots & \cdots \\ \lambda_n c_{n1} & \lambda_n c_{n2} & \cdots & \lambda_n c_{nn} \end{pmatrix},$$

$$\therefore tr(AB) = tr(T^{-1}ABT) = (\lambda_1 c_{11} + \lambda_2 c_{22} + \cdots + \lambda_n c_{nn}) > 0.$$

8. $(\Rightarrow)$ 设有正交矩阵 T，使 $T'AT = diag(\lambda_1, \lambda_2, \cdots, \lambda_n)$，那么

$$A = T \cdot diag(\lambda_1, \lambda_2, \cdots, \lambda_n) \cdot T',$$

因此 A 是实对称矩阵，从而结论成立．

$(\Leftarrow)$ 由于 A 为实矩阵，且特征值均为实数，由例 9.24，则存在正交矩阵 T，使

$$T'AT = \begin{pmatrix} a_{11} & a_{12} & \cdots & a_{1n} \\ & a_{22} & & a_{2n} \\ & & \ddots & \vdots \\ & & & a_{nn} \end{pmatrix} \Rightarrow T'A'T = \begin{pmatrix} a_{11} & & & \\ a_{12} & a_{22} & & \\ \vdots & & \ddots & \\ a_{1n} & a_{2n} & \cdots & a_{nn} \end{pmatrix},$$

由 $AA' = A'A$，则得 $T'AT \cdot T'A'T = T'A'T \cdot T'AT$，那么

$$a_{11}^2 + a_{12}^2 + \cdots + a_{nn}^2 = a_{11}^2 \Rightarrow a_{12} = a_{13} = \cdots = a_{1n} = 0,$$
$$a_{22}^2 + a_{23}^2 + \cdots + a_{2n}^2 = a_{12}^2 + a_{22}^2 \Rightarrow a_{23} = \cdots = a_{2n} = 0, \cdots \cdots.$$

所以 $a_{ij} = 0 (1 \leqslant i < j \leqslant n)$，则 $T'AT$ 为对角矩阵．

9. 先证存在正交阵 Q，使 $Q'AQ = \begin{pmatrix} \lambda_1 & \\ & A_1 \end{pmatrix}$，$Q'BQ = \begin{pmatrix} \mu_1 & \\ & B_1 \end{pmatrix}$，其中 A_1，B_1 均为 $n-1$ 阶实对称矩阵．

在空间 $V = \mathbf{R}^n$ 中，取 V 的一组标准正交基 $\varepsilon_1, \varepsilon_2, \cdots, \varepsilon_n$，对于实对称矩阵 A，B，则存在对称变换 $\mathscr{A}$，$\mathscr{B}$：$V \to V$，使

$$\mathscr{A}(\varepsilon_1, \varepsilon_2, \cdots, \varepsilon_n) = (\varepsilon_1, \varepsilon_2, \cdots, \varepsilon_n)A, \quad \mathscr{B}(\varepsilon_1, \varepsilon_2, \cdots, \varepsilon_n) = (\varepsilon_1, \varepsilon_2, \cdots, \varepsilon_n)B.$$

由于 $AB = BA$，因此 $\mathscr{A}\mathscr{B} = \mathscr{B}\mathscr{A}$，则存在 $\beta_1 \in V$ 为 $\mathscr{A}$，$\mathscr{B}$ 的一公共特征向量．不妨设 β_1 为单位向量，且有 $\mathscr{A}\beta_1 = \lambda_1 \beta_1$，$\mathscr{B}\beta_1 = \mu_1 \beta_1$，可将 β_1 扩充成 V 的一组标准正交基 $\beta_1, \beta_2, \cdots, \beta_n$．记 $V_1 = L(\beta_1)$，则 $V_1^{\perp} = L(\beta_2, \cdots, \beta_n)$．

由于 V_1 是 $\mathscr{A}$-子空间，也是 $\mathscr{B}$-子空间，而 $\mathscr{A}$，$\mathscr{B}$ 均为对称变换，因此 $V_1^{\perp}$ 是 $\mathscr{A}$-子空间，也是 $\mathscr{B}$-子空间．那么必有

$$\mathscr{A}(\beta_1, \cdots, \beta_n) = (\beta_1, \cdots, \beta_n)\begin{pmatrix} \lambda_1 & \\ & A_1 \end{pmatrix}, \quad \mathscr{B}(\beta_1, \cdots, \beta_n) = (\beta_1, \cdots, \beta_n)\begin{pmatrix} \mu_1 & \\ & B_1 \end{pmatrix}.$$

记 Q 为 $\varepsilon_1, \varepsilon_2, \cdots, \varepsilon_n$ 到 $\beta_1, \beta_2, \cdots, \beta_n$ 的过渡矩阵，则 Q 为正交矩阵，使

$$Q'AQ = \begin{pmatrix} \lambda_1 & \\ & A_1 \end{pmatrix}, \quad Q'BQ = \begin{pmatrix} \mu_1 & \\ & B_1 \end{pmatrix}.$$

由 $AB = BA$，则得 $A_1 B_1 = B_1 A_1$，然后通过归纳可证明本题结论．

10.1) 令 $\eta = |\alpha - \beta|^{-1}(\alpha - \beta)$，则 η 是单位向量．由于

$$|\alpha - \beta|^2 = (\alpha - \beta, \alpha - \beta) = 2 - 2(\alpha, \beta), \quad (\alpha, \alpha - \beta) = 1 - (\alpha, \beta),$$

因此

$$(\alpha, \eta)\eta = |\alpha - \beta|^{-1}(\alpha, \alpha - \beta)|\alpha - \beta|^{-1}(\alpha - \beta)$$

$$= [2-2(\alpha, \beta)]^{-1}[1-(\alpha, \beta)](\alpha-\beta) = 2^{-1}(\alpha-\beta).$$

定义 V 上的镜面反射 $\mathscr{A}$，使 $\mathscr{A}x = x-2(x, \eta)\eta$，$\forall x \in V$，那么

$$\mathscr{A}\alpha = \alpha-2(\alpha, \eta)\eta = \alpha-(\alpha-\beta) = \beta.$$

2）设 $\mathscr{A}$ 是正交变换，$\varepsilon_1, \varepsilon_2, \cdots, \varepsilon_n$ 是 V 的标准正交基，$\mathscr{A}\varepsilon_i = \eta_i (i=1, \cdots, n)$，由于 $\mathscr{A}$ 为正交变换，则 $\eta_1, \eta_2, \cdots, \eta_n$ 也为标准正交基.

若 $\varepsilon_i = \eta_i (i=1, 2, \cdots, n)$，则 $\mathscr{A} = \mathscr{E}$，定义 $\mathscr{A}_1(x) = x-2(x, \varepsilon_1)\varepsilon_1$，$\forall x \in V$，则 $\mathscr{A}_1(\varepsilon_1) = -\varepsilon_1$，$\mathscr{A}_1(\varepsilon_j) = \varepsilon_j (j=2, \cdots, n)$，则是镜面反射，且 $\mathscr{A} = \mathscr{A}_1\mathscr{A}_1$.

若 $\varepsilon_1, \varepsilon_2, \cdots, \varepsilon_n$ 与 $\eta_1, \eta_2, \cdots, \eta_n$ 不全相同，不妨设 $\varepsilon_1 \neq \eta_1$，则 ε_1, η_1 为两个不同的单位向量，由 1），存在镜面反射 $\mathscr{A}_1$，使 $\mathscr{A}_1(\varepsilon_1) = \eta_1$，令 $\mathscr{A}_1(\varepsilon_j) = \xi_j (j=2, 3, \cdots, n)$，若 $\xi_j = \eta_j (j=2, 3, \cdots, n)$，则 $\mathscr{A} = \mathscr{A}_1$，得证；否则，不妨设 $\xi_2 \neq \eta_2$，仍由 1），则存在镜面反射 $\mathscr{A}_2$

$$\mathscr{A}_2 x = x-2(x, \eta)\eta, \quad \text{其中} \quad \eta = |\xi_2-\eta_2|^{-1}(\xi_2-\eta_2),$$

则 $\mathscr{A}_2(\xi_2) = \eta_2$，即得 $\mathscr{A}_2(\mathscr{A}_1\varepsilon_2) = \eta_2$，那么

$$\mathscr{A}_2\eta_1 = \eta_1-2(\eta_1, \eta)\eta = \eta_1-2|\xi_2-\eta_2|^{-2}[(\eta_1, \xi_2)-(\eta_1, \eta_2)](\xi_2-\eta_2) = \eta_1,$$

即 $\mathscr{A}_2(\mathscr{A}_1\varepsilon_1) = \eta_1$，若 $\mathscr{A}_2\mathscr{A}_1\varepsilon_j = \eta_j$，$j=3, \cdots, n$，则 $\mathscr{A} = \mathscr{A}_2\mathscr{A}_1$；否则，可按上述方法一直继续下去，设

$$\varepsilon_1, \varepsilon_2, \cdots, \varepsilon_n \xrightarrow{\mathscr{A}_1} \eta_1, \xi_2, \cdots, \xi_n \xrightarrow{\mathscr{A}_2} \eta_1, \eta_2, \zeta_2, \cdots, \zeta_n \xrightarrow{\cdots} \cdots \xrightarrow{\mathscr{A}_s} \eta_1, \eta_2, \cdots, \eta_n,$$

则得若干镜面反射 $\mathscr{A}_j (j=1, 2, \cdots, s)$，使 $\mathscr{A} = \mathscr{A}_s \cdots \mathscr{A}_2\mathscr{A}_1$.

第十章 双线性函数与辛空间

定义 1 设 V 是数域 P 上的一个线性空间，f 是 V 到 P 的一个映射，若 f 满足

1) $f(\alpha+\beta)=f(\alpha)+f(\beta)$；

2) $f(k\alpha)=kf(\alpha)$，

式中 α，β 是 V 中任意元素，k 是 P 中任意数，则称 f 为 V 上的一个线性函数.

定理 1 设 V 是 P 上的 n 维线性空间，ε_1，ε_2，$\cdots$，ε_n 是 V 的一组基，a_1，a_2，$\cdots$，a_n 是 P 中任意 n 个数，则存在唯一的 V 上线性函数 f，使

$$f(\varepsilon_i)=a_i, \quad i=1, 2, \cdots, n.$$

引理 对 V 中任意向量 α，有 $\alpha=\sum_{i=1}^{n}f_i(\alpha)\varepsilon_i$，而对 $L(V, P)$ 中任意向量 f，有

$$f=\sum_{i=1}^{n}f(\varepsilon_i)f_i.$$

定理 2 $L(V, P)$ 的维数等于 V 的维数，而且 f_1，f_2，$\cdots$，f_n 是 $L(V, P)$ 的一组基.

定义 2 $L(V, P)$ 称为 V 的对偶空间. 由

$$f_i(\varepsilon_j)=\begin{cases}1, & j=i; \\ 0, & j\neq i.\end{cases} \quad (i, j=1, 2, \cdots, n)$$

决定的 $L(V, P)$ 的基，称为 ε_1，ε_2，$\cdots$，ε_n 的对偶基.

定理 3 设 ε_1，ε_2，$\cdots$，ε_n 及 η_1，η_2，$\cdots$，η_n 是线性空间 V 的两组基，它们的对偶基分别为 f_1，f_2，$\cdots$，f_n 及 g_1，g_2，$\cdots$，g_n. 如果由 ε_1，ε_2，$\cdots$，ε_n 到 η_1，η_2，$\cdots$，η_n 的过渡矩阵为 A，那么由 f_1，f_2，$\cdots$，f_n 到 g_1，g_2，$\cdots$，g_n 的过渡矩阵为 $(A')^{-1}$.

定理 4 V 是一个线性空间，V^{**} 是 V 的对偶空间的对偶空间. V 到 V^{**} 的映射

$$x\rightarrow x^{**}$$

是一个同构映射.

定义 3 V 是数域 P 上的线性空间，$f(\alpha, \beta)$ 是 V 上一个二元函数，即对 V 中任意两个向量 α，β，根据 f 都唯一地对应于 P 中一个数 $f(\alpha, \beta)$. 若 $f(\alpha, \beta)$ 具有性质：

1) $f(\alpha, k_1\beta_1+k_2\beta_2)=k_1f(\alpha, \beta_1)+k_2f(\alpha, \beta_2)$；

2) $f(k_1\alpha_1+k_2\alpha_2, \beta)=k_1f(\alpha_1, \beta)+k_2f(\alpha_2, \beta)$，

其中 α，α_1，α_2，β，β_1，β_2 是 V 中任意向量，k_1，k_2 是 P 中任意数，则称 $f(\alpha, \beta)$ 为 V 上的一个双线性函数.

定义 4 设 $f(\alpha, \beta)$ 是数域 P 上 n 维线性空间 V 上一个双线性函数. ε_1，ε_2，$\cdots$，ε_n 是 V 的一组基，则矩阵

$$A=\begin{pmatrix} f(\varepsilon_1, \varepsilon_1) & f(\varepsilon_1, \varepsilon_2) & \cdots & f(\varepsilon_1, \varepsilon_n) \\ f(\varepsilon_2, \varepsilon_1) & f(\varepsilon_2, \varepsilon_2) & \cdots & f(\varepsilon_2, \varepsilon_n) \\ \vdots & \vdots & & \vdots \\ f(\varepsilon_n, \varepsilon_1) & f(\varepsilon_n, \varepsilon_2) & \cdots & f(\varepsilon_n, \varepsilon_n) \end{pmatrix}$$

叫做 $f(\alpha, \beta)$ 在 ε_1，ε_2，$\cdots$，ε_n 下的度量矩阵.

定义 5 设 $f(\alpha, \beta)$ 是线性空间 V 上一个双线性函数，如果 $f(\alpha, \beta)=0$，对任意 $\beta\in V$，可推出

$\alpha=0$, f 就叫做非退化的.

定义6 $f(\alpha, \beta)$ 是线性空间 V 上的一个双线性函数, 如果对 V 中任意两个向量 α, β 都有 $f(\alpha, \beta)=f(\beta, \alpha)$, 则称 $f(\alpha, \beta)$ 为对称双线性函数.

如果对 V 中任意两个向量 α, β 都有 $f(\alpha, \beta)=-f(\beta, \alpha)$, 则称 $f(\alpha, \beta)$ 为反对称双线性函数.

定理5 设 V 是数域 P 上 n 维线性空间, $f(\alpha, \beta)$ 是 V 上对称双线性函数, 则存在 V 的一组基 ε_1, ε_2, $\cdots$, ε_n, 使 $f(\alpha, \beta)$ 在这组基下的度量矩阵为对角矩阵.

推论1 设 V 是复数域上 n 维线性空间, $f(\alpha, \beta)$ 是 V 上对称双线性函数, 则存在 V 的一组基 ε_1, ε_2, $\cdots$, ε_n, 对 V 中任意向量 $\alpha = \sum_{i=1}^{n} x_i \varepsilon_i$, $\beta = \sum_{i=1}^{n} y_i \varepsilon_i$, 有
$$f(\alpha, \beta)=x_1 y_1 + \cdots + x_r y_r \ (0 \leqslant r \leqslant n).$$

推论2 设 V 是实数域上 n 维线性空间, $f(\alpha, \beta)$ 是 V 上对称双线性函数, 则存在 V 的一组基 ε_1, ε_2, $\cdots$, ε_n, 对 V 中任意向量 $\alpha = \sum_{i=1}^{n} x_i \varepsilon_i$, $\beta = \sum_{i=1}^{n} y_i \varepsilon_i$, 有
$$f(\alpha, \beta)=x_1 y_1 + \cdots + x_p y_p - x_{p+1} y_{p+1} - \cdots - x_r y_r \ (0 \leqslant p \leqslant r \leqslant n)$$

定义7 设 V 是数域 P 上线性空间, $f(\alpha, \beta)$ 是 V 上双线性函数. 当 $\alpha=\beta$ 时, V 上函数 $f(\alpha, \alpha)$ 称为与 $f(\alpha, \beta)$ 对应的二次齐次函数.

定理6 设 $f(\alpha, \beta)$ 是 n 维线性空间 V 上的反对称双线性函数, 那么存在 V 的一组基 ε_1, ε_{-1}, $\cdots$, ε_r, ε_{-r}, η_1, $\cdots$, η_s, 使
$$\begin{cases} f(\varepsilon_i, \varepsilon_{-i})=1, \ i=1, \cdots, r; \\ f(\varepsilon_i, \varepsilon_j)=0, \ i+j \neq 0; \\ f(\alpha, \eta_k)=0, \ \alpha \in V, \ k=1, \cdots, s. \end{cases}$$

例10.1 设 V 是数域 P 上的一个 3 维线性空间, ε_1, ε_2, ε_3 是它的一组基, f 是 V 上的一个线性函数, 求 $f(x_1 \varepsilon_1 + x_2 \varepsilon_2 + x_3 \varepsilon_3)$, 已知
$$f(\varepsilon_1 + \varepsilon_3)=1, \ f(\varepsilon_2 - 2\varepsilon_3)=-1, \ f(\varepsilon_1 + \varepsilon_2)=-3.$$

解 因为 f 是 V 上的线性函数, 所以有
$$f(\varepsilon_1)+f(\varepsilon_3)=1, \ f(\varepsilon_2)-2f(\varepsilon_3)=-1, \ f(\varepsilon_1)+f(\varepsilon_2)=-3,$$
由此可解得 $f(\varepsilon_1)=4$, $f(\varepsilon_2)=-7$, $f(\varepsilon_3)=-3$, 于是
$$f(x_1 \varepsilon_1 + x_2 \varepsilon_2 + x_3 \varepsilon_3)=x_1 f(\varepsilon_1)+x_2 f(\varepsilon_2)+x_3 f(\varepsilon_3)=4x_1 - 7x_2 - 3x_3.$$

例10.2 设 V 及 ε_1, ε_2, ε_3 同上题, 试找出一个线性函数 f, 使
$$f(\varepsilon_1 + \varepsilon_3)=f(\varepsilon_2 - 2\varepsilon_3)=0, \ f(\varepsilon_1 + \varepsilon_2)=1.$$

解 由题设, 则有 $f(\varepsilon_1)+f(\varepsilon_3)=0$, $f(\varepsilon_2)-2f(\varepsilon_3)=0$, $f(\varepsilon_1)+f(\varepsilon_2)=1$, 则可解得 $f(\varepsilon_1)=-1$, $f(\varepsilon_2)=2$, $f(\varepsilon_3)=1$. $\forall \alpha \in V$, 设 $\alpha=x_1 \varepsilon_1 + x_2 \varepsilon_2 + x_3 \varepsilon_3$, 则
$$f(\alpha)=f(x_1 \varepsilon_1 + x_2 \varepsilon_2 + x_3 \varepsilon_3)=x_1 f(\varepsilon_1)+x_2 f(\varepsilon_2)+x_3 f(\varepsilon_3)=-x_1 + 2x_2 + x_3.$$

例10.3 设 ε_1, ε_2, ε_3 是线性空间 V 的一组基, f_1, f_2, f_3 是它的对偶基,
$$\alpha_1=\varepsilon_1 - \varepsilon_3, \ \alpha_2=\varepsilon_1 + \varepsilon_2 - \varepsilon_3, \ \alpha_3=\varepsilon_2 + \varepsilon_3.$$
试证: α_1, α_2, α_3 是 V 的一组基, 并求它的对偶基 (用 f_1, f_2, f_3 表出).

证 设 $(\alpha_1, \alpha_2, \alpha_3)=(\varepsilon_1, \varepsilon_2, \varepsilon_3)A$, 由题设, 则 $A=\begin{pmatrix} 1 & 1 & 0 \\ 0 & 1 & 1 \\ -1 & 1 & 1 \end{pmatrix}$, 因为 $|A| \neq 0$, 所以 α_1, α_2, α_3 是 V 的一组基.

设 g_1, g_2, g_3 是 α_1, α_2, α_3 的对偶基, 则

$$(g_1, g_2, g_3) = (f_1, f_2, f_3)(A')^{-1} = (f_1, f_2, f_3)\begin{pmatrix} 0 & 1 & -1 \\ 1 & -1 & 2 \\ -1 & 1 & -1 \end{pmatrix},$$

因此

$$g_1 = f_2 - f_3, \quad g_2 = f_1 - f_2 + f_3, \quad g_3 = -f_1 + 2f_2 - f_3.$$

例 10.4 设 V 是一个线性空间，f_1，f_2，$\cdots$，f_s 是 V^* 中非零向量，试证：存在 $\alpha \in V$，使得

$$f_i(\alpha) \neq 0, \quad i = 1, 2, \cdots, s.$$

证 令 $V_i = \{\xi \in V | f_i(\xi) = 0\}$，$i = 1, 2, \cdots, n$，容易验证 V_1，V_2，$\cdots$，V_s 均是 V 的子空间，由于 f_1，f_2，$\cdots$，f_s 是 V^* 中非零向量，则 $V_i \neq V (i = 1, 2, \cdots, s)$. 下证存在 $\alpha \in V$，使 $\alpha \notin V_i (i = 1, 2, \cdots, n)$，对子空间 V_1，V_2，$\cdots$，V_s 的个数 s 作归纳.

当 $s = 1$ 时，由于 $V_1 \neq V$，因此存在 $\alpha \in V$，使 $\alpha \notin V_1$，命题成立.

假设当 $s = k$ 时命题成立，即存在 $\alpha \in V$，使 $\alpha \notin V_i (i = 1, 2, \cdots, k)$，下证 $s = k+1$ 时命题也成立. 若 $\alpha \notin V_{k+1}$，则命题成立. 下设 $\alpha \in V_{k+1}$，由于 $V_{k+1} \neq V$，因此存在 $\beta \in V$，使得 $\beta \notin V_{k+1}$. 考虑 $\alpha + \beta$，$2\alpha + \beta$，$\cdots$，$(k+1)\alpha + \beta$，则它们均不在 V_{k+1} 中，若它们中有两向量均落在某个 $V_i (i = 1, 2, \cdots, k)$ 中，则有差 $m\alpha \in V_i (m \neq 0)$，得 $\alpha \in V_i (1 \leqslant i \leqslant k)$，矛盾，所以这些向量中必有一个，使得均不在 $V_i (i = 1, 2, \cdots, k)$ 中，此向量即为所求. 所以 $k+1$ 时命题也成立.

例 10.5 设 α_1，α_2，$\cdots$，α_s 是线性空间 V 中的非零向量，证明：存在 $f \in V^*$，使

$$f(\alpha_i) \neq 0, \quad i = 1, 2, \cdots, s.$$

证 因为 V 是数域 P 上线性空间，V^* 是其对偶空间，若任取 V 中非零向量 α，则可定义 V^* 的一个线性函数 α^{**} 如下：

$$\alpha^{**}(f) = f(\alpha), \quad f \in V^*,$$

由定理 1，则 $\alpha^{**} \neq 0$. 由于 α_1，α_2，$\cdots$，$\alpha_s \in V$ 均非零，因此 α_1^{**}，α_2^{**}，$\cdots$，$\alpha_s^{**} \in (V^*)^*$ 也均非零，由上题，则存在 $f \in V^*$，使

$$f(\alpha_i) = \alpha_i^{**}(f) \neq 0, \quad i = 1, 2, \cdots, s.$$

例 10.6 设 $V = P[x]_3$，对 $p(x) = c_0 + c_1 x + c_2 x^2 \in V$，定义

$$f_1(p(x)) = \int_0^1 p(x) dx, \quad f_2(p(x)) = \int_0^2 p(x) dx, \quad f_3(p(x)) = \int_0^{-1} p(x) dx.$$

证明：f_1，f_2，f_3 都是 V 上的线性函数，并找出 V 的一组基 $p_1(x)$，$p_2(x)$，$p_3(x)$，使得 f_1，f_2，f_3 是它的对偶基.

证 先证 f_1 是 V 上的线性函数，即 $f_1 \in V^*$. 任给 $g(x)$，$h(x) \in V$，$k \in P$，则

$$f_1(g(x) + h(x)) = \int_0^1 (g(x) + h(x)) dx = \int_0^1 g(x) dx + \int_0^1 h(x) dx$$
$$= f_1(g(x)) + f_1(h(x)),$$
$$f_1(kg(x)) = \int_0^1 kg(x) dx = k \int_0^1 g(x) dx = kf_1(g(x)),$$

所以 $f_1 \in V^*$，同理可证 f_2，$f_3 \in V^*$.

再设 $p_1(x)$，$p_2(x)$，$p_3(x)$ 为 V 的一组基，且 f_1，f_2，f_3 是它的对偶基. 若记

$$p_1(x) = c_0 + c_1 x + c_2 x^2$$

则由定义可得

$$\begin{cases} f_1(p(x)) = \int_0^1 p(x)\,dx = c_0 + \dfrac{1}{2}c_1 + \dfrac{1}{3}c_2 = 1 \\[2mm] f_2(p(x)) = \int_0^2 p(x)\,dx = 2c_0 + 2c_1 + \dfrac{8}{3}c_2 = 0 \\[2mm] f_3(p(x)) = \int_0^{-1} p(x)\,dx = -c_0 + \dfrac{1}{2}c_1 - \dfrac{1}{3}c_2 = 0 \end{cases}$$

解此方程组得 $c_0 = c_1 = 1$, $c_2 = -\dfrac{3}{2}$, 故 $p_1(x) = 1 + x - \dfrac{3}{2}x^2$.

同理可得, $p_2(x) = -\dfrac{1}{6} + \dfrac{1}{2}x^2$, $p_3(x) = -\dfrac{1}{3} + x - \dfrac{1}{2}x^2$.

例 10.7 设 V 是 n 维欧氏空间, 它的内积为 (α, β). 对 V 中确定的向量 α, 定义 V 上的一个函数 α^*:

$$\alpha^*(\beta) = (\alpha, \beta)$$

1) 证明 α^* 是 V 上的线性函数;

2) 证明 V 到 V^* 的映射: $\alpha \to \alpha^*$ 是 V 到 V^* 的一个同构映射(在这个同构下, 欧氏空间可看成自身的对偶空间).

证 1) 先证 α^* 是 V 上的线性函数, 即 $\alpha^* \in V^*$. $\forall \beta_1, \beta_2 \in V$, $k \in \mathbf{R}$, 则

$$\alpha^*(\beta_1 + \beta_2) = (\alpha, \beta_1 + \beta_2) = (\alpha, \beta_1) + (\alpha, \beta_2) = \alpha^*(\beta_1) + \alpha^*(\beta_2),$$

$$\alpha^*(k\beta_1) = (\alpha, k\beta_1) = k(\alpha, \beta_1) = k\alpha^*(\beta_1),$$

故 α^* 是 V 上的线性函数.

2) 设 $\varepsilon_1, \varepsilon_2, \cdots, \varepsilon_n$ 是 V 的一组标准正交基. $\forall \beta \in V$, 由定义

$$\varepsilon_i{}^*(\beta) = (\varepsilon_i, \beta), \quad i = 1, 2, \cdots, n,$$

因此 $\varepsilon_i{}^*(\varepsilon_j) = (\varepsilon_i, \varepsilon_j) = \begin{cases} 1, & i = j \\ 0, & i \neq j \end{cases}$, 于是 $\varepsilon_1{}^*, \varepsilon_2{}^*, \cdots, \varepsilon_n{}^*$ 是 $\varepsilon_1, \varepsilon_2, \cdots, \varepsilon_n$ 的对偶基, 从而 V 到 V^* 的映射是 V 与 V^* 中两基间的一个双射, 因此它也是 V 到 V^* 的一个同构映射.

例 10.8 设 $\mathscr{A}$ 是数域 P 上 n 维线性空间 V 的一个线性变换.

1) 证明: 对 V 上的线性函数 f, 则 $f\mathscr{A}$ 仍是 V 上的线性函数;

2) 定义 V^* 到自身的映射为: $f \to f\mathscr{A}$. 证明: $\mathscr{A}^*$ 是 V^* 上的线性变换;

3) 设 $\varepsilon_1, \varepsilon_2, \cdots, \varepsilon_n$ 是 V 的一组基, $f_1, f_2, \cdots, f_n$ 是它的对偶基, 并设 $\mathscr{A}$ 在 $\varepsilon_1, \varepsilon_2, \cdots, \varepsilon_n$ 下的矩阵为 A. 证明: $\mathscr{A}^*$ 在 $f_1, f_2, \cdots, f_n$ 下的矩阵为 A'.

证 1) $\forall \alpha \in V$, 由定义, 则 $(f\mathscr{A})(\alpha) = f(\mathscr{A}(\alpha)) \in P$, 所以 $f\mathscr{A}$ 是 V 到 P 的一个映射.

$$\forall \alpha, \beta \in V, \ k \in P, \ 则$$

$$(f\mathscr{A})(\alpha + \beta) = f(\mathscr{A}(\alpha + \beta)) = f(\mathscr{A}(\alpha) + \mathscr{A}(\beta))$$

$$= f(\mathscr{A}(\alpha)) + f(\mathscr{A}(\beta)) = (f\mathscr{A})(\alpha) + (f\mathscr{A})(\beta),$$

$$(f\mathscr{A})(k\alpha) = f(\mathscr{A}(k\alpha)) = f(k\mathscr{A}(\alpha)) = kf(\mathscr{A}(\alpha)) = k(f\mathscr{A})(\alpha)$$

所以 $f\mathscr{A}$ 是 V 上的线性函数.

2) $\forall f, g \in V^*$, $\alpha \in V$, 则

$$\mathscr{A}^*(f + g)(\alpha) = (f + g)\mathscr{A}(\alpha) = f\mathscr{A}(\alpha) + g\mathscr{A}(\alpha)$$

$$= (f\mathscr{A} + g\mathscr{A})(\alpha) = (\mathscr{A}^*(f) + \mathscr{A}^*(g))(\alpha),$$

即 $\mathscr{A}^*(f + g) = \mathscr{A}^*(f) + \mathscr{A}^*(g)$, 同理 $\mathscr{A}^*(kf) = k\mathscr{A}^*(f)$, 所以 $\mathscr{A}^*$ 是 V^* 上的线性变换.

3) 由题设, 则 $\mathscr{A}(\varepsilon_1, \varepsilon_2, \cdots, \varepsilon_n) = (\varepsilon_1, \varepsilon_2, \cdots, \varepsilon_n)A$, 其中 $A = (a_{ij})$, 另设

$\mathscr{A}^*(f_1, f_2, \cdots, f_n)=(f_1, f_2, \cdots, f_n)B$，其中 $B=(b_{ij})$，

且 $f_1, f_2, \cdots, f_n$ 是 $\varepsilon_1, \varepsilon_2, \cdots, \varepsilon_n$ 的对偶基，那么 $f_j\mathscr{A}=\mathscr{A}^*(f_j)(i, j=1, 2, \cdots, n)$，所以 $a_{ji}=b_{ij}$ $(i, j=1, 2, \cdots, n)$，即得 $\mathscr{A}^*$ 在 $f_1, f_2, \cdots, f_n$ 下的矩阵为 $B=A'$.

例 10.9 设 V 是数域 P 上的一个线性空间，$f_1, f_2, \cdots, f_k$ 是 V 上的 k 个线性函数.

1）证明：集合 $W=\{\alpha \in V | f_i(\alpha)=0, 1 \leqslant i \leqslant k\}$ 是 V 的一个子空间，W 称为线性函数 $f_1, f_2, \cdots, f_k$ 的零化子空间；

2）证明：V 的任一子空间皆为某些线性函数的零化子空间.

证 1）因为 $f_1, f_2, \cdots, f_k$ 是 V 上的 k 个线性函数，所以 $f_i \in V^*(1 \leqslant i \leqslant k)$，且 $f_i(0)=0$，$(i=1, 2, \cdots n)$，因而 $0 \in W$，即 W 非空.

$$\forall \alpha, \beta \in V, \lambda \in P，则$$
$$f_i(\alpha+\beta)=f_i(\alpha)+f_i(\beta)=0, f_i(\lambda\alpha)=\lambda f_i(\alpha)=0, (i=1, 2, \cdots, n)，$$

所以 $\alpha+\beta \in W$，$\lambda\alpha \in W$，因此 W 是 V 的一个子空间.

2）设 W_1 是 V 的任一子空间，且 $\dim W_1=m$，则当 $m=n$ 时，只要取 f 为 V 的零函数，就有 $W_1=V=\{\alpha \in V | f(\alpha)=0\}$，所以 W_1 是 f 的零化子空间.

当 $m<n$ 时，不妨设 $\varepsilon_1, \varepsilon_2, \cdots, \varepsilon_m$ 为 W_1 的一组基，将其扩充为 V 的一组基
$$\varepsilon_1, \varepsilon_2, \cdots, \varepsilon_m, \varepsilon_{m+1}, \cdots \varepsilon_n，$$

并取这组基的对偶基 $f_1, f_2, \cdots, f_n$ 的后 $n-m$ 个线性函数 $f_{m+1}, f_{m+2}, \cdots, f_n$，则
$$W_1=V=\{\alpha \in V | f_i(\alpha)=0, m+1 \leqslant i \leqslant n\}，$$

即 W_1 是 $f_{m+1}, f_{m+2}, \cdots, f_n$ 的零化子空间. 事实上，若令
$$U_1=\{\alpha \in V | f_i(\alpha)=0, m+1 \leqslant i \leqslant n\}.$$

$\forall \alpha=a_1\varepsilon_1+a_2\varepsilon_2+\cdots+a_m\varepsilon_m \in W_1$，有 $f_{m+1}(\alpha)=f_{m+2}(\alpha)=\cdots=f_n(\alpha)=0$，因而 $\alpha \in U_1$，即 $W_1 \subset U_1$.

反之，$\forall \beta=b_1\varepsilon_1+b_2\varepsilon_2+\cdots+b_m\varepsilon_m+b_{m+1}\varepsilon_{m+1}+\cdots+b_n\varepsilon_n \in U_1$，由
$$f_{m+1}(\alpha)=f_{m+2}(\alpha)=\cdots=f_n(\alpha)=0 \Rightarrow b_{m+1}=b_{m+2}=\cdots=b_n=0，$$

故 $\beta=b_1\varepsilon_1+b_2\varepsilon_2+\cdots+b_m\varepsilon_m+b_{m+1}\varepsilon_{m+1}+\cdots+b_n\varepsilon_n \in W_1$，即 $U_1 \subset W_1$，则 $U_1=W_1$.

例 10.10 设 A 是数域 P 上的一个 m 级矩阵，定义 $P^{m \times n}$ 上的一个二元函数
$$f(X, Y)=tr(X'AY), X, Y \in P^{m \times n}.$$

1）证明 $f(X, Y)$ 是 $P^{m \times n}$ 上的双线性函数；

2）求 $f(X, Y)$ 在基 $E_{11}, E_{12}, \cdots, E_{1n}, E_{21}, E_{22}, \cdots, E_{2n}, \cdots, E_{m1}, E_{m2}, \cdots, E_{mn}$ 下的度量矩阵.

证 1）证 $f(X, Y)$ 是 $P^{m \times n}$ 上的双线性函数，$\forall X, Y, Z \in P^{m \times n}, k_1, k_2 \in P$，则
$$f(X, k_1Y+k_2Z)=tr(X'A(k_1Y+k_2Z))$$
$$=k_1 tr(X'AY)+k_2 tr(X'AZ)=k_1 f(X, Y)+k_2 f(X, Z)，$$

同理
$$f(k_1Y+k_2Z, X)=tr((k_1Y+k_2Z)'AX)$$
$$=k_1 tr(Y'AX)+k_2 tr(Z'AX)=k_1 f(Y, X)+k_2 f(Z, X)，$$

因此 $f(X, Y)$ 是 $P^{m \times n}$ 上的双线性函数.

2）由 $E'_{ij}AE_{ks}=a_{ik}E_{js}$ 知
$$f(E_{ij}, E_{ks})=tr(E'_{ij}AE_{ks})=tr(a_{ik}E_{js})=\begin{cases} a_{ik}, & j=s \\ 0, & j \neq s \end{cases}$$

以下设 $f(X, Y)$ 在基 $E_{11}, E_{12}, \cdots, E_{1n}, E_{21}, E_{22}, \cdots, E_{2n}, \cdots, E_{m1}, E_{m2}, \cdots, E_{mn}$ 下的度量矩阵为 B，则

$$B = \begin{pmatrix} a_{11}E & a_{12}E & \cdots & a_{1m}E \\ a_{21}E & a_{22}E & \cdots & a_{2m}E \\ \vdots & \vdots & \ddots & \vdots \\ a_{m1}E & a_{m2}E & \cdots & a_{mm}E \end{pmatrix}, \ \text{其中,} E \text{为} n \text{阶单位矩阵.}$$

例 10.11 在 P^4 中定义一个双线性函数
$$f(X, Y) = 3x_1 y_2 - 5x_2 y_1 + x_3 y_4 - 4x_4 y_3,$$

其中

$$X = (x_1, x_2, x_3, x_4), \quad Y = (y_1, y_2, y_3, y_4) \in P^4.$$

1) 给定 P^4 的一组基
$$\varepsilon_1 = (1, -2, -1, 0), \ \varepsilon_2 = (1, -1, 1, 0), \ \varepsilon_3 = (-1, 2, 1, 1), \ \varepsilon_4 = (-1, -1, 0, 1),$$
求 $f(X, Y)$ 在这组基下的度量矩阵;

2) 另取一组基 $\eta_1, \eta_2, \eta_3, \eta_4$, 且 $(\eta_1, \eta_2, \eta_3, \eta_4) = (\varepsilon_1, \varepsilon_2, \varepsilon_3, \varepsilon_4)T$, 其中

$$T = \begin{pmatrix} 1 & 1 & 1 & 1 \\ 1 & 1 & -1 & -1 \\ 1 & -1 & 1 & -1 \\ 1 & -1 & -1 & 1 \end{pmatrix}$$

求 $f(X, Y)$ 在这组基下的度量矩阵.

解 1) 设 $f(X, Y)$ 在给定基 $\varepsilon_1, \varepsilon_2, \varepsilon_3, \varepsilon_4$ 下的度量矩阵为 $A = (a_{ij})$, 则

$$A = \begin{pmatrix} 4 & 7 & -5 & -14 \\ -1 & 2 & 2 & -7 \\ 0 & -11 & 1 & 14 \\ 15 & 4 & -15 & -2 \end{pmatrix}$$

其中 $a_{ij} = f(\varepsilon_i, \varepsilon_j)$.

2) 设 $f(X, Y)$ 在给定基 $\eta_1, \eta_2, \eta_3, \eta_4$ 下的度量矩阵为 B, 则由
$$(\eta_1, \eta_2, \eta_3, \eta_4) = (\varepsilon_1, \varepsilon_2, \varepsilon_3, \varepsilon_4)T,$$

可得

$$B = T'AT = \begin{pmatrix} -6 & 46 & 8 & 24 \\ -18 & 26 & 16 & -72 \\ -2 & -38 & 0 & 0 \\ 15 & 4 & 0 & 0 \end{pmatrix}.$$

例 10.12 设 V 是复数域上的线性空间, 其维数 $n \geq 2$, $f(\alpha, \beta)$ 是 V 上的一个对称双线性函数.

1) 证明 V 中有非零向量 ξ 使 $f(\xi, \xi) = 0$;

2) 如果 $f(\alpha, \beta)$ 是非退化的, 则必有线性无关的向量 ξ, η 满足
$$f(\xi, \eta) = 1, \ f(\xi, \xi) = f(\eta, \eta) = 0.$$

证 1) 设 $\alpha_1, \alpha_2, \cdots, \alpha_n$ 为复数域上 n 维线性空间 V 的一组基, $f(\alpha, \beta)$ 是 V 上的对称双线性函数, 则 $f(\alpha, \beta)$ 关于基 $\alpha_1, \alpha_2, \cdots, \alpha_n$ 的度量矩阵 A 为对称矩阵, 于是, 存在非退化的矩阵 T, 使

$$T'AT = \begin{pmatrix} E_r & 0 \\ 0 & 0 \end{pmatrix} = B,$$

若令 $(\varepsilon_1, \varepsilon_2, \cdots, \varepsilon_n) = (\alpha_1, \alpha_2, \cdots, \alpha_n)T$, 则 $\varepsilon_1, \varepsilon_2, \cdots, \varepsilon_n$ 也是 V 的一组基, 且 $f(\alpha, \beta)$ 关于基 $\varepsilon_1, \varepsilon_2, \cdots, \varepsilon_n$ 的度量矩阵为 B, 因此

$$\forall \xi = x_1\varepsilon_1 + x_2\varepsilon_2 + \cdots + x_n\varepsilon_n, \ \eta = y_1\varepsilon_1 + y_2\varepsilon_2 + \cdots + y_n\varepsilon_n \in V,$$

有

$$f(\xi, \eta) = x_1y_1 + x_2y_2 + \cdots + x_ry_r, \ f(\xi, \xi) = x_1^2 + x_2^2 + \cdots + x_r^2 (0 \leqslant r \leqslant n).$$

因此

当 $r = 0$ 时，对 V 中任一非零向量 ξ，恒有 $f(\xi, \xi) = 0$；

当 $r = 1$ 时，只要取 $\xi = \varepsilon_2 \neq 0$，就有 $f(\xi, \xi) = 0$；

当 $r \geqslant 2$ 时，只要取 $\xi = i\varepsilon_1 + \varepsilon_2 \neq 0$，就有 $f(\xi, \xi) = 0$；

2）如果 $f(\alpha, \beta)$ 是非退化的，则 $f(\xi, \eta) = x_1y_1 + x_2y_2 + \cdots + x_ny_n$，因而只需取

$$\xi = \frac{1}{\sqrt{2}}\varepsilon_1 + \frac{i}{\sqrt{2}}\varepsilon_2, \ \eta = \frac{1}{\sqrt{2}}\varepsilon_1 - \frac{i}{\sqrt{2}}\varepsilon_2,$$

则 ξ，η 线性无关，且有

$$f(\xi, \eta) = 1, \ f(\xi, \xi) = 0, \ f(\eta, \eta) = 0.$$

例 10.13 试证：线性空间 V 上双线性函数 $f(\alpha, \beta)$ 是反对称的充要条件是：对任意的 $\alpha \in V$，都有 $f(\alpha, \alpha) = 0$.

证 （必要性）因为 $f(\alpha, \beta)$ 反对称，所以 $\forall \alpha \in V$，恒有 $f(\alpha, \alpha) = -f(\alpha, \alpha)$，故 $f(\alpha, \alpha) = 0$.

（充分性）因为 $f(\alpha, \beta)$ 是双线性函数，所以，$\forall \alpha, \beta \in V$，有

$$\begin{aligned}
0 &= f(\alpha+\beta, \ \alpha+\beta) \\
&= f(\alpha, \ \alpha) + f(\beta, \ \beta) + f(\alpha, \ \beta) + f(\beta, \ \alpha) \\
&= f(\alpha, \ \beta) + f(\beta, \ \alpha),
\end{aligned}$$

所以 $f(\alpha, \beta) = -f(\beta, \alpha)$，即 $f(\alpha, \beta)$ 是反对称的.

例 10.14 设 $f(\alpha, \beta)$ 是 V 上对称或反对称的双线性函数，α，β 是 V 中的两个向量，如果 $f(\alpha, \beta) = 0$，那么称 α，β 正交，再设 K 是 V 的一个真子空间，证明：对 $\xi \notin K$，必有 $0 \neq \eta \in K + L(\xi)$，使 $f(\eta, \alpha) = 0$ 对所有 $\alpha \in K$ 都成立.

证 1）先证 $f(\alpha, \beta)$ 是对称的双线性函数的情形.

因为 K 是 V 的子空间，所以 $f(\alpha, \beta)$ 是 K 上的对称双线性函数，设 $\dim K = r$，则 $f(\alpha, \beta)$ 关于 K 的任意一组基的度量矩阵皆为对称矩阵，于是，必存在 K 的一组基 α_1，α_2，$\cdots$，α_r，使 $f(\alpha, \beta)$ 在这组基下的度量矩阵为对角矩阵

$$D = diag(d_1, \ d_2, \ \cdots, \ d_r)$$

令

$$\eta = \frac{f(\xi, \ \alpha_1)}{d_1}\alpha_1 + \frac{f(\xi, \ \alpha_2)}{d_2}\alpha_2 + \cdots + \frac{f(\xi, \ \alpha_r)}{d_r}\alpha_r - \xi,$$

且当 $d_i = 0 (1 \leqslant i \leqslant r)$ 时，去掉 d_i 相应的项，则 $0 \neq \eta \in K + L(\xi)$，任给 $\alpha \in K$，有

$$f(\eta, \ \alpha) = 0.$$

2）再证 $f(\alpha, \beta)$ 是反对称双线性函数的情形.

首先，对给定 $\xi \notin K$，若存在 $\beta \in K$，使 $f(\xi, \beta) = 0$，可令 $\varepsilon_1 = \xi$，$\varepsilon_{-1} = \lambda\beta$，使得 $f(\varepsilon_i, \varepsilon_{-i}) = 1$. 又因为 $K + L(\xi)$ 是 V 的子空间，所以 $f(\alpha, \beta)$ 也是 $K + L(\xi)$ 上的反对称双线性函数，于是可将 ε_i，ε_{-i} 扩充为 $K + L(\xi)$ 的一组基：

$$\varepsilon_1, \ \varepsilon_{-1}, \ \varepsilon_2, \ \varepsilon_{-2}, \ \cdots, \ \varepsilon_r, \ \varepsilon_{-r}, \ \eta_1, \ \eta_2, \ \cdots, \ \eta_s$$

使

$$\begin{cases}
f(\varepsilon_i, \ \varepsilon_{-i}) = 1, \ i = 1, 2, \cdots, r \\
f(\varepsilon_i, \ \varepsilon_j) = 0, \ i+j \neq 0 \\
f(\alpha, \ \eta_k) = 0, \ \alpha \in K + L(\xi), \ k = 1, 2, \cdots, s
\end{cases}$$

因此

当 $s \neq 0$ 时，只要取 $\eta = \eta_1$，则对 $\forall \alpha \in K$，恒有 $f(\eta, \alpha) = 0$；

当 $s = 0$ 时，只要取 $\eta = \varepsilon_1$，则由 $\xi = \varepsilon_1$，$K = L(\varepsilon_1, \varepsilon_{-1}, \varepsilon_2, \varepsilon_{-2}, \cdots, \varepsilon_r, \varepsilon_{-r})$ 可知，对 $\forall \alpha \in K$，也有 $f(\eta, \alpha) = 0$.

其次，若对给定的 $\xi \notin K$，及任意 $\beta \in K$，使 $f(\xi, \beta) = 0$，则取 $\eta = \xi$ 即可.

例 10.15 设 V 与 $f(\alpha, \beta)$ 同上题，K 是 V 的一个子空间，令
$$K^{\perp} = \{\alpha \in V | f(\alpha, \beta) = 0, \ \forall \beta \in K\}.$$

1）试证 $K^{\perp}$ 是 V 的子空间（$K^{\perp}$ 称为 K 的正交补）；

2）试证：如果 $K \cap K^{\perp} = \{0\}$，则 $V = K + K^{\perp}$.

证 1）由于 $\forall \beta \in K$，恒有 $f(0, \beta) = 0$，因此 $0 \in K^{\perp}$，即得 $K^{\perp}$ 非空.

任取 $\alpha_1, \alpha_2 \in K^{\perp}$，$k \in P$，$\forall \beta \in K$，均有
$$f(\alpha_1 + \alpha_2, \beta) = f(\alpha_1, \beta) + f(\alpha_2, \beta) = 0, \ f(k\alpha_1, \beta) = kf(\alpha_1, \beta) = 0,$$
因此 $\alpha_1 + \alpha_2 \in K^{\perp}$，$k\alpha_1 \in K^{\perp}$，从而 $K^{\perp}$ 是 V 的子空间.

2）由于 K 和 $K^{\perp}$ 都是 V 的子空间，因此 $K + K^{\perp} \subset V$. 不妨设 K 是 V 的一个真子空间，$\forall \xi \in V$，若 $\xi \in K$，则结论成立. 若 $\xi \notin K$，则有 $0 \neq \eta \in K + L(\xi)$（上题），使 $f(\eta, \alpha) = 0$ 对任意 $\alpha \in K$ 都成立，即 $\eta \in K^{\perp}$. 设 $\eta = \beta + k\xi (\beta \in K, k \in P)$，由于 $K \cap K^{\perp} = \{0\}$，因此 $k \neq 0$，那么
$$\xi = -k^{-1}\beta + k^{-1}\eta \in K + K^{\perp},$$
所以 $V \subset K + K^{\perp}$，结论成立.

例 10.16 设 V，$f(\alpha, \beta)$，K 同上题，并设 $f(\alpha, \beta)$ 限制在 K 上是非退化的，试证：$V = K + K^{\perp}$ 的充要条件是 $f(\alpha, \beta)$ 在 V 上是非退化的.

证（$\Rightarrow$）设 $V = K + K^{\perp}$，且 $\alpha \in K$，使 $f(\alpha, \beta) = 0 (\forall \beta \in K)$，下证 $\alpha = 0$. 设 $\alpha = \alpha_1 + \alpha_2$，其中 $\alpha_1 \in K$，$\alpha_2 \in K^{\perp}$，则任给 $\beta \in K$，有
$$0 = f(\alpha, \beta) = f(\alpha_1 + \alpha_2, \beta) = f(\alpha_1, \beta) + f(\alpha_2, \beta) = f(\alpha_1, \beta),$$
由于 $f(\alpha, \beta)$ 在 K 上是非退化的，故 $\alpha_1 = 0$，从而 $\alpha = \alpha_2 \in K^{\perp}$.

同理，任给 $\gamma \in K^{\perp}$，由 $f(\alpha, \gamma) = 0$ 可得 $\alpha \in (K^{\perp})^{\perp}$，即 $\alpha \in K$，因此 $\alpha \in K \cap K^{\perp}$，但 $K \cap K^{\perp} = \{0\}$，故 $\alpha = 0$，所以 $f(\alpha, \beta)$ 在 V 上是非退化的.

（$\Leftarrow$）设 $\alpha_1 \in K \cap K^{\perp}$，若 $\alpha_1 \neq 0$，可将 α_1 扩充为 K 的一组基 $\alpha_1, \alpha_2, \cdots, \alpha_m$，由于 $\alpha_1 \in K^{\perp}$，因而 $f(a_1, a_j) = 0 (j = 1, 2, \cdots, m)$，故 $\forall \beta \in K$，均有 $f(\alpha_1, \beta) = 0$，这与 $f(\alpha, \beta)$ 限制在 K 上非退化矛盾，所以 $\alpha_1 = 0$，即得 $K \cap K^{\perp} = \{0\}$，由上题 2），则 $V = K + K^{\perp}$.